# 环境美学前沿

第五辑

主编　陈望衡　范明华

前沿问题研究　中外环境美学　城市与乡村环境美学

建筑与园林环境美学　艺术与设计　短论与随笔书评

**图书在版编目(CIP)数据**

环境美学前沿.第五辑/陈望衡,范明华主编.—武汉：武汉大学出版社,2024.4

ISBN 978-7-307-24210-4

Ⅰ.环…　Ⅱ.①陈…　②范…　Ⅲ.环境科学—美学—研究　Ⅳ.X1-05

中国国家版本馆 CIP 数据核字(2024)第 004359 号

责任编辑:王智梅　　　责任校对:汪欣怡　　　版式设计:马　佳

---

出版发行:**武汉大学出版社**　(430072　武昌　珞珈山)

(电子邮箱:cbs22@ whu.edu.cn　网址:www.wdp.com.cn)

印刷:武汉邮科印务有限公司

开本:720×1000　1/16　印张:45　字数:647 千字　插页:2

版次:2024 年 4 月第 1 版　　2024 年 4 月第 1 次印刷

ISBN 978-7-307-24210-4　　定价:128.00 元

---

# 目　　录

## 前沿问题研究



## 中外环境美学

## 城市与乡村环境美学



## 建筑与园林环境美学

## 艺术与设计



## 短论与随笔



## 书　评

# 前沿问题研究

# 生态文明美学及荒野审美[1]

陈望衡（武汉大学哲学学院）

美学是发展的，它属于文明的范畴，文明在发展，美学亦在发展，不同的时代有不同的美学，正在建设的生态文明时代理所当然有属于自己的美学即生态文明美学。本文拟在笔者以前已经发表过的相关论述[2]的基础上，对生态文明、生态文明美、生态文明美学以及荒野审美问题发表看法。

## 一、生 态 文 明

认识生态文明的性质首先在于认识生态文明的性质。

生态文明，顾名思义，它是生态与文明的统一，这种统一体现为生态与文明的共生。生态与文明共生，有两种形态：

其一，自然主导：生态生成文明。

自然自身实现的生态与文明共生，自然是主动的，却又是无意识的，而人是被动的，却又是有意识的。农业文明的生产方式基本

---

① 此文为笔者于2020年12月19日在中国文化旅游部干部学院的讲学稿。

② 关于生态文明美学，笔者发表过如下论文：《生态文明美：当代环境审美的新形态》，载《光明日报》2015年7月15日刊，《再论环境美学的当代使命》，载《学术月刊》2015年4月刊，《试论生态文明审美观》，与谢梦云合署名，载《郑州大学学报》2016年1月刊，《生态文明与美学变革》，载《求索》2016年5月刊，《生态文明美学初论》，载《南京林业大学学报》，2017年1月刊，《环境审美的时代性发展——再论生态文明美学》，与陈露阳合署名，载《郑州大学学报》2018年1月刊。

上就是这样。气候一年四季按二十四个节气运行，如果气候是有序的、正常的，就会被农民利用，实现农业的丰收，即所谓的“风调雨顺，五谷丰登”。“风调雨顺”可以当成生态，“五谷丰登”则可以当成文明。这里，是生态生成文明。

其二，文明主导：文明保护生态。

文明主导指的是人通过自己的工作包括科技的运用，实现自然生态的循律而动，从而让人获利，创建文明。当人类自觉或不自觉地让生产实践参与到自然生态平衡中去的时候，就意味着一种新的文明——生态文明已经萌芽。这种新的文明的特质是与自然生态“共生”，也就是说，它是文明的，却也是生态的。

共生的现象虽然是普遍的，在生态文明时代之前，这种“共生”主要由自然完成，人只是不自觉地（没有认识到这是在保护生态）参与其中。在工业文明后期，人们对自然生态现象的认识远较以前深刻、全面，而且有了相应的技术手段，有可能主要凭能人的力量——文明的力量，在顺应自然规律的前提下，实现生态与文明的共生，这种共生，我们不打引号，因为它主要由文明完成，自然只是受到利用。这种共生，更多的是保护，并不是创生。

两者生态与文明的共生，具有重要的不同，主要有如下四点：

①操控者不同。前者的操控者是自然，后者的操控者是人。前者所创造的生态文明称为无主体的生态文明；后者称为有主体的生态文明。②自觉性不同。前者主要是自然在运动，人只是利用这个运动；后者有着很强的自觉性，就要实现生态与文明共生，让生态与人类双赢。③手段不同。前者主要是自然在作为。后者主要是人的作为，这种作为具有很强的自觉性，目的不只是收成，还有生态，而且往往将生态摆在前面，生态文明建设的广度、深度均是以前的文明不可能相比的。④效应不同。前者效应很低，还往往失败。后者效应很高，不仅给予自然生态的维护与运行以巨大的影响，而且创造了人类历史上从来没有过的伟大文明。

基于此，由自然引导的生态与文明的共生，是低层次的共生，它没有创造新的时代的文明，其本质为农业文明；由文明引导的生态与文明的共生，是高层次的共生，它创造了一种新的时代文明，是为生态文明。

作为新时代本质的生态文明是高科技支撑下的生态与文明的共生，从现象上看，似是弘扬生态的绝对性，而从实质上看，是弘扬人的伟大。

生态文明不仅极大地改变了人类的生产方式，而且极大地改变了人类的生活方式。最重要的，也许是为人类的精神世界开拓了一个崭新的天地，人类的宇宙观、国际观、自然观、人生观、伦理观、美学观均会发生前所未有的深刻变化。

新的文明——生态文明从某种意义上是对农业文明的回归，是对工业文明的否定，但从本质上讲，它是积聚了人类一切文明后所实现的新的创造。本质上，生态文明是文明与生态的共生、人与自然的双赢。这种共生的生态文明是在工业文明基础上，是一种高层次的人与自然的共生；这种共生，不是借助于人工劳动如农业生产而是借助于高科技来实现的；这种共生是一种高收益的共生，于人，它不仅救赎人的生存，而且为人的发展创造了更大的空间，为人赚取了更多更大的利益，于自然，同样是高收益的，被破坏的自然界的生态平衡，不仅能借生态文明得以恢复，而且能创造出更好的生态平衡，有助于自然界诸多生命的发展。

## 二、生态文明美

生态文明美学的核心是生态文明审美。

认识这一问题，要做到三个区分：

第一是区分生命、生态。生态之于生命，有三点重要不同：一，生态的单位：生态的单位不是某一生命个体，而是一个个种群。二，生态的视角：生态的视角不在个体生命，也不在种群生命的维系，而在生态整体的维系。生态视角与其说是生命体，还不如说是生命间。三，生态的地位：生态意义下，人的生命与物的生命处于同等的地位。

第三是区分生态观和生态文明观。一，生态观是科学观；客观、真。二，生态文明哲学观，是科学观与文明观的统一，主客观统一，真善美统一。

第三是区分生态美、自然美与生态文明美。

美是人的价值之一，凡美都是对人而言的，美是人的物质力量和精神力量对象化的成果。

自然美，其载体在自然物，而其本质在人。它的美，均与自己的本质力量相关。小部分自然美与人的物质价值发生关系，而绝大多数的自然美与人的精神价值发生关系。通常将物质价值看作功利，而将精神价值看作超功利，其实精神价值也是功利，只不过是与物质价值不一样的功利，就对物质价值的态度而言，它的确是超功利。

自然美中有人，就有文明，因此，它也是自然与人的统一，其中有自然生态与文明的统一，因此，它也有生态文明的意味。

至于生态美，实际上是不存在的，生态是自然本身价值的显现，人可以利用生态实现自身的目的，但那是文明的意义，不是生态自身的意义，因此，生态美是伪命题，它实际上是不存在的。

生态文明美的产生基于生态文明的创造。前面说过，生态文明有两种形态：低层次是由自然主导的生态与文明的共生。这种文明只是准生态文明，它所创造的美只能是准生态文明美。高层次则是由文明主导的生态与文明的共生。高科技是此种文明的核心，只有这种文明所引导而创造的生态与文明的统才是真正的生态文明，这种文明所创造的美才是真正的生态文明美。

不同的文明创造出不同的美，就人与自然的关系来概括不同文明的美，它们的美是不同的。大概是，史前文明：人对自然认识水平最为低下，主要是利用自然以谋生。因而对于自然充满着敬畏，自然对于人来说，就是神。从这种关系中所产生的美，主要是人对于自然的敬畏之美。敬畏中有崇拜，有赞美，有欣赏，也有愉悦。农业文明：人对自然的认识水平较史前有所提高，已经初步掌握了自然某些与农业相关的规律，于是由单纯地利用自然改变为部分地替代自然司职，如农业生产。在农业中人与自然建立的关系是亲和的，这种关系中所创造的美是亲和之美。但这种亲和是有限的，更多情况下人仍表现出对自然的敬畏与无奈。工业文明时期：人对自然的认识水平有很大提高，人狂妄自封为天地之主宰，以改造与征服自然为己用，这场战争固然给人带来了诸多进步，但也带来巨大的灾难，更重要的是，其预示的前景是悲哀的。这个过程所创造的美，可名之为悲壮之美。

生态文明所要创造的生态文明美，建立在史前文明、农业文明、工业文明的基础之上，它的美融合了对自然的敬畏、亲和、悲壮三种审美内涵，既崇高又优美，可以概括为“太和”之美。太和概念，源自《周易》，是对于天的赞颂，也是对于天人关系的向往。基于生态文明时代的天人关系达到了人类的文明新高度，因此，姑且用它来表述生态文明美。太和是和的极致，它是人与自然的统一、文明与生态的统一。

## 三、生态文明美学

生态文明美学以生态文明美为其基本的审美形态。

生态文明美学具有很强的理性色彩。

生态文明作为人类从未有过的文明是建立在人对丁地球生态关系深刻认识的基础之上的。地球生态关系长期以来不为人所深知，其原因是它良好，没有给人造成麻烦，虽然一直有科学家在研究它，但研究的人不多，研究的深度不够。直到19世纪它才成为一门科学。1922年，美国学者哈伦·巴洛斯首次提出“人类生态学”的概念。至20世纪下半叶，相继涌现出大批有关人类生态学的著作。人类生态学为生态文明学的产生开辟了道路。在20世纪与21世纪之交，又有生态文明理念的提出。

生态文明建设方面，中国走在世界最前面。“生态文明”这一概念在中央文件中最早出现是2003年6月25日，是日发布的《中共中央 国务院关于加快林业发展的决定》文件提出了“建设山川秀美的生态文明社会”。党的十八大报告中说：“必须树立尊重自然、顺应自然、保护自然的生态文明理念，把生态文明建设放在突出地位，融入经济建设、政治建设、文化建设、社会建设各方面和全过程，努力建设美丽中国，实现中华民族永续发展。”

将“生态文明建设”列入关系国计民生的五大建设之中，这无论在中国，还是世界，都是首次。

生态文明美学所倡导构建的生态和谐具有强烈的理性内涵。

美在和谐。这是一个最古老的美学命题。这一命题直接来自自然的启迪。远古人类深切感受到宇宙的和谐给人带来的利益，由衷地赞美宇宙和谐的美。和谐观是发展的。农业社会所倡导的和谐是人向天和，在这个和谐中，人几乎谈不上主体性，只是顺从自然，遵从自然。工业社会所倡导的和谐，是天向人和。人过分地强调自身的主体性，提出对自然开战，扬言“征服自然”。生态文明时代所倡导的和谐是天人相和。所谓天人相和，即自然与人相向而和，凸显的是自然向人生存和人向自然生成。这是一个相向而成的复杂系统，处于调控中心的是复杂的生态平衡关系。

## 四、审美主体

生态文明时代继承工业文明这一哲学立场，同样坚持以人为主体，但是这一坚持是开放的，它不只认为人是主体，还认为物在一定条件下，也是主体。基于形式逻辑同一律，同一条件下不能有两个主体，那么，可以将与人相对的物主体，称为“同主体”即相当于主体。生态文明美学的双重主体论，似是不合逻辑，然究其实，还是人为主体，自然只是“同主体”——享受主体的地位。

生态文明建设中，人的主体性是非常重要的，没有人的主体性，就没有生态文明。生态文明建设中，人的主体性集中体现在人自觉地运用科学技术的手段，让自然生态向不违背自己意志却能让人受利的方向发展。这关涉生态文明建设以何为本的问题。表面上看，建设生态文明是以生态为本，其实，仍然是以人为本。任何文明都是人的主体性的体现，生态文明也一样。我们是为了人而去尊重生态，并不是为生态而去尊重生态。生态文明与生态有实质上的不同，我们要建设的是生态文明，不是生态。

前生态文明哲学考察人与事物的关系，是单向的，即将人与事物的关系看成从人到物或从物到人，只是一向，而不是双向。生态文明时代的主客关系，其突出特点是双向的：同一个过程中，包含着从人到物和从物到人的双向过程。在双向过程中，人与物既为主体又为客体。

作为主体有：权利、规律、价值。

（1）权利：根本是生存权，有机自然界中，对于生命权的认可，在人，是落实到单体；而在动植物，目前只落实到种群，这种群又按地域分，是地球上的种群，还是地区的种群。生态文明时代，物的主体性以生态维系为核心。生态维系主要体现在物种品类的齐全性、物种间关系平衡性、物种生命的发展性等。

（2）规律：规律涵盖自身生存发展的一切条件，实际上，它是生存权的保障。

（3）价值：物也有它的价值。价值是多种多样的，维系生存与发展的一切需要，都可以说是价值。结合我们所讨论的美学问题，需要着重讨论的是物有没有审美的价值诉求。有机自然界的审美价值诉求，不需要借助于他者，而更多地由自己的肢体语言表达出来。

确立生态文明时代审美主体的多元性，就人一方而言，其主体性受到相应的限制，由绝对主体降为相对主体或者说有限主体。人的审美，在诸多方面受制于另一主体，具体来说有：

（1）尊重动植物自身生命的权利。人对动植物品种的改良，不仅需要遵守生态伦理，也需要遵守生态审美。现在最为恶劣的违反生态伦理和生态审美的行径莫过于各种宠物的培育了，于人也许不失一种乐趣，于生态却是一种灾难。如果要说这也创造了一种审美形态，那只能说是畸形、丑怪、恶心。

（2）调整传统的审美观念，接受传统并不认同，但生态文明认同的审美现象，比如原生态的自然现象，荒野，容纳并接受于人的生活小有妨碍的自然现象，如城市中的乌鸦。同时克制人类追求奢华的生活作风，倡导朴素生活、绿色生活、环保生活，以保护环境。

（3）尊重自然主体特别是动物审美的权利，人有审美的权利，动物也有审美的权利。自有文明以来，人类总是自觉或不自觉地以主体的身份来欣赏自然，总认为自然美是为人而美的。其实，自然美也可以为自己而美，而且，站在生态价值观的立场上，自然美从本质上就是为自己而美的，只不过这种美，更多地显示为一种生命现象，在生物界则突出体现为一种求偶的性行为。自然界中的无机物还有植物没有思想，不可能意识到美的存在，动物意识低下，能极有限度地觉察到自身的美。尽管如此，也应尊重动物展示自己美丽的权利。

## 五、审美本体

生态文明美学中的审美本体是生态文明景观。

### （一）生态文明景观灵魂

需要将前生态文明时代的生态文明景观与生态文明时代的生态文明景观区分开来。

前生态文明时代的生态文明景观，只能说是打引号的，或者是“准”级的。“准”级的生态文明景观，是大自然的智慧，我们通常称之为“生态智慧”。生态智慧不是生态文明，因为文明没有参与。欣赏这种生态智慧，与普通的自然山水审美没有太大的不同。

生态文明不是自然本身就具备的，而是人参与创造的。这种参与有两种情况：

一是低水平的，人以自身的身体直接与自然（包括生态）对话，农业生产即所得，它所创造的人与自然的统一，具有生态文明的意味，但它是低层次的，不足以成为生态文明标志。

二是高水平的，人不是以自己的身体而是以高科技为中介与自然（包括生态）对话。只有这种对话所创造的人与自然的统一，才是真正的生态文明，它的形象展现才是生态文明标志性的景观。

这种景观的创造不仅有自然的生态智慧，而且有人的以高科技为代表的智慧，可以称之为“生态文明智慧”。

### （二）生态文明景观特质

生态文明时代的生态文明景观从构成来看，它是生态与文明的统一，这个统一体，其呈现具有如下特质：

（1）不是以具体的点、面、体呈现的，而是以生命之间的态势呈现的。生命的态势不仅是空间性的，而且是时间性的；不仅是感性的，而且是理性的；不仅是有限性，而且是无限的。

（2）生态文明景观作为人的审美对象，是人的情感对象，可以称为“情象”。是情决定了它审美的性质，这一点让生态文明审美与山水审美以及艺术审美相同，但生态文明景观较山水景观、艺术意象具有更为深刻也更为复杂的理性意义。欣赏生态文明景观需要有一定的科学知识为基础，需要艺术的想象，也需要科学的想象。

## 六、荒野审美

荒野进入审美是美学的重要革命，重视荒野是生态文明美学的根本特征。

美国学者罗德里克·弗雷泽·纳什在《荒野与美国的思想》一书中介绍了西方人对荒野的认识，在他看来，荒野（Wilderness）在英语文化中占有重要的地位，英语中诸多的词汇是从“Will”这一词根上发展起来的，而按“Will”的本意，它有独立、坚决、我行我素的意义，进而传达出一种不羁的、无序的或者困惑的思想。古瑞典语中，荒野的基本意思是未被驯化的或不能控制的。

在中国文化的背景下，“荒野”应该是一个白话语体词，在古文中，它分别表述为“荒”与“野”。《说文解字》释“荒”：“芜也……一说草掩之地也”；释“野”：“郊外也”。这些解释都含有“孤立”“未开化”的意思。

美国环境伦理学家霍尔姆斯·罗尔斯顿 III 曾说到荒野的价值类型共有 12 种价值：市场价值、生命支撑价值、消遣价值、科学价值、遗传多样性价值、审美价值、文化象征价值、历史价值、性格塑造价值、治疗价值、宗教价值、内在的自然价值。①

---

① ［美］霍尔姆斯·罗尔斯顿Ⅲ：《哲学走向荒野（下）》，刘耳、叶平译，吉林人民出版社 2005 年版，第 333~340 页。

美国学者迈克尔·P. 纳尔逊总结西方学术界的认识，归纳出三十种荒野要保护的理论。①

在笔者看来，荒野的核心价值是生态，其中包括以下 9 个方面：

①培育生命的价值；②生态平衡的价值；③生态恢复的价值；④生态研究的价值；⑤生态记录的价值；⑥生态精神的价值；⑦生态文明的价值；⑧生态审美的价值；⑨生态崇拜的价值。

对于荒野，人类经历过一个历史过程。

史前文明时代：立魅。在渔猎文明以至农业文明时代，荒野于人充满着神秘，它让人恐惧、崇拜。

农业文明时代：存魅。应该说，农业文明对于荒野也存有一定的祛魅，但农业文明对荒野的祛魅，有个突出特点——尊重自然。这种尊重不仅让自然拥有一定的主权，而且意味着人有意识地亲和自然，甚至在精神上皈依自然。这种精神上的皈依，实际上重建了自然的神性——于人既尊敬又亲和的神性。

工业文明时代：祛魅。在工业文明时代，荒野成为人的征服对象，荒野的神秘逐渐消失了，“荒野的祛魅”让荒野遭受到严重的摧残，同时也让地球生态遭受严重破坏。

生态文明时代要重建荒野的神异性。这种重建似是向农业文明回归，而实际不是。农业文明时代，人们将荒野奉若神明，这神明在人们的心目中是人格神，因此，这种对自然神灵的膜拜可以视为迷信。

生态文明如何为荒野建魅？

第一，重新恢复并重建荒野的“神性”。

生态文明时代为荒野建魅，既不是史前文明的立魅，也不是农业文明的存魅，而是建立在工业文明所缔造的高科技的基础上的建魅。

魅，不是神灵，而是神奇，就是神性。自然对于人，永远都是

---

① ［美］迈克尔·P. 纳尔逊：《荒野保护观点综述》，《环境哲学前沿》第一辑，陕西人民出版社 2004 年版，第 235~236 页。

一个谜。这就是许多顶尖级科学家包括牛顿、爱因斯坦在内最终都未能彻底摆脱有神论的原因。值得指出的是，科学家们所认为的自然神明不是宗教上的人格神，是若神，而不是真神。在生态文明时代，为荒野构建这种“若神”的自然神明崇拜是必须的。没有崇拜，就没有敬畏，没有敬畏，就没有珍惜，就没有有效的保护！为荒野建魅的历史使命正在到来！

第二，重新恢复并重建荒野的至美性。

荒野的美是原生态的生命之美。天下之奇莫过于生命，莫过于生态。庄子：“天地有大美而不言。”① 康德对“崇高”的描述被公认为是对荒野之美的最早肯定！英国著名的浪漫主义诗人拜伦“是最坦率的和最有影响的荒野拥护者”。他借他作品中的一个人物宣称：“我的欢乐在荒野。”

荒野的美不只在巨大的感性冲击，还在无限的理性吸引。美国学家拉尔夫·沃尔多·爱默生崇拜荒野，他说：“在荒野里，我发现有某种比在街上或村子里更亲切和更契合的东西……在树林里我们回归理性和信仰。”② 爱默生说的“理性”和“信仰”，就是哲理。这哲理从何获得，爱默生说是在“树林里”，即在荒野。

从本质上来讲，美之精不在感性，而在理性。中国明清之际的大哲学家王夫之说：“天致美百物而为精，致美于人而为神，一而已矣。”③

大美在荒野！

---

① 《庄子·知北游》，中国国家图书馆数字图书馆，http：//find.nlc.cn/search/showDocDetails？docId =-4709184035001685784&dataSource = ucs01&query=%E5%BA%84%E5%AD%90%20%E7%9F%A5%E5%8C%97%E6%B8%B8。

② 转引于［美］罗德里克·弗雷泽·纳什：《荒野与美国思想》，侯文蕙、侯钧译，中国环境科学出版社2012年版，第86页。

③ 王夫之：《诗广传》，中国国家图书馆数字图书馆，http：//find.nlc.cn/search/showDocDetails？docId=7901705063319966l5&dataSource=ucs01&query=%E7%8E%8B%E5%A4%AB%E4%B9%8B%20%E8%AF%97%E5%B9%BF%E4%BC%A0。

奇美在荒野!

绝美在荒野!

第三，在城市和乡村科学地保护并恢复荒野。

荒野的“坟场”——城市!

让城市拥有更多的荒野，其实是不难做到的。之所以成为问题，主要出在观念上。例如：寸土寸金的唯经济观念、诗情画意的山水审美观念、中国传统的风水观念。

到今日，中国人还是比较喜欢住在市中心，除了方便以外，人气旺也是重要原因。与人气相对立的是鬼气，哪些地方有鬼气?——荒野。因此，荒野是不宜于人居的。中国的传统文化，从总体来说是排斥荒野的，这种文化是中国现在的城市荒野很少的重要原因之一。

荒野在城市的复活，是中国人居住观念的重大革命!

世界的城市化运动中，曾经出现过建筑都市主义。俞孔坚教授这样描述建筑都市主义：“长期以来，建筑决定城市的形……关于城市的模式和设计理论都是以建筑和建筑学为基础的。管道、路网和各种铺装构成没有生命的灰色基础设施连接一个个同样没有生命的建筑……这种城市和城市设计理论可以被称为建筑城市学或建筑都市主义（Architecture Urbanism）。”① 虽然建筑都市主义不是没有一定的客观合理性，但是它对于城市生态的破坏是显而易见的。

在众多的批评建筑都市主义的声音中，景观都市主义（Landscape Urbanism）应运而生。查尔斯·瓦尔德海姆（Charles Waldheim）这样描述 LU：“景观都市主义展现了当前一种对学科的重新定位。其中，景观取代了建筑，成为当代城市发展的基本单元。”②

几乎所有的景观都市主义者极力强调人为的设计，他们主观地

---

① 俞孔坚：《景观都市主义：是新酒还是陈醋?》，载《景观设计学》2009 年第 5 期。

② ［美］查尔斯·瓦尔德海姆：《景观都市主义》，刘海龙、刘东云、孙璐译，中国建筑工业出版社 2011 年版，第 9 页。

认为人为创造的后果是构建人工生态（Constructedecology），但实际上恰恰相反。费雷德里克·斯坦纳（FredrickSteiner）说："麦克哈格施教的最后一代学生更有批判精神。他们更多地强调'设计'，而非'自然'……结果就是城市的自然系统彻底变为人造系统。"①

景观都市主义实际上陷入矛盾之中：他们虽然希望解决生态问题，但他们又过于执着于景观的文化属性。如此强调景观的文化属性很容易导致对自然生态的忽视，也许不经意间就造成了新的生态破坏。

对景观都市主义需要警惕：

就眼前人类的科学技术水平来说，人参与生态平衡的修复是有限的，生态文明建设的理想形态——生态与文明共生就总体来说具有理想性，而不具普遍的现实性。

环境治理与景观建设的确存在统一性，人可以做到让环境既是合乎生态的也是适宜审美的。但现实的实现需要诸多条件支撑，特别是观念与科学手段的支撑，只要观念不到位或科学手段不到位，均难以实现审美与生态的统一。

人工确能恢复或改良局部地区的生态，但这种能力非常有限。景观都市主义者过高地估计人工的力量，他们企望借助于景观的手段，恢复一个城市的生态平衡，实际上完全不可能。

警惕打着"审美"旗号的景观主义！

基于景观主义的可能存在的偏颇，我提出"生态景观主义"②。在新建的园林中，要为荒野留下一定的位置。

第四，奉行划界和谐审美观。

从理想的层面来说，文明与生态共生是最好不过。然而在当前

① ［美］费雷德里克·斯坦纳：《伊恩·麦克哈格和他的鱼类繁殖公园》，载《景观设计学》2009年第5期，第20~24页。

② 参见拙文《荒野与园林》，载《中国园林》2016年第10期。Ecological Landscapism on the Horizon：Introducing Wilderness into Human Landscape，Journal of Scottish Though. Vol. 9。

的科学技术水平的条件下，人不能完全做到这一步，因此，人改造自然利用自然的行为必须有所限制，限制就是划界。划界的目的是防止人对自然生态的僭越和侵袭。划界，表面上看维护的是生态的利益，实质上维护的是人的利益。这是一种值得特别标出来的和谐观——“守界和谐”。

中国传统的和谐，是“交感和谐”，是“你中有我我中有你的”如羹和谐。它在很大程度上具有理想性。守界和谐，是“你就是你，我就是我”的别异和谐。这种和谐，要靠法制来维系，因此，它也是“契约和谐”。它最具现实性。

交感和谐“美美与共”；守界和谐“各美其美”。

生态文明美学中的美的形态恰如春天，百花齐放，均生机盎然！

苔花如米小，也学牡丹开！

万紫千红总是春！

# 全球筑造环境时代下栖居的黄昏①

[爱] 哥罗·西普里尼（爱尔兰国立高威大学）
苏　丰　译（湖南师范大学美术学院）

栖居，即被带向和平，意味着：始终处于自由之中，这种自由把一切都保护在其本质之中。②

## 一、绪　论

筑造或思考是人类获得栖居的途径，由此人类得以保有和平、安全和自由。这也意味着栖居永远无法得到保障。正如海德格尔所言，伴随着栖居而来的困境是，人类的本质总是寻求赋予栖居以形式，而不是学习如何栖居。

海德格尔在《筑·居·思》中对栖居的本质以及因此而产生的真实存在的洞察极具启发性和预言性。在以市场为导向的社会

① 本论文是作者在此前发表的两篇论文的基础上修改而成。两篇论文为：'Dwelling in the Light of the Thou, Or the Art of the Opening Space', in *International Journal of Cultural Research*, No. 3 (16), St Petersburg, Russia, 74-78 (2014)；'The Wrong Form of Emptiness in Global Design', in *The Journal of Asian Arts and Aesthetics*, Zhonghe: Ariti Press Scholarly Publishing, Taiwan, Vol. 1, pp. 79-84.

② Heidegger, M. (1971) 'Building Dwelling Thinking' in *Poetry*, *Language*, *Thought*, trans. A. Hofstadter, New York: Harper & Row, p. 149. 此处翻译参照［德］海德格尔：《演讲与论文集》，孙周兴译，商务印书馆2019年版，第161页。

中，人的无家可归转化为消费主义者暂时性的建筑和毫无根据的思考。换句话说，当代文化以牺牲真实的栖居体验为代价使时间的延绵性消失。而德国哲学家心中所想的筑造和思考却使我们能够置身于一个地方并因此保持真实。

从海德格尔的文字中，人们不由得感到一种绝望。毕竟，这对于一位长久注视着人类如何为不断增长的、多重的愿望赋予形式的亲证者来说并不奇怪。但是，在海德格尔对栖居的思考中，有一个基本要素被部分忽略了：作为真实体验的有意义的栖居总是渴求对他者的关照。这样的体验可以表现为朝向某处的期盼；也可以是一种对“你”（Thou）的吁请的应和，“你也是”。然而，后者绝不应与预期性驱使或关切（Sorge/Concern）的对象相混淆，因为栖居的真实体验是建立在互信和相互关注的基础之上的。在一个以自我为中心和肤浅为主导的时代，基于对“你”的关切下的栖居可能正是当代主体的希望之所在。事实上，正如同过去“占有”（Have）一个地方或被“围合”（Enclosed）在一个地方的行为一样，当代居无定所的风气是在道德上对他者的无视。

首先，本文致力于将有意义的栖居表述为一种基于“你”而形成的、具有特定时间性的空间的开显，一种以保持与保护的结合为本质的时间的延绵。因此，毫不意外，有意义的栖居在艺术体验中得到了最具典型性的体现。其次，本文论述了“栖居的黄昏”这一议题在全球化筑造环境时代的存在主义内涵。

## 二、有意义的栖居

尽管具有某种历史的特殊性，海德格尔关于桥的隐喻仍是一个极富启示性的起点。这个隐喻唤起了一种特殊的空间性。海德格尔从根本上区分了“位置”和“空间”的概念。诚如他自己所言，……只有那种本身是一个位置的东西才能为一个场所设置空间。位置并不是在桥前现成的……桥并非首先站到某个位置上，相反，从桥本身而来才首先产生了一个位置……以这种方式成为位置的物向来首先提供出诸空间。①

其核心要义是“物”并非是位于空间中的实体。它们就像桥，创造位置，并在被筑造的过程中打开诸空间。这在许多方面呼应了莫里斯·梅洛-庞蒂（Maurice Merleau-Ponty）在《知觉现象学》一书中关于感知空间的概念。梅洛-庞蒂否定了运用经验主义思维来度量相同类型空间的想法，因为这类想法根本无法对感知者的具身状态作出解释。② 对梅洛-庞蒂而言，空间首先是一系列身体的朝向和定位。尽管如此，他同样质疑唯智主义者基于几何等抽象结构而建立的空间概念，因其忽略了具身化的调节性。梅洛-庞蒂提出了一个尚未建构的自我的概念，正是其定向性的行为或前客观（Pre-objective）的在世存在（Being-in-the-world）产生或打开了空间。对于海德格尔来说，这幅图景在某种程度上是不完整的，因为它忽略了使空间以有意义的方式打开所必需的代表自我的“全给性”（Availability）的元素。然而，桥的隐喻仍然是理解空间是如何基于一个位置而打开的有力工具。这个隐喻也是海德格尔用来挑战传统形而上学理论的众多手段之一。

海德格尔隐喻的第二个基本要义是时间性。桥即是物；它们聚集在河流的两岸并由此产生了位置。物的“临在”（Presencing）变成了位置的产生。重要的是，一个位置是特定的某处，换言之，它是有意义的。意义的产生，或更确切地说，意义的空间开显，对应于从一个状态或地点到另一个状态或地点的过程的详尽阐述，具有其特定的时间性。因此，建筑师、结构工程师或筑造者需要花费时间去建造一座桥；一个人也需要花费时间走过一座桥。与此相似，在任何有意义的体验中，定位或者位置都包含一种未被测量的

① Heidegger, M. (1971) 'Building Dwelling Thinking' in *Poetry, Language, Thought*, trans. A. Hofstadter, New York: Harper & Row, p. 154.

② Merleau-Ponty, M. (1962) 'Introduction: Traditional Prejudices and the Return to the Phenomena'; 'Part One: The Body'; 'Part Two: The World as Perceived'; *Phenomenology of Perception*, trans. C. Smith, London: Routledge, pp. 3-63; pp. 67-199; pp. 203-365.

绵延（Duration），或者借用亨利·伯格森（Henry Bergson）的话，尚未空间化的时间性。空间化的时间对应于柏格森所谓的“真正的时间”，与“抽象的时间”相对。① 对梅洛-庞蒂来说，空间化的时间是“客观的时间”，而尚未空间化的时间性则是不可分割的流动和持续的运动。

当人注视一块糖的融化，拉伸一根橡皮筋，抑或是筑造一座桥，走过一座桥时，时间都在展开。在桥的筑造过程中，河的一侧留下的是记忆、抽象和知识，这些构成了一个看不见的“客观世界”，并将成为河另一侧的先入之见。

这就是当涉及理解“物”的发生或意义空间的开显时，桥的隐喻的不足之处。它是不完整的，甚至是不相关的。原因有二，其一是形而上学层面的，其二是伦理层面的，两者紧密关联。让我们以具体案例来说明：桥的隐喻唤起了栖居的绵延，这也是意义体验的特征。通过倾听一只鸟唱歌，人得以形成关于鸟鸣的先验知识及其所指向的看不见的维度。鸟鸣的临在就是一座正在建造的桥，对彼岸的情形并无确切的了解。如果在听的过程中，听者为了愉悦而试图从中识别出某种特定的旋律，那么可能会大失所望；被感知到的一系列声音会听起来嘈杂不堪、毫无意义。作曲家卡尔·海因茨·斯托克豪森（Karl Heinz Stockhausen）也从另一个角度表达过类似的意涵。他指出，只要打开耳朵，噪音也会变成音律。②

我们所听到的声音，我们的记忆、概念和知识都聚集在一个运动当中，一个由桥的隐喻所引发的时间的推移当中。但问题依然存在：聚集的现象、诸物的临在或意义的体验，如何能同时成为一种栖居的形式呢？桥梁隐喻的不完整性或无关性在于，现实生活中如

① See Merleau-Ponty (1962), ‘Temporality’, *Phenomenology of Perception*, trans. C. Smith, London: Routledge, pp. 410-433.

② Worner K. H. & Hopkins, B. eds. (1977) Stockhausen: Life and Work, Berkeley: University of California Press. Cott, J. (1973) Stockhausen: Conversations With the Composer, London: Simon & Schuster.

果我们不知道把什么结合在一起，就永远无法构建桥梁。要建一座桥，我们必须确切知晓河两岸的情况。这就是为什么从形而上学的层面来看，海德格尔的桥梁隐喻呈现某种不相关性。桥的隐喻意味着对他者（彼岸）的掌握或占有，而非呈现对他者的关切。当然，一个隐喻在本质上总是不完整和不明确的。如保罗·里科（Paul Ricoeur）所说，隐喻不是定义。然而，海德格尔关于桥的隐喻在某种程度上忽略了物的临在、意义的体验和空间开显的核心基本伦理维度。

意义的产生创造了一个位置，从而打开了一个空间。不同于占有、支配或期盼的精神，日本传统美学将一组声音、一滴水或一块石头的呈现都捕捉得十分美妙。用具象性的角度来判断或思考对象，并不能让物显现。事实上，任何恢复或重构形象的尝试都是对物之显现的阻止。在日本哲学家西田几多郎看来，西方艺术在传统上致力于发掘“物的空间”，而东方艺术的追求则不然。在西田看来，只有感知者和他者之间某种特定的聚集，例如，一个声音、水或一块石头，才能使物与位置的产生成为可能。唯有通过思考或让自己对他者开放，即，基于“你”的栖居，物的临在或意义的体验才不会流于虚无。但是，需要再次强调的是，意义的体验总是有所指向但绝非先决性的。建造一座从河的一侧到另一侧的桥是为了创造一个保有功能性的空间，需要知晓对岸（他者）并最终到达对岸。换句话说，它是一种寻求固定性的空间化的形式。而栖居，即保持和平、安全和自由，并不是一种固定的体验。当然，海德格尔从未在著作中作出过类似的表述，其栖居的概念所对应的是一种让物显现、产生并引发某种特定运动的泰然任之的态度。

然而，需要承认的是，栖居的概念里蕴含着对“你”的关切。唯借由愿意倾听、观看、触摸或思考的人，空间得以在特定的时间里被构建并打开。从伦理的维度来说，这种观念对于艺术创造的解读至关重要，因为艺术家创作行为的导向性总是基于某人或某物而展开并致力于传递某种信息。该伦理观念也对应着一种特殊的态度，即加布里埃尔·马塞尔（Gabriel Marcel）所说的“全给性”

(Disponibilité/ Availability)。① 对马塞尔来说，全给性、回应性、尊重、关切与希望是一切有意义的存在的基石。相较于另一位伟大的“他性”哲学家埃曼纽尔·列维纳斯（Emmanuel Levinas），马塞尔更清楚地看到了“全给性”在对话关系中所起到的重要的创造性的作用。对马塞尔来说，可全给的自我并非从属于他者或被他者所挟持。全给性是一个以尊重的态度考虑“你”的自由的选择；也是一个基于互信的选择。若全给性意味着一定程度的信仰或忠诚，它必然与信仰主义及其后续难以预料的诸多后果如狂热主义、偶像崇拜和宗派主义形成鲜明对比。怀抱信念是一种乐于在共融互惠的行为中全身心奉献的意愿。而全给的自我保有自由，是因为它并不从属于他者，也不会被他者所蒙蔽。因此，自由绝非自私的自治，它将在他者之光的笼罩下闪耀和重生。在推崇全给性的同时强调“我—你”关系必须是一种自由的行为似乎有些自相矛盾。类似的悖论也包含在马塞尔的另一个哲学观念“创造性的忠信”(Creative Fidelity) 当中。但事实上，所谓的悖论并不存在，因为建立在自由基础之上的互惠共融是形成“我”与“你”关系的必要条件。卡尔·雅斯贝尔（Karl Jasper）也在其“存在”(Existenz) 的概念中强调超越性与自我的自由的紧密关联，“你”(超越的他者) 必须对“我”的意向表现出同样的信任并对“我”

---

① “全给性”(Availability) 是在马塞尔的著作中反复提及的一个概念。如：*Du refus à l'invocation* (1940), Paris: Gallimard, translated as *Creative Fidelity* (1964) by R. Rosthal, New York: Noonday Press; *Etre et avoir* (1935), Paris: Aubier, translated as *Being and Having* (1951a) by K. Farrer, Boston: Beacon Press; *Homo viator: Prolégomènes à unemétaphysique de l' espérance* (1944), Paris: Aubier, translated as *Homo Viator: Introduction to a Metaphysics of Hope* (1951b) by A Craufurd, Chicago: Henry Regnery Co.; *Les hommes contrel'humain* (1951), Paris: La Colombe; translated as *Man Against Mass Society* (1962) by G. S. Fraser, Chicago: Henry Regnery Co.; *L'Hommeproblématique* (1955), Paris: Aubier, translated as *Problematic Man* (1967) by B. Thompson, New York: Herder and Herder; *Le mystère de l'être* (1951c), Paris: Aubier, translated as *The Mystery of Being* (1960) by G. S. Fraser and R. Hague. Chicago: Henry Regnery Co..

的诉求做出周全的应合。① 任何一方被背叛的信任都会成为占有的驱动力，而自我与他者之间的关系将被用作达成某种目的的控制手段。被信任的“你”必须确保其诉求不在于利用“我”作为一种达成目的的手段，也并非冷漠或自说自话。为此，真诚的对话被证明是实现“我”与“你”的相互的、创造性的临在关系的必要条件。

马塞尔、雅思贝尔、马丁·布伯（Martin Buber）和费迪南德·埃布纳（Ferdinand Ebner）都强调了人际关系的本质对于“我”的形成的至关重要性。② 同样的观点也适用于所有实体的形成，包括自然、地球和天空。主体为了自身利益而罔顾自然世界的栖居行为无疑是将自己置于危险当中。种种生态灾难正是对此类不可给的（Unavailable）主体性所敲响的警钟。即使是一个惯常从压倒性的、磅礴的自然景观中获取愉悦的天性浪漫的人，在某种程度上说，其行为仍然是自私的，故而是不可给性的。与人的“你”类似，作为“你”的自然并不要求信仰或顺从。当然，当涉及作为“你”的自然，人们可能会质疑互信概念的关联性。换言之，基于伦理互惠的角度来思考我们与自然的关系有意义吗？人类与自然世界之间存在相互交付的对话的可能性吗？乍看之下，那种认为人类必须取信于自然的观点明显的不符合逻辑。地球和天空并不是

① 关于“Existenz”这一概念的阐述，详见于 Jaspers, K. (1955) in *Reason and Existenz* (1955), trans. W. Earle, New York: Noonday Press; and Part 3 Section A of *Philosophical Faith and Revelation* (1967), trans. E. B. Ashton, New York: Harper & Row.

② 相关论述详见于：Marcel G. (1998) '*Moi et Autri*' in *Homo viator: Prolégomènes à unemétaphysique de l' espérance*, Association Présence de Gabriel Marcel, pp. 15-36; Jaspers, K. (1932) *Philosophie*, Vol. 2, Berlin: Verlag von Julius Springer; Buber M. (2002) 'Dialogue'; 'The Question to the Single One'; 'The History of the Dialogical Principle' in *Between Man and Man*, trans. R. Gregor-Smith, London: Routledge, pp. 1-21, pp. 49-97 & pp. 249-244; and *Ich und Du* (1923), Leipzig: Insel Verlag, translated as *I and Thou* (1970) by W. Kaufman, New York: Charles Scribner's Sons; and Ebner, F. (1985) *Das Wort und die geistigen Realitäten*, Frankfurt: Surhkamp.

伦理实体，它们不具备自我意识，也无法决定如何与他者发生关联。但是，如果我们相信自然的准伦理立场，对话就可以发生。大自然无意控制我们，也不是等待人类使用的永久保留地。对于那些想要在互惠的准伦理原则基础上与自然建立健康关系的人来说，这些都是需要牢记的事实。基于“我”和“你”的伦理关系同样适用于此，无论它们指代的是人类还是自然。

沐浴在“你”的光芒下的栖居，充盈着信任与互惠，使“我”得以形成。雅斯贝尔说：“在那里，我是最真实的自己，我不再是唯一的自己。”① 马塞尔说：“我内心深处的并不是我。”② “我”的创造性临在是通过自己对“你”的全心奉献而产生的。这不是消极的沉思，也不是斯多葛主义者的恬淡无欲，而是主动的关照、适应和更新——是呼应道家“无为”理念的范例。正所谓“无为而治”。“无为”是在顺应天时地性、不妄为的情况下对全局的掌控；是通过趋避来应对来袭力量的原则；是永不拒绝与抵抗，通过融合而达成的接受。

当你漫步在阿罕布拉宫，从桃金娘中庭到两姊妹厅，再行至狮子中庭，从这样的体验中所产生的意义的临在并不是在建筑景观中去验证所学的14世纪历史文献知识，也不是美轮美奂的建筑装饰所带来的愉悦的感性体验。古摩尔人栖居的意义的临在唯向那些积极回应其诉求，为它利它的观者才会打开。因此，要懂得如何栖居就需要体会并关爱“你”，而这个“你”可以是一件艺术作品、一名作家、人类，以及在另一个层面上的自然、地球和天空。缺乏将自我全给“你”的能力，也就无法产生有意义的本体论经验。游客行走于不同建筑、房间和道路的过程中所打开的空间必然源于一种具体的感知体验，但这些空间却不仅仅是物理层面的。打开（Opening）同样缔造另一个维度的空间，在其中该位置的历史视野

① Jaspers, K. (1932) *Philosophie*, Vol. 2, Berlin: Verlag von Julius Springer, p. 99.

② Marcel, G. (1951a), translated as *Being and Having* by K. Farrer, Boston: Beacon Press, p. 227.

及那些“全给”于此地的见证者们得以聚集。

然而，无论是在历史上还是当下，游客们都将面临栖居的中断。卡洛斯五世的皇宫就坐落在阿尔罕布拉宫中的一座奈斯尔王朝的建筑之上。这座伫立的基督教宫殿不仅象征着西方对摩尔人的胜利，也象征着一种占有他者的行为，一种定义一个违背自我的空间的行为。但栖居的中断不仅止于历史性的层面。天空中掠过的飞机及其轰鸣声提醒着我们，人可以在一天之内同时观赏到自由女神像和阿尔罕布拉宫，而这同样是对栖居的中断。① 以上两种情形都是“不可给性”（Unavailability）的具体表现，阻断了基于对“你”的关切的栖居。

技术使我们能够在越来越短的时间内建造越来越多的桥。正如海德格尔谨慎地警告道，我们赋予栖居的形式越多，就越不懂得如何栖居，越不知道如何以及何时倾听、观察并把自我交付于“你”。不再懂得如何栖居的代价是高昂的。“不可给性”正日益侵蚀着当代文化并成为其特征。对他者的关爱、专注与共融已经被短暂、拙劣和漫不经心的实践取代。就目前而言，基于对“你”的关切的栖居已经变得不合时宜。技术无情地渗透已经成为一种工具，甚或市场经济的武器，危险得使任何负责任的人道主义都变得无关紧要。

## 三、栖居的黄昏

世界变得全球化意味着什么？针对这个问题显然会有不同的答案，取决于我们从地球的哪个部分及在何种历史背景之下来看待这个问题。在后殖民时代的非洲、后现代的西方和今天的亚洲，“全球化存在”（Global Being）都呈现出不同的意涵。然而，如果“全

① Cynthia Freeland 在其著作《*But Is It Art?*》中写道，一名去往巴黎的现代游客“可以从巴黎搭乘短途火车，用一天参观中世纪的沙特尔大教堂，接着用一天参观凡尔赛宫”。现代游客显然已经忘记如何栖居，如何保有专注，以及如何应和艺术的诉求。详见 Freeland, C. (2001) But *Is It Art?*, Oxford: Oxford University press, p. 43.

球化存在”的历史性因地点和时间而不同。那么，毫无疑问，这一文化现象的普遍特征就是被人类技术所加剧的一种“不可给性”。

正如海德格尔所说，技术给了我们一种虚假的切近感。① 它使我们拥有更迅猛的行动力和更富有成效的生产力。我们能够在极短的时间内进入不同的世界或更快速地建设。但这一切的获得需要付出沉重的代价。我们正丧失“全给性”，越来越没有时间和空间去关照他者、其他的世界以及大自然。换言之，我们越来越不愿意“清空”自我并代之以对栖居之处的关爱与思虑，即西田几多郎所说的场所（Basho）。② 在日语中，场所一词涵盖了地点、领域、地形或语境等观念，从而超越了简单的空间位置的范畴。

西田在其学说中详细阐述了一种“场所逻辑”以解释各种实体是如何形成的。实体，比如个人，是基于场所而形成并存在于场所之内的。一个实体与其场所之间的关系也是互利互补的，这意味着“场所”的性质同样取决于这个实体。对于我们试图确定的任何实体，总会有一个“场所”——这个关系原则就是西田所说的“绝对无的场所”。然而，在全球范围内的文化和社会似乎越来越不了解这种形式的无。事实上，当前盛行的“全球设计”正是一个滋生错误形式的“无”的世界，换句话说，“不道德的无”已经蔓延其中，而代价是人类物种所生活的地点，包括地球。正如我们将要看到的，这种现象已经在当代后工业筑造环境的重要领域中表现出来，比如元城市（Metapolis），正预示着全球化时代人类栖居的黄昏的来临。

---

① Heidegger, M.（1954）“Das Ding,” *Vorträge und Aufsätze*（pp. 145-204），Pfullingen：Verlag Günter Neske. Translated as “The Thing” by A. Hofstadter in Heidegger, M.（1975）. *Poetry, Language, Thought*, pp. 165-186. 此处翻译参照［德］海德格尔：《演讲与论文集》，孙周兴译，商务印书馆2019年版，第177页。

② Nishida, K.（1979）. 西田幾多郎全集（*Nishida Kitarôzenshû*, *NKZ*, *Complete works of Nishida Kitarô*, 19 vols.），Tokyo：Iwanami Shoten. *Hataraku mono karamiru mono e*（働くものから見るものへ, From Acting to Seeing, NKZ 4, 1927）.

城市环境当然只是“全球化设计”的一个方面。然而，它是一个重要的问题，因为其深刻地关系着我们如何从一个地方迁移到另一个地方以及我们在某个地方如何生活。换句话说，城市环境影响我们的伦理道德状况，因为它影响甚至部分塑造了我们与地方和人发生关联的方式。海德格尔所描述的切近的错觉，或者说，技术所创造的全给性的错觉，已经成为当代城市环境的特征之一。与工业化进程齐头并进的城市化始于19世纪的西方世界，但如今在全世界不同地区和不同文化中以全球性的规模涌现的是一种处于不断运动中的城市集合体。在其中，建筑被不断地筑造、毁坏、重建或者改造成其他。不同于传统概念中的城市，这些城市集合体没有区域划分，也没有一个历史中心，更没有将它们与乡村分隔开来的明确边界。换言之，它们不再构成一个定义明确的“场所”。相较于那些发展受到传统严重制约的欧洲“古典”城市，这一现象在诸如东京、洛杉矶、圣保罗、孟买等当代特大型城市中尤为明显。这种新的城市发展动向被社会学家弗朗索瓦·阿舍（François Asher）定义为“元城市化”（Metapolisation）。无论在哪个领域，构成后现代范式的所有属性都与元城市（Metapolis）相关：流动性、碎片化、无中心化、无历史性、不连续性等。事实上，诸多术语被创造出来用以描述工业时代和殖民时代后的城市发展，如特大城市（Megalopolis）、异质都市（Heteropolis）、城中村（Urban Village）、边缘城市（Edge City）、大都会区（Metroplex）等。阿舍提出的“元城市化”虽然指向的是当代城市发展的一个特定方面，但该概念却非常精准地标示了与全球设计中错误的“无”的形式相对应的环境，也因此预示着如前所说的全球化筑造环境时代栖居的黄昏。

城市（Pólis 希腊语原意：城市）之后（Metá 希腊语原意：之后）不再是“场所”，而是一个没有重心、时间性或统一感，根据经济波动而不断被设计与拆解的有机聚合体。当然，正如法国哲学家亨利·勒夫弗尔（Henri Leffvre）在《空间的生产》（1974）中所说：

……它不是像这一端是整体的（或者构想的）空间，那一端是破碎的（或者直接经验的）空间；而是像你在这边有一面完整的镜子，而在那边则有一面破碎的镜子一样。这种空间随时和同时都既“是”完整的又“是”打碎的；既“是”整体又“是”碎片。正如它既是被构想的，又是被感知的，还是被直接体验到的活生生的一样。①

当一个方面比另一个方面享有更多特权，或者过于强调统一性或碎片化，就会导致失衡并引发前面提及的伦理问题，进而影响人类的生存。

奥斯曼男爵（Baron Haussmann，1809—1891）在巴黎城市改建中所设计的城市环境无疑就如同一个帝国式的“场所”，永恒的自命感将这座城市的统一性施加于生活在其中的每个人。而元城市则反其道而行之，并没有在各个层面上创造一种切近感，而是在个人之间以及个人与其所在的地方之间创造了一种分裂的疏离感，这不可避免地导致各种形式的存在的不可给性。在我看来，后一种形式的筑造环境只是当今全球化语境中技术经济影响下的诸多恶果之一。但是，由于筑造环境深刻地影响着我们与他者及所在地的关联方式，因此其造成的损害是巨大的。

如果我们没有被给予足够的时间和空间去发展这类与他者及所在地的关系，就不可能产生自我认同感，因此也就不可能对他者身份抱有关切与体贴。元城市如何能够培育甚或仅仅是允许“自我”与其场所，或“我和你”这类关系的发生呢？有人可能会说，元城市终究是另一种存在模式的反映或化身，是被冠以“后现代”之名的另一种生活方式。但智者会问，在这样的模式下我们会失去什么，以及存在的意义是什么？更准确地说，在这个技术经济驱使下的全球化世界中，没有“场所”的文化体验的伦理生存意义是什么？

海德格尔关于技术对人类影响的观点是众所周知的。在《物》

---

① Lefebvre, H. (1974). *La Production de l'espace*, Paris: Anthropos, p. 411. 此处翻译参照［法］亨利·列斐伏尔：《空间的产生》，刘怀玉译，商务印书馆 2021 年版，第 523 页。

一文中，他认为“时间和空间上的一切距离都在缩小”并告诫我们：“小的距离并不就是切近。大的距离也还不是疏远。”① 更重要的是，“在切近之缺失中，我们上面所讲意义上的物作为物被消灭掉了”。② 海德格尔在《技术的追问》一文中进一步指出，技术使我们越来越忽视“物的物性”。③ 故而，我们无法思考存在，我们变得越来越无法“应和存在之本质的要求”。④ 我们正在失去追寻道路的能力，这条道路恰如海德格尔所说，是“有所考验地倾听着的应合的道路”。这在《筑·居·住》一文中也得到了呼应。他认为，如果我们想拥有“真实的存在”或有意义的“存在”（Sein）方式，我们应该以“关爱”或“关切”（Sorge）的方式与世界和他者相关联，并称这种特殊的关联为“栖居”。我们不应忘记如何在他者之光下栖居于这个世界。毋庸置疑，在海德格尔看来，我们（后）现代的生活方式及其所有的信息技术、高效的交通、筑造、破坏和重建都不允许我们恰当地栖居。速度阻止我们停留，故而影响到我们存在方式的真实性。换句话说，技术影响着存在与时间（Sein und Zeit）之间的关系。⑤

---

① Heidegger, M., translated as “The Thing” by A. Hofstadter in Heidegger, M. (1975). *Poetry, Language, Thought*, pp. 165-186. 此处翻译参照［德］海德格尔：《演讲与论文集》，孙周兴译，商务印书馆 2019 年版，第 177 页。

② Heidegger, M., “The Thing,” in *Poetry, Language, Thought*, p. 163. 此处翻译参照［德］海德格尔：《演讲与论文集》，孙周兴译，商务印书馆 2019 年版，第 196 页。

③ See Heidegger, M. (1954). *Die Frage nach der Technik.* In *Vorträge und Aufsätze* (pp. 13-70), Pfullingen: Verlag Günter Neske. Translated in W. Lovitt (1977), *The Question Concerning Technology and Other Essays.* New York: Harper & Row.

④ Heidegger, M., translated as “The Thing” by A. Hofstadter in Heidegger, M. (1975). *Poetry, Language, Thought*, pp. 165-186. 此处翻译参照［德］海德格尔：《演讲与论文集》，孙周兴译，商务印书馆 2019 年版，第 199 页。

⑤ Jeff Malpas (2021), *Rethinking Dwelling: Heidegger, Place, Architecture* (London: Bloomsbury).

全球性的元城市化日益阻碍着我们学习如何应和我们所栖居的“场所”的要求，原因很简单，其城市空间碎片化、缺失历史与中心的特性不允许这样做。为了实现个人或社区与其“场所”之间的共融关系，城市设计中空间与时间元素间的某种平衡或和谐是非常必要的。在奥斯曼男爵的巴黎城市改建案例当中，宏伟的空间性使个体无法产生空间的个人归属感，从而阻碍着个人在其中正确的栖居。除了其美学的，或者更确切地说，崇高的特质之外，值得我们切实讨论的是一种导致栖居者及其场所双向的“不可给性”的去人性化。而就元城市而言，其失衡性也源于时间因素。历史性的缺失、无休止的改造重建、速度、技术，都助推着全球设计中错误形式的“无”的产生，最终导致“不可给性”。

重建“时空”平衡的必要性是日本哲学家和辻哲郎（1889—1960）在重塑空间性与人际关系的重要性时所试图强调的。当然，他最为人所知的是他对风土和人类本体论的研究（《風土人間学的考察》，1935）。① 此外，他的伦理学对于理解栖居者及其栖居环境之间所应该存在的关系尤其重要。事实上，他强调了自我与他者或个人与社会之间的共融互补的维度及其平等的关系。和辻是沿着四个轴线来推进他的学说的，即，伦理、人间、存在与社会。人类基本上处于过去和未来、与他者及与特定“风土”的关系的十字路口。因此，关于“自我”的思考不能孤立于这些时间、空间和人际间的因素之外。事实上，在理解个人、自我及身份的形成时，和辻确实试图重新建立时间性和空间性之间的平衡。他认为，西方伦理学主要关注“时间性”，因此构建了一个从“空间世界”或社会中抽象出来的个人概念。在他看来，空间性使互联性成为可能，而这一点对于理解处于各种繁杂关系集合的交叉点的人类至关重要。为了支撑自己的论点，和辻在其伦理思想体系中引入“人间”这一概念。从日语词源来看，这个词由两个字符组成——第一个字

① The 1961 English translation of 風土人間学的考察（*Fûdoningengagutekikôsatsu*, 1935）by G. Bownas appears as *Climate and Culture*: *A Philosophical Study*, Westport: Greenwood Press.

符表示“人”，第二个字符表示“之间”也即“空间”。因此，和过是将“人”的概念放置于个人与社会之间的互补差异关系当中来解读的。这种自我与他者相关联的“空间”或“间性”（Between-ness）唯有通过双方共同的自我否定，或者更确切地说是相互的清空来实现。

换句话说，自我（Self）即/非（Is/Is Not）自我（Self），因为它需要“否定”社会，也需要被社会“否定”。因此，间性构建了一个无的空间，成为个人和社会实现自主的必要条件——这与西田所说的“绝对无的场所”的观念极为相似。

## 四、结　语

保持对时间性和空间性的正确形式间的互补平衡的认识的需求是一个毋庸置疑的哲学事实。当涉及个人及其筑造环境之间的关系时，一个重要的议题在于构想出一种能够克服在空间和时间上的种种缺失的城市设计的可能性，这些缺失可以追溯到豪斯曼男爵的巴黎重建计划中所呈现的现代性或元城市的后现代性。笔者认为，经济力量叠加以技术的滥用和错用在一定程度上是造成当下日益全球化的语境中栖居日渐式微的源头，这也意味着我们被带入了一场伦理维度的危机。在过去的几十年中，我们与他者、筑造环境、地球、天空、我们的世界，或者换言之与我们的场所之间的关联方式已然发生巨大的变化。我们的存在方式也因此经历了重大的转变。这场伦理危机不仅止于道德层面，更糟糕的是，它是存在的，被称为全球元城市化。

# 生态与美学有什么关系?

[德] 格诺特·伯姆　著
钟　贞　译（武汉大学哲学学院）

我们必须改变对待自然的态度，而这首先取决于一种对身体感知的哲学理解以及对环境的设计。

人类当下面临着重新调整我们与自然关系的艰巨任务。气候变化、生物多样性的减少、农业可耕地的丧失、自然生命循环周期的中断甚至破坏，以及所有自然介质、空气、水和土壤的污染，这一切都要求人类必须改变生产方式和消费方式。但在作出这样的努力之前，我们首先要改变对待自然的态度，而这就是自然美学可以发挥作用的地方：因为它意味着人类对自然的认知是融入了情感上的共鸣的。

约 40 年前，源于一系列微小事件的新美学面世，并成为科学界的重大变革。针对生态自然美学这样一个开始时杂乱无章的边缘领域，哲学家们提出了一些问题，并且在寻求答案的过程中重构了欧洲古典美学的大厦。

来自纽约的哲学家和音乐家阿诺德·伯林特（Arnold Berleant）曾经问道，将自然等同于环境来体验是否可以被认为是无目的的。作为一名自然哲学家和任教于达姆施塔特工业大学的物理学家，我自己则有这样的疑问：即对自然中美的体验难道不恰恰在于它触动了我们这一事实。武汉大学的中国哲学家陈望衡曾问道，人们对自然的欣赏是否不是出于对其美的渴望和追求，而是出于对其自身活动的尊重。所有这三种类型的自然美学对于处理我们当下与自然的关系这个问题都是必不可少的。

让我们来追本溯源：从18世纪启蒙运动时期的伊曼努尔·康德到20世纪的西奥多·W. 阿多诺，古典自然美学由无目的性这一原则所主导。直到不久前，哲学家马丁·塞尔（Martin Seel）还试图将审美知觉与完全无目的的知觉区分开来。他认为，要想欣赏自然的美，那我们决不能以一种消费的心态来看待自然的吸引力。因此，很自然的，在自然美学中，与感官感觉—即视觉和听觉—保持距离是无比重要的。

与之相对的是，从1990年代初期阿诺德·伯林特就认为，将自然等同于环境来体验涉及五种感官，对自然的审美欣赏与我们如何参与其中有关；他用的表述是“参与”。囿于五种感官这个教条，他试图用“通感”这一表述来表达如在远足或划独木舟时对自然感知的整体性，即用一种模糊定义的感官互动作用来进行阐释。

受教于由基尔哲学家赫尔曼·施密茨（Hermann Schmitz）于1964年创立的体系庞大的新现象学，我在1992年发表在杂志*Thesis Eleven*上的论文中借助于身体概念做了类似表述：将自然等同于环境的审美体验从最基础的意义上来说是身体的通感。“我可以感知我所处的是一个什么样的空间。”这将氛围的概念引入了关于自然美学的辩论中：氛围是调谐的空间，它是一种介质，在其中我们会在具有情感共鸣的状态下感知周边环境的客观属性。

伴随这个概念的使用，美学回归到这门学科早期的讨论方法上，就像由哲学家亚历山大·戈特利布·鲍姆嘉通（Alexander Gottlieb Baumgarten）于1750年左右提出的那样：与当时盛行的理性主义相对，美学应该是通过感官而获得的认知，即感知。在鲍姆嘉通之后，它很快成为美术理论，也因此成为艺术批评的理论基础。

古典美学随后受到了康德建构主义的影响：伊曼纽尔·康德用来论证其认知理论的哥白尼革命是基于这样一个论点，即理性只看到它自己“放入自然中的东西”。在康德的美学中是这样写的：

“这个花瓶很美”这句话中的“美”不是表示花瓶的属性，而更多的是我们在看到花瓶时想象力受到刺激的状态。

这样的建构主义促使格奥尔格·威廉·弗里德里希·黑格尔（Georg Wilhelm Friedrich Hegel）形成了这样一种观点，即自然只有在艺术研习中—在绘画中、在诗中—才是美的，而不是在外部。从美学家阿洛伊斯·里尔（Alois Riehl）那里，我们读到了景观之眼：只有我们的凝视才能将大自然的多样性归纳为一个整体，变成景观。与之相对，我想指出，自恩斯特·海克尔（Ernst Haeckel）以来生态学一直在谈论植物群落，并且更大的区域通过共生和反馈循环结合形成生态系统。彼得·渥雷本（Peter Wohlleben）最近在他的书《树木的秘密生命：它们能感知什么，它们如何交流》中对此进行了令人印象深刻的描述。

景观是自然单位，并以其地貌与我们交谈。例如，歌德和亚历山大·冯·洪堡就这样谈论过意大利的一处景观。这并不排除人类对自然的影响作用：通过农业和林业，人类参与塑造了景观。因此，美国和德国的自然美学不是指向作为荒野的自然，而是指文化景观。伯林特在这方面则走得更远。他在他的环境美学框架下没有区分景观和城市环境。

但是，在我看来，这走得有点太远了，因为存在本身恰恰属于大自然给人的印象，即便它是由人类安排的。这就是伯托特·波切特（Bertolt Brecht）的《Herr Keuner》这部作品中从单棵树上欣赏到的东西：至少对我来说，树具有一些令人平静的独立的东西，一些我未曾注意到的东西。

如果你带着这种接纳的目光回到艺术，你会发现艺术作品会触及你并感动你。哲学家和笔迹学家路德维希·克拉格斯（Ludwig Klages，1872—1956）谈到了“图像的真实性”，即有效性意义上的真实性。这拓展了经典美学的讨论：美学问题不再只是（对事物的）解释和评判，而更多的是对艺术作品为我们提供的体验的阐释。

由此，美学谓词的范畴大大拓宽。它不再只是关于美丽、崇高和如画，而是关于人们在自然和艺术中体验到的丰富的情感印象：

不仅是关于美丽的，还是关于丑陋的、可怕的、令人厌恶的；它跟快乐的心情有关，也与略带忧郁的情绪有关；它既关乎压抑，也关乎振奋。简而言之，它关乎一个人审美体验中获得的所有经验。人们已经可以通过引入氛围作为感知的基本体验来了解这一点。而所提及的品质是人们用来表征某个气氛特殊之处的特征：一个山谷使一个人快乐，就说它是快乐的；如果一个房间在进入时看起来很喜庆，那么它就是喜庆的。当谈到来自自然和艺术的东西，以及它们以何种方式抓住我们时，古典美学及其三重谓词 —美丽、崇高、如画—被证明极其有限。如果现在把环境美学放在它所扩展的美学的语境中来考量，那么它只是美学的一小部分，一种特例，即审美体验很大程度上是由存在本身的范畴所决定的。环境美学不是关于感知对象的美学资格，而是关于一个人在环境中的感受。这关乎身体的感觉。

由此，我们遇到了一些可以界定为环境美学新发现的东西。我们通常如此专注于客体，并习惯于将自己理解为一个身体客体，因此我们必须要训练自己身体感知的能力。康德将美学的这种功能描述为品位的形成。在德国，由于我主张赋予它务实特征，环境美学最近跟美学设计的实践产生了最密切的交集。因此，自然美学从一开始就积极考虑如何规划自然区域的问题，以便于他们作为可接受的而无须强调的人性化的环境而被接纳。在对荒芜区域进行再自然化时，自然美学应发挥作用。它不仅有助于恢复被破坏的景观，促使生态系统正常运转，而且使景观成为人性、宜居的环境。

在德国，由于人口稠密地区的封闭性，简单地任由被工业发展“摧毁”的自然区域自生自灭是不可接受的。解决土地休养生息的问题是自然美学不得不面对的巨大挑战。一个典型的例子是 Ronneburg 地区和 Gera 地区周围和他们之间的景观：它涉及由（前）苏联和（前）民主德国政府经营的铀矿区——维斯穆特（der Wismut）。这一区域不仅看着令人恶心，而且绝大部分区域由于放射性辐射而不能进入。柏林墙倒塌后，我们付出了巨大的努力——为此甚至必须要移山——并投入了数十亿欧元才让它重生：最终，在 2007 年联邦园艺博览会上，该区域得以展现其美丽的一面，同时也成为工业发展史的纪念地。

一个类似的美学实践项目是对前埃姆舍河及其相邻的采矿区进行复垦和再开发的埃姆舍公园。其他类似的实用自然规划的例子还有曾经是矿山的杜伊斯堡北景观公园和曾经是煤炭转运站的萨尔布吕肯的 Hafen Insel 社区公园。此外还有，Bitterfeld 附近的露天褐煤矿改建的 Goitzschesee 湖区，莱比锡南城褐煤覆盖区改建的一个带有湖区的本地休闲区，以及在一片废弃的交通轨道区域建立起来的柏林 Gleisdreieck 公园。对于所有这些自然规划项目来说，不仅要将他们变成一个个尽可能自我更新的生态系统，而且要让这些区域再次成为一个人性化的环境。

在德国这一标志性发展之外，新自然美学的第三种趋势，即中国自然美学，有其独特之处。这可能是因为，与美国和德国不同，中国并非处于去工业化阶段，而是处于激进的工业发展阶段。这就是为什么像哲学家陈望衡的思考远远超出了（现阶段）可行的范围——他们的目标是人与自然的新统一。因此，在他的观点里，荒野是自适性的自然，而这样的自然在德国早就消失了，并且在美国也仅存在禁止进入的国家保护区里：如果荒野幸存下来，生态平衡就有望长期持续下去。这样的想法对我们来说并不陌生——想想绿肺的说法：世界的亚马孙丛林，曼哈顿的中央公园。但恰恰就在现在，在我们跟冠状病毒的打交道之后，有关荒野与城区毗邻共生的想法值得推敲。陈望衡教授也只能追求将人与自然的统一视为尊重各自生存空间下的划界和谐。

不管如何，对新自然美学的中国学派来说，陈望衡教授认为，它不再主要是关于自然的美以及从这个美中获得快乐，而是有关崇高以及尊重的。这种人与自然相互融合的新愿景似乎很浪漫：人们可以想象他们处在一个由各种荒野区域和拥有房屋和摩天大楼的区域组成的城市网络……人们可以同时置身城市、狂野丛林和沙滩，在享受城市基础设施便利的同时还能呼吸到荒野中清新的空气。那将会是多么美妙的景象啊！

陈望衡的自然美学，从崇高这个经典概念出发，再次强调要尊重自然的独立性。然而，其与此相关的荒野与人类文明共生的想法是乌托邦式的，因为在所有大型动物被灭绝或驯化之后，人类的天敌将会在微生物中产生。尽管人类实际已经认识到这对于气候保护是必须的，人类的公共卫生文明也对人类长期与野生自然保持一定的距离提出了要求。

# 表象之外：21 世纪之交的生态美学

Xin Conan-Wu（Margaret Hamilton Associate
Professor of Art History, William & Mary）

自从伊恩·麦克哈格（Ian McHarg）于 1969 年出版《设计结合自然》（*Design with Nature*）以来，美国的景观设计师一直致力于定义生态景观设计美学。他的书赋予了景观设计以新使命，将专业目标从美学转向科学的生态学，培养所有美国人的环保意识。在 1969 年环境保护法案之后，美国景观建筑师协会认可了 McHarg 的观点，并在随后的几年（1970—1974 年）重组了其认证计划。景观设计师希望自己成为生态环境的先驱，回归自然。

## 一、高潮模仿美学

1972 年，时任景观建筑公司 Sasaki, Walker and Associates 的创始负责人彼得·沃克（Peter Walker）为距离西雅图 25 英里的华盛顿州 Weyerhaeuser 木材公司总部园区进行了景观设计。他致力于开创一种与大型建筑相匹配的景观美学。Weyerhaeuser 总部大楼由 Skidmore, Owings & Merrill 的合伙人、建筑师爱德华·查尔斯·巴塞特（Edward Charles Bassett）设计，其阳台有长长的常春藤覆盖，设计者强调建筑的水平性，与摩天大楼的垂直形成鲜明对比。大楼位于一片种植枫树和常青树的森林的池塘前。穿过森林的步行道和郁郁葱葱的野花草地向公众开放，以此使人们感受到这家木材公司对自然的尊重。这是景观建筑新方向的首批著名案例之一，很快就遍布美国的新企业园区。这一运动旨在让“光投向大地”。它形成了对理想自然如此成功的模仿，以至于参观者没有意识到，这实际上是有意为之的、对自然的修复的结果。参观者看到的是自然本身，而不是可能参与自己生活中的环境意识的象征。生态模仿美学与这种景观建筑环保主义的伦理目的背道而驰。包括彼得·沃克在内的一些景观设计师看到了这一点，他在1983年脱离了生态美学，倡导景观设计借鉴当代艺术并回归艺术世界。美国景观建筑师协会对环保主义的承诺引起了其成员之间的激烈争论，特别是在该协会的期刊上。这些成员呼吁协会在与生态学、环境工程、社会和艺术相关联的问题上采取正确态度。这是一场无休止的辩论，然而它并没有削弱环保主义的力量；恰恰相反，它使问题一直存在。景观建筑环保主义论并非一个根深蒂固的学说，似乎是一个充满争论的领域，它的设计准则源于对人类居住环境的明确关注。因此，它遇到了困扰着任何试图将伦理学或美学置于科学基础之上的问题。伦理学寻求建立长期的任务，允许社会所有成员以相同的方式定义、追求和判断共同利益，而生态理论则面临挑战，并不断被新的科学范式所取代。景观设计师在20世纪80年代和90年代采用的主要范式源自物理学家在20世纪40年代发展的理论——它描述了任何生物群落向稳定的顶点发展的过程，这为景观设计提供了一个可复制的标准。然而，从那时起生态学理论开始转向对自然界中的易受随机干扰的动因的关注。① 众所周知，生态工程的早期实施未能唤醒公众对环境危机的认识。②

---

① Daniel Simberloff，“A Succession of Paradigms in Ecology，Essentialism to Materialism to Probabilism”（《生态学中的一系列范式，从本质主义到唯物主义再到概率论》），载于 *Conceptual issues in Ecology*（《生态学中的概念问题》），Esa Saarinen，ed.（Boston：D. Reidel，1982），63~69页。

② Daniel Joseph Nadenicek 和 Catherine M. Hastings 概述了20世纪90年代美国环境景观设计项目的主要例子。Nadenicek&Hasting，“Environmental Rhetoric，Environmental Sophism：The Words and Work of Landscape Architecture”（《环境修辞学，环境诡辩：风景园林的语言和作品》），摘自 *Environmentalism in Landscape Architecture*（《景观建筑中的环境主义》），米歇尔·科南（Michel Conan）主编（Washington D. C.：Dumbarton Oaks，2000），133~161页。

图 1　威海尔总部：水平摩天大楼

图 2　彼得·沃克设计的 Weyerhaeuser 总部景观

## 二、生态教学美学

20 世纪 70 年代兴起的美国大地艺术运动，其作品多创作于偏远地区，因此只能通过摄影作品的形式来引起城市居民的注意。无论这些照片获得了多少好评，它们从根本上来说是不足的，因为对任何一个地方的现实体验都无法仅仅通过再现来实现，正如马格利特在他的画作“这不是烟斗”中所展示的那样。然而，这个运动激发了同情环保主义运动的艺术家的灵感，开始将城市中心生态发展的鲜活过程通过艺术创作揭示于公众的视线之下。美学体验可以帮助人们了解生态进程。生态演替规律认为给定同一个初始阶段，植物和动物的组合以一种可预测的方式在时间上相互跟随。1978年，艾伦·桑菲斯特（Alan Sonfist）利用纽约市华盛顿广场附近休斯敦街和拉瓜迪亚广场拐角处的一块空地，着手重建欧洲人占领之前的曼哈顿景观。因为人们普遍认为，与原住民相反，欧洲人玷污了自然（也许就像撒旦玷污了上帝的创造），桑菲斯特在曼哈顿种植了一些自然生长的树木，橡树，山核桃树，枫树，杜松和檫树；所有这些都在一个围栏内，以保护它们免受人类，例如艺术爱好者、园丁或其他使用者的侵犯。

图3　纽约市的时间景观

最初这并不是一个可以参观的地方，但是它可以从远处参观。它旨在呈现原始曼哈顿森林的一种转喻，既无法穿越又深不可测。然而，很快就发生了不同的转变。当项目完成时，附近的人赠送了桑菲斯特一棵苹果树，尽管它不是曼哈顿的本地树木，但他仍种植在本地树木中。城市是生态区，在这里，人类活动为植物和动物提供了与原始森林截然不同的机会。非本土植物引入到了时间景观之中。当地一位名叫威廉敏娜·赫尔曼的女士亲自负责这个项目。藤蔓如牵牛花穿过篱笆，树枝形成了密密麻麻的缠结，各种入侵城市的物种大多是非本地物种，慢慢地使最初的项目偏离了目标。她淘汰了非本地物种，并根据自己的直觉种植本土物种。有人称赞她；还有人感叹她把一片自发形成的森林改造成了花园，威廉敏娜的花园。桑菲斯特接受了它，宣称“这是人类生态的一部分”。① 几年后，越来越多的城市入侵植物引发了当地志愿者的善意倡议，他们致力于根除所有非本地物种，并建立视线以防止入侵者躲在灌木丛后面，但是因为围栏不够高，无法阻止他们。城市生态学强加了一个生态演替的过程，这个过程使得时间景观种植偏离了复制原始的曼哈顿森林高潮的初衷。一些人喂养住在那儿的松鼠，其中一个人安装了一个喂食器，桑菲斯特拆除了这个喂食器。首先可以理解的是，他愿意接受一些邻居的干预，拒绝其他邻居破坏理解他的“人类生态学”概念的任何可能性。“他（天真地）想要表现原始森林的生长过程，但在支持者的压力下失败了。当一些游客赞叹这个景观，认为他们看到的是曼哈顿古老森林的一小块时，它就变成了一个神话。在波特兰，另一个非常不同的艺术项目表明展示在野外发生的自然生态过程是多么困难。

1991 年，巴斯特 · 辛普森（Buster Simpson）在俄勒冈州波特兰市中心的一条人行道上种植了一棵巨大的道格拉斯冷杉树“Host Analog”，它被砍成了散布着道格拉斯冷杉种子的大圆木。这棵树来自波特兰附近的 Bull Run 河流域，每 15 分钟喷洒一次城市不锈钢灌溉系统带来的水雾。它旨在模仿维持道格拉斯温带雨林的稳定的冷杉树的自发演替，并使路人能够看到在它长出新森林之前，多年来枯死的道格拉斯冷杉树将如何完成生态演替法则的最后一步。辛普森没有像彼得 · 沃克（Peter Walker）在韦耶豪瑟木材公司（Weyerhaeuser Timber Company）所做的那样代表高潮，而是希望代表使森林在高潮中保持自身的过程。辛普森想唤醒波特兰居民的

① 保罗 · 凯尔希（RobertKelsch），“Constructions of American Forest: Four Landscapes, Four Readings”（“美国森林的建设：四个景观，四个读数”），柯南，景观建筑中的环保主义，163-185；esp169.

好奇心，而不是在不同的季节提供一个稳定的环境。他让居民们面对枯死的原木上幼苗生长缓慢的问题，以帮助他们了解确保道格拉斯冷杉林稳定景观的生态循环——枯死的树木培育着年轻的树木。枯树在那里培育年轻的树木，这唤起了对生态（科学）过程的审美欣赏，唤醒了人们对长期生活过程的认识，而在参观森林或在日常生活中使用木材时这一过程很容易被忽视。保罗·凯尔希（Paul Kelsch）解释了这是如何使巴斯特·辛普森陷入两难境地的。① 然而，就像在纽约市一样，幼苗如预期的那样在原木上生长得很好，它们被其他城市植被所包围，这些植被自发地迁移并在潮湿的原木上生长，从而强加了一个在森林中从未发生过的演替过程。辛普森承认，它与森林中任何自发的生长过程一样具有生态性。这迫使他决定，他是否应该在波特兰市中心遵循自然，即使它不能代表森林的自然生长，或者他是否应该干预并移除他艺术作品中的城市殖民者，从而实现对自然过程的虚假表现。这两种解决方案都无法实现他艺术作品的目的！它提出了一个荒谬的结论，即自然拒绝忠实地代表自己！

## 三、象征性再现的景观美学

瓜达卢佩小河，从圣克鲁斯山脉的洪流中吸收大量水，经过硅谷的圣约斯河，然后到达下游 15 英里的旧金山湾。自 1945 年以来，该市遭受的十五次洪水中有两次被宣布为国家灾难，一次是 1995 年（洪水淹没了 20 平方英里），另一次是 1997 年。由于在混凝土河岸之间疏导河流已被证明会适得其反，景观设计师乔治·哈格里夫斯（George Hargreaves）采用一种截然不同的方法：尽可能使河流在更大的河床上自由流动，穿过城市。在一年中的大部分时间里，河床中的水很少，但是来自山洪暴发的洪流可能会突然发生并且非常猛烈。哈格里夫斯三英里长的项目使得河流在低水位期间

① 凯尔希，“Constructions of American Forest”（“美国森林的建设”），163-185.

图 4　保罗·凯尔希 . 2015 年 *Host Analog* 原木

蜿蜒在几个辫状水床上，并在河岸上升，减缓水流，同时使得它在洪水期间形成一个大型湖泊。在 San Jose 第一次定居之前，无论是恢复低水河床还是河谷的形状都是不可能的。然而，让城市居民从徒劳地试图在混凝土河岸中疏导河流（Taming the river within a concrete straight jacket），转向回归自然调节和植被自由，这是乔治·哈格里夫斯的主要美学意图。在这张航空照片上可以看到沿着瓜达卢佩河延伸的设计，就在圣何塞国际机场以南，这条河流沿着机场流淌。位于着陆带轴线的房屋在 20 年前被拆除，建立了瓜达卢佩河公园和一些专门种植旱地原生植物的花园和玫瑰园。这个项目建立在一种矛盾的二元性之上。它创造了一种新的城市水文学和新的城市生态，并呼吁对加州不同沙漠地区的土地和植物进行有意的改造，同时邀请当地居民参观将其视为对古代自然形式的复兴，并在人工环境中发现沙漠植物的生态。它受到了地方当局和居民的好评，当地志愿者定期照料已有的沙漠植物园。象征性美学使人们能够积极参与这种依赖于人与自然互动的生态过程。它非常成功地激发了人们对花园和园艺的关注，瓜达卢佩河公园保护协会在 2022 年的一份报告中写道：“在这里，你可以在 2.6 英里的小径骑行、散步、跑步或滑冰。你可以欣赏公共艺术、参加节日、在游乐园嬉戏，或者只是观看野生动物和河流的流动。花点时间停下来闻一闻玫瑰——在传统玫瑰园有 3700 种品种可供选择。看看让这个山谷登上历史果园的果树或者在瓜达卢佩社区花园中耕种自己的地块。”但这个报告根本没有提到环保意识。

图 5　乔治哈格里夫斯设计的瓜达卢佩公园

2001 年，瑞典南部的海港马尔默市在厄勒海峡（瑞典和丹麦之间的海峡）沿线 44 英亩的海滨土地上组织了一次致力于培养未来居民对生态和环境新态度的国际住房展览。该展览由 3000 套公寓，公共和私人设施以及由丹麦景观设计师 Stig Lennart Andersson（SLA）设计的大型公园组成，于 2003 年完工。斯堪尼亚拥有自己的历史和身份。在冰河时代末期，随着冰川在公元前 12000—10000 年缓慢向北消退，厄勒海峡的海岸提供了一些通道，人类，狼，熊，海狸，狍子和欧洲野牛通过这些通道从丹麦迁移到斯堪尼亚。他们沿着陆地通道穿过沼泽地，然后到达地势较高的地方。安德森决定建立一个公园，作为这个古老过去的象征，他从受到当代发展威胁的斯堪尼亚乡村景观的典型生物群落中提取了三个。在下图的左侧，人们可以看到一条海岸线，冰碛岩石沉积在广阔的水面之间。在它的左边，一片部分被芦苇覆盖的大草原支撑着三丛树木，这些树木被椭圆形的金属栅栏围住，但栅栏太高了，人们走不进去。这里的每一个群落都是斯堪尼亚更大的典型生物群落的转喻。围栏表明目前在农村很难找到它们，但是，他设计了台阶，让行人可以进入高架通道，爬上围栏，在高架过道上行走，不必触碰地面就可穿过每一个生物群落。它们使游客们想象漫步于三处濒临灭绝的斯堪尼亚风景区，就像漫步在海岸线上的冰碛岩石中让人想起一万年前生活的乡村的诞生一样。它通过游客的想象力恢复了这片土地上第一批居民的景观。他称之为 Anchor Park，这个地方为当代瑞典人提供了将他们的存在扎根于在现代文明几乎完全抹杀的自然世界中的可能性。它不是对古代景观的再创造，而是一种象征性的再现。在马尔默对古代景观形式及其生物群落的象征性再现甚至比在圣何塞对游客来说更重要，游客们可以在一个令人愉快和有趣的地方尽情享受，这些地方让人想起受到城市生活方式威胁的生态。然而，尽管一些当地人似乎参与了这些项目的实施，大多数游客似乎都很享受这些项目，却没有对环境问题有更多的认识。

图 6　Stig Andersson 在马尔默的锚公园（来源 Klas Tham，马尔默市 2022 年）。

## 四、自然之谜的景观美学

1969年，帕特里夏·约翰逊（Patricia Johanson）为《住宅与花园》（*House and Garden*）杂志准备了七个系列花园项目，这些项目将极简主义艺术品用于一个共同的目的：让花园参观者对眼前的自然奥秘感到好奇。每个项目都在一张小纸上绘制了一幅极简主义艺术品的草图，该艺术品将建造在一个大型的多样化景观中。在草图中图的不同部分添加的几句话解释了设计的几个突出方面。然而，这幅素描从未表现出建造艺术品的自然环境，也从未表明，由于地面的自然形状，游客永远不会立即看到整个艺术品。只有在走过去并发现艺术品的一部分之后，才有可能将它想象成一个整体，并发现它与它吸引的地方的一些自然特征有着有意义的关系。帕特里夏·约翰逊说："我的风景最重要的方面和成功的关键在于我没有设计的部分"，简单地说，她的艺术是关于大自然神秘的一面，她叠加在风景上的物体只是一个道具，帮助游客摆脱对大自然如画般欣赏的习惯，停下来思考它的活力。生命的神秘无法表现，这足以成为约翰逊避免表现景观的理由。①

关于这幅花园"行走蕨"的素描记录很少。较长的评论是"不规则的线条在地上移动，与现有景观交织在一起"。然而，这幅画在草图上是可以辨认的，因为它展示了一种行走的蕨类植物（Asplenium Rhizophyllum），一种具有独特三角形叶子的蕨类植物，在其下方散布着一簇产生孢子的器官。成熟时，它们会破裂，释放出孢子，使新植株在两层生命周期内离开父母。首先，孢子萌发产生配子（分别含有卵子和精子的结构）。其次，只有在有水的情况

---

① 吴欣（Xin Wu），"Walk thru the Crossing：The Draw at Sugar House Park in Salt Lake City"（《穿过十字路口：盐湖城糖屋公园冲沟》），*Contemporary Garden Aesthetics*, *Creations and Interpretations*（《当代花园美学，创作和诠释》），米歇尔·柯南（MichelConan）主编 Washington DC：Dumbarton Oaks，2005，p. 146.

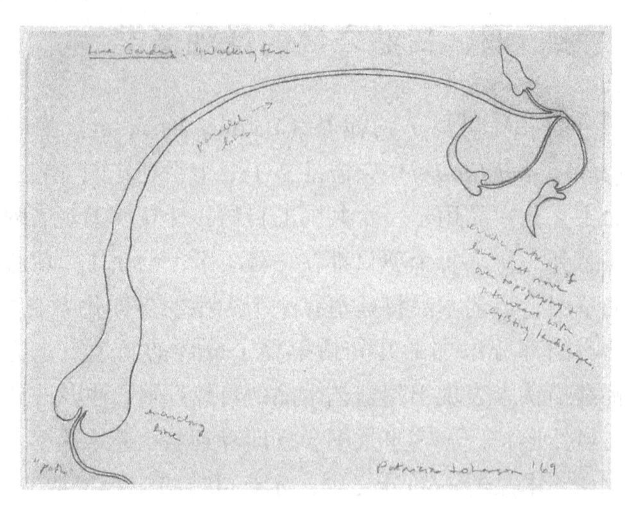

图 7　线条花园：Patricia Johanson 的《Walking Fern》

下，精子才能游向卵子，它才能发育成新的植物。行走的蕨类植物群的存在是这幅风景画吸引人注意的特征，而它的定植之谜是值得思考的。因此，这是一件生态艺术作品，它回避了表现，呼吁人们专注于对大自然神秘生命的沉思。

然而，这些只是纸质草图，它们因其奇特的优雅而受到艺术评论家的赞赏，这些评论家认为花园看起来像素描（完全误解），并且认为附在图上的评论揭示了该项目的意义（一个更具破坏性的误解）。1970 年，约翰逊从纽约市搬到农田休耕，回到纽约州北部的荒野，在那里她观察了周围的野生动物。在与她的朋友雕塑家托尼·史密斯（Tony Smith，1912—1980）的一次争论后，她贴着一片次生林的地面，创作了一座大型水平雕塑，赛勒斯场（*Cyrus Field*），成功地引起了人们对森林地面上不断变化的生命运动的关注。截然不同于垂直雕塑孤立于自然背景的图底关系，她的水平雕塑将自然界的生命活动作为其焦点。她的第一批访客是她的艺术圈朋友，包括罗伯特·莫里斯（RobertMorris，1931—2018），埃尔斯沃思·凯利（Ellsworth Kelly，1923—2015），肯尼斯·诺兰（Kenneth Noland，1924—2010），海伦·弗兰肯塔勒（Hellen

图 8　行走蕨类植物

Frankenthaler，1928—2011）和罗伯特·马瑟韦尔（Robert Motherwell，1928—2011）。他们的反应使她确信，她知道如何创造花园，来使参观者惊异于他们以前忽视的自然形式。然而，她的公共委员会提案一个接一个地失败了。我在其他地方解释过，她花了十多年的时间才明白，向当代艺术家或广大城市居民介绍一种新的生态美学是完全不同的。① 20 世纪 80 年代初，约翰逊在休斯敦取得了突破，当时达拉斯美术馆馆长委托她修复了自然历史博物馆前污染严重、危险重重的费尔帕克泻湖。1982—1986 年，她与了解泻湖生态恶化背后的历史和科学的自然科学家合作。他们热衷于帮助她创造一个可持续生态的泻湖和雕塑舞台，让游客全年沉浸于思考这些生态系统，而不会打扰这些生态系统。她选择创作了两个巨大的雕塑，灵感来自两种普通植物（扁叶慈姑和凤尾蕨）。这些雕

① 吴欣（XinWu），*Patricia Johanson and the Re-Invention of Public Environmental Art*，1958-2010（《帕特里夏·约翰逊与公共环境艺术的再发明，1958-2010》）Ashgate Publishing，2013，pp. 101-137。

塑形成了从远处可见的红色混凝土小路，吸引着游客。它们从河岸伸进池塘，然后潜入泻湖，在那里没有游客，甚至也没有最爱冒险的孩子。但是，这个设计使得孩子们能站在小路的边缘，凝视着水面，慢慢发现生命在他们的眼睛下面移动。这里已经成为一个最受欢迎的演示舞台，而非要求审美鉴赏的艺术品的地方，让导盲员们分组学习一堂户外生态学课程，让家庭分享孩子们的惊奇，让一些艺术爱好者享受自然。在赛勒斯场的雕塑设计中，约翰逊迎合了前卫艺术家的审美接受能力。在休斯敦，她受到了该市最优秀的环保人士对生态和美学的关注。她把极简主义的艺术哲学带到休斯敦市不断发展的环境意识中。她的艺术之所以对人们有意义，是因为她创造性地回应了当地人对生态的兴趣，而这一兴趣得到了自然历史博物馆热心的策展人和讲解员的支持。这表明，由于每个城市的生态和环境运动不同，生态美学应该针对具体的地点。

图 9　孩子们凝视着公平公园泻湖，注意背景中的海龟

## 五、再生的景观美学

回顾过去，我们迄今为止研究的所有景观设计显然只涉及生态循环的前三个步骤“生物量>人类生产>利用>降解>再生>生物

量”。这可能令人惊讶，因为再生旧材料是实现可持续环境之前需要跨越的主要障碍。它并没有逃脱所有环保主义者的目光。1990年6月瑞典Västerås的全国住房展览的参观者可以参观一个小型住房项目Tusenskönan（A thousand beauties）。它的设计旨在促进对可持续发展的关注，以及水、垃圾、自然，甚至社区生活的循环利用。这座U形的六层建筑通往一个景观花园，旨在让所有居民以关心自然再生的方式加入进来。设计师们将蔬菜垃圾堆肥作为一种教学方法，在居民的日常生活中扎根对可持续性理念的关注。每个家庭厨房都有一个单独的蔬菜垃圾箱，可以倒进一个普通的堆肥箱。堆肥既是一种有益的生态实践，也是居住社区所有成员共同责任感的潜在象征。因此，作为任何符号，它都可能成为审美鉴赏的对象。然而，观察蚯蚓和惊叹它们的消化能力并不能提供一个持续的审美对象。庭院花园恰恰相反。一旦堆肥成熟，它就被用于普通园林，被送到一个共享分配的花园中种植蔬菜或花卉，或者在阳台上装满花盆。

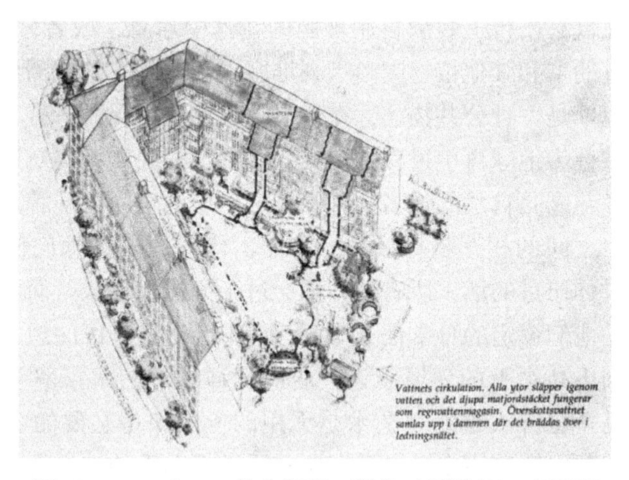


图10 Tusenskönan的水循环。所有（坚硬的）表面都会让水通过（管道），深层表土充当雨水蓄水池。多余的水被收集到池塘中，通过管网回收

图 11　赤脚走在图森斯科南的小溪里

Tusenskönan 居民都知道，一条开放的管道将雨水从屋顶和穿过花园的通道输送到一个沉淀池，室内堆肥被放置在花园的花坛，公寓居民可以在那里自由种植蔬菜或花卉，从花园里的花朵中取出种子，在自家阳台上装满自制堆肥的花盆中培育，或者修剪草坪，将修剪过的草和其他植物废料带到堆肥中。这座庭院花园象征性地代表了地球是一种公共物品，在这里，园艺和花园的所有其他用途都可以被视为地球再生过程的代表，这一过程源于人类对地球存在的关注。花园是自然的代名词，整个房子里的生命象征着人类和非人类生命之间的相互依存关系。然而，住宅的设计师们已经预料到，如果你愿意的话，所有这些都会过于刻板和平淡，而且居民可能会遵循他们设定的日常任务顺序，而不会激发居民的想象力，使他们达到更高水平的环境意识。居民们拜访了艺术家罗兰·海伯林，他是一位喜欢重复“艺术是无用的，但却是必要的”的象征主义者，并以瑞典历史、文学和所有居民都熟悉的神话为灵感创作了微型雕塑。其中一半的居民对雕塑表示欢迎，另一半则有些冷漠，甚至有些敌意地看着它们。然而，很明显，许多居民会带着游客去看这些雕塑，它们吸引了孩子们的注意，尤其是靠近花园小溪的雕塑。可以指出的是，赤脚在河床上行走带来了一种在乡村独自行走的替代体验，这是对 Fjäll-vändring、山间漫步这项全国性运动的象征性准备。积极意见的范围没有这些艺术作品在生活世界中的普通行为和更大意义之间的协调方式重要，因为它们属于一个国家或环境意识。因为这些艺术品在这个院子里出人意料，所以需要解读，因此需要观众的想象力来理解整个场景。它甚至比约翰逊为费尔帕克泻湖设计的作品更需要观众参与花园的维护，并以非常实际的方式将他们的日常生活与瑞典自然世界文化的象征和自我平衡宇宙的意象交织在一起。它的设计是针对特定地点的，其美学似乎更广泛地融入了塞尔玛·拉格尔夫（Selma Lagerlöf）在《尼尔斯奇遇记》（*Wonder Adventures of Nils*）中讲述的瑞典人与非人之间和谐的神话，并被珍藏在斯德哥尔摩市中心的斯坎森露天博物馆中。①

10 年后，帕特里夏·约翰逊（Patricia Johanson）在 1998—2009 年设计的佩塔卢马湿地公园（Petaluma Wetlands Park）是她 21 世纪景观艺术最引人注目的创作。佩塔卢马是加利福尼亚州的一个小城市，佩塔卢马河穿过此，向南流入旧金山湾。1998 年，市政厅决定，着手将其小型水处理厂改造成一个更大的现代化回收设施，遵循生态可持续的过程，以满足生产高质量循环水的所有法律要求。② 约翰逊被要求与“卡罗洛工程师”公司合作设计校园，这是一家专门从事废水物理和化学处理的公司。她将我们已经展示

---

① 这一神话出自 Selma Lagerlöf 原名为“*The Wonderful Travels of Nils Holgersson's across Sweden*”（《尼尔斯霍尔格森穿越瑞典的奇妙之旅》）（1906—1907）一书，被奉为瑞典文化的根本。这本书断言，来自瑞典截然不同地区的人们的共同身份源于他们与独特的自然和野生动物共享的和谐生活。它被几代瑞典人用作教科书。关于斯坎森，请参见 Michel Conan，“The Fiddler's Indecorous Nostalgia”（《提琴手不当的怀旧》）in *Theme Park Landscapes: Antecedents and Variations*（《主题公园景观：先例和变奏》）Terence Young and Robert Riley, eds.（Washington DC：Dumbarton Oaks，2002）p91-117。

② 吴欣（XinWu），*Patricia Johanson and the Re-Invention of Public Environmental Art*，1958—2010（《帕特里夏·约翰逊与公共环境艺术的再发明，1958—2010》）Ashgate Publishing，2013，pp. 166-176.

图 12　远处植物、四大抛光湿地、泥滩和佩塔卢马河的鸟瞰图。8 个抛光池中只有 3 个在左侧可见

的技能用于一个废水处理园区的设计中，在水处理的抛光阶段引入了生态处理，这是一种将农业用水净化为饮用水的处理方法。该工厂位于佩塔卢马以南的佩塔卢马河沿岸的一块土地上，其中大部分位于定期被潮水淹没的泥滩中。合作的开始并非一帆风顺，因为工程师们对于他们的专业知识无关的水净化生态过程并不感兴趣。这引发了市政委员会的辩论，引起了其他关注城市环境保护的团体的关注。当地的一个协会——佩塔卢马湿地公园联盟（Petaluma Wetlands Park Alliance）率先在当地人中发起了一项得到广泛支持的请愿书，要求建立一个湿地公园。约翰逊的提议最终在 2001 年得到市政厅的批准，并于 2002 年 5 月向该市提交了最终项目。该方案提议在生态校园内建立一个生物工业回收设施，小径向公众开放。校园被埃利斯溪（Ellis Creek）分为两部分，埃利斯溪是一条流经树木覆盖的河岸之间的小溪，南面是大型氧化池（照片左侧），北面是工厂和四个生态抛光湿地，一片泥滩从这些湿地的西边一直延伸到佩塔卢马河（照片上的涨潮时）。抛光湿地构成了校园的标志性核心，因为其生态功能突出了微生物在废物自然回收中的作用，其正式设计象征着当地对恢复整个环境的承诺。四个池塘

和一条将它们与植物连接起来的小径形成了盐沼巢鼠的形象，这是旧金山湾区的濒危物种。像往常一样，在约翰逊的设计中，这个形象在地面上是看不见的，但湿地的不寻常形状可能会在常客的脑海中引起兴趣并引发对这一形象的再现，帮助他们理解一个他们出于道德目的和审美兴趣而喜欢的地方的环境意义。此外，约翰逊坚持进行河岸恢复，引入本地草地以及不同农业植物的高地，以刺激居住在不同群落中的动物和鸟类之间的互动，因为这刺激了不寻常的生物多样性和生物相互作用。因此，自然生命无处不在，在植物，抛光池，埃利斯溪岸边和泥滩周围有着各不相同的生命，吸引了各种各样的公众：鸟类爱好者，摄影师，生态学家，学校团体和希望在热闹的地方散步的家庭，即使这是废水处理设施。除砂后，废水通过8个氧化池循环，用次氯酸钠消毒，到达4个生态抛光处理湿地。他们利用植物的过滤能力以及微生物种群实现的生物过程，将水净化到加州饮用水标准。因此，这些抛光湿地完成了废物回收的最后阶段。然而，这些湿地的功能不仅仅在于此，因为微生物喂养了湿地一建立就邀请自己的野生动物，这种野生动物吸引了当地的鸟类以及鹈鹕和加拿大鹅，为巨大的生物链提供了更广阔的视野。两个岛屿在最后的湿地形成了盐沼巢鼠的眼睛。它们帮助疏导水流，为野生鸟类提供巢穴，防止啮齿动物进入。岛屿吸引了许多捕食这些湿地野生动物的鸟类，使它们成为鸟类生活的引人注目的展示。然而不久之后，一个水獭家族进入湿地，开始以鸟蛋为食。奥杜邦协会（一个非政府的鸟类保护协会）的地方分会请求移除这些水獭。其他当地生态学家反对，并认为水獭是野生动物的一部分，捕食者有助于控制种群的正常生态过程。此外，他们的到来丰富了公园的生物多样性，并证明了公园自发地恢复了自然平衡。因此，移除它们将是一种人为干预，再次扰乱了自然界的自发调节，这种调节使得包括人类在内的所有生物的发展保持平衡。这引发了一场大规模的当地辩论，奥杜邦社团成员的暴力干预使这场辩论平息，他们将整个种群秘密地困住，并将水獭驱逐到一个偏远的地方。这个事件之所以令人感兴趣，是因为它引起了佩塔卢马大部分人的注意，它突出了人们对该项目的审美和伦理反应的活力，也说明了一个事实，即生物链是一条捕食者链。最后，它表明，参与环境项目的不同人群的审美反应可以促进对非人类生活某一方面有相同兴趣的人之间的团结，以及有不同兴趣的群体之间的分歧。这是一个惊人的现象。它表明，人类很难将自然界的平衡视为物种之间随机干扰和冲突的结果，而非基督教天堂或佛教净土的和谐。

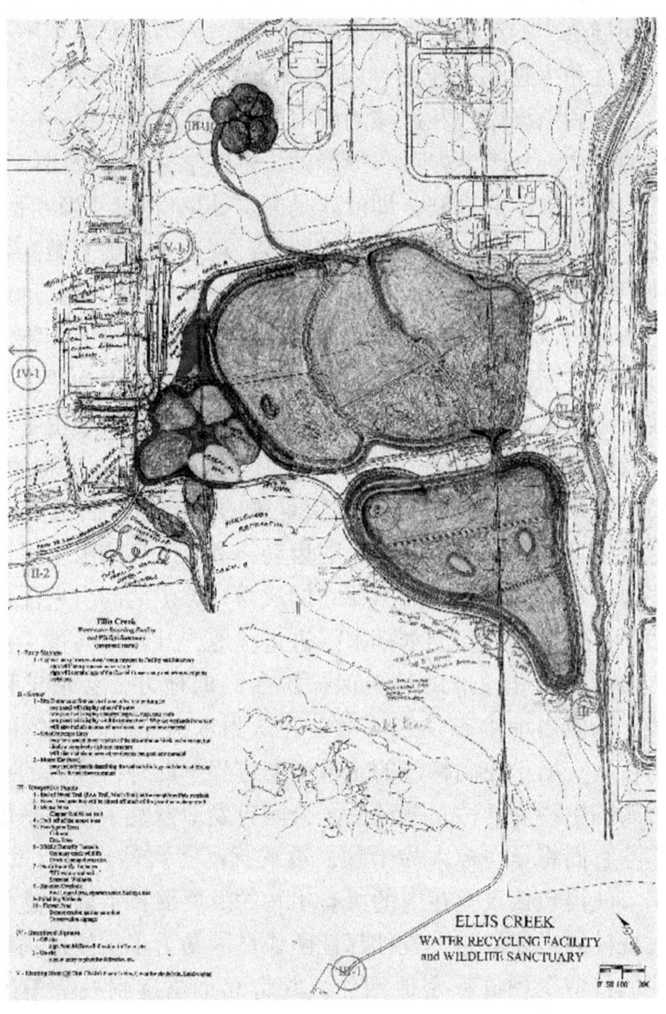


图 13　帕特里夏·约翰逊的佩塔卢马污水处理厂的湿地

## 六、共同进化的景观美学

在讨论鸟类和植物的共同进化时，讨论人类和非人类的共同进化似乎无关紧要，因为自人类首次出现以来，其形态一直没有改变。不管人类文化如何变化，一些人已经适应了他们的环境，而像我们这样的其他人已经利用着环境。在《暮光之矛：亚马孙丛林中的生与死》一书中，菲利普·德斯科拉（Philippe Descola，1949年）解释了阿丘亚人的男女是如何与周围的自然形成独特的关系。男性与他们追捕的动物建立家庭关系，并且总是向他们将要杀死一名成员的牛群祈祷宽恕，而女性则将菜园的众多植物看作自己的孩子一样抚养，这些植物是从她们的母亲那里继承下来的，这些母亲通过唱摇篮曲抚养她们，然后把她们带到厨房准备饭菜。在其他几个方面，阿丘亚人作为捕食者与环境共同进化，维持其健康的生存。阿丘亚人的社会与我们的社会大不相同。其赋予家庭更大的分量，不像我们那样需要社会和经济框架的机构网络，但他们的孩子却已经比我们当中几乎所有的成年人都更了解自然世界，他们通过阅读人类或动物的干扰痕迹，发展了在亚马孙森林中寻找出路的能力，而德斯科拉在他们中间待了一年多，却无法了解这些迹象。在与大自然和谐共处方面，阿丘亚人比我们文明得多。这并不意味着我们可以效仿他们。正如我刚才提到的，他们已经形成了一种超越西方文化培养的视觉能力的目光。阿丘亚人给了我们一种我们的文化也可以与自然共同进化的希望。

中村义雄（Yoshio Nakamura）在东京北部的古河（Koga）创建的公园提供了一个更接近的例子，说明了当代文化可以改变其与自然的共同进化的过程。这将有助于思考美学在文化变革过程中的作用。古河公园是最近对具有悠久历史的沼泽地的改造。这里曾是古贺县主的公园，有一个大池塘和一片樱花树林，当地居民曾经在

图 14　古河公园的春草草甸

那里庆祝①赏花，享受樱花的仪式观赏。第二次世界大战后，这片沼泽地被排干并转变为稻田，然后又恢复为沼泽地，不适合任何用途，直到该市市长和中村义雄制订了一项计划，以恢复在古河的农村环境中日本与自然的关系以及其生物多样性，并使当地居民能够将日本与自然接触的文化传播给他们的孩子。中村义雄将这一景观比作一副反复被修改的古老的手稿副本。它既不是历史或生态恢复，也不是纯粹的创造。这是人类与非人类之间动态关系的新开端，这种关系源于以前的关注和遗弃循环。在这方面，这一景观是由人类活动和自然自发性之间不同程度的相互作用形成的生物群落的拼图，从完整的荒野到森林、农业、园艺和公共设施的建筑。令所有人惊讶的是，野生动物对这些生物群落以这样一种方式做出反

① 中村义雄，“Le Parc de Koga, conception et motivations paysagères”（《古河公园，设计和景观动机》），*Autour de Nakamura Yoshio, une Expérience de Pensée du Paysage entre Japon et France*（《关于中村义雄：日法之间的景观思维》）Cyrille Marlin 主编（Bordeaux, France : Presses Universitaires de Bordeaux, 2022）.

应即在该地区被认为已灭绝的物种突然重新出现。同样，人类活动不断改变公园的不同方面，当地居民或协会恢复古代仪式活动，让他们的孩子有机会通过身体体验与过去联系，例如重新种植稻苗、收集茶叶、为秋季仪式切割芦苇、捕杀蝴蝶、放风筝（看风和摸风的最佳方式）、钓鱼（与自然和谐共处的中国隐士方式）、沉思诗意的风景（另一种源自中国的做法）、在盛开的桃树或樱桃树下饮酒唱歌。大自然对每一种行为都有不同的反应，从而创造了尽可能多的非人生类生命和人类文化共同进化的过程。每项活动都是由一群当地居民发起的，他们为维护相应的生物群落做出贡献，并组织了所有居民都能参加的活动。例如，茶农在公园的一小块地上种植了茶树，并招募了已经学会了如何修剪嫩叶、处理嫩叶，以及为公园茶馆提供的饮料准备茶粉的年轻志愿者。水稻种植者准备了一块稻田，在这里种植了两种茶叶，在春天他们邀请年幼的孩子在父母的注视下移植。年轻的城市居民以这种方式重复着古代习俗，他们越来越意识到人与自然之间的复杂关系，同时也在新的社会和经济背景下促进了古代习俗的吸收。还有更多的倡议，而且数量还在不断增长，因为中村义雄的推动，市政府创造了一个独特的地位：公园主人——负责督促古河的人们制定一项新举措，以推动城市人民对公园内与大自然以多种互动方式的认识。这个既不模仿也不象征自然的折中主义公园带来了一种文化发展，促进人们对人类与非人类之间的多元关系有了更大的认识。

## 结　论

长期以来，人们对“生态景观设计的正确美学”的追求并没有成功，原因很简单，根据景观设计的目的和手段，可能存在多种美学，而不是一种美学。我们研究了四种不同的目的：重现群落的高潮，展示生态演替过程，激发人们对自然界生命的敬畏，强调生态循环的再生过程，以及让人们参与人类和非人类的共同进化。我们发现了不同的方法，这些方法与这些目的并不严格相关：标志性表现、象征性表现、游客参与、通过创造或修复景观来增强生物多

图 15　儿童在古河公园插秧

样性。1969 年，美国的风景园林师，以及后来世界许多地方的风景园林师，致力于培养参观他们的风景园林作品的所有游客的环境意识，从而使他们的美学服从于道德目标。以象征性地表现自然高潮为目的的风景画因其美学而备受赞赏，但在培养环境意识方面却完全失败了。即使那些提出生态演替规律的艺术作品的象征意义已被一些（而不是全部）游客所欣赏，但它们仍未能实现其说教目的。这种表现将观众和其所看到的物体之间相互隔离，同时形成了一种以自我为中心的个体主义体验。相反，其余的项目都试图在身体和精神上让其项目的使用者参与一个或几个生态过程。它们都在不同程度上调动了身体和精神参与之间的相互作用，使一个或多个生态过程的脑力参与成为审美欣赏的中心。而且，重要的是，这些项目中的每一个都依赖于与其他人分享的赞赏。欣赏这个地方的方式是通过重复的动作形式和每个人与其他人的交流互动慢慢形成的，而这种审美的共同产物反过来又根植于每个人，使这些人创造自己的仪式。帕特里夏·约翰逊项目的规模和归属感肯定比图森斯克南、佩塔卢马湿地或科加公园更有限。但是它让人们注意到形成群体多样性的可能性，这些群体要么相互独立，要么松散地联系在一起，这取决于它们参与同一景观的方式。这意味着与环境不同形式的仪式化互动使得参与者参与到生态过程某方面的不同主体间的体验之中。每一个都促进了集体欣赏的培养，以及共同审美观的构建。然而，这并不一定会形成共同美学，因为冲突是生态生活固有的一部分，也因为人类群体可能会为一个物种（鸟类、狼、鱼等）而反对其他物种，从而形成矛盾的审美标准。

# 建成环境对居民健康的影响：理论认识与研究方法探讨

程晗蓓（武汉大学城市设计学院）
李志刚（武汉大学城市设计学院）

进入21世纪，人类对健康的关注正从“疾病治疗”转向“疾病预防”。空间规划作为对空间的主动式干预手段，改善“致病”空间、营造有利于居民健康的人居环境。① 事实上，现代城市规划始终重视提升城市居民健康水平，其缘起与公共健康密切关联。② 实践表明，规划手段的确可以干预建成环境，进而影响公共健康；涉及土地利用、空间形态、道路交通、绿地和开放空间等。

随着我国城镇化以前所未有的速度、深度和广度推动，环境污染、生态环境恶化、卫生设施短缺、居民体力活动缺乏等城市问题日益凸显，严重威胁人民健康水平。波尔（Poel）等提出“健康代价”（Health Penalty）论，认为城市化会带来一些不良的环境后果，进而对城市居民健康产生重大且显著的负面影响。③ 除了家族史和遗传因素、生活方式和社会经济因素，环境也是影响健康的关键因素；其中，物质环境因素（环境质量和建成环境）对健康的

---

① 王兰，蒋希冀，孙文尧，赵晓菁，唐健：《城市建成环境对呼吸健康的影响及规划策略——以上海市某城区为例》，载《城市规划》，2018年第6期。

② 王兰，廖舒文，赵晓菁：《健康城市规划路径与要素辨析》载《国际城市规划》，2016年第4期。

③ Poel, E. V., Odonnell, O., & Doorslaer, E. V. “Is there a health penalty of China’s rapid urbanization?” Health Economics, Vol. 4, 2012.

影响度达10%。① 世界卫生组织指出，全球近四分之一的疾病负担可归因于“可修正的环境”（Modifiable Environment）。② 建成环境的改善和优化（尤其是在社区尺度）对居民健康水平的提升具有重要而积极的作用。学者们一直在探索环境影响健康的机制及路径。就我国而言，关于建成环境与公共健康的实证研究刚刚起步，从理论到实践的探索仍在继续，亟待予以进一步归纳和总结。为此，本文通过对相关理论和实证的文献研究，总结建成环境影响居民健康的研究成果，提出健康导向下的建成环境构建策略，以期对“健康中国”国家战略和“健康城市”的建设提供参考与借鉴。

## 1. 理论基础及其发展

### 1.1 理论基础

20世纪后半期以来，学界对于建成环境影响公共健康的问题予以高度关注，已经发展成为一个重要的交叉领域，涉及城市规划学、健康地理学、环境行为学、社会医学等，同时衍生出一系列基础理论。其中影响较大的是社会生态学理论、城市生态系统理论和“城市生态位”。

社会生态理论（Socio-ecological Models）是理解个体与环境之间动态关联的基础理论和研究体系。该理论是以布朗芬布伦纳（Bronfenbrenner U）的“个体发展生态学框架”（Ecological Framework for Human Development）为基础，后由萨利斯（Sallis）等人结合“健康行为促进”理论予以发展，形成“环境干预”框架。该理论指出，公共健康研究应关注“支持性环境”的建设，

① Whitehead, M., & Dahlgren, G. “What can be done about inequalities in health?”. Lancet, Vol. 8774, 1991.

② Prüss-Üstün, A., & Corvalán, C. Preventing Disease Through Healthy Environments: *Towards an Estimate of The Environmental Burden Of Disease*. Geneva: WHO Press, 2006.

强调个体健康发展是嵌套于相互影响的一系列环境系统之中的,①而且这里的环境是多维度的环境概念，既包括实体空间要素，也包括感知因素等，强调了可达性、便利性、舒适性、安全性和犯罪感知。② 该理论认为，对多个维度、多个层面的环境的干预是健康促进的最优途径。

随后，巴顿（Barton）在 2005 年将社会生态理论与社会决定因素模型进行整合，提出“人居生态体系健康地图”（Settlement Eco-system Health Map）,③ 形成了城市生态系统理论。该理论将人视为核心圈层，全球生态系统位于环境最外圈层；内部包围着居住环境，包括自然环境、建成环境、本地经济、社区社会网络和资本等。该理论的重要贡献在于明确了两点认识：第一，公共健康同时受内部个体因素（年龄、性别、遗传和生活方式等）和外部环境因素（从最外层的全球生态至最内层的社会资本和网络）的共同影响，空间规划对健康的干预主要集中在中间圈层的建成环境中。第二，不同圈层的环境因素之间相互影响，且有远近之分，即有的因素可以直接作用于健康结果，有的因素则起到间接作用。其中，建成环境与社会环境相互作用，而非彼此孤立。

进入 21 世纪以来，萨卡尔（Sarkar）等④提出“城市健康位”（Urban Health Niche）概念，建立“健康城市模型”（Health City Model），引入多层次空间系统（家庭/住房-邻里-城市），对健康风

① Bronfenbrenner, U. “Toward an experimental ecology of human development”. American Psychologist, Vol. 7, 1977.

② Sallis, J. F., Cervero, R. B., Ascher, W., Henderson, K. A., Kraft, M. K., Kerr, J. “An ecological approach to creating active living communities”. Annual Review Public Health, Vol. 27, 2006.

③ Barton, H., Grant, M. A “health map for the local human habitat”. Journal of the Royal Society for the Promotion of Health, Vol. 5, 2006.

④ Sarkar, C., Webster, C. “Urban environments and human health: Current trends and future directions”. Current Opinion in Environmental Sustainability, Vol. 25, 2017.

险因素予以系统考察。皮尔斯（Pearce）①、库尔特（Coulter）②、莱卡斯（Lekkas）③ 等也对环境的动态发展问题予以关注，强调建成环境演变对个体全生命周期健康的影响。

这些探索为本领域奠定了理论基础和研究框架，也为空间规划干预公共健康提供了更加清晰的路径。

### 1.2 建成环境对公共健康的影响路径

研究发现，建成环境通过多种方式影响公共健康，其路径大致可归为两类：一是环境暴露的直接影响；二是基于中介因素的间接影响。

#### 1.2.1 直接影响

这类影响主要包括物理危害（污染、噪音）、自然接触（蓝绿空间）、场所失序体验等三方面。例如，长期暴露于空气污染（如 $PM_{2.5}$、$PM_{10}$、臭氧等）会增大心理压力④、增加抑郁、焦虑⑤和

---

① Pearce, J., Cherrie, M., Shortt, N., Deary, I., Ward Thompson, C. "Life course of place: A longitudinal study of mental health and place". Transactions of the Institute of British Geographers, Vol. 4, 2018.

② Coulter, R., van Ham, M., Findlay, A. M. "Re-thinking residential mobility: Linking lives through time and space". Progress in Human Geography, Vol. 3, 2016.

③ Lekkas, P., Paquet, C., Howard, N. J., Daniel, M. "Illuminating the lifecourse of place in the longitudinal study of neighbourhoods and health". Social Science & Medicine, Vol. 177, 2017.

④ Sass, V., Kravitz-Wirtz, N., Karceski, S. M., Hajat, A., Crowder, K., Takeuchi, D. "The effects of air pollution on individual psychological distress". Health & Place, Vol. 48, 2017.

⑤ Buoli, M., Grassi, S., Caldiroli, A., Carnevali, G. S., Mucci, F., Iodice, S., ... Bollati, V. "Is there a link between air pollution and mental disorders?". Environment International, Vol. 118, 2018.

自杀倾向。① 居住区噪音污染（道路交通噪音、轨道交通噪音、商店餐饮噪音、施工噪音等）会对居民的睡眠质量及幸福感均有一定的负面影响。② 相反，社区绿地、公园、水体等治愈性景观可以显著缓解心理压力、修复注意力，通过眺望也可获得审美愉悦与放松，进而提升健康水平。③ 近期研究关注了微观场所失序及其体验对健康的直接影响。研究表明，空间失序（如违法涂鸦、设施损坏、路面破损、建筑空置、车辆废弃、垃圾无序和破窗等）作为一种慢性应激源，可能引起潜在生理机能的不良反应（如血清皮质醇的水平改变）；④ 另外，不佳的场所体验也会对心理健康和幸福感有直接的负面影响。⑤ 相比于“大刀阔斧式”的规划重置，微环境的改善对居民健康的促进作用可能更加显著、更加直接，可以作为未来环境与健康研究的重点。

### 1.2.2 基于中介因素的间接影响

然而，大部分环境要素对健康的影响都是通过中介变量间接发挥作用的。具体而言，压力、健康行为、社会因素是连接社区建成

---

① Min, J.-y., Kim, H.-J., Min, K.-b. “Long-term exposure to air pollution and the risk of suicide death: A population-based cohort study”. Science of the Total Environment , Vol. 628, 2018.

② 李春江，马静，柴彦威，关美宝：《居住区环境与噪音污染对居民心理健康的影响——以北京为例》，载《地理科学进展》2019 年第 7 期。

③ Lachowycz, K., Jones, A. P. “Towards a better understanding of the relationship between greenspace and health: Development of a theoretical framework”. Landscape and Urban Planning, Vol. 3, 2013.

④ Dulin-Keita, A., Casazza, K., Fernandez, J. R., Goran, M. I., Gower, B. “Do neighbourhoods matter? Neighbourhood disorder and long-term trends in serum cortisol levels”. Journal Epidemiology & Community Health, Vol. 1, 2012.

⑤ 陈婧佳，张昭希，龙瀛：《促进公共健康为导向的街道空间品质提升策略——来自空间失序的视角》，载《城市规划》2020 年第 9 期。

环境与健康的三大路径。[①] 其中，犯罪风险、体力活动、社会交往等是观测和解释建成环境要素对居民公共健康影响的主要中介因素。

路径一：建成环境→压力（犯罪风险）→公共健康

犯罪风险深受建成环境的影响，进而影响公共健康。该理论可追溯到"破窗理论"和雅各布斯对"街道眼"的探讨。例如，"破窗理论"将犯罪风险归咎于环境维护和管理问题，认为场所透露出的衰败和失控信号会吸引潜在罪犯并恶化安全感知，[②] 其负面影响在女性和身体欠佳者中更为强烈。[③]

基于"街道眼"理论，拥有混合功能的小尺度街区、可渗透的空间形态和商铺、公园等场所能有效减少犯罪活动。[④] 例如，诈骗犯罪率空间分布与银行网点、旅游景点、道路密度、土地利用混合度等建成环境因素高度相关。[⑤] 这种环境犯罪风险会削弱社区社会资本、瓦解集体效能、降低社会控制力，也会减少体力活动的发生，对居民身心健康会产生显著的消极影响；[⑥] 此外，这一关联在

---

① Northridge, M. E., Sclar, E. D., & Biswas, P. "Sorting out the connections between the built environment and health: A conceptual framework for navigating pathways and planning healthy cities". Journal of Urban Health, Vol. 4, 2003.

② Sampson, R. J., & Raudenbush, S. W. "Seeing disorder: Neighborhood stigma and the social construction of 'broken windows'". Social Psychology Quarterly, Vol. 4, 2004.

③ Brunton - Smith, I., & Sturgis, P. "Do neighborhoods generate fear of crime? An empirical test using the British Crime Survey". Criminology, Vol. 2, 2011.

④ Jacobs, J. *The Death And Life Of Great American Cities*. New York: Vintage, 2016.

⑤ 柳林、张春霞、冯嘉欣、肖露子、贺智、周淑丽：《ZG 市诈骗犯罪的时空分布与影响因素》，载《地理学报》，2017 年第 2 期。

⑥ 张延吉、邓伟涛、赵立珍、李苗裔：《城市建成环境如何影响居民生理健康？——中介机制与实证检验》，载《地理研究》2020 年第 4 期。

不同国家和地区中均有所发现，具有一定的稳健性。①

路径二：建成环境→健康行为（体力活动）→公共健康

建成环境与体力活动的关系是目前探讨较多的一个领域。建成环境的密度、设计、多样性影响居民交通性体力活动，② 而街道、公园、广场、绿地等开敞空间较高的可达性则可显著增加居民的休闲性体力活动。③④ 例如，谭少华等以重庆七星岗街道社区为案例地，发现路网密集、公交便利、服务设施完善和环境品质较高的步行环境对体力活动的干预度较高。⑤ 而有效体力活动是降低Ⅱ型糖尿病、冠心病、高血压、高血脂等慢性病发生、增强人群健康的重要途径；⑥ 同时也能抑制焦虑和抑郁，对居民心理健康有积极影响。⑦

路径三：建成环境→社会因素（社会交往）→公共健康

很多研究关注了建成环境与健康之间的社会机制，即建成环境通过社会过程与互动（如社会交往/社会传染、社会网络/社会资

---

① More, K. R., Quigley-McBride, A., Clerke, A. S., & More, C. "Do measures of country-level safety predict individual-level health outcomes?". Social Science & Medicine, Vol. 225, 2019.

② Zimring, C., Joseph, A., Nicoll, G. L., & Tsepas, S. "Influences of building design and site design on physical activity: Research and intervention opportunities". American Journal Of Preventive Medicine, Vol. 2, 2005.

③ De Vries, S., Van Dillen, S. M., Groenewegen, P. P., & Spreeuwenberg, P. "Streetscape greenery and health: Stress, social cohesion and physical activity as mediators". Social Science & Medicine, Vol. 94, 2013.

④ Grigsby-Toussaint, D. S., Chi, S.-H., & Fiese, B. H. "Where they live, how they play: Neighborhood greenness and outdoor physical activity among preschoolers". International Journal of Health Geographics, Vol. 1, 2011.

⑤ 谭少华、高银宝、李立峰、张杨：《社区步行环境的主动式健康干预——体力活动视角》，载《城市规划》，2020 年第 12 期。

⑥ 鲁斐栋、谭少华：《建成环境对体力活动的影响研究：进展与思考》，载《国际城市规划》，2015 年第 2 期。

⑦ 杨婕、陶印华、柴彦威：《邻里建成环境与社区整合对居民身心健康的影响——交通性体力活动的调节效应》，载《城市发展研究》，2019 年第 9 期。

本、社会凝聚力/控制力、社会解体/集体效能、相对剥夺/资源竞争等社会因素）对居民公共健康产生影响。① 其中，社会交往是关注的焦点。研究表明，友好的步行环境与公共空间是社区居民日常交往的主要场景；街区内大型马路穿越、造成步行障碍，降低居民偶遇交往机会，导致精神压力和孤独感的加剧，对老年群体的健康影响尤为显著；② 开放共享的公共空间可以有效提升居民的户外活动频率和邻里交往水平。③ 威廉·怀特（William H. Whyte）在其名著《城市：重新发现市中心》中讨论了城市空间对社会生活的巨大影响：④ 街头巷尾增加了人流邂逅和互动交流概率；高品质步行空间有利于移动交往（边走边谈）；咖啡馆是公众政治谈论和参与的主要场所（"政治剧场"）；摊贩空间承担着交易活动也夹杂着很多社会交往。对于那些长时间逗留在居住环境里的退休者、贫困者、老年人和健康状况不佳的人来说，建成环境的社会性和交往功能显得愈发重要。

总体来说，建成环境与公共健康的探讨是一个涉及多因素、多路径的研究领域。过往研究多集中在健康行为路径，重视体力活动的分析，对犯罪风险和社会路径缺乏足够的讨论，这也是未来值得拓展的重要内容。

## 2. 研究尺度与关注要素

不同尺度的建成环境对健康可能会有不同影响。总体来说，建

---

① Northridge, M. E., Sclar, E. D., & Biswas, P. "Sorting out the connections between the built environment and health: A conceptual framework for navigating pathways and planning healthy cities". Journal of Urban Health, Vol. 4, 2003.

② 于一凡：《建成环境对老年人健康的影响：认识基础与方法探讨》，载《国际城市规划》，2020年第1期。

③ Barton, H., Grant, M., & Guise, R. *Shaping Neighbourhoods: For Local Health and Global Sustainability*. London: Spon Press, 2013.

④ Whyte, W. H. City: *Rediscovering the Center*. Pennsylvania: University of Pennsylvania Press, 2009.

成环境对健康的影响可分为宏观、中观、微观 3 个尺度，各尺度包含不同的影响要素（见图 1）。

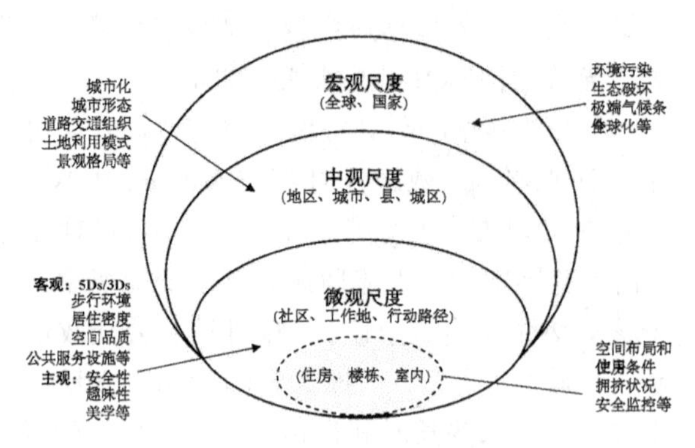


图 1 建成环境对公共健康影响的研究尺度与要素
（来源：作者自绘）

### 2.1 宏观尺度：全球、国家和地区

宏观尺度的研究内容主要集中在生态环境破坏、生物多样性的减少、极端气候条件与地区环境质量的改变（水污染、沙漠化、森林退化等）等对人类健康产生的直接或间接的影响。研究表明，城镇建设用地的大幅度扩张，造成生态环境破坏和耕地减少，会在国家和区域尺度上引发诸多负面健康影响，如诱发城市热浪。① 热浪与城市脆弱性和死亡率有关；相比于郊区和周边农村，热浪对居民公共健康的消极影响在大城市的中心地带尤为显著。② 经济全球化导致国际劳动力分工，工业活动往往集中在世界贫困地区和城市，贫困和环境恶化的双重威胁，持续拉大地区居民健康不平等差

① Gong, P., Liang, S., Carlton, E. J., Jiang, Q., Wu, J., Wang, Remais, J. V. "Urbanisation and health in China". The Lancet, Vol. 379, 2010.

② Mcmichael, A. J. "The urban environment and health in a world of increasing globalization: Issues for developing countries". B World Health Organization, Vol. 78, 2000.

距[2]。因此，在城镇化快速发展的过程中，国家产业结构升级战略有利于降低温室气体的排放，减轻人口死亡率和疾病负担。[1]

### 2.2 中观尺度：城市、县域和城区

中观尺度的研究主要涉及城市、县域、城区等，与城乡规划相关的建成环境特征包括城市化、城市形态（蔓延或收缩、单中心或多中心）、道路交通组织、景观系统、土地利用模式等。例如，城市化导致人口过密，居住拥挤和人口高频流动会加剧传染性疾病的传播概率，如新冠疫情；[2] 景观格局决定了居民对城市绿地的可视性、可达性和可获得性，较高的绿色环境暴露有益于身心健康的促进；[3] 较高的建成区面积和工业用地规模可能提高居民的肺癌发病率；[4] 城市完善的公共交通系统能一定程度上降低居民对小汽车的依赖，引发积极和主动的步行和骑行活动，[5] 有益于健康促进，等等。

### 2.3 微观尺度：社区、工作地、住房（楼栋、室内）

（1）社区

社区作为居民日常生活和活动的主要场所，环境特征多样而复

① Liu, M., Huang, Y., Jin, Z., Ma, Z., Liu, X., Zhang, B., ... Bi, J. "The nexus between urbanization and PM2.5 related mortality in China". Environmental Pollution, Vol. 227, 2017.

② 王兰、贾颖慧、李潇天、杨晓明：《针对传染性疾病防控的城市空间干预策略》，载《城市规划》2020 年第 8 期。

③ Lachowycz, K., Jones, A. P. "Towards a better understanding of the relationship between greenspace and health: Development of a theoretical framework". Landscape and Urban Planning, Vol. 3, 2013.

④ 杨秀、王劲峰、类延辉、王兰：《城市层面建成环境要素影响肺癌发病水平的关系探析：以 126 个地级市数据为例》，载《城市发展研究》2019 年第 7 期。

⑤ Saelens, B. E., Vernez Moudon, A., Kang, B., Hurvitz, P. M., Zhou, C. "Relation between higher physical activity and public transit use". American Journal of Public Health, Vol. 5, 2014.

杂。其中，居住密度、可步行性、公共服务设施配置（如食物环境和蓝绿空间）等是学者广泛探讨的建成环境要素。① 例如，过高居住密度会带来环境感知压力（如噪音、污染）、降低住房质量、加剧资源剥夺，对居民健康造成负面影响。② 然而，部分学者指出高密度可以提高社区中心活跃度，促进空间的社会性，③ 但这些研究多基于西方发达国家低密度人口的城市背景。另外，友好的步行环境（表现为连通性高、以人为尺度的街道设计、目的地可达性、美观的邻里景观）对促进公众健康有积极作用。社区分布有较多的快餐店被证实与肥胖症、糖尿病和心血管疾病等高发病率有着显著关系，④ 等等。《健康与地方》（*Health & Place*）杂志分析了过去25年关于“地方”与“健康”的文献特征，发现以“社区/邻里”为地理背景的研究显著增加，尤其是建成环境方面。⑤

（2）工作地及其行动路径空间

工作地及其行动路径空间中的建成环境对居民健康的影响也引起广泛关注。例如，以广州为案例地，发现居民在工作场所离活动设施越近，其体力活动时间就越长；⑥ 儿童通学出行链中的土地利

---

① 袁媛、林静、谢磊：《近15年来国外居民健康的邻里影响研究进展——基于CiteSpace软件的可视化分析》，载《热带地理》Vol. 38，2018.

② Beenackers, M. A., Groeniger, J. O., Kamphuis, C. B., Van Lenthe, F. J. “Urban population density and mortality in a compact Dutch city: 23-year follow-up of the Dutch GLOBE study”. Health & Place, Vol. 28, 2018.

③ Barton, H., Grant, M., Guise, R. *Shaping Neighbourhoods: For Local Health And Global Sustainability*. London: Spon Press, 2013.

④ Mehta, N. K., Chang, V. W. “Weight status and restaurant availability: A multilevel analysis”. American Journal of Preventive Medicine, Vol. 34, 2008.

⑤ Green, M. A., Widener, M., Pollock, F. D., Pearce, J. “The evolution of Health & Place: Text mining papers published between 1995 and 2018”. Health & Place, Vol. 61, 2020.

⑥ Liu, Y., Wang, X., Zhou, S., Wu, W. “The association between spatial access to physical activity facilities within home and workplace neighborhoods and time spent on physical activities: evidence from Guangzhou, China”. International Journal of Health Geographics, Vol. 19, 2020.

用、道路交通设计、步行与骑行环境对其体力活动、出行安全、社会交往等有重要影响;① 交通出行中地理环境暴露（如湿度、温度、噪声等）会影响居民的即时情绪②等。关美宝、周素红等指出，基于个体移动性和时空视角探讨建成环境对健康的影响是未来研究的趋势之一。③

（3）住房（楼栋、室内）

除了对传统空间尺度的研究，也有一些研究开始关注更精细化的小尺度空间如住房和建筑，其建成环境特征包括住房条件（生物/化学/物理性伤害、房屋设计，房屋质量、建房年代、拥挤率等）、建筑内部空间组织、楼栋服务设施等。研究表明，室内环境综合暴露指数（燃料副产物、二手烟、化学物质和通风不良）与自评身体健康的相关系数为-2.7。④ 住房设施指数（供暖、防盗报警器、盥洗设备等）能解释5.5%的抑郁和焦虑，拥挤度（房间数量与家庭人口数比）和住宅类型（独立式、半独立式、联排等）的解释力均为4.6%。⑤ 空间布局和使用会影响居民的社会交往和互动;⑥ 因与外界隔离，居住在较高的楼层（住房类型：楼房和平

① 王侠、焦健：《基于通学出行的建成环境研究综述》，载《国际城市规划》2018年第6期。

② 关美宝，郭文伯，柴彦威：《人类移动性与健康研究中的时间问题》，载《地理科学进展》2013年第9期。

③ 周素红，张琳，林荣平：《地理环境暴露与公众健康研究进展》，载《科技导报》2020年第38期。

④ Adamkiewicz, G., Spengler, J. D., Harley, A. E., Stoddard, A., Yang, M., Alvarez-Reeves, M., Sorensen, G. "Environmental conditions in low-income urban housing: Clustering and associations with self-reported health". American Journal of Public Health, Vol. 104, 2014.

⑤ Macintyre, S., Ellaway, A., Hiscock, R., Kearns, A., Der, G., McKay, L. "What features of the home and the area might help to explain observed relationships between housing tenure and health? Evidence from the west of Scotland". Health & Place, Vol. 9, 2003.

⑥ Campagna, G. "Linking crowding, housing inadequacy, and perceived housing stress". Journal of Environmental Psychology, Vol. 45, 2016.

房）会提高美国女性抑郁和焦虑的风险概率;① 楼栋混乱和犯罪对居民心理健康也有消极影响，住房物理环境如监控设置和楼栋门锁安全系统可在一定程度上缓解居民的不安感及暴力恐惧。在这些因素中，住房满意度、安全感、舒适感等是连接住房环境与身心健康的关键路径。

一些研究关注了单一尺度的建成环境，仅有少量研究同时聚焦城市和社区。例如，孙斌栋等发现居民身体质量指数同时受城市建成环境（如人口密度、多中心指数、空间分异指数等）和社区建成环境（如健身设施密度）共同影响。② 徐（Xu）等以美国犹他州为案例地，发现在控制个体因素后，居民超重和肥胖概率与社区层级的公园邻近度（距离）呈负相关，与县域层级的快餐店密度呈正相关。③ 总而言之，建成环境是一个多空间尺度、多环境要素的概念（见图1），不同尺度和要素的“整合性”研究是未来主要趋向之一。

## 3. 研究方法及其新趋向

### 3.1 指标测度

建成环境的测量内容、方法和精度将直接影响研究结论的稳健性。如何测度环境特征是探讨建成环境与公共健康课题的重要内容之一。在新数据环境与计算机发展的共同作用趋势下，建成环境的

---

① Evans, G. W., Wells, N. M., Moch, A. “Housing and mental health: A review of the evidence and a methodological and conceptual critique”. Journal of Social Issues, Vol. 59, 2003.

② Sun, B., Yin, C. “Relationship between multi-scale urban built environments and body mass index: A study of China”. Applied Geography, Vol. 94, 2018.

③ Xu, Y., Wen, M., Wang, F. “Multilevel built environment features and individual odds of overweight and obesity in Utah”. Applied Geography, Vol. 60, 2015.

测度方法从传统的“设计”导向转向现代的“人本”导向，测度指标的精度和内容都逐步加深，体现了“以人为本”的发展大趋势。

（1）“设计”导向下的测度体系：“3D” & “5D”

塞韦罗和科克曼（Cervero & Kockelman）将建成环境归结为三个重要维度（3Ds）：密度（Density）、多样性（Diversity）、设计（Design）。① 其中，密度包括人口、就业、建筑三方面；多样性包括特定土地利用类型、土地利用混合度、业态多样性；设计维度既包括街区尺度和道路通达性，也含局部小品设计、街道舒适性等内容。随后，尤因（Ewing）等进一步将“3Ds”拓展到“5Ds”，②增加了目的地可达性（Destination Accessibility）和中转距离（Distance to Transit）两个维度。

在这些单项指标测度的基础上，一些学者也采用综合指数概括化测度建成环境，如可步行指数③、蔓延指数④、紧凑度、城市多中心指数⑤、中心性指数⑥等。它们是目前国内外建成环境量化分

① Cervero, R., Kockelman, K. “Travel demand and the 3Ds: Density, diversity, and design”. Transportation Research Part D: Transport and Environment, Vol. 2, 1997.

② E. Ewing, R., Cervero, R. “Travel and the Built Environment”. Journal of the American Planning Association, Vol. 76, 2010.

③ Gebel, K., Bauman, A. E., Sugiyama, T., Owen, N. “Mismatch between perceived and objectively assessed neighborhood walkability attributes: Prospective relationships with walking and weight gain”. Health & Place, Vol. 17, 2011.

④ Griffin, B. A., Eibner, C., Bird, C. E., Jewell, A., Margolis, K., Shih, R., … Escarce, J. J. “The relationship between urban sprawl and coronary heart disease in women”. Health & Place, Vol. 20, 2013.

⑤ Sun, B., Yin, C. “Relationship between multi-scale urban built environments and body mass index: A study of China”. Applied Geography, Vol. 94, 2018.

⑥ Stone, B., Hess, J. J., Frumkin, H. “Urban form and extreme heat events: Are sprawling cities more vulnerable to climate change than compact cities?”. Environmental Health Perspectives, Vol. 118, 2010.

析的主要测度依据，受到学者的广泛认可。

（2）“人本”导向下的测度体系：“客观”&“主观”

也有许多学者指出，健康城市规划方案的制定和实施若仅仅基于上述传统的“设计”指标，局限在土地利用、建筑和交通系统等实体要素，忽视个体主观感知体验，会导致规划目标与最终的健康结果存在较大偏差，难以真正实现“健康促进”。因此，有必要将“主观感知”纳入考察体系，实现环境“客观”（Objective）和“主观”（Subjective）与公共健康的“整合性”研究。

例如，桑普森（Sampson）等将城市感知环境分为感知物质环境和感知服务环境。① 梅塔（Mehta）从包容性、有意义的活动、舒适性、安全性和愉悦性，建立公共空间指数（PSI：Public Space Index），评估佛罗里达州坦帕市公共空间品质。② 斯泰森斯（Stessens）等基于访问者视角归纳了人们对绿地空间质量感知的七个维度，安静、宽敞开阔、整洁、维护、设施和安全感是最重要的感知品质，自然、历史和文化价值是次要感知品质；③ 等等。需要强调的是，在这些因素中，安全感知和美学感知是学者认为影响公共健康最为重要的两大因素。较高的安全感知能提高居民对公共空间、绿地等访问频率和驻留时间，增强邻里互动，对身心健康具有积极影响。④ 社区街道和公共空间的美学感知可提高居民户外活动概率；如法拉利（Ferrari）等以 8 个国家为案例地，发现环境美化

---

① Sampson, R. J., Raudenbush, S. W. “Seeing disorder: Neighborhood stigma and the social construction of “broken windows”. Social Psychology Quarterly, Vol. 67, 2004.

② Mehta, V. “Evaluating public space”. Journal of Urban Design, Vol. 19, 2014.

③ Stessens, P., Canters, F., Huysmans, M., Khan, A. Z. “Urban green space qualities: An integrated approach towards GIS-based assessment reflecting user perception”. Land Use Policy, Vol. 91, 2020.

④ Aliyas, Z. “Does social environment mediate the association between perceived safety and physical activity among adults living in low socioeconomic neighborhoods?”. Journal of Transport & Health, Vol. 14, 2019.

和安全感每提高 1 个单位，成年每周至少可增加 10 分钟的步行休闲活动。① 需要强调的是，建成环境感知测量主要有问卷量表法、访谈法、图像法、观察法、动态评估法、虚拟现实技术测度法和增强现实技术测度法等，这些方法大大推动了居民对建成环境感知的研究与发展。②

总体而言，在建成环境测度中纳入“感知”因素可以更加透彻地了解和检验人地之间的关系；对其探讨不再单纯仅考虑人与客观物质实体环境的关系，更是融入了心理因素这一介质，将建成环境与人群健康的关系推向层次更深、架构更全的领域中去，拓展了研究视角。

### 3.2 研究方法

已有研究主要依靠行政集的地理建成环境数据和社会调查数据，采用传统计量模型，如回归分析探究建成环境与公共健康的关联，其中多水平模型（Multilevel Model）应用较为广泛。因为数据表现出多层嵌套结构〔“个体”（低水平层级）嵌套于“社区/城市/区域”（单个或若干个高水平层级）〕，层级模型能有效分离不同水平层级自变量对因变量的解释率。

伴随着地方动态研究的重视，以及时空大数据的规模、类型及准确性不断扩大，机器学习等技术日趋成熟，研究方法正在得到极大拓展。首先，地点特征大数据的广泛使用，如全球定位和移动性数据、从卫星、无人机、街景数据到相机快照、影像数据等，开始逐步关注环境失序、绿视率、空间感知等精细化环境指标。例如，钱伯斯（Chambers）等利用可穿戴移动相机设备记录儿童接触酒

---

① Ferrari, G., Werneck, A. O., da Silva, D. R., Kovalskys, I., Gómez, G., Rigotti, A., ... Fisberg, M. “Is the perceived neighborhood built environment associated with domain-specific physical activity in Latin American adults? An eight-country observational study”. International Journal of Behavioral Nutrition & Physical Activity, Vol. 17, 2020.

② 董慰、刘岩、董禹：《健康视角下城市居民对建成环境感知的测度方法研究进展》，载《科技导报》2020 年第 38 期。

精广告的情况，以此探究早发饮酒风险。① 贾哈尼（Jahani）等记录了200个城市公园11个景观特征，用多层感知器、神经网络等技术预测美学质量对心理修复的潜力，发现公园景观中的树木、水体、花卉、装饰物、较少的建筑物等对心理修复作用显著，可缓解精神压力。② 采用“街景数据”和深度学习等，探讨绿视率、街道空间失序与公共健康之间的关联。③④

其次，多源异构和时序数据的融合与使用成为新趋势。例如，早期研究仅从地理因素衡量食品可及性（如商业网点密度和空间距离），新的研究综合考虑供应质量和种类、价格和营业时间等经济因素，探讨食物建成环境对居民健康的影响。⑤ 重要的是，新研究尝试集成各类历史性建成环境数据，扩展了研究内容。例如，皮尔斯（Pearce）等通过解析居住轨迹信息，分析邻里绿色空间匮乏对苏格兰洛锡安区老年人生命健康轨迹的动态影响。⑥ 克莱默（Kramer）等基于美国民事登记数据库（Vital Records）所记载的

① Chambers, T., Pearson, A. L., Stanley, J., Smith, M., Barr, M., Ni Mhurchu, C., Signal, L. "Children's exposure to alcohol marketing within supermarkets: An objective analysis using GPS technology and wearable cameras". Health & Place, Vol. 46, 2017.

② Jahani, A., Saffariha, M. "Aesthetic preference and mental restoration prediction in urban parks: An application of environmental modeling approach". Urban Forestry & Urban Greening, Vol. 54, 2020.

③ Helbich, M., Yao, Y., Liu, Y., Zhang, J., Liu, P., Wang, R. "Using deep learning to examine street view green and blue spaces and their associations with geriatric depression in Beijing, China". Environ International, Vol. 126, 2019.

④ 陈婧佳、张昭希、龙瀛：《促进公共健康为导向的街道空间品质提升策略——来自空间失序的视角》，载《城市规划》2020年第44期。

⑤ Lytle, L. A., Sokol, R. L. "Measures of the food environment: A systematic review of the field, 2007 - 2015". Health & Place, Vol. 44, 2017.

⑥ Pearce, J., Cherrie, M., Shortt, N., Deary, I., Ward Thompson, "C. Life course of place: A longitudinal study of mental health and place". Transactions of the Institute of British Geographers, Vol. 43, 2018.

历史居住地信息（1994—2007 年），探究了邻里环境剥夺与女性健康（早产风险）的关联。①

借助多种前沿计量手段验证建成环境与公共健康之间的因果关联，可以为公共政策的制定提供更加准确的依据。其中，成长曲线模型、人地互动模拟技术、格兰杰因果检验、特殊时变模型等的运用值得重视。例如，利用“动态代理人模型”（ABM）证实了邻里康体设施资源的空间分布的变化会导致个体体力活动行为的改变，从而影响健康。② 采用“潜在转变模型”（LTA）分析多个离散时间点观测下动态邻里环境对健康的因果机制；③“自然实验”“双重差分”和“倾向性评分匹配技术”等被用于最大规避自选择问题，消除因果检验中的内生性干扰。④

总体上，关于建成环境与公共健康的研究方法日趋多元化，在传统“环境审计”（Environmental Audit）的基础上，融合大数据和机器学习的建成环境数据收集方法将日趋成熟；同时，时序性纵向研究设计和因果检验也成为方法优化的重要方向。未来随着环境风险因素的实证探索、本地实证结果的积累、软件工具的成熟，建成环境与公共健康研究的方法将不断完善，为健康城市规划提供坚实的科技支撑。

---

① Kramer, M. R., Dunlop, A. L., Hogue, C. J. R. “Measuring women's cumulative neighborhood deprivation exposure using longitudinally linked vital records: a method for life course MCH research”. Maternal & Child Health Journal, Vol. 18, 2014.

② Auchincloss, A. H., Diez Roux, A. V. “A new tool for epidemiology: the usefulness of dynamic-agent models in understanding place effects on health”. American Journal of Epidemiology, Vol. 168, 2008.

③ Lekkas, P., Paquet, C., Howard, N. J., Daniel, M. “Illuminating the lifecourse of place in the longitudinal study of neighbourhoods and health”. Social Science & Medicine, Vol. 177, 2017.

④ Cao, X., Mokhtarian, P. L., Handy, S. L. “Examining the impacts of residential self - selection on travel behaviour: A focus on empirical findings”. Transport Reviews, Vol. 29, 2009.

### 3.3 新趋向

伴随新冠疫情的暴发，人类已进入全球风险社会。《柳叶刀》采用“星球健康”（Planetary Health）一词描绘全球人、地健康安全的互关互联。① 在新的健康问题、学科发展深度交融的大背景下，环境与健康研究正在呈现一些新变化。

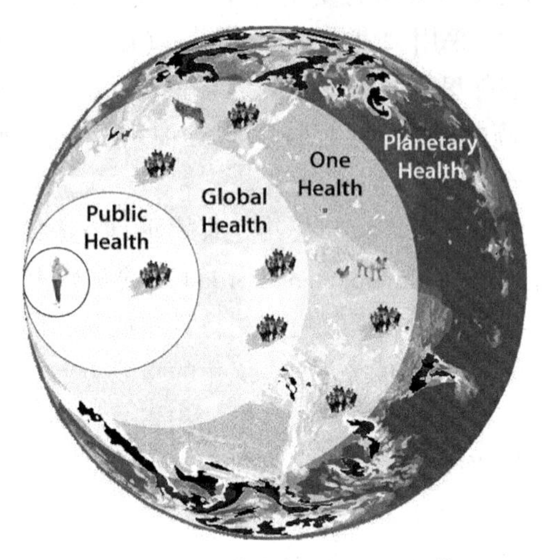


图 2　“星球健康”概念示意②

2021 年 12 月 14 日，美国国家科学基金会（NSF）发布题为《环境变化与人类安全：研究方向》(Environmental Change and

① Prescott, S. L., Logan, A. C. “Planetary Health: From the Wellspring of Holistic Medicine to Personal and Public Health Imperative”. Explore, Vol. 15, 2019.

② 图片来源：John Drake（佐治亚大学教授）在 Forbes 上关于“What Is Planetary Health?”的推文，强调了后疫情时代，“星球健康”是认识全球健康问题的新理论框架，人类的长期福祉取决于地球的福祉，包括其生命和非生命系统。参考网址：https://www.forbes.com/sites/johndrake/2021/04/22/what-is-planetary-health/? sh=61f4072a2998)

Human Security: Research Directions)的报告,[①] 提出8个关键科学议题,用以指导未来研究。例如,"何种时空尺度的研究将能够解决区域、地方和社区的环境变化与人类安全问题?""社会、经济、政治与环境压力的相互作用和响应及其动态特征是什么?这些相互作用在多大程度上加剧了社会凝聚力、经济活动和稳定方面的潜在问题?"等。具体而言,该领域未来研究发展的趋势包括:

首先,就尺度而言,"空间"和"时间"尺度的精细化研究将进一步加深。一方面,建成环境影响健康影响的多尺度效应将得到进一步重视。研究表明,不同空间尺度建成环境要素的组成不尽相同,对该尺度下居民健康的影响也不同,[②] 规划实践要从多空间尺度上对公共健康进行联合干预,才能实现健康促进的最大化。需要强调的是,这种空间精细化研究同时也反映在对特定空间类型的健康效应的关注加深。关于跨国移民聚居区、少数族裔社区、工人阶级社区、贫困社区、贫民窟等非正规空间的环境与健康效应的研究日益增多。[③④⑤] 另一方面,时间序列研究文献量大幅增长,关注地方和社区环境演变对居民健康和福祉的长期影响是未来研究方向之一。各国也开始开展针对本土化情景的实证研究,如"绅士化"

① PDF报告,参考网址:https://www.nsf.gov/ere/ereweb/reports/AC-ERE-Environmental-Security-Report-508.pdf

② Sun, B., Yin, C. "Relationship between multi-scale urban built environments and body mass index: A study of China". Applied Geography, Vol. 94, 2018.

③ Arku, G., Luginaah, I., Mkandawire, P., Baiden, P., Asiedu, A. B. "Housing and health in three contrasting neighbourhoods in Accra, Ghana". Social Science & Medicine, Vol. 72, 2011.

④ Greif, M. J., Dodoo, F. N.-A. "How community physical, structural, and social stressors relate to mental health in the urban slums of Accra, Ghana". Health & Place, Vol. 33, 2015.

⑤ Aliyas, Z. "Does social environment mediate the association between perceived safety and physical activity among adults living in low socioeconomic neighborhoods?". Journal of Transport & Health, Vol. 14, 2019.

的健康效应、城市更新与居民福祉等。①②

其次，就对象而言，弱势群体与环境公正议题，居住在贫困、高剥夺或不利经济地位的社区居民面临的建成环境暴露与健康问题等，也亟待进一步关注。已有研究发现，弱势群体的健康资源可获得性偏低，表现出较强的健康脆弱性。环境公正强调不同社会群体、不同阶层承担相同的不利环境暴露风险，并拥有同等的健康资源机会。对此问题的探讨是系统分析地理环境暴露的健康群体分异的基础和关键切入点。

最后，要进一步重视各类环境因素的交互分析，探讨环境影响公共健康的多路径机制。在分析环境压力、健康行为等中间路径的基础上，也要更加关注社会、经济和政治因素与建成环境的交互作用。例如，桑普森（Sampson）指出，失业率更高的社区，其环境衰败更加迅速，犯罪风险也更高，对内部居民健康产生的消极影响更加显著；社区内权力结构和党政主体的变动，会影响政治参与，较低的参与状况会削弱社会资本以及居民对公共空间的使用效率，进而影响健康。③ 这类复杂的“邻里效应”互动分析在西方国家已做了深入探讨，但在我国仍显不足。

## 4. 结　　语

在2020年的科学家座谈会上，习近平总书记提出了“四个面向”的重要指示，着重强调了科技创新要“面向国家重大需求、

---

① Mehdipanah, R., Manzano, A., Borrell, C., Malmusi, D., Rodriguez-Sanz, M., Greenhalgh, J., … Pawson, R. “An evaluation of an urban renewal program and its effects on neighborhood resident's overall wellbeing using concept mapping”. Health & Place, Vol. 23, 2013.

② Izenberg, J. M., Mujahid, M. S., Yen, I. H. “Health in changing neighborhoods: A study of the relationship between gentrification and self-rated health in the state of California”. Health & Place, Vol. 52, 2018.

③ Sampson, R. J. *Great American City: Chicago and the Enduring Neighborhood Effect*. Chicago: University of Chicago Press, 2012.

面向人民生命健康”①。提高人民健康水平、优化人居环境已经成为当前我国社会经济健康可持续发展的重大需求。通过不同学科、机构之间的合作，理论联系实际，建设健康的人居环境，已经成为国家重大战略需求。

总体来看，建成环境既可以通过环境暴露直接影响公共健康，也可以通过压力、健康行为、社会因素间接影响健康。其次，建成环境对公共健康的影响尺度可以分为宏观、中观、微观等层面；每个尺度影响公共健康的建成环境要素有所不同。就微观层面的社区而言，居住密度、可步行性、公共服务设施配置（如食物环境和蓝绿空间）、空间品质等空间特征值得关注。提倡宜居的密度、步行友好的社区、优质的蓝绿景观和高品质交往空间等，有利于促进公共健康。另外，传统建成环境测度以“设计”为导向，建立了“3D”和“5D”测量体系；随着计算机技术的发展，从个体与环境交互的角度考察个体对环境的实际感知的研究日趋增多，“人本”导向下的“空间感知”成为衡量建成环境的重要维度，聚焦“客观”和“主观”的“整合性”研究将成为未来研究趋势。“而且，移动穿戴设备、环境感知仪器、机器学习、智能体征监测系统等新技术正在成为新的技术手段，因果验证成为探求环境与健康内在关系的重要方向。新数据与新方法的出现将为本领域的发展带来全新突破的可能。

“建议开展更多实证，探讨建成环境要素与社会、经济、政治等因素的多元复杂联系，揭示其交互机制和内在作用路径。在此基础上，我们要尽快构建适用于中国本土特征的建成环境测度体系，要将“空间感知”纳入测量体系，结合当前云计算、现代神经影像学、人工智能等新技术，完善更加精细化的量化框架。总之，我国城市正处于高速发展阶段，建成环境、居民健康和两者之间的联

① 新华网，学习时报，坚持“四个面向”的理论逻辑，2020年9月24日刊，参考网址：http：//www.xinhuanet.com/politics/2020-09/24/c_1126534398.html。

系均在发生快速变化，对其开展深入系统的研究不仅可以丰富本土理论建设与应用，也会为全球基础理论的发展和实践提供创新空间。

# 日本环境美学研究近况
## ——青田麻未氏的环境批评

丁　乙
（东京大学人文社会系研究科 美学艺术学研究室）

环境美学 Eenvironmental Aesthetics）诞生于1960年代后半至70年代的以英国、加拿大、美国为中心的英美美学界，旨在探讨我们的感性能力在面对非艺术作品（如自然环境）时的运作机制等问题。在该领域的发展过程中，除却自然环境，我们的居住、工作、游戏的环境也逐渐纳入探讨范围中，并在这一谱系的扩张中衍生出诸如日常美学（Everyday Aesthetics）的领域。与英美的环境美学或日常美学相比，东方的文化、语境中是否存在固有的理论框架成为近年来东方美学研究者的重要课题。这一课题同样可以看作是19世纪末、20世纪以来，对于诞生于西方的美学学科整体的东方本土化这一更大课题中的一环。本文中，笔者将基于自身所处的日本美学界的研究环境，以日本环境美学的新锐代表研究者青田麻未（Aota Mami，1989—　）为例，阐述日本的相关研究现状，以期对中国的环境美学研究提供一个参照体。

青田麻未氏近来的代表研究为2020年出版的著作《批评环境——英美系环境美学的展开》（以下简称《批评环境》），以及2021年刊于日本美学会的会刊《美学》中的论考《“地域艺术”的艺术性价值——从环境美学的视点出发——》（以下简称《地域艺术》）；① 其主要成就是以思想史的手法细致分析、爬梳英美的环境美学史——目标不在于对个别理论做具体说明，而是针对环境美学理论整体，试图勾勒出理论史的框架；并在此基础上指摘现存理论中的问题，试图做出自己的回应——其中包含了对日本本土问题的考量，提供了构建日本乃至于东方的环境美学框架的初步理论方向。本文将重点阐述青田氏如何对英美系环境美学研究进行再构建的部分，同时在结尾处简单说明她如何对日本的地域美学作出新的解释。

在具体阐释青田氏的研究之前，首先需要对她使用的“批评（日文“批評”）”一词作一定说明。从一般语言习惯来说，日语中的“批評”与中文汉字一致，但并不如中文具有强烈的批判、否定义，而是更接近中文的“文艺批评”“文学批评”等中性用法。其次，值得注意的是，青田氏所用“批评”一词是与作为“艺术批评”的哲学的分野——即分析哲学——紧密关联，并认为这一词体现了英美环境美学研究的独特性：因环境美学的兴起可以考虑为继承了当时分析美学意欲探索艺术批评背后的理论的动向。如其所言，青田氏所用“批评”指的是“评估、估定对象的美的

① 出版信息分为［日］青田麻未：《批评环境——英美系环境美学的展开》（環境を批評する——英米系環境美学の展開），春风社2020年版，以及［日］青田麻未：《“地域艺术”的艺术性价值——从环境美学的视点出发——》（「地域アート」の芸術的価値——環境美学の視点から——），《美学》2021年第1号，第25~36页。其中，《批评环境》修改于青田氏2017年度提交于东京大学人文社会系研究科（美学艺术学研究室）的博士论文《批评环境——英美系环境美学的思想史研究及理论构建》（環境を批評する——英米系環境美学の思想史的研究・理論構築——）。以下对青田氏的介绍信息中，除上述文献著作外，另参考其自撰书籍介绍《关于〈批评环境——英美系环境美学的展开〉》（『環境を批評する——英米系環境美学の展開』について），《フィルカル：Philosophy & Culture》2020年第3号，第246~255页，并与本人直接进行了大量交谈与确认。

(Aesthetic) 价值”，是一种美的判断。① 这类估定的运作既可以通过具有一定篇幅长度的文章，也可以通过诸如“这条河流是壮观的”这类简短句子。对于青田氏来说，环境美学研究者的目标就是要通过艺术美学的手法，将此类美的价值的估定进一步理论化。

## 一、对英美系环境美学研究史的梳理

《批评环境》由六章构成，可依据内容大致分为上下两部。第一部（第1~3章）主要概观英美环境美学研究史。在作为导论的第1章中，青田氏阐明了考查环境美学时的一些基础问题，表明了自身研究的立场。首先她提出了“在使用‘环境’这个概念考查时我们是如何面对、理解世界的”这一问题。通过对环境美学的主要理论梳理，她认为，当我们将世界作为一个“环境”来看待时，从空间角度而言，我们可以认为世界具有环绕、包围我们的特点，而从时间角度而言，世界则具备不断变化的特点；从这样的世界中，我们得以感知附着于其中的美的特征。而在处理环境问题时，关于“为何需要从美学的立场去考量，需要运用美学手法的必要性”的问题，青田氏则指出当我们说某个地域是“美的”，是具有“魅力的”的时候，这些词所指代的内涵通常是模糊不清的，对此，运用美学（哲学性）的手法有助于明确其内涵。另一方面，青田氏认为，对于环境问题而言，确实存在“理论性”和“实践性”的不同研究手法，但通过美学的视角构建出一个纯粹的理论根基框架是极为重要的，尤其是对于探讨基于我们的感性体验的环境美学问题时，如何去规定我们的体验在何时、何种条件下能被称作是“美的（Aesthetic）体验”或能作为美学考查的对象，是非

① 这里所说的“美的判断”与以康德的 ästhetisches Urteil (Aesthetic Judgment) 为代表的西方美学中的用法一致，此术语在中文一般翻译为“审美判断”，但 ästhetisch (Aesthetic) 在不同文脉中含义差异较大，可倾向于动词性的“审美”、或形容词性的“与美相关的”“感性的”等；本文不对此翻译问题作进一步探讨，在以下阐述时皆用“美的判断”。此外，本文所说的“美的价值”“美的体验”等用语中的“美的”也对应 ästhetisch (Aesthetic)。

常困难的；而探讨“美的体验”则是美学学科的根本性问题之一。通过这样的设问和解答，青田氏为自身的研究展开打下了扎实的根基。

在第2章进入正式论述后，她首先对环境美学的重要论者卡尔松（Allen Charlson）的思想作了细致考查。卡尔松的学说核心在于“为了妥当地欣赏自然的美，我们需要具备关于自然的常识性或科学性的知识”这一主张。譬如当我们登山时，若能知晓山脉成形的原因等，那我们也许能对山的细节作更好的观察，获得关于美的新发现。无论是自然界中的对象，抑或是农业用地、都市场所等，对卡尔松而言，知识在任何环境中都能帮助我们接近对象的本质。

卡尔松对于知识重视的态度引发了学界赞成或批判的两种极端的反响。甚至于可以说，是针对卡尔松的学说的赞成或批判，形成了环境美学的理论主体。卡尔松的重要性在学界早已得到认识，相关研究也硕果累累。然而，青田氏的研究特色在于没有停留在环境美学分野文脉中去重审卡尔松的思想，而是注意到环境美学对于分析美学的影响，并在此文脉中重新发现卡尔松学说的意义——这是先行研究中所没有的视点。青田氏回顾了北美的自然写作（Nature Writing）的传统，详细论证了卡尔松的思想与1970年代的北美思想界的呼应，并通过关注卡尔松将自然写作的作家规定为“环境批评家”，将卡尔松的环境美学思想重新定位于当时的社会文脉中。

在第3章中，青田氏则广泛考查卡尔松以外的环境美学的主要理论：因为在卡尔松所重视的“知识”之外，我们对于环境的欣赏、观赏中还存在“想象力”“情感”“身体”等要素的参与，在不同条件、场合下，可能比“知识”的作用更为显著。

青田氏也指出，对于环境美学的各家思想的搜罗和分别论述的手法在先行研究中已多有存在，然而她自身的研究特色——如上述所言——在于通过建立“批评理论”的视点，以勾勒宏观层面的理论框架，将各学说再分类、再探讨。她指出，在以往的研究中，一般倾向于通过“认知模式”和“非认知模式”——即“以卡尔松为代表的重视知识作用的派别”和“重视知识以外的要素的派别”——进行二元划分。然而青田氏认为，这种划分的问题在于无法在“非认知模式”之下对各家进行进一步的精致探索，也无法准确考查同在此模式下的各家学说的相互关系。对此青田氏给出的解决方案是以“能否进行环境批评”作为新指标，将往来的学说重新划分为“可以进行环境批评”和“无法进行环境批评”两大类——而并“认知模式”与“非认知模式”。

## 二、对环境批评的机制的说明与再构建

在基于对先行环境美学理论的梳理后，《批评环境》的后半部，即第4~6章中，青田氏论述了自身对于环境批评的思考，试图构建新的理论体系。其中，第4~5章中探讨能够成为美学的欣赏、观赏对象的环境究竟指的是什么；在第6章中考查对于环境所能做的批评或美的判断在何种意义上具有规范性。

第4章中，她试图说明我们该如何选择作为环境美学的观赏对象。对此，她首先提出了“框架（Frame）”这一概念：即能对模糊无界限的世界中的某一部分、某一对象作取舍、切割的装置。如同装裱传统绘画作品时的画框一样，框架能将艺术作品从周遭的事物中切离出来。然而和传统作品不同，我们面对的环境是时时刻刻在变化的；并且在环境中的我们也并非只用单纯的、固定的视角，更多情况下是同时动用不同的感官。因而面对环境时，我们的“框架”也随时随地在变化。对此，青田氏以柏林特（Arnold Berleant）的“参与的美学”理论为基础，试图作进一步的理论发展——她沿用柏林特的“单独的活动”（如走路、游泳、进食）和“统括性的活动”（如观光、居住）的分类，并在各自的分类下具体探讨框架构建的可能性。

对于“统括性的活动”中尤为重要的“观光”与“居住”，青田氏在第5章中作为主题详细探讨。在东京台东区的浅草长年居住过的青田氏以自身体验为例，发现在作为有名的观光景点（如浅草寺、隅田川边的樱花）的街道中，时不时会见大量游客经过，

对景点表达惊叹之情，或频繁地摄影留念；然而，对于居住者的青田氏来说，这些地标只不过是见惯不怪、日常通行的必经之处而已。换言之，面对同样的环境，如果观赏者、批评者的立场不同，对于环境的感知也截然不同。由此，青田氏提出了在对统括性活动进行批评时，我们需要进一步规定环境与观赏者的关系。

其实回顾环境美学的研究史，可以发现对于“观光”的研究还刚刚起步。其中原因，如青田氏所指摘，环境美学的兴起原本与指正、促进人们对自然的美的欣赏、观赏的动机紧密关联（譬如主张人们能够通过知识正确妥当地理解自然、并由此陶冶自己的感性；或促进对于环境保护的意识等），因而作为迎合大众、具有休闲态度的观光可能会成为边缘课题。对此，青田氏试图颠覆以往的环境美学研究倾向，以一种更为肯定的态度构建观光者的环境批评的框架。

另一方面，关于“居住”问题则在日常美学分野中已有一定的研究积蓄，并以能否说居住者对环境有一种“熟悉感（Familiarity）”形成了一个争论中心。对此，青田氏赞成将这种对环境的熟悉的体验感称为“美的体验”，并提出“面向过去的框架”和“面向未来的框架”两种概念，探讨能超越时间限制的框架的可能性。

在著作最后的第 6 章中，青田氏考查了对于环境的美的判断何时能具有规范性的问题。毕竟我们对环境所作出的美的判断并非只想停留在叙说个人感想；在我们真挚地考量作为判断的对象，并向他人提出见解时，作为真正的“批评”的判断应当具有规范性。卡尔松认为对环境的判断基于知识，而知识具有客观性，因而我们对环境的判断也具有规范性。与此相比，青田氏参考了布雷迪（Emily Brady）的“最佳判定者”的模式，试图给出另一种不同于卡尔松的主张的规范可能性。青田氏认为布雷迪的学说的重要性在于，她并非是以一种自上而下（Top-down）的形式，以具有知识与否来规定美的判断的规范性，而是基于这个判断中是否有与他者的交流来进行规定。这也是青田氏自身所拥护的立场。

但正如上述所言，我们对环境的欣赏、观赏是时刻变化的，关于变化的对象——美的判断的规范性如何得以保证，这是布雷迪没有解决的问题。对此，青田氏给出的回应如下：她认为我们对于环境的批评是一种绝对没有终点的“合作行为（日语「協働行為」）”；因为环境是时时刻刻变动的，所以我们仅凭个人能力无法完整、完美地捕捉环境的形态，因而，我们需要将自身所见所感传达给他人，通过他人的主张或想法，或通过小说故事、绘画电影等手段，将这个没有完结点的世界的形象逐渐地拼凑、连结起来。她所说的“合作”主要指人与人之间的互动关系，当我们能将个人的美的判断成功传达给他人时，也即意味着这种判断对他人具有一定的规范性。但青田氏认为能传达的内容除却语言文字等，也包含更丰富的媒介可能性。虽然青田氏没有在她的著作中直接表明这样的判断的规范性促进保障了环境美学成为一门学科领域的合理性，但正如初期的环境美学研究者通过主张我们对环境的判断并非停留在表明个人的喜好以拥护这门学科领域的独立一般，青田氏对这类规范性的说明——作为其著作的最后一章——也多多少少为其自身的理论体系再次作出了有力的保障。

以上，笔者简单阐述了青田氏的《批评环境》的内容。在日本学界中，关于英美系的环境美学研究，已有诸如西村清和教授的《塑料的木头为何能成为问题所在？环境美学入门》① 的重要研究存在。但像青田氏将环境美学半个世纪的发展史细致且广泛地整理，并在此基础上提出具有一定体系性的新理论的研究，至少在日本学界还是开先河之著作。在这个意义上，这本著作也为日本的英美系的环境美学研究提供了一个新起点。

---

①［日］西村清和：《塑料的木头为何能成为问题所在？环境美学入门》(プラスチックの木でなにが悪いのか　環境美学入門)，劲草书房 2011 年版。这里日语标题中的“悪い”原义为“坏的”“不妥的”“有问题”等意思，但西村教授的结论是：塑料的（而非自然的）木头会失去自然界中的木头能给予我们的美的体验，所以不仅在伦理道德上，作为美的体验的对象也应当受到批判——著作整体更应探讨的是在美学研究中为何塑料的木头会启发一系列的问题思考。

## 三、展望英美系理论在日本语境中的运用与发展

从上述介绍中已经可以窥见，青田氏在对英美系的理论再构建时，已或多或少动用或参考了自身对于日本环境的体验（如在浅草的居住经历）。在目前的日本环境美学学界的主流的手法中，除却脱离英美系的框架另起炉灶（如在国内其研究已多为人熟知的青木孝夫教授的研究）外，如青田氏则是在试图从英美系的框架出发去探究日本环境美学的理论。其《地域艺术》一文即是对这个方向的尝试。

所谓“地域艺术”概念，在日本是由文艺评论家藤田直哉（Fujita Naoya，1983—）在2016年最先提出使用的，广泛指代以各个地域为舞台的艺术节，或在全国各地开展的各式相关艺术项目。①藤田氏认为在探讨“地域艺术”时，除了以往研究者关注的如何带动当地的发展外，从艺术的视角如何去考查、批评也应当成为重要课题，而青田氏的研究也在此课题的延长线上。对此她参考了西蒙尼蒂（Vid Simoniti）的“与社会相联结的艺术”（Socially Engaged Art；或可译为“社会介入/参与型艺术”）理论中的“实用性的见解”（The Pragmatic View），将其运用至日本的地域艺术的批评。青田氏也明确指出，日本的地域艺术原先不在西蒙尼蒂的理论探讨射程之内，通过这样的运用可以重新考查其理论的局限以及日本环境美学的独特性。譬如西蒙尼蒂以“能带来多大的社会变化”为指标来评定艺术的价值，但青田氏反驳根据地域艺术作品或项目性质的不同，其寻求的结果也许不能以社会变化一以概之；又或者西蒙尼蒂的理论中没有对何为艺术有明确的规定等。

对于此理论以日本的事例重新进行考查的青田氏，以2017年于石川县珠洲市开展的奥能登国际艺术祭（Oku-Noto Triennale）中不同的代表作品为例，具体阐明了“艺术家—居住者—观光者”

① ［日］藤田直哉《前卫的僵尸们——地域艺术的诸问题》（前衛のゾンビたち——地域アートの諸問題），堀之内出版社2016年版。

的不同立场下对艺术作品的态度：包含了艺术家如何调动观者居住者的回忆或联想，增强与当地的联结感，抑或让居住者也能产生观光者的态度，重新发现他们习以为常的地域中新的侧面等——也可以说，正是“艺术家—居住者—观光者”的共同参与与合作，使得对这片土地的美的探求、批评得以实现；这个结论也是上述青田氏对环境美学的理论体系整体作出的一个判断（参考《批评环境》第6章）。在地域艺术节促进当地发展的初期阶段时，正是这样美的价值、美的批评的连锁的成立是其功用所在——而非西蒙尼蒂所期待的社会变革等作用。美的价值的（再）发现虽缺少所谓的实际功利性，但也具有重要的社会意义。在这里，青田氏从西方的西蒙尼蒂的理论出发，从中看出了对实际事例（日本的地域艺术）运用时的局限，并通过对实际案例（奥能登国际艺术祭）的分析，给出了另一种哲学/美学性的、认可环境美学与社会联结的视点。青田氏以批评的视点重审东西的环境美学的手法，无疑在中国的环境美学研究中也有重要的参考价值。

# 中外环境美学

# 东方能否帮助西方重视自然?

霍尔姆斯·罗尔斯顿Ⅲ（科罗拉多州立大学）
张　文　译（武汉大学哲学学院）

## 一、东方宗教和西方科学

由于这个问题混含着宗教和科学，因此，我将在随后的分析中给出一个前提性的警示。已有的东方观念是典型的既古老又带有宗教气息的，西方的问题则是新近的和科学的。西方并不确定自然科学是否有过或者多大程度上可以帮助我们重视自然，但无论如何，西方都必须在科学中重视自然，尤其是正在发展中的生态科学和技术科学。前者描述了自然生物界运行的方式，后者允许人类规定自然有何用途。那么东方的宗教思想能否帮助西方科学重视自然吗?

西方的科学家和神学家都知道，人应该用强大的逻辑关怀来弥合宗教和科学。这是经400年的努力才得出的共识。宗教和科学在某种程度上说，讲的是两种不同的语言，将二者混淆，犯了范畴上的错误，就类似于混淆了诗歌语言和法律语言，让律师去写韵语，让诗人去写法律条款，只能酿成灾难。基督徒（至少那些教育程度更高一些的）都知道我们不能指望在《创世纪》中找到科学，他们在《创世纪》中寻得造物的意义，而不是科学定律的先声。上帝创世的六天，并没有确定任何值得进化论去发掘的规则。基督徒认为那记载太阳起落的经文支撑着托勒密的理论而否定了哥白尼的理论，这其实犯了一个范畴上的错误。当罗马教皇庇护十二世期望以《创世纪》为基础来证明大爆炸理论的正确与恒稳态理论的错误时，其实也是很容易犯错误的。

基督徒在《圣经》中寻找生命的意义，然而却无法在其中找到任何能为物理学或生物学设定发展步骤或研究限度的东西。他们先找到那些公认的科学结论，然后试图根据他们关于世界意义的经验给予这些结论以最好的解释。结果导致这种解释时而是互补的，时而是独立的，时而是科学与宗教的冲突。然而其中的逻辑思路必须得到细致的说明。生物科学告诉我胳膊是如何抬起的，但这个事件的意义——我在朝着我的女孩招手——存在于另一个领域。

当我们转向东方的时候，情况将如何呢？根据上文所述西方的经验，东方亦必将困惑，以道家为例，那些认为阴阳思想可以为物理学和生物学提供帮助的看法也犯了同样的范畴上的错误。或许道家应该不会承认一个运动着的宇宙是来自于一个单一的宇宙，而这个单一的宇宙又来自于创世大爆炸。道家很少有证据来证明物质的正负电荷论，即证明物质具既对立又平衡的正负电荷。阴阳理论不会为科学规定任何东西，如同《圣经》的创世说一样。宇宙之终极生命力——“气”，作为和谐的原则，应该既不会导致道家偏爱强调和谐与合作的生态学理论，也应该不会引导他们反对那种机械论的、有冲突倾向的、更多元的，或者那种（正如当前生态学理论时常做的那样）不强调平衡的理论。

在这里，我们看似得到了关于世界的客观记录，但这种结论是需要去神话化的。这些可能是对道家在头脑和心灵中形成的意义的主观记录，而不是对生态系统的科学的或先科学的描述。道家必须做的，与基督徒和犹太人必须做的一样，就是拿起科学的描述，放下所有的既定阐释，去检验他们的经验是否符合这些科学描述。如果是这样，那很好；如果没有，他们可能需要更深入地去思考这个问题。

然而，道家的模式确实似乎描述了自然发展中的因果力量（就像基督徒曾经认为的《创世纪》的描述一样）。它似乎为生态系统、进化论甚至宇宙学提供了一个模型。也许这个模型告诉我们的最重要的东西就是人类能够经历什么样的主观改造，但是，只有当主观改造与有价值的自然物相一致的时候，这种经验才似乎适合于评价自然。

还有一种可能性，至少在生态学出现之前，东方的圣人们也热衷于观察自然，并比西方科学家更好地分析了世界运行的方式。生态学（它可能被认为）是一门中观层面的科学，而不是微观科学或天文科学。人们不需要显微镜或望远镜、盖革计数器或超离心机；人们需要观察几十年的更替，季节变化，区域范围内生命的盛衰，从这个意义上来说，道教对自然的描述可能已经预示了生态科学。也许道家正是由此看到了事实，而且比西方更在意这些事实；或者，正是这些被看得如此透彻的事实引导着东方人建构起了一套比西方人所发现的任何形而上学都更恰当的形而上学。因此，道教可能是生态科学的补充。道家可能更好地发现了自然生命的意义，因为他们对自然界的运作性关联有着更好的前科学的了解，西方则不然。

然而，这个问题还有一个更微妙的方面。虽然科学和宗教所使用的不同语言不容混淆，但它们之间并不是完全隔绝的。虽然科学不是形而上学，但它可以假定一种形而上学，或者它可能与形而上学的某些方案兼容，当然不是全部兼容。从这个更深层次的意义上说，科学可能不是价值中立的；它可能有一个沉重的形而上学任务，而此时，哲学家和神学家，东方和西方，就可以帮助我们澄清和批判科学中那些晦暗不明的、富于形而上学的假设。

这就是为什么基督徒并不总是把科学的结果当作权威。除了知道科学经常变化之外，他们还可能发现科学把重点放在经验的某些方面，从而模糊或歪曲其他方面，就像在行为主义心理学中关于自由意志的争论一样。他们可能会怀疑，一种机械论的形而上学正在关于如何解释刺激反应实验结果的过分武断的声明中显现出来。或者，他们可能会怀疑，进化过程中所谓的随机性和偶然性是进化论的一个盲区，这个盲区是由于那些将宗教与现实分割的世俗主义者的假定导致的，达尔文理论因此未能捕捉到背后的东西。这个精神盲区就是心灵的发展，这是基督徒在加略山捕捉到，并在他们的生活中持续探索的。宗教不能显示任何科学的内容，但它可以注意到这些被注入了内容的形式；它也可以捍卫它自己的内容，和将这一内容注入其他形式的合法性。

因此，也许东方的自然模型可以批判进化生态科学和技术科学中的形而上学假设，从而帮助西方重视自然。也许东方的形而上学可以提供一个更好的模型来配合西方的科学，解释科学并使其在道德上对环境负责。但我们不能仅仅假定有这样的洞察力。道家的生态学可能比基督教的生物化学或印度教的气象学模型更混乱。我们必须更具体地追问，东方在科学之前的信念，是否有助于西方在科学之后重视自然。

东方、西方、自然、科学——所有这些词都是包罗万象的，都被塞进了一个问题里。试图把这些问题简化处理是不可能的，但检验一些有代表性的答案则是可能的。接下来的一个假设是，任何可以输出到西方的有价值的东方思想都不太可能是宗派主义的，它可能存在于东方信仰的主流中；当然，我们也认为它是可以输出的。要把一种实践从它所生成的世界观中剥离出来是很困难的，而且在东方语境中起作用的东西，在西方文化中可能不起作用，因为一种特定的行为如果没有支持它的形而上学就无法维持。我们提出的问题不是东方人是否能为帮助自己重视自然，而是他们是否能帮助西方人重视自然。也许有一种形而上学可以让西方皈依，尽管这似乎不太可能。比较现实的预期是，具有代表性的东方信念在与西方相遇时，会促使西方重新评估自己的理论或实践，从而形成一种弱人类中心主义的框架，一种更加敏感的重视自然的能力。

下面的测试用例是进行此类讨论的跳板（弹簧板只有在用力弹跳时才能正常工作）。这些测试用例也被一种方法论推进，这种方法论混合着注重实际的科学哲学与优雅的比较宗教学。后一种学科试图为一种竞争性理论提出最有利、最令人同情的理由，以凸显其强项；前一门学科专注于一个竞争性理论的弱点，并立即检查是否存在证伪。在寻求理解的过程中，这两种方法似乎都很重要。

## 二、业[①]，轮回和生物学价值

提及业和轮回的信仰，在东方宗教中几乎无所不在。业是一种关于道德价值持久性的学说。这种价值贯穿于人类的生活之中，在人的经验中显现。但在那里得不到圆满的解决；因此，根据佛教的逻辑，这种价值可传输至其他世界、其他世代，以及生物世界中的非人类生命。这将道德从个人生活中延伸出来，并假设这种道德是隐含于动物生命中的决定性因素，因此，猴子或蛇之所以是其所是，因为恶业。就个人而言，如果他们能够转世，并且有可能通过阶段性的改进获得更多的价值（美德、善业），生命就有更高的价值。悲哀的是，严重的价值缺失正在背离善业。

这种信仰具有强大的意义，因为它推动了古典佛教和印度教在救赎论方面的探索（至少在早期阶段）。而当这种观念可能被输出至西方的时候，它对于重视自然的意义是什么？日本佛教学者池田大作对生物保护非常感兴趣，他说，业和轮回使所有生物都有了“血缘关系”，他认为宗教有其科学发现，即发现了人类与所有生命形式都有联系。[②] 佛教的第一条戒律就是基于这样的信仰，他们要求不杀生、不伤害，敬畏生命。

这似乎可以用形而上学的信仰来补充生物学的价值追求。生物学家从达尔文进化论中找到证据，证明所有生物都有血缘关系，如果佛教徒和印度教徒也能从宗教中获得这种信念，那就太好了。即

---

① 译者注：佛教常说的“业”是指有情之行为。梵语 karman，音译羯磨，为“造作”“行为”之义。此“业”之思想，原是印度独特的思想，在印度人中相当普及，并以之为招致轮回转生之一种动力。佛教沿用此语，谓以此“业”为因，能招感苦乐染净之果。而得众生与器界之报；若于迷界而言，由烦恼起业，由业招感苦果，现出迷界之依正二报。佛教认为一切万法无不基于因果之法，不仅众生之种种苦乐果报，其依报——世界之净秽等，亦悉由业所感。

② Aurelio Peccei and Daisaku Ikeda, *Before It Is Too Late*, Tokyo: Kodansha International Limited, 1984, p. 65.

使敬畏生命这个几乎被所有支持生物保护的生物学家普遍认可的感受，仍很难从纯粹的生物学中获得；的确，从某种意义上说，进化论生物学对生命是相当不敬的。自然选择左右着生存竞争。适者生存需要大多数个体的早期死亡，并导致地球上98%的物种灭绝。如果一个人能从东方的宗教中寻得敬畏生命的其他根据，那么我们就更有动力去保护生物了。

然而，支持生物保护的生物学家们并不真有兴趣形而上地将动物生命理解为人类之前世，灵魂之轮回，或业的流转。至少以生物学家的身份，一个野生动物生物学家欣赏尊重大蛇不能基于宗教信仰，认为这条大蛇可能是某人的祖母转世而来（更不用说相信他或她可能获得通过保护这样一个灵魂化身之动物而得到善业）。生物学家对蝙蝠或蠕虫是由人转世的了解其实是越少越好。西方人希望将蛇、蝙蝠和蠕虫视为自然力量之因果和控制论之产物，而不是将人类生活中尚未解决的道德问题投射到它们身上。我们需要根据动物的本质和它们在生态系统中所起的作用来评价它们。它们需要被视为生物的成员，而不是古老的道德代言者。

例如，西方需要一个似乎可信的解释来说明在物种灭绝中丢失的价值和保存在物种重新形成中的价值，来解释正常的自然进化进程中生物代换导致的物种灭绝和没有新物种生成的人为灭绝之间的区别。我们需要对自然物种中生物信息缺失的严重性进行解释，对生物的物种价值进行解释，因为这涉及对个别有机体价值的评估。我们会将一些物种认为是“高级的”，另一些是“低级的”，一些是“有知觉的”，另一些是“无知觉的”，这种行为同样应该得到评估。根据一篇文章，业与轮回似乎在说，没有任何形上价值在物种灭绝中消失。价值只能在别处重生。这种生物保护的形上价值与生物学价值有什么关系？

西方国家需要一个合理的解释来说明对异质生命形式的尊重——例如跳蛛和田鼠。不得杀生的戒律最初令人印象深刻，涉及对所有生命形式的尊重。但当科学家意识到东方圣人在生物种类方面的那种导向不杀生命令的信念在形而上学层面是各式各样的，他们会疑惑，当东方关于蜘蛛和田鼠的信仰被去神话化、不再为人迷信的时候，当这些信仰被生物科学积极地转化之后，不能杀生的原则能否继续成为支持西方价值理论的有效力量。西方有时希望重视这些生物，因为它们与人类是同类的，但同样也常常是因为它们与人类不是同类。在我们尊重所有有知觉的生命的时候，这似乎有某种非人类中心主义的意味，然而当价值分配被认为是来自道德行为能力的业果时，我们如何尊重非道德动物的生命维度？诚然，我们有时想去欣赏异质经验，甚至去欣赏没有任何感知经验的生命。

也许业和轮回有着更深、更玄奥的意义，而且到目前为止，我们的探究只检视了流行的、通俗的意义。但是，在这个基础意义可为西方接受之前，东方解释者需要探究一个层次是如何与另一个层次相分离的（一个去神话化的计划？），以及这样一个形而上学的观念如何帮助人们去评估那在进化生态系统中由物种形成所产生的有机体的价值。也许这可以通过诊断西方世俗的形而上学假设来实现，这些假设使我们对存在于所有生物中的宗教价值麻木不仁。

就像酶或催化剂为有机体的进化提供特定功能一样，人们偶然发现这种东西还有其他用途，聪明者以此类比，摹仿酶的催化作用并将之应用在医疗、农业或工业之中，在这些东方的观念中，也可能会有一些类似酶的东西能够在东方与西方的自然观之间建立一种功能性关系。但目前还不清楚这种化学反应将如何进行。

## 三、二元对立和进化的自然

当远东为生态衰颓的西方提供建议时，有时候是基于二元对立律，或互补律，即道的阴阳振荡的方式。“反者道之动，弱者道之用。”① 休斯顿·史密斯，生于中国，长于中国，是麻省理工学院的专职宗教哲学家，他诊断认为西方的行为一直是一种“阳刚之

① Tao Te Ching, stanza 40, from Arthur Waley, trans., *The Way and its Power*, London: George Allen and Unwin, 1934, 1965.

行”，这体现在他们的科学和生态危机之中，与此相对的是“道教选择硬币之背面（阴），但却将之恢复成初始状态的完整”①。生态危机由肌肉发达的大男子主义造成的；西方需要女性的复兴；我们需要与自然一起流动，适当地把我们自己调整到它的节奏中去。只有这样，人类才能正确地评价自然。意在解释自然的道成了人类行为的规范。

道家认为，讨论道之确切含义是有风险的，所谓道可道，非常道，② 每个事物都包含着其矛盾对立面③（就像阴阳太极图一样）。道家模型会经常性的变动，并且因其缺乏知觉经验支撑，以致很难用语言表达出来。然而，如果这个模型被用以挑战西方的行为，它将不得不在直面西方的科学和价值理论时提出一些积极的主张。

这是形而上学与伦理学的混合，科学与宗教需要小心翼翼地混合在一起。就像西方关于上帝之三位一体的描述一样，东方关于道之二元性的解释来源于生活中发现的意义。但是两极互补的理论是如何描述自然的本质的呢？我们如何从“是”转向“应该”，转向一种人类行为的“处方”？

（1）该模型打算描述什么？阴阳作为一种现象模型，一种自然过程的模型，它与西方所说的因果模型类似吗？倘若如此，它似乎与科学在同一水平上运作，二者相互竞争或相互融合，彼此之间

---

① Huston Smith, “Tao Now,” in Ian Barbour, ed, *Earth Might Be Fair*, Englewood Cliffs, New Jersey: Prentice-Hall, 1972, pp. 62-81; citation on p. 80.

② Tao Te Ching, stanza I

③ Ibid, stanzas 9, 14. 译者注：此处罗尔斯顿注明引自《道德经》第九章、第十四章，但文中并未直接引用，仅是写出其大意。为便于理解，现将此二章附入此注。第九章：“持而盈之，不如其已。揣而锐之，不可常保。金玉满堂，莫之能守；富贵而骄，自遗其咎。功遂身退，天之道也。”第十四章：“视之不见名曰夷，听之不闻名曰希，搏之不得名曰微。此三者不可致诘，故混而为一。一者，其上不皦，其下不昧。绳绳不可名，复归于无物，是谓无状之状、无物之象，是谓惚恍。迎之不见其首，随之不见其后。执古之道，以御今之有，能知古始，是谓道纪。”

势均力敌。就其所涉及的任何可供谈论者而言，道家的教义似乎声称其洞察力乃是科学的，与牛顿关于质量和能量守恒的定律或达尔文关于适者生存定律是同源的。道家关于阴阳演替的法则惊人地支持关于内稳态、自然循环和平衡的发现。道家的生态模型预言了阴阳互相生成的回归/循环。

这种成对的互补性在自然界中显著地存在，首先道家在中国生态系统中发现了它们，由于科学提升了人类的观察能力，这种互补性的认识在不断扩大。比如世界中有热与冷、夏与冬、日与月、湿与干的振荡，亦有山与谷、男与女、酸与甜、兴与衰、醒与睡、盈与亏、生与死。物理学家发现，世界是由正负电荷构成的，能量和物质相互转换，北极有其南极，粒子有其反粒子，物质则有波粒二象性。生物学家学习了雄性和雌性二分法如何渗透到高等植物、隐花属植物和藻类中，以及基因如何成对出现。气象学家发现了暖锋和冷锋，天体物理学家甚至发现了恒星的盈亏，他们想知道宇宙是否会振荡：大爆炸、大挤压、大爆炸、大挤压，往复交替。生态系统似乎特别倾向于周期性的更替，循环和节奏回归。一切都是负熵的阳和熵的阴辩证地交织在一起的结果。

（2）或者，阴阳是一个比科学运作更深层的超现象模型，它运行在一个不同的逻辑范畴中，是一个形而上学模型而非经验模型，它是意义而非原因，是这样吗？在这种情况下，科学的发现既不会与之竞争，也不会直接证实它。阴阳理论可能更愿意与科学模式下的西方形而上学直接对抗。西方形而上学（人类霸权）中有一些过分之处，在理论和实践中推动了科学观点（产生了分析科学和技术科学），然后可能被东方形而上学（二元互补）纠正，从而缓和科学的傲慢。

或许这种断言说明，西方科学（进化的生态科学）现在发现的东西的确更符合东方的二元论形而上学，而不是产生科学的西方形而上学（上帝：人：自然等级），真是这样吗？接下来的问题就是，当人类发现自己凭借科学技术的力量已经威胁到自然时，什么样的超自然现象模型（如果需要的话）能够在形而上学层面适应进化的生态科学和人们提出的价值问题。

无论在哪种情况下（是准科学的道，还是超自然现象的道），当西方人试图引进这一观点时，都会遇到问题。道虽然被广泛使用，且包含着诸多事物，然而除了这个公认的影响之外，我们却没有在自然界中发现任何其他与之显著相关的联系，甚至到目前为止，还没有一门被认为与之相适应的科学被揭示出来。即使仅限于中国的分类，男性和女性、干燥与潮湿、山脉和山谷，或生长在地上和地下的食物，这些几乎都与道没有关系。青年之盛和暮年之衰是一种不同于酸甜苦辣的现象。生物学中几乎无所不在的性别区分与物质的正负电荷论无关，二者都是生态学演替过程中出现的不同现象。现象世界的科学是多元多样的，尽管确有规律和背后的结构性根据，但一切都不是像道家所说那样联系在一起的。

当西方人的科学连同其隐含的形而上学受到道家的挑战时，他们将倾向于用同样的方式来回答：道家的教义也是一种形而上学，它过滤了那些在科学上有重大意义的东西，而真相则可能是：在所有这些振荡的背后，并没有道。认定确实有道存在，就像认为在天体物理学、微物理学、生物化学、气象学、地质学、生态学和经济学中都有相同的力量，因为在这些科学中使用的所有方程中都经常出现等号。如果某人选择一个正负比例，他可以做很多地图测绘，但是在你所绘制的所有不同地形上，我们不能了解任何有机体和自然现象之间的相互渗透情况。那些严肃对待科学自然史的人会发现，在道家的思想中，在自然史中处于同一层面的真正的紧要事件经常被忽略和相互关联起来；但他们可能不会发现，要从现象或形而上学的层面来理解这些时常被提及的事件，最佳办法就是借助对立转化的神秘力量，即“道”。

正在发生的事情远远多于道家二元对立所阐明的事情。原子表，或一般的量子理论，或激发能级，或放射性衰变的半衰期，或相对论，都没有特别的二元性；太阳系、地球构造板块、黑洞、周期性冰川作用并没有特别的二元性。同样地，遗传密码、突变、酶、糖酵解、柠檬酸循环、光合作用、神经递质、视觉或学习的进化也是如此；与此相同的还有物种的形成和灭绝，或者人类的到来和他们的文化历史。

在所有这些事件中，人们当然可以发现起起伏伏、活动与休息、正与负、可逆性和双边对称性；但是，即使注意到造山作用和侵蚀作用塑造了地貌的特征，或者注意到酶的化学作用往往具有可逆性，也无助于我们去解释这一令人费解的现实：虽然地质循环——从前寒武纪到最近的宾夕法尼亚纪——会重复，但这些循环上的生物事件包含了巨大的历史新颖性。即使道家之相反相成的观念为人关注，但大部分科学（和形而上学）的解释工作仍有待完成，对这些自然现象的价值评定当然也尚未完成。如果道存在，它可能就像热力学定律一样，在自然界中永远不会被违反，但这也不足以解释自然历史的大规模、突发性特征。

西方迫切需要一种关于进化论自然的解释，以明确地帮助他们评价自然，尤其是考虑到许多基于科学的解释得出的结论是，非人类的自然根本没有价值。在大爆炸中，爆炸性的原始能量立刻形成粒子，继而形成氢和氦，并形成恒星，其中某些恒星以恰当的比例形成了适合生命的重元素。这些恒星爆炸为超新星；物质重新聚集到行星上，地球成为生命进程中的一个实验。化石星尘被太阳能辐射，自发地组装成在微球中受保护的氨基酸和前蛋白，并最终发展为生命。生命以单细胞开始，通过不断发现生物 DNA 编码的新信息，发展成三叶虫，最终发展成恐龙、灵长类动物和人类，所有这些生物都生活在它们所支持的生态系统中。这一过程，以其间断的平衡，不受突如其来的灾难性灭绝的影响，在整个地质时间范围内，从零到五百万种，从原核生物到真核生物，从趋性①和运动到复杂的本能和习得的行为，从客观到主观的生活，从物质到思想甚至精神。然后，人类环顾四周，评估他们居住的地方和产生它们的历史过程。

---

① 译者注：此处原文为 taxes，当为印刷错误，应该是趋性（taxis），指的是具有自由运动能力的生物，对外部刺激的反应而引起运动，这种运动具有一定方向性时称为趋性。在许多原生动物中均可见到趋性行为。趋性要求有关动物具有感受性和反应性，在原生动物这是由细胞内结构完成的，而在较复杂的多细胞生物中这是由神经系统和肌肉来完成的。

从这个角度来看，阳/阴模型提供了什么帮助？它是如何批判科学故事所达成的观点的？这个故事是一个由少增多的故事，而不是同样的故事，不是重复的振荡。从微生物到人类，从行星到人类，并不是有趣的二元关系。或者只是一个子程序，而不是执行程序。生态系统只在很小的观测范围内才处于动态平衡状态；在更大范围内，进化变化是持续且不可逆的。历史体系正在变得前所未有；它将不再是它曾经的样子。有生态学家表示，动态平衡不像以前认为的那么重要，即使是在更小的范围内。

（3）也许道家模式与其说是一种科学或形而上学上关于宇宙运作方式的描述性主张，不如说它是对人类行为的一种处方。当我们认为道家模式可以解释整个宇宙甚至地球的历史时，我们期望过高；西方只能期望这种模式能为当代提供一些建议。它的时间规模可能不是几千年，而是几十年和几个世纪。它的规模可能不是微观的或天文的，而是中观层面和生态的。

在这些天平上，平衡是恰当的。任何自然种群都必须使用可再生资源；任何文化人口都必须这样做。西方之所以一直在进行野蛮的"阳刚之行"，是因为美国人跨越了一片所谓的"空白大陆"，进行了一场史无前例的长达4个世纪的增长之旅。欧洲人虽然留在国内，但当他们从新建立的殖民地中攫取资源时，也采取了类似的增长之旅。这种增长是由西方科学及那种倡导开发自然的形而上学推动的。但这一切现在都结束了，生态危机就是明证，对于一个已经与周围环境建立了长期关系的社会来说，道家模式是一种更理智的模式。西方需要引进一种稳定的形而上学，以适应生态系统承载能力的现实，并与其文化保持一致。道家在中国古典社会已经存在了几个世纪，他们懂得平衡生活的意义。他们的模式可资借鉴。

但是，尽管道教在其起源的环境中发挥了足够好的作用，但要使它在西方发挥作用是很困难的。在做环境决策时反复说"要阴柔，要阴柔"，但这有点像在社会决策中说"多些爱，多些爱"。这个建议听起来很有道理，但除非你有一个更复杂的模型来解释在做出具体决定时加入"阴"或"爱"意味着什么，除非你能把这种新态度运用到政策规定或道德计算中，否则什么也不会发生。无为，在荒野管理中，是赞成“放手”而不是“动手”的策略吗？这是对那些想要干预和改善我们国家森林中木材物种的遗传学家的警告吗？

道教神话可能包含了对那些在中世纪的乡村文化中寻求生命意义的人类的适当建议，但它需要去神话化（或再神话化），以检验其是否包含当代智慧。当人类通过科学，发现了历史的演进，发现了自然系统的实际运作方式，发现了重建自然系统的技术力量，这种智慧就暗示了人类应该如何工作。也许道家已经为平衡的生活制定了一些细节，然而这些细节只适用于过去的中国社会，在那里，道教与儒家思想处于严重的紧张关系。也许呼吁更多的“阴”仍然是一个好建议。中庸之道总是明智的，即使中庸之道会随着时代的变迁、文化的变迁而改变。但是，在现代的、工业化的、高科技的西方，这能得到转化并帮助人们做出决定吗？它能否教会西方该保护什么，该向何处妥协，该牺牲多少这片日渐缩小的荒野？

也许，期望从形而上学中引出一个高层次的伦理格言，直接用于解决这个问题，实在是异想天开。它会更像符号或口号，例如“少即是多！”或“没有多余的东西！”并将设定一种我们对待世界生活的态度或基调，挑战支持竞争极大化的价值模型，而这种最大化模型体现出帮助西方做出决策的生物学，经济学和政治学的大部分特征。这种格言可以设置一个令人满意的平衡模型，去与消耗最大化的观念抗衡。但是，除非格言停留在支持它的形而上学的氛围中，否则它能这样发挥作用吗？它能否表明这些形而上学的信仰如何逐渐影响实际决策？它能促进西方的任何行动吗？

## 四、不二论整体和生物学整体

西方迫切需要对生态系统中的个体、整合成一个生物群落的各种生物以及统一的多样性进行说明，而在这方面，东方的转向往往是有希望的。在东方信仰中，没有比不二论更基本的观念了，比如不二论吠檀多派如此，或者佛教对万物皆是空性①的理解中也是如此。② 道是不间断的相互渗透，在禅宗中，每个尘埃粒子都包含了宇宙，并赋予了它所有的力量。这些解释的细节各不相同；也许有些版本比其他版本更适合引入西方。但一个特定教派的解释不太可能被移植到西方；更有可能的是，一个普通的东方形而上学能够直面并纠正一个主流的西方观点。我们可以从大乘佛教中获取两种思路，一种来自在接下来的章节中提及的《华严经》，一种来自佛教中观派③的传统。

《华严经》提供了一个宇宙的模型，它认为世界就像一个巨大的网，由珍贵的宝石制成，悬挂在因陀罗④的宫殿上。“在这些宝石中，每一颗都被发现，并反映出构成网的所有其他宝石；因此，

---

① 译者注：空，在梵文里叫做 śūnyatā（音：舜若多），事实上，śūnyatā一语，不能简称为‘空’，而应称为‘空性’。tā 在此是一个结尾词，śūnyā 是一个语根。当然我们可以把 śūnyā 叫做空，但在‘色即是空’这句话里的‘空’，原文并不是 śūnyā 而是 śūnyatā。有此一接尾的 tā 字，在梵文里与只是 śūnyā 一字，那就大有区别了。tā 的意思有性质、实在、形态等义。

② There is a Buddhist account of śūnyā in which no claims are made. śūnyatā is not some Absolute, but absolute silence. But if Buddhists are silent and make no claims, it is hard to see how they can offer a metaphysics, or a practice based on silence, that can help the West to value nature in environmental affairs.

③ 译者注：中观派是印度大乘佛教主要派别之一。中国传统称为空宗。因宣扬龙树的中道而得名。中观理论最早的阐述者和奠基人是 2—3 世纪的龙树和他的弟子提婆。但作为一个学派，则出现于 6 世纪的大乘佛教末期。中观派发挥了大乘初期《大般若经》中空的思想，认为世界上的一切事物以及人们的认识甚至包括佛法在纳都是一种相对的、依存的关系（因缘、缘会），一种假借的概念或名相（假名），它们本身没有不变的实体或自性（无自性）。所谓“众因缘生法，我说即是空，亦为是假名，亦是中道义”，在他们看来，只有排除了各种因缘关系，破除了执着名相的边见，才能证悟最高的真理——空或中道。

④ 译者注：因陀罗（Indra）意为“王者、征服者、最胜者”。其全名释提桓因陀罗（Śakro devānām indrah）合意即为“能够为天界诸神的主宰者”，即“能天帝”或“释天帝”，亦称因陀罗、憍尸迦、娑婆婆、千眼等。梵文汉译时为了符合汉语语序就将原语序反转，译作“帝释天”。

当它被捡起来的时候，我们不仅看到了整个网，而且看到了网中的每一个宝石。”① 世界就像一根蜡烛，四周都是镜子，每一面都反射出蜡烛和其他所有的镜子。开悟会让人感受到与他人的紧密结合。铃木博士说，这就提出了如何解决在生态共同体中重视个人价值的生态难题。② 世界重新获得了最初的整体性，我们不会迷失在支离破碎、疏离不和的西方思想之中。《华严经》给出了答案：一即一切，一切即一。

佛教的一个优点是，非二元性战胜了人类的傲慢，而西方恰是造成这种傲慢的主要原因。西方本身并不缺少那些认为骄傲是人之根本罪过的有识之士，西方一个古老的预言就认为“温顺的人将继承地球”。然而，西方同时认为人类对自然的过度统治也是合理的。当早期道家观的探索与大乘佛教的洞见融合，西方可以借此发现所有物种（包括人类在内）在“一”之中的相互渗透。然后，野蛮的阳刚之行，那种名副其实的傲慢冒险，就可以转向和谐与整体。与人类中心主义观点相反，华严宗的观点是以生物为中心的。

或许我们要问，的确是这样吗？这一次我们拥有一个隐喻而不是一个模型，此隐喻可能是形而上学而不是科学。我们必须再次发问，因陀罗网是不是西方所说的因果模型的诗意想象，也能被生态系统中的经验发现所证实或否定。或者我们是否拥有一个可替代的意义模型，不一定是一个可以直接与西方科学相一致或受到西方科学挑战的模型，而是一个与另一个逻辑解释范畴平行的模型？然后，它将直接面对的不是科学，而是元科学，或许是为了提醒西方注意那些正在构建科学赖以生存的网络的背景假设。不管怎样，这

① D. T. Suzuki. *In the introduction to B. L. Suzuki*, *Mahāyāna Buddhism*, 2d ed. London: David Marlowe Ltd, 1948, p. xxxii. 译者注：《华严一乘十玄门》卷一解释“因陀罗网”：今言因陀罗网者，即以帝释殿网为喻。帝释殿网为喻者，须先识此帝网之相。以何为相？犹如众镜相照，众镜之影，见一镜中。如是影中，复现众影，一一影中，复现众影，即重重现影，成其无尽复无尽也。

② Ibid. See also “The Role of Nature in Zen Buddhism,” in D. T. Suzuki, *Zen Buddhism*, Garden City, New York: Doubleday and Co. , 1956, pp. 229-258.

个比喻模型似乎确实在某种程度上描述了世界上正在发生的事情。无论是通过直接映射，还是通过从形而上学到科学的层间转换，我们都需要将这一模型与生态系统中的运作联系起来。

例如，会有关于自主性和冲突的问题，以及关于合作的问题被提出来。一个具生态知识的评价者需要一个在有机体和生态系统层面上保持生物完整性的有辨别的多元论。内在价值要求我把他者视为他者，要求我们看到他者与我、与人类、与其他生命和物体的不同之处，甚至它与绝对的不同之处——如果绝对存在的话。内在价值需要一些宽松和自由，以保护个性。系统价值需要对其生态位①和角色中的事物进行描述，特别是对当地栖息地。如果一切都是平等而亲密的，但也相当模糊地（不加区别地）与其他事物联系在一起，从一个根本的又含糊不清的基础上产生，那么我们该如何理解这些差异呢？

在生态系统中，各种不同的联系应该被认真对待；食物金字塔、自养生物、异养生物和系统发育②传递的种类、物种、营养水平的差异是生物身份和作用的真实且重要的差异。有机体可能是紧密结合的，就像共生生物或繁殖种群的成员一样。或者它们可能是松散耦合甚至解耦的。他们可能是身份相近、竞争激烈的兄弟姐妹，也可能居住在彼此相距遥远的生态位中，生活永远不会交叉。差异和关联一样重要。兰花与其菌根真菌关系密切，但落基山脉的卡利普索兰花与西藏的雪豹关系不大。微生物在生态系统中起着重要的作用；它们可以有工具价值；但攀爬蕨类植物非常罕见，它们的作用忽略不计。它们能被内在地评价吗？西方需要帮助鉴别地球上的500万种物种，阐明它们之间的联系，欣赏它们之间的各种关系，将有机个体的内在价值与生态系统中有机体的工具价值结合起

---

① 译者注：生态位是指一个种群在生态系统中，在时间空间上所占据的位置及其与相关种群之间的功能关系与作用。生态位又称生态龛。表示生态系统中每种生物生存所必需的生境最小阈值。

② 译者注：系统发育是指生物形成或进化的历史。系统发育学（Phylogenetics）研究物种之间的进化关系，其基本思想是比较物种的特征，并认为特征相似的物种在遗传学上接近。

来，必要时将个体价值纳入社会价值之中。

在这一点上，一个不二论的、玄之又玄的神秘主义联合体必须走得更远。华严宗所谓镜论模型堪称完美，甚至可能是一个真实的形而上学；但当一个科学家试图用这一理念来绘制生态系统的地图，或者一个伦理学家试图用它来评价一个生态系统时，它也变得相当混乱。中心的蜡烛（绝对的）提供所有的光，在周围所有空的镜子里反射出圆形的光。每一面镜子是否都有其自身的完整性，并与其他镜子有重要的区别？或者它们只是一个反射器？即使是因陀罗之网中宝石的闪光，也是借来之光的反射。每个宝石的内在价值是多少？光从表面反射，闪光和颜色在某种程度上是观察者眼中的现象。宝石也和镜子一样，没有什么特别之处。也许我们不应该期望一个隐喻转化为模型中的细节；但问题或许不在于隐喻的局限，而在于形而上学的缺陷。

那种坚持认为自然万物的存在源于上帝的一神论（科学家和东方人可能会说）在西方已经失败了；一神论者有时也说到自然事物反映了神的形象，他们试图使特定的生物成为神的存在的标志。但他们同时也想证明一即一切、一切即一。他们的耶和华命令地球创造无数的生物（即物种形成），并从本质上宣告每一种类都是善的，认可每一种类所显现的名字和形式。上帝在本质上和历史上都承认各种各样的事物。虽然《华严经》模型调节了一神论模型中的人类中心主义，但人们可能会想，是否太多的空或者太多的绝对，已经取代了在生态网络的多个位点上发现的生物完整性？

我们如何评价生态系统中的冲突和斗争？生态学产生于进化论之中，达尔文的自然在某种意义上是一片丛林。猎豹撕开羚羊；羚羊吃草；每一株草木都在与它的邻居竞争营养、水分和空间，同时，它交叉施肥以繁殖后代。在生态演替中，云杉（所谓阳生万物）将白杨推出，白杨依靠火来毁灭云杉（返归于阴），并使白杨演替再生。这些树争抢阳光，抵抗害虫。植物会产生化感物质，这些有毒物质会抑制邻近植物的生长，即所谓异株克生。

生命有机体的价值需要对个体完整性的“强力”防御，其代价就是，需要破坏和获取其他生物的价值，即索取其他生物可能使用的资源。这是否有助于将其想象成来自中央光源的光，闪烁的圆形宝石和镜子？这是一种相互竞争的形而上学吗？它能帮助西方认识到它在哪些方面夸大了自然界的冲突和竞争吗？能（正如生态学所做的那样）通过更多的相互合作为达尔文主义适者生存描绘一幅新的图景吗？

也许在这里，大乘佛教可以适应苦难（佛教所谓苦）的高贵真理，并告知世人一切都是由欲爱驱动的，当然不排除有某种解释认为佛教是希望轮回停滞的。这个世界模型很难像因陀罗网一样完美。也许这只是意味着人类应该停止他们的欲望（在西方中心主义和消费主义的怂恿下），寻找一种更有意义的平衡的生活，意识到万物互通。但人类不仅受欲望驱使；生态系统也是如此。生态系统建立在伤害、价值获取和掠夺的基础上。宣扬不杀生难道不是和生态系统背道而驰吗？在因陀罗网络形而上学的启发下，没有人会希望在这样一个世界中破坏耀眼夺目的和谐。这也许就是生态学带给我们的结论：过去之竞争相互贯通，过去之奋斗相互适应。就连达尔文也曾表示，希望根据进化论，人类、动物和植物“可以从我们的共同祖先那里继承”和“可以被连成一体”。[1] 因陀罗网说明了这一点。但是，我们仍然需要将达尔文丛林中的一些适者生存的规则纳入该网络。

生态学家需要重视生态位固有的完整性和生态系统维护的完整性。他们可能不需要绝对的真理，而是需要相对的真理。人们并不希望迅速进入深生态学；“浅层”的现象也值得珍惜。我们有时需要更少的永恒，更多地去珍惜短暂。生态学家或准生态学家，他们不需要神秘的统一性，而需要在系统的统一性中的差异多元性，那种对互补性竞争的欣赏。他们需要一个令人信服的环境多元主义和环境共同体，一个人类可以依此将自己与非人类进行比较，也可以在非人类生物之间进行比较的模型，并根据各自在生态系统中的角色的内在价值来判断彼此。

从对因陀罗网的描述性使用，到可能随之而来的行动指南，这种神话很难转化为行动。四个例子可以说明神秘主义愿景和环境决

---

① Charles Darwin: *In Darwin: A Norton Critical Edition*, ed. Philip Appleman , New York: W. W. Norton Co. , 1970, 1979, p. 78.

策之间的距离。

（1）科罗拉多人需要判断是否要在科罗拉多河上开发水资源，以为前面的城市提供发展和便利，但这会导致驼背鲑的灭绝。驼背鲑是一种奇特的鱼类，它奇特的背部是湍急的春季径流中的稳定器。驼背鲑不能生活在人造水坝的蓄水湖中。一些科学模型表明，如何根据濒危物种独特的生物学特性来衡量人类的生长和便利，可能会有所帮助，但将驼背鲑设想为华严宗网络中的一颗宝石，与人类和所有其他生命一样闪闪发光，对科罗拉多人的任何决定都没什么帮助。

（2）为了拯救三种濒临灭绝的植物物种——圣克利门蒂岛的丛林锦葵，火焰草和翠雀花——加州人需要决定是否射杀数千只野山羊，为每一种已知的幸存植物牺牲几只山羊。这将有助于建立一个价值理论，将山羊级别的知觉生命——这些山羊脱离了它们的原生生态系统，在另一个生态系统中被重新安置——与植物的生命进行比较，这些植物是其物种类型的标本，且仅适合生存于一个罕见的岛屿生态系统。我们似乎将山羊的高内在价值与高负向的工具价值放在了错误的位置上，将植物之罕见的内在价值与其高质量低数量的工具价值对立了起来，这些植物濒临灭绝无可替代。我们以对山羊的主观经验来考虑仅有客观生命的植物。在山羊和植物中发现所有事物均能平等地反映所有其他事物，这只会模糊了我们正于此处阐释的价值上的主观性和客观性问题。那种认为一即一切，一切即一的看法太简单了——或者，如果你愿意，也可以说太老练了——总之于事无补。

（3）佛罗里达州和联邦当局需要帮助，来解决他们是否值得花费 2700 万美元来建造 40 座桥梁的分歧，让濒临灭绝的佛罗里达豹（一种适应沼泽的亚种）通过正在建造的跨大柏树沼泽的州际公路。这些桥的费用大约是每只黑豹 100 万美元。征地和相关费用将使总费用达到 1.12 亿美元——大约每个佛罗里达人 10 美元，每个美国公民 50 美分。市民成本的计算也将有助于我们对黑豹这一处于沼泽生态系统最上层营养梯级上的轻盈而优雅的捕食者的价值有所掌握。相反，大乘佛教的菩萨在因陀罗网上的冥想能说出任何需要决策者认真衡量的事情吗？

（4）怀俄明国家公园的生物学家需要人们协助来决定是否要

治疗黄石公园大角羊中爆发的红眼病，他们已经决定尽可能不让人类活动干扰黄石公园的生态系统。他们不治疗这种疾病的决定导致了200只大角羊，也就是羊群的一半都遭受了失明、受伤和饥饿。与此同时，衣原体微生物也大量繁殖，结果，以这些尸体为食的金雕数量大增。因此，这将有助于建立一种价值理论，利用生生不息的自然系统的价值来面对可预防的野羊痛苦。受因陀罗之网的启发，人们是否就应不采取任何行动（亦即道家无为思想的主张），或在羊或微生物上实践佛教之不杀生的理念，或在相互渗透之整体上培养不二论意识？

要重视自然，我们既需要横向解释，也需要纵向解释。横向解释就是描述和评价彼此相关的自然种类和现象。这将把科学的描述和适合于经验性事物的价值论结合起来。纵向解释就是在本体基础上对现象进行连接和评价。这将是形而上学，而不是科学。因陀罗网似乎同时提供了一个横向的（科学的、经验的、现象的）模型和一个纵向的（本体的、形而上学的）模型。但是，在它们得到进一步发展之前，它们之间的联系是无差别的。

把脑袋中的理想与实际的决定混为一谈，这可能是一个范畴上的错误；这就像又一次混淆了诗人和律师的所作所为。理想是诗，公民与官方决策是依照法律的具体事实。日本永平寺的道元禅师饮山溪之水却不尽饮整勺，而是把半勺水倒回溪里，为河水向前流动而欣喜。这就是禅诗，西方国家不能指望从禅诗那里获得科罗拉多州的水资源法，以此规定保护濒危鱼类所需的最低流量。禅诗只能让我们产生对溪流的崇敬，水利法规应及时发挥作用。禅诗只能定义一个价值矩阵，而不能在那个矩阵上标示出特定值。

然而，如果我们在这些范畴之间没有恰当的转化方案，那么神圣的诗歌就没有实际的用处。我们不会因为宗教中缺乏生物科学所能提供的经验信息而责备宗教的深度，但我们确实期望宗教能发挥具体可见的诊断作用。当这种生物科学的经验信息被摆上桌面，价值问题因此浮现，我们就会因宗教之愿景太过浑然且无操作性而沮丧。我们很难指望形而上学为行动提供蓝图，但是如果形而上学不能以某种有意义的方式指导行动，那么它就无法在西方需要帮助的地方——重视人类居住的环境——发挥任何作用。这样的理论在环境问题上是不能付诸实践的，尽管它也许可以在其他方面付诸实践——存在论或救赎论意义上。

## 五、涅槃、空和灭绝

至少可以说，《华严经》肯定了所有的事物——所有的事物都像网中的宝石——但恰恰错在过度的肯定。任何卑微之物都不会被轻视；菩萨发誓要点化最后一根草叶。外物与神性密切相关。

但这种过度的肯定并非一以贯之。当东方的深度评估来临时，有时会有一种消除现象的趋势——这是一种灭绝的威胁（以挑衅性的语言提出这个问题），西方任何可能涉及此类评估的事主都会感到不安。我们会发现，涅槃（“离世”）与灭绝具有词源学上的同一性，由此我们可以切入这一问题，① 佛教中观派正是此论之代表。其他棘手而又相关的词是空和空性。

① The same root appears in nirguna Brahman, and the inquiry pressed against the Mādhyamikas could be, mutatis mutandis, pressed against Advaita Vedāntists. Śa ṅkara delights in the (1) "homo- geneity of Brahman," the One without a second and prays for (2) "the total eradication of worldly existence." Phenomenal things perish in Brahman, and (3) "nobody who knows their worthlessness will hanker after them." (4) "There is no good to be attained by the knowledge of the narrative of the creation." (5) "Those whose ideal is the attainment of the highest good do not entertain any respect for creation in its diversity because it can lead to no purpose." These citations are from (1) The B ṛhadā ṇyaka Upani ṣad with the Commentary of Śa ṅkarāchrāya, trans. Swāmi Mādhavānanda (Calcutta: Advaita Ashrama, 1934, 1965), 5-1-1; (2) Commentary on the Īśa Upani ṣad, 7, in Eight Upani ṣads with the Commentary of Śa ṅ karāchrāya, trans. Swami Gambhirananda, 2 vols. (Calcutta: Advaita Ashrama, 1959, 1972), vol. 1, p. 14; (3) Commentary on the Ka ṭha Upani ṣad, 1-1-28, in Eight Upani ṣads, vol. 1, p. 122; (4) Commentary on the Aitareya Upani ṣad, 2-1, trans. R. P. Singh, in The Vedānta of Śa ṅkara, a Metaphysics of Value (Jaipur: Bharat Publishing House, 1949), p. 277; and (5) Commentary on the Mā ṇḍūkya Upani ṣad, 1-7, trans. Singh.

这些都是形而上学的词语，我们以极大的敬意使用他们；佛教中观派有时认为自己根本没有对这些词语做任何断言，至少没有任何可从知觉经验中分离出来的概念断言。沉默是最合适的。尽管如此，如果确要找到一些有文化输出价值的东西，那就是我们将不得不借助这些佛教话语来表达自然中的一些东西。而且，虽然它们是形而上学的术语，但它们似乎确实适用于现象。据说，轮回一如涅槃，亦是空。一些导致轮回的特性（如欲、爱、苦）将在涅槃中消亡。究竟所消亡者是什么？这又如何涉及对自然的评估？

龙树菩萨是佛教中观派的创始人，他在《中论》中说道："诸法不可得，灭一切戏论"①，他认为万法皆空。他说"无人亦无处，佛亦无所说"，表明轮回就是涅槃。② 他又说"受诸因缘故，轮转生死中；不受诸因缘，是名为涅槃"③"无论何处，无论何时，

---

① Nāgārjuna, Mūla-madhyamaka-kārikās, *Fundamentals of the Middle Way*, trans. Th. Stcher-batsky, in The Conception of Buddhist Nirvāṇa (The Hague: Mouton, 1965), chapter 25, verse 24 (pp. 78, 208). 译者注：罗尔斯顿原文是"quiescence of plurality" in Emptiness，对应经文，当是万法皆空，一切寂灭的意思。佛教中观派所谓"涅槃"，原指吹灭、或表吹灭的状态，其后转指烦恼之火灭净，完成解脱的境地，引申出摆脱生死轮回达到无烦恼的最高至善境界，称之为"涅槃寂静"。

② Nāgārjuna, Mūla-madhyamaka-kārikās, chapter 25, verse 24, trans. Frederick J. Streng, *In Emptiness: A Study in Religious Meaning*, Nashville, Tennessee: Abingdon Press, 1967, p. 217. 罗尔斯顿原文是 With the "cessation of phenomenal development," Saṃsāra is seen to be nirvā ṇa. 译者注：佛教中观派讲缘起性空，缘起则有轮回，而五蕴皆空，无生无灭，既然无生无灭，一切法可平等观之，故而说轮回就是涅槃，涅槃就是轮回。

③ Nāgārjuna, Mūla-madhyamaka-kārikās, chapter 25, verse 9, in Streng, Emptiness, p. 216. 罗尔斯顿原文是"That state which is the rushing in and out of existence when dependent or conditioned-this state, when not dependent or not conditioned, is seen to be nirvā ṇa"，译者注：此句与上句同，指出一切法皆为缘起，故而性空，是为涅槃。

无任何法可言"①。龙树菩萨的信徒月称菩萨告诉我们，涅槃中"无存在，无自我，无生物，无个体之灵魂，无人格，亦无佛。""无个体生命"。② 类似此种描述不一而论，皆表明现象界在本体关照下面临着灭绝的危险。

关于涅槃的理解影响着我们对现象的评价。在佛教思想中，现实世界是尚未救赎的，这个世界"如海市蜃楼，如幻、如梦、如戏、如空中楼阁、如水中泡影、如轻风拂尘"。③ 这个世界"如疾，如疖，如刺，如苦。"④ "如来之智慧让我们与整个现实世界对立"。⑤ 月称菩萨说，当佛陀"触及绝对实相"之后，他宣称："这个世界既无实相，也无幻相。它是幻化之实，是寂灭之实，是假象，是呓语，是幻！"⑥月称菩萨赞扬了佛教中观派的精深："拯

① Nāgārjuna, Mūla-madhyamaka-kārikās , "Dedication" to Mūla-madhyamaka-kārikās, in Stcherbatsky, Conception, p. 69. 罗尔斯顿原文是"There ... nothing moves, neither hither nor thither."这是英文版《中论》的献词，无中文版，属笔者根据上下文推测译出，乞方家指正。

② Candrakīrti, Mūla-madhyamaka-kārikās，由于月称菩萨之《中观根本明句论》尚无中文版本，此处译文为译者根据英文写出大意。由于译者对佛经所知甚少，故大意乃根据上下文推测，特此说明。下文中月称菩萨之引文做同样处理。罗尔斯顿原文是 Candrakīrti, Nāgārjuna's disciple, tells us that in nirvā ṇa there will be "no existence, no ego, no living creature, no individual soul, no personality, no Lord." "There is in it no individual life whatever.

③ *The Large sūtra on Perfect Wisdom* ( Mahā-Prajñā-Pāramitā-Sūtra), trans. Edward Conze, Berkeley, California: University of California Press, 1975, pp. 141, 193, 305, 634-636.

④ Ibid., p. 204.

⑤ Ibid., p. 376.

⑥ Candrakīrti, Commentary, in Stcherbatsky, p. 125. 罗尔斯顿原文是：Candrakīrti says that after the Buddha has "hit the absolute reality," Buddha exclaims, "There is here in this world neither reality, nor absence of illusion. It is surreptitious reality, it is cancelled reality, it is a lie, a childish babble, an illusion!

救众生于苦难和无常之中”“万法皆空，一切实非实，亦实亦非实”。①

这种评价有一定道理；现象的确并非绝对真实，倘若我们将这种不真实的现象当作一种欲望的对象，这个世界一定会产生不幸。从人心的角度来讲，佛教中观派在这里的担忧可能是实现他们意欲追求的某些个人转变所必需的。但是，从逻辑上讲，这些现象也不是绝对神秘的；西方人想要积极地建立现象世界，而不是取消它。我们要救赎世界，可以充满宗教虔诚地去说；更好的是，我们希望人类在他们的现实世界中得到救赎。也许佛教中观派可以帮助西方重视自然，挑战西方并使其为日益膨胀的态度而悔改；也许西方可以帮助佛教中观派重新评价自然，挑战佛教并使其为过度贬低自然而忏悔。

西方一位主要的佛教学者爱德华·孔兹，终其一生研究佛教中观派经典之后，他总结道：般若波罗蜜多的教导对当代意义不大。说实话，它们与其他任何时代都同样无关。它们是专为那些脱离社会的人准备的……离开俗世去处理他们的世俗问题，这些佛经认为所有与感官相关的，或者依因缘而存在的世界是难以令人满意的，沉浸此中并非生活之真正使命。② 于佛教思想中寻求解决环境危机的帮助几乎毫无可能，毕竟这是一个俗世的问题。

也许这里存在悖论：空虚与充实之间存在着某种辩证关系，因此人必须否定世界才能重新获得它；这类似于耶稣所说的献出生命是为了重获生命，毁灭世界是为了复活世界。在外部人士看来，加尔文教派关于救赎预定论的教义在逻辑上应该导致世界的瘫痪。如果上帝预先安排每一件事，人的努力在哪里？与此相反，内部人士发现这种教导令人振奋，他们因此努力建设一个更美好的世界，将上帝之国在世实现。同样，外部人士可能认为佛教中观派以空性论

① Ibid., p. 84, p. 111. 罗尔斯顿原文是：It saves us from the misery and from phenomenal existence altogether.

② Edward Conze, *Selected Sayings from the Perfection of Wisdom*, trans. Edward Conze, London: The Buddhist Society, 1955, pp. 16-17.

贬低了现象界；相反，内部人士则发现空性论恰恰正确地重估了现象界。然后他们就可以去保护自然了。但是，这种在悖论中运作的真理很难为西方人接受。

佛教中观派完全否定现象世界的观点只是诸多佛教心境中的一种，只是一个更大的真理的早期部分，甚至中观派承诺，透过缘起性空之说就可以将轮回与涅槃同一而视，于是现象便自然复归。《中论》载“涅槃与世间，无有少分别，世间与涅槃，亦无少分别。涅槃之实际，及与世间际，如是二际者，无毫厘差别”①。这是何意？如果这仅仅意味着是给那些对空性毫无认知的人提供一种陈述性语言，那么这将很难为西方接受。

佛教不仅知道欲望如何驱动生态系统，还知道欲望如何驱动人类生活，而佛教可以磨炼和遏制人类的欲望。众所周知，佛教传入中国和日本后，经历了一场本土化演变。禅宗佛教徒坚持认为人只有认识到自己的空性后才能见山是山、见水是水。日本的俳句会让我们在大自然面前获得心灵的愉悦——蛙鸣、紫芽、白雪、秋月。道家之阴阳可以与佛教之空性融合。在宗教思想的启发下，中国和日本的艺术家有时会培养起对自然强烈的审美敏感性。因此，有证据表明，佛教有时知道如何通过绝对佛陀世界和个体现象世界的相互渗透，在不剥夺个体在宇宙中的特殊意义的情况下，赋予万物以包容统一。

20 世纪的西方在慎重地考虑引入东方的宗教思想以帮助自己重视自然，与此同时，东方常常向西方寻求帮助并引进西方的科学技术。东方现在面临着一个难题，那就是如何将其宗教应用于科学以有效地评价自然。假设某种理论至少应该在这种意义上具适用性（亦即具可操作性）并取得成果，那么对东方思想力量的考验将是看东方工业化国家如何解决环境问题。

一个更为关键的测试用例将是研究夏威夷岛的事件——一个环境上的关键案例，一个横跨东西方的十字路口。夏威夷岛的岛屿生

① Nāgārjuna's Mūla-madhyamaka-kārikās, chap. 25, verses 19-20, in Streng, Emptiness, p. 217.

态系统脆弱，拥有许多特有物种，而且美丽无比，因此也是环境问题的多发地。在夏威夷群岛特有的68种鸟类中，有41种现在已经灭绝或几乎灭绝。在特有植物中，有250种已经灭绝，剩下的2200种中有一半濒临灭绝或受到威胁。在夏威夷灭绝的鸟类、动物和植物的种类比整个北美还多。家养的动物——牛、山羊、猪——对当地的植物群造成了严重的破坏，人们很少为了保护动物群而有计划地砍伐森林和促进发展。东方对夏威夷的影响对这些问题的解决有什么贡献？他们能贡献什么？

西方正在等待争论结果和创造性的解决方案，即在不需要皈依佛教、道教或印度教的情况下，究竟东方有什么东西可以让西方引入并将之作为催化剂，去阐明进化生态系统的复杂性，去批评西方对自然的评价，并在西方所面临的环境权衡中做出决定。我个人的判断是，东方需要对其资源进行相当大的转化，才能向西方传道。

# 眼与形：道家美学中自然与生态美的统一

[美]大卫·布鲁贝克（湖北大学）
陈露阳　译（武汉大学城市设计学院）

中国传统美学的自然和山水画能否激发人们对自然环境和生态的关怀？目前，许多学者研究发现18世纪欧洲风景画中欣赏自然的方法存在两种弊端：形式主义和对自然本体的错误描述。一些人认为，同样的两种反对意见可能适用于传统的道家自然美和山水画的原则。另外，目前还有一部分人重视道家哲学，不只是因为其自然美，而是一种类似科学认知主义的生态美学原则。陈望衡教授根据他对传统道家自然美学的认知，建构了令人信服的环境美学。他阐述了至六朝（220—589）以来山水诗人和画家中共同蕴含的道家美学，以此提炼出生态人文主义，呼吁保护自然环境。

陈望衡教授对陶渊明（365—427）的"真意"、宗炳（375—443）的"澄怀味象"的描述与慧能（638—713）《坛经》所表达的"自性"觉醒的相关思想相契合。他提出的解释，描述了人如何能够透过现象看到本真，将自己的本性、自然美、自然环境和生态结合起来。基于此，通过自己眼睛所见从而引发对原始本性的思考。

中国传统美学中的自然美是属于21世纪所有人的。它填补了分析性哲学留下的空白；以对自然事物的本质的感知审美重新定义了自然美。梅洛·庞蒂（Merleau Ponty）关于可见物的评论验证了这一观点。他描述了在自己第一眼所看到的往往是空洞的、从未被视为一个特定的自然物或物质的东西。

中国传统山水画中对自然的审美模式是否有助于引起对环境伦

理和生态的重视？在最近一篇美学和环境主义关系的文章中，格伦·帕森斯（Glenn Parsons）和张欣比较了两种传统的山水画中的自然审美模式：18 世纪的欧洲美学中画面形式、颜色和构图令人愉悦；中国传统道家美学崇尚“天人合一”，这一思想深深影响中国的山水画家和山水诗人。文中，两位学者概述了欧美哲学家和环境学家对传统欧洲景观审美模式的现有意见。首先，欧洲传统景观审美认知局限于风景愉悦人的形式上。其次，传统的审美态度忽略了对自然事物的感知。格伦·帕森斯和张欣指出，形式主义和对自然本体的错误描述成为现有研究中传统欧洲景观模式的两大弊端。① 两位学者提出中国传统美学中山水画审美模式是否不同？

相较而言，格伦·帕森斯和张欣认为中国传统自然美学可能还不足以脱离这两个弊端。首先，受六朝时期（220—589）儒家、道家、佛教以及谢赫（500—535）提出的“六法”绘画原则的影响，这一时期所产生的美学被认为是自我与自然环境的相互交融。但在道家美学思想中，将这种融合提升至精神与情感的境界。绘画是画家内心的感受、是情感的再现；而对人而言，融合的则是一种“气”，是一种具有情感的生命力。当时，没有探讨山水画家是否通过感知而唤醒新的感觉、或一种精神上的生命力。其次，在道家自然景观模式影响下产生了一种独特的绘画流派，这种流派的不同之处就在于构图上的留白。比如，宋朝（960—1279）的绘画。不过，在此之后“留白”这一手法被定义为一种新的一种构图手段，不仅局限于形式上的空白，并且包含所传达的意境。第三，中国传统山水画美学也包含形式和技巧。因此，带着疑惑，格伦·帕森斯和张欣暂时停止了对道家自然美学的研究。他们仍然在道家哲学中寻找、探索关于中国生态美学的新兴文献。

在最近的文献中，中国生态美学的倡导者都吸取了道家哲学的思想。格伦·帕森斯和张欣引用了程相占的生态美学，程相占认为

---

① Parson, Glenn, and Zhang, Xin, “Appreciating Nature and Art: Recent Western and Chinese Perspectives,” Contemporary Aesthetics (Journal), Volume 16 (2018). https://contempaesthetics.org. Accessed 2022-03-05.

传统的自然审美不足以支撑生态美学和生态观。在程相占看来，生态意识和生态知识是生态审美的前提："正是生态作为一门科学学科，揭示了自然界的'生态审美质量'。"① 鉴于这种对科学语言的强调，艾伦·卡尔松得出结论，生态美学以一种科学认知主义的方式，将生态知识纳入其中。② 但程相占也指出，生态美学"不一定反对以艺术形式为基础的审美享受形式"③如果生态美学不与自然美对立，那么生态美学的科学语言又如何与山水画家所主张的审视和唤醒与科学无法描述的自然之维的统一性结合起来？提出这个问题后，格伦·帕森斯和张欣得出结论："对这一艺术传统的遗产自然欣赏并进行更深入的重新评估，仍然是生态美学方法未来发展的一个紧迫的理论问题。"④这体现了道家哲学的凝聚力：如果生态美学以科学理解为基石，那么它如何能包容道家的山水画美学中的自然之美呢？

关于用来解释或诠释人类个体与自然如何融为一体的科学语言，现在已经在文化界广泛使用。由此说来，重要的问题是中国传统道家自然审美方式是否可以在 21 世纪充满科学方法的文化中被成功普及和应用。道家思想所推崇的是寻找自我，并追求一种科学无法描述的自然而然。存在质疑的是，在这个历史时刻，传统道家思想的哪些部分将被世人所接收和吸收呢？

如何重新评价道家的自然美学？它能避免这两种弊端吗？陈望衡教授的研究阐释了道家对自然美的审美方法。这种方法仍然以生

---

① Cheng, Xiangzhan, "On the Four Keystones of Ecological Aesthetic Appreciation," in East Asian Ecocriticisms, eds. Simon Estok and Won-Chung Kim (New York: Palgrave Macmillan, 2013), p. 231.

② Carlson, Allen. "The Relationship Between Eastern Ecoaesthetics and Western Environmental Aesthetics," Philosophy East and West, Vol. 67, No. 1 (January 2017), pp. 126-127.

③ Cheng, Xiangzhan, "On the Four Keystones of Ecological Aesthetic Appreciation," p. 221.

④ Parsons, Glen, and Zhang, Xin, "Appreciating Nature and Art: Recent Western and Chinese Perspectives." Accessed 2022-03-05.

态理解为主导。他的研究带来了思想上连贯性和突破性的对立，源于“天人合一”的影响。这里，“天”至少有三层含义：首先是所有相互依存的自然环境，是宇宙观；第二，源于生命之初的先天性和自然性；第三，有一种形而上的无形境界——道。陈望衡教授坚持道家所提倡的自然，即自然的第二境界——自然本然。他通过分析陶渊明（365—427）的诗歌和宗炳（375—443）的山水画文本，找到了它的内涵。这两位古人的作品阐释了：撇开自然事物本原，通过双眼从审美上感知事物的外表，而不考虑对自然事物本质的感性体验。人所观察到的自然景观，是与生俱来的，它具有自己原本的属性。而人类能够观察到事物的本质与外在，相互融合产生愉悦，这种感觉不再是对外部条件简单的认知接受。因此，对自然的审美就是自然与生态共生思想的起源。除此之外，不仅是眼睛，还有耳朵、鼻子、触觉和味觉等感知，都是人对自然融合的审美欣赏来源。①

在深入了解之后，我认为陈望衡教授对传统道家自然审美模式的阐述，避免了格伦·帕森斯和张欣所提出的两个弊端：形式主义和对自然本身的错误描述。最后，我认为陈望衡教授的论述为理解格伦·帕森斯对阿诺德·柏林特关于自然的审美方式和谢丽尔-福斯特关于通过感官沉浸来欣赏风景的方式提供了富有成效的路径。② 此外，传统的道家自然美学和梅洛·庞蒂关于可见空间质地的哲学之间的许多相似之处值得进一步研究。

## 天人合一：自然的三种境界

传统道教美学中的“天人合一”中“天”有三层含义。首先，“天”指的是“自然”，事物本身的状态，强调事物的自然性，包

① Chen, Wangheng, Chinese Environmental Aesthetics (Routledge: 2015).

② Parsons, Glenn, Aesthetics and Nature (London: Continuum, 2008), pp. 81-94. See also Berleant, Arnold, Aesthetics of Environment (Philadelphia: Temple University Press, 1992). Foster, Cheryl, “The Narrative and the Ambient in Environmental Aesthetics,” Journal of Aesthetics and Art Criticism, 59 (1998): 127-137.

括生态环境；其次，指人原始的自然性；第三，是指“道”。

首先，“自然”指的是自然环境，或自然的领域组成的周围条件。这种情况下，自然被定义为包括影响人们行为和感知的物质和生态的各种现象。在生态科学等学科的帮助下，这一层面得到了重视。正如陈望衡教授所指出的：这种与自然环境的第一接触经常是以科学范畴和特定类型的现象来表达的，所以它不同于人类个体对自然的审美欣赏。① 对于“天人合一”的解释，道家哲学为科学世界观下的自然条件和各种外在事物提供了指导。

其次，“自然”指一种原始的自然性。这种自然性是显而易见的、与生俱来的。人本身的原始性是内在的或不可言说的。在陈望衡教授对陶渊明和宗炳的诠释中，“悟”或“觉醒”均源于与自己本性的接触，通过自己的感官而感知。因此，在道家美学中，观景往往可以理解为一种自我修行，修炼思想，从而顿悟或觉醒，也可以理解为观景展示是特定于自己的眼睛的一种境界。这种境界的出现不仅是真实、自然的反应，也是味象的过程。个人所观既是一种正确感知形式、物理结构和特定自然事物之间因果关系的实践，也是一个人的独有的景观、境界。

第三，“天”指的是道，是无形的。正如陈望衡教授所述，道是宇宙的本源，是客观存在、无法触摸和观赏的。但这并不等同于对自然现象的科学解释，因此“道的表现在很大程度上取决于一种解释和理解”②。换言之，第三种境界被认为是存在于对自然事物的感性认识之外。那么，人的生命是以何种方式呈现？引发出学者对于“境界”的猜想。这也源于道家思想中的“悟”：生命的本原、思考真正的自然、寻求自己心中的自然美景。③

既然道家思想中的“自然”指的是这三种方式，那人类对自然的思想和感受也有三种不同的方式来描述。某种程度上，生态美学的倡导者可以从自然美学的语言和生态世界观开始，这与欧美的自然欣赏的科学认知方法并无二致。换言之，道家所倡导的景观模

① Chen Wangheng, Chinese Environmental Aesthetics, p. 114.

② Ibid., p. 50.

③ Chen, Wangheng, Chinese Environmental Aesthetics 4, 12, 18, 39, 50.

式强调自己所见的现象开始，这种现象不是科学知识中所表达的外部自然事物或条件。假使脱离感知，人类个体仍然可以思索并觉醒与本原的统一。

## 神秘的觉醒：陶渊明与真意

在陈望衡教授看来，道家欣赏自然和自然审美模式均源于老子"道法自然"。对老子来说，当主体是本性，"自然"指的是一种原始的自然性。庄子在《逍遥游》强调这种在自由游历中的自然显现，欣赏大自然真正的美。他将这种对自然的觉醒描述"悟玄"。这里存在一个疑问：如果对景观的自由观察能够唤醒人类的原始本性，那这种与生俱来的自然性是如何体现的？这里有一个问题：如何从观察自然景观而不是从生态科学描述的自然条件的知觉经验中产生与自然统一的感觉？①

陈望衡教授分析了陶渊明《饮酒五首》，其中陶渊明提出并回答了一个问题：即使在嘈杂的人类社会中，如何能保持心静？诗文描述了在这个地方的耕作方式、欣赏自然之美、采摘菊花，他看着一片由山、浓雾和日落时返回家园的鸟儿组成的景象。最后两句清楚地表明，陶渊明通过观察这种自然美景而产生真意，欲辨已忘言。诗包含陶渊明意识到自己在自然界中的位置。陈望衡教授引用陶渊明的话："在他的眼中，自然之美不仅体现在可感知的自然景物中，更体现在'哲义'中，即存在于具体的自然景物中却无法用语言表达的真理。"② 最后几行强调了对于所有自然事物的感性体验，但并没有描述出自己的位置，稍有遗憾。

在另一本书中，关于这首诗的评论，陈望衡教授将自己在自然界中的位置的真实想法更明确地与眼睛联系起来。认为眼睛的中心，是心中的思想和情感的发源地，而发自内心的思想使人能悟道。

这种居住方式特点是：在人境却又在自然。最大乐处是：在目

---

① Ibid., pp. 16-17, 22.

② Ibid., p. 17.

游中心游，在心游中悟道，在悟道中实现精神的超越。①

作为个体来说，关于自己本性的觉醒，在一定程度上包括对自己眼睛的思考，而不是考虑对特定自然事物的感知体验。生活的最大乐趣来自于人境、自然，始于人目游而非科学地作为积极体验特定现象的系统。目之所及皆为漫游之处；在心游中悟道，在悟道中实现精神的超越。陈望衡教授对陶渊明的解读表明：对自然美的欣赏既无法脱离个人感官、也不局限于一种与无形境界融为一体的感觉。这里，神秘的觉醒不仅仅是一种形而上的超越。相反，无论在何处，陶渊明也能够培养一种心境。

## 宗炳：净化思想，品味外表

陈望衡教授解释“真意”，有三种释义。在陶渊明的诗中，为“玄”；在禅宗中为“禅”；以及儒家思想中为“理”。为继续厘清人在自然中的地位，陈望衡教授转向研究宗炳（375—443）。他是一位佛教学者、山水水墨画家，著有《畫山水序》。因此，陈望衡提出用“真意”解释，更清楚地思考宗炳对山水画、自然美的欣赏、对自然性和悟道的评论。宗炳阐述了两个重要的观点 ：澄怀味象和澄怀观道。陈望衡教授细致描述了这两者之间的联系。②

---

① 陈望衡：《我们的家园：环境美学谈》，江苏人民出版社 2014 年版，第 182 页。“这种生活方式的特点是在一个人的空间，但也自然存在。居住的最大乐趣是：在眼睛漫游的中心，心漫游；在心漫游的中心，觉醒于道；在觉醒于道的中心，成为可见的，一种超越的生命力。”

② Chen, Wangheng, Chinese Environmental Aesthetics . pp. 16-17. Andrew Lambert applies John Dewey's language of distinct experiences of aesthetic qualities to enrich the interpretation of Confucian aesthetics which describes delight (le, 樂) in relation to music, hearing, and ears. While it is fruitful for describing how aesthetic delight emerges from processes of social engagement, Dewey's language does not describe aesthetic delight from music in relation to awakening to one's own original naturalness manifest in one's own two ears. See Andrew Lambert, "From aesthetics to ethics: The place of delight in Confucian ethics," Journal of Chinese Philosophy, on-line Oct. 11, 2020. https://academicworks.cuny.edu/si_pubs/216. Acccssed 2022-03-06.

“澄怀味象”在表达什么呢？这取决于“象”的解释——“味象”。套用陈教授对陶渊明诗中“真意”一词的解释。一，宗炳指的是清除杂念带着一颗纯洁的心思考和品味自己眼中所呈现的表象。在英语中，“形象”一词通常是用来描述与物体或形式相似的图像、视觉表现形式。但在这种情况下，这是不合适的，为培养一颗纯洁的心，这些被搁置一边。因此，“象”在这里更适合翻译为“外观”，它具有恒定不同于对特定形式、颜色、图案或运动的变化体验。由此可见，“象”指的是一种无拘形式、恒定的外观。“澄怀”才能“观象”，宗炳静卧在床时，所画的山水画作就帮助他唤起此前游历山水时与自然接触的美好回忆，而这些内心深处的感受使他能够将“远处”的景色重新映入眼帘。

由此可见，将景观视为表象，是一种可唤醒的自然。自然的第二境界即个体本性。这里自然是固有的，不因人类观察者所改变的。人类眼睛所观察到的外表是客观存在的，并不依赖于对特定自然事物的认知和知觉经验的能动性。①

如何理解宗炳的“澄怀观道”？“观”在这种情况下意味着什么？画家宗炳指的是什么？关于“天”的三种解释中的哪一种？或者说“道”指的是哪一种自然？虽然有“道”的无形境界的说法，但宗炳首次使用“道”这个词时，并非指“道”的无形境界。观察自然景观的画家并不是在观察不可见的东西，如宗炳卧游观象属于自然状态下的观景，强调内心的纯净、味象，而其他的思想都已经被搁置一旁了。

“观道”是与“味象”联系在一起的，先有眼中所观的显现，之后产生对道的真正思考。人往往在注意到自己眼中显现的外观具有私人特质后，便将这种相同的外表作为一种独特的表现。因为他们认为，在人类自身的感官和感知到的自然条件之外，可能还隐藏着“道”的第三种境界。所以，最终观道意味着对每一个人类个

① For a discussion of nature as a place unmodified by humanity, intentional activity, and natural beauty defined as a perceptual appearance of qualities and properties of natural things, see Glenn Parsons, *Aesthetics and Nature*, pp. 2, 16.

体来说，都有独特的思想。即“道”所指的自然三个领域的统一——“天人合一”。当宇宙以这种方式被认为是看不见的道时，它作为一种科学条件是不可知的。然而，第三种境界被认为是隐蔽的想法仍然会出现，因为在一个人眼中可见的外表显然是与生俱来的，而不是外在的。

在人类思想中，道家的自然美学确实导致了一种悖论：体现自然环境、自然美的有形形态，是陶渊明和宗炳所不知的。正如陈教授所说，“景观既是环境美的一种存在方式，也是环境美的本体——它本身是感官所不可知的”①。这里强调“不可知”。我们可以通过回顾“天人合一”中“天”的前两个含义来理解，即自然的两个指称。第一是自然性，包含自然环境的生态条件；第二是人的原始自然性。陶渊明和宗炳所指出的人所看到的外观，这里的表象具有独特的个人属性，它不是视觉感知、现象学描述或科学理解的自然对象。因此，对于探寻自己的观察者来说，在他们眼中有一种明显可见的现象，即：以科学认识的观点来看，具有本体性和虚无性。然而，这个本体是感性的，显然这对于一个人独立评估生态表述的真实价值的能力来说是必不可少的。

最后，宗炳还将观景与“畅神”联系起来。首先，所观的风景不是作为自然，而是一种外观，从内在出发，以一种净化的心去体味自然。自然之美可以被定义为具有内核的风景，因其基于一个人眼中的恒定的外观而产生的。而品味这种外观会产生一种独有的感觉，这意味着：味象和情象。在认为自然美的可见外观不仅仅是外的在事物，而包含作为人类自身的生命力时，就会出现感知，一种形式之下不受限制的喜悦。在道教的自然美欣赏模式中，眼睛作为研究一个人与自然生命的本质统一性的观念中起着重要作用。②

---

① Chen, Wangheng, *Chinese Environmental Aesthetics*, pp. 49-50, 57. For more discussion related to “What is human nature?” the origin of sensibility, and the noumenon of the human being, see Li Zehou, *A New Approach to Kant, a Confucian-Marxist's Viewpoint* (Singapore: Springer, 2018), pp. vii-viii, 56.

② Ibid., pp. 18, 50.

那么，在道家美学中，用眼睛观察和唤醒自己的本性，感受这种无拘无束的快乐的标准是什么呢？如果不能用对自然事物和自然条件的形式或性质的感知来描述自然外观，那么宗炳是如何描述它而且使别人也能寻找它并品味它？宗炳的言论提供了一个答案——在道家美学中，说自然美是相对于自己双眼中的外观而言的，这是正确的；但这并不意味着它是由个体选择或偏爱所定义的。宗炳的思想明确阐述了味象和畅神。它们是相关的，人通过自己的双眼所品味到的外观，会引导自己产生原始、非二元性质的想法；从自己真正的想法中体现一种平稳、无阻、无拘无束的精神。对宗炳来说，自然美是指用自己的眼睛去看一个特定的外观，并为其本身而欣赏它。可以这样说，对自然美的欣赏并不完全是不可言说的；因为每个人通过自己的眼睛，都有一种自己的对所看到的外观的思考。

## 唤醒自己的本性：审视原始本性

陈望衡将道家自然美学的“悟玄”与陶渊明“真意”和宗炳“味象”“畅神”联系起来。但是，哪种方式可以支持眼中的思考，其中包含自己原始自然的觉醒和外在世界。一个人如何注意和观察自己的本性与特定自然环境的外观融合？陈教授提出：眼睛所反映的本质即自然事物和本性是不可分割的。更令人信服的是，他将道家美学的诠释再次从宗炳延伸到慧能（638—713）。其中，慧能的很多言论被收录在《台经》中。陈教授所提出的详细阐述都得到了重申和加强，强调一种审美态度：暂停对自然事物的感知体验、培养一颗纯净的心，将五官纳入自己的本性，并强调自己眼睛所固有的外观具有私人性质，即使它具有真实性。

对慧能来说，通过练习无念，观察者能够停止对万物外部事物的连续思考。然而无念并不能消除所有的思考，那是一个错误。相反，它使个体的人类观察者能够通过特定的感官之门，如眼、耳、鼻、舌，自由地来回传递意识。在《台经》中，慧能说：“但净本心，使六识出六门，于六尘中无染无杂……”① 根据他的经文，当眼睛不再仅仅被视为感知自然事物的手段时，自己的眼睛就可以被认为是属于六门的一组。无念是指从对形式和自然事物的思考中解脱出来，来通过感官本身而感知。

除了对自然事物的思考，那么剩下的思考是什么呢？对慧能来说，从自然事物中解放出来，培养一种自己的内在本质的思想。每个人都能观察到，这是一种明显的自然性，是内在的、恒定的，而不是在许多外部自然事物中出现或消失。慧能描述了当思考许多外部条件被搁置时，一个人可以培养的思想。

念者念真如本性。真如即是念之体，念即是真如之用。真如自性起念，非眼耳鼻舌能念。真如有性，所以起念。非眼耳鼻舌能念。真如有性，所以起念。真如若无，眼耳色声当时即坏。

善知识，真如自性起念，六根虽有见闻觉知，不染万境，而真性常自在。②

注意自己感官本身是培养“真如”步骤之一，“真如”的真谛蕴含在自己的本性中。这句话解决了如何在实践中产生“真如”思想。真如即是念之体，念即是真如之用，这样一个可以唤醒一个人的真性。眼睛、耳朵、鼻子、舌头都不用思考；然而，“真如”的念头却产生了。慧能在这里说感官不思考是什么意思？鉴于这个话题是关于“真如”一词的思考，也鉴于“眼耳鼻舌”和“真如有性”，我们可以理解为一个人的五种感官并不思考，但它们确实是有助于形成真如的性质。

---

① The Sixth Patriarch's Dharma Jewel Sutra/六祖大師法寳壇經，Zhongbao Taisho Volume 48，No. 2008（Ukiah：Buddhist Text Translation Society，2014），p. 158：“只要清洁心灵的基础（将六种智慧送入六道门，不落入污染或与六尘混合……”

② Ibid. p. 70：“思想是真如和本性的思想。真如是思想的表现，思想是真如的应用。从一个人的本性中产生思想；眼、耳、鼻、触都不能思考。这种性质拥有（你，有）自然，所以思想产生了。如果没有这种性，眼、耳、色、声马上就会被破坏。善与智，从自己的本性中产生思想。纵然六根看、闻、觉、知，万境不染，而自己保持真性情，自在的生活。

在提出的这一解读中，当对外部事物的思考被搁置一边，以代替对“真如”的思考时，眼睛是为了欣赏，而不是破坏。其结果是五官有助于唤醒一个人的原始本性和真实性。如果完全不考虑自己双眼，那么“真性”是作为一种表象存在的。但它被认为是理所当然的，因此被忽略。当真如被忽视，在关于人类个体的自然性的哲学讨论中，它就未被提及。相比之下，当有“真如”想法时，就没有二元性的痕迹；一个人的本性以一种方式表现出来，结束了认为感情来自内部，以及自然事物的外观是它在外面和距离的证据的想法。通过欣赏眼睛、耳朵和舌头本身，人们可以撇开对事物的体验，保持对自己真正本性的思考，即使在喧嚣的人类社会中，也是不变或不可改变的。在实践中，自己的眼睛所固有的外观总是伴随着自己对真实环境条件的体验。

《台经》中还描述道：将一个人的五官认为是一种明显的思想觉醒起源，即一个人的原始本性包括一个物理上无法理解的化身。慧能具体阐述道：日月虽明，阴云有时聚，世间万物暗；但随着微风，乌云散，万象皆现。同样地，每当思想依附于自然事物的无数品质和属性时，就会忽略事物的可见外观，自己的本性也会被忽略。“于外万境，被妄念浮云盖覆自性，不得明朗。”① “无念”在对自然形式和事物的知识性接受之间创造了一个开口；而这个开口使智慧能够到达地面，从而使“万象能现”（无数的表象变得可见）。但在实际生活中，智慧并不来自于天空；它是由一颗修炼过的纯洁的心对自己的本性的觉醒，这颗心提供了对自己眼中的可见之相的思考，而这种思考在对自然事物的视觉感知中被忽略了。慧能也明确地将清除对许多外部条件的想法与不考虑形式的空间观察联系起来。“若不思万法，性本如空”。慧能还说道：“学道常于自性观”和“见性”。简而言之，在道的觉醒过程中，一个人自己的非凡的生命力是可见的。因此，慧能的思想与陈望衡对陶渊明、宗炳关于“真意”的解读是一致的。传统的道家美学描述了属于眼睛欣赏的外观如何使人认为内在的人性包括一个属于自己的感知生

① Ibid., p. 179.

态条件的空间和地点。属于自己眼睛的具体可见的外观是一种展示，在这种展示中，人就能够积极地培养知觉理解，从视觉上辨别特定的海、草、山和生态条件。每个独立的人都能注意到自己的内在本质和外在事物是合二为一的。慧能的文字符合陈望衡教授对自然美的描述，即人的五官都能表现出人的本性与外在事物的统一。《老子》中已经有了对五种感官的描述“五色令目盲”①。

## 避免形式主义：无形式的自然美

欧洲传统山水画对自然的审美欣赏模式的第一个突出表现是它只把自然视为能激发人自身愉悦感的风景形式（如颜色、形状或声音）。据格伦·帕森斯描述，它的基本缺陷在于把景观视为“线条、形状和颜色的巨大陈列，而实际上它们远不止这些”。正如帕森所指出的那样，像卡利科特（J. B. Callicott）这样的批评家反对形式主义，因为“形式主义不能直接以自然本身的方式指向自然”②。

反对形式主义是18世纪康德提出的传统欧洲美学中的一个重要议题。根据康德的观点，对美的判断并不是源于感觉中的一个元素，也不是源于任何与存在的物体概念联系在一起的某种感觉。简而言之，它们不是来自世界或感官，也不是来自对自然物体的感知经验。相反，对他来说，美必然是对事物形式的反思，并由此产生的一种感觉。他认为这是一种愉快的、自由发挥的精神创造，而不是眼睛所呈现的单一感觉。③ 因此，对康德来说，对美的审美判断与感觉经验、感官以及他所描述的自然界是脱节的。

陈望衡教授对陶渊明和宗炳的描述表明：受道教启发的自然美

① Chen, Wangheng, Chinese Environmental Aesthetics, p. 106. Laozi is quoted.

② Glenn Parsons, *Aesthetics and Nature*, pp. 146-147.

③ Kant, Immanuel, Critique of Judgement, First Part, First Division, 3. https://www. Gutenberg. org. Accessed 2022-03-10.

学与康德的美学有根本的不同。因此，对康德所提出的观点并不适用。首先，道家美学并非用对物体形式的感知来阐释自然美。首要的是抛开对自然事物的性质和属性认知的想法。陶渊明成功地看到自然美的具体性，而不仅仅是对自然景物的特定形式或类型的感性体验。第二，在陈望衡对自然美的诠释上，陶渊明和宗炳都赋予了眼睛的角色，并将景观视为一种具体的展示。这与康德不同，康德把对美的审美判断从感觉和眼睛中分离出来，称其为“外在的感觉”。在道家美学中，对自然美的欣赏与对自然物的无私和愉悦感有关；但是，对自然美的喜爱并不是由于精神上的自由所产生的一种感觉，这种感觉脱离了对五感的重视。对宗炳来说，与自然美有关的感觉部分来自于自己关注到双眼所呈现的现象。

在分析哲学中，“形式主义”一词不再具体指康德提出的18世纪传统的美学。自然事物中无私的特征被保留；但是“美”一词被用来指对自然事物的欣赏，关于心智能力内在自由发挥的说法也被摒弃了。在分析哲学中，对自然景观的审美常被描述为欣赏特定自然事物特性。或如格伦·帕森斯所说，是对“一种感性的外观的欣赏，这种外观本身令人愉悦或不愉快”①。所以，今天的形式主义的例子像一片树叶一样，是对特定自然事物的形式或颜色的审美欣赏。但对感性表象的审美欣赏，与传统的道家美学则有差异。道家美学强调眼睛内的表象是为了其本身而被欣赏，而不考虑自然事物的属性。因此，传统道家美学并不是当代分析哲学界讨论中所界定的形式主义。当然，接下来的问题是，还有哪些其他的欣赏自然的方式是形式主义美学欣赏自然景观的方法没有提及？

## 避免错误描述：多元化和参与

格伦·帕森斯和张欣还考虑了针对传统的欧洲风景画自然欣赏模式提出的错误描述的指控。在这第二种反对意见中也再次否定了传统审美态度中的无私。区分这一反对意见的一种方法是，引入了

① Glenn Parsons, Aesthetics and Nature, pp. 11, 16, 46.

一个额外的主张——对自然界的真正欣赏需要科学理解的思想成分。简而言之，并非所有关于自然的思维方式都是平等的；适当的审美欣赏需要对科学上已知的自然事物或条件进行思考。艾伦·卡尔松持反对意见，他提倡科学认知主义的方法。这确实给道家的自然美学带来了一个挑战。陈望衡教授认为，道家的自然美学确实需要一种审美态度，把对自然事物的想法撇开。为了实现审美潜力，需要两个前提条件：去功利化和审美态度。[①] 宗炳的“澄怀致远”原则确实明确要求搁置对自然事物和过程的思考，以唤醒自己的原始自然。因此，从科学认知主义的角度来看，道家的自然美学需要一种无趣的审美态度，这种态度阻碍了对自然本体的欣赏，即当自然被解释为科学认识中的许多条件时的自然。陈望衡对宗炳的道家山水画自然美模式的解释是否能摆脱这种错误描述的指控？

针对艾伦-卡尔松的反对意见，他们认为卡尔松的方法有缺陷，因为思想太狭窄。有两组研究者对此深入探讨：第一组包括那些有时被定性为多元主义者的人；这组成员同意卡尔松的观点，即对自然界的审美欣赏需要对自然事物进行认知接受，但他们认为，这种认知接受延伸到比科学理解中的自然对象更广泛的范围。诺埃尔·卡罗尔的情感唤起法是一个例子。斋藤百合子（Yuriko Saito）描述了另一个例子，他保留了审美欣赏必须是对自然界感性表面的自然事物的认知接受的要求，并补充说对自然事物的感知可以被结构化地隐喻为神话或民间故事，提供对自然界本体的理解。[②] 第二组包括那些可以被描述为审美参与或感官沉浸方法的倡导者；这组成员同意拒绝康德18世纪版本的审美无利害关系，但他们也认为，对自然的审美欣赏包括人类观察者通过直接的身体认识沉浸在自然中的非认知感官，观察者将自己和遥远的自然景观作为一个不可分

---

① Chen, Wangheng, Chinese Environmental Aesthetics, p. 119.

② Glenn Parsons, Aesthetics and Nature, pp. 66, 69. See also Yuriko Saito, “Appreciating Nature on Its Own Terms,” *Environmental Aesthetics*, 20, pp. 142, 144, 147.

割的整体。这个群体包括阿诺德·伯林特和谢丽尔·福斯特(Cheryl Foster)。因此，陈望衡教授的研究可以反驳卡尔松的错误描述反对观点，他认为道家美学强调的是一种欣赏自然的方式，即通过感官欣赏自然时的非认知沉浸。在本节中，我概述了这两种对卡尔松科学认知主义的回应。

艾伦·卡尔松拒绝对自然美采取传统的审美方法，因为他觉得需要一种排除对自然现象欣赏的无兴趣态度。对他来说，这种无兴趣的态度产生了一种被动的分割，将人类欣赏者个人与审美欣赏的自然对象及其与其他事物的关系隔离开。按照卡尔松的说法，对自然的审美欣赏在以下程度上是正确的。“它把自己限制在呆板的、客观的真理上”。他补充说，“是揭示物体的本质和它们所具有的属性的范式……它把其他的说法打成主观的假象，因此，按照客观的欣赏，与审美欣赏无关”。因此，对卡尔松来说，只有在科学地或为自然力量的秩序（如地质、生物和气象）而欣赏自然之后，才能对其进行审美。①

诺埃尔·卡罗尔发现，科学认知主义过于狭隘。他指出，对自然的审美欣赏并不仅仅局限于科学认知主义，它还包括有：通过像层层叠叠、如雷贯耳的瀑布；赤脚行走、触摸叶子等在情感上被唤起。卡罗尔写道：

> 也就是说，我们可能会被自然界唤起情感。而这种唤起可能是人性对自然界反应的功能。比如我可能会细细品味一条蜿蜒的小路，因为它在我心中唤起了一种可以忍受的神秘感。瀑布通过它的声音、重量、温度和力量打动我们。②

---

① Carlson, Allan, “Appreciating Art and Appreciating Nature,” in *Landscape, natural beauty and the arts* (Cambridge: Cambridge University Press, 1993), pp. 203-204, 214, 219.

② See Carroll, Noël Carroll, “On being moved by nature: between religion and natural history,” in *Landscape, natural beauty and the arts* (Cambridge: Cambridge University Press, 1993). p. 251.

尽管如此，对卡罗尔来说，情感唤起仍然需要对自然对象进行概念化。他坚持的基本原则是："被自然所感动是被适当的对象所感动……"他把这种面向对象的方法看作是捍卫自己的情绪唤醒模式的一种方式，以此抵御人们认为它是一种浅薄享受的指控。① 卡罗尔断言，他自己的方法与卡尔森的方法有共同之处。"这种欣赏模式就如同可以支付卡尔森预设的任何适当的自然欣赏模式应该容纳的认识论账单"。②这一评论很有启发性：在认知方法上，所有对自然的真正审美欣赏的案例都是根据有意和自愿地强加概念的认识论目的而修改的。简而言之，自然欣赏的唤醒模式仍然需要对自然对象进行认知评价；其结果是消除了所有关于在一个不被认知为自然物体或过程的展示中寻找自己的讨论。③ 因此，这种多元论仍然处于认知接受和对特定对象或事件的感知体验的学科范围内。这在一定程度上仍与道家美学所要求的无私的传统美学态度相悖。

对这种认识论标准的纪律性坚持所产生的排斥，促使了第二种认识的出现。谢丽尔·福斯特注意到了这个问题：坚持认识论完整性标准的英美哲学家有可能忽视人类与景观感官接触的完整性。在对认知框架的批判中，谢丽尔·福斯特写道："作为概念框架索引的环境正在消退，我们将自然视为一个封闭的他者，一个自我体验在这里偏离现实的地方。" ④ 这里所描述的是关于景观的审美欣赏，在这里，人们避免过多地对自然事物认知，而自然直接相遇。谢丽

① Ibid., p. 259.

② Ibid., p. 260.

③ This exclusion is evident when Arthur Danto introduces the thought of direct acquaintance with a non-cognitive display by eye and then loses interest in it because it is not contribute to cognitive reception. See Danto, Arthur C., *Transfiguration of the Commonplace* (Cambridge: Harvard University Press, 1981), pp. 78, 174-175.

④ Cheryl Foster, "The Narrative and the Ambient in Environmental Aesthetics," Journal of Aesthetics and Art Criticism, 56: 2 Spring 1998: pp. 127, 133.

尔·福斯特的语言引发了跨文化的比较，陈望衡教授对陶渊明和宗炳的解释是抛开许多外部事物的想法，使人能够培养对自己感官的非认知认识，从中产生一种与自然美景不可分割的想法。因此，可以说，道家美学及其审美态度并不能提供对自然本质的描述；在某种程度上，认知态度是对自然的真正审美欣赏的障碍。

中国美学提供的自然美模式并未让个体的观察者孤立无援、思想空虚、思想匮乏、眼神茫然。相反，由于天人合一的原则提供了自然的三个方面。道教美学避免了自然的单项定义、或仅根据自然环境和科技人本主义来定义。

## 一个人的自然与生态：精神的体现

在这个历史时刻，中国传统的自然美学是全球美学创新的来源。它有助于维持这样一种文化思想，即每个人在看的时候都能注意到表现在眼睛里的一种天生的外观，这种外观是感觉的基础，而不是语言固定展现的模式；然而，它既是与自然景观融为一体的感觉的基础，也是见证生态理解依赖于自己作为观察者的实践的基础。用道家的自然之美的自然欣赏模式作为通向环境伦理的道路的想法仍然是一种可行的选择。

延续至今的道家美学传统使当代哲学焕然一新，因为人的本原性（包括与生俱来的五感）的语言能够与科学语言拉开距离。道家美学是真正的哲学，因为它有一个维度的语言。在这个维度上，人生命的自然性得到体现。人的本性是与自然环境统一思想的基础，也是人具有原始本性的基础。在道家美学中，为了一种可见的表象而消除语言，这在哲学上和伦理上是站不住脚的，这种表象是产生一个人真实本性的思想的基础。然而，注意自己的感觉对于建立生态思维的真理是必不可少的。

我们需要进行更多的研究，来比较陈望衡教授提出的传统道教美学的相关解读和阿诺德·柏林特的专注美学的参与式美学以及谢丽尔·福斯特对感官浸入自然作为一个封闭场所的描述三者之间的关系。其中，有一个问题是：环境鉴赏的参与性和某种审美无私的概念是否相容。正如柏林特所指出的那样，康德将美与感官欣赏区分开来的方式，很难与用眼睛欣赏自然景观所产生的自然美的享受相调和。但解决办法是什么呢？主张某种程度的审美纯粹性？两种不同的理论？还是把对自然的审美欣赏的不同境界调和成一个单一的说法？①此外，当谢丽尔·福斯特的论述与宗炳的论述相比较时，出现了两个困难。首先，谢丽尔·福斯特提出，仅仅通过眼睛进行审美欣赏其实是不够的，与自然还是有一定的距离。因此，通过眼睛的欣赏并不能提供通过身体来感知的沉浸感，而这种沉浸感是通过触摸和嗅觉发生的。其次，对自然的审美沉浸被视为所有感知经验的统一体，这使得人类的观察者拥有类似于威廉·詹姆斯所描述的连续经验的杂乱性。② 那么，如何得知呢？一个人对自然的所有体验都来自于他自己与自然的相遇，因为自然物的外观是真实的。陈望衡教授的研究表明，道家的自然美学可以提供答案：唤醒自己的原始本性，因为它包括源自本真的五感体验并统一于一身，这比自然事物的感性体验更基础。

另一项有待完成的任务是将传统的道家自然美学方法与梅洛·庞蒂的作品进行比较。他们许多相同的概念得到了新发展：有形的质地或表面，是自身固有的，是一个人自身体现的基础，而不是物质事物本身的对象。这里也有一个思想上的悖论：通过观察属于自己眼睛中的可见气氛，一个人自己的身体成为一个对自己的感觉。③ 梅洛·庞蒂于1959年2月《可见与不可见》的工作笔记中指出了他的《感知现象学》中仍然存在的一个问题："…j'ai gardé en partie la philosophie de la «conscience»…"④ 然而，在最近关于环境美学的文献中，人们强调的往往是《感知现象学》。

① Arnold Berleant, "Introduction," in *Environment and the Arts*, ed. A. Berleant (Burlington: Ashgate, 2002), p. 15.

② Parsons, Glenn, *Aesthetics and Nature*, pp. 87-88.

③ Merleau-Ponty, Maurice, *Le visible et l'invisible* (Paris: Gallimard, 1964), pp. 176; *The Visible and the Invisible*, ed. Claude Lefort, trans. Alphonso Lingis (Evanston: Northwestern University, 1968), p. 234.

④ 译者注：我保留了"意识"的部分哲学。

因此，老子、庄子、陶渊明和宗炳的著作为格伦·帕森斯和张欣提出的挑战性问题提供了令人信服的解释。一种欣赏自然的自然美模式，它描述了观察自然景观如何导向与自然合一的感觉和思想，而这种感觉和思想是有助于生活在幸福中和精神上的启迪。

# 用中国美学创造历史：感性、光晕与自然

［美］大卫·布鲁贝克（湖北大学、武汉纺织大学）
廖雨声　张　洁　译
（苏州科技大学文学院、香港浸会大学）

包括赫伯特·马尔库塞（Herbert Marcuse）在内的批判理论家们在试图解决彻底的经验主义对人类自治和自我决定的实践造成的问题。工业文明发展了一种科学方法来理解现实领域。但是他警告说，科学思维在文化实践中的广泛应用已经削弱了这样一种观念，即人的自我存在包含一个内部维度，而这个维度并不完全是社会的产物。如今，认为单纯的现实本质上是不自由的领域，或者科学的理解并没有提供这样的削弱警示，这样的观念似乎是不正确的。马尔库塞没有详细说明经验的哪些具体方面可以使得个体否定或批评单向度思维，但是数字行动主义和社交媒体的应用（例如在自我隔离时迅速增加）确实清楚地表明，科学理解的技术应用可以与人类的能动性、创造力和原创性相兼容。福柯的谱系学明确提出了这样的事实与状况，即人类能够进行自我关注的实践。尽管如此，问题仍然是不可否认的，而且危害也很明显。晚期现代的工业机构通常确实将自然环境甚至人类视为可使用和控制的资源。在当代哲学中，一些人仍将对自然的审美欣赏定义为对自然客体的操作性认知，而另一些人则呼吁从人类个体对环境美的欣赏中消除“自我”一词。如果仅以对自己身体的感觉或体验来对待这种感知，即使是用于感知自然中自我存在的创新性语言，也不能完全消除与自然的疏离，这是一种由科学提出并分析的框架结构。马尔库塞在1964年提出的“一种关于自我给予性独特维度之观念的削弱”问题，

在历史上许多哲学之中仍广泛存在，并且与晚期工业文明时期的社会发展有关。

通过在激活对事物的科学理解与培养能够否定科学理解的对立维度之间的来回摆动，马尔库塞认为人类个体可以扭转这种削弱。他寻求一种方法来支持人类存在内部的相反维度这一观念，以保证人类活动在一定程度上是自己的，而不仅仅是他者的客体。他的目标是将反向的维度衔接起来，如此，个体就不会将自身视为监视-技术人员所理解的单纯条件。但是马尔库塞本人却经常将实践或实际行为的维度描述为已经由科学理解来管理的维度。此外，他在1964年写道，相反意识的基础是“精神的内在维度”（即批判理性）。这使得康德在属于智性世界和归属于自然与感官世界之间的现代分裂复活和持久化了。在其1785年的著作中，康德认为，个人只有首先将自己视为理性的纯粹的自发活动，才能将自己与客体区分开，这种理性活动比科学理解还要高。与此相反，他声称，包括视觉在内的感官世界仅包含“当人们受事物影响时产生的观念”。后来，当马尔库塞提出人类的审美维度否定了彻底的经验主义之于自然生活的态度时，他仍然将审美维度描述为感性对现实实践的疏离和本能的驱使。他没有清楚地描述自由个体如何将希望、思想、感觉和想象的审美反向意识与感性的维度自我协调。简而言之，他的描述被一个将这种审美维度与自然中人类生活的实践相分离的鸿沟所困扰。

我的目的是介绍两个美学研究计划，这些计划已开始打破散漫语言的彻底经验主义所设定的限制。在马尔库塞发出警示大约五十年后，一些哲学家正在发展对自然欣赏的美学方法，这些方法开始缩小马尔库塞用实践来调整的可替代的自我意识和外在自然表现之间的裂缝。他们正在探索人类对自然环境的感知与人类在自然界中自我存在感觉的感知之间的中介步骤。我认为这两个计划都描述了用自己的眼睛观察自身的视觉呈现（即感性作为一种独特的显现）。两者都将看待自然景观与自然中人类的自我给予联系起来，这不同于现实世界的感知体验。

首先是格诺特·波默（Gernot Böhme）关于气氛美学的创造性

作品，它始于瓦尔特·本雅明（Walter Benjamin）对“光晕”（Aura）一词的引入。与马尔库塞一样，波默的目标是在现代工业文明中与人类的实践相抗衡，因为人类仅凭科学提供给他们的东西来对待自然（包括自身）。波默从本雅明有趣的例子开始，一个人通过眼睛看，并发现两种欣赏自然景观的方式：对不同自然物体的感知体验，和注意到一种周围区域是模糊的非对象性的光晕或者独特的显现。运用这种“光晕”的描述，波默发展出一种气氛哲学，并描述了如何将自然景观看做一种气氛，包括注意到弥漫性空间的独特显现，从而在人类观察者中产生一种自己在自然界中的在场感觉。通过这种感觉或情感意识的自我感知，个体可以消解自然全部并且仅仅由科学呈现的事物所组成的现代态度。王卓斐对这种气氛哲学的阐述，加强了最初由本雅明提出的在观察自然景观时引起的物体与光晕之间的耐人寻味的对抗。波默的气氛哲学是真正的发展，因为它确实开始描述人类个体如何能够观看自然环境，并至少在自然中培养出一种自我在场的本真感觉。

我认为本雅明观看并注意到景观光晕的例子为解释自然提供了途径，然而这似乎是波默还未充分发展的，即：人的眼睛展现出一种独特的空间表象，既可以支撑自己的自我给予感，又可以发现自己是自然中不受客体影响的一种显现。相反，波默转向了一个富有成果但又不同的话题，即科技是否可以产生弥漫性空间的气氛条件，并教导个体如何在自然中感受自我存在。结果，他的气氛美学没有为回答马尔库塞提出的审美维度分裂所产生的问题提供依据，即作为人类个体，一个人如何以肉眼注意到自己在自然中的自我感受是植根于自然的自我给予显现之中的，这也是人类真实活动和身体条件存在的地方吗？

其次，陈望衡对中国传统美学做出了当代诠释，以此来抵消工业文明中对科学理解的过度使用。为此，他对传统中国文化的一个基本原则“天人合一”进行了解释。根据他的说法，“天”一词在此语境中用于表示三个指称对象：人类感知中的物质之天，自然或自然美的实现，以及通过推理而产生的无形之“道”。因此，他的当代美学没有局限于科学解释中所呈现的对自然的单维度理解。中国哲学也没有将作为真实事物和物质原因而感知的自然与生存个体的内在本质（或与在概念的主动分配和特定事物的感知体验之前的自然）分开。尽管可以将自然的前两个表达视为两个单独的领域或相反的原则，但它们仍然是一个统一体，并且能够相互影响，“两者都不可避免地相互影响，并且都存在于彼此的领域中。”因此，陈望衡的主题是每个人如何能够通过眼睛感知到自我与自然环境显现的展现是分不开的。为了提供模型，陈描述了一个案例，他自己观察树木、鸟类、阳光和天空的自然景观，从而产生了与自然环境合一的感觉。这可以与本雅明的观察树枝和山脉光晕的例子进行有效的比较。如若将这个例子与画家宗炳（375—443）的评论结合起来，陈望衡就为该观点的可行性提供了令人信服的论据，即用眼睛观察自然景观可以显示出辅助性的“象”（Image）。这个“象”属于自己的视觉，它是为了凸显美的存在和自然环境合为一体，以及作为宇宙或看不见的“道”的自然思想的一种内在的自然根基。

这些作者的著作证明了当前全球哲学中可以培养的历史趋势。人们将自然生活视为比科学所呈现的事物更重要的东西，因此有一种机会让人们共同努力来遏制单向度并创建更加平衡的社会。现在，有机会用一种感性的审美欣赏引入“在场”的语言，这种审美欣赏强调每个人在制作和创造历史过程中的重要作用。

## 一、马尔库塞：审美之维与激进实践

马尔库塞认为，通过应用被描述为“激进的经验主义”或“彻底的经验主义”的单向度思维，人类自治和自我决定的领域这一高度现代观念被消除了或者被描绘成虚幻的。操作性思维削弱了这样一种观点，即存在着某种科学所不知道的、实质的、内在的人类自我本质，它使得个体能够将真实的、科学理解的、因果事件的外部维度转换为一个保持自我的内在维度。

随着1977年《审美之维》的首次出版，马尔库塞试图维持这样的假设，即个体可以融合一种否定了操作性思维的审美思维。由于描述的范围以及赋予审美维度的目标太过广泛，他的论述是自相矛盾的。因为它具有否定的作用，因此与活动的现实相去甚远。它“超越任何特定的历史情况。”然而，这是意识的结果，它所包含的真理要比作为真实事物经历的日常现实更多。他声称，审美维度不是幻觉，而是某种不同形式的既定现实。通过比较发现，经验或科学理解在某种程度上具有迷惑性。对他来说，美学的维度既与实践的维度相对立，又与他所谓的“另一种现实原则”的起源相反，“另一种现实原则”也可以使另一种图像或另一个实践的目标保持活力。因此，从对客观存在的科学理解的角度来看，对于个人的存在而言美学领域是独特的、虚无的，是要保持一种在真实事物领域中激发行动的形象。

马尔库塞的提议作为一种可替代的通往二维社会的实际路径尚不清楚，因为审美维度的双重作用，即否定性和新感性的形象，并未得到明确表达。审美的维度是否定彻底经验主义和现实的，但是这也将替代要素引入到人类自身的空间，即一个可代替的因素中，甚至比科学所呈现的现实更为真实。这对于感官自然中不同的实践或行为至关重要。但这带来了挑战，如果减少自我异化的途径是自我维度的审美欣赏，那么该维度就不是一种体验的经验主义客体，不是客观实在或存在物，并且从科学理解的角度来看是不真实的。如果审美维度揭示了感性中人类实践的必不可少的要素，即是要激发改变真实条件的行为，那么处于人自身的自然本性中的这种因素也必须是感性的（即表象），而不仅仅是思考的、想象的、或仅仅在自我意识之内的。

为了向前发展，有必要打破现代工业的思维习惯。我们需要的是，描述审美欣赏如何使个体注意到一种自我给予，这种自我给予在现实事物和感官层面上是无效的，但在现实实践中是显而易见的，并且仍然与行为改变事物的自然环境有关。需要的一种解释是关于现实事物中培养审美无趣的转变如何导致人类个体发现许多因素，这些因素仍然是感性的且因此与现实事物有必然的联系。仅通过引入感性元素，人类就可以在自然中找到自我形象，这种自我形象足够强大以至于指导不同的现实实践。如果感性也属于本我，并且不是一种异域力量或从一个领域转移给另一个领域，那么它是如何属于我的？如果自然不仅仅以科学理解的方式表现出我的身体的结构和外在，那么它又如何作为感性的外在表现而不是仅仅作为一种思想或感觉而属于我呢？我们需要一种美学，它能够描述人们如何将自己的自我存在引入无法被视为事物的感性元素中。然而，这种相同的投入需要在自然中提供一种自我存在，以改变自然系统的科学理解。

## 二、格诺特·波默：光晕、气氛，与自我在场感

格诺特·波默指出，“气氛”概念是用于指称主体和客体之间的中介。他从本雅明在《机械复制时代的艺术作品》中包含的自然光晕的概念开始。波默秉承了本雅明观察自然环境光晕的例子，并将其作为气氛哲学的起点。通过发展气氛的概念，他的目的是描述一个人如何感觉到自然中的自我存在，这是对现代实践所认为的自然只是由科学呈现的事物观点的一种反抗。他的氛围哲学用语包含高度创新的术语，如“在场感”“自我给予”和“处境感受”。

波默认为，气氛有一个较早的代表性的替代概念：“光晕的概念，由本雅明在其论文《机械复制时代的艺术作品》中提出。”他强调本雅明发展了“光晕”的概念，它现在已经成为美学的基本概念。本雅明解释说明光晕概念的关键段落由波默翻译如下：光晕实际上是什么？是时间和空间的奇特组织，即无论距离有多远，它都是距离的独特呈现。当一个夏日的午后，你歇息时眺望地平线上的山脉，或注视那在你身上投下阴影的树枝，你便能体会到那些山脉和树枝的光晕。

在波默的理解中，本雅明描述了一个身体放松的时刻，当一个人在一个特定的自然景观中感知客体和周围的环境时，他也注意到了场景的光晕。这种独特的表象被身体吸收并渗透到自我之中，光晕出现在自然客体中，它从自然客体中开始。波默在其附带的分析中提供了一系列描述。影子、树枝和山脉链的感知意味着“身体倾向于将经验私有化”。在这种自我寻找的情况下，“光晕显然是

一种在空间上流动的东西，几乎像是一种气息或薄雾，准确来说是一种气氛”。波默认为：“感知光晕就是将其吸收到自己的身体状态中。可以感觉到的是一种不确定的空间上延伸的感觉。”所有这些特征，包括自然光晕的独特特征、空间的流动、身体的吸收和自我的渗透都具有高度创新性，并且与人类个体如何以及是否能够连接维度有关，即从真实事物的维度到美学维度都体现了人类个体在自然中的自我给予感觉。

但有一个未解决的有趣问题：一个不确定的空间如何渗透到自我中的？剩下的一个问题是，是否意味着波默对自然客体的感知和自然光晕是在自然景观的单一表象之内体现出的两个相反的维度。吸收自然光晕是否为人类个体提供了另一种感知感性的方式？还是波默使用本雅明的例子作为一种对待将自然景观的感知体验与内部感觉联系起来的感知理论方式？

文本迹象表明，波默的气氛哲学主要是作为一种感知理论，旨在解释人类个体在自然中作为感觉的自我存在感的出现。他指出，人类观察者与自然之间的关系是由观察者自身的物质性身体决定的，“通过感觉，我们的身体就是这种自然”。当他表明自己的身体被认为具有超出科学所呈现或描述的框架或表现的空间时，在我看来，波默有时仍然认为这种空间性是作为一种感觉而不是一种表象来传递的。而且，如果我的理解正确的话，自己的身体本性就被赋予了自我，“这是一种被隐藏在外部的客观化视野中的感觉”。在这里似乎很清楚，身体感知的行为是人类个体的自然存在。但是，这种对自然存在的感知是由恐惧、喜悦和“我们在某个地方，即我们存在于周围环境中”的感觉定义的。到目前为止，所有这些都得到了仔细的审查，并可以接受。但是，自然景观中的光晕显现（本雅明似乎清楚地将其形容为“未经武装的眼睛看到的图像”）仍然被视为外部自然或物体的感知体验。没有办法将大自然的模糊的显现，即光晕作为认知上模糊的图像，使人们能够将自然中的自我呈现看作一种未被隐藏的展示。

我关心的是，对于我眼前关注的问题，目前还没有答案：一个人如何能够确定自己在自然环境中的内在存在感，本质上是与外在自然的独特显现联系在一起的，这个外在自然是改变自然的行动真实发生的地方。问题在于，每个人对自然环境的了解仍被视为一种内在感觉。毋庸置疑，自然景观的独特呈现是自然界的第二个、稳定的、非认知的表面维度，它超出了感知的理解范围。波默的气氛美学仍然发展了物质性的身体，它作为个人与自然环境统一的身体基础，对他人而言是客观而非自己的表面空间。他发展了一种颇具吸引力且高效的当代语言，用于描述人们在感知距离、体积和事物之间的相对位置之前，用眼睛观察的本源性空间或气氛的不确定性。但是我还没有发现对自然对象的二维解释，即用自己的眼睛注意到感性的自我展示。

王卓斐对波默气氛哲学的总结，揭示了本雅明的例子中所隐含的感性的二维性。她将波默的描述归为四个主要类别：存在、空间、情绪、居间性。气氛的存在是不确定的、分散的、模糊的、不可表达的。这是一个模糊的空间，会激发人的感觉、情感和情绪。因此，这是一种“准客体”(Quasi-Object)。既不是纯粹的客观，也不是主观的。王卓斐之后补充道，氛围首先是给予的、感性的，并且与个人观察者鲜活的身体有关。因此，对我而言，当波默的描述和王卓斐的评论一起被用来解释自然光晕的最初概念时，就产生了根本的暗示：任何自然景观的光晕都通过两种形式而作为准-事物而存在：第一，它既不是纯粹的外在客体，也不是内在的感觉。其次，它既不是纯粹分散的、非客观的空间，也不是人类感知经验中的纯粹的多个客体。在本雅明的例子中，自然的光晕恰恰是不纯粹的，因为对自然对象有两种解释模式，而不是一种。这就是说，至少在一个方面，自然中光晕是感性的独特表象的显现，这在感知理论上不可能成为一个客体。在我看来，景观光晕的居间性是由于人类有能力将感性视为分散的空间，而尚未对其进行概念化，因此尚未将其视为独特的自然客体或身体条件。

剩下的问题是：自我以什么方式感知自己鲜活的身体，从而使“真实事物”的显现维度，自然中自我呈现的“我自己的感觉”的自我感知维度，和从未被视为客体的“感性的独特显现”的维度，都以一种独特显现的方式统一在一起？是否有一种办法用肉眼观察自然环境，并注意到自我实践和活动是如何依靠于感性的根源而存在，而不完全是文化产物？对我而言，发展波默气氛哲学的研究计划暗示了这种语言的存在。已经有一些概念来描述个人如何看待非客观且在任何一维理论中都不可能提及的独特空间显现。这似乎已经暗示，在像本雅明这样的放松情况，肉眼会显示出独特的空间显现，这对于操作性认知来说是无效的。并且这种弥散的空间显现是独特的，对个人来说不是客观的，对任何其他个人来说也不会是。从了解真实事物的角度来看，这种无效性是一种反常现象。但是这种异常暗示了机遇和前进的道路。将自然的独特显现描述为模糊的（无体积或无距离）的语言，能够为观看原则的根基重新命名，使得人类个体将审美的维度融合进感性之中。是否有证据表明，在人类文明史上的某些文化已经鼓励人类个体去自我培养一种审美能力，去欣赏一种不可能作为客体体验但却与现实实践和真实事物不可分割的感性的独特显现？

## 三、陈望衡：与自然合一的“象”

中国传统哲学确实提供了这种对自然的二维解释。它描述了一个人在自然景观中的自我存在感是如何植根于感性的“象”中，且这种“象”在审美上通过视觉自我感知。由于它是个体独一无二的视觉感知，因此该“象”未在认知意识或感知理解中被表达为自然客体。同样地，中国传统美学确实有一些字眼提及他的显现。因此，它是一种本真的哲学，其中包括对人类生活的更基本维度的引用，该维度使全部的科学或彻底的经验主义的语言相距甚远。为了以这种方式用肉眼观察自然实践，陈望衡提供了一个自己观察自然美景的例子。他提供了自己的观察例子来说明他在研究老子、庄子、宗炳的语言时所发现的美学原理。为了现今的目的，我侧重于陈望衡对宗炳的评价。

几千年来，中国美学描述了一种看待自然环境的方式，这种方式将物质世界和行为与自然中的个人自我存在感融合在一起。考虑到陈望衡现今用自己的眼睛激活审美欣赏自然实践的案例，他亲身参与这种实践，因此，他的审美并非纯粹出于观念或想象。在这种情况下，欣赏自然景观的审美方式来自于每个人的尺度或维度，这需要对事物设定与科学认识保持远距离。以下段落描述了从感知上将自然环境理解为一组自然客体到从美学上将其视为一个人独特尺度内的一种特定的自然环境美的转变：

让我们以个人经验为例。坐在房间里打字时，我可以透过窗户看到一小片茂密的树林和蓝天的一隅。我可以感觉到宜人的阳光，听到鸟儿悠扬的歌声。这是我的环境，也是我的审美对象。但该环境的属性是私人的，这使得其作为环境的身份可能被质疑。事实上，我所经历的环境与我所看不见的其他的自然和社会对象紧密相关。这些“看不见的”对象不可避免地影响着我的个人感觉，这在我以审美角度看待环境的方式中得到了体现。相反，当自然环境成为科学研究或哲学反思的对象时，必须始终与那些因感知特定环境而产生的个人感觉脱节。的确，研究人员进入了理性区域，并将环境视为一个普遍的概念。

这段鼓舞人心的段落描述的是如何用自己的眼睛看外在自然的自然美，从而揭示物质世界的统一性以及自身在自然中的自我存在感。起初，陈会感知到特定的对象或特质，比如，树木、蓝天和鸟类的特殊旋律。在将这些客体或事件感知为外在自然的特征之后，陈的注意力开始从感知这些风景的细节上转移开。他开始认为自然的这种显现与他自身密不可分——“这就是我的环境”。这种审美方式与自然客体的认知和感知体验完全相反，以至于周围环境开始呈现出个人的特征。因此，他开始质疑作为物理方位的普遍感知经验。他能够感觉到自己在自然中的自我存在感是他身体中的一种体验。然而，当他感觉到自己与自然景观的统一性时，他并没有将其视为特定的、属于自然的外在事物。取而代之的是，通常用鸟类、树木和阳光来理解的外部自然开始呈现出一种与他个人密不可分的显现。然而，在文章的后半部分，陈还清楚地表明，在撇开对物质客体的感知辨别之后，他称之为“我的环境”的自然对象仍然与因果条件和真实事物密不可分。这些外部条件可以而且确实会影响陈的个人感受和他所从事的工作。我认为，这是陈寻求交流的关键点，即他用眼睛看的自然对象是他自身对自然的自我感觉的基础。这是他自我理解的基础，因为他自身是一个物质实体，与科学理解的自然环境中的实际因果关系有关。那么对我来说，这个例子表明，一个人用眼睛观看自然的独特外观，然后在两种欣赏方式之间来回摆动。当一个人用自己的眼睛观察时，在自然中导致自我存在感的这种显现与自然环境的显现相同。通过这种显示，人作为一个物质实体受到外部因素或他人的控制而感受到自我。

使得陈望衡的美学研究从根本上（与所有感知理论）不同的原因在于，中国传统美学将美的内在本质（包括眼睛所看到的自然景观的自然美）视为一种情感与形象或者显现的关系。陈在描述"情象"的原则时明确指出：美的存在被解释为一种与"象"的显示有关的"情"。这与气氛哲学有什么不同？这种气氛哲学将自然中独特显现的物质客体与自然中的内在感知作为一种内在感觉是如何联系起来的？如果我正确地理解陈的表述，答案是不同的，因为自然美的内在本质是一种情感，它源于首先清除了所有的感知自然对象或者身体的观念之后，将自然的呈现看作一种"象"。在中国美学中，与自然相统一的情感并非仅仅作为自己物理性身体的内在体验而产生的。因此，陈的上述观察树林并感受与周围自然景观的呈现相统一的例子，这是宗炳所描述的一个特例：澄怀味象。

根据陈望衡的学术研究，宗炳描述了一种在景观的自然美中寻找自我的这种实践：人们清除了事物的观念，并且开始注意到自然作为一个"象"的显现，而不能作为自然的客体而被体验。为讨论宗炳的作品奠定基础，陈将其置于历史背景中。首先，在老子"道法自然"的思想中，"自然"指的是包括每个活着的人在内的生物与生俱来的本质，这种与生俱来的本质的实现与美的具体实现有关。诗人陶渊明（365—427）从审美上唤醒了这种内在的本质。正如陈所言："在他的（诗人的）眼中，自然美不仅从可感知的自然风光中展现出来，而且在"真意"显现——"此中有真意，欲辨已忘言"。但什么是"真意"呢？正是在回答这个问题时，陈才开始对作为一个画家、佛教徒学者和隐士的宗炳的作品进行分析。

宗炳的文字充满道家的意味。例如，他提出了“澄怀味象”和“澄怀观道”的重要思想。在自然景观的观念中，“象”是身体，而“道”是灵魂。

将关于宗炳的这些评论与陈观察树林和天空的例子结合在一起，看起来比较清楚，用自己的眼睛来观察景观的自然美，并称之为“我自己的环境”，是“澄怀味象”一个特别的例子。将顺序从宗炳返回到老子“道法自然”的原则，澄怀味象的例子是一个关于“真意”的例子，这是人与生俱来的本质根源的显现。再者，消除对自然客体的感知体验和科学理解的观念是唤醒一个人内在自我本性的恰当实践，并且这种内在本质是作为“象”揭示的一种真意。基于此，从操作性认知的角度来看，“象”是无法言喻的，它出现在陈望衡自己的对天空和小鸟的审美欣赏的例子中，也存在于他将环境感知为“我自己的”例子中。

对我而言，按照陈对宗炳的解释，每个人都可以用眼睛来观察自己的视觉，并且发现一种独特的、非客观的、感性的“象”，这种“象”支持两种不同的解释模式。首先，这种“象”在感知上属于“现实世界”的外部自然的客体和条件的显现，其中包括特定的自然环境（例如二氧化碳水平）。通过注意力的摆动，同一个观察者可以将同一个独特的、非客观的“象”解释为一种自然在人类视觉上的显现。因此，用中国美学的语言来说，人类在自然中的现实实践在这两种思维模式之间摆动，而“象”从来都不是科学解释的对象。通过培养人们从审美的方式看待“象”的实践，一个人能够认为自己在感性中具有不可剥夺的自我存在，而不是对于他者而言的客体。随之而来的是一个人内在的与生俱来的本真自我就是一种象的显现，这是一种属于视觉的象，在观赏自然风景时呈现给自己。自然中的自我存在（在场）不仅仅是一种情感，也是一种从自我感知到的象中产生的情感，并且总是伴随着一个人对自然的直观认识。

陈望衡的研究为中国环境伦理学的悠久传统提供了当代诠释，它鼓励一种审美维度的自我培养，使人类能够在自然独特的呈现中通过眼睛来感知自我。这种呈现是自我采取行动的必要支持。陈主张回归到自然美的美学——作为农业文明史上发展起来的一种最佳实践仍然是可行的。他认为，今天可以将此与科学理解相结合，来修复由工业文明时代形成的对自然发展一元态度所产生的与自然的疏远和分离。

## 四、中国美学：赋予生命的生命之“象”

中国美学，包括展示视觉的描述性语言，能够解释个体如何在感性中构建一种不可分割的、非客观的、人的自我存在的观念。这种美学路径提供了一种个体如何通过将审美维度融入现实实践的独特显现，能够重新迷恋自然的方式。马尔库塞计划中所设想和希望的，具有审美维度的“真”的本真原则（比科学理解更基础的个人的自我真实实践）可以描述为每当有人用自己的眼睛看时，他能够自我感觉，并展示其独特的呈现。正确的是，这种象是每个人独有的、他人看不见的，并且对科学无效的独特显现。尽管如此，它是自我本质的一个维度，它使个人在现实的自我实践中能够自己确定客观陈述是对还是错。自我感觉的身体不仅是对自己身体的内在感觉，它也是一种独特的、属于自己不确定空间的外观或形象的视觉展示。在感性的独特显现中对自我给定的形象在审美上的自我感觉为建构道德原则提供了一种可能性。这足以使一个人去否定，或至少使其放弃对自然生活偶然的、单向度的思考。正如陈望衡所表明的那样，在这一历史时刻，认真研究和吸收中国传统美学是一种实用的方式，它可以促进新的、更加完善生活的人类文明时代的出现。

那么反对意见是什么？尚未有对这些自然美的美学进行哲学上的辩护，因为它建立在对自然的独特呈现的基础上，无法理解且与历史无关的。对我而言，这一异议并没有说服力。中国哲学中提出的有关自然美的美学似乎与波默提出的对本雅明的术语“灵晕”的做出的肯定性解释密切相关。在因果矩阵和与自然环境的联系之外，没有孤立的人类个体。相反，宗炳提到的非认知性的“象”与每个人用眼睛实际上看到的真正因果关系的每一次视觉感知都密不可分。本雅明本人暗示，暂时停止考虑真实的因果条件可使人遇到作为“单子”的感性（即作为外在自然的统一体和一个人固有的内在本质）。正如他指出的那样，这停止了确定性的思考。一个人在现实实践中感觉到一种自我给予性，并且与他人一起改变历史的实际机会。

中国传统美学为解决和填补马尔库塞哲学中人类自身的内在审美维度与其中揭示的可以指导实践的要素之间的间隙提供了一种有前途的方式。这完全与需要社会机构帮助提供真实条件的想法完全吻合，这使每个人都能培养与自然环境及他人和谐相处的指导思想和情感。这与李泽厚的主张相一致，即中国传统美学非常适合描述自然生活中的现实实践是如何成为人类原则的起源的。李认为，对康德“感性和知性不可知的共同起源”问题的答案不是先验想象力。相反，对于李来说，答案是“感性源自个人实践的感性经验。”我的观点简单地说，中国美学和包含天人合一原则的“一种世界观”支持一个额外的步骤，即将个人现实实践的可感觉经验作为象的完全独特显现展示给个人。这种象是每个人自己的眼睛内的感性的自我感知维度。这就支持了这样一种思想，即每个独特的人类个体都是当下行动的一个起源，以至于人类生活的内在价值在一代又一代的文化中再现。

李泽厚对庄子有关感觉和生活的喜好提供了许多有力而令人信服的解释。学者们可能选择探索这样一种观念，即庄子能够通过在视觉范围内注意到一种非客观的感性形象来消除物我之间（理解上的）差异，这对科学是无效的，但仍然是一种自我感知世界与物质世界的连接。进一步的研究可以提出以下问题：“庄子”和“宗炳”是否在描述同一种文化实践，即在自然景观中寻找自我并品味“象”的外观显现，以统一自我存在感和自然环境真实条件的感知？陈望衡认为，宗炳所描述“通过自然景致而乐（畅神）”的审美欣赏模式，在中国美学的三大传统（道教、佛教和儒家）中广泛传播。学者们可以调查这三种传统是否都有描述如何用自己的眼睛看待自然对象的语言，这些语言是否同时揭示了自我的显现以及人类经验中的真实事物。

如果在科学理解的语言之外，在自然的独特显现中没有人类自我给予的思想或情感，那么人类与自然凋萎的出现之间的统一就会被发现和更新。如果没有注意到自己眼中所显示的“象”的独特显现，那么自然界中的自我存在感就会停止，彻底的醒悟会渗透到自我意识中，从而忘记了个人的自我形象与自然的统一。在这个全球历史性的时刻，每个人都有能力将审美之维引入现实实践中。中国传统美学充满了与自然密切接触的语言，这使每个人都有机会在当今做出贡献，以改变人类历史进程，并且朝着实践中出现的自然生活的发展迈进。

# 浅析段义孚“中间景观”理论

陈 潇 丁利荣（湖北大学文学院）

作为人文主义地理学的奠基人之一，段义孚立足于人性、人情，建构出人地关系互动的良好范式。其中“恋地情结”“逃避主义”及“中间景观”等概念在其理论体系中占据一席之地，形成了人与环境互动的生态平衡。针对“中间景观”这一概念，其由依恋与逃避的二元关系展开，于双方矛盾对立中找寻到调和地带，侧重于和谐人地关系构建。推及实践，若以“中间景观”在自然、社会、精神层面的典型案例为突破口，与自然资源的合理利用、欲望都市的适当远离和人类精神生活的升华等特性相关联，可针对“中间景观”的审美意蕴进行全方位呈现。

## 一、作为“理想栖息地”的中间景观

在人文主义地理学之中，人地关系这一命题不可或缺。就段义孚的著作理论体系进行梳理，“恋地情结”“逃避主义”与“中间景观”等与人地关系相关的概念贯穿其中，不论是作为专著加以整合阐述的《恋地情结》与《逃避主义》，还是从其他视角加以辨析的《空间与地方》《浪漫主义地理学》等，都或多或少有所涉及。但是，“恋地情结”作为一种人类对于自然的积极态度的凝练，展现出人地关系间的依存面；而“逃避主义”却倾向于人对故土的逃避与远离，致力于改造或迁徙。依恋与逃避，这两种情感体验相互对立，它们同为段义孚人文主义地理学体系的重要组成部分之一，人地关系在此意义上变得飘忽不定。

有感于此，段义孚在《逃避主义》一书中首次提出“中间景观”这一概念，认为“它们处于人造大都市与大自然这两个端点之间，人们将中间景观称作人类栖息地的典范……都是文化的产物，但它们既不花哨，也不目空一切”①。在地理学家看来，“景观”是一个科学名词，是一种心智构建所得的产物，可供测量，具有美学内涵。此时的“中间景观”主要在城市与自然的对比中产生，被赋予了衡量两种不同观点的尺度准则。

单就地理学意义而言，“中间景观”并非一种生活中难以接触到的存在。中国与国外的世界虽然有着大相径庭的文化传统，但是就人地关系而言面临着相同的困境，拥有着相似的理想追求。因而“中间景观”在不同历史文化背景下都具有普适价值，可以由地理学的设想变为现实，在此仅借用城市与乡村这组概念进行说明。

众所周知，城市与乡村是现代社会中的极为平常的场景。随着文明的不断发展，人们为了追求更加智能化和便捷化的生活从自然逃往乡村之中，尽可能地利用城市中的先进科技丰富自身的物质生活和精神生活。然而科技的不断发展同样带来了新的困惑：琐碎和繁杂的细微事物越来越为人们所关注，这与人们所追求的清晰明了大不一样。在此情形下，人们更加注重寻求一个轻松自由的生活环境。由此便产生了“逆城市化”现象——更加贴近自然的乡村成为更多人的选择。相较于原始的自然和现代化城市，乡村更加真实，既有人类文化的参与，又不会发展得过快而陷入纷繁复杂的细枝末节之中，称得上“中间景观”。

回溯过去的中国，乡村的回归实际上是对于农业文明时代的回归。在封建时代，中国主要以家庭为单位进行社会化劳动，农耕文化在当时社会中占据了主要地位。这种自然形成的生产生活方式分裂出了一个个小集体，主要以宗族血脉进行延续。在此情形下，传统的宗法制度产生了，因而乡村的盛行实际上与传统文化相契合。眺望世界，乡村的出现主要与现代化的生活方式息息相关。不论传

① ［美］段义孚：《逃避主义》，周尚意、张春梅译，河北教育出版社2005年版，第29页。

统是怎样的，科学技术的进步促使灯红酒绿的都市景象不断浮现，快节奏的生活方式成为时代的主流。但是，乡村的出现为人们提供了一个喘息的角落，足以远离无休止的工作和越来越多的社会责任。

回到我国所独有的发展轨迹，段义孚所著的《神州》是一个典型的文本，其从历史的角度针对中国人地关系进行了细致化解读。他谈道："对于农民来说，战天斗地实际上使他们几乎没有时间作沉思默想式的交流；对于文人士绅来说，这可以发生在各种不同的地方，可以在他自己城市住宅小巧的花园中，在公众和半公众的人造景观中，在乡村的"'草芦'中；对于帝王之家来说，可以去避暑的离宫，可以去城郭之外宽广的猎苑"①。不同阶层的人们拥有不同阶层的苦恼，他们都想要逃离自身所处于的非理想环境。"草芦""猎苑"或行宫都是可以短暂逃避的去处，与身上的压力和原初的野蛮相距一定距离，人们可以于此之中真实、率性地交流。例如行宫往往修建于次序井然的城墙之外，帝王找到一处人为可控的场所寻欢作乐，在一段时间内沉溺于世俗与宗教相混合的迷幻宇宙之中，这就是他对政务的逃避，并在"中间景观"之中寻找到了理想的乐趣。

正如前文所言，"中间景观"的存在并非偶然，现实生活中的许多存在都可以完美贴合"中间景观"的概念，给人们以非一般的审美体验。并且，无论花园还是行宫、乡村，它们所带有的社会属性不尽相同，可以说是百花齐放。但是，无法忽视的是，"中间景观"实际上是一种不太稳定的存在，其出现重在平衡"恋地情结"与"逃避主义"这两类差异化的人地关系，在天平之上也很容易被转化为彻底的原始或彻底的人造文明。例如，如今的乡村有一部分已经向着城市所转化，曾被精心打理过的花园未经看管也会逐渐发展为原始自然的存在。事实上，这种不稳定的"中间景观"之所以作为调节矛盾的范式，是因其具有三个关键作用。

---

① ［美］段义孚：《神州——历史眼光下的中国地理》，赵世玲译，北京大学出版社 2019 年版，第 70 页。

其一，调和性。段义孚曾在《恋地情结》中专门用一小节讲述“矛盾的调和”，强调“对立双方时常因为第三股力量的介入而被调和……‘中央’这个概念也作为明晰的四面八方的概念的调和者而存在”①。“中间景观”本身自然具有满足人们与环境进行良好互动的需要：在人类自身的主观意愿之中打磨形成，但是又带有明显的清晰性和真实性，具有原生态自然下的自由与包容。

其二，导向性。正是出于“中间景观”的不稳定，人们才有动力将目光转向对其的追寻与探索，他们终其一生追求的目标是和谐的互动，而非单一的顺从与逃避。段义孚在南开中学做讲座时谈道：“一个人总是置身于事外，也就是作为一个观察者向里看。他永远不可能是一个当地人，不可能从内部了解一个地方及其子民所造就的风土人情。”② “中间景观”就是一个推动人们更加积极主动地进行思考的引子，人地矛盾的越发凸显同样指明了人们追寻微妙平衡感的奋斗方向。

其三，实践性。“中间景观”之所以形成，正是出于其过渡景观的特质：物质需求得到满足，而精神层面也能感到愉悦与快乐。事实上，这恰好折射出人们远离喧嚣都市生活与摆脱野蛮自然的双重愿望。在这一目标的导向与指引下，人们越来越多地踏上尽力维持人地关系平衡的道路。然而，平衡点的确立绝非唾手可得，还需要人们根据目标不断调整自身的状态与前进方式。

## 二、联系恋地情结与逃避主义的中间景观

人地关系本身就是一个恒久的命题，在历史的进程中不断变化：当自然施加于人的压力达到一定程度时，敬畏与依恋占据主流；当人们依据自身的想象肆无忌惮地破坏赖以生存的根基时，逃

---

① ［美］段义孚：《恋地情结》，志丞、刘苏译，商务印书馆 2018 年版，第 22 页。

② ［美］段义孚：《回家记》，志丞译，上海译文出版社 2013 年版，第 130~131 页。

避与躲藏又会占上风。“恋地情结”主要表现了人们对于环境的依恋之情，重在展现积极正向的互动；“逃避主义”则表现出人们希望逃离于自然、社会和人类自身的强烈愿望，重在展现相斥负向的互动。这两者都属于人地关系互动的典型模式之一，在互动主体与客体都为人类与环境这一条件下，肉眼可见的矛盾冲突由此产生。

这两类情感分别作为天平的两端而存在，同样占据着举足轻重的地位。但和谐人地关系的构建总是在他们之间摇摆，经过不断试探与发展才最终抵达一个微妙的平衡点，与人们的理想世界相契合。段义孚所提出的“中间景观”这一概念起到了平衡点的作用。具体说来，在人地关系的形成过程中，地理与人体自身产生了相互作用：一方面是依恋，另一方面是逃避。

“恋地情结”在时间上是深层次的、持续的，在空间上展现出不对称性，最后具象化为群体的中心主义，时间、空间与人类主体，这三重维度共同构建了一个完整立体的“恋地情结”体系。这一体系的发展一直在进行中，主要是积极正向的，极大程度上激发了人们对于自身所在区域的归属感，鼓励人们扎根于故土，利用这片区域上的资源不断奋斗。不论社会如何发展，这个凝结了人们的价值观念和情感倾向的地方是相对稳定的，其在历史的进程中已经固定了一套最为适宜的发展模式，在此基础上，人们所进行的活动种类同样相对稳定，大多主动顺应区域的发展情况进行调整。但从另一角度来看，依恋的同时也存在着逃离的倾向性。稳定的近义词是安逸，人们在此基础上日复一日地进行着相似的活动，无法凸显出创造力的重要作用。倘若人们一味仅仅满足于现状，丧失进一步开拓与发展的动力与信心，无论多么富饶的土地都会迎来枯竭的一天。到那时，再强烈的依恋都无济于事，人地关系走向恶化与逃避。

更重要的是，生活范围的相对稳定所带来的是活动区域的相对固定。人们一般只注重与同一民族、同一居住地的人们进行交流，日常的衣食住行等基本生活环节与流程都可以一条龙解决，没有跨区域的必要。但是，长期的自给自足是另一种意义上的闭塞。在封建时期，闭关锁国政策的施行虽然保护了本土的生态，但是又隔绝了吸收外来先进文化的可能性，因而直到坚船利炮轰开了国门之后，人们才意识到自身的落后。“恋地情结”带给了人们便利，但如果人们就此沉浸于享乐之中，一味地坚持自身的优越性而不睁开双眼看看世界上的其他区域，坐吃山空的情形必然到来。

从某种意义上来看，“恋地情结”是我们表达顺从的一种方式，但倘若从心理学角度加以探究，其背后掩藏着对于环境的敬畏，更加深层次的表现则是恐惧。段义孚在《无边的恐惧》这部著作中描述：“恐惧是由一个个独立的个体感觉到的，在这一意义上可以说恐惧的感觉是主观的；不过，有些恐惧显然来自对个体具有威胁的外在环境……在所有关于人类个体与人类社会的研究中，恐惧都是一个主题，不论它是隐藏在有关勇气与成功的故事中，还是直接清晰地体现在有关恐惧症与人类冲突的著作中。”① 恐惧来源于危险与不安，这些危险又从何而来？答案之一就是人们所身处的土地。所在的环境与地方并非从始至终是温和有益的，“恋地情结”致使人们看到了自然有益的一面，但是其在发展过程中也会走向与初衷相悖的道路。这种危险不仅仅来源于自然，还来源于社会环境与人类自身，促使人们萌生出逃避心理，想要远离原本所依恋的环境。

再看看“逃避主义”。人本身就是社会化的动物，无论是自然环境、社会环境，还是人本身都无法彻底逃避。与“恋地情结”相对应，城市成为人们躲避变化多端的自然的适宜之处，越来越多地出现在世界的各个角落，其拥有着一切乡村所不具备的便利与智能化场景，被人工打磨成了理想中的乌托邦乐园。然而，人们无法忽视人性固有缺陷与阴暗面。关于七宗罪，在《西方文化史鉴》一书中这样描述：“七种严重的罪恶，即骄傲、妒忌、发怒、懒惰、贪婪、暴食和淫欲，但这七种罪恶是‘可以宽恕’的，这些罪并不疏远人和上帝之间的关系，不同于盲目崇拜、谋杀和通奸这些‘不可宽恕’的罪孽。犯下那些不可宽恕的罪行以后，罪人就

① ［美］段义孚：《无边的恐惧》，徐文宁译，北京大学出版社 2011 年版，第 1 页。

要有可能被开除教籍，要想重新加入教会组织就得进行严格的忏悔。”① 这些罪恶滋生了城市中的混乱，焦躁与不安开始在各个角落蔓延。

残破的建筑、坑坑洼洼的街道，随处可见的垃圾与被乱涂乱画的墙壁让城市扩张的阴暗面无处遁形。正如《无边的恐惧》中所言：“建造城市原本是为了矫正自然界中明显存在的混乱与混沌，但是结果城市自身却变成一个让人不知所措/迷失方向的自然环境。”② 就此看来，单纯的逃避事实上不会为人们带来理想中的美好世界。“逆城市化”现象出现在城市发展的现代化进程之中，暗示了人们的逃避行为朝向乡村的转移，人们开始了新一轮的逃避。往复的逃避在生活中不断进行，长久与稳定的愿望呼唤着如“中间景观”一般的平衡点出现。

段义孚在《恋地情结》一书的结尾谈到人类追寻理想环境的脚步实际上从未停止，并为我们提供了两种相反的图景：“一种是纯净的花园，另一种是宇宙。”③ 花园与宇宙是不同的，一类着重于现实生活的保障，而另一种却将目光投向了浩瀚而神秘的天空。“恋地情结”和“逃避主义”这两类观点在实际运行中都有一定的弊端，长久的依恋导致了固定化和模式化的生活，而逃避之后所建立的城市随着不断发展也存在着违背人们理想的一面。正是出于这些考虑，“中间景观”作为一种中和性的所在，为人地关系走向稳定和谐提供了范本。

具体而言，“中间景观”具有双重属性：亲近自然但又有人类活动的参与，按照人们的理想生活图景进行打磨。单就地理学意义而言，“中间景观”并非一种生活中难以接触到的存在。中国与国外的世界虽然有着大相径庭的文化传统，但是就人地关系而言面临

---

① 叶胜年：《西方文化史鉴》，上海外语教育出版社2002年版，第110页。

② ［美］段义孚：《无边的恐惧》，徐文宁译，北京大学出版社2011年版，第127页。

③ ［美］段义孚：《恋地情结》，志丞、刘苏译，商务印书馆2018年版，第373页。

着相同的困境，拥有着相似的理想追求。因而“中间景观”在不同历史文化背景下都具有普适价值，可以由地理学的设想变为现实。

## 三、具有审美意蕴的中间景观

从“恋地情结”与“逃避主义”兴起到“中间景观”应运而生，人们能够确立人地关系研究的理想模型，并以此作为目标不懈钻研。这是单就人地关系这一主题而言的，我们还需考虑到“中间景观”所蕴含的深厚内涵与当代价值，结合当下愈加强烈的生态文明美学呼唤，将目光着眼于现代社会，着眼于更多领域去探寻这一脉络背后的丰富思想内涵，具体可从自然、社会以及精神等三个方面进行分析。

首先是地理景观中的审美意蕴，以农业用地为例。

对于“中间景观”的定义离不开两个要素：人为因素的参与及贴近自然的状态。我国自古以来便是农业大国，依靠着繁盛的农牧业培育了各类作物以供繁衍生息。倘若将农业用地与在此之上进行劳作的农民相联系，具为一处典型的“中间景观”：人们扎根于自然之中，但又不是纯粹的自然，人力的不断作用促使了农用地的持续利用。此时人为因素的参与对于自然而言是不冲突和不矛盾的，人类与自然间的和谐共生得以显现。

长此以往，则显现出些许保守的意味。长期的劳作使他们与外部社会之间的流速变得不太一致，旁人眼中的成就与新鲜事物在他们看来没有很大的吸引力，这样一来，农业用地这一“中间景观”朝着自然一端进行转化，人们也更加亲近家园与自然环境。耕田对于土地的依赖暗示着其向自然转化的可能，而农民自身的主观意愿又促使其朝着都市进行转化。随着科技的不断发展，人力劳动的作用一定程度上被削弱，发展速度的加快促进了农民生活质量的提高，他们逐渐脱离自然与保守，变得像个“城里人”一样，但是，在此情形中，越来越多的欲望充斥了大脑，以往那种安逸自由的生活重新成为了新的逃避对象，人们渴望回到原先那般以自然需求为导向的生活。

长久以来，农业用地这一“中间景观”就是像这样在自然与城市间不断滑动，从而维持微妙平衡。在此之中，它也成功地调节了人类文明与自然之间的矛盾，主要重点在于利用自然资源以达到自身的理想状态。在工业文明日益发达的今天，自然生存的空间被一次又一次挤压，人们无暇顾及高速发展的时代中的细枝末节，美感同样无从获得。在此基础上，社会上出现了一种对于自然生态回归的呼唤。但这不仅仅是回归，更应像“中间景观”一般需要人类的参与，对于自然的现状进行回应。“中间景观”的出现已经显示出了人们与机械化社会保持距离的需要，因而，尽力寻找一个平衡生态与文明的自由空间最契合人们内心最深处的呼唤。

其次是社会景观中的审美意蕴，以花园城市为例。

花园城市①（Garden City）在今天是一个热点话题。自英国建筑学家霍华德在《明日的花园城市》（Garden City of Tomorrow）一书中首次提出后，随着时间的发展人们越来越注重其背后所蕴含的生态思想。以最初的理想城市形态为例，永久性的农业用地环绕在城市周围，以其不可撼动的地位阻止城市的进一步扩张，这是就城市外部来说的。同时从城市内部着手，对单一城市的规模容积设限，当达到一定值后便重新开辟出一块新的土地进行人口迁移与城市再建，从而形成一个全新的城市点。在城市之中，带状绿地的出现更是便于住宅区的出行，绿地、花园与住宅区、道路等共同构建出错综复杂的城市体系。

当然，这只是理想状况，随着时间的推移与生产力的不断提高，人为设置不变限额与随时找到迁徙地等举措于今看来都是天方夜谭。但是，花园城市演变至今，人们最为看中的就是都市与自然的合理结合，它不再只是一个单纯的人造都市，自然的加入使其增添了几分温和与和谐，一跃成为人们远离高速发达化喧嚣都市的“避难所”。例如新加坡就是一个很好的例子，人们提及这座城市，

① 译名存在争议，又作“田园城市”，但二者内核相同，皆为对于美好城市生活的向往与追求。

总是会冠以“花园城市”的美名。绿化的普及再加上合理有序的用地使得城市与自然达成了完美交融，实现了对于喧嚣与混乱的都市景观党的完美逃离。

相较农业用地而言，花园城市这类“中间景观”的出现更加侧重于对于混乱都市生活的逃避。城市化进程的急剧带来的不是更加便捷自由的生活方式，而是罪恶、混乱与迷惘。面对别样的城市时空，人们不再体会到清晰与真实的世界，由此，他们便选择了逃避，希望建立一个同时满足个性发展与生活质量提升的理想空间。

最后是精神景观，以梭罗《瓦尔登湖》为例。

提及梭罗与《瓦尔登湖》，人们往往会想到其在湖边小木屋生活的两年时光，在梭罗的描绘中，那是最为惬意与舒适的日子。虽说《瓦尔登湖》所描绘的环境看似是一个隐居之处，梭罗运用了类似偏僻、朴素野蛮这样的词汇，认为在此之间自然容纳了自身缺陷，自己的生活实际上就是“拓荒”。但梭罗个人劳作的参与使得其成为了“中间景观”。梭罗并非单纯停留在现实层面，他将目光不再停留于现实的自然或是社会，而是从个人天性出发，为自己的精神世界寻得了一处栖息之地。

让我们回到《瓦尔登湖》的文本之中，在梭罗眼中，周围的一切都不是死物，而是可以视作伙伴一般的存在，他使用了比喻、拟人等多样化的手法使得周围一切变得生动。例如，他笔下的小屋是这样的：“这是一间尚未粉治，壁间漏风的小屋，宜于款待行脚的男神，而女神居于其中可能会裙裾飘扬屋顶上拂过款款的清风，跟掠过山脊那样滋润和畅，它捎来若断似连的曲调，那是将大地之音滤过之后剩下的天籁之响。”① 这是极为自然的语言，此时瓦尔登湖的景象浑然天成，梭罗通过语言尽情抒发了自身对于自然的喜爱之情，在此情形下，他通过自己的情感体验与亲身参与缔造出了精神中的“中间景观”——与自然无比契合，但又顺从了自己内心的需要。

---

① ［美］亨利·戴维·梭罗：《瓦尔登湖》，仲泽译，四川文艺出版社2009年版，第90页。

归根结底，家园意识即为梭罗告诉我们最重要的一课。段义孚在阐述“恋地情结”与“逃避主义”这类概念时，总是将人性的理解放在第一位，一般先从个人本身出发开始探究自身与环境互动关系的由来，例如敬畏之于“恋地情结”以及恐惧之于“逃避主义”。可以这样说，人性本身就发乎自然，只有在二者和谐的基础上才能构建稳定社会秩序，这些都在《瓦尔登湖》中有所体现。“中间景观”接纳了无法在以往的社会环境中生存的民众，提供了一个合乎心意的暂时乌托邦。虽然它无法恒久地存在，但是在那段时间内使人们的心灵得到了奇异的抚慰，让人们得以重拾生活的信心与勇气。

总的来说，人对地之依恋凝结成了“恋地情结”，而人对地之逃避滋生了“逃避主义”，这两者同样都是人地关系互动的范式。在显而易见的矛盾中，“中间景观”应运而生。从“恋地情结”与“逃避主义”再到“中间景观”，一个相对完整的逻辑体系得以构建。“中间景观”起到了调和与平衡的作用，建立了一个人类文明与自然生态共存的自由空间，这对于人地和谐关系的构建大有裨益。

在当今社会，“中间景观”的审美内涵依旧值得挖掘。农业用地、花园城市与《瓦尔登湖》此三者就是“中间景观”的绝佳展现，它们分别对应了自然、社会与精神三个侧面，全方位地展现了“中间景观”的美学价值。推及实践，我们不仅需要呼唤朴素自然的回归，还要挣脱于喧嚣的都市情景之中，最终从人性本身出发得到精神慰藉。总而言之，环境与生态仍旧是全球人类共同关注的重点话题，借助段义孚人文主义地理学思想进行生态观察是一个长期的过程。

# 简评阿诺德·伯林特与陈望衡的环境美学思想之异同

张文涛（闽南师范大学文学院）

阿诺德·伯林特，原来是现象学者，后来转向环境美学的研究，他的环境美学思想主要体现在《环境美学》和《生活在景观中》之中，这两部著作在陈望衡主持的第一批环境美学翻译丛书译丛中都已译为中文。作为西方环境美学的开拓者，伯林特的思想具有代表性。伯林特循着传统理解自然这一线索来形成他的环境观，他摒弃那种把自然视为人的对立面的二元论和客观论，由此把环境当成"被体验的自然、人们生活其间的自然"①，环境与人息息相关。这样，人们对环境的评价就呈现多元的可能性，也就为美学的参与找到了根据。传统从自然所获得的"景观"，也随着自然环境含义的拓展，不局限于艺术类的观看，而有了环境美学意义上的体验。

陈望衡起先研究自然美，② 之后又广泛涉及美学诸多领域，这使得他能很好地把握环境美学的各大问题。当然他这些年专注环境美学的研究除了学术自身的原因外，另一个原因是受到美国美学家阿诺德·伯林特的启发。1989 年陈望衡以外籍会员的身份加入美

---

① 陈望衡：《培植一种环境美学》，载《湖南社会科学》2000 年第 5 期，第 11 页。

② 第一篇美学论文《简论自然美》发表于 1980 年《求索》第 2 期，随后又在同一刊物发表了《中西自然美学观比较研究》。此外，陈望衡钟情于山水，出版了《交游风月》、《妩媚山水》两部文学著作，这些作品都为环境美学研究特别是对自然环境美的欣赏提供了很好的范本。

国美学学会，因此有机会与伯林特结识，伯林特当时是学会秘书长。在伯林特的引导下走向环境美学的研究之路。陈望衡曾多次提到伯林特是他的环境美学引路人，他说："选择环境美学作为我新的研究方向的原因，除了出自社会和历史的因素外，还跟国际美学学会前会长阿诺德·伯林特教授的影响有关。"①

与西方环境美学（产生于20世纪60年代）相比，中国环境美学较晚出，可经过近20年的努力，中国环境美学的研究也已有了自身的特色，加上伯林特的环境观与中国古代"天人合一"思想极为相近，就此，以具有代表性的中西方两位环境美学家的思想进行比较，无疑对环境美学甚至美学学科的前景以及中西美学的研究颇有益处。此外，两位学者的长期交流也为本论题提供了必要的支持。② 以下就两位美学家思想的主要相同点和不同点作评述。

## 一、共同点之一：环境美的根本特性是家园感

环境美学作为美学研究的最新走向，自然蕴含了传统美学所有的问题域，当然更重要的是它所引导出来的自身特点。西方美学产生于哲学，哲学以理论抽象方式表现出与实践类的学科绝然不同的活动形态，在近代之前哲学一直是作为一种无用之学存在的。这样，与哲学具有密切联系的美学也必然关注那种无用的知识，康德以"非功利无目的"概括美的特质极为精当。无用的知识指的是与现实物质活动不相关的知识，它只与人的精神生活有关。哲学迎

① 陈望衡：《环境美学》，武汉大学出版社2007年版，第7页。

② 两位学者有20多年学术交往，至今仍有频繁书信往来。在2018年9月28日致伯林特的信中，他就谈到正在阅读《中国环境美学》，从中获益良多，心情极为愉快。柏林特认为该书提供了有关中国古代环境欣赏丰富的资料，且理解了中国学者为什么对他的著作那么投缘的原因。信末还附上最近发表在《当代美学》（*Contemporary Aesthetics*）杂志引用陈望衡环境美学思想由格伦·帕森斯和张欣（*Glenn Parsons & Xin Zhang*）合写的论文"Appreciating Nature and Art: Recent Western and Chinese Perspectives"的互联网地址。

合了人的好奇心，美学（艺术）则协调人的各种内在活动关系，两个学科的活动内容都限制在人的精神领域。至于能获得物质利益的活动则主要由处理人与人关系的政治学、伦理学、法学和处理人与自然界关系的能技术化的科学来体现。这样，美学活动主要局限在艺术领域之内，对自然采取的也是艺术的欣赏态度，至于社会问题则很少涉及。到了当代，后现代思潮几乎颠覆了西方所有的文化传统，其中重要的表现就是各学科的界限被打破并开始融合，而能促成这一切进行运动的力量是社会生活的呼唤。社会生活的力量无所不在，且以网络的形式存在于各个角落。当下的历史必然以话语的形式反映在力量场中，那种能与现实世界隔离开来的语言世界是不存在的，所有学科都必须有某种社会能量支持才能找到存在的合法性。这样，当今世界所面临的生存危机，如人口、资源和环境等问题自然成为了知识生产中必须关注的对象。美学从对自然、艺术的纯审美研究转而对环境的实用性研究就是这一时代的产物。

作为一个关键概念，环境美学家都必须回答“环境”的含义。西方环境美学家大都没能脱离科学思维，依照传统理解自然美的习惯直接把环境当作对象加以客体化。他们虽然不敢直接否定人在形成环境中的作用，但理解环境时还是一直有一个绝对存在的设定。芬兰的约·瑟帕玛教授就认为：“环境围绕我们（我们作为观察者位于它的中心），我们在其中用各种感官进行感知，在其中活动和存在。问题在于感知者和外部的关系，就算没有感知者，外部世界依然存在。”① 这种环境认识观，与人的关系极为外在，甚至认为“外部世界”能够脱离人的感知而存在，由此可以推定，与人无关的外部世界也能成为环境，如何理解环境的含义也变得复杂。就这个问题，伯林特以纯粹的自然对象的不存在作为理解环境的契入口，在实践层面否定了有一种能离开人存在的环境。陈望衡也明确指出，环境与人是不能分开的，它在作为外部世界的层面上也是人建立起来的。环境与人相互生成决定了离开人与环境的关系来谈环

① ［芬］约·瑟帕玛：《环境之美》，湖南科学技术出版社2005年版，第23页。

境是不可思议的。

环境有多重含义，第一，哲学含义，即指已经人化或正在人化的自然，这种意义的环境是抽象而非具体的；第二，科学含义，这方面主要研究作为人的对象的客观世界，相对地将人悬置起来；第三，实践含义，取其广义，凡是人加之于环境的物质性活动都是实践；第四，审美含义，这一层面对环境美学最为重要，它集中在人的感觉所及的对象作为审美对象，它是由审美者与审美对象共同创造的形象。①

这些含义不能决然分开，每一含义在作为它被所属的学科揭示时是以主要特性呈现的，而其他含义则以潜在的形态时刻发挥其作用。按理说，环境美学把审美当作基本特性是合乎常理的，但这仅是西方传统的学术逻辑，它仅限于唯美主义出现的时代，在环境成为人类生存必须面临的重大问题时，美学走向环境，人们首先考虑的是环境意识的当下特性，这样驱使美学调整自身的意义结构，从而把生存列为审美可能性的前提。而环境之所以走向美学，主要是为了增强环境建设和环境保护的话语力量。②

以陈望衡为代表的中国环境美学一开始就抓住美学转向中的“求存”特征，西方文化所拓展的纯粹的“真”“善”“美”维度最终还是要回到这一真正意义上的终极性关怀，只是很多哲学家不愿承认它的称呼罢了，美其名为“存在”，甚至给“存在”诗化，进行“能指游戏”，以宣泄抽象维度上的心理能量。实际上，不管人们在存在问题上增加多少超越的可能性，其基本结构都基于生存而展开。

同样地，从实用性出发，陈望衡以“居住”作为环境的首要功能，在环境美学的视域中，陈望衡把“居住”展开为“宜居”

① 陈望衡：《环境美学》，武汉大学出版社 2007 年版，第 14~16 页。

② 伯林特就认为这种“对美学和环境进行双重思考是互有益处的，能彼此启发”（参见伯林特：《环境美学》，湖南科学技术出版社 2005 年版，第 5 页），这一“双向建构”的思路是伯林特著作的主题。本文后面继续强调这一看法。

“利居”和“乐居”。环境美学就是用美的规则建造一个美好的环境，它适宜人居住，又住得愉快。这三个层次，与其他文化活动有密切关系，“宜居重在生态；利居重在功利；只有乐居，才重在情感”①，三者又统一为“家园”②。家园，既是物质住所，又是灵魂的归处，人建造的环境最终就是要变成家。

伯林特在众多西方环境美学家中，比较明确地认识到环境的实用特性，当然更特别的是，他认为所有的美学都是“应用”的，审美过程是最直接地将非实用和应用、理论和实践结合起来的人类活动，据于此，他把环境美学归入“应用美学”，并指出：“所谓应用美学，指有意识地将美学价值和准则贯彻到日常生活中、贯彻到具有实际目的的活动与事物中，从衣服、汽车到船只、建筑等一系列行为。”③ 以他熟悉的城市环境为例，他认为城市的功能和结构都是以人体的尺度来建设的，由此得出结论，“城市设计是一种对家园的设计，设计出的场所像家的感觉，才是成功的”④。

## 二、共同点之二：环境审美涉及感官全方位的参与

西方传统美学只论述视觉和听觉在审美中的作用，并作为最重要的审美感官，人的其他感官从触觉、味觉到嗅觉则不被重视。产

① 陈望衡：《环境美学的当代使命》，《美学艺术学》2010 年第 5 期。

② 俨然霍尔姆斯·罗尔斯顿Ⅲ（Holmes Rolston Ⅲ，美国科罗拉多州立大学特聘教授）也认同“家园感”是陈望衡论述“环境美的最高层次”。约斯·德·穆尔（Jos de Mul，荷兰鹿特丹大学哲学系人类文化哲学教授）同样指出将环境美比作“家园感”有助于人们构造花园般的居住环境。安德鲁·兰伯特（Andrew Lambert，美国纽约市立大学史丹顿岛学院哲学系助理教授）则注意到“家园感”这一概念在与传统艺术美区别开来的意义。参见《潘阳湖学刊》2017 年第 4 期，《国外学者评陈望衡〈中国环境美学〉》一文。

③ ［美］阿诺德·伯林特：《环境美学》，湖南科学技术出版社 2005 年，第 1 页。

④ ［美］阿诺德·伯林特：《环境美学》，湖南科学技术出版社 2005 年，第 63 页。

生这种偏好的主要原因在于西方思想家在论人本质方面一直强调人的超越性，而在人的五官中视觉（听觉较次）是最不受对象影响的感受器官，也就最具非功利性，因此与审美的发生方式相吻合。黑格尔对艺术美的看法就颇具代表性，他说："艺术的感性事物只涉及视听两个认识性感觉，至于嗅觉，味觉和触觉则完全与艺术欣赏无关。"①

由于传统的观念根深蒂固，即使环境美学兴起后，仍有学者把环境美等同于对自然的视觉欣赏或干脆不讨论环境审美的问题（如仅专注于景观的艺术设计），但这种情况是与人们面对环境时直接的经验不相吻合的。很明显，环境不同于艺术品，环境通过自身的创化形成不同的景观，人创造环境时依据身体的特点进行构形，因此，陈望衡认为对环境的欣赏不能照搬艺术的欣赏模式，原因是：

其一，环境的欣赏需要多角度感知的综合。在环境欣赏中，感知器官没有高低贵贱之分。特别是在对自然的欣赏中，具有艺术欣赏中所没有的全息性。

其二，环境的欣赏是整体化欣赏。审美对象离不开它所在的环境，美的环境依存于各种事物。②

同样地，考虑到身体这一维度，伯林特主张环境欣赏不同于艺术欣赏，为此他提出了身体和心灵都投入的"参与模式"（The Engagement Model）。这种模式完全拒绝艺术无功利性的思考方式，转而向日常世界开放，悬置传统科学研究中主体与客体、艺术活动中欣赏者与欣赏对象的二分法，使得欣赏者以一种全方位、多感官的方式沉浸在对象之中。在"建立城市生态的审美模式"中，他承认以人的尺度所建立起来的城市，人们首先通过视觉特征确定自己所处的位置，但可感知的环境的形成还必须容纳其他感官，从而形成的"刺激丰富性能够指引人类的活动，可以使我们在城市里

① ［德］黑格尔：《美学》第一卷，商务印书馆1979年版，第49页。

② 陈望衡：《环境美学》，武汉大学出版社2007年版，第149~151页。

感受到舒适、安全、有趣和兴奋，这样的城市就是以人为本的城市”①。

“参与模式”在卡尔松偏重科学逻辑认知的角度看来，主要有两个难题：其一，尽管不再保持距离感，但仍关注感官与形式属性；其二，沉浸于对象中，易做出琐碎的、主观的臆断，难以进入到有知识和理解所指引的深层次欣赏。②

两位美学家对多感官共同参与欣赏方式的认同，进一步强化了对环境的认识。

## 三、不同点之一：对学科体系建构的意识

从20世纪90年代末陈望衡毅然走上环境美学之路，可以看出百年中国美学发展的逻辑必然。20世纪中国美学经过几次大讨论，到90年代归于沉寂。大多数美学家很难适应“美学热”到美学被边缘化的这种转变，纷纷转行或陷入困境之中，中国美学研究的出路在哪里？要找出前行的路，首先要反思曾经的过程。西方美学传入中国，一直存在着“中国化”的问题，跟遭遇其他西学一样，中国人研究美学在西方没有位置。即使不考虑西方的评判，就本土的发展状况看，美学研究事实上做的仅仅是对习得话语的再次复制，导致的结果是美学一直与艺术和现实的脱节。环境美学提倡跨学科研究，具有全球视野和很强的时代感，走向环境美学，一并解决了美学研究的这三个问题，即真正做到了美学与西方的接轨以及美学艺术化和美学现实化。据此，陈望衡说：“环境美学的出现，是对传统美学研究领域的一种拓展，意味着一种新的以环境为中心的美学理论的诞生。”③

---

① 阿诺德·伯林特：《环境美学》，湖南科学技术出版社2005年版，第63页。

② 艾伦·卡尔松：《自然与景观》，湖南科学技术出版社2005年版，第8页。

③ 陈望衡：《环境美学》，武汉大学出版社2007年版，第10页。

中国环境美学虽较为晚出，但也有优势，除了拥有一股迎头赶上的力量外，还能从西方环境美学发展中得到后来者才能看出的经验。作为中国环境美学的开拓者，陈望衡在写《环境美学》时，并没有看到有关环境美学严密体系的书籍，所以他才说："而在我，是试图提出一个体系的。"①

体系意识在一个学科建设中具有重要意义，是学科走向成熟的标志。它围绕着一个具有本体地位的核心概念展开，为学科的发展设想了各种可能性及其界限，并在此基础上进行统一。陈望衡认为，艺术美的本体在意境，环境美的本体就在景观。作为美的一般本体的具体形态，景观的形成是人文和自然两方面的作用的结果。人类改造环境的过程都离不开美的创造，将环境变成景观也就是按照美的规律创造。环境美学的哲学基础可以从环境美与生态、环境美与文化、环境美与伦理、环境美与和谐四个方面进行阐述。环境美的首要功能是"宜居"，第二功能是"居游"。与西方学者将环境分为自然环境、城市环境和农业环境不同，陈望衡主张环境除了自然环境美、城市环境美和农业环境美以外，还有园林美。在工业时代，园林的建设具备了自然、城市和农业的要素，生活环境园林化是环境美化的发展趋势，故园林应成为环境美学研究的重要对象。

就环境类型的全方位思考而言，伯林特仅聚焦于城市环境，这与他要解决的审美核心问题有关。工业化城市在环境中最具实用性，如何把它纳入审美视域？他的逻辑推衍就是如能把城市都视为审美环境，其他与审美较接近的环境类型自然就不言而喻。虽如此，他毕竟没在此问题上展开，从体系的完整性看，可认为是他理论上的不足。他的两本代表性著作之一——《生活在景观中》(1997)，从副标题"走向一种环境美学"就可以看出是在阐述环境美学的合法性，其侧重点是"从美学走向环境"，而另一代表作——《环境美学》（1992）第一章（"向美学挑战的环境"）则指出全书核心是从另一方向论述"从环境走向美学"，同样是在为

① 陈望衡：《环境美学》，武汉大学出版社2007年版，第7页。

环境美学的学科性质进行论证。早年的现象学训练，深受胡塞尔和梅洛·庞蒂的影响，使他在“环境”与“美学”之间找到一种打通两者的中介（即身体），人们能够全方位投入到环境的欣赏之中正因为有身体场的存在，身体统一并协调了五种感官的发生过程。针对个人的知识兴趣，他在环境本身的内涵拓展中，增加了对“太空环境”和“神秘环境”的论述，一定程度给读者带来了新奇感。

## 四、不同点之二：环境美学与现实的关系

环境美学作为一门偏向实用性的学科，决定了环境美学家更为关注其所在的历史现实。中国是个农业大国，农业生产提供了基本的生存物质，农业环境是一个重要的研究对象。2001 年，国际环境美学在芬兰举行了以“农业美学”为主题的会议，这标志着农业美学正式成为了环境美学研究的分支。陈望衡《环境美学》第五章专门讨论“农业环境美”，以此来回应现实和学科发展的需求。面对农业生产及其环境，从美学的角度，陈望衡认为各种农作物所造成的景观就是美学研究的契入点，在此环节主要是研究自然审美的诸问题。可是一进入人为生产的环节，即出现了与自然性相冲突的人化过程，环境美学重点就是要在此找出多种能成为环境研究的问题域并着力从美学的角度来提供解决方案。环境美学一般的做法是按照自然研究中的生态思想来找出美学可以利用的思想。出自对中国古代文化的深入了解，陈望衡突破一般对生态的理解，在自然本身外也包括人的文明活动所形成的更为广阔的系统中去发现生态的丰富含义。这种对“生态”含义的拓展，不但能充分利用本土思想资源，而且也对环境美学中如何处理自然环境和人为环境的关系找到了一个统一的逻辑，对陈望衡来说，也对他之后提出“生态文明美”显示出了一种前后相续的思想发展逻辑。

随着中国城市化进程的加剧，中国农村发生了深刻的变化。工业化日趋对农村自然环境产生巨大的影响，传统农业生产原有的矛盾被进一步激化，利用中国传统和谐的文化资源来为这一新情况提

出解决方案未尝不是一条可行的途径。当然工业化也不是一味地破坏自然环境，在科学技术和物质生产有充分发展的前提下，农业会出现“生态农业、有机农业”以及“艺术农业、休闲农业、观光农业”① 等5种不以高产量为目的的新型生产方式。这些对当下农业生产环境的观察和概括，展示了陈望衡环境美学思想的有效阐释力。

相比之下，伯林特所关注的现实环境是他所处的西方发达国家。经过了较完整的现代化过程，西方发达国家生产环境其生存功利目的不太突现，在伯林特的视野中，农业环境和工业环境的区分不太重要，他的学术目标更关注环境的趣味性，以迎合特定人群的需求。例如对如何进行城市设计、博物馆、太空社区和美国景观的建议就是一种既属于环境美学性质的又能反映当代社会特征的方式。其中，“解构迪斯尼乐园”最能反映伯林特这方面的思想。

伯林特认为，把新潮景观作为美学思考是一个独特的视角。迪斯尼世界有多重层次并能相应引发复杂的心理体验，具有后现代不同寻常环境的特征要素。“这一复杂世界包括四种类型：梦幻、冒险、未来风格和国家文化。”② 它表面上迎合了青少年的娱乐需求，实际上各种人群都能从中获得各自的所需。这些人群并不局限于某一地域或某一社会发展阶段所形成的集合体，它的设计者从商业的角度计算出最大参与消费的可能性，这样客观上抹平了只依靠某一时空紧密结合形成了一定经验才能允入的审美窗口，参与者既能找到较契合自身的欣赏类型，又能触动其对异域的想象需求。进入迪斯尼，其通过短期排列组合出的审美效果具有明显的平面化特征，它符合后现代的精神气质。

伯林特关注的后现代审美环境，与其所受的文化教育和所处的生活世界密切相联。陈望衡所处的环境，正在进入现代化阶段，前现代历史形成的那种烙印深深打在各种环境效应上，因此在环境美

---

① 陈望衡：《环境美学》，武汉大学出版社2007年版，第309页。

② ［美］阿诺德·伯林特：《生活在景观中》，湖南科学技术出版社2005年版，第34页。

学思想表述上显得较为负重。

## 五、不同点之三：对“生态文明美”的看法

在西方环境美学研究中，有关欣赏方式一直存在着两种对立的主张，其争论的核心就在于环境欣赏过程中是否要以科学认知作为主要导向。以卡尔松为代表的“认知型”（Cognitive Model）就主张科学导向的重要性，而以伯林特为代表的“参与模式”则属于否定科学认知作为欣赏基础的“非认知型”（Non-cognitivemodel）。

科学思维是西方哲学的产物，它的特点就在于在研究过程中找出“主体”（Subject）与“客体”（Object）的关系，世界上任何对象（作为Thing，事物）本来是人所难以彻底把握的，人只能通过感知渠道获得对象的某些信息，科学活动就是选择事物那些最清晰的要素有序地合成为一个人为的对象存在（作为Fact，事实）。人的其他活动方式不像科学活动这么注重逻辑性和排它性，相比之下，更关注对象的丰富性和完整性存在。西方美学在产生之初（作为感性认识）走的就是与科学理性不一样的探索之路，它能容纳事物的模糊性特征，意在获得其信息的多样性，可是它在发展的过程中出现了“纯审美”“唯美主义”等极端主张，一步步走向了反面。它们声称坚守艺术领域，却有着在科学活动中才存在的排它倾向。这样，环境美学把研究对象的中心从“艺术”转向“环境”，一定意义上可认为是向美学发生时注重对多种感官解放的原点的回归。

虽然如此，在环境美学欣赏论中主张认知倾向还是表明了强大的科学主义影响的存在。从环境的复杂性这一角度看，伯林特抑制科学认知在美感形成中的重要性，无疑具有更大的理论意义。

中国环境美学的发展也存在着这两种倾向，只是涉及面更大，不只局限在欣赏过程中才出现的分歧，而是贯穿于整个美学体系的建构过程，甚至连命名都不一样，以人文关怀为导向的就称为环境美学，另一派以科学认知为导向的则称为生态美学。

生态的研究侧重于人所能理解的自然，在环境问题日益凸显的

当代社会，强调生态对环境保护有积极意义。可是要发展出一门生态美学，则会出现学科之间资源接壤形态的不协调，有着严格科学运思的生态学并不是美学所能直接借用的。西方环境审美的科学认知倾向并没有完全运用科学规则来处理审美心理，而仅仅是在哲学方法论层面主张要用理性原则来引导整个审美走向，在美学发展分支中也没有出现所谓的生态美学。要在生态美学上有所进展，要求学者有很高的科学素养，这也是人文学者特别是中国当代人文学者知识现状所难以具备的。此外，环境的含义比生态较为丰富，在接纳来自艺术和自然及其综合的意义较吻合。正因为这样，陈望衡在早期研究中，反对科学主义在环境美学研究中的位置，这与伯林特的主张相同。可是，生态美学的提倡对缺乏科学传统的中国知识界毕竟还是有积极意义的，况且在环境的实际操作中基本上只有依照生态科学的原则才能得到更有效的保护和建设，基于此，近年来，陈望衡与伯林特不同，对生态维度在环境审美中的意义有了新的看法，在坚持学科整体核心意义偏向于人文的前提下，吸收了一定范围内的科学思想，陈望衡提出了“生态文明”① 的概念。

陈望衡认为生态文明是继工业文明以后的一种文明形态，其突出特点是重视生态问题，具体要实现的目标是生态与文明的统一。在环境美学的视域内，自然生态与工业文明互相接纳的结果即呈现为“生态文明美”。

生态文明美具有以下特色：

第一，生态与文明的共生。传统文明一味强调对自然的改造，破坏了生态的平衡，现今要求重新确立人与自然的关系为共生，一方面自然满足人的需要，表现为自然向人的生成；另一方面人需要考虑自然本身的存在，参与自然生态平衡的修复，表现为人向自然

① 陈望衡谈到“生态文明”的著作和论文主要有：《生态与文明：从天敌到共生》（《北京日报》，2012 年 7 月 8 日）；《我们的家园：环境美学谈》（南京：江苏人民出版社 2014 年版）；《生态文明美：当代环境审美的新形态》（《光明日报》，2015 年 7 月 15 日）；《环境美学与建设美丽中国》（《潘阳湖学刊》2015 年第 6 期），《再论环境美学的当代使命》（《学术月刊》2015 年第 11 期）；《生态文明与美学的变革》（《求索》2016 年第 5 期）。

的生成。

第二，生态公正原则。整个生态圈其他存在物的存在有独立于人之外的属于其自身的意义，包括它们生存活动中展示出来的美（当然也是人看出的），人要明白它不是为人的，而是这些存在物固有的。人不能把美从其生存活动中抽取出来，打着只有人才能欣赏的名誉而随意践踏。

第三，生态平衡成为自然环境审美的核心。以往一味从人的立场、利益的角度出发，一些具有悦人感性形式的自然会得到正面肯定，但追究其形成过程会发现当中已破坏了生态平衡。这种偏颇，在生态文明的审美观看来，必须得到纠正。

第四，荒野的审美价值得到极大的强调。荒野是当今维系地球生态的坚实力量，通过对荒野的审美，可触动很多人类早期生活感受和记忆，从而找到属于这一审美领域特有的激发生活的力量。①

从环境美学出发所提出的"生态文明美"，突破了原有的美的类型，具有全球视野，它意在整合多种学科资源，至今是环境美学发展的较前沿观念。由于这一概念具有一定的冲击力，伯林特在表示同情时，也表达了他的疑惑，他也难以理解中国学者（包括曾繁仁和程相占）所论及"生态文明"和"生态美学"的意思，他说："这能与自然相协调吗?"② 他指出，陈望衡对"生态文明"这一概念没有明确的定义，"生态文明"与"生态"（Ecology）、"生态美学"和"环境美学"的区别也没有作进一步的阐明。不过他也承认，产生这种误会的原因可能在于他对中国学者阐明的"生态"和"生态文明"（Eco-civilization）的含义不太清楚所致。

综上所述，从研究的整体特色看，伯林特的环境美学在某种具体类型的环境审美中有独特的见解，比如他对城市环境审美范式四要素（日出日落未被遮蔽的光线、激发所有感官参与的教堂、作为功能与形式完美结合人造物的帆船以及充满魔力、冒险、怪诞的

① 陈望衡：《第二次论述环境美学的当代使命》，《学术月刊》2015年第11期。

② 译自2018年9月28日伯林特给陈望衡的来信。

马戏团）的设计，可认为是走向人性化且具有新美学特征城市的尝试。作为后出的环境美学家，陈望衡参考了中国古代“境界”论的思想，在环境美学的整体建构上具有宽广的视域，在问题意识的引发生成上具有更大的可能性空间。

# 论“闲”的三重向度与古代文人的环境审美

刘精科（湖北文理学院美术学院）

随着环境问题日趋受到社会的关注，人们逐步从不同角度进行思考，“人们对环境的认识从功利性发展到道德和审美，对环境的实践从改造环境到保护环境和美化环境”①。环境具有重要的美学价值，环境审美有助于消除人与环境之间的对立与冲突，“使得欣赏者以一种全方位、多感官的方式沉浸在欣赏对象之中”②，并且在人与环境之间建立起一种友好的价值联系。而中国有着悠久的环境审美的历史，水石林竹、山川河流等成为古代文人摆脱日常俗务，祛除现实物累，回归自然本性的主要对象。因此，环境审美活动在古代文人的日常生活中占有重要地位，并且对中国传统艺术观念以及美学精神产生出重要影响。有学者指出：“自然环境审美是中国美学的精微之处，用自然环境审美作为关键词来重新审视中国美学史，能够提示被‘艺术哲学’美学史范式所遮蔽的中国美学精髓。”③ 由此可见，应当重视对中国传统美学观念及思想资源的吸收与发掘，从而不断丰富当代环境美学的理论基础。

文人作为中国古代社会中的一种特殊阶层，以其独特的生活方

---

① 陈望衡：《环境美学的兴起》，《郑州大学学报（哲学社会科学版）》2007 年第 3 期，第 83 页。

② ［加］艾伦·卡尔松：《自然与景观》，陈李波译，湖南科学技术出版社 2006 年版，第 7 页。

③ 程相占，［美］杜维明：《环境感知、生态智慧与儒学创新》，《学术月刊》2008 年第 1 期，第 22 页。

式及生活观念，对中国人的审美习惯及艺术活动产生出重要影响。“闲”是中国古代文人追求的一种理想化的生存状态，他们极力背弃世间通行的价值观念，超越荣辱利害等的羁绊，努力追求心灵自由的境界。“闲”具有丰富的美学内涵，与“审美意识的发生机制、审美风格的意境格调以及艺术创造的体式技法”① 等有着紧密联系。因此，从“闲”的角度对中国古代文人的环境审美活动进行分析，有助于深入理解中国古代美学的内涵及特征，拓展当代环境美学研究视野。

“闲”字的古今意义有较大变化。一般认为，从空闲、闲暇等的角度来看，“闲”与“閒”之间形成通假关系。据考证，“閒”字是会意字，“从门月，会意也。门开而月入，门有隙而月光可入，皆其意也”，“閒者，稍暇也，故曰閒暇。今人分别其音为户闲切，或以闲代之。”② 因此，“闲”本作“閒”字，本来指的是空间上的空隙，后来引申为时间上的空闲或闲暇等，并且逐步与人的情感等联系起来。有研究者指出：“无事在身即闲也，无事在心即闲中所追求的心灵境界……闲本身没有价值评判的意义，只有当它和主体的人结合在一起，才会产生价值。”③ 由此可见，“闲”逐渐成为中国古代文人的一种重要生活方式以及理想的生存状态，是他们向往和追求的人生境界。

由于自然地理因素、传统农耕文明以及社会文化思潮等的影响，古代文人在追求“闲”的过程中，与山水自然环境之间建立起密切联系：“中国人认为只有在自然中，才有安居之地；只有在自然中，才存在着真正的美。”④ 古代文人往往以感性的、审美的

① 苏状：《中国古代“闲”范畴之人文义涵与审美精神》，《兰州学刊》2011 年第 5 期，第 99 页。

② （汉）许慎著，（清）段玉裁注：《说文解字注》，上海古籍出版社 1988 年版，第 589 页。

③ 赵树功：《闲意悠长——中国文人闲情审美观念演生史稿》，河北人民出版社 2005 年版，第 34 页。

④ ［日］小尾郊一：《中国文学中所表现的自然与自然观》，邵毅平译，上海古籍出版社 1989 年版，第 1 页。

姿态面对自然山水，实际上蕴含着对自由无碍心灵的探寻，他们把畅游山水看作是实现“闲”这一人生境界的重要方式。“禅宗教义与中国传统的老庄哲学对自然态度有相近之处，它们都采取了一种准泛神论的亲近立场，要求自身与自然合为一体，希望从自然中吮吸灵感或了悟，来摆脱人事的羁縻，获取心灵的解放。”① 受禅宗以及老庄哲学影响的古代文人，在探求“闲”之境界的过程中，就发现了自然山水的环境审美价值。宗炳提出，自然山水“质有而趣灵”，蕴含着灵动高妙的意趣，而画家要感悟并传达出自然山水的这种意取，就必须要“闲居理气”从而达到“应会感神，神超理得”② 的状态。由此可见，“闲”能够带给人们自由的情感体验，在古代文人的环境审美中发挥着重要作用。实际上，“闲”包含着三重向度，即身体感官、心灵趣味和精神境界。从“闲”的“身体感官”这一向度来看，古代文人的审美活动要求各种身体感官的综合参与，而不仅是视听感官发挥出作用。从“心灵趣味”的向度来看，古代文人的环境审美是以湛然澄明的心胸面对山水自然，并建构起“知己”关系。从“精神境界”的向度来看，古代文人在环境审美中获得内心澄澈的精神体验，而区别于西方环境学者提出的环境改造等主张。因此，中国古代文人的环境审美追求与山水自然之间建立起情感融通的契合关系，从而获得独特的生命体验。

## 一

在古人看来，“闲”包括身闲、心闲等不同类型：“身闲无所为，心闲无所思。”③ 其中，“身闲”主要指的是身体感官方面所

① 李泽厚：《美的历程》，生活·读书·新知三联书店 2017 年版，第 153 页。

② （南）宗炳：《画山水序》，见潘运告：《中国历代画论选（上）》，湖南美术出版社 2007 年版，第 12 页。

③ （唐）白居易：《秋池二首》，见朱金城：《白居易集笺校》，上海古籍出版社 1988 年版，第 1492 页。

达到的状态，是“身体的放松、休息与恢复，偏重生理层面”。①人体的生理结构以及人的感觉器官是审美活动的重要基础，人类的审美活动总是要通过自身的感觉器官才能发挥作用。在古代文人那里，“闲”作为一种人生境界及其表现情态，包含着丰富的“美学成分：优雅的动作，和谐的音乐，游戏和运动的复杂性，味觉的敏感和对所有感觉的表达”② 可见，人的身体感官被纳入到“闲”的研究范畴，并在古代文人的环境审美活动中体现出来。

古人提出了“施施而行，漫漫而游”的概念：“自余为谬人，居是州。恒惴栗。其隙也，则施施而行，漫漫而游。”③ 柳宗元身处永州期间，经常在当地山水间游历，“施施而行，漫漫而游”就成为柳宗元开展环境审美活动的突出特征。可以看出，这种“游览”是自由闲散的，既没有进行事先规划，又不开展勘察调研，但却增强了人们的感官参与意识，“攀缘而登，箕踞而遨”，这充分表明在环境审美活动中，古代文人的感觉器官以及情感、想象等都被调动起来，并且这些感官是共同介入到审美活动中。

由此可见，人类的感官是开展审美活动的重要生理基础。人们认识到，不同的生理感官在审美活动中的功能是不一样的。在西方的一些美学家看来，人类主要通过耳目视听来从事审美活动，因此，视听等感官被认为是审美活动的主要基础。柏拉图就明确指出，视听带来的快感虽然并不完全等同于美感，却始终与美联系在一起，因此，人类的其他感官被排除在美外。④ 康德甚至把审美的感官限定为“视听”。他认为，尽管视听官感会对人的快意产生影响，但与味觉、嗅觉以及触等感官不同，视听将人们引向不直接与

---

① 赵玉强：《休闲：中国哲学研究的新视域》，《中州学刊》2014 年第 8 期，第 22 页。

② ［美］托马斯·古德尔、杰弗瑞·戈比：《人类思想史中的休闲》，成素梅译，云南人民出版社 2000 年版，第 238 页。

③ （唐）柳宗元：《始得西山宴游记》，见《柳宗元集》（卷二十九），中华书局 1979 年版，第 762 页。

④ 北京大学哲学系美学教研室：《西方美学家论美和美感》，商务印书馆 1980 年版，第 31 页。

人产生利害关系的外在事物身上，因此成为“真正的鉴赏判断”——“作为形式的感性判断”，而人的其他感官则直接导向身体方面的快适。① 由此可见，在康德那里，只有耳目才与“纯粹的感性判断”有关，而其他感官则被排出在审美活动之外。

环境审美当然需要视听感官的参与。柳宗元在《石渠记》中写道：“风摇其巅，韵动崖谷。视之既静，其听始远。”② 在这里，“视之既静，其听始远”显然肯定了视听等人的身体感官在环境审美活动中发挥着重要作用。但是，与柏拉图、康德等人提出的观念不同，古代文人的环境审美不仅重视视听感官功能的发挥，而且要求全身感官共同参与，因为这里的“风摇其巅，韵动崖谷”判断，显然是综合性的情感体验，是在多种身体感官相互协调共同运作的基础上实现的。阿诺德·柏林特明确提出，对于审美活动来说，“感性的体验扮演着重要的角色，它不是单独接受外来刺激的被动者，而是一个整合的感受中枢，同样能接受和塑造感觉品质感性体验不仅是神经或心理现象，而且让身体意识作为环境复合体的一部分作当下、直接的参与”③。由此可见，阿诺德·柏林特等人的“审美参与”说，要求人们的审美活动“以一种全方位、多感官的方式沉浸在欣赏对象之中”④。宋代曾巩在《醒心亭记》中说：“或醉且劳矣，则必即醒心而望，以见夫群山之相环，云烟之相滋，旷野之无穷，草树众而泉石嘉，使目新乎其所睹，耳新乎其所闻，则其心洒然而醒，更欲久而忘归也。”⑤ 在曾巩等人看来，山水等自然美景不仅会使目耳等感官获得新奇体验，而且使得欣赏者

① ［德］康德：《判断力批判》，邓晓芒译，人民出版社2002年版，第59页。

② （唐）柳宗元：《石渠记》，见《柳宗元集（卷二十九）》，中华书局1979年版，第770页。

③ ［美］阿诺德·伯林特：《环境美学》，张敏、周雨译，湖南科学技术出版社2006年版，第16页。

④ ［加］艾伦·卡尔松：《自然与景观》，陈李波译，湖南科学技术出版社2006年版，第7页。

⑤ 陈杏珍、曹继周：《曾巩集》，中华书局1984年版，第276页。

的内心中产生出如痴如醉、流连忘返等感受。古代文人徜徉在山水之间，不仅激发起听觉、视觉、触觉等感官的审美参与，而且会使文人体验到“悠游”“无为”等人生乐趣。

由于耳目感官具有“外指性”特征，容易把审美主体的注意力引向审美对象的外在形式，因此，一些西方美学家提出审美活动的“距离”说，要求重视审美对象与日常生活之间的对立与区别，尤其是在审美活动中，“‘距离’标志着艺术创作过程中最重要的步骤，而且可以为通常被泛称为‘艺术气质’这东西的一个显著特征”①。因此，在很多西方学者看来，在艺术审美活动中，创造与欣赏只有在保持适度“距离”和尺度的情况下，才能体验到“艺术气质”，获得美感。而在环境审美中，由于需要多种感官经验的参与，人们会对山水等自然环境产生出更加全面更加直接的情感体验。苏轼在《定风波》中写道：“莫听穿林打叶声。何妨吟啸且徐行。竹杖芒鞋轻胜马。谁怕。一蓑烟雨任平生。料峭春风吹酒醒。微冷。山头斜照却相迎。回首向来萧瑟处。归去。也无风雨也无晴。”② 这既是对日常生活经历的记述，又是古代文人的环境审美活动。其中，“吟啸且徐行”表达的，是与柳宗元“施施而行，漫漫而游”相类似的感受，那就是古代文人的环境审美不仅需要身体感官的参与，而且要保持“随胜而赏”的“闲”的状态。在一些西方学者看来，人与其周围的环境实际上构成了有机统一的整体。其中，审美是把握人类与其环境之间关系的一个重要维度。人类只有以审美的视角看待周围的自然环境，才能感知自然和欣赏环境。③ 由于古代文人的环境审美具有随意性、流动性以及多种感官共同参与等特征，因此，只有保持身体感官之“闲”这种状态下，古代文人在环境审美过程中，才能充分发挥各种身体感官的作用，

---

① 北京大学哲学系美学教研室：《西方美学家论美和美感》，商务印书馆 1980 年版，第 277 页。

② 唐圭璋：《全宋词（第一册）》，中华书局 1965 年版，第 288 页。

③ ［美］阿诺德·伯林特：《环境美学》，张敏、周雨译，湖南科学技术出版社 2006 年版，第 12 页。

通过漫游式的审美参与活动，在自然山水中获得畅快愉悦体验。

## 二

阿诺德·伯林特指出："我们必须意识到在环境鉴赏中的肉身感性（Somatic sensibility）的重要性：对体积张力的身体感知，对空间的牵引力，在身体运动中运动知觉的贡献，连同视觉、触觉、嗅觉和味觉的性质一道，都充满在所有的经验当中。环境，虽然并非瓦格纳的音乐剧，但却可能是真实的'总体艺术'（Gesamtkunstwerk），亦即在整体上全部都囊括在内的艺术品。"① 由此可见，伯林特肯定身体感官在审美活动中发挥着重要作用。但是，与中国古代文人的环境审美活动相比，伯林特强调的"审美参与"与"身体介入"有着明显区别。中国古人追求身心合一的体验，因此，在审美活动中，不仅需要发挥身体感官的作用，而且要求"心"的参与。如果说身体感官之"闲"侧重于生理层面的放松与悠闲，那么心灵趣味之"闲"指的是人在精神以及心灵层面的自足与自由。在古人那里，"心闲"既是古人得"道"的工夫与条件，又是一种人生境界，是"不刻意的无所为无所不为的淡然从容的精神自然"②。古代文人在环境审美过程中，离不开身体感官带来的感受，但同时，更强调敞开自己的心灵，达到"精神与心灵的闲适，德性、境界的层次不断提高，人的肉体与心灵、情感与理性、形下与形上等也实现平衡和谐"③。由此可见，古代文人在环境审美中所达到的"心闲"状态，不仅是对世俗生活中各种功利性观念的超越，而且突出了古代文人在山水环境审美中所获得的独特情感体验。

---

① ［美］阿诺德·伯林特：《环境美学》，张敏、周雨译，湖南科学技术出版社2006年版，第16页。

② 苏状：《中国古代文艺理论视阈内的"闲"范畴》，《北方论丛》2010年第5期，第6页。

③ 赵玉强：《休闲：中国哲学研究的新视域》，《中州学刊》2014年第8期，第22页。

在审美活动中，古人提出“以玄对山水”的观念：“孙绰《庾亮碑文》曰：‘公稚好所托，常在尘垢之外，虽柔心应世，蠖屈其迹，而方寸湛然，固以玄对山水。’”① 其中，“方寸湛然”指的是心胸处于空明状态，能够摆脱世俗社会的各种“尘垢”。在环境审美过程中，古代文人以一种湛然澄明的心胸来面对山水环境，通过直觉体验的方式感悟自然山水中蕴含的“道”。而“对”就是默然冥想的直觉感悟，徐复观指出：“以玄对山水，即是以超越于世俗之上的虚静之心对山水；此时的山水，乃能以其纯净之姿，进入于虚静之心的里面，而与人的生命融为一体，因而人与自然，由相化而相忘；这便在第一自然中呈现出第二自然，而成为美的对象。”② 在环境审美中，古代文人能够祛除世俗利益以及主观欲望的干扰，保持内心虚静状态，不执着于身体感官方面的愉悦享受，而是在对环境自然的体验中获得心灵上的超脱，感悟到世间大道与宇宙至理。

中国古代文人“以玄对山水”的环境美学思想，与西方一些美学家提出的环境审美观念有着明显不同。在一些西方学者看来，环境审美活动要建立在科学认识的基础上。艾伦·卡尔松提出：“就恰当的自然审美鉴赏而言，科学知识是根本的；没有它，我们不会懂得如何恰当地鉴赏它以及可能错过它的审美特征和价值。”③ 在卡尔松等人看来，环境审美离不开科学知识，只有借助于科学知识，欣赏者才能欣赏自然，提高自身的审美欣赏水平。卡尔松甚至提出，建立在科学认知基础上的环境审美活动，要比个体感官体验更有价值。卡尔松等人提出的观点，实际上与西方的所谓理性精神传统是一致的。很多西方学者认为，在环境审美活动中，科学知识及实践经验比感性体验或情感想象更加重要。

---

① 余嘉锡：《世说新语笺疏》，中华书局 1983 年版，第 618 页。

② 徐复观：《中国艺术精神》，华东师范大学出版社 2001 年版，第 140 页。

③ ［加］艾伦·卡尔松：《环境美学：自然、艺术与建筑的鉴赏》，杨平译，四川人民出版社 2006 年版，第 141 页。

中国古人“以玄对山水”的环境审美方式显然更加强调自然山水具有独立的审美地位，自然与古代文人之间具有情感相通性。因此，在环境审美中，古代文人与自然山水之间是一种“知己”关系，把自然环境看作是人生知己，使得古人的环境审美活动具有闲淡浪漫的情调。由于存在着“知己”的关系，“中国古代文人不仅认识到环境对于审美活动的重要性以及环境自始至终贯穿人们的审美活动，而且更为关键的是他们尝试更加接近环境，将环境人格化，从而使自己浓郁的审美情感赋予环境蓬勃的灵性，促使环境由生命意义的物性上升至精神意义的灵性”①。在环境审美中，古人与自然山水达成相契互融的状态，这正是古人追求的理想形态。

与中国古代文人在环境审美中的“知己”模式不同，西方美学家提出环境审美的“移情说”。美国学者阿诺德·伯林特说："有时，我们则发现自己与景观之间发生了移情关系，意识到它正在呼唤我们，并且发现自己对自然的感觉越来越深厚、敏锐。"②尽管“知己”和“移情”这两种审美方式都强调，在环境审美过程中，欣赏者要把自身的内在情感投入到自然山水之中去，但是，中国古代文人对于自然山水的审美欣赏，是如同两个生命体在相互交流，呈现出水乳交融般的关系，而西方环境审美中的“移情”主要是审美主体把情感投射到环境对象的身上，而不是两个平等生命体之间的相互交流。西方美学中的“移情”说“是人在观察外界事物时，设身处在事物的境地，把原来没的东西看成有生命的东西，仿佛它也有感觉、思想、情感、意志和活动，同时，人自己也受到对事物这种错觉影响，多少和事物发生同情和共鸣”③。因此，中国古代文人在环境审美中与自然环境之间建构起来的“知己”模式，与西方学者提出的“移情”观念之间存在着明显区别。从

① 王萌：《“欸乃一声山水绿”命题的环境审美思想》，《齐鲁学刊》2010年第1期，第135页。

② ［美］阿诺德·伯林特：《环境美学》，张敏、周雨译，湖南科学技术出版社2006年版，第34页。

③ 朱光潜：《西方美学史》，人民文学出版社1979年版，第597页。

"知己"模式可以看出，古代文人将山水环境视为知己，享受与山水环境之间建立起的这种互相欣赏、互相包容的审美关系，从而进入到安时处顺、平淡自然的精神状态。

## 三

中国古代"闲"的观念除了身体感官、心灵趣味等向度之外，还包括了精神境界这一向度。苏轼在《临皋闲题》中说："临皋亭下八十数步，便是大江，其半是峨眉雪水，吾饮食沐浴皆取焉，何必归乡哉！江山风月，本无常主，闲者便是主人。"① 在中国古代诗文中有很多关于"闲者""闲人""闲客"等说法。古代文人所说的"闲人"就是要摆脱衣食之患以及俗事牵绊，实现心灵自由，在山水环境中获得深刻的人生体悟。在朱熹看来，"闲人"与圣人之间存在着密切联系："圣只是做到极至处，自然安行，不待勉强，故谓之圣。"② 由于能够在自由闲适的状态下体验天地万物的本然之理，因此，真正的"闲人"实际上就是"不待勉强""自然安行"的圣人。

苏轼提出的"闲者便是主人"观念，强调文人在与万物融合的过程中达到物我两忘的精神境界，获得无比的自由感。在古人看来，只有不为外物所累，摆脱得失等的困扰，做到任性逍遥，随缘放旷，才能回归生命的本真状态，达到心灵的自由，从而实现对自我的肯定，闲人就成了"主人"。

心灵自由的人生体验，离不开文人充盈的内在情感与天才般的艺术悟性。只有那些对宇宙万物产生出深刻感悟，并具有丰富想象力的艺术家，才能超越社会现实，真正进入心灵自由的状态。所谓超越社会现实，并不是说要完全脱离社会现实，而是要在经历了现

① （宋）苏轼：《与范子丰八首之八》，见孔凡礼点校：《苏轼文集》，中华书局 1986 年版，第 1453 页。

② （宋）朱熹：《孟子八·万章下》，见（宋）黎靖德编、王星贤点校：《朱子语类》（卷五十八），中华书局 1986 年版，第 1366 页。

实社会中的各种苦痛之后，实现人生境界的升华。在古代社会中，不少文人表现出超然物外的姿态，这并不是说完全摆脱现实社会，而是因为他们以一种“出乎其外”的方式，实现对宇宙人生的深刻把握，并表现出闲适淡然的精神状态。在现实生存中，人们充分感受到人生的短暂和生活的艰辛，而只有投身山水林泉，处在崇山峻岭、茂林修竹等自然环境之中，人们才能感悟出宇宙世界中蕴含的力量。

在环境审美中，古代文人用内在的心神去与山水自然进行沟通与交流，进入澄明之境。古人提出“与万化冥合”的观念：“引觞满酌，颓然就醉，不知日之入。苍然暮色，自远而至，至无所见，而犹不欲归。心凝形释，与万化冥合。”① 文人醉卧在西山之上，看到在暮色中隐现的山水景致，于是获得“与万化冥合”的感受：“这是一个玄妙、神奇的心理过程，是一种精神的漫游，是想像飞升与意念自守的奇妙结合，是心灵与本体沟通、与天地精神往来所能达到的超越一切的人格境界和人生境界。”② 由此可见，在环境审美中，古代文人只有达到虚静以待、无动于衷的状态，排除现实物性的侵扰，才能获得澄静的精神体验。这种体验完全不同于世俗世界中的情感，而是一种平淡素净又离世绝俗的人生体验。宋人张孝祥写道：“洞庭青草，近中秋，更无一点风色。玉鉴琼田三万顷，著我扁舟一叶。素月分辉，明河共影，表里俱澄澈。悠然心会，妙处难与君说。应念岭海经年，孤光自照，肝肺皆冰雪。短鬓萧骚襟袖冷，稳泛沧浪空阔。尽吸西江，细斟北斗，万象为宾客。扣舷独笑，不知今夕何夕。”③ 在开阔无边的湖面上，高悬着一轮素洁的明月，黯淡飘渺的云烟笼罩在湖面之上，诗人坐在小小的扁舟上。处在这种静谧的环境中，诗人内心变得异常通透明澈，产生

① （唐）柳宗元：《始得西山宴游记》，见《柳宗元集》（卷二十九），中华书局 1979 年版，第 762 页。

② 李颖、高兵：《庄子“心斋”、“坐忘”说的美学意味》，《河北学刊》2003 年第 2 期，第 204 页。

③ （宋）张孝祥：《念奴娇·过洞庭》，见唐圭璋：《全宋词（第一册）》，中华书局 1965 年版，第 1716 页。

出“悠然心会，妙处难与君说”的心境。这里的“妙处”显然是面对浩瀚辽阔的宇宙，诗人进入到虚静无欲、自然纯净的状态，获得物我相融的人生体验。

一些西方学者也认识到审美体验在环境审美中的重要性，认为环境美学的价值主要取决于人们的环境审美体验。阿诺德·伯林特指出，在审美活动中，不要过于关注审美对象或自然环境，人们应当积极参与到审美体验之中，重视审美体验的环境品质及其特征等方面。他明确提出：“审美体验在每一个场合都存在，它的知觉力量存在于环境欣赏的中心。”① 但是，与中国古代文人在环境审美中要求摆脱现实生活的苦痛，追求无限自由的精神境界不同，西方学者看到了现实生活中的环境由于缺乏美感而造成了“美学伤害”，降低了人们的生活质量。“美学伤害暗中破坏了这些要素，它使知觉意识变得粗糙，限制了感觉认知和身体推动性活力的发展并且加剧了感觉腐化。美学伤害如此降低了人类体验这一复杂运行过程中的价值和意义。并且，对知觉体验的扭曲或是限制控制并误导了我们对真实的感知。极端的剥夺或是过度的、迷惑性的误导会导致疯狂或死亡。”② 因此，西方学者要求对现实生活环境进行改造，以塑造良好的生存环境，满足人们的审美体验需要，这被他们看作是环境美学的重要使命。

由此可见，与西方环境美学的研究目的不同，中国古代文人的环境审美不满足于具体而现实的环境欣赏模式或者实践活动，而是要求人在环境审美的过程中，努力进入自由、虚静的状态，对山水环境进行情感上的观照，从而获得深刻的深邃的人生体验与审美感受，体悟到宇宙大“道”。因此，中国古代文人提出的“与万化冥合”的环境审美追求与西方环境审美追求的环境伦理及环境实践有着明显区别。

---

① ［美］阿诺德·伯林特：《生活在景观中——走向一种环境美学》，陈盼译，湖南科学技术出版社 2006 年版，第 16 页。

② ［美］阿诺德·伯林特：《生活在景观中——走向一种环境美学》，陈盼译，湖南科学技术出版社 2006 年版，第 59 页。

# 结　语

“闲”是中国文化中的一个重要概念，包含着身体感官、心灵趣味和精神境界三重向度。文人在中国古代社会中占有重要地位，他们的生活方式以及审美理想在一定程度上影响和塑造了中国古代的艺术观念以及美学精神。在环境审美中，古代文人不仅强调多种感官的审美参与，而且重视与自然山水之间的情感交流，建构起与环境之间的“知己”模式。与西方环境审美提出的重构人性化的生存环境不同，古代文人在环境审美中获得的是独特的人生感悟与自由的生命体验。因此，从“闲”的角度来探讨中国古代文人的环境审美问题，对于当今环境美学研究具有重要的启示及借鉴价值。

# 中国的森林女神，您在哪

## ——试论中国古代森林观念及与古印度、古希腊文化的比较

陈望衡（武汉大学哲学学院）

森林与人类生命息息相关，人类最早就生活在森林中。人自森林中走出，才成为人。虽然身体走出森林，然人的本性却离不开森林。森林是人类生命之本，然而，现在人类的生命正在遭受着因森林减少的威胁。人类文明初期，距今年 1 万年前的旧石器时代，地球上有 2/3 的土地覆盖着森林，计 76 公顷；而到 1 万年前，已减少到 62 公顷，占陆地面积的 42%，进入 20 世纪后，人类对森林的破坏更为严重，现在全球森林覆盖率不足 30%，总面积不足 40 亿顷。在这个森林锐减的过程中，中国是较为突出的国家之一，本来，中国是森林资源丰富的国家，然而，由于各种原因，地球上的森林面积锐减，虽然总面积在世界上仍位居第五位，但人均森林面积仅占世界人均水平的 11.7%，居世界第 119 位，成了世界上是人均占有森林面积最低的国家之一，特别让人痛心的是，原始森林以每年 4000 平方千米的速度减少。① 那么，中国的问题在哪里？人们首先想到的是观念，而观念涉及神灵。遍查世界各民族文化神话体系，不少民族的神话中，有一位森林神，而且多为女神，那么，中国的森林女神在哪？

① 程恩富、王新建：《中国可持续发展回顾与展望》，《人民网》（理论频道），2009 年 11 月 25 日。

# 一

中国森林的递减，有一个漫长的历史过程。距今4000年前，森林覆盖率达60%以上；然到战国末期，降为46%；唐朝为33%；明朝为26%；清朝中期1840年前后为17%；20世纪初为8.6%。① 英国学者伊懋可写了《一部中国环境史》正题是“大象的退却”。他说，4000年前，大象出没于中国北京地区，而如今大象退至西南边陲，且数量也极有限了。

森林如此迅速锐减，原因何在呢？

（1）生产活动，包括种植、放牧、开矿等。按说，这些活动的正常地开展，不至于给森林带来重大损失，但是，中国的农牧业长期来处于低水平上。刀耕火种一直到20世纪末期，在一些山区还保留着。这种生产方式严重地破坏森林。放牧上的同样存在着严重的不够重视草原更新的现象，造成草原退化，周边的森林缩减，以致消失，沙尘暴肆虐。开矿是毁坏森林的重要杀手，只要发现矿区，此地的森林肯定遭到至灭顶之灾，只会留下千疮百孔的病残之地。

关于生产活动对于森林的破坏，也许更多人注意到的是放牧、开矿对森林的破坏，其实农田开垦对森林的破坏更为严重。试看中国大地，特别是东南平原，多是一望无际的稻田，很难看不到树林，难道平原来就没有森林，当然不是。平原上的森林完全被人砍光了。不仅如此，丘陵地带，只要水利条件可以，中国人一般都会将山坡开垦成梯田。梯田一直为中国人引为征服自然的丰功伟绩，而梯田景观也一直受到文人们的讴歌，并成为摄影的最佳题材之一。中国南方的山岭，即使水上不去，只要坡地不过于陡峭，也要尽可能地开辟成旱地。可以说，农业才是森林毁灭的最大杀手。

美国学者马立博说：“清除森林开垦农田和中国生态系统的单

① 参见贾卫列等：《生态文明建设概论》，中央编译局出版社2013年版，第209页。

一农业化不仅导致了生物多样性的减少，还造成广泛的环境退化。"①

（2）过量砍伐。其中最惨的名贵树木的命运。中国是楠木等诸多名木之乡，凡名贵之木成材需数百年乃至上千年之功，而毁之只在一旦。造成名贵木材大量被伐，以至于如今难觅之迹的主要罪责，在皇家。皇家修宫殿，均采用名贵木材，明朝建北京宫殿，将四川、云贵等地的古木大树几乎砍伐殆尽。另外，就是棺椁，皇家棺椁均用名木，杭州发掘的越王大墓，整具棺椁竟然为一根楠木造就。这与中国葬制有关。东汉学者王符在《潜夫论》中说，古时葬制"厚衣之以薪，葬之中野，不封不树"，后来易之棺椁，而且用名贵木材，首先是皇家如此，后来贵戚仿效，而这些名贵之木，"所出殊远，又乃生于深山穷谷"，为求名木，人力、财力巨大耗费且不说，资源破坏非常严重。大木有限，名贵之木更是有限，皇家用，官吏、有钱人家也要用，自然就越来越少了。

柳宗元著有《行路难》一诗，揭示皇家命地方官驱遣伐木工人滥伐森林的情景，诗云：

> 虞衡斤斧罗千山，工命采斫杙与椽。
> 深林土翦十取一，百牛连鞅摧双辕。
> 万围千寻妨道路，东西蹶倒山火焚。
> 遗余毫末不见保，躏躒硐壑何当存。
> 群材未成质已失，突兀崤豁空岩峦。
> ……
> 君不见南山栋梁益稀少，爱材养育谁复论？
> ……②

① ［美］马立博：《中国环境史：从史前到现代》，关永强、高丽洁译，中国大学出版社 2016 年版，第 302 页。

② ［唐］柳宗元：《柳河东全集》，中国书店 1991 年版，第 490～491 页。

从柳诗中我们发现，在唐朝栋梁之材就非常之少了，可是朝廷的滥伐丝毫没有因此而停止。

（3）战争。中国历史上，战争不断。春秋战国为最，之所以在这段时间森林毁损最大，森林覆盖率由夏朝的60%以上降为46%，就是因为战争过于频繁。中国战争史上非常重视火攻，著名的火攻，集中在三国时期。一是赤壁之战。战争两方，一是曹操，另是吴蜀联军。战场是荆州至武汉段的长江两岸。此战的决战为吴将周瑜火攻曹操。战争首先在长江中举行。陈寿的《三国志》说吴将黄盖“诸船同时发火，时风盛烈，悉延烧岸上营落”① 此场火战必定延烧到森林。损失之大，可以想见。另一是彝陵之战，战争方为吴与蜀。战场在今宜昌至白帝的长江两岸。吴军同样发动火攻，《三国志》写道：吴军“各持一把茅，以火攻拔之。……死者万数……尸骸漂流，顺江而下。”这就是著名的火烧连营八百里。此段长江两岸均为原始森林，可以想见，当烈焰烧天，延及森林，那一片火海，当是何等的惨状！然此战为战争史誉为经典战例。

中国战争对于火攻的青睐，可以说源远流长，成于春秋的著名兵书《孙子》就有《火攻篇》。此篇云：“凡火攻有五：一曰火人，二曰火积，三曰火辎，四曰火库，五曰火队。”通篇讲的是如何利用“火燥日”发火，如何利用风起时纵火，完全没有顾及火攻会带来森林的损毁。

（4）改朝换代。中国的改朝换代除个别朝代外，多采取焚烧前朝的宫殿的形式为标志。最坏的带头人为项羽，项羽进入秦都，就纵火焚烧秦朝的宫城，未及完成的阿房宫就毁在项羽的一把火下。既然火焚宫城为改朝换代的标志，属下进入某地，纵火焚烧城乡就成为小菜一碟，祸连森林，根本算不得什么。

森林是地球上最重要的生态系统，生物的多样性主要存在于森林之中，森林的毁损，对于生态来说，几乎是灭顶之灾。马立博的《中国环境史：从史前到现代》一书中引用中国广东雷州1811年

① ［晋］陈寿：《三国志·吴书》五，中华书局1959年版，第1263页。

府志中的材料，此材料云，雷州原来产黑象，有㸲牛，有大蜈蚣、野鹿、香狸，如今都没有了。现在中国基本上没有原始森林了，原始森林的破坏也许是森林破坏中的最严重者。一个简单的道理：任何人工造林，就生态来说，远远无法与原始森林相比。

## 二

中国人如此不爱惜森林，除了政治、战争等因素外，观念上也存在问题。观念上的问题，主要是森林没有进入神圣的领地。中国虽然没有达到全民族有统一的宗教信仰，但各种不具全民统一性的神灵崇拜还是很多的。遍查中国的各种神灵崇拜，竟然没有森林崇拜，没有森林神。

中国有树神，有水神，有山神，有日神，有月神，有星神，为何就没有森林神呢？这涉及森林在中国文化中的地位。

中国的自然文化中，有这样几个概念与森林相关但不相同：自然、天地、山水、山川、风月，我们试做一辨析：

自然，这是哲学概念。《老子》云“道法自然”，此自然为一切物包括人在内的本性。凡物皆性，此性即自然。天地，同样是哲学概念，为自然的实体性存在。自然、天地均为美之本。前为抽象之本，后为具象之本。而美为抽象与具象的统一。

山水、山川、风月均为美学概念。东晋左思《招隐诗》云：“非必丝与竹，山水有清音。”将山水与丝竹相比，即将山水之美与艺术之美相比，认为两者相当。南朝的宗炳在《画山水序》中说：“圣人含道映物，贤者澄怀味象，至于山水质有而趣灵。”宋代画家《林泉高致》云：“君子之所以爱夫山水者，其旨安在？渔樵隐逸，所常适也；猿鹤飞鸣，所常亲也；尘嚣缰锁，此人情所常厌也；烟霞仙圣，所人情所常愿而不得见也。”强调山水“质有趣灵”，“趣灵”是山水审美的准确表达。元代汤垕《画论》云：“山水之为物，禀造化之秀，阴阳晦冥，晴雨寒暑，朝昏昼夜，随形改步，有无穷之趣。”质禀“造化之秀”而能亲人，且有“无穷之趣”，山水之审美的本质揭示无遗。与山水类似的概念有山川，

《世说新语》载：“从山阴道上行，山川自相映发，使人应接不暇。”清代画家石涛《画语录》云：“山川，天地之形势也；风雨晦明，山川之气象也；疏密深远，山川之约径也；纵横吞吐，山川之节奏也；阴阳深淡，山川之凝神也；水云聚散，山川之联属也；蹲跳向背，山川之行藏也。”山川与山水之不同，主要在山水概念抽象程度高，而山川概念要具象。林泉，也用来表示自然风景，但林泉更多地具哲学意味，文献中常有“林泉之志”语，用以表达隐士的情怀。文献中偶有用“风月”来表示自然风景的，如北宋诗人黄庭坚有句：“人得交游是风月，天开画图是江山。”（《王厚颂二首其二》）

一般来说，比较稳定的指称自然的概念为三：自然、天地、山水。前二者，如上所论是哲学概念，山水是美学概念。

森林有这样的好运吗？不能说没有，但很少。

在中国古籍中，森林多用林来表示，它主要有如下三种文化内涵：

### （一）妖怪及鬼魅之所

《左传》宣公三年中的一段话：

昔夏之方有德也，远方图物，贡金九牧，铸鼎象物，百物而为之备。使民知神奸。故民入川泽山林，不逢不若。魑魅魍魉，莫能逢之，故能协于上下以承天休。

这段话中说到“山林”。全段的意思是，夏朝推行德政，边远部族来投，献上地图和礼物，九州长官则贡献青铜器。夏王将它们融化铸成鼎，鼎上铸有各种动物，让人民都能识别鬼神奸邪，从此，人民进入河川、沼泽、山林，就不会遇上妖怪，甚至连魑魅魍魉这样的可怕的鬼怪动物也不会遇到，因此，上下一心能够承受上天赐福。这段话，清楚地告诉我们，山林是“不若”（妖怪）“魑魅魍魉”出没的地方。

《楚辞》中也多写到“林”，《山鬼》一篇写到山鬼所居住的林，它给人的印象是非常恐怖的：“余处幽篁兮终不见天，路险难兮独后来。”“雷填填兮雨冥冥，猿啾啾兮又夜鸣。”

这里必须说一下神与妖、鬼的区别。这三者虽然都是超验世界中的生灵，但彼此有着巨大的差别。在中国文化中，神是伟大的，不管是哪种神，均受到尊崇，膜拜。鬼，一般为死去的人，它是可怕的。死去成鬼而不能及时复返生物界的鬼，通常为怨鬼，更为可怕。妖，一般为似人的动物或植物。《西游记》中，几乎所有的妖都是负面的形象，而且它们有一个共同嗜好——吃人。在中国文化中，森林意象的超验化，没有上升到神的地位，而多是堕落为妖的身份。出于先秦的《山海经》兼地理与神话两重性质，其中说到诸多山林中有神，如昆仑山，“神陆吾司之”。长留山，“其神白帝少昊居之”。然而，陆吾不是昆仑山的林神，少昊也不是长留山的林神，它们只是分别居住在昆仑山、长留山上。

### （二）危险之地

《周易》中也多谈到“林”，其屯卦的六三爻辞云：“即鹿无虞，惟入于林中。君子几，不如舍，往吝。”为什么不能追入林中，将此头鹿捕获呢？是因为没有看山人领路。为什么没有看山人领路就不能进林？是因为林太茂盛，进得去就出不来。森林，乃危险之境。

### （三）隐士与僧道修身养性之地

山林，在中国文化中，多与隐居相联系。中国的隐者有三种人，一是僧人，二是道人，三是文人。文人可以信僧、信道，也可以不信，像诸葛亮，他隐居隆中，不是为了修身，也不是为了养性，而是等待出山的机会。这三种人，多喜欢隐居于山林之中。唐诗有一首寻禅僧的诗，其中有句云“只在此山中，云深不知处”。终南山是著名的道教圣地，它的出名，其实并不在道教，而在于它是隐士的天堂。唐朝的著名道士司马承桢身体隐居于此，而名声响彻于朝。皇家几次征引他出山，他也乐于入世。有意思的是，功名显赫可以尽享富贵之时，他又返归终南。正是因为如此，“终南”成为一个文化符号。

### (四) 审美对象

《庄子·知北游》有句:“山林与,皋壤与!使我欣欣然而乐与!”唐朝诗人在辋川置了别墅,居住在山林中,他在此,写了一些脍炙人口的好诗。在对山林的爱好上,堪与他相并论的,还有南宋的辛弃疾。但不能凡说到他们对山水的爱好,总是或多或少或隐或显地夹杂着世事的牢骚,尚未能做到真正的清纯。明代学者张竹坡说到禅僧寺的生活,有句“幽深清远,自有林下风流。”(《竹坡诗话》)禅僧不能结婚,这林下风流似藏着几分自嘲与调侃。

森林,在中国古代文化中,主要价值在经济方面,文化价值,诸如哲学的、宗教的、美学的、神话的价值明显不足。相比于天地、自然、山水、林泉、风月这些概念,它的精神含量逊色得多。森林,基本上还是一个实物性的名词,指称的是成片的树木。它的意义主要在物质功利上,这是森林之幸,也许更是森林之悲!

## 三

来看看印度,印度的森林资源本是很丰富的,但是,在公元4—9世纪,相当于我国南北朝至宋期间,也遭受过严重的破坏。

这种严重毁坏山林,主要是农业/畜牧业这种生产方式造成的。生产方式的问题,在观念上得到反映。按古代印度哲学,构成世界的为五大自然力:土地、火、风、水和天空。这几大力量元素中,“用于清除森林的火和用于滋养田地里的谷物的水可能成为这些力量中最有价值的,因此阿格尼(Agni)(印度神话中的火神)和伐楼拿(Varuna)(印度教中的天神)是最重要的神。主要的宗教仪式是拜火(Fire worshp),雅格格亚(Yajna,印度教中的祭祀)在这种仪式中要消耗大量的木材和动物脂肪。”① 印度史诗《摩诃婆罗多》中讲述了一个火神阿格尼(Agni)逼迫克利须那神

① [印]马德哈夫·加吉尔等:《印度生态史》,滕海键译,中国环境科学出版社2012年版,第46页。

(Krishna)、阿朱那神(Arjuna)同意他焚毁巨大的迦陀婆(Khandava)森林的故事。起因是火神阿格尼饿了想吃森林中的所有的生物。如此无理的要求。克利须那神、阿朱那神当时在迦陀婆森林中野餐，竟然答应了。不仅答应，而且还帮助他去完成任务。结果森林被焚烧。克利须那神(Krishna)、阿朱那神(Arjuna)不是森林之神。月亮神苏摩兼管植物，有人称之为树神。事实上，印度神话体系中没有真正的森林之神。

这一故事的含义是深刻的。印度学者马德哈夫·加吉尔认为："很明显，阿朱那想要清除迦陀婆森林以给他那从事农业/牧业的族人提供土地。"① 文明开始于农业和畜牧业。而农业畜牧业均需要开辟土地，都必然伤及原始的森林和草原。印度的这种情况，与中国完全一致，中国史前文明就是从农业开始的，据考古，湖南道县发现有距今12000年的水稻种子，这说明大约1万多年前，中国先民就开始农业生产了。中国史前同样崇拜火，祝融氏也可以理解为火神，只是没有相应的森林神。焚毁森林是文明进程中必然行为。阿朱那火神的故事在一定程度上反映文明对野蛮的战胜。

在印度神话中，火神似乎并没有占据绝对的地位，火神崇拜只是部分古印度人的崇拜，这部分古印度人主要是从事农业和牧业的，而另一部分古印度人是从事采集业的。从事采集业的人，他们的信仰体系中有保护自然的倾向。一是湿婆崇拜，湿婆是印度神话中的主神，它是百兽之王。印度还有大象崇拜、眼镜蛇崇拜，大象、眼镜蛇均生活在森林中，既如此，敬畏森林以至于保护森林就成了题中应有之义。

火神崇拜所必须进行的火祭消耗了大量度树木和动物脂肪，激起他们的愤怒。土著食物采集者，他们拥戴的神——罗刹魔(Rakshasas)试图制止火神对森林的毁坏。神话中，各种神灵以及神灵的崇拜者都卷进去了。这场战争深刻地反映了社会生产力与生产方式的变革，涉及人与自然的关系，其中包括人与资源、人与环

① [印]马德哈夫·加吉尔等：《印度生态史》，滕海键译，中国环境科学出版社2012年版，第46页。

境等诸多关系，战争的积极成果之一，是让人们认识到“需要建立一种新信仰体系，这种体系以强调更审慎的、可持续的资源利用方式”①。

随着印度社会的进步，古老的拜火教式微，火祭逐渐消失，代之新的信仰体系。“这种信仰体系在调节和节制对自然资源的利用方面有明显作用。在一种新的社会架构内，这种信仰体系使得给予某些景观要素——比如神庙附近的小树林或池塘——的保护，以及给予众神视为神圣的某些物种，例如菩提树（Ficus Religiosa）或印度叶猴（Prdbytis Entellus）的保护。”②

印度也是一个多种姓的国家，不同的种姓从事不同的职业，各自生活在不同的环境中。不同的职业、不同生活环境的人们对于森林的态度是不一样的。有一个教派，对于“牧豆树爪叶菊”这种树木有一种特殊的崇拜，在他们的生活领域内，这种树木得到完全的保护。印度教作为印度的主要宗教具有一种包容性，正是因为这样，“通过承认和接受在种姓系统中居从属但地位独特并继续维持传统的资源利用模式，狩猎和采集者能够免于灭绝，代价仅仅是在更大程度上从属于获胜的农业模式。这两种相互补充的策略，使一些生境（山丘，如患疟疾的地区）处于农业模式界限之外，并且在其范围内为狩猎-采集者和牧民保留某些生境。这有助于追寻一条实现模式间合作与共存的独具特色的道路”③。

凭借神灵意识，印度人顽强地保护着自己的家园，保护着生命之本——森林。尽管已经到了现代，传统的宗教仍然在发挥着保护森林的作用。印度拜加部落利用他们部落的创世纪神话，反对用犁耕地，因为这一神话告诫人们“不要用犁割裂大地母亲（Mother

① ［印］马德哈夫·加吉尔等：《印度生态史》，滕海键译，中国环境科学出版社2012年版，第47页。

② ［印］马德哈夫·加吉尔等：《印度生态史》，滕海键译，中国环境科学出版社2012年版，第61页。

③ ［印］马德哈夫·加吉尔等：《印度生态史》，滕海键译，中国环境科学出版社2012年版，第65页。

Earth）的胸膛”①。用犁耕地的龚德人虽然不相信这一神话，但同样为一种忧郁症所折磨，这种折磨来自他们部落的另一神话，即“森林的丧失标志着一人黑暗时代的到来”②。

近代的印度有一段被殖民的时期，也就是在这段时期，印度开始工业化。殖民印度的是英国，英国是世界上最早进入工业化的国家，为了工业化，不惜滥伐森林。在森林采伐方面，早在1860年，英国就成为世界的领先者。木材的重要用途是造船和做铁路的枕木。英国人在破坏完自己的森林、爱尔兰森林、南非森林和美国东北部的森林之后，将斧头举向印度的森林，因此，印度的森林一度遭受严重的破坏。印度三种名贵木材——柚木、婆罗双树和喜马拉雅雪杉——急剧减少。殖民者对于森林的疯狂破坏引起了印度人的强烈反对，1864年印度政府成立林业部，1865年《印度森林法》获得通过。虽然有关森林的问题的斗争并没有因此画上句号，但保护方终于占了上风。独立后的印度其国策是将森林覆盖率从22%提高到33.3%，从而使森林存储量提高50%。印度的森林终于有救了。

## 四

遍查亚洲各民族的神话，没有发现森林神。相比之下，古希腊神话倒是有，它就是阿尔忒弥斯（Artemis），又称之为狩猎女神。阿尔忒弥斯是日神阿波罗孪生的姐姐，他们的父亲是万神之王——宙斯。阿尔忒弥斯是奥林匹斯山三处女神（雅典娜、赫斯提亚）之一。她的权力很大，除了掌管天下的森林外，还掌管新生儿的接生。阿尔忒弥斯青春亮丽，她的穿着经常是短裙、鹿靴，新月冠，她手拿弓箭，身边总是伴随神鹿或猎犬，终日奔放在森林中，与鲜

① ［印］马德哈夫·加吉尔等：《印度生态史》，滕海键译，中国环境科学出版社2012年版，第110页。

② ［印］马德哈夫·加吉尔等：《印度生态史》，滕海键译，中国环境科学出版社2012年版，第111页。

花做伴，与飞鸟结群，与群兽为伍。她是一个真正的野孩子，稚气未脱，一副顽皮的样子。

阿尔忒弥斯这一神话符号是可以做诸多解读的。

她为宙斯之子，而宙斯是万神之王，相当于上帝，如此出身，足以表示她出身的高贵，高贵在于它是野性的自然。一切人工种植的植物相比包括园林中被装扮成各种美姿妙态的花木都远不能与她相比。

她从小就向宙斯许诺永远做处女。处女在这里表示着原生态。原生态意味着没有受到人的侵犯，因此它是真正的自然。

她与阿波罗为孪生姐弟，阿波罗是太阳神，这让人联想到森林与太阳的关系。太阳是全球最重要的能量之源。森林不仅集聚着太阳的力量，同时又拥有自己的独特的能量。它们姐弟各自为培育地球上的生命贡献着自己的能量。森林与太阳同为生命能量之源。

阿尔忒弥斯权力中的一项——新生儿接生。只能是接生，而不能亲生，因为她是处女，尽管因为是处女，不能孕育生命，但她守护着生命，而且是新生的生命，新生命意味着人类的发展。这意味着森林不仅为人类提供生命的能量，而且守护着人类的生命，是人类生命发展不可缺少的重要力量。

阿尔忒弥斯的形象青春、美丽、活泼、充满生气，这是森林之美的真实写照。

有着这样森林女神的古希腊是幸福的！

众所周知，古希腊是一个多山的国家，森林资源在世界上还算比较富足的，希腊享受着森林的赐予的幸福与快乐，同时也珍惜着森林美丽与健康。

森林，在人类资源中，也许仅次于水。她的美丽与富足也许还要超过水。森林是人类生命发源地。人不是从水中而是从森林中走出来的。虽然走出来了，但生命与森林仍然息息相关，森林的状况直接关系着人的生存与发展。因此，珍惜与保护森林，与其说是为了保护生态，还不如说是为了保护人类。

现在世界上的森林覆盖率，据 2010 年的统计，日本为 68. 2%，韩国为 64. 3%，巴西为 61. 9%，美国为 33%，德国为 31. 8%，法国为29%，印度为22.9%，中国为21.6%。印度位于世界第108位，中国位于世界第115位。应该说，作为两个亚洲大国，人口、资源、发展程度均差不多中国与印度，在森林资源现在拥有方面，中国稍逊一筹。但中国有信心，在不久未来，赶上并超过印度。

我们一直为中国传统文化中少了森林女神而遗憾，但我们现在不能创造一个森林女神吗?

作为新时代的中国森林女神，她的打扮也许不应是阿尔忒弥斯那样的猎装，也许，她最合适的是短发、软皮靴、中国式的迷彩猎服，跟在她身旁的仍然可以猎犬或神鹿。她不必有任何坐骑，她的足底装有电子设备，可以在森林中行走如飞。

她手持的不必是弓箭，而应是一柄于对偷猎者、盗伐者具有威慑力的电子棍。这棍，既可以用作森林穿行的探路器，又可以闲时用来娱情悦兴。一套彩绸舞般的棍舞，足以让森林中的生灵陶醉。更重要的，电子棍还是重要武器，只要它一指，偷猎者、盗伐者就会应声倒地。

作为立足于中国文化的森林女神，她自然要有中国少女的美丽与温婉。当然，她也需要像阿尔忒弥斯那样，具有青年男子的气概，最好是霍去病那样的英气，而不是奶油小生的娘气。当然，她也会有中国男孩特有的稚气与调皮。

中国的森林女神，不需要阿尔忒弥斯那样的任性与骄横，而需要有中国文化所特有的仁爱与宽厚。也许，有人认为这样的森林女神是不是有些老气，这不是老气，而是成熟。稚气未脱说明她生命力的旺盛，如老子所云“复归于婴儿”；而仁爱与宽厚则显示着中国文化“天下为公”的胸襟与气概。

中国文化的独特魅力也许正在于稚气未脱与仁爱宽厚的统一。

中国的森林女神有一颗强健伟大的中国心，这心通向人类，通向自然，它既是全人类的命运共同体，也是人与自然的生命共同体。

中国森林女神本质上是爱神，她具有地球上最为伟大的爱，她爱中国，爱中国人，爱中国的山山水水，也爱人类，爱天下生灵，爱和谐生态，爱地球这万千生灵共同的家园。

# 城市与乡村环境美学

# 多尺度融合下的城市空间品质评价体系构建

彭正洪　刘凌波　吴　昊　赵　捷　高愉舒
（武汉大学城市设计学院）

城市空间是居民从事生产、生活的重要场所，城市空间品质直接影响城市的综合竞争力，关乎居民的幸福感和满意度，始终是城市建设者、城市管理者以及城市使用者关注的热点问题。

如何准确评价城市空间品质？国内外诸多学者和研究机构展开了大量的相关研究，并提出了不同的评价体系，主要是从“自上而下”或“自下而上”两个路径来进行空间品质评价。总体来看，这些评价集中于宏观或微观层面，缺乏适用于城市内部空间，可定量横向比较的中观尺度评价体系。此外，由于受到数据样本量的影响，已有评价体系中存在一定的局限性。随着大数据时代的到来，城市时空大数据日益丰富，大数据分析技术逐步成熟，为更精细的量化分析城市空间品质提供了新途径。因此，本文基于多源城市时空大数据可获取、可挖掘的基本思想，尝试兼顾宏观、中观、微观三个层面，构建城市空间品质的评价体系。

## 一、典型评价体系分析

已有的城市空间品质评价指标体系主要集中于宏观或微观层面。从评价目标来看，宏观层面指标体系主要应用于不同城市间空间品质的比较，微观层面指标体系主要用于城市内部的空间品质检验。

### （一）宏观尺度指标体系分析

宏观尺度指标体系一般由国际组织或国家政府机构通过“自上而下”的方式建立，注重指标体系的全面性与可比性。最具有代表性评价体系包括：可持续城市指数（Arcadis）、城市繁荣指数（CPI，联合国人居署）、城市竞争力评价体系（中国城市竞争力研究会）、德国生活品质评价指标体系（德国政府）、“5D”指标体系和“Morhpo”指标体系。

1. 可持续城市指数评价体系

该评价指标体系认为城市发展应该以人为本，最终目标是改善居民的生活质量。因此，为了更好地满足居民的需求，阿卡迪斯公司建立了可持续城市指数（The Sustainable Cities Index）。该指数涵盖了城市中居民的广泛需求，不仅包含物质层面（食物、住房、安全、教育、医疗和体面的工作），还包含精神层面（文化、艺术和娱乐等）。①

“可持续城市指数”通过对100个发达城市和新兴城市的考察与对比，从社会、经济、环境三个可持续发展领域建立了20个一级指标，32个二级指标。三个维度的具体内容如下：

社会层面：体现生活质量的社会表现，包含健康（预期寿命和肥胖）、教育（文化和大学）、收入不平等、职住平衡、抚养率、犯罪、住房和生活成本等；

经济层面：评估商业环境与经济健康，包含交通基础设施（铁路，航空和交通拥堵）、经商便利度、旅游业、人均GDP、城市在全球经济网络中的重要性、基于移动与宽带接入的连通性等；

环境层面：体现能源、污染和排放等要素的绿色指标，包含能源消费、可再生能源份额、城市绿地、回收利用和堆肥率、温室气体排放、自然灾害风险、饮用水、卫生和环境保护、空气污染等。

2. 城市繁荣指数评价体系

为衡量城市在通往繁荣过程中的现状和未来进度，联合国人居

① ARCADIS, Sustainable Cities Index [R]. Amsterdam: 2011

署在《世界城市状况报告 2012/2013：城市的繁荣》中提出了城市繁荣指数（The City Prosperity Index）。该指标框架通过一系列的空间指标与数据分析，将城市空间规划与政府决策的需求相关联。

城市繁荣指数倡导建立一个更完整、全面的体系，将“政府、制度、法律和城市规划”置于核心位置，认为只有政府机构介入方能在相同基准上实现以下五个方面的繁荣平衡（如图 1 所示），以实现可持续的繁荣。联合国人居署的城市繁荣之轮从五个主要类别涵盖了城市发展的所有需求：生产力、基础设施、生活质量、平等及社会包容性和环境可持续。①

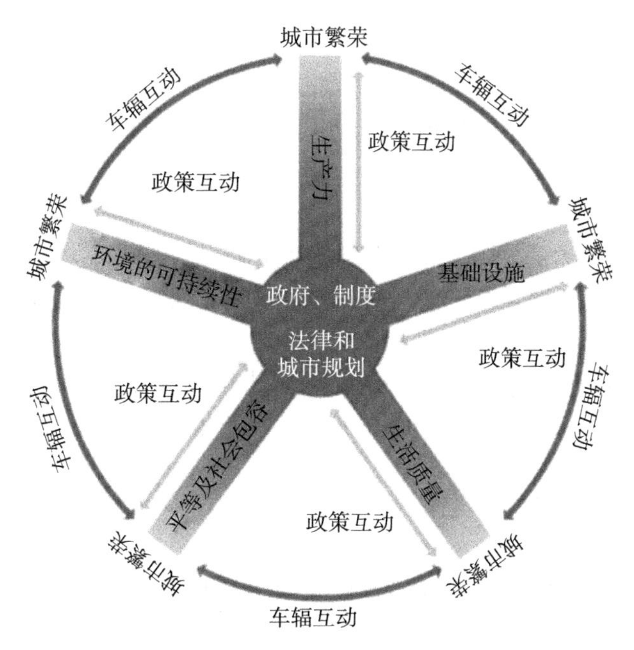


图 1　城市繁荣之轮

资料来源：黄燕玲、张丞国：《“城市繁荣指数”体系：指标、分析及政策的联结》

① 黄燕玲、张丞国：《“城市繁荣指数”体系：指标、分析及政策的联结》，《国际城市规划》2018 年第 3 期，第 48 页。

城市繁荣指数从生产力、基础设施开发、生活质量、公平与社会包容性、环境可持续、城市治理和立法共六个维度，建立了21个一级指标、51个二级指标对城市可持续性进行测量，目的是从国家层面到城市层面，从宏观层面为政府决策提供理论依据。该指标体系六个维度的具体内容如下：

生产力维度：测度经济实力、经济负担、经济聚集、就业等指标；

基础设施开发维度：测度住房基础设施、社会基础设施、城市交通、城市形态等指标；

生活质量维度：测度包含健康、教育、安全和保障、公共空间等指标；

公平和社会包容维度：测度性别包容、城市多样性等指标；

环境可持续维度：测度废物处理、空气质量等指标；

城市治理和立法维度：测度公众参与、市政融资与制度能效等指标。

3. 城市竞争力评价体系

有竞争力的城市必须具备高的生活质量、有吸引力且安全与可持续的环境、高质量的服务和基础设施、有竞争力的税率和措施、人力资本和知识中心、文化多样性等几个方面。①

中国城市竞争力研究会构建了“中国城市竞争力指标评价体系（China’s Urban Competitiveness）”。该指标体系从经济、社会、文化、环境四个维度对城市的进行综合评估。共包含10个一级指标，50个二级指标，216个三级指标对城市竞争力进行测量。指标体系所包含四个维度的具体内容如下：

经济维度：主要包含经济竞争力、产业竞争力、财政金融竞争力等；

社会维度：社会体制竞争力是社会维度的唯一测度，体现了城市在社会公平、社会保障、社会治安、医疗保健及社会管理等方面的能力；

① 于涛方：《国外城市竞争力研究综述》，《国际城市规划》2004年第1期，第7页。

文化维度：主要包含人力资本教育竞争力、科技竞争力、文化形象竞争力；

环境维度：环境、资源、区位竞争力是环境维度的唯一测度，体现了城市在自然环境、自然资源与自然区位的相对优势。

4. 德国生活品质评价指标体系

生活品质是经济社会发展阶段对居民生活环境构成正面和积极影响的各类因素的统称。联合国、欧洲经合组织等国际组织及一些国家提出了“超越 GDP”的生活品质构想。德国政府在此基础之上将社会发展、政治参与以及生态环境质量的相关方面列入生活品质评价的指标范围内。① 德国围绕“生活品质——民众最重要的感受”主题与城市居民直接对话，了解居民对生活品质的主观感受和利益诉求，创建包含主观感受与客观评价的评价指标体系。

2016 年德国政府发布了《德国创造品质生活评估报告》。该指标体系包含国民幸福感和满意度、民众健康与预期寿命、国民接受教育机会及其政治参与度三个维度，12 个一级指标，48 个二级指标，从主观客观两个角度建立评价体系。该指标体三个维度所包含的具体内容如下：

国民幸福感和满意度：测度自由与平等生活、享受文化产品、收入稳定、家庭幸福与社会和谐等指标；

民众健康与预期寿命：测度健康生活、安全与自由生活等指标；

国民接受教育机会及其政治参与度：测度就业与共享、教育机会均等、政治参与等指标。

5. “5D” 指标体系

1997 年 Robert 和 Kara 提出建成环境的“3D”模型，用来解析建成区的环境品质。② 其“3D”模型包含 Density（密度）、Diversity（多样性）、Design（设计）三个维度。随后，Robert 与

---

① 石彬：《德国品质生活评价指标体系构建及其对上海的借鉴与启示》，《科学发展》2019 年第 6 期，第 105 页。

② Cervero R., Kockelman K. Travel demand and the 3Ds: Density, diversity, and design [J]. Transportation Research Part D-Transport and Environment, 1997, 2 (3): 199-219.

Ewing 等人在 3D 模型的基础上增加了目的地可达性与公共交通设施距离两个维度，提出了 5D 模型用来量化建成区城市环境品质。

其中密度包含人口密度、工作地可达性等；用地多样包含用地异质性、各类用地比例等；设计包含城市街道、十字路口比例等；目的地可达性包含工作岗位数目等；公共交通设施距离包含公交线路的密度，公交站点个数等。

6. “Morhpo” 指标体系

城市形态学主要研究城市的物质组成，以及这些物质组成与社会经济因素的相互作用。① “Morhpo” 是由 Victor 提出的城市形态学指标体系，该指标体系用较少的变量来测量城市的物质形态特征。② 该指标体系包含街道可达性、地块密度、建筑修建年代、街区尺度、建筑平行度、建筑高度与街道宽度比和建筑功能指标七个维度，从客观层面建立评价体系。

“Morhpo” 指标体系不仅可以详细测度街道形态，且该指标体系可以与单一城市要素相结合，主要体现如下两个方面：

（1）与空间矩阵相结合：将 “Morhpo” 与空间矩阵指标相结合用于详细的测度建筑形态，包括建筑高度（低—中—高）、建筑形态（点—条—块）。

（2）与用地功能相结合：将 “Morhpo” 与用地功能相结合用于详细测度街区用地多样性，从而测度街区活力。

### （二）微观尺度指标体系分析

微观尺度指标体系一般由地方政府或研究机构结合城市特色通过 “自下而上” 的方式建立，针对性更加明显。微观层面的指标体系分为两大类：物质性空间评价指标与感知性空间评价指标。其

① Gospodini A. Urban design, urban space morphology, urban tourism: an emerging new paradigm concerning their relationship [J]. European Planning Studies, 2001, 9 (7): 925-934.

② Oliveira V. Morpho: a methodology for assessing urban form [J]. Urban morphology, 2013, 17 (1): 21-33.

中物质性的评价指标是以数据描述为评价方式，又称为可度量的物质性空间评价体系；感知性评价指标是以词语性描述为评价方式，又称为不可度量的感知性空间评价体系。

1. 物质性空间评价

物质性空间评价是指城市建成区人居环境的物理特性对空间品质的影响。建筑环境的物理特征可以借助测量工具或调研等方式对研究区域进行客观测量，通过客观指标对空间品质进行评估。

2013 年 Ewing 和 Clemente 构建了测度城市街道的评价体系，该评价体系建立在强大理论基础上，包含了社会学、建筑学、城市设计学、心理学、公共健康学等。①② 该评价体系从微观层面建立了的城市街道品质评价指标，评估体系从可意向性、围合度、人的尺度、通透度和复杂度五个维度对城市环境品质进行测度，如图 2 所示。

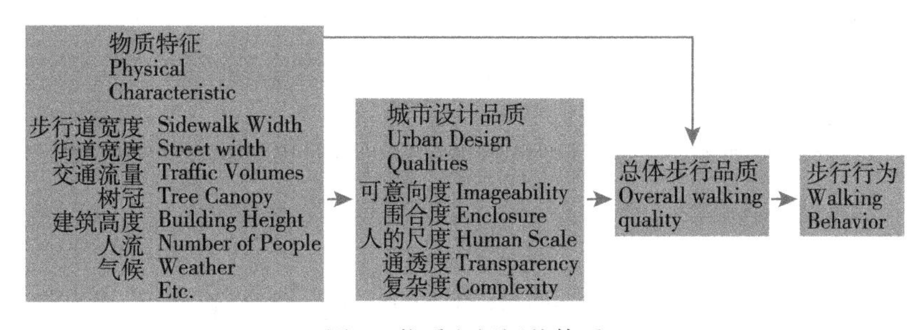


图 2　物质空间评价体系

其中可意向性是指使地方与众不同，可识别且令人难忘的环境质量，它是由物理元素构成（如建筑物等）；围合度是指街道和公共空间被垂直元素包围的程度；人本尺度是指要素的大小、质地和

① Hooi E, Pojani D. Urban design quality and walkability: an audit of suburban high streets in an Australian city [J]. Journal of Urban Design, 2020 (25): 1-25.

② 王兰、王静、徐望悦：《城市空间品质评估及优化》，《城市问题》2018 年第 7 期，第 77 页。

高度与人的高度的比例；通透度是指在街道或公共场所边缘以外可以看到的人类活动水平；丰富度是指街道的视觉性和丰富性。

目前，已经存在大量基于以上五个维度的微观层面城市空间品质指标的概念框架。因此，可以在评价实践与理论研究的基础上，从这五个维度对微观层面上物质空间的评价指标进行量化总结。

2. 感知性空间评价

感知性（Sensitive）空间评价主要是主观指标，通过调查问卷的方式获取居民视角的城市空间品质的评价。Hadi 结合城市公共空间质量测量指标与公共空间指数，提出了一个基于用户视角的公共空间体验质量指数（EQ Experience Quality）。① 该指标体系从舒适性、包容性、多样性与喜爱性四个维度，对居民空间体验感进行问卷调查，采用心理量表的形式使用户对各项指标进行打分。感知性空间评价体系四个维度的具体内容如下：

舒适性维度：主要包含可感知性、安全感、气候舒适性、步行便捷性等指标；

包容性维度：主要包含感知多样性、对管控的感受、用户排斥感等指标；

多样性维度：主要包含用户使用便捷性、社会互动性等指标；

喜爱性维度：主要包含用户对场所的感受等指标。

## 二、多尺度融合的城市空间品质评价体系的构建

### （一）体系构建原则

城市空间品质的评价指标体系作为判断城市空间品质高低的基本依据，其目的与意义在于为城市规划和相关建设决策提供客观依据，不仅要全面准确地反映城市人群的需求，还应符合城市发展规律。依据城市空间品质的内涵，其评价应遵循体系完整、科学、有

① Hadi Zamanifard, Tooran Alizadeh, Caryl Bosman & Eddo Coiacetto. Measuring experiential qualities of urban public spaces: users' perspective [J], Journal of Urban Design, 2019 (24): 340-364.

效原则。除此之外，还需具备客观性、全面性、层次性、可操作性原则。客观性原则是指尽可能客观地选择评价指标与评价标准，且评价结果能真实地反映城市空间品质的客观情况；全面性原则是指评价体系的指标应尽可能地包含城市空间品质的各个方面，并且尽可能地体现城市居民的各种需求，包含基本需求和高层次需求；层次性原则是指评价体系建立应根据公共空间的系统性分层次构建；可操作性原则是指在客观、全面、真实反映城市空间品质的前提下，尽可能选择数据容易获取的、易于量化计算的、具有可比性的评价指标。

### （二）体系构建理论基础

1. 可持续发展 SDGs 理论

随着城市化进程的加快，人口大量向城市集聚，城市面临贫民窟居民数量增加、空气质量逐渐恶化、城市基础设施和基本服务不足等问题，建立可持续发展的人居环境是国际大趋势。①

联合国可持续发展的人居进展如图 3 所示。2015 年联合国大会通过了《2030 年可持续发展议程》，该议程的 17 项可持续发展目标（Sustainable Development Goals SDGs）中的第 11 项提出“建

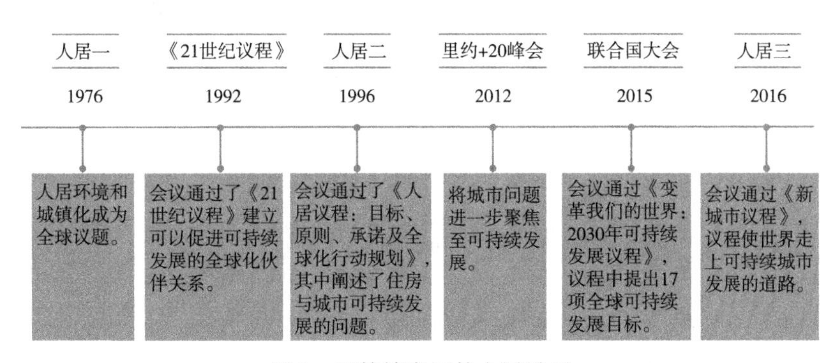


图 3　可持续发展的人居进展

① 联合国：《变革我们的世界：2030 年可持续发展议程》，第 07/1 决议，2015 年。

设包容、安全、有抵御灾害能力和可持续的城市”。2016年“人居三”大会通过的《新城市议程》中明确提出实现城市可持续发展，主要从社会、经济、环境三个层面推行城市范式转变①。在社会层面：城市可持续发展促进社会包容和消除贫困；在经济层面：人人享有可持续和包容性城市繁荣与机会；在环境层面：提高可持续和城市发展的韧性。

SDGs从社会、经济、环境三个维度提出的城市转型范式，如图4所示。建设包容、安全、有抵御灾害能力的城市、消除贫困、改善基础服务设施等目标，与顾及多尺度所要构建的城市空间品质评价体系的目的一致。

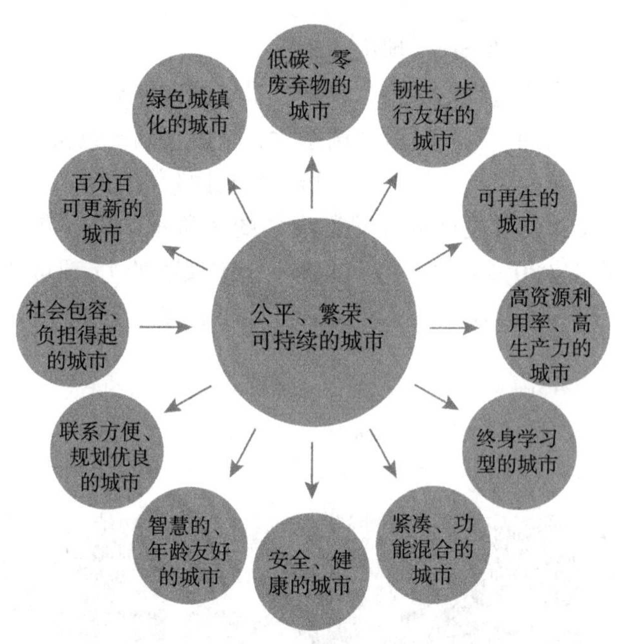


图4 联合国推荐的新城市范式

资料来源：UN-Habitat. The State of Asian and Pacific Cities

① 石楠：《〈新城市议程〉及其对我国的启示》，《城市规划》2017年第1期。

2.“城市人”人居环境理论

“人居环境”最早是由希腊建筑师道萨迪亚斯在《人类聚居学》中提出的概念。道氏提出人类塑造居处的五个原则：①追求与他人、自然环境和人工环境的最大接触机会；②以最小的气力去争取实质的接触或接触机会；③以适当距离营造最优生活空间；④秩序化地营造人与他周围环境最优质的关系；⑤按照时间、空间、实际和能力去整合以上四个原则来组织最优人居：最大接触、最小气力、恰当距离、优质环境。①② 道氏认为人类所有的聚居建设活动都是遵循上述五条原则的，这反映了人们对聚居的基本要求。

梁鹤年先生受现代经济学“经济人”(一个理性追求私利的人)和道氏的“人类聚居学”的启发，认为城市是“人聚居”的现象，提出“城市人”的概念。梁鹤年先生认为“城市人”是一个理性选择聚居去追求空间接触机会的人。③ 从城市中人的需求角度出发，指出城市人理性追求正面接触机会，就是以最少的气力去获取最多的正面接触。根据城市人视角和需求层次理论将人的需求划分为五个需求层次，从而得到人们对聚居的高层次需求。“城市人”的视角将人的五个需求层次与城市人追求的“正面接触”和“负面接触”联系起来，得出城市空间品质评价体系的三个维度（如表1所示）。

表1　**城市人视角下城市空间品质的维度划分**

| 需求层次 | 定　义 | 维度划分 |
| --- | --- | --- |
| 生理需求层次 | 不受较差的环境素质威胁，即城市可以满足适宜聚居的气候条件，生态环境，便利的医疗条件和居住条件 | 环境/经济 |

① Doxiadēs K. A. Anthropopolis: City for Human Development [M]. Norton, 1975

② 吴良镛：《人居环境科学导论》，中国建筑工业出版社2001年版。

③ 梁鹤年：《旧概念与新环境》，生活·读书·新知三联书店2016年版。

续表

| 需求层次 | 定　义 | 维度划分 |
| --- | --- | --- |
| 安全需求层次 | 能够以最小的气力避开负面接触机会，避免压迫与危险，即可以拥有和平、安定的社会环境；有稳定的经济状况、工作和保险；在面临紧急状态，有可利用的力量以降低这些情况带来的威胁 | 经济/社会 |
| 归属需求层次 | 一方面，由于较好的城市文化、城市氛围和交通环境，可以追求较高层次的生活消费和更为舒适的生活方式；另一方面，由于可达性较高的生活服务设施和休闲娱乐设施，居民拥有理想的社交场所和社交便利，可以追求正面的接触机会 | 社会/经济 |
| 尊重需求层次 | 在人与人的接触中可以体现的社会成员的平等性和对弱势群体的关怀，包括社会的公平与外界的关心和重视 | 社会 |
| 自我实现需求层次 | 城市人可以通过自身的能力和理想的环境素质，有向社会上层流动的意愿或实现社会阶级的跨越，有提升个人能力时可以利用的渠道与有较好的经济状况和社会环境 | 社会/经济 |

### （三）评价体系构建

通过指标梳理发现，宏观层面的评价体系主要是通过“自上而下”的方式，从国家层面建立空间品质评价体系，主要用于城市间横向对比的指标体系。但宏观指标很难落实到空间层面，不利于对城市内部的空间单元进行精细化的测量。而微观层面的评价体系主要用于城市自身纵向对比，针对性较强，但指标数据难以获取，涉及空间尺度较小，很难进行城市间横向对比，不利于政府对不同城市的统一管理。为了解决宏观尺度与微观尺度上评价的局限性，本文借助城市多源数据实现多尺度融合下的城市空间品质评价体系构建。

基于 SDGSs 理论与“城市人”人居环境理论，指标体系构建必须考虑许多因素，包括：更好的公共交通、环境保护、住房条件的改善、健康和福祉的改善等。空间品质评价体系的各项指标必须优先考虑城市居民的切身利益。对于居民来说，更好的空间品质意味着更好的环境和更具包容性的城市空间。在实践中，更好的空间品质意味着更高效和更公平的服务，并创造更多的就业机会与社会福利等。对于城市而言，在解决社会问题的同时，还应建设具有包容性、安全性、有抵御灾害能力和可持续的城市和人类住区。在过去的十年中，可持续性的概念被定义为社会可持续性（社会），环境可持续性（环境）和经济可持续性（经济），而从社会、经济、环境三个维度建立空间评价体系已被当前大多数的发达国家和地区普遍接受。因此本指标也将以社会、环境和经济指标为基本纬度来构建，具体指标如表 2 所示。三个维度层面的具体考虑如下：

（1）社会性：为构建平等、繁荣的社会，社会性指标构建主要从社会活力、社会福祉两个方面考虑。以增加居民的生活幸福感、减少贫困和收入不平等，避免因收入的不平等而带来的空间分异、促进社区参与和社会凝聚力，增强社区意识为主要目标。

（2）经济性：可持续发展的经济方面是指城市对居民和使用者的长期吸引力。此方面包括每个人的生活质量、教育、医疗、社会包容性等。包含以下方面内容：在健康方面，以提高公共卫生系统的质量和可达性，并鼓励健康的生活方式为主要目标；在教育方面，以增加居民受教育的机会和改善教育质量，让全民享有终身学习的权利为主要目标；在服务可达性方面，以使每个人都可以更好地、更公平地利用和访问城市公共服务设施为主要目标；在住房质量方面，以使每个人都负担得起住房和获得优质住房的能力为主要目标。

（3）环境性：强调“清洁”的城市，使其具有更高的资源利用效率和生物多样性，并更好地适应未来气候变化的影响，例如化石燃料的消耗以及再生能源的产生和使用、空气污染。包含以下方面内容：在能源方面，以减少能源消耗，使用可再生能源为主要目标；在建筑环境方面，以确保高质量的公共场所，避免过低或过高密度的建筑为主要目标；在污染方面，以减少对环境的排放为主要目标。

表 2　　　　**城市空间品质评价指标体系**

| 一级指标 | 二级指标 | 三级指标 |
|---|---|---|
| 社会 | 密度 | 单位面积内的人口数量（/m2） |
| | | 工作地可达性 |
| | 多样性 | 消费多样性 |
| | | 用地多样性 |
| | | 人群多样性 |
| 经济 | 生活成本 | 租价 |
| | | 房价收入比 |
| | | 平均消费 |
| | 公共服务设施可达性 | 医疗站点可达性 |
| | | 公共交通可达性：轨道交通可达性，道路交通可达性 |
| | | 公园绿地可达性 |
| | | 商业设施的可达性 |
| | | 教育设施的可达性：小学可达性、中学可达性 |
| 环境 | 建筑形态 | 容积率 |
| | | 建筑密度 |
| | 街道形态 | 整合度 |
| | | 选择度 |
| | 环境品质 | 噪音 |
| | | 空气质量 |

# 自然环境与城市文明

雷礼锡（湖北文理学院）

城市与自然环境有着特殊的物质与精神联系。在物质联系方面，城市既因其非农业经济支撑而不必像乡村那样紧密依赖并受制于自然环境，也因其人口众多而导致其日常生活与社会运行离不开适宜的自然条件，如丰富而便利的水源。在精神联系方面，城市受到整个社会思潮、自然意识、技术能力的影响，形成特定的环境意识，并与城市经济运行方式、环境行为模式交互影响，形成特定的城市文明。可以说，城市是自然资源与人文资源相结合的产物，是人类运用自然资源和人文资源创造文明的最大受益者。然而，伴随文化现代化的发展，以城市为焦点的现代文明在广泛受益于工业和科技对自然环境资源与经济发展效益的充分发掘之后，遭遇了环境危机的严峻挑战。这使得拥有数千年思想经验史的中国传统思想范畴天人关系，即人与自然的关系，重新焕发思想魅力，受到广泛关注，并形成了包括欧美学界在内的一种共识，就是希望唤醒人类对自然的尊重，克制人文活动尤其工业化科技化手段对自然环境的控制，以便扶正以城市为焦点的现代文明发展方向。问题的关键在于，城市既是最大化的自然环境资源集合体，也是最大化的人文发展资源集合体，能否在克制自然资源开发与维护人文发展水平之间找到一种平衡，并且不至于在社会运行与生活方式上开历史倒车。本文的目的不是为彻底解决这个难题开具药方，而是为开具药方提供一种历史指引。这首先涉及一个关于技术开发应用的根本观念，在人类文明史上，技术是联结自然环境与人类智慧的重要因素，它既是人类智慧的结晶，也是自然资源与人文资源结合的手段，因而，无论传统技术，还是现代科技，都是文明的体现，决不是文明的对立面，更不是城市文明的对立面。对于现代城市，无论其发展的命运显得多么复杂，面临的挑战显得多么艰巨，我们的任务不是因噎废食，否定人类智慧尤其技术能力，而是要反省人类智慧与技术能力适应自然环境的基本方式，反省自然环境在城市文明建构中的地位与作用。这就涉及另一个重要问题：在城市历史上，自然环境借助人类智慧尤其技术能力融入城市文明，积累了怎样的历史经验？这正是本文关注的重点问题。简要地说，从古至今，城市文明始终是在自然环境资源与人类发展需要之间建立适应不同历史阶段的结合点、平衡点，从而形成了以自然山水资源为基础并不断更新的城市环境模式或城市形态，包括以生存需要和自然山水为基础的山水城市、以自然环境和道德规范为基础的伦理城市、以水力资源和商品转运为基础的商业城市、以地理条件和物质运输为基础的交通城市、以自然资源和商品生产为基础的工业城市、以人居环境和社会和谐为基础的生态城市。这些不同城市形态代表了不同历史时期的城市文化特点与环境模式，它们并非截然对立、水火不容，而是有着共同的自然与人文根基，呈现了立足于自然环境资源实现自然与人文协调共进的文明演进方向。

## 一、山水城市

城市作为人口的聚居地，离不开适宜的自然环境，如丰富而便利的水源。因此，为了保障人口聚居所需要的最基本的自然条件，早期城市普遍选择临水近山的自然环境。

根据考古发现，石器时代的汉江流域普遍出现了临山近水的城市，如枣阳雕龙碑文化遗址、天门石家河古城址、荆门马家垸古城址，它们一概濒临自然河道，同时或傍依自然山麓或在城外人工建造土台。夏商时期，临水已经成为中国南北各地兴建城市的基本原则，如湖北黄陂盘龙城、河南偃师商城、河南安阳殷墟等城市建筑布局都占据了有利位置，具有地势高敞、一面或两面临水等特点，也有的修筑城壕构成封闭的城市防御体系。① 春秋战国时期，汉江流域的城市设计仍然遵循临水、近山的基本原则，如楚国军事重镇北津戍、宜城楚皇城遗址，都是濒临汉江、背靠荆山山脉。这些临水近山的城市，不仅便于日常取水、种植、狩猎、运输，而且便于防御外来敌对力量的攻击。在欧洲，古希腊城邦也有类似的环境特点，大多依山傍水，便于城市日常生活、交通运输、军事防御。早期城市选址优先邻近自然山水，是因为早期人类生存与发展基本或完全依赖自然条件，否则，人类聚居生活与自我防护将非常困难。

当然，早期城市对自然山水的高度依赖，并不完全代表物质需要，也包含精神上的山水信仰、自然依赖。《山海经·大荒北经》曾经描述黄帝时代的山水意识："有人衣青衣，名曰黄帝女魃。蚩尤作兵伐黄帝，黄帝乃令应龙攻之冀州之野。应龙畜水。蚩尤请风伯、雨师，纵大风雨。黄帝乃下天女曰魃。雨止，遂杀蚩尤。魃不得复上，所居不雨。叔均言之帝，后置之赤水之北。"② 在这里，自然山水既是黄帝与蚩尤互相争战的场所，也是神力与实力的体现。《太平御览》卷一五引《黄帝玄女战法》："黄帝与蚩尤九战九不胜，黄帝归于太山，三日三夜，雾冥。有 ·妇人，人首鸟形，黄帝稽首再拜，伏不敢起。女人曰：'吾玄女也，子欲何为?' 黄帝曰：'小子欲万战万胜。' 逐得战法焉。"③ 这表明，黄帝时代相信自然山水就是包藏神秘力量的场所，谁掌握了山水，谁就掌握了发展的主动权。可见，黄帝时代已经将部落与民族兴旺之道寄托于山水。

相比而言，欧洲早期城市与自然山水环境的联系不像中国这样蕴藏内在的精神信念。公元前 1 世纪，古罗马工程师维特鲁威曾经谈到城市选址的问题，主张城市选址优先考虑适合人的健康，也就是，城市要建在合适的高度，无雾无霜，不热不冷；还要依据海

---

① 许宏：《先秦城市考古学研究》，北京燕山出版社 2000 年版，第 80 页。

② 袁珂译注：《山海经全译》，贵州人民出版社 1991 年版，第 319 页。

③ 李昉：《太平御览》，第一册，中华书局 1960 年版，第 78 页。

风、阳光的方向布置建筑物，防止直接伤害身体，或间接通过仓库食物变质来伤害身体。① 维特鲁威看到了自然环境对城市的意义，但他是从物质需要而不是从精神需求来考虑。因此，论及自然环境对城市文明的意义，早期欧洲人强调其物质与功能意义，而中国人还重视其精神与审美意义。尤其山水环境，在先秦中国城市发展进程中，具有融通自然与人文的特殊地位与作用，成了城市环境设计的重要因素。因此，对早期城市来说，自然城市与山水城市这两个概念可以等同使用。当然，对中国文化来说，山水城市更能体现中国美学特色；而对人类文明来说，自然城市更能体现世界美学意义。

## 二、伦理城市

随着人类社会的发展，人与人之间的社会伦理关系日益突出，要求城市环境能够适应道德规范与社会秩序的建构。这意味着自然环境成了城市伦理的现实载体。

城市自然环境变为伦理环境，涉及两种相互关联的历史文化机制。一是自然转型。最早的人类聚居点有的是围绕用火而展开的场所，即以用火的地方为中心，周围分别有剩余的食品、使用过的石头工具、木制工具以及加工物品的残迹。② 后来，这种自然聚居地的中心点逐步演变成首领住所或首脑机构，周围是其他人口住所或办事机构。这表明人类聚居环境伦理的建构是从自然转向社会的。二是社会选择。古代中近东地区乡村居民点不断扩大，变成规模较大的居民区，并形成权势中心，城市由此形成；然后城市又以其快速的生态结构变化来影响并统辖整个社会。③ 这两种机制当然不是

① Marcus Vitruvius Pollio. *The Ten Books on Architecture*, trans. by M. H. Morgan, Boston: Harvard University Press, 1914, pp. 17-19.

② ［意］L. 贝纳沃罗：《世界城市史》，薛钟灵等译，科学出版社 2000 年版，第 9 页。

③ ［意］L. 贝纳沃罗：《世界城市史》，薛钟灵等译，科学出版社 2000 年版，第 19~22 页。

截然对立，而是会并存于城市环境设计中。例如，始建于汉代的襄阳城（今俗称襄阳古城，位于湖北襄阳市襄城区），因汉江与荆山山脉在此地呈东西走向的自然地理特征，形成了北面临水、南面倚山的南北朝向格局，又将北面临江城门分出大北门、小北门，使得位于南北中轴线之东的古代襄阳行政治所看起来处在大小北门轴线构成的城市中心位置。这就将自然生成的伦理环境和社会生成的伦理环境糅进了同一座城市的自然空间。

自然环境作为城市伦理的载体，在不同民族或地区有不同的表现方式。古埃及建造在尼罗河岸的早期城市环境显示了十分独特的社会伦理关系，即死人的环境比活人更重要，并且二者相互对立，如贝纳沃罗所说古埃及“活人与死人的建筑之间没有联系而只有矛盾”。① 一方面，城市环境存在死人与活人的区分，即城内属于活人，城外属于死人。另一方面，建筑环境存在死人与活人的区分。活人的建筑如民居与宫殿都是砖砌的，而死人的建筑如陵墓是石头建造的金字塔；前者暗示短暂的居留，后者暗示永生与不朽。而在欧洲，自然环境长期担当伦理精神的工具，城市环境就是人类主宰自然的见证。刘易斯·芒福德认为，古代城市“最初只是在坚强、统一、自为的领导之下的一种人力集中，它是一种工具，主要用以统治人和控制自然，使城市社区本身服务于神明”。② 这表明西方古代城市对自然环境的应用主要源于权力与宗教需要。约翰·道格拉斯·波蒂厄斯也明确批评中世纪的环境观念，认为“伴随公元四世纪基督宗教在罗马帝国的胜利，西方环境概念发生了巨大变化。首先，人不再被视为自然中不可分离的”，而“是自然的主宰”，“其次，自然丧失了人的敬畏，人得以自由地利用自然而不用担心遭到惩罚”。③ 于是，人“丧失了任何‘环境谦卑’

① ［意］L. 贝纳沃罗：《世界城市史》，薛钟灵等译，科学出版社 2000 年版，第 43 页。

② ［美］刘易斯·芒福德：《城市发展史》，宋俊岭、倪文彦译，中国建筑工业出版社 2004 年版，第 101 页。

③ John Douglas Porteous. *Environmental Aesthetics*: *ideas*, *politics and planning*, London: Routledge, 1996, p. 51.

感”，“地球不过是一个通往天堂或地狱的等候室或通道”。①

在中国，自然环境作为城市伦理的载体，融会了自然伦理与社会伦理。张衡《西京赋》肯定汉代长安城设计是“览秦制，跨周法”。“周法”就是礼制的化身，强调尊卑、等级关系在城市环境设计中的应用，如《周礼·冬官考工记·匠人》记载周代王城形制与规模是“方九里”，建筑格局是“前朝后寝”。“秦制”是在周礼基础上融入阴阳风水观念，即自然伦理与社会伦理结合，旨在保障礼仪规范，实现国运长久，如咸阳城依山面水，因应天象，建筑布局遵循“前朝后寝”特点。西汉继承了“周法”“秦制”，并有所创新。如长安城按“斗形”设计，依山面水，空间环境格局体现聚气积阳、阴阳合和的特点，整个城市规模浩大，宫室扩充，以显帝王声威；同时，宫室之间交错布局，各自独立，以利防御。总之，汉代长安城是自然伦理与社会伦理的结合，是上通天道、下合人伦的城市环境系统。

同时，中国城市环境伦理包容了自然审美精神。儒家代表孔子强调以道德虔诚之心面对山水环境之美，认为“知者乐水，仁者乐山。知者动，仁者静。知者乐，仁者寿”（《论语·雍也》），明确地把山水审美与人的德性、智识联系在一起。汉代儒家学者进一步发挥了孔子的“乐山”“乐水”思想，如董仲舒的《春秋繁露·山川颂》明确将山水视为至善至美的象征。另外，道家代表庄子同样将山水信仰与山水审美相结合。庄子反复引述黄帝事迹，说“黄帝游乎赤水之北，登乎昆仑之丘而南望”（《庄子·天地》），借赤水、昆仑言说神州大地，江山一统，既有精神信念，也有审美意味。《庄子·徐无鬼》记述黄帝前往具茨山请教天下之事的经历，以山水寓指天下大治良策的奥秘所在，表明天地之道存乎“山水”之间，只有游乎山水之间，才能快乐而理性地懂得治理天下之道。

① John Douglas Porteous. Environmental Aesthetics：ideas，politics and planning，London：Routledge，1996，p. 52.

汉代以后，山水文化与山水美学蓬勃发展，以环境伦理、自然审美为基础的城市文化增添了山水艺术，即：表现城市自然风光的文学艺术作品成为城市文化的重要内容，承载了人与自然和谐共处的环境理想。如盛唐诗人广泛描述了襄阳城的山水风光。孟浩然的《过故人庄》描写了襄阳城东鹿门山一带“绿树村边合，青山郭外斜”的山水田园风光，《秋登万山寄张五》描写了襄阳城西万山一带“天边树若荠，江畔洲如月”的田园山水风光。王维的《汉江临眺》描述了“楚塞三湘接，荆门九派通。江流天地外，山色有无中”的汉江山水美景。李白的《襄阳曲四首》对襄阳山水风光既有景观白描，如“岘山临汉江，水绿沙如雪”，也有情怀抒展，如“江城回渌水，花月使人迷”“且醉习家池，莫看堕泪碑”。这类作品培育了城市的人文意蕴，并与城市自然环境结合起来，形成了自然山水与人文山水相统一的城市意境，使城市成为多元伦理精神的载体，蕴含了人与城市和谐共生的社会伦理精神、人与自然和谐共处的环境伦理精神、自由意志与人生现实相互协调的生命伦理精神。这种城市环境既是社会伦理系统，也是山水美学系统。

## 三、商业城市

城市与商业相结合的历史很早。《周礼》曾记载城市有专门的商业区即“市”，是按礼制设置，即：商品交易集中于城内一个大院，有围墙隔离，“大市”居中，“朝市”在东，“夕市”在西。这种城市商业礼制在秦汉并无大的改变，只是商业区规模更大，如西汉长安有“九市”。唐代长安城商品交易更加发达，商业区规模更大，有东、西二市，均为方形大院，“市内货财二百二十行，四面立邸”（《长安志》）。北宋都城东京的东西二市格局沿袭唐制。

唐宋时期中国商业城市高度繁荣，培植了新的商业城市文明。日本学者斯波义信综述唐宋变革期间商业繁荣特点有三个事实，即：显著的城市化现象、全国性市场圈的形成及农业商品经济化、以两税法为中心的经济体制转变。① 这些事实表明，由于商业经济繁荣，城市环境及其伦理内涵必然改变，尤其是旧的尊卑、等级秩序无法在城市商业环境中得到保障。如宋代京城中规模较大的酒楼一般要用新奇的建筑和装潢设计、特殊的灯光效果以及浓妆妓女吸引顾客，数量众多的各类中小型餐馆遍布大街小巷，经营南北各地风味的饮食，满足普通城市居民的日常需要。在这些消费场所，既有顾客，还有“闲汉”“厮波”或妓女、小贩等各色人员往来穿梭，他们或乞食，或替客人斟酒，或为客人烧香祈福，或卖唱，或兜售商品，成为商业场所的一部分。茶肆的消费层次和功能也是五花八门，有的单纯卖茶，有的兼卖酒食，三教九流往来其间，或下棋、听书，或饮茶、聊天，或学习乐器，各得其所。② 可见宋代商业城市伦理关系发生了很大变化。

城市商业伦理与环境的互动变化，早在唐代就发生了。唐代长安城因商品交易规模扩大，东西二市制度难以容纳，便有人在东西二市场外就近建造店铺，出租给商户使用。有些店铺还是官员建造的。为此，唐玄宗下诏禁止九品以上官员设置客舍邸店，干预商业，谋取私利，但诏令并未禁止其他人在“市”场外建造店铺。这表明唐代商业建筑环境变化已经导致旧的城市伦理制度出现变革。

宋代最繁华的商业城市是东京（今河南开封），其商业繁荣与环境文化发展均受益于水力资源。东京位于黄河与淮河两大水系之间，同时东京本身如同园林城市，坐落在汴河、蔡河、五文河、金水河、蓬池湖、沙海湖等河湖体系中，拥有得天独厚的水力资源与航运条件，具有强大的商品转运能力。一方面，丰厚的水力资源从四面八方打通了城市内外的商业航线，形成了全开放的贸易城市。

---

① ［日］斯波义信：《宋代商业史研究》，庄景辉译，稻禾出版社1997年版，第2~3页。

② 游彪：《宋代商业民俗论纲》，《北京师范大学学报（社会科学版）》2005年第1期，第94~102页。

过去用墙分隔出来的专用“市”“坊”完全不能适应庞大的商业贸易需求，必须将整个城市变成商业区。这改变了过去的城市社会关系与伦理制度，导致各色人等依据商业利益关系在城内自由活动，旧的尊卑等级制度的约束力被迫消解。另一方面，凭借连通城乡的河流系统，庞大的商品转运业务既流向城市也流向农村，形成了以商品贸易为基础的城乡双向服务关系，城市日常生活与社会伦理更加开明，高大的城墙正在淡化其分隔城乡、保障权势的常规功能。北宋画家张择端绘制的《清明上河图》见证了东京的多元商业贸易方式与城市自然环境的开放配置。

如果说以东京为代表的宋代商业城市环境与文化的互动发展，是在既有城市基础上发展起来的，那么，近代汉口就是因其自然条件而成为商业城市，因其商业贸易发展而成为独立建制城市。汉口作为“武汉三镇”（武昌、汉阳、汉口）的一部分，是明成化年间（1465—1487）出现的城区。当时汉水北移，汉阳县一分为二，南为汉阳，北为汉口，汉口隶属汉阳县。明正德元年（1506），朝廷确定汉口是漕粮交兑口岸，淮盐也由汉口转运，汉口商业贸易从此迅速发展。鸦片战争后，西方列强觊觎汉口优良的水运条件，强迫清政府开埠设关，汉口成为国际商业枢纽，行政上隶属汉阳县。但汉口有外事与税收等功能，实际地位与影响远高于汉阳县。1899年清政府设夏口厅，管理汉口事务，隶属汉阳府。自此汉口、汉阳分设。因汉水北移导致汉阳、汉口的地理分离，最终使得汉口因商业贸易发展而成为独立建制的近代国际商业城市。

## 四、工业城市

无论是山水城市、伦理城市、商业城市，都是以自然环境为基础，充分发挥自然环境的物质与精神价值，并未采取大规模的技术干预或控制。但是，随着工业革命与科学技术的发展，城市环境文明进入了工业化、科技化时代。

应用工业与科技手段改造城市环境，实现城市富足、生活便利，是普遍的共识。法国首都巴黎在1848年后越来越不能适应大量人口聚居，环境整治成为巴黎的迫切任务。被誉为城市规划学科创始人、时任法国塞纳省省长（任职17年）的古典建筑行家奥斯曼组织展开了巴黎大改造，最终使巴黎成为第一个工业大都市。① 改造工程以雄厚的技术和资本力量为基础，老城面貌不复存在，代之以林荫大道、豪华广场、庞大的绿化空间和地下设施系统。这一改造工程的是非功过一直颇受质疑，但奥斯曼改造工程所创造的巴黎传承了欧洲古典美学传统，长期成为欧洲美丽城市的代表。不过，如今的巴黎在自然美方面显得底气不足。这座城市横跨塞纳河两岸，市区河道完全硬化，架设有20多座桥梁连接两岸，让两岸的城区连为一体，交通、旅游非常便利。而科学技术对自然河流的系统干预，导致自然的河岸线变成了整齐的人工坡岸线，可供自然生态循环的泥沙坡岸变成了难以维系自然生态循环的水泥坡岸，两岸宽阔的柏油马路和高耸云集的建筑群破坏了窄小河流的自然风光。看似整齐、漂亮的河岸基础设施体系，削弱了塞纳河应有的自然意趣，也不像人们想象的那样可以抵御洪水的频繁侵扰。就像德·穆尔所做的评论，自然在科技面前展现了越来越多的祛魅和服从，最终使得逐渐孤立和异化的现代主体浮现出来，看起来拥有自然风景的现代人实际上孤立地走向了一种根本性的异化。② 这意味着，用于改善生活环境的技术手段，一旦超过自然的限度，必然变成生活环境的威胁。

在现代人类发展进程中，几乎所有应用科技手段处置城市自然环境的最初动因，都出于一种良好的愿望：改善自然条件，适应人类生存与工业发展的紧迫需要，但最终结果可能出人意料。美国洛杉矶在18世纪还长着茂盛的森林，有熊等多种野生动物活动。在最初的开发中，纵横交错的运河网曾经把洛杉矶河的水送到居民家

---

① ［法］弗朗索瓦兹·邵艾：《奥斯曼与巴黎大改造（Ⅰ）》，邹欢译，载《城市与区域规划研究》2010年第3期，第125~141页。

② ［荷］乔斯·德·穆尔：《再自然：崇高的自然和科技景观》，韩晴译，载陈望衡、范明华主编：《环境美学前沿》，第4辑，武汉大学出版社2019年版，第24~25页。

里和田地里，后来修建的一系列水库成了洛杉矶城不断膨胀的郊区水源。但是，1913 年的大旱迫使洛杉矶开挖新的运河从 260 英里外引来水源，洛杉矶河成了当地人的负担。1934 年和 1938 年洛杉矶河遭遇的两次洪灾，损失重大。随后，51 英里长的洛杉矶河道被改造为由水泥浇灌而成的排污与泄洪通道，上面高架迷宫般的水泥大桥，而河边成了废弃的旧汽车、旧冰箱、破空调的集聚地。①洛杉矶一度成为美国城市规划史上的沉痛案例。

应用科技手段改造城市自然环境还有一种相对隐蔽却可能更加危险的途径，并且正在全球蔓延，这就是科技化水平给城市生态环境带来的严重威胁。美国的“硅谷”推动了城市科技化，也带来了生态环境的恶化，其“严重程度决不亚于东部老工业区，而且有些问题难于根治”，而“最明显的问题是空气污染”和“不易察觉”的水污染。② 受硅谷事业的强劲推动，美国的“水果之都”圣何塞变成了“高科技之城”，大片果树和肥沃田地消失，取而代之的是被沥青和水泥覆盖的土地。

伴随科技文明与建筑技术的发展，中国在 20 世纪的城市化进程中快速迈向环境科技化。北京堪称中国城市环境科技化的范本。1999 年，为配合新中国成立 50 周年庆典宣传，媒体用“长高的北京”“长大的北京”描述北京环境的变化，表明作为传统山水城市的北京早已今非昔比，成为汇集科技力量与技术美的庞大建筑体系。不过，吴良镛认为，北京城区过分拥挤、旧城遭到破坏、郊区化发展盲目、跨区域生态失衡等重大问题尚待根本扭转；换言之，北京在 20 世纪末期面临的问题，已不只是历史文化名城和旧城能否有一个良好的“体形环境”，而是整个北京能不能有一个良好的生活环境，尤其水资源紧缺、环境污染、用地紧张等因素正在成为

① 刘银燕：《洛杉矶河——美国二十世纪城市规划的伤痕》，载《中外建筑》2001 年第 6 期，第 45~46 页。

② 王旭：《美国城市史》，中国社会科学出版社 2000 年版，第 224 页。

城市长远发展的严重困扰。① 与北京类似，全国范围内城市环境的技术美特征快速扩张，并不断挤占自然美领域。不少沿江（河）城市用钢筋混凝土修筑江河堤坝、沿江（河）大道及其附属景观。一些中小城市的江河硬化堤坝原本规模较小，但在城市规模不断扩张后，也随之延伸了硬化堤坝。一些跨江（河）城市在中心城区的沿江沿河两岸不断进行技术改造，变成集景观建筑、景观道路、景观绿化、休闲娱乐、餐饮服务于一体的环境区域，江河堤岸的自然面貌特征减少，取而代之的是现代技术支撑起来的人造景观系统。这一独特的景观系统与整个城区内高耸、密集的科技化建筑群落遥相呼应，支撑了城市环境的技术美学特色。由于科技手段控制和占用自然环境空间的便捷性，许多城市填湖建房，开山造楼，不惜牺牲自然环境来满足城市空间扩张的需求。

面对城市科技化导致城市自然色彩逐渐消失，自然天际线日益淡化，城市环境日益恶化，人们越来越担心城市科技化可能走向人居环境的对立面，越来越期待整个社会能够谨慎地保护自然山水资源。陈望衡主张“着眼于全体市民的利益”，建设“山水园林城市”，保障“理想人居”。② 艾尔桢根据土耳其滨海城市环境建设经验与教训，认为“对滨水区的开发应强调维护天然的海岸线，谨防为了给城市居民建设游憩娱乐区，拓宽海滨公路，却破坏了滨水区的自然风光”③。目前，除了相关规范文件提供的最低标准之外，很难确定一座城市及其不同区域享有多大比重的自然环境才算适宜，也很难精确划分城市自然区域与科技区域的边界，也难以预料眼前成功应用的科技因素是否会在未来某个时期造成更加严重的城市环境灾难。但可以肯定的是，如果城市自然环境尤其山水资源被科技手段无节制地侵占、改造，就会背离自然规律和环境美学准

---

① 吴良镛：《大北京地区空间发展规划遐想》，载《群言》2000 年第 12 期，第 6~9 页。

② 陈望衡：《环境美学》，武汉大学出版社 2007 年版，第 398 页。

③ ［土耳其］J. 艾尔桢：《滨水区开发设计的美学探讨——兼谈艺术家与植物在海岸线开发中的美学价值》，郭楠译，雷礼锡审校，载《襄樊学院学报》2010 年第 4 期，第 21~27 页。

则，终将面临自然的惩罚。

## 五、生态城市

为了克服20世纪以来全球城市化浪潮所遭遇的生态环境困境，20世纪70年代以后生态城市受到广泛关注和研究。根据米格尔·鲁亚诺的评述，20世纪初全球只有10%的人口居住在城市，20世纪末已达50%，预计2025年达到75%，因此，人们高度关注生态城市即可持续的人居环境建设；但目前并不知道生态城市究竟是什么样子，只能将人居环境与自然环境是否割裂当作可持续性的标准。① 当今生态城市环境的重建离不开现代科学技术，甚至可以说，生态城市更多地表现为对业已形成的工业化与科技化城市的生态技术重建。

西方城市生态环境的重建经历了较长时期，形成了不同的生态技术路径。有的倡导城乡环境融合模式，如英国霍华德在1898年提出的田园城市，试图通过乡村田园环境改良工业化城市环境的消极影响，保护人的健康。也有的聚焦于重塑城市中心环境，提升城市景观魅力，如美国的“城市美化运动”。20世纪末，西方学界关注将城市作为整体生态系统并作区别对待的设计思路。如赫伯特·舒科普主张把城市看成一个整体性的生态环境系统，强调要理解城市环境与城市外部环境非常不同，不同国家的城市环境也各有特点，有很多国家的城市出现了田地与花园，而有些国家的城市环境通常包含历史中心城区的混合聚落、农业生态系统遗存、城市森林与公园等近自然区域、自然保护区。② 这意味着不能用单一的生态技术手段去处理不同的城市环境。

---

① ［西］米格尔·鲁亚诺：《生态城市：60个优秀案例研究》，吕晓惠译，中国电力出版社2007年版，第1页。

② Herbert Sukopp, “On the Early History of Urban Ecology in Europe”, in J. M. Marzluff et al., *Urban Ecology*, New York: Springer Science + Business Media, LLC, 2008, pp. 79-97.

中国生态城市观念及其建设兴起于20世纪80年代，但至今尚无称得上生态城市的代表性城市。不过，作为现代城市环境理想，生态城市观念在中国形成了若干不同的技术路径，对自然环境有不同的技术美学立场。例如，钱学森倡导山水文化与现代城市环境融合，创造整体性的山水城市。钱学森所说的山水文化，实际上就是山水艺术，既包括精神形态的山水文化，如山水诗、画，也包括物质形态的山水文化，如山水园林及其建筑。钱学森主张把山水城市当作21世纪中国城市建设的文化目标，让每一个城镇、城市变成山水城市。① 钱学森倡导的山水城市体现了和谐人居理想，是自然山水与人文山水的技术融合，属于生态城市范畴。与钱学森的整体性山水城市立场不同，吴良镛提出以人居环境为宗旨的区域规划理论，认为城市应该成为可持续的人居环境，包括生态绿地系统与人工建筑系统两大部分。② 这是一个以建筑技术为基础、具有可操作性的生态城市环境设计路径，其中自然环境不是城市环境系统规划设计中唯一的、甚至可能也不是最重要的系统，其地位取决于建筑师、规划师和一切参与建设的科学工作者的选择。基于城市整体环境的美学考虑，陈望衡倡导山水园林城市，强调以自然环境为基础打造城市意境。城市意境的载体是城市景观体系，兼具环境功利性与审美性，是城市个性魅力所系，也是魅力人居之根。除此之外，也有人提出城市主导、城乡协同的生态城市发展规划，主张生态城市的功能定位和建设要考虑自然条件、经济区位和辖域内外物流、资金、人流的聚散以及政治、文化、科技的凝聚与辐射，要因地域空间、产业、行业结构和时序演变进行多维组配，实现以发展带动社会稳定、以稳定促进城市有效发展的目的。③ 无论看似传统的山水城市路径，还是看似现代的区域规划、景观体系、城乡协同等路

---

① 钱学森：《论宏观建筑与微观建筑》，杭州出版社2001年版，第140~141页。

② 吴良镛：《人居环境科学导论》，中国建筑工业出版社2001年版，第38页。

③ 毛锋、朱高洪：《生态城市的基本理念与规划原理和方法》，载《中国人口·资源与环境》2008年第1期，第155~159页。

径，都存在明确的共性，就是引导城市环境观念与技术应用，促进城市自然与人文要素的协调，形成和谐的人居生态环境系统。

对中国城市发展方向来说，生态城市理想具有导向性和引领性，促进城市环境保护，防止城市化进程带来环境资源的进一步损毁。当然，生态城市作为自然生态与人文生态的和谐环境系统，并非简单地回归自然，而是要发挥现代生态科技优势，在充分维护城市自然山水环境基础上，融通自然环境与人居环境的关联。一方面，生态城市是现代科技发展的产物，既不是自然环境的还原，也不是技术进步的对立。另一方面，自然山水环境构成生态城市的物质基础与文化品质。只有充分保障城市自然环境框架及其自然美品质，才能培育生态城市环境美学品质，才有化解城市生态环境危机的自然条件。

同时，对于已经融入全球进程、并且正在不断增强全球化影响力的中国来说，生态城市决非传统山水自然环境与山水人文传统的融合形态，而是多元文化与知识信息的集散地，具有强烈的现代文化气息。刘易斯·芒福德曾经在评价中世纪基督教城市发展问题时指明城市必须“放弃长期以来的权力和知识的垄断”①。2004 年 9 月，一批国际知识管理专家、全球 100 多座城市要员和学者汇聚巴塞罗那“E100 圆桌论坛”，发表《知识城市宣言》，指明当今城市应以知识为基础，走知识城市之路，并阐释了知识城市的基本概念、评估标准、基本框架，使得以知识信息为基础的城市建设成为全球共识。实际上，中国古代城市注重儒家、道家、阴阳家等多元思想的融合，往往成为以山水艺术为载体积蓄传统人文精神财富的焦点。如汉唐时期的长安、洛阳、襄阳等城市，对各种异质文化与知识信息具有广泛包容性，是创造并传播多元文化与知识信息的重要阵地。这对现代生态城市建设具有重要启发。

生态城市是十分重视自然环境品质的城市文明类型。依据自然环境资源的自然性与人工性（科技性）相结合的特点，可以将生

① ［美］刘易斯·芒福德：《城市发展史》，宋俊岭、倪文彦译，中国建筑工业出版社 2004 年版，第 337 页。

态城市分为园林生态城市、景观生态城市、田园生态城市，分别简称园林城市、景观城市、田园城市。园林城市是以自然山水资源的技术改造为基础，形成自然景观与人造景观相互渗透、彼此结合的城市山水环境系统。如武汉的自然山水资源相当丰厚，由于城市体量庞大，长江与汉江交汇形成的自然环境系统变成了城区景观，周围密集、高耸的建筑群落淡化了它的自然美气质与地位，强化了它对城市环境的装饰性。景观城市是以人工景观作为城市环境体系的核心，而以自然山水资源作为城市景观系统的补充。如北京在宏观空间上由山水环绕，有许多人造山水景区、园林景观穿插市区，但其城区内的历史人文景观更加丰厚。田园城市也可以称为田原城市、乡土城市或农业城市，是以农业生产为基础、以非农经济为支持形成的城市（城镇），传统农业景观与现代农业科技景观资源十分丰富。无论园林城市、景观城市、田园城市，都是科技环境与自然环境的有机结合，是现代城市文明的载体。

## 六、结　　语

以中国为代表，人类形成了尊重自然、遵循自然的优秀文化传统，城市建设与环境保护有机结合成为普遍共识，形成了生态文明发展的重要基础。自 20 世纪 90 年代开始，中国展开了大规模的城市绿化运动，许多城市着力打造山水城市或生态城市模式。进入 21 世纪，中国积极倡导绿水青山就是金山银山理念，大力推进生态文明建设，持续组织和严格评选全国文明城市，推动城市自然环境品质不断改善，城市可持续发展水平不断提高。当然，面临全球气候变化带来的危机，面临整个社会经济发展模式转型升级带来的挑战，要彻底消灭城市环境污染与生态隐患，从根本上改善城市生活环境，决非一日之功。当前，为了明晰城市环境建设的基本方向，需要结合城市发展史探讨自然环境在城市文明进程中的地位与作用。

城市与自然环境在物质与精神方面的联系，是在城市历史进程中不断发展、完善的，由此形成了城市文明的多元形态，如山水城市、伦理城市、商业城市、交通城市、工业城市、生态城市等。在城市文明多元化发展过程中，城市环境的变迁或城市环境模式的改变，都源自人类自身与城市发展的实际需要，表明城市自然环境与人文发展的结合是一个动态平衡过程。因此，不能简单地把现代生态城市当作古代山水城市的翻版，尤其现代城市人口不断膨胀，城市不可能保守旧的自然环境与社会伦理框架。根据大卫·克拉克在《都市世界与全球城市》中的数据，1990—2000 年，全球城市人口增加 5.76 亿，其中，中国城市人口增加 1.65 亿。① 而中国第七次全国人口普查显示，中国大陆城镇人口在 2020 年达 9.0197 亿，比 2010 年的 6.6557 亿，增加值超过 2.36 亿；2020 年城镇人口占总人口数 63.89%，比 2010 年占比 49.68%有大幅增加。② 可以肯定，由于城市人口大幅增长，面向和谐人居环境需要的现代生态城市文明决非传统城市文明可比。

另外，城市环境的状况并不取决于人类是否彻底保持其自然环境的原生状态，而在于城市自然环境能否与日益变化的城市需求保持协调，在于自然环境能否与城市同步变化而又不失其自然本色。从这个意义上说，结合中国山水文化视野，可以将历史上逐步发展起来的山水城市、伦理城市、商业城市、交通城市、工业城市、生态城市，看作自然与人文环境因素在不同时期具有不同结合方式而形成的不同山水城市形态。这有助于增强城市环境的自然因素及其维护城市文明可持续发展的生态机制作用。

① David Clark. *Urban World/Global City*, 2nd ed., London: Routledge, 2003, pp. 48-49.

② 国务院第七次全国人口普查领导小组办公室：《2020 年第七次全国人口普查主要数据》，中国统计出版社 2021 年版，第 7 页。

# 环境美学视域中的乐居城市建构

陈国雄　冉　倩①（中南大学文学与新闻传播学院）

随着建设生态文明成为我国全面实现小康社会的必有之义，环境美学研究在我国的最终目标定位为如何应对日趋严重的环境问题，从而有效地实现乐居环境的打造。2015 年 9 月 29 日发布的《城市蓝皮书：中国城市发展报告 No. 8》指出，截至 2014 年年底，中国城镇化率已经达到 54. 8%，而据蓝皮书预计到“十三五”期间我国将全面进入城市型社会；随着城镇化的进一步推进，环境污染、交通拥挤等问题也日趋突出，乐居城市的建构成为环境美学亟需思考并加以解决的问题。在环境美学的视野中，乐居城市应具备以下四个特征：第一，生态优良，景观优美；第二，历史文化底蕴深厚；第三，个性特色鲜明；第四，能满足居住者独特的情感需求。② 由此可见，为了实现居住者在环境中安居与利居的目标，乐居城市不仅要关注自然景观与人文景观的建构，而且，为了达成居住者在环境中乐居的目标，它更应关注居住者的情感需求，实现城市的场所感与家园感的生成。

## 一、城市“负审美”体验的关注

随着工业文明的进一步发展，城市环境污染、不合理的城市规划与设计对我们的审美体验造成了审美侵犯与审美伤害，关注这种

① 本文系 2019 年度湖南省哲学社会科学基金项目《王夫之环境美学思想研究》（课题编号：19YBA353）的阶段性成果。

② 陈望衡：《环境美学的当代使命》，《学术月刊》2010 年第 7 期。

审美侵犯与伤害有利于在生态文明时代中乐居城市的建构。

1. “负审美”体验概念的提出

乐居城市建设问题的关注，源于19世纪末20世纪初北美城市规划领域的“城市美化运动”，这种运动的倡导者意识到当时美国的许多速成城市在审美与功能上的缺陷，力图通过合理的城市规划实现城市景观与建筑的美化，从而改造当时美国城市普遍存在的丑陋与凌乱的布局。在此之后，美国城市设计师凯文·林奇在其《城市意象》一书中，从“城市环境意象”的建构集中分析了城市与大都市区规划与建筑设计的美学维度的重要性。环境美学产生与发展主要着眼于应对与解决环境污染与生态危机，麦克哈格的《设计结合自然》则从城市生态学的角度集中探讨了城市的规划与设计。而伯林特更是在环境美学的学科框架内提出了培植一种城市美学的理论构想，并进行了不遗余力的理论建构。

伯林特从城市审美价值问题切入到负审美体验的研究之中，在他的学术视野中，审美价值的概念获得了与传统美学不同的理论解读。从鲍姆嘉滕开始，美学关注的主要是愉悦性的感知体验，“美学的目的是感性认识本身的完善。而这完善也就是美。据此，感性认识的不完善就是丑，这是应当避免的”①。即使在美学以后的发展中，美学家们将崇高、悲剧等审美范畴所产生的体验也纳入这种愉悦性的感知体验之中，这种感知体验的“愉悦性”基调是没有改变的。但伯林特对审美体验的传统解读进行了拓展，突破了审美经验的愉悦性基调，从而“使审美意识超出了优美或者愉悦这样的概念，而包括了全部内在的感知体验和与之相关的意义”②。正是基于这种对审美体验的拓展性理解，伯林特将审美价值划分为肯定性的或正面的审美价值（Positive Aesthetic Values）与否定性的

---

① ［德］鲍姆嘉滕：《美学》，简明、王旭晓译，文化艺术出版社1987年版，第18页。

② ［美］阿诺德·伯林特：《环境美学》，张敏、周雨译，湖南科学技术出版社2006年版，第74~75页

或负面的审美价值（Negative Aesthetic Values），愉悦性的感知体验产生肯定性的或正面的价值，而侵犯性、甚至是伤害性的感知体验产生否定性的或负面的价值。在此基础上，伯林特具体分析了城市环境的审美价值，认为它的范围远远超出了我们通常所说的"城市美"，"城市的审美价值还包括对于各种意义、各种传统、熟悉性和对比性等等的知觉体验"，所以，在伯林特看来，考察城市环境的审美价值不仅要考察其肯定性的或正面的价值，而且也必须考察其否定性的或负面的价值，这种负面价值由众多城市的负面现象（如噪音与空气污染、不合理的城市规划与建筑设计等）所引发。通过对否定性的或负面的审美价值概念的提出，伯林特认为审美体验并非永远是良性的，而且，一旦当我们意识到审美体验中的消极面与负面时，我们就能探寻这种负审美体验的价值，更为重要的是，"当这种研究获得其自身的合法存在之后，这种研究就不仅仅是为了补充'肯定美学'。我们完全有可能为'否定美学'划分出独立的范围"①。的确，通过对否定性的或负面的审美价值（Negative Aesthetic Values）概念的反思与研究，我们能进一步意识到宜居城市建设的必要性与紧迫性。

2. 城市"负审美"体验的具体描述

关于城市"负审美"体验，伯林特将之界定为对身体与心理有具有损害性的感知，城市中从采矿而被破坏的地表，单调的、重复的、高高耸立的公寓，被工业化所污染的江河与湖泊等等都会造成"负审美"体验，伯林特在具体分析这些体验时将之分为审美侵犯（Aesthetic Offence）、审美伤害（Aesthetic Damage）等不同的类型。

作为"负审美"体验的主要类型，审美侵犯主要产生于虚假环境而造成的审美欺骗，在工业化时代，商业利益的追求极大地促成了这种虚假环境的形成。城市环境的打造更多关注外在形

① 程相占、［美］阿诺德·伯林特：《从环境美学到城市美学》，《学术研究》2009年第5期。

式，流光溢彩的环境表层，掩盖的不仅是建筑设计的想象力匮乏，而且也掩盖了人们对城市环境真正审美本质的感知。审美侵犯通过对我们审美视觉的操纵，制造一种纯粹的不适感对我们的审美感受力产生不良的影响，甚至实现一种审美剥夺，剥夺我们的审美感受力，剥夺我们的审美判断力，从而影响我们对于环境的真实的审美评价。

而对于审美伤害而言，这种城市“负审美”体验主要表现在对人们审美感知系统的全方位损害。视觉上的审美伤害无所不在而且以暴力的方式让人无处逃避，凌乱不堪的小街巷，脏乱的街道，遍地垃圾的空地，乱七八糟的各种电线，摩天大楼带来的无形的压迫感，设计不合理的、随意设置的输电塔与信号接收塔，各种刺眼的广告牌。这一切造成的视觉污染在潜移默化导致我们的视觉对美变得极度不敏感。全球范围内逐渐蔓延的雾霾在损害我们的视觉的同时，也在损害着我们的嗅觉；工业制造产生的废气和汽车尾气使得大多数城市笼罩在有害的空气之中，人们无法逃避空气污染所带来在嗅觉上的审美伤害。而对于听觉上的审美伤害，公共汽车、卡车、小轿车等交通工具与电锯、割草机和建筑装备所发生的各种刺耳的噪声损害着人们在听觉上的审美。

尽管审美伤害从最为基础的审美感觉与知觉开始，但审美感觉与知觉中渗透着审美想象的无限延展，审美意义的无限生成，最终也会造成审美想象萎缩与审美意义的缺失。因此，审美伤害无情地简化着人类审美体验的复杂性与精巧程度，从而也阻碍了人们从审美体验中获取更多的价值与意义；更为重要的是，这种简化与阻碍会误导我们对真实世界的审美感知，过度的误导会产生一种极端的审美剥夺，并进而导致人的疯狂与死亡。

环境美学在发展过程中对城市“负审美”体验的关注代表着对城市乐居问题的关注，经由对这种“负审美”体验形成原因的探讨，环境美学重新反思人与自然的内在关系，并力图在生态文明时代中重塑城市规划与设计，创建一种乐居的城市环境。

## 二、化工程为景观①

环境美学的主要目标在于经由自身的美学理念为人类营造理想的城市环境，而理想的居住环境离不开环境工程的审美性，更离不开环境工程功能的完美发挥。

为了促成环境工程向景观的转化，城市环境的规划与设计应实现环境工程的审美化，从而达成工程与审美的审美互动，突出环境工程设计的审美性。这种审美性在很大程度上体现在环境工程能为城市居民提供一种想象性的环境，环境工程的审美性主要应体现在想象世界的营造上，环境工程应提供不同的场合用以满足人们对于奇特、企求、想象的审美要求，这不仅体现在艺术博物馆、电影院、剧院、音乐厅等专门满足这种审美想象需求的工程中；而且也要通过多种设计在城市环境中创设这种工程，从而让人们可以在普通的街道上、居住的小区中、购物的商店中都可以得到这种想象性的满足。通过对想象性环境的打造，环境工程能为人们营造不同类型的想象世界。在这些想象世界中，人们可以暂时摆脱世俗世界的秩序与束缚，在狂欢化的想象世界中，人们充分地展现本真的自我，“这种环境，以及伴随着这种环境的熙熙攘攘都是这种盛宴似的场景的一部分，在我们心中激起不可思议的原始的反应。这是现代社会不多的场所之一，身处其中，内心深处的情感被释放，我们沉迷于惊奇、滑稽和震惊，被演出深深吸引而不用担心招致不满”②。环境工程审美性的生成可以从当地的湖泊、山体、河流与滨水区等独特的地理特征中得到设计的灵感，也可以从当地的民俗风情与各种节日庆典中寻求审美的资源，更可以从城市的独特历史文化中获取审美的意蕴。

---

① “化工程为景观”的理念最早由陈望衡在《环境美学的当代使命》（《学术月刊》2010年第7期）一文中提出。

② ［美］阿诺德·伯林特：《环境美学》，张敏、周雨译，湖南科学技术出版社2006年版，第59页。

在环境美学视野中，环境工程的功能性应超越建筑功能主义学派对建筑功能的理解，“基于功能适应在生态学方法中的中心位置，人类环境必须根据这些环境所实施的功能来欣赏”①。在功能主义学派的理解中，建筑的功能被过度地抽象化与标准化，在这种功能观的指导下，环境工程很少考量建筑与当地地理特征和文化背景的内在关系，而且也忽视了建筑使用者的体验。关于如何超越这种抽象化与标准化的功能观，当代环境艺术功能化的思想能提供有益的启示。当代环境艺术设计者关于艺术功能化思想的产生正是基于审美无功利思想的反叛。环境艺术家约翰松主张艺术在一定程度上应当功能化，她认为，在西方传统中艺术被“隔离在文化的宫殿中，只有百分之五的人才能看得到，对我们的日常生活毫无意义”，而“现在我们不再需要尸位素餐的艺术。我们需要那种与人们密切相关的艺术，需要使艺术与社会及自然界发生功能性联系的机制”②。在此，约翰松认为环境艺术的功能性应体现在对人的关注和对社会与自然产生一种功能性的效应。

基于对环境艺术功能性相关理论的汲取，环境美学对环境工程功能的理解超出了抽象化与标准化的功能考量原则，它对于环境工程功能性提出了两点独特的要求：一，环境工程的功能应能适应当地的地理环境与人文环境。设计者应专注于倾听当地环境的诉说，并在设计中加以遵循。当然这种功能的呈现也应符合当地居民的人文诉求。因此，环境工程的各种形式、不同设计应契合当地的自然环境与人文环境，从而在不同的地域寻求多样化的功能展现，进而超越传统的功能标准。二，环境工程的功能应关注人的需求，从而

---

① ［加］艾伦·卡尔松：《人类环境的审美欣赏》，《从自然到人文——艾伦·卡尔松环境美学论文选》，薛富兴译，广西师范大学出版社 2012 年版，第 251 页。

② ［加］卡菲·凯丽：《艺术与生存——帕特丽夏·约翰松的环境工程》，陈国雄译，湖南科学技术出版社 2008 年版，第 95 页。约翰松的艺术功能化的思想来源于其对于米瓦族人艺术品的分析，在米瓦族人看来，艺术不仅与日常生活相关，而且艺术与自然现象与过程紧密关联。关于艺术功能化思想的详细论述，也可参见此书第 95~97 页。

体现功能与人的体验之间的内在契合关系。为了实现这种功能，环境工程应按人的内在尺度进行设计，从而全方位地满足人的需要与体验。从这种意义上说，环境工程所打造的功能性环境应是一个人性化的环境，而不应是一个对人性进行压迫的环境。它应在邀请人参与其中的过程中实现对人性的完美发挥与完善。而对于环境工程来说，它在设计中应完美地展现其功能性，而在功能性展现的基础上，合理地呈现设计的审美性。因此，环境工程的设计不应完全限制艺术家审美创造力的表达，而应通过艺术家审美灵感的彰显，合理地实现功能性与审美性的结合。

对于乐居城市而言，在环境规划与设计指导下的环境工程应考量其与地理、人文环境的契合度，考量其对人性舒展的关注度，从而将相互冲突的族群、利益和观点在城市环境中进行融洽的整合，并进而创建一种功能性的审美景观。

## 三、生态景观的打造

环境美学在化工程为景观的过程中对景观的内涵有其独特的理解，这种景观不仅有其视觉上的审美特性，而且更加注重对景观生态性的强调。

环境美学在发展的过程中汲取了从生态学视角考察人与自然关系的相关理论资源，接受了生态世界观的基本理念，从而促成了环境美学发展新阶段——生态学美学的产生。在北京召开的十八届世界美学大会上，伯林特梳理了环境美学的内在发展理路，将之描述为“环境”——“美学”——“环境美学”——“生态学美学”的动态发展过程。① 按照这种发展理路的描述，环境美学最初起源于对环境问题的关注与反思，当这种关注与反思置于美学的学科视野之中时，环境美学也就产生了，所以环境美学的早期发展更为关注环境具体问题的解决，侧重于应用层面的发展。当环境美学的发

① 刘悦笛：《从当代艺术美学、环境美学到生活美学——从十八届世界美学大会观东西方美学新主潮》，《艺术百家》2010 年第 5 期。

展进入20世纪90年代以后，理论的建构与应用的发展相得益彰，从而形成了环境美学发展的黄金时期；在这个全面的发展阶段，随着对生态学资源与理论的全面接受，环境美学进入了一个生态学美学的崭新阶段。生态学美学的目标就是建构一种环境审美生态学，当我们在连续体验环境的生态连续性时，我们就获得一种环境的语境性体验，当语境交互性产生时，一种环境审美生态学就在人与环境的融合中得到实现。在生态学美学的烛照下，城市生态景观的打造应实现自然的生态性、人工建筑的生态性两者的有机结合。

关于人工建筑的生态性，我们一方面要意识到建筑不可能是自足的或是独立于周边环境的，建筑的地理背景与社会背景是我们应重点考量的因素，这要求我们如何正确处理建筑的高度、规模、外表形态及其他与邻近建筑的关系。因此，我们在进行建筑设计时，应充分考虑到建筑与其场所的生态连续性，这不仅需要我们在进行景观打造时使用反映地域特色的当地建筑材料，并采用本地的植物来进行景观的美化；而且，也应关注到建筑必须成为一个完整地区的有机组成部分，建筑及其所在场所与周边的建筑和场所形成一种互惠的连续性关系。为了实现生态景观的形成，卡尔松在肯定景观生态学的基础之上提出了一种“人类环境美学的生态学方法”①（An Ecological Approach to the Aesthetics of Human Environment），“人类环境美学的生态学方法”强调人类环境与艺术作品的区别，将人类环境视为可以与组成自然环境的生态系统一样的一种整体的人类生态系统，从而将生态学的观念作为欣赏人类环境的一种途径。它力图将生态关注引入到人类环境的欣赏之中，它必然要仔细地寻找并力图确证生态必然性的存在，并且确认这种生态必然性能应用于文化（尤其是人类环境），从而将生态学与文化结合在一起。在这生态必然性寻找过程中，卡尔松在认真研究自然生态系统

① ［加］艾伦·卡尔松：《人类环境的审美欣赏》，《从自然到人文——艾伦·卡尔松环境美学论文选》，薛富兴译，广西师范大学出版社2012年版，第240页。

的基础上，提出了“功能适应”（Functional Fit）① 的概念。“功能适应”的概念认为每一个生态系统的组成要素在功能上必须在此系统内适应，进而言之，每一个生态系统自身必须在功能上适应各种其他系统，这就意味着每一个要素与系统必须具有功能，而且这种功能不仅有助于自身的运行，而且也应有助于系统中其他要素、系统自身以及整个自然世界的运行。当将“功能适应”的观念应用于城市生态景观打造时，城市环境应被设计成一个有机的整体，城市环境中没有任何的工程可以脱离整体进行独立的设计，任何工程都必须根据“功能适用”的原则将之置于更大的整体之中进行审美的规划。

另一方面，基于目前城市环境工程的现状，为了将环境工程打造成一种生态景观，我们应让环境工程能够发挥修复破损的人与自然的关系的功能，通过修复功能发挥，可以使一个地方再度成为一个整体。环境工程的规划与设计应大力打破审美、功能与生态之间的壁垒，每一个工程应将观光旅游、社会利益、基础设施与生态恢复等功能进行完美的结合，并且通过一些绿化良好的街道相互连接，在此基础上，进一步将城市的河流与公共空地（如公园、湿地、森林）联系在一起。通过这种生态性规划，环境工程能在城市环境中发挥其恢复生态连续性的功能，形成一种生态景观的内在互动。

上述两种生态性的描述意味着城市应是一个由多样性环境和谐共存的有机整体，而为了这种有机整体的实现，伯林特提出了应建立一种城市生态的审美范式，他精选了帆船、马戏团、教堂与日落四种典型的场域体验，从而来说明城市环境体验的多样性与有机性，并建构了一个城市生态的审美范式。② 他认为帆船代表功能性

① ［加］艾伦·卡尔松：《人类环境的审美欣赏》，《从自然到人文——艾伦·卡尔松环境美学论文选》，薛富兴译，广西师范大学出版社 2012 年版，第 240 页。

② ［美］阿诺德·伯林特：《环境美学》，张敏、周雨译，湖南科学技术出版社 2006 年版，第 52~70 页。

环境，马戏团代表想象性环境，哥特式教堂代表一种宗教性环境，而日落象征了一种宇宙性环境，这四种环境代表城市环境审美体验的四个维度，虽然这些维度有时并不能被人们十分清晰地体验，但这些体验本身足以引起人们的极大兴趣。当我们在着力培育一种城市审美生态时，这些审美体验能克服现代城市带给人的粗俗感与单调感，并且有利于塑造一种人性化的环境。伯林特力图通过四种典型环境来说明城市审美生态学的存在，并且极力强调在城市环境中建构这种审美生态的重要性。

为了在城市环境中实现真正意义上的“审美生态学”，城市的规划与设计应适应人的各种审美需求。工业化的过程力图简化人类的审美需求，从而导致人偏于单向度的片面发展，因此，环境美学视野中的城市规划与设计应极力抛弃功能主义的主张，因为功能主义的主张要求人们同化于大机器时代的社会秩序，从而使得城市环境与建筑日益趋于同质化，一个主导性的主题以不同的方式呈现在不同层级的各种主题中，它通过类似、甚至是重复而达到主题的统一，这就会导致城市环境的审美体验形成一种同质的体验。

当然，在城市审美生态学的视野中，一种健康的审美生态不仅意味着简单的多样性与多元化，简单的多样性仅仅表明不同元素的关系随意的、自足的，这无益于审美生态的自然生成。因此，多样化的审美元素应在城市环境生态系统整体中进行有序的设计，从而在生态系统的自我平衡中形成一种和谐的状态。虽然这种寻求自我平衡的设计可能并不完全对称，或不太符合视觉特性，但却可以在平衡中实现一种内在的审美和谐。与此同时，这种和谐应当是一种动态的和谐，在这个审美生态系统中，不仅允许内部各元素的不断发展与变化，而且允许新的无素的介入，从而保持审美元素的不断更新，在这种更新中，一个地点与其他地点的审美元素有机的联系在一起，建筑与其所在的更大的空间形成了一种审美的关联。在城市审美生态学的指导下，城市环境的多样性、和谐感、动态性才会真正为我们提供多样的审美感知、动态的审美活动、和谐的审美内涵。

## 四、场所感的建构

乐居城市的建构应致力于将场所感重新带回我们的栖居地。而场所感的生成首先必须促成城市环境“邀请性特征”的形成。心理学家莱温意识到了人与环境之间的内在交流性，为了说明环境的形貌特征对于人的影响，他提出了“邀请性特征”概念，而在此概念的基础上，知觉生理学家吉布森进一步提出了“行为的环境赋使”概念，用以说明环境中那些影响人类行为、促使人类以某种方式去行动的环境形貌特性，① 这种特性如同艺术品所具有的“召唤特征”一样，它能推动我们去进行环境的审美体验。为了满足我们对环境的介入式体验，城市环境应具有“邀请性特征”，从而邀请我们在环境中进行审美。

而对于城市的建筑物而言，为了塑造“邀请性”的城市环境，我们不应把它完全处理成为一个视觉对象，它不仅是一个有机的整体，而且也应与人类和周边环境和谐共存的一个存在。在这个邀请性的环境中，城市环境真正成为人类自身的生存世界，在这个世界中，我们的身体与环境相互影响，意识与文化在心灵上相互沟通，所有的感知体验处于一种动态的审美和谐之中。在这种人与环境情境融合的过程中，传统的二元论所坚持的人类意识与外部世界彼此分离在人与环境和场所的交融中得到了消解。

基于此，场所感的建构主要取决于城市主要建筑如何处理好与其相关场所的关系，而在目前的城市规划与设计中，建筑连接其位置的方式是多种多样的，一般来说，可分为单片式的、细胞式的、有机的和地质的四种主要的模式。② 但城市环境的规划与设计必须是一种人类社会环境的规划与设计，因此，它所关注的不仅仅是物

① ［美］阿诺德·伯林特：《美学与环境——一个主题的多重变奏》，程相占、宋艳霞译，河南大学出版社 2013 年版，第 15 页。

② ［美］阿诺德·伯林特：《美学与环境——一个主题的多重变奏》，程相占、宋艳霞译，河南大学出版社 2013 年版，第 23~25 页。

理环境，为了在环境审美体验中提高人类的生活质量，城市的文化也必然成为这种规划与设计必须重点考量的维度。因此，在语境性或场域模式的视野中，单片式的、细胞式的、有机的和地质的四种模式都不足以成为处理建筑与其周边环境关系的理想方式，从而也不能十分有效地建构城市环境的场所感。

为了促成环境场所感的生成，建筑与其位置的关系必须有利于审美者在环境体验中充分地运用语境性或场域的体验模式，在伯林特看来，环境体验可分为两种基本的模式，一种是旁观者模式，而另一种则是语境性或场域模式。① 在旁观者模式下产生的审美体验不可避免地会产生二元论，从而导致人与环境产生距离感，在这种距离感的导引下，作为旁观者的主体必然会对客体世界的环境产生一种疏离感。而对于语境性或场域模式，它强调人的身体与环境的物理背景、意识与文化的内在连续性，从而关注人类与环境的内在交融性，传统哲学中的二元论消隐在人与环境的连续性之中。因此，在语境性或场域模式的指导下，城市设计应与我们运动的、鲜活的身体相互融合，城市环境应被设计成一种在体验中呈现出动态感与有机感的空间。当我们作为体验者在城市环境中的斜坡和台阶上行进时，当我们在拱门与建筑物中穿行时，我们经历的是空间的收缩与扩大，远景与近景以一种变换的方式动态在呈现在我们的体验中，这一切使我们获得了一种流动的、生机勃勃的城市审美体验。

基于此，在未来的环境规划与设计中，我们应坚持一种布拉萨所主张的“批判的区域主义”。为了提出这种设计理念与风格，布拉萨一方面对现代主义设计风格与后现代主义设计风格进行了深入的考察，并着力寻找两者之间的不同之处。他认为，现代主义设计风格体现了一种特殊的美学品位，它是与建筑设计的功能主义观念互相联系的；而功能主义作为对传统设计风格的反叛，是在现代主义所提倡的理性主义的影响下产生的，它抛弃了所有的历史参照与

① ［美］阿诺德·伯林特：《美学与环境——一个主题的多重变奏》，程相占、宋艳霞译，河南大学出版社 2013 年版，第 26 页。

必要的装饰，突出一种表现理性主义的机械美学。在这种意义上说，功能主义是一种具有全球普适性的设计风格，它不会去考虑每一座城市文化、历史、气候与地形的独特性，而力图将这种设计风格的普适性推行到任何一个城市与任何一个时期。这种设计风格在城市规划中则表现为制定一个内容详尽的规划，在理性的指导下解决所有的城市问题。这种规划将城市环境划分不同的区域，按各自的功能将这些区域进行分离；并且认为通过城市的重新规划与翻新可以解决拥挤和贫民窟等城市的突出问题。现代主义的设计风格在否定传统的基础上重视理性主义，重视建构一种普遍的功能主义的建筑，重视把建筑从环境中独立出来，重视对城市重大问题的极权主义的解决；但是它忽视了建筑的必要装饰及其建筑与环境的协调性。随着西方进入后现代社会，后现代主义设计者抛弃了无所不包的城市设计方案，他们更钟情于“渐进主义与随机应变”，他们认为根据功能的不同而将城市划分为不同区域的做法太过于简单，这与造就具有多元审美情趣的设计理念是背道而驰的，因此，他们开始主张“杂乱的活力胜过显然的统一”。一方面，布拉萨也承认这种现代主义与后现代主义设计风格的宏观比较会遮蔽后现代主义设计风格中一个显著的分裂。另一方面，布拉萨又集中分析了后现代主义设计风格中的这种分裂。他赞成福斯特（H. Foster）的说法，认为存在两种不同类型的后现代主义设计风格：一种是反抗的后现代主义（Resistance Postmodernism），一种是反动的后现代主义（Reaction Postmodernism）；这两种后现代主义之间存在一种根本的对立，反抗的后现代主义是一种力图解构现代主义设计风格但也反对现状的后代主义，而反动的后现代主义则是一种否认现代主义设计风格但又对现状进行肯定的后现代主义。而反动的后现代主义设计风格拒绝功能主义而欣赏一种相对折衷的风格。一方面，它认为，既然我们不需要运用功能主义来表现理性主义的主宰地位，我们就必须使历史的故事与装饰成为建筑设计中不可或缺的因素；但由于它忽视对历史文化内涵与装饰意义的挖掘，从而导致其成为对流行的或伪历史形式的机械模仿。另一方面，当它意识到通过这种机械模仿无法对城市进行完美规划时，城市规划蜕变成一种对市场要求的被动反应，而不是一种对城市美好未来的合理谋划。正由于意识到反动的后现代主义的缺陷，布拉萨赞同带有批判性的反抗的后现代主义设计风格，从而提出了批判的区域主义的设计理念。从乐居环境建构的实践维度出发，布拉萨认同的“批判的区域主义”它承认背景的重要性，认为当地文化、社会风俗、政治事务、建筑技术、气候、地形以及这个区域背景中的其他因素对于建筑的重要含义。批判的区域主义也使用通常采用的建筑技术，但是却充分考虑当地的条件而防止随意地使用它们。① 因此，批判的区域主义不仅强调打造一种建筑与当地环境物理特性契合的生态景观，而且也致力于打造一种文化景观，以保证内在于文化中的生存者可以从中获取历史感与归属感。它坚持环境设计与规划应使人们从环境审美中获得文化的认同感与归属感，从而满足自身的情感需求。

综上所述，在环境美学的视野中，生态文明时代中的乐居城市打造应采用灵活的设计策略，在场所感的建构过程中契合当地的自然生态与历史文化，在审美性与功能性融合中实现对自然过程的完美融合与对文化和审美需求的适度满足，从而寻求居住者的场所感与家园感的生成。

① ［美］史蒂文·布拉萨：《景观美学》，彭锋译，北京大学出版社2008年版，第180~186页。

# 新冠疫情前后城市公园绿地的使用态度和行为特征研究

陈露阳　彭正洪（武汉大学城市设计学院）
罗　鹏（湖北省中西医结合医院）

本文旨在通过对武汉市居民在疫情影响下对城市公园绿地使用情况的深入研究，探索居民、公共健康、绿色空间之间的关系，选取武汉生态环境较好、绿色空间多样化、可达性较好的东湖绿道城市公园作为调研地点，随机选取武汉东湖绿道使用人群进行抽样调查，采用“线上问卷+深度访谈”相结合的调研方式，对其进行统计和相关分析。结果发现疫情发生前后：（1）很大程度上改变了公园的游赏模式，男性和女性的使用比例近 7：3，且对人类身心健康有潜在影响；（2）针对城市公园绿地使用情况发生质的转变，前往公园目的、频次、时长以及偏好区域均有不同程度变化，凸显城市绿色空间的重要作用和益处；（3）城市绿色空间所反映的公共健康以及城市发展问题凸显。基于大流行影响下的广泛性压力与绿地空间使用满意度呈现出密切关系，其中满意程度与城市绿色空间的属性差异性呈现正相关。由此得出结论：城市公园作为公共开放空间，在特殊时期既是生态资源也是稀缺使用资源。大流行下大多数居民城市公园的使用行为发生转变；参观城市公园可以缓解和改善整体健康状况，并有助于满足个人的娱乐和社会活动需求。除此之外，城市公园的发展也是城市公园的保护，应该坚持生态发展。没有生态文明思想的生态环境保护是低层次的城市公园发展，完全有可能造成生态资源的破坏。形成城市绿色空间的建设和保护意识是保证城市居民健康的重要前提。总的来说，城市公园的发展与居民、城市、整个生态系统的发展息息相关。

## 一、引　　言

毫无疑问，城市公园绿地作为城市居民接触频次较高的绿地类型之一，在疫情期间对居民的身心健康具有重大影响。研究结果表明，公共绿地在危机时期是健康和福祉的重要资源。

城市公园是城市公共绿色空间类型之一，提供多种生态系统服务，具有重要的价值，并对人的身心健康和社会发展有益，在特殊时期，这些影响可能会放大。蓝绿色空间的接触有利于身心健康，缓解压力、降低焦虑、注意力恢复、增加幸福感和满意度，能在一定程度上提高运动积极性，增强锻炼，从而减少肥胖、高血压和高血脂等疾病。有相当一部分居民试图通过加强步行锻炼来恢复身体机能和缓解心理压力。

近几年来，全世界城市公园的使用行为和方式正在悄然变化：公园参观人数大幅度增加、公园使用量有所增加、部分城市公园的游客人数减少、公共空间参与度下降等。公共空间绿地的使用降低疫情防控风险这些相互矛盾、变化的使用情况需要更多的研究来调查对公园使用的影响。

特殊时期城市绿色空间分布不均等也引起使用行为差异。本文拟从居民使用情况的差异的角度看切入研究疫情大流行下城市绿色空间与居民健康之间的关系。尝试探究城市公共空间绿地的使用内在联系，在疫情影响下不同年龄、性别、职业、身份等居民的使用态度和行为方式的具体表现，通过东湖绿地的使用人群进行抽样调查，对以上内容进行解答。本文先是收集了社会人口信息对使用人群进行分类研究，接着通过测量问卷中使用具体目的、频次、交通方式、出行方式及、区域以及时长等来研究大流行期间的深层次关联，思考城市绿色空间的建设。

## 二、研究方法及数据收集

### （一）问卷调研

为了解疫情前后居民对城市公园绿地使用变化以及对绿地健康景观的认识，本文选择“线上问卷”进行网络调研，同时结合“线下访谈”的方式，重点针对前往武汉东湖绿道的居民进行现场问卷填写以及深度访谈。研究内容包括：第一，居民的社会人口特征信息及心理健康状况；第二，居民使用对比情况。社会人口特征信息通过问卷调查采集，包括性别、年龄、身份、婚姻状况、职业和经济水平等；居民身体、心理健康采用李克特量表法进行自评；公园绿地使用采用问卷调查的方式获取。迄今为止，发放问卷335份，共收回有效问卷302份，有效率为90.1%。

### （二）现场考察

#### 1. 绿地样本选择

选取武汉市内知名度高、自然环境优越、交通较为便利的东湖绿道为研究对象。武汉东湖绿道位于武汉市东湖风景区内，是国内首条城区内5A级旅游景区绿道，规划建设以“生态武汉”为主，打造世界级环湖绿道。依托于人文历史资源、坐拥丰厚的自然资源，联合国人居署官员布鲁诺·德肯称其为典范。东湖绿道全长101.98公里、宽6米，串联起东湖磨山、听涛、落雁、渔光、喻家湖五大景区的东湖绿道，由湖中道、湖山道、磨山道、郊野道、听涛道、森林道、白马道主题绿道组成（见图1）。以其独特的自然风光、历史文化底蕴、生物多样性、植物多样性以及功能多样性吸引超4000万人次，成为居民旅游休闲和户外互动的首选之地。

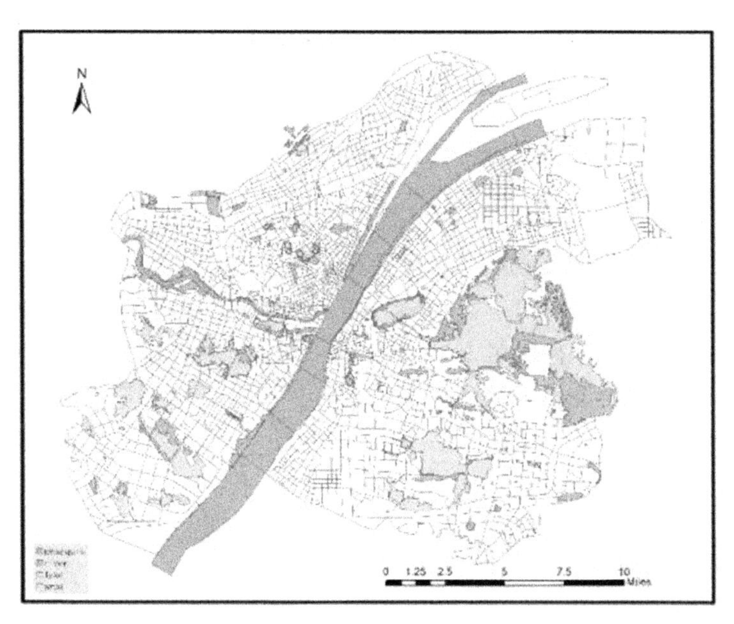


图 1　武汉市公园分布

因此调研分别于 2021 年 3 月至 2021 年 11 月采用“网络问卷+现场调研”的方式以东湖绿道作为主要研究对象进行调研。

2. 现场调研方法

在整个研究过程中，考虑疫情大背景以及公共空间使用的特殊性，优先采用现场行为观察、问卷发放、针对性深度访谈、绿地景观分类、当地工作人员采访咨询，以及拍照记录等收集现场信息。进行问卷的研究对象为使用东湖绿道的武汉居民，所有参与者均在知情情况下自愿填写问卷。问卷主要内容分为基本信息和测量问卷两部分，其中包含：社会人口学基本信息、居民身心健康自我评估、城市公园使用情况（访问目的、访问频次、交通方式、出行方式、访问区域、停留时长）以及绿色空间公平性和时空特点四部分。最终，在多次实地调研后获取有效样本。

## 三、结果与分析

### （一）调研对象基本情况（社会人口学特征）

据统计，调研对象中男性参与率（62.25%）远高于女性（37.75%）；并且受访者年龄主要集中在：20~29岁（41.06%）和30~39岁（23.18%）两个年龄段；主要为常住居民（78.15%）；其中，多数为自有住房（57.95%）。受访者大多数受过良好的教育（拥有本科及以上的学历68.54%），拥有一份稳定的职业，月均收入集中分布在每月5000~8000（30.46%）、8000以上（30.46%），因疫情影响，受访者工资水平接近一半（43.71%）发生变化，较疫情前大大减少（77.27%）（见表1）。总而言之，受访者中男性居多，10岁以下以及60岁以上比例较少，此外受教育程度高于武汉市第七次全国人口受教育情况平均水平，值得关注的是，居民收入水平变化中近80%的人收入为降低。

表1　**社会人口学特征**

| 特征 | 类别变量 | 样本量 | 百分比（%） |
| --- | --- | --- | --- |
| 性别 | 男 | 188 | 62.25 |
|  | 女 | 114 | 37.75 |
| 年龄 | <10 | 0 | 0 |
|  | 10~20 | 29 | 9.6 |
|  | 20~29 | 124 | 41.06 |
|  | 30~39 | 70 | 23.18 |
|  | 40~49 | 32 | 10.6 |
|  | 50~59 | 37 | 12.25 |
|  | ≥60 | 10 | 3.31 |

续表

| 特征 | 类别变量 | 样本量 | 百分比（%） |
| --- | --- | --- | --- |
| 身份 | 常住居民 | 236 | 78.15 |
|  | 非常住居民 | 66 | 21.85 |
| 婚姻状况 | 单身 | 126 | 41.72 |
|  | 非单身 | 176 | 58.28 |
| 住房权属 | 自有住房 | 175 | 57.95 |
|  | 租赁住房 | 127 | 42.05 |
| 居住年限 | <1year | 29 | 9.6 |
|  | 1~3years | 76 | 25.17 |
|  | >3years | 197 | 65.23 |
| 受教育程度 | 高中及以下 | 32 | 10.6 |
|  | 专科学历 | 63 | 20.86 |
|  | 本科及以下 | 207 | 68.54 |
| 职业 | 固定职业 | 154 | 50.99 |
|  | 自由职业 | 67 | 22.19 |
|  | 退休 | 13 | 4.3 |
|  | 在校学生 | 68 | 22.52 |
| 月均收入 | <1550 | 42 | 13.91 |
|  | 1550~3500 | 32 | 10.6 |
|  | 3500~5000 | 44 | 14.57 |
|  | 5000~8000 | 92 | 30.46 |
|  | >8000 | 92 | 30.46 |
| 收入是否有变化 | 是 | 132 | 43.71 |
|  | 否 | 170 | 56.29 |
| 变化趋势 | 增多 | 30 | 22.73 |
|  | 减少 | 102 | 77.27 |

### （二）身心健康自我评估

访问绿色空间与人的身心健康是相互作用的，大量研究证实：自然区域的存在在许多方面有助于提高生活质量。除了许多环境和生态服务外，城市自然还为人类社会提供了重要的社会和心理利益，从而丰富了人类生活的意义和情感。绿色空间的访问对身体健康具有积极的促进作用，反之，也会产生一定程度上的恐惧和痛苦的负面情绪，最终导致焦虑、抑郁等精神疾病的增加。由于此次研究的特殊性无法精准测量居民身心健康的指标，因此采用问卷自我评价获取身心健康的结果。自我评估依据李克特量表法进行身心健康状态级别分类：（1＝差，2＝较差，3＝一般，4＝较好，5＝好）。根据自我评估的结果，就身体健康水平而言，疫情后健康水平有所下降，具体表现在疫情后认为自己身体、心理健康状况“较差”“一般”得的人数增多，认为自己健康状况“较好”“好”的人数减少。其中，心理健康状况中变化趋势更为显现。如何在大流行下保证身心健康，值得我们深思（见图2）。

### （三）城市公园使用情况

城市公园的使用情况包含四个部分：访问公园的目的（见图3a），访问频次（见图3b），出行方式（见图3c），访问时长（见图3d），选择区域（见图4）。结果表明，居民城市公园使用的行为和态度已悄然发生改变：（1）对比前往公园的目的，疫情后人们选择前往“放松心情”“缓解压力”以及“锻炼身体”分别排在前三，值得注意的是“放松心情”成为首要选择，“缓解压力”更是成为疫情后人们前往公园的重要目的，很大程度上反映出人们对绿色空间的娱乐性使用增强。（2）就访问频次而言，在前后对比图中变化幅度基本保持平稳，但经常前往以及几乎每天前往的人数出现明显增长，出于身体健康考虑人们前往公园绿地的使用频次有所增加，凸显了公园，特别是城市公园在疫情期间所提供的的重要作用。（3）在出行方式上，我们可以理解为独行人数减少，多人陪伴人数增加。（4）访问时长的对比图中，尤为显著的是停留

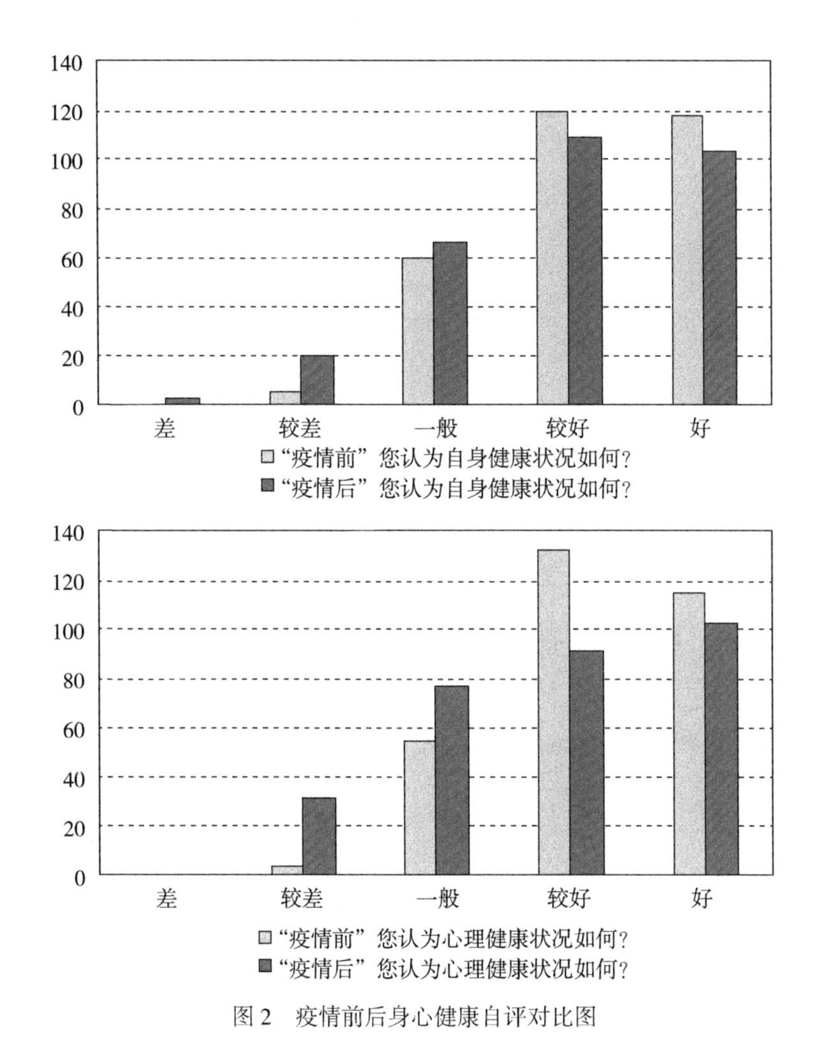


图2　疫情前后身心健康自评对比图

时长2小时以上的人数远远高于疫情前，同时也反映出更愿意选择长时间在户外。

（5）从调研结果可知，疫情前后人们选择公园的区域对比中选择“磨山景区”的人数较之前小幅度减少，而选择另外较为“分散”的四个区域人数都出于增长趋势。通过公园不同区域访问人次对应公园区域所属位置和功能来看，出现此变化的原因可能

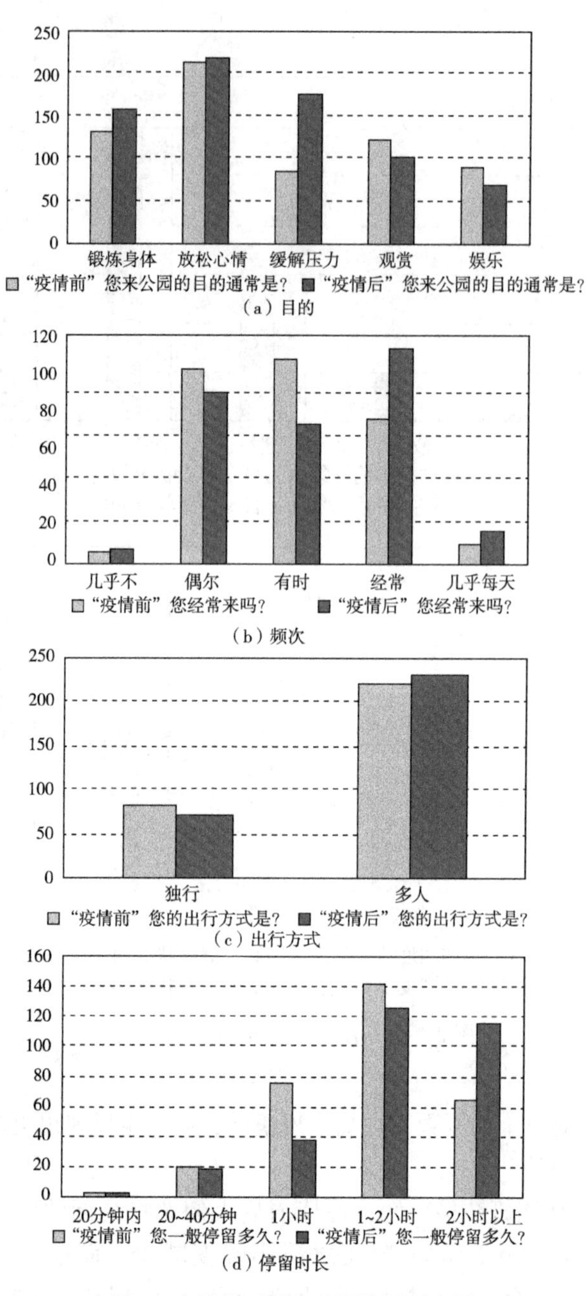


图3　疫情前后城市公园使用对比图

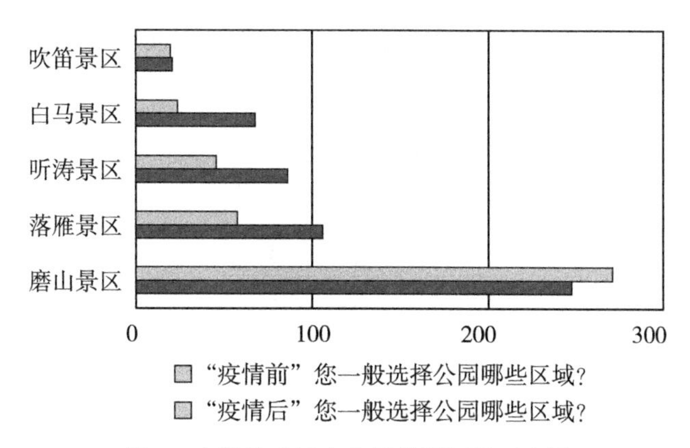


图 4　疫情前后城市公园使用区域对比图

是，一方面，出于对健康的考虑，选择安全距离和安全人数的区域从而避免可能导致的潜在感染风险，渐渐的成为一种选择趋势；另一方面这些区域对于居民的吸引力增加。

### (四) 城市绿色空间公平性和时空特点

近年来，城市绿色空间分布不均的状态有所缓解，但仍存在区域分布不均、绿色空间质量差异较大、绿色空间可达性等问题，往往造成人们对于绿色空间的需求无法满足。就此次研究而言，问卷涉及武汉市东湖绿道公园绿地以及受访者所居住区域绿地的满意度调查，仍然采用自评。结果显示，居住区所在绿地满意度整体上低于东湖绿道满意度；居住区绿地满意度较低，东湖风景区满意度较高直接反映东湖绿地质量出于优势。对居住社区周边的绿地评价中有部分对居住社区绿地不满意甚至是很不满意，而且"很满意"的人数也占少数。对公园绿地的评价中，大多数人对公园绿地持满意或更满意态度，说明东湖绿道各项基础设施较居住社区来说都要好一些。大家更愿意前往品质较高的东湖绿地。对城市规划建设来说，我们要采取公园城市化，增多公园的同时也要提高公园的质量，从基础上提高居民的生活质量（见图 5)。

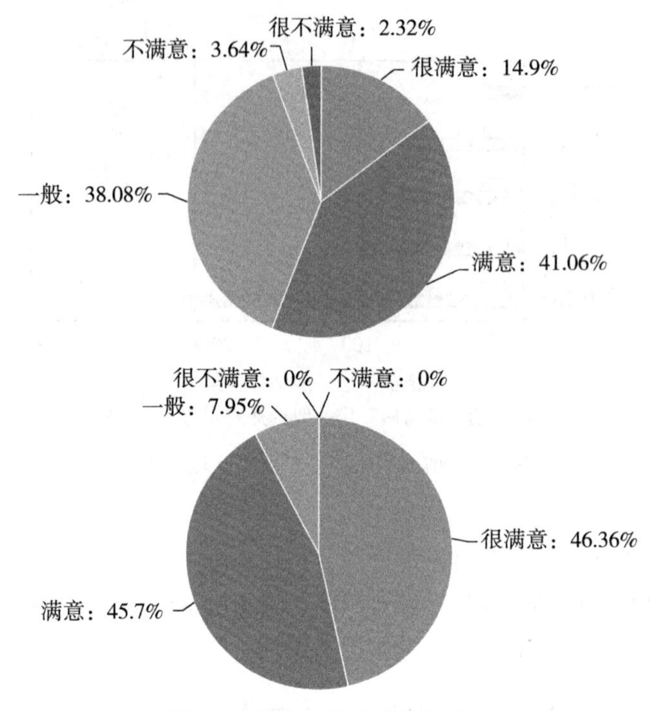


图 5　城市公园使用满意度对比

# 四、讨　　论

对城市居民的身心健康的研究和讨论显得尤为重要，疫情是否对城市居民访问公共绿地空间的行为产生影响？具体对哪些群体产生重大影响？如何影响？影响的原因有哪些以及影响的程度等一些列问题都将成为我们研究的对象。本文侧重于对疫情期间城市居民使用公共空间绿地的行为和态度做深入研究，具体表现在使用行为的变化，从而证实研究所推测的结果。

首先，研究表明，疫情对居民的日常生活产生影响已被证实，居民的生活发生变化。一方面，对比疫情前居民的身心健康有明显的变化；另一方面，疫情后使用公园绿地的目的、频次、时长等行为与疫情前大有不同。

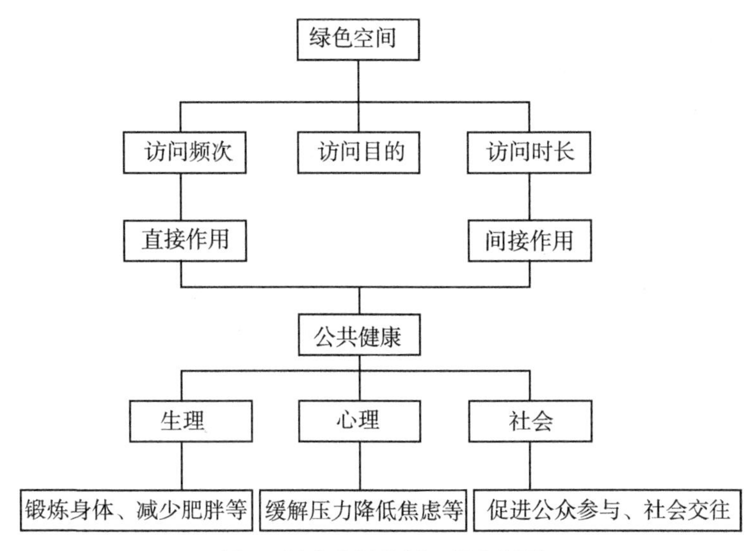


图 6　城市公园使用逻辑分析图

其次，疫情对居民的日常生活产生消极影响已被证实。具体表现在：（1）公园绿地访问人群的基本信息集中化。在受访者信息中，接近一半的男性城市居民选择前往城市公园，并且前往的年龄集中在 20~40 岁，也就是说，年轻人更加注重身心健康的恢复，更愿意花时间在提高自己健康。当然，访问者的行为与其身份、职业等信息呈现相关性，反映出当地居民为自由住房、住房年限长、并拥有稳定工作和受过良好的教育人群对访问绿地的行为以及健康认知方面显现出不一样的特质。

（2）具体在使用行为和态度上，疫情前后的变化态势也反映出疫情对城市居民使用公园绿地空间是有影响的。影响主要表现在，居民使用公园绿地的目的中选择锻炼身体、缓解压力和放松心情的人数增加，与现有研究相一致，城市居民的使用目的主要集中在体育锻炼和放松。这也可能与疫情所带来的身心健康有负面影响有关，人们通过访问公共绿地来改善。这也很好的解释了为什么目的变化。居民使用频次和时长方面，从研究数据可以直观看到，使用频次总体呈现增长趋势，其中有相当一部分人出现几乎每天前往的现象，而且在使用时长方面，明显感受到整体居民使用时长在增多。换句话来说，疫情直接或间接影响了人们使用公园绿地。

（3）通过对比城市公共空间绿地的类型、分布特点、质量的特征，居民对自己所在区域的绿地和东湖绿道的绿地进行评估。从结果来看，居民对绿地的对比表现出对不同类型绿地的态度，对自己所在区域的绿地满意度均低于东湖绿道公园绿地的满意度，也反映出居民对于东湖绿地空间的偏爱。由此，此次调研一定程度上反映出绿地空间分布不均、绿地空间类型差异、以及绿地品质差异等公共空间问题。这些问题也影响了人们访问绿地空间的行为，也反映出人们对于公共绿地空间的需求和要求。

最后，在此次研究中，我们的研究方式、过程、结论有一定的局限性。这项研究采取问卷发放和现场调研的方式进行研究，虽然证实了大部分猜想、丰富了现有研究，也真实反映出首发疫情最为核心城市武汉城市居民在疫情影响下所展现的真实使用情况，但是仍然存在一定的不足：（1）对于整个绿色空间的把控不具有普遍性，我们所选取的城市绿色空间具有特殊性，它不能代表武汉市甚至是全球绿色空间的使用变化；（2）我们所调研的样本量较少、调研群体较少涉及老年人，这也与所选取的绿地空间地理位置的局限有关；（3）样本量受教育水平较高，这可能是因为东湖绿地多在地武昌区为教育区的行政划分有关，附近居住的大学生人数较多；（4）对疫情使用情况背后的原因的影响因子未做深入探究，这不利于我们更好地探究出现此现象的原因以及对此行为现象的判断；（5）还有对城市公共空间绿地的规划和建议没有提出切实有效的解决方案。因此本文具有一定的局限性，潜在的因素未被发掘，导致我们的研究结果存在一定的偏差。不过，本文已真实反映出城市公园绿地使用情况，为下一步深入研究提供了有效的参考。最后，对于继续研究以及对城市公园绿地的建设具有重要意义。

## 五、结　　语

城市的发展、公共健康、以及生态可持续方面所引起的问题不可忽视。总的来说，突发健康危机并非是简单的、独立的、轻微的，需要引起我们足够的重视和研究。本次研究，使用定量和定性方法对武汉市 302 名公园使用者进行了调研。结果显示，居民因大流行对自身健康感知与城市绿地访问之间的评估较为明显。据报告，城市公园访问行为变化可以推导处居民对于城市绿色空间的需求，访问城市绿色空间可以改善生理、心理健康以及社会交往发展，提升公共健康的同时促进社会的和谐发展。这项研究强调城市公园在大流行期间的关键的、积极的作用。城市建设者可以考虑小尺度范围内、居民区范围内的小型绿色空间建设，减轻由于无法获得和缺失而造成的影响，鼓励人们更多地接触户外空间，加强身体健康。

当然，在此次研究中整理出的城市公园使用行为和态度相关问题，有必要进行更加深入的讨论。本文从行为感知切入发现：疫情在生活和工作方面影响到人们的衣食住行，也改变了人们使用公园的习惯和方式访问绿地可以有效的改善身心健康显得尤为重要。城市绿地的吸引以及自身健康的需要，城市绿地的访问情况在这一时期得到与以往不同的体现。面对这一突发情况，我们需要做到：（1）提高认知，加强人们对于疫情、身心健康、访问绿地有益于身心健康的认知。（2）建设良好环境，重视访问公共绿地的积极作用，改善城市绿地环境、缩小城市公共绿地空间品质的差距，凸显城市绿色空间多样化与地方性特色，完善城市绿色空间配套基础设施服务。（3）维护或增加可公开使用的城市绿地，重新评估我们与自然的关系来抵御未来流行病的发生。

城市绿色空间不仅是居民身心健康调节的重要场所，也是整个城市乃至是全球重要的生态资源，它起着调节城市以及整个人类的生态危机，可以说城市绿色空间的保存和发展是划时代的具有历史意义的重大举措，其生态意义是不可估量的。因此，加强城市居民与城市绿色空间联系的同时，也要对城市绿色空间这一生态资源进行保护，发挥城市公园在可持续城市中的作用以及城市中可持续发展作用。

# 车的媒体考古与未来城市景观[①]

张　健（华中科技大学建筑与城市规划学院）

当代意义上的（汽）车是指西方第一次工业革命时瓦特发明蒸汽机（1769）后，从德国工程师奥托发明四冲程往复活塞内燃机（1867），到卡尔·本茨（Karl Benz）将内燃机、加速器与三轮马车相结合（1885）的设计物。随后伴随技术的演变，衍生出当下街道上我们熟知的诸多类型。工业革命以前，则有以畜力为主要动力的马车等农耕时代序列。马车在中国俗称“车马”，历史上行使着包括劳动生产、代步、战争、仪礼等功能。如果从媒体考古学的视角回溯，则车马似乎还有被忽略的媒介功能。因此，对车媒体概念的建立及可能性形态的假设，或将促建诸多城市生活新模态。

## 一、车的媒体考古

### （一）车马与观看

《诗经·小雅》记载：“周道如砥，其直如矢。君子所履，小人所视。”从中可见两重含义：一是古代道路使用的等级制；二是对车马本身的观看行为。

其一，中国历代社会对道路与车马的使用都会依据身份进行等

① 本文系国家社科基金艺术学重点项目《“互联网+”背景下文旅夜游创新设计研究》阶段性成果之一，项目编号（21AH015）；中央高校基本科研业务费专项资金资助项目《基于建筑表皮的新媒体艺术景观研究——以建筑投影艺术为例》阶段性成果之一，项目编号（2016YXZD015）。

级区分，并以制度严格进行规范。如秦代的驰道，虽然“东穷齐燕，南极吴楚，江湖之上，濒海之观毕至”（《汉书·贾山传》），但乃是“天子所行道也”，“诸侯有制，得行驰道中者行旁道，无得行中央三丈也。不如令，没入其车马”（《三辅黄图》）。事实上，历代道路都有从中间至两侧、依“帝王—贵族官员—民众”身份逐级靠外的使用机制，区别只在于该路段的范围大小与面向公众的开放程度。同时，对车马的使用历代也有严格规定。如汉代“贾人不得乘马车”（《后汉书·舆服志》）；唐代工商、僧道、贱民不准骑马等。这些无疑都赋予了车马代步功能之外的权力与身份彰显功能。

其二，道路上的车马作为权力的符号被生产与观看。作为对道路使用特权的维护，保障车马安全、顺利出行的“儆跸”“喝道”等机制相应出现。这进一步促使车马成为权威的象征符号与展现载体向公众宣示威权。而规范天子出驾时扈从仪仗队的卤簿制度亦将这种观看仪式化。① 中国二十四史中半数辟有专门的《舆服志》部分来对其时国家礼仪中的车乘、章服、冠履等的装饰与使用进行记录以规范，使卤簿车舆成为传达礼制内涵的形制。历朝历代从天子、贵族、官员到普通民众，都遵循这一体系进行车马符号的生产，并随着车马在道路中的行驶实现其展示、传播、教育等功能。

### （二）街道中的车马

车马在街道中吸引了大众的视线，这种观看促成了车马多元开放触发的可能。街道中的车马不仅作为物化的礼制存在，同时也是一种移动的媒体、愉悦的经验物，为街道上的人们带来不同于日常的鲜活体验。

---

① 中国古代帝王出行时的仪仗，称为“卤簿”。卤簿一词，本意是记录帝王出行时护卫、随员及仪仗、服饰等的册籍，后常以其称呼仪仗卫队本身。根据出行不同的出行目的或活动场合，皇帝身边的随员数量、仪仗形制等都有不同，必须严格按照相关礼制规定来执行。卤簿早在汉代就已出现，此后魏、晋、唐、宋、元、明、清历朝都沿用，但规模和仪式则不尽相同。

（1）礼制符号。古代车马是礼制符号，一是从造物、装饰上遵循对自然、律法的象征，其寓意从宇宙万象到政治制度、社会礼仪、个人身份等谨严周密。车舆法天地日月星宿而制，以告示天下天赋皇权的合法性；二是从形制上与个人名位严格对应，如车马数量、饰物、纹彩、位次、仪礼等都与自身社会身份相符，“小不得僭大，贱不得逾贵”（《汉书 · 货殖传》）。通过色彩与纹样的组合递减来标识身份等级。上述都是礼制籍车马实现的符号具像化，以展示于道路，供民众观看。

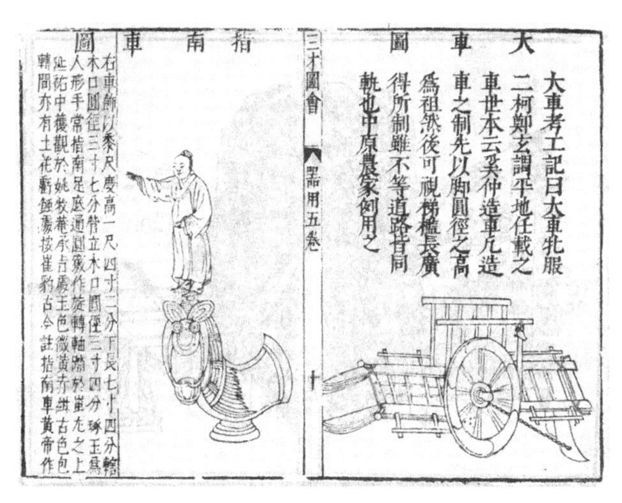
大車圖
大車考工記曰大車牝服二柯鄭玄謂平地任載之車世本云奚仲造車凡造車之制先以脚圓徑之高爲祖然後可視梯檻長廣得所制雖不等道路皆同軌也中原農家例用之

三才圖會 器用五卷 十

指南車圖
右車飾以黍尺度高一尺四寸二分下長七寸四分轄木口圓徑三寸七分皆立木口圓徑三寸四分琢玉爲人形手常指南足底通圓竅作旋轉軸蹲於崖尤之上延祐中獲觀於姚牧菴承旨處玉色微黃赤紺古色包轄間亦有土花斵蝕痕按崔豹古今註指南車黃帝作

图 1　（明）《三才图会》里的指南车

（2）信息媒介。古代车马是一种被忽略的信息媒体，具有信息承载与传播能力。《礼记 · 曲礼上》记载了天子仪仗车舆中利用不同旗帜进行的路况信息反馈机制：“史载笔，士载言。前有水，则载青旌。前有尘埃，则载鸣鸢。前有车骑，则载飞鸿。前有士师，则载虎皮。前有挚兽，则载貔貅。行：前朱鸟而后玄武，左青龙而右白虎。招摇在上，急缮其怒。进退有度，左右有局，各司其局。”而分别走在车舆队伍第一、二位置的指南车和记里鼓车，则是对信息功能从技术维度切入的创造。指南车（司南车）运用机械技术实现车位定向，其“设木人于车上，举手指南。车虽回转，所指不移”(《宋书·礼志》)。记里鼓车用于仪仗队的距离计量，“制如指南，其上有鼓，车行一里，木人辄击一槌”(《宋书·礼志》)。此二者不仅从科学技术维度探索了车作为媒体的信息加工能力，而且以诗意艺术形式在公共空间取得了游行表演式的成功。

图2 明代《出警入跸图》围绕大队车马展开构图与表现

(3) 时间景观。中国古代车马除代步外的首要功能在于公诸身份与彰显威严，在街道中的行驶在这里也成为礼制仪式的构成部分之一，以展示于道路，供公众观看。就卤簿使用而言，出行目的不同，仪式各别;① 这种穿越街道的仪式时会发生，其时车马骈阗、声势浩荡。同时，仪队里的车、马、旗等各元素在装饰上极尽材美工巧之能事。精美的车马在街道中依次映入观者的眼帘，当它们浩荡地经过街道时，引发出对于流动风景的体验。明代《出警入跸图》为我们抓取住了时间中的这个经验。该主题以两幅合计56米的长卷展现了明神宗朱翊钧谒陵时，其大驾卤簿从京城德胜门沿陆路出发到京郊45公里外天寿山祭祖，再经水路返回的整体情景。由60余乘车辇、5000多仪仗人物与行进中的道路景观构成了整

① 据《新唐书·车服志》:“曰玉路者，祭祀、纳后所乘也，青质，玉饰末；金路者，飨、射、祀还、饮至所乘也，赤质，金饰末；象路者，行道所乘也，黄质，象饰末；革路者，临兵、巡守所乘也，白质，鞔以革；木路者，蒐田所乘也，黑质，漆之。”

个画面，使我们思考由车马与道路为主体进行艺术构景的可能。

## 二、车与新媒体

### （一）边缘化的车

车马的发展在现代社会机械化进程中生成繁多类型。一种明确以媒介为核心价值的车出现了——它整个车厢面向街道的两个侧面都被高清 LED（发光二极管）屏幕所覆盖，屏幕里播放着招揽广告的视频，缓慢、安静地行驶在街道上。与其他车辆相比，它外观丑陋、装饰粗糙，几乎完全被声、光、电新媒介所包裹的车身从根本上标示出它的怪异与边缘。

图 3　被 Led 屏覆盖的新媒体车

这辆车引发我们对下面几个问题的思考：它如何被认为是边缘性的？什么是成为它的核心要素？它与周边世界的关系应如何被建立？

结构主义曾用一组组对立的词语来实现对世界的解释和建构，与边缘相对的是主流，这辆车正是因为它的非主流而使人另眼相看。那么，主流的车具有什么特征？我们试述如下：①用于代步（或运输）的人造机械物；②在大众设定的功能系统里拥有明确的

图 4　纽约时代广场的媒体建筑

社会性身份，如私家车、公交车、班车、救护车；轿车、客车、货车、越野车等不同认知序列；③由光滑金属外壳的造型、色彩、质感等所主导的个体形象识别……

但这辆车并不具备上述主要特征。它既不用于代步也不服务于运输，所以在大众认知序列里没有它的位置，同时它被 LED 屏幕所遮蔽的突兀外观也脱离了大众的审美习惯。因此，它被边缘的过程表现为被看到但随即被忽略，成为一辆在边缘游走的、独自狂欢的车。

这同时引出我们的第二个问题，周身式巨大的 LED 屏幕成为它此时最大的显征。首先，这使传播成为它的核心功能，或许我们可以称其为媒介主体性。这辆车以传播功能取代了传统汽车的代步或运输功能，打开车门更可以看到车厢内部被各种支持 LED 屏幕正常工作的技术性设备所占据。权宜之计是将它暂且归类于特种车（包括救护车、转播车、消防车等），它们车体内都装有固定专用仪器设备以从事某种专业工作，但它尚缺乏一个标准的名称及与之相应的“合法性”身份。其次，包裹式 LED 屏幕也使它与街道上具有类似功能或形式特征的车辆相区别。它那超大的 LED 屏幕远大于一般的士顶灯部位和公交车车尾上部的 LED 小条屏。和车相比，它更像一种传播媒介或媒体，并以此为自身核心（唯一）价值。但它不一定是对街道秩序的破坏者或闯入者，从作为媒介这一存在上来说，它只是从媒介技术上不同于公交车体的静态画面。就富于变化的电子媒介特点来说，它与街道两边楼体上的巨幅 LED 大屏幕形成恰好的呼应。而后者已先于它获得这个时代广泛的关注，成为媒体形态上的交叉前沿风格。

### （二）汽车作为新媒体

汽车与电子媒介的结合，自“二战”后一直聚焦于车体内部驾驶员操作区域的安全性、舒适性改良。20 世纪 70 年代末，人机工程学的介入使得早期机械-指示灯式仪表盘被基于“抬头显示”（HUD，平视显示系统）的数字仪表盘代替，其后从真空荧光显示屏（VFD）、液晶显示器（LCD）到可接入 CAN 总线信号的薄膜晶体管显示器（TFT），仪表盘已发展为一个集操控信息反馈、导航、影音娱乐为一体的“类 IPad”终端，或曰新媒体终端。这些观念和技术虽未影响到汽车的外观设计，但仍然存在与车身影像媒介、信息处理有关的概念或实验性设计。

图 5　《变形金刚》里正在隐身的“幻影”

在 20 世纪 80 年代风靡全球的美国动画片《变形金刚》（Transformers）中，来自塞伯坦星球的汽车人“幻影”（Mirage）

图6　迪士尼乐园的“主街电光巡游”

可利用眼中的集束电子波发射装备，制造一段持续6分钟的、模拟周围环境的虚拟影像，以此形成视觉干扰实现车体隐身。

对幻影的想象可视为当代车身媒介化与影像化的概念先行，现实世界中较著名的尝试出现在美国迪士尼乐园（Disneyland）的“主街电光巡游”（Main Street Electrical Parade）单元里。“主街电光巡游”是1972年迪士尼公司用来提升园内夜间娱乐饱满度的新作，因仅靠此前的焰火表演无法将游客留到深夜，人们通常在晚上6点左右离开园区。因此，在加州迪士尼乐园的中央大街上推出了该项时长约30分钟的彩车巡游表演。该项目由根据迪士尼流行电影改编的数十辆主题彩车构成，包括《爱丽丝梦游仙境》《灰姑娘》《白雪公主与七个小矮人》等，造型各异的车体外观全部用点状电子光源进行了轮廓勾勒及艺术表现，同时穿插有声效、烟雾及演员的表演。虽然这些车的装饰手段并不是严格意义上的新媒体，乐园内的主街也并非真正的开放式公共交通道路。但这一以车辆结合声、光、电形式进行艺术（信息）表现，并以在街道上的移动为展现方式的娱乐行为具有很好的启发价值。在其后的40多年里，它在全球各处迪士尼乐园里断断续续地出现，并成为经典怀旧品牌节目，在2017年1月它再次和公众见面时的价格已达95美元。

回到汽车作为新媒体本身的可能，这是对想象力和技术的双重挑战，LED 技术助长了它实现的可能性。LED 作为一项将电能转化为光能的技术自 1962 年发明以来，在图像采集、色彩再现、像素控制、数据重构和存储、系统可编程技术、远程实现等方面不断相互促成发展，成为集平板显示、信息处理于一体的新媒介，并广泛应用于城市公共空间中的大屏。而这一新媒介与汽车相结合，并在主观意志上首先将车视为一个媒介体的尝试在当下已获得越来越多的关注。

2019 年 10 月，在我国庆祝中华人民共和国成立 70 周年的天安门广场群众彩车游行活动中，湖北省彩车以 16 块异形 LED 屏幕构成了车身的主体造型，表达的符号意象包括：车头部分由曲面 LED 屏构成的浪花象征长江三峡大坝水利工程；车身侧面波浪形 LED 屏象征的长江文明；车体由 10 万个 LED 屏幕小模组组成的马蹄莲建筑象征高新科技等。彩车屏幕整体亮度是一般电脑亮度的 7 倍，这使得影像在白天也能取得良好的观赏效果。似乎是一种巧合，湖北彩车以新媒体技术还原了中国古代车马作为礼制符号、信息媒介与时间景观的多重价值，它在现场与各类媒体终端前无数眼睛的观看中驶过长安街，完成国礼仪式。

在彩车这个案例中，作为新媒体的车是街道场景里的焦点，不同于前面那辆同样想探索新媒体的处境边缘的车。或许人们可以接受这样奇特的事物出现在活动表演、节庆仪式中，而不是在日常生活里；或者它们缺少更多的呼吁来认同，更多的观念与法规来引导其规范化，使其找到顺利获得社会广泛认同的路径。

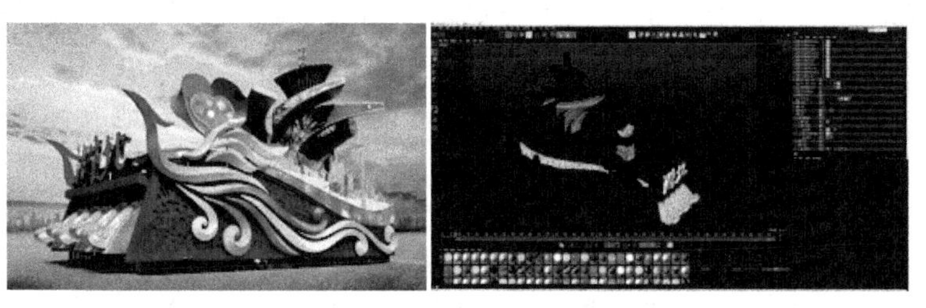

图 7　庆祝中华人民共和国成立 70 周年的湖北彩车及其媒介化表皮设计

## 三、新城市景观：车为中心的展开

### （一）汽车成为景观

尽管汽车为人类社会带来诸多便利，但在与城市生活、文化和景观相关的建设性议题讨论中，汽车始终被视为掠夺者与破坏者而被排斥于外。

首先是维持它庞大机体运作所带来的能源消耗、空气污染，其次是它不菲价格造成的消费主义、拜物教式的原罪，以及它在城市中的移动带来的噪音干扰、空气污染、视觉侵犯、环境破坏等。同时，它一直作为影响城市街道品质评估中的消极因素存在，包括它所惊扰的、利于公共亲密与互动关系构建的街道闲适，及为其修建专用道路（高速路）而被迫妥协的城市景观。列斐伏尔指称，城市生活“牺牲于那个汽车多如牛毛的抽象空间……（驾驶员）感知到已经物化、机械化和技术化的道路，他仅仅从一个功能角度看到道路：速度、仪表、设施”①。

但从车马时期发展到当代汽车工业和文化，及至AI自动驾驶。我们是否可尝试去反观汽车，从媒介角度出发去建立汽车与城市生活间的良性关系。

近现代对城市景观的设计主要以人步行的身体作为行为及尺度基准展开，街道、广场、建筑成为设计要素，构成城市观看的要点；对街道景观的设计则以一种假想从街道中间看向左右两边，或从单边看向对面的视角展开，建筑成为街道设计和观看的要点。在这样一个景观场景里，汽车究竟是如何被排除出去的呢？设计师们指出，“大流量的快速交通需要大型的公路……街道和广场作为社会联系的地点会继续遭到破坏，也是一个伴随着地方环境恶

① ［美］米米·谢乐尔、［英］约翰·厄里：《城市与汽车》，汪民安、陈永国、马海良：《城市文化读本》，北京大学出版社2008年版，第214页。

化的过程”①。可前述对车的媒体考古提醒我们，当车马或汽车本身具备足够的“观看”价值时，其亦可成为城市话语的有力部分参与城市景观与文化塑造。尤其在当下的信息时代，数字技术持续革新着人类生产方式、社会意识、产业形态、生活观念等，汽车能够以积极的姿态共生于人类的城市吗？让我们尝试建立：

（1）汽车与城市生活的正面关联。汽车应不仅仅被视作交通工具，进而被强行人格化为城市闯入者、资源消耗者、环境破坏者、社区社交损害者等反面形象。严格意义上，上述人格化形象同样也适用于作为城市主体的建筑与街道。去除掉上述偏见后，汽车将同时作为新媒体平台与终端概念出现，这将为社会带来诸多可能。

（2）对交通空间的多维认知。街道空间一直被视为行人与车辆的竞争性场所。功能主义者强调物流优先而取消掉街道为公众带来闲适的可能，人文主义者为了容纳足够多的眼睛与观看，直接借助步行街取消了汽车。在街道与汽车担负起城市空间连接作用的前提下，其衍生出的交通道路、交通集聚点、停车场等中性空间将如何被认知与塑造？

（3）汽车参与的城市景观营造。汽车在传统城市景观设计中属于被隐藏的对象，克利夫·芒福汀在《街道与广场》一书中谈道：“（成功的步行街）也基于它能很好地获得私人或公共的交通条件。步行场所设计师的一大难题是把停车场融合在城市建筑物的包围之中。”② 汽车没入建筑配套设施般的后台。约翰·厄里则认为“车成为驾驶者身体的延伸，创造出新的城市主体性”③。这意味着由车所主导的全新居住、出行和社交方式潜藏的可能。当社会观念、生活方式、行为习惯发生巨大改变时，作为景观的建筑、街

---

① ［英］克利夫·芒福汀：《街道与广场》，张永刚、陈卫东译，中国建筑工业出版社2004年版，第142页。

② ［英］克利夫·芒福汀：《街道与广场》，张永刚、陈卫东译，中国建筑工业出版社2004年版，第143页。

③ ［美］米米·谢乐尔、［英］约翰·厄里：《城市与汽车》，汪民安、陈永国、马海良：《城市文化读本》，北京大学出版社2008年版，第220页。

道与广场都将随之而变。

### （二）汽车的景观可能

我们接受汽车作为城市景观的重要元素，这带来一种前所未有的复杂性。汽车具有移动性、空间性及与人的一体性。其中，它的移动与空间相联，可视作空间在时间中的流动和过程；它的空间具有“私人/公共”“真实/虚拟”两重属性，即个体的私密空间/延续自城市的展示空间，物理实在的车空间/链接于网络信息平台的虚拟空间；同时，汽车作为完全的存在是依赖于人来完成的，无人驾驶的车旋即失去前述特性带来的活力。因此，车还具有映射性。映射着驾驶者的思想意识，城市的群体文化、社交生态等。这些只是一个基础性的框架，如深入发掘汽车与城市生活中任意事物的联结，都将产生诸多意料之外的可能。在此，我们将讨论范围限定在作为新媒体的汽车，与作为城市景观核心要素的街道、建筑之间进行物理性景观结合的可能，包括潜在形态与方式的探索。

（1）汽车“漫游者”。本雅明《拱廊计划》中的“漫游者”以漫游（行走）的方式感受、观察着被资本主义市场与商业展示所操控的城市公共空间，并指出在其中漫游的独特意味：街道是集体的居所……活动的存在者在这里生活、经验、理解和发现。这被认为是开启了城市公共空间理解的“现代性”，“肯定了‘街道’的景观、活力、创造性和多彩文化”①，并以通过对公共空间的观看、体验等建立深度联系。同时，“行走”变成最易于揭示街道本质的一项策略，“通过行走，城市的使用者体验并创造了一个他们不可能‘看到’的城市，因为它只可能存在于某一个人在某一个特定时间所占据的空间中”②。这引出了公共空间感知的时间性、想象性思考，并成为现代城市设计极力达成的目标。

---

① ［澳］德波拉·史蒂文森：《城市与城市文化》，李东航译，北京大学出版社2017年版，第100页。

② ［澳］德波拉·史蒂文森：《城市与城市文化》，李东航译，北京大学出版社2017年版，第85页。

依据上述观点，汽车在街道上的行驶也是一种漫游、激发和创造的方式——既是属于驾驶者的感知权利与感知器官，也能成为行人观看的感性对象。汽车作为“漫游者”的特性包括：

其一，汽车“漫游者”标识着城市中的一类新兴社会群体。他们与车有着天然的（喜爱）、必然的（职业）或经常的（代步）等的联系，或者城市里每一个有坐车经历的人都隐藏着这样的经验。他们不仅透过移动与车窗看向城市，也增加了借助媒体技术或平台“在途中”的社交方式。这使由汽车—驾驶员一体造就的“瞬时时间和延展空间成为社会生活方式的塑造中心”①。

其二，汽车“漫游者”有被机械与信息技术延展的赛博格知觉。汽车机械技术打破了人在空间中的地理区域限制，以往由地点主导的城市文化变得更加个人主义与多元，主题文化或将取代区域文化的主导性；信息技术则促成汽车的智能互联、共享出行、自动驾驶等，② 通过人机智能交互系统释放与扩展人的知觉，打破人与车、车内与外的阻隔。汽车“漫游者”是城市多元文化、数字内容的生产者。

其三，汽车“漫游者”的数字化表皮是一种个人主义的公共沟通机制。一方面，它的数字化表皮兼具私人性与公共性使“漫游者”可自由切换于个人与社会、私密与公开，沉默与展现，虚拟与现实之间，与媒体建筑、手机终端相比具有更好的外放性，促

① ［美］米米·谢乐尔、［英］约翰·厄里：《城市与汽车》，汪民安、陈永国、马海良：《城市文化读本》，北京大学出版社2008年版，第211页。

② 在德国戴姆勒集团提出的数字化汽车发展的“瞰思未来”（CASE）战略中，网联化、自动化、共享化及电动化为其核心内容，即智能互联（Connected）、共享出行（Shared & Services）、自动驾驶（Autonomous）、电力驱动（Electric）。其下的梅赛德斯-奔驰品牌概念车，通过内置连接功能（SIM卡、4G/5G）、汽车认知技术（传感器融合、感知和地图、定位、线控驱动）、车载出行平台等实现人车、车内车外智能交互驾驶。细节则包括应用增强现实（AR）技术实现“实景穿越导航”（实景道路环境与虚拟导航指示信息叠加）；通过显示屏与行人友善对话；通过尾灯向外界发出警示和路况、行驶信息等。

进一个更加外显的社会，展示个体与城市文化。在游戏“赛博朋克 2077”中，利用“水晶穹顶”（Crystal Dome）技术，汽车能实现车身内外部的全息影像投射，为乘客提供个性化服务或隐私保护。另一方面，移动的汽车及其数字化表皮形成了一种新的城市景观形态。景观具有时间可变性、空间可移性等活性基因，其构成的汽车公共媒体终端在城市中的行驶更利于制造注视、引起话题，使被网络褫夺的物理性公共空间重新回归。

图 8　电游“赛博朋克 2077”中利用全息技术自由更换表皮的汽车

（2）城市“奇观”。社会批判理论的“奇观”一词来自居伊·德波“景观社会”（Society of Spectacle）之“景观”（Spectacle）概念的另译，区别于我们通常意义上的景观（Landscape），是指消费社会被影像（视觉映像）编织成的被隔离的“虚假世界”。道格拉斯·凯尔纳的“媒体奇观”（Media Spectacle）指的是被媒体放大制造出的戏剧性文化事件。二者都旨在揭示“奇观”背后的权力及其操控机制。

大卫·哈维谈到资本空间化扩张中通过环境营建（Built Environment）而形成的一种特殊产品——“文化产品”①，其类型之一的奇观建筑“给人一种外表光鲜、短时间内即可供人分享快

① 按照哈维的观点，文化产品区别于具体、平常的生活消耗品，包括“艺术、戏剧、音乐、电影、建筑，或是更一般性的地方生活风格、史迹、集体记忆和情感社群”等。

图9　汽车造就的城市“奇观”：“龙马精神”

乐的感觉，为了展示和短暂的体验而建，是一种以享乐为目的的建筑各种样式、历史参照、装饰以及多样化的外表的折中混合”①。在这一维度下城市也变成了奇观，“奇观城市”不再注重生产以及进行生产的空间，转而关注城市文化、城市形象的塑造和传播——“一种正面的高品质的地方形象……具有某些特定的品质、奇观与戏剧性的组合”②。城市中，各种“休闲、娱乐、奇观和逸趣被制造、包装、营销，并最终被消费”③。伊丽莎白·巴洛·罗杰斯在《世界景观设计：文化与建筑的历史》一书中对这种“奇异景观”的描述是：它们“借助媒体技术连同高度市场化的技术”达成“现代城市以自我主题来吸引游客”④。尽管这一景观被视为缺乏严肃的历史意义及背离景观遵循自然的悠久传统，但它作为一种景观类型日益受到关注。景观设计师理查德·韦勒依据特定景观项目的“形式、风格或主题”及创作者的主观、直觉和知识背景，提出包括“奇观”在内的11种景观类型框架。他认为“奇观”（The

① 参见［澳］德波拉·史蒂文森：《城市与城市文化》，第127页。

② ［澳］德波拉·史蒂文森：《城市与城市文化》，第124页。

③ ［澳］德波拉·史蒂文森：《城市与城市文化》，第126页。

④ 参见［美］伊丽莎白·巴洛·罗杰斯：《世界景观设计：文化与建筑的历史》，韩炳越等译，中国林业出版社2005年版。

Spectacle）以城市的剧场性为审美乐趣，虽然有资本烙印，但仍然可以“既大胆又美丽”，既不必去掩饰和柔化过度的建筑与工程，也“不需要诉诸广告的噱头或屈服于新自由主义城市发展所需的品牌效应”①。

上述关于“奇观”概念的论述亦是对汽车景观基因的剖视。尽管德波拒绝媒介作为中性工具的可能，但艺术与设计界已普遍接受媒介作为创作材料，“奇观”作为手法或类型也被剥离出消费主义幻象、文化霸权图景诸语境。而“汽车媒介”具有的“私人/公共”“真实/虚拟”“车人一体”等复合性特征，也将对既有空间权力分配、物理空间恢复、社群关系活化、城市文化构想等问题提供有价值的思路。从应用层面，汽车对城市景观的参与可从下述方面构建：

其一，协同“汽车-建筑-道路”城市物理界面。虽然暂未形成清晰明确的概念，但媒体建筑已事实上构成“城市（影像）界面”，我们可以将其视为初级阶段。下一阶段能否是建筑、道路、汽车的影像化一体阶段，三者从新媒体显示终端维度打通观念及技术屏障，实现城市景观空间层面的多层级完整覆盖。

其二，建立专门化数据/影像的生产机制。汽车介入后的城市公共空间影像具有极强的专门性，非惯常单一的信息告知、商业传播或艺术现场。其面临全新的媒介载体、多元的功能需求、复杂的技术路径，从内容版权、形式语言、设计方法、专业标准、数据交换协议、发布权限、内容管理等都需要建制来规范。

其三，激活“汽车+”。汽车的媒介化将促成城市景观的毛细血管化、细胞化发展，作为城市“皮肤”感应与反应城市文化。如外化车内个体情绪，映射城市环境特色，主题化无意义景观，差

① ［美］理查德·韦勒：《景观类型——面向当代风景园林学的一种分类法》，李宾译，《风景园林》2019年第7期，第10~11页。其他几种景观类型分别是：场所精神、反传统主义、赛博格、数字自然景观、非决定论不确定性、管理主义、行动主义、弹性、景观都市主义和宏大规划。韦勒同时认为它们有时候会形成交叉。

异化景观体验（据空间、速度、情绪、功能、内容等不同生成的影像流动性时间景观）等。同时，汽车可以发展出“媒体汽车”（或视为一种亚汽车）的一个交叉类型，通过“汽车+”的方式来创造城市活力。如2014年在北京鸟巢与水立方之间景观大道上与观众互动巡游表演的巨型机械“龙马精神”（L’esprit du Cheval Dragon），是一个汽车的具像化变形——这个高达12米的“神兽”龙头马身，寓意中国传统的龙马精神，是法国就中法建交50周年送给中国的礼物，其实质则是汽车主导的街头戏剧表演。活动在包括中国北京、西安，法国南特以及加拿大渥太华等地的巡演吸引了上百万观众走上街头，汽车这种媒介化的创新应用具有很好的启发性。

图10　建筑电讯学派（Archigram）的“步行城市”

城市景观来源于人类的想象与自我认同，在不同时代、地域建成的不同景观，触发人们众说纷纭，当代城市景观的语境包括城市复兴、媒体城市、虚拟社区等。哈维认为城市空间组织的第一物质事实是运输和通信，而本文则从作为交汇点的汽车这一要素出发，阐释了全球城市经济低迷背景下汽车构成城市景观的积极性价值。其前提是汽车的自移性与媒介性。2021年3月，以手机为核心业务的小米推出其第一辆车。这款配备全智能家居系统的房车，被认为是对经济能力偏弱年轻人“有房有车”梦想的满足。这使人联想起隆·赫伦在20世纪60年代提出的步行城市（Walking City）概念，作为城市主体的建筑被一个个巨大、可移动的机械舱体所替代，这些椭圆形舱体依靠若干机械腿得以四处迁移，自由选择环境与彼此聚落方式。这是对建筑、街道和城市之地理禁锢的释放，这些“类汽车”装置似乎暗示了当代汽车“漫游者”的游牧式未来。未来汽车从能源创新、智性材料、无人驾驶到万物互联等的技术深化，都意味着未来城市景观的持续性生成。

# 梯田景观的审美价值

肖双荣

联合国教科文组织颁布的世界文化遗产的重要组成部分之一是农业文化遗产，联合国粮农组织也定期评审农业文化遗产，并且督促各国政府加以保护。我国南方以及东南亚稻作区的梯田是世界农业文化遗产的典型代表，蕴含着丰富的审美价值。首先，著名的梯田通常拥有悠久的垦植历史，具有独特的文化身份，正如瓦尔特·本雅明所说的手工制造时代的艺术作品一样，产生了一种美的“光韵”。其次，梯田生产形态符合“环境友好型”“资源节约型”社会发展要求，启示人们及时拯救由于工业化的推进而面临严重危机的地球生态系统，焕发出苏格拉底所说的因善而美的光辉。再次，梯田景观显现为一定的视觉形态，如地势高下、曲线构形、整齐一致、色彩绚丽、光影幻化等，带给审美主体以康德所说的感性愉悦。

## 一、历史之回响

梯田是一种内涵丰富而复杂的环境景观。它本来是一种普通的生产场所，由先民在自然环境中修造出来，又与自然环境浑然一体。由于能够不断地吐纳生息，梯田永远不会沉淀为博物馆内的小件文物，也永远有别于博物馆外的文物保护单位，这使得其身份似乎暧昧起来。一方面，由于梯田是一种鲜活的生产生活景观，而其生产方式近似对自然万物生长方式的复制与模仿，长期以来，其文化身份都为社会大众所忽视。对于片面理解“文化”一词内涵的普通民众来说，别说梯田，就连耕作者也只是“泥腿子”，“没文化”。另一方面，梯田却无疑属于文化景观。联合国教科文组织下属的世界遗产委员会将世界遗产划分为文化遗产、自然遗产、文化与自然双重遗产三类，明确地将梯田归入文化遗产。联合国粮农组织专门定期评选世界农业文化遗产，其中包含了大量的梯田与稻作系统。实际上，梯田与历史文物、文物保护单位等其它文化景观之间具有重要的共性，即都是先民创造并且馈赠我们的宝贵物质与精神财富，都是民族文明与文化的结晶。因此，梯田就像大大小小的古代城池、宫室、建筑、雕塑、器物、工艺品一样，具有毋庸置疑的文化身份。尤其可贵的是，作为文化遗产的梯田拥有远比大多数文物、文物保护单位悠久得多的历史，最古老的梯田甚至修造于民族文明与文化的开端之时。

人的存在总是包含着历史的维度，对于事物的审美当然也包含着历史的维度，这是先验论美学所论阙如之处。在面对审美对象时，人们常常沉入对于过去的回忆，从中获得体悟、感动与力量。审美对象所唤起的回忆，有的限于个人童年、少年、青壮年的生活阅历；更为重要的是，有的还涉及人类、民族、群落生存与发展的历程，深入宏阔而又悠远的历史深处。当人们沉入对于后者的回忆时，那些从历史深处走来的文物、文化景观总是显现出令人荡气回肠的幽远悠扬之美，每每撼人心魄。因此，尽管从物质性方面来看，梯田似乎只是普通的劳作、生活环境，甚至类似自然环境；然而，当其历史性显现出来的时候，就会像刘勰所描述的文学艺术那样，使人获得强烈的审美体验：“其神远矣”，“寂然凝虑，思接千载。”① 对于环境审美中存在的这种现象，陈望衡教授进行过概括性的论述：“现实存在的任何具体环境”，“只要追溯其历史，就都会放射出奇异的光辉，就都拥有无限的魅力”。②

顾名思义，梯田是指在坡地上开垦的多层梯级田地，既包括水

---

① （南朝）刘勰，范文澜注：《文心雕龙注》（下），人民文学出版社 1962 年版，第 493 页。

② 陈望衡：《环境美学》，武汉大学出版社 2007 年版，第 26 页。

田，也包扩旱地。不过，通常情况下，人们所说的梯田是指以种植水稻为主的梯田，联合国教科文组织列入世界遗产名录的梯田就是指水稻梯田。水稻是世界三大粮食作物之一，也是我国古代所称的五谷之一，具有悠久的种植历史。根据神农氏教人种植的传说，水稻种植已有5000多年历史；根据河姆渡遗址的考古研究，水稻种植已有7000多年历史；而近年江西万年仙人洞遗址考古发现，水稻种植甚至已有大约1万年历史。大凡著名的梯田，除了拥有足以令人震撼的宏大规模之外，往往同时拥有悠久的垦植历史。可惜的是，由于社会的沧桑巨变和农业生产的不断发展，最早垦植的梯田不一定很好地保存下来了。即使保存下来了，其垦植历史也有待考古学家和历史学家协作还原。可喜的是，相较于短暂的人生百年来说，今天著名梯田的垦植历史已经蔚为大观。比如，广西龙胜的龙脊梯田、云南红河的哈尼梯田、菲律宾科迪勒拉的巴纳韦梯田分别拥有超过600年、1300年、2000年的垦植历史，而湖南新化紫鹊界梯田垦植者的故事，甚至可以追溯到2300年之前。

梯田悠久的垦植历史是其重要的审美价值之一，这是由审美普遍具有的时间自由性质所决定的。当审美主体面对审美对象时，不只是作纯粹的形式静观，即仅止于五官的当下感知、体验，而且还突破时空局限，心骛神游于审美对象所激发的回忆与想象之中。朱光潜曾经指出这样一种审美现象："古董癖也是很奇怪的，一个周朝的铜鼎或是一个汉朝的瓦瓶在当时也不过是盛酒盛肉的日常用具，可现在却变成很稀有的艺术品。"① 实际上，这些日常用具变成了"被弃用的日常用具"，并没有变成真的艺术品。然而，这些日常用具从历史深处走来，具有与艺术品相当的审美价值，即促使审美主体出离普通的日常生活体验，而进入回忆与想象之中。明朝的文震亨深谙审美的时间自由性质，在谈及园林审美时，他说："石令人古，水令人远。园林水石，最不可无。"② 如果说这里的

① 朱光潜：《谈美》，安徽教育出版社1997年版，第24页。

② （明）文震亨著，陈植校注：《长物志校注》，江苏科学技术出版社1984年版，第102页。

"水令人远"揭示了园林审美的空间自由性质的话，那么，"石令人古"则无疑揭示了园林审美的时间自由性质。梯田审美也是如此，其宏大的规模和丰富的形式使人获得空间自由体验，而其悠久的垦植历史则使人获得时间自由体验。

作为一种文化景观，梯田的历史是人类全部历史的一部分。它不像自然景观的历史那样，仅仅具有抽象的类型学意义；而总是同人的存在与命运息息相关，是人的存在与命运的证明；甚至可以说，是与其水乳交融的一部分。因此，梯田的历史实际上是一个民族、一个部落、一个村乡的历史；固然算不上全史，但是至少可以算作专门史。遗憾的是，长期以来，人的历史主要被诠释为五谷不分的上层建筑的历史；而以梯田为代表的农业生产场所虽然承载着上层建筑，却沦落为海德格尔所说的"涌动的杂群"，湮没不闻。可以说，这也是一种"存在的遗忘"。在当代，当梯田作为一种文化遗产的身份得到确认以后，其历史性也逐渐显现出来。于是，每一处梯田都复活为人的全部历史中的一个个"此在"，就像瓦尔特·本雅明所说的手工制造时代的艺术作品一样，由于具有独特的文化身份和历史信息，即"唯一性""即时即地性"与不可复制性，产生了一种美的"光韵"。①

审美对象独特的文化身份和历史信息究竟怎样使其产生一种美的"光韵"？在瓦尔特·本雅明有关先见的基础上，阿诺德·柏林特的审美场理论进行了进一步的阐释。他认为，在实际的审美经验中，审美对象并不具有明确的边界；由于审美对象的存在，整个环境都审美化了。② 审美对象居于审美场的中心，但同时也是一个引子，让所有与其有关的背景信息都出场，进入主体的审美经验之中。因此，当审美主体走进一处梯田，他所体验的除了可以机械复制的眼前所见之景观，更包含那些无法机械复制的、"看不见的"

① ［德］本雅明：《机械复制时代的艺术作品》，王才勇译，中国城市出版社2002年版，第7~14页。

② ［美］柏林特：《美学再思考》，肖双荣译，武汉大学出版社2012年版，第160页。

文化与历史信息。那里曾经生活着的人们，他们的希望与梦想，奋斗与汗血，他们的爱、恨、情、仇，所有的一切，都是美的“光韵”之源。

每一处梯田都像一部无字天书，记录着民族、部落与村乡的历史，虽然大音希声，却于无声处令人心驰神骛。例如，菲律宾科迪勒拉的巴纳韦梯田、我国云南红河的哈尼梯田分别记录了伊富高民族与哈尼民族在自然环境中奋斗、劳作与生息的历史。湖南新化紫鹊界梯田记录的历史更是引人入胜。据说，秦国王室的一支因反对当时推行的变法，为避免残酷的宫廷内斗，辗转潜隐至新化紫鹊界一带。为了隐蔽身份，把时人所称的秦家改为奉家，依傍所居之山称为奉家山。奉家与当地苗、瑶、侗等民族部落为伴，共同拓荒，最早开始修造梯田，因此，今天的紫鹊界梯田也被称作秦人梯田。诸如这样的历史部分形诸于文字，散落于各种地方志、家谱文献，也部分存在于当地口传文化中，在研究与整理出来并被审美主体了解以后，就会使其抚今追昔，想出目外。

此外，以梯田为代表的农业生产形态的历史还有不同于其它历史的特点。从生产工具的角度来看，铁器正在迅速被机器取代，农业生产方式正在工业化；然而，从整体上来说，工业化只是丰富了生产业态，却从来没有真正地取代农业。从主要采用的生产技术来看，人类社会确实可以分为农业社会、工业社会、后工业社会；而从生产成果的角度来看，人类从来没有走出农业社会。无论社会怎样发展，农业生产永远是所有生产活动中最重要的那一部分。根据席勒的观点，人的生命状态分为“匮乏状态”与“盈余状态”。无论就具体个人还是人类整体来说，都必须依赖农业产品，才能实现人的生命由匮乏状态进入盈余状态，实现从“物质游戏”到“审美游戏”的飞跃。① 因此，当审美主体走进一处梯田，他不仅体验了瓦尔特·本雅明所说的因文化身份与历史信息而产生的美之“光韵”，也从心头涌起了对先民辛劳开拓、无偿馈赠的感恩，领

① ［德］席勒：《审美教育书简》，冯至、范大灿译，上海人民出版社2003年版，第225页。

悟到个人生命与群落前途、民族命运的休戚与共。

## 二、生态之拯救

尽管西方自古希腊以来的赫希俄德、维吉尔、卢梭、华兹华斯、普列汉诺夫都歌颂过农业社会的美好生活，我国古代的陶渊明、王维、孟浩然、韦应物、柳宗元也创作过许多反映农村田园生活、描绘山水田园的诗篇；然而，把农业生产场所与农村生活作为审美对象，却一直属于小众的审美倾向。作为精神助产士的苏格拉底，甚至从追求知识与真理的角度，否定了乡村的价值："你看，我爱好学习，可乡村和树木不能教我任何东西。"① 只是到了当代，以梯田为代表的农业景观才进入社会大众的审美视野，在艺术殿堂、博物馆、城市景观、自然风景之外，成为重要的审美目的地。富有卓识的联合国教科文组织首先注意到农业景观的审美价值，也是在 20 世纪 90 年代后期，才将菲律宾科迪勒拉的巴纳韦梯田列入世界遗产名录。此时距离宣布首批世界遗产名录，已经将近 20 年。联合国粮农组织专门评审世界农业文化遗产，更在此之后。

在第五届国际环境美学会议上，艾伦·卡尔松曾经发问，在当代社会之前，农业景观并不是审美对象，为什么到了当代却引起了人们浓厚的兴趣？实际上，卡尔松已经暗示了思考的方向，农业景观之所以在已经或正在工业化的当代社会受到人们的关注，是与工业社会的发展道路及其所带来的深刻影响密切相关的。

工业革命虽然只经历了不足 300 年的短暂历史，却给人类、地球家园以及农业生产方式带来了无法逆转的巨大改变。一方面，工业化极大地提高了劳动生产效率，丰富了劳动产品，在满足了人们基本"物质游戏"与"审美游戏"需要的同时，又进一步刺激了这种需要。于是，消费主义大行其道，消费增长成为制定国家政策的首要目的，而消费水平则成为评价地球上所有文明成就的标杆。

---

① ［美］罗尔斯顿：《哲学走向荒野》，刘耳、叶平译，吉林人民出版社 2000 年版，第 2 页。

人们的消费欲望日益膨胀，似乎永远无法满足，以至于艾伦·杜宁发出了富有代表性的省问："多少算够?"① 另一方面，工业化对环境资源的过度开发，化工产品的过度使用，给自然环境和生态系统造成了严重的灾难。在20世纪六七十年代，一些富有远见的环境哲学家、生态学家呼吁政府和社会反思发展模式，迅速掀起了环境保护运动。然而，形势并没有随即好转。随着全球化的推进，人们发现，"一个超出七十年代环境危机的全球性的生态危机，威胁着整个星球的健康"②。

工业化不仅意味着新增各种各样的工业生产形态，也改变了农业生产的形态，促使农业生产实现工业化。这也意味着，工业化之弊传导至农业，给农业带来了潜在的危机，正如E. F. 舒马赫所言："对农业而且对整个文明的主要危险，是城里人决定把工业原则应用到农业上造成的。"③ 正是在这样的语境下，农业、农村、乡野本有的魅力引起了人们浓厚的兴趣。与苏格拉底相反，当代环境哲学家、环境伦理学家霍尔姆斯·罗尔斯顿高度肯定农村与乡野的价值，他称自己为"走向乡野的哲学家"④。于是，在人们的反思中，作为传统农业生产形态典型代表的梯田，不仅不是落后，反而在某些方面启示了人类发展的方向。尽管梯田绝对不可能成为未来农业生产形态的归宿，但毫无疑问是一个具有借鉴意义的样板，这是触发梯田景观审美的另一重要因素。

梯田生产形态的借鉴意义至少包括以下两个方面。

首先，警惕工业化学物质对农产品与土壤本身的侵袭。在梯田稻作区，为了蓄积雨水，让自然灌溉系统运转，需要保留山头植

---

① ［美］艾伦·杜宁：《多少算够——消费社会与地球的未来》，毕聿译，吉林人民出版社1997年版，第5页。

② ［美］卡洛琳·麦茜特：《自然之死》，吴国盛译，吉林人民出版社1999年版，第1页。

③ ［英］E. F. 舒马赫：《小的是美好的》，李华夏译，译林出版社2007年版，第72页。

④ ［美］罗尔斯顿：《哲学走向荒野》，刘耳、叶平译，吉林人民出版社2000年版，第3页。

被，土地开垦利用程度得以保留在合适范围内。由于天然植被的保留，非专噬性昆虫对农作物的侵害较少，因而农药的使用较少，各种昆虫自然繁衍，为农作物传授花粉。土壤中的微生物与农作物共生，保持着土壤的墒情。同时，天然植被还支持传统畜牧业的发展，为梯田提供腐殖质有机肥料。而在现代农业生产中，农药、化肥、除草剂等工业化学物质的使用，虽然有效提高了作物产量，却造成了严重的消极后果。这些物质除了在粮食中残留，进而在体内累积，危及人类健康以外，还破坏了生态系统的动态平衡机制，降低了土地和环境的可持续利用价值。比如，农药在杀死害虫的同时，也杀死了害虫的天敌、传授作物花粉的昆虫、保持土壤墒情的微生物。于是，“人类生活的两个世界——他所继承的生物圈和他所创造的技术圈业已失去了平衡，正处于潜在的深刻矛盾中”①。

其次，警惕机械化大农业对有限矿物能源的依赖。由于梯田分布于高低不平甚至陡峭的坡地，单位耕地面积很小，难以展开甚至无法容纳大型机械作业；另外，梯田种植作物以水稻为主，对土壤平整度与水淹深度有比较严格的要求，传统耕作方式所能达到的精细程度往往为大型机械耕作所不及。看起来，梯田的生产方式已经落伍了。实际上，现代化大农业在实现了耕作方式机械化的同时，也把人类的生存命脉农业绑架在前景并非无限光明的矿物能源上。20 世纪的石油危机和近年的柴油荒警示人们，只要可再生能源工业体系尚未完全建立，矿物能源的枯竭总是一把利剑，悬在现代工业头上。由于农业生产具有很强的时令性特点，及时播种与否决定了全年的丰歉，对农业机械的依赖所隐藏的风险更甚，万万不可掉以轻心。农业机械动力燃料的及时足量供应是农业生产的重要安全保障，务必未雨绸缪。

梯田的生态价值与对于现代农业的借鉴意义是其审美价值的重要方面，这涉及美学领域一个重要的理论问题，即非功利审美理论与美善统一理论的分歧。非功利审美理论肇始于古希腊的毕达哥拉

---

① ［美］芭芭拉·沃德：《只有一个地球》，本书编委会译，吉林人民出版社 1997 年版，第 16 页。

斯，完善于以康德为代表的德国理性主义，长期以来在美学理论界占有主导地位。这种理论把审美客体所激发的美感与客体所表现出来的道德之善、客体对于主体的有用性割裂开来，将其限定于感官感觉的范围内，试图运用或客观或主观的先验理性进行解释。然而，美善统一理论则与此迥异。它认为，美与善二者不能完全割裂，而在一定条件下互相转化与生成。

这种理论在我国先秦思想、古希腊思想、西方现当代思想中都得到了阐述。荀子提出了“美善相乐”论①，强调审美客体之美能够启发主体的道德之善。伍举提出了“无害焉，故曰美”②，强调审美客体的道德之善是主体判断其为美的前提。苏格拉底虽然最终否定了“美和益是一回事”，却也肯定了审美经验中存在着因善而美的现象。③ 实用主义哲学家杜威认为，道德判断优先于审美判断，并且能够影响审美判断，他说：“你们看他们的结果就可知道”，“美的行为”带来善的结果，“胜过美的外表”。④ 阿诺德·柏林特明确地提出，“坚持审美注意的非功利性既没有道理，也没有必要”，因为传统理论的这一基本假设很难解释事实上的审美经验。⑤

梯田生产形态事关人类生存与发展之大善。一方面，梯田是传统农业生产形态的重要组成部分，在历经数千年的时间里，哺育着人们，为稻作文化区的社会发展奠定了最重要的物质基础。另一方面，在发生了严重技术焦虑的当代，梯田又教给人们苏格拉底所要求的知识。它启示人们敬畏自然，尊重自然规律，及时拯救随着工

① （战国）荀子著，安小兰译注：《荀子》，中华书局 2007 年版，第 204 页。

② 徐元诰撰：《国语集解》，中华书局 2002 年版，第 495 页。

③ ［古希腊］柏拉图：《文艺对话集》，朱光潜译，人民文学出版社 1963 年版，第 196 页。

④ ［美］杜威：《哲学的改造》，许崇清译，商务印书馆 1989 年版，第 84 页。

⑤ ［美］柏林特：《美学再思考》，肖双荣译，武汉大学出版社 2012 年版，第 42 页。

业化的推进而面临严重危机的生态系统，实现人类与自然的和谐共生；启示人们尽早预防可能的矿物能源危机，实现人类社会的可持续发展。大善即大美，从这种意义上说，梯田可谓先民在自然环境中创造出来的大美之最，既非自然洪荒之美，也非某些艺术雕虫之美所可媲比。

## 三、感官之魅惑

上述关于梯田的历史信息和生态价值，属于约·瑟帕玛所说的关于审美客体的知识，他认为，这些“知识基本上可分为两类：历时的（历史的）和共时的（功能性的）”①。艾伦·卡尔松认为，关于审美对象的这些知识能够强化、促进主体的审美经验。当然，这并没有否定感官直觉在审美活动中的重要性。阿诺德·柏林特指出，他努力建构的审美场理论不是替代性的，而是包容性的，是对传统的非功利审美理论的完善与补充，以使理论能够更好地解释真实的审美经验。这种理论并没有完全否定非功利审美理论，仍然承认感官感觉在审美经验中的核心地位。尤其需要指出的是，有关审美客体的知识丰富程度因人而异，与审美主体的受教育程度、个人兴趣以及对客体的了解程度密切相关，而感官所感觉到的审美客体则属于稳定一致的现实存在。因此，在分析梯田的审美价值时，对呈现在主体感官之前的外在形态进行分析，不仅仍然必要，而且十分重要。

当审美主体走进一处梯田，首先感受到的是其规模和地势使人产生的崇高感。世界上著名的梯田往往位于雄伟的高山坡地，不仅在视平线上规模宏大，而且在垂直维度上同样十分壮观。湖南新化紫鹊界梯田、广西龙胜龙脊梯田、云南红河哈尼梯田、菲律宾科迪勒拉梯田的核心区成片面积达到万余亩、数万亩，其中有些景观区

① ［芬兰］瑟帕玛：《环境之美》，武小西、张宜译，湖南科学技术出版社2006年版，第141页。

的整体面积甚至达到数十万亩之巨。这些梯田的层级达到400级以上，最多达到3000余级（哈尼梯田），所跨越的高程则达到600米以上，最高将近3000米（哈尼梯田）。审美主体的视域得到大幅延展，而审美客体显现于主体面前的尺度非常巨大，使其体验到康德所说的“数学的崇高”①。这种审美经验和登山类似。我国幅员辽阔，广布名山大川，自古以来流传着登高的传统，许多伟大诗人留下了无数讴歌壮丽山川的不朽诗篇。不过，这两种审美经验还有所不同。由于梯田是先民历经数百年乃至数千年修造的人工建筑，是先民顽强的个人力量汇聚而成的群体伟力的结晶，审美主体还从中体验了康德所说的“力学的崇高”②，油然而生对先民的敬仰感，对群落、民族乃至人类整体的自豪感。

从视觉感知的角度分析，梯田与平原地区农业景观最大的不同在于，前者大部分抽象为一道道曲线，而后者大部分由直线分割而成，二者蕴含着不同的意味。直线只能构成大小、比例不等的图案，主要属于几何学与建筑学。而曲线能够构成的图形仪态万千，变化无穷，是描绘现实世界与艺术想象必不可少的手段。正因为如此，从古希腊以来，曲线激发了许多思想家的审美之思。康德认为，美可以分为自由的美与依存的美，而自由的美包括一些从具体事物中抽象出来的形式，即一些简单的曲线。③ 威廉·荷加斯特别强调曲线的魅力，他说：“波状线比任何上述各种线都更能够创造美”，“蛇形线赋予美以最大的魅力”。④ 为什么人类钟爱曲线？达尔文揭开了隐藏于审美经验中的这个谜团，他说：“生命形式就这么简单地从最美丽、最奇妙的曲线开始，进化到现在，而且继续进

① ［德］康德：《判断力批判》，邓晓芒译，人民出版社2002年版，第86页。

② ［德］康德：《判断力批判》，邓晓芒译，人民出版社2002年版，第99页。

③ ［德］康德：《判断力批判》，邓晓芒译，人民出版社2002年版，第65页。

④ ［英］威廉·荷加斯：《美的分析》，杨成寅译，广西师范大学出版社2002年版，第91页。

化下去。”①

原来，对于曲线的钟爱，其实就是人类对于生命、对于自身的讴歌。安德烈·库克在大量实际考察的基础上，写作了巨著《生命的曲线》，详尽地描述了各种生物体的曲线与螺旋结构，并且揭示了自然界的曲线与螺旋结构如何影响了建筑设计与艺术创作。可以说，当审美主体走进一处梯田，映入眼帘的成千上万道梯田曲线向其宣言，只有梯田堪称不朽的大地艺术、劳作艺术、生活艺术，一切抽象派艺术都相形见绌。千姿万态的梯田曲线本身不是生命，但它出自生命之手，承载着生命，也象征着生命。它就像生命一样，总在无言地言说，娓娓道来，含蓄、隽永、悠远。于是，审美主体从中领略到了克莱夫·贝尔所说的“形式的意味”，即毕达哥拉斯先知先觉到的蕴含于曲线的生命气息：运动、温暖与爱。

梯田的美感与其他农业景观也有共同之处，比如整齐秩序感、色彩美感等。

原生的自然环境是混沌的，其间的植被往往分布凌乱，具有黑格尔所说的“真正乡村景致的美”，“本身就足以成为关照和欣赏的对象”。② 然而，只有梯田等农业景观普遍显现出来的秩序和整齐一律，才成为音乐和诗歌艺术自觉遵守的原则，因为这样更容易激发主体的审美快感。在梯田中，水稻等农作物以植株为单位栽植，体量相差不大的植株等距排列，不断地重复延展，正如音乐和诗歌一样，按照某种稳定的节奏前进与迂回。这种秩序和整齐一律的美感早在古希腊就已被发现，中世纪的圣·奥古斯汀将其立为一条普遍的美学原则：“事物有秩序而不美者，未之有也。”③ 后来，黑格尔把这一原则应用于艺术评价：“整齐一律就是艺术中唯一符

---

① ［英］安德烈·库克：《生命的曲线》，周秋麟译，吉林人民出版社2000年版，第6页。

② ［德］黑格尔：《美学》（第一卷），朱光潜译，商务印书馆1996年版，第317页。

③ ［波兰］塔塔尔凯维奇：《西方六大美学观念史》，刘文潭译，上海译文出版社2006年版，第229页。

合理想的东西。”① 当然，随着水稻的生长，早期和中期植株的完形感不再那么突出，而融合成为绵密厚实的整体，由植株等距排列带来的节奏感几近消失。不过，由于整片水稻茎叶疏密均匀，植株高度大致接近，比起高低错落、疏密不均的野生植被来，仍然给人以强烈的秩序和整齐一律感。

绚丽的色彩是激发审美体验的重要因素之一，朱自清“梅雨潭闪闪的绿招引着我们”所言不虚。大规模梯田，无论夏秋季主播水稻，还是冬春季辅播油菜，在繁茂期或成熟期呈现为满目的青葱或澄黄，能够带来撼人心魄的审美体验。对于色彩的审美在注重形式美的古希腊被忽略了，而在中世纪时得到了普洛丁的注意，他说：“太阳、光线、金子等简单的事物，也照样显得出美来”，因为美“也存在于事物的光辉之中。”② 不可否认，野生的自然植被也具有令人眩目的色彩之美。不过，正如黑格尔所说：“颜色的美就在于这从感性方面看时单纯的，愈单纯，效果也就愈大”，“颜色不应该是不干净的或是灰暗的”。③ 由于农作物的集中种植，梯田等农业景观的色彩十分单纯、明净、浓丽，程度远远超过自然植被，其审美吸引力当然更胜一筹。近年来，上饶婺源金灿灿的油菜花海已经成为江西农业旅游的一张名片，其宣传图片或者视频无不以油菜花浓妆艳抹的色彩之美作为表现的重点。

正如欧洲传统绘画手法可以划分为倾向于强调形式作用与强调光影作用的两大流派一样，梯田的感官审美要素也可以划分为两类。其一，梯田及其作物自身显现出来的实物景观，如前所述。其二，梯田在保墒期和预备植稻期淹水所形成的光影景观，这是旱地农业景观所不具有的，也是所有梯田摄影艺术创作不可或缺的素材之一。

---

① ［德］黑格尔：《美学》（第一卷），朱光潜译，商务印书馆 1996 年版，第 316 页。

② ［波兰］塔塔尔凯维奇：《西方六大美学观念史》，刘文潭译，上海译文出版社 2006 年版，第 230 页。

③ ［德］黑格尔：《美学》（第一卷），朱光潜译，商务印书馆 1996 年版，第 320 页。

淹水梯田的光影景观丰富了所在丘陵、山区的景观构成，审美主体虽然身在高岗，却彷佛置身波光粼粼的江河湖海之滨。在日光或者月光下，淹水的梯田像一面面造型优美而别致的明镜，倒映着天光、云影、山峦、林木、飞鸟以及审美主体自身。风生水漾之时，各种倒影被奇妙地拉伸、扭曲、揉碎、幻化，令人生出无限遐想，仿佛出现了一个平行宇宙。于是，那些看似普通而平凡的梯田焕发出强烈的审美魅力，正如鲁道夫·阿恩海姆在评论现代电影艺术中的光影手法时所言："令人眩目的光线、跳跃的影子以及神秘莫测的黑暗所激起的冲动，给人的神经以强烈的刺激。"①

比起稳定客观的实物景观来，中国古代审美尤其钟爱光影景观，诞生了诸如《春江花月夜》这样的不朽名篇。不过，需要注意的是，中国古代审美中的光影景观不只是像阿恩海姆所说的那样"给人的神经以强烈的刺激"，而总是令人联想到世间万物的存在，乃至主体自身的存在。因此，在《春江花月夜》中，诗人张若虚在描写了"滟滟随波千万里""江天一色无纤尘"的感官景象之后，更发出了"江畔何人初见月？江月何年初照人"的存在之问。对于中国古代审美及其背后的中国古代哲学来说，光影不仅仅是客观事物简单而纯粹的表象，而更多地具有象征意味与隐喻性质，代表着事物的阴阳、动静、虚实、有无、生灭的转换。于是，审美主体从中体验到的还包蕴此境彼岸、人生倏忽、万物轮回之况味，从而可能进入"道通为一"的"天地境界"。

① ［美］阿恩海姆：《艺术与视知觉》，滕守尧译，四川人民出版社1998年版，第437页。

# 河南乡村振兴的六种模式

张　敏（郑州大学美学研究所）

河南是中原文化的发祥地，近些年，在“文化和乡村振兴”的工作上，河南作出了许多探索。总结这些工作，可以把乡村振兴的任务引向深入。

## 实践一：生态、生产、生活和审美的融合

位于中原腹地的河南鄢陵县，被誉为“中国花木之乡”“全国重点花卉市场”“国家级生态示范区”等。这里是“花的世界、草的海洋、树的故乡、鸟的天堂、人的乐园”。

可是鄢陵过去生态环境十分恶劣，历史上水、旱、风、沙、蝗、盐碱等自然灾害连年不绝。20世纪50年代后，县委、县政府持之以恒地带领广大鄢陵人民实施栽树固沙、农田林网建设、果粮间基地工程、“莲鱼共养”工程等措施，大大改善了当地的生态环境。几十年持之以恒地改善生态环境，使昔日黄沙飞扬的灾区变成了葱郁的绿洲。良好的生态环境为农业的生产发展提供了有利的条件。

近年来，在党中央的领导下，鄢陵政府和人民们将“绿水青山就是金山银山”的发展理念与自身特色相结合，发展花木产业。鄢陵花卉农业的发展历史悠久，70%的土地因为土壤类型和质地特点而非常适宜于花卉的种植。早在盛唐时代，鄢陵境内就出现了大型综合园林植物的栽培。唐代三朝名相姚崇退居于鄢陵时，在此建起了花园。相传，这个花园成为了姚家村的起源。以姚家村为主要

代表的鄢陵园林景观不断发展，声名远播。李白、苏轼、范仲淹等历史文化名人，曾多次来鄢陵赏花，留下千古绝唱。姚家村成为带动全县花木产业迅猛发展的专业村、示范村。由点带面、由低级到高级，2018 年，鄢陵花木种植面积已达 70 万亩，花木产业向着规模化生产、标准化种植、产业化发展的目标迈进。

德国美学家希施菲尔德认为广阔的农田、牧场和林地，一方面是生产用地，另一方面作为景观是美的事物。鄢陵农业景观以集约高效的花木生产为基础，实现了生产价值和审美价值的统一。朋友们，这是我早年在鄢陵花卉市场看到的腊梅。这盆腊梅造型别致，清雅动人。在鄢陵，由千亩樱桃园、千亩赏荷园、玫瑰生产基地、中原花木博览园等众多花木生产基地共同构成了独具特色的花木农业景观。生态旅游也随之发展起来，老百姓的幸福生活在红花绿树中“绽放”。

良好的生态效益为乡村振兴奠定了基础，因地制宜的特色产业发展之路为乡村振兴插上了翅膀，两者相互促进相互结合，为农业环境的审美价值奠定了良好的基础。只有生态空间良好，生产空间集约高效，才能给农民营造更宜居的生活空间，新农村建设才会更有活力。生产、生活、生态的“三生一体”再加上美丽的乡村景观，鄢陵乡村发展为“美丽中国”作了最好的阐释。其不断壮大必将促进中原文化的传承，也让中原文化散发出新的发展活力。

## 实践二：美学经济带动乡村振兴

经济学家认为，迄今为止，人类的经济发展历程表现为三大经济形态：农业经济形态；工业经济形态；大审美经济形态。按照时间顺序，第一是农业经济形态；第二是工业经济形态；第三就是大审美经济形态。这当然是一种看法，所谓大审美经济是什么呢？就是超越以产品的实用功能和一般的服务为重心的传统经济，代之以实用与审美、产品与体验相结合的经济。人们进行消费，不仅仅是“买东西”，更希望得到一种美的体验或情感体验。经济审美化包括两个方面的内容：产品的审美化和环境（居住环境、工作环境、商业环境等）的审美化。这种大审美经济的标志是“体验经济”的出现。体验经济就是以企业服务为舞台，以商品为道具，以消费者为中心，创造能够使消费者参与、值得消费者回忆的活动。这种大审美经济的时代或者体验时代的到来，正反映出越来越多的人在日常生活中追求一种精神享受，追求一种快乐和幸福的体验，追求一种审美的气氛。

大审美经济的核心是越来越多的消费者愿意为稀缺的美学产品和高品质体验买单，“设计”成为核心竞争力。美学不再仅仅是一种理论，而成为审美生产力，这为乡村振兴迎来了历史性机遇和广阔空间。修武作为一个内陆小县，它冲破了产业升级只能靠科技的固化思维，全面激活生态环境和历史文化资源，在中原开辟出一条美学经济驱动产业升级的新路径。

以丰富的历史文化积淀和绿水青山为基础，特色农产品、工业消费品和传统村落等文旅资源在美学设计中焕发活力，转化为高附加值、高利润率的“体验经济”产品，无形之中带来了一场资源重构和产业升级。三年来，累计投资 399 亿元，85 个美学转型项目，修武全县四分之一的贫困人口借助文化旅游实现脱贫。“美学经济”使设计成为审美生产力，以审美体验、精美生产、文化享受提质增效，拉开修武美学经济的大幕。

2021 年五一劳动节期间，修武同时举办了“第一届汉服节”和“云台山音乐节”，喜欢音乐和喜欢汉服的游客云集修武，大大提升了修武的知名度。县城的酒店平时的价位不到 100 元，现在 300~400 元，云台山上的岸上服务区民宿更是买到了 700~800 元一晚。这些活动的举办不仅带来可观的经济收益，更是大大增强了修武的“软实力”。党的十七大报告里有“软实力”这个提法。“软实力”最早是哈佛大学教授约瑟夫·奈创造的一个词汇，主要就是依靠文化产业，是一种文化层面的认同。美国人十分懂得这个道理，所以美国政府和美国企业下大功夫向全世界传播他们的电影、流行音乐、电视、快餐、时装和主题公园。我举一个例子，1944 年的 6 月，这是“二战”的时候，可口可乐公司通过艾森豪威尔把一大批可口可乐运到了英国，并随着登陆的部队通过英吉利海峡在诺曼底登陆。这样一来，可口可乐的形象，就是美国的形象，就和诺曼底登陆这一个重大的历史事件联系在一起了。那个时候全世界都播放诺曼底登陆，到处都是可口可乐，美国兵都拿着一瓶可口可乐，美国形象在全世界传播。现在我们国家也开始重视国家文化软实力的建设。要建设国家的文化的软实力，就必须重视文化产业。发达国家十分重视发展文化产业，实际上，文化产业早就成了他们的支柱产业。可以说，文化产业是21世纪最有前途的产业。在这种大趋势下，修武勇立潮头，发展美学经济，给我们提供了一个发展的样本。

美学驱动了经济的长足发展，更滋养了乡村美育。通过非遗技艺进家庭活动，使乡村的儿童和城市孩子一样在家门口感受美、向往美、践行美，潜移默化增强了孩子们的想象力和创新力，为破解长期以来乡村儿童美育成本高、效果差的社会难题探索了经验。

## 实践三：集体经济壮大和美丽乡村打造

“接天莲叶无穷碧、映日荷花别样红”。百亩荷塘，香远益清、亭亭净植。村内绿树成荫，阡陌相交。错落有致的砖石屋、木屋散发着古朴的乡土气息，同时，你可以看到现代化的图书馆、禅茶吧、学校、养老院等。这如诗如画的美景是河南信阳郝堂村的风光。它她既有原生态的自然美又充满了现代文明气息。淳朴、恬淡、闲适，这座村子仿佛是陶渊明笔下的世外桃源。

但是谁能想到，十几年前，郝堂村还是一个省级贫困村。村里只剩下老幼妇孺，很多房屋人去楼空，田地荒芜，一派衰败景象。在当地政府的扶持和全村的努力下，如今郝堂村已成为全国第一批“12个美丽宜居村庄示范”之一，是全国“美丽乡村”首批创建试点乡村。“让居民望得见山、看得见水、记得住乡愁。”在郝堂村，这早已不是梦想，而是真真切切的现实。

郝堂村振兴乡村，首先要恢复集体经济，壮大村庄建设的经济基础。郝堂成立了“夕阳红养老资金互助社”，既筹集资金，又缓解了村民的养老压力。如今，老人们获得的分红早已超过他们当初投入的本金，基本实现了“老有所养”。随后，村里成立公司，从“夕阳红”贷款来流转土地，用于学校、养老中心等公共事业的建设，并将一部份土地由稻田变为荷塘，成为郝堂村的主体景观。

其次在集体经济壮大的基础上进行美丽乡村的建设。“把乡村建设得更像乡村”是郝堂村落改造的核心理念。在对村庄的改造中，郝堂村没有大拆大建，不砍树、不填塘，不改变原有的村庄布局，不破坏生态环境。村庄原有的道路、农田、沟渠、堰坝、树木悉数保留，依水建坝，依势建桥。村庄最细微的美，都受到了尊重。村庄邀请专家根据豫南建筑的特点改建民居，既注重老建筑的改造和保护，又针对每户村民居住特点，分别设计新颖别致、风格迥异的豫南民居。在民居改造过程中，当地政府坚持农民主体地位，尊重村民的意愿，由村民决定自己的房屋改不改，怎么改，贯彻了人民当家做主的民本精神。

有历史、有文化、有品位、有特色的村庄建设带动了以生态休闲、观光农业为引领的近郊乡村旅游。目前已开办各具特色的农家乐、茶社、客栈等七八十家，解决了许多家庭的就业问题，第三产业发展迅速。

信阳郝堂村在集体经济壮大的基础上开始美丽乡村的建设，进而迎来第三产业的大发展。郝堂村实现了从贫困村到全国美丽乡村的转变，给了我们重要的启示。郝堂村集体经济的壮大带动了村容整治、带动了土地流转，未来的农村，不可能再是单家独户的分户经营，也不可能是大一统的集体经营，需要真正落实统分结合的经营体制。在美丽乡村建设中，要站在传承和创新传统文化的高度保护农耕文明及其载体，优秀的乡村文化凝聚着中华传统文化的精华，是美丽乡村的文化基础。“把乡村建设得更像乡村”的理念，就是让村庄改造要体现乡村价值，特别注意对乡村美的发现和保留，没有一味用新代替旧。如果把村庄搞得不像村庄，村庄改造就失去了意义。村民的自主建设、自我管理、民主决策是美丽乡村可持续发展的动力，脱离村民自上而下的建设是没有生命力的，也是不会持久的。如果村庄建好了，在外拼搏的年轻人会有想回家的理由和想回家创业的冲动。

## 实践四：产业发展与农民就业相互支撑

2014 年 3 月，习近平总书记走进河南兰考县张庄村调研。张庄村曾经是远近闻名的贫困村，习近平总书记的访问拉开了张庄乡村振兴的序幕。习近平总书记在 2016 年东西部扶贫协作座谈会上指出，增加就业是最有效最直接的脱贫方式。张庄村一手培育支撑产业，一手增加农民就业，产业发展和吸纳农民就业相互支撑，为张庄的乡村振兴插上腾飞的翅膀。

张庄村通过进行村里的土地、劳动力、旅游资源整合，大力推动各种产业的发展，增强村集体的经济实力，为百姓增收，以此支撑张庄村的乡村建设。村里 2/3 的土地流转发展高效农业，主要有蜜瓜大棚、小杂果采摘园、工业化蘑菇种植等。张庄村建了 171 座蜜瓜大棚，发展精品瓜果，创品牌农业。这些蜜瓜大棚一年能够给村集体带来 23 万元的经济收益。它不仅带来经济效益，也能让群众在其中务工。奥吉特生物科技股份有限公司入驻张庄村，这家公司是专业从事高档食用菌——“褐蘑菇”工厂化种植，褐蘑菇全部在现代化菇房内种植，每个菇房外都有一个电子操控系统，可以清楚地看到菇房内的温度、湿度等各项指标，菇房达到了十万级净化车间的标准。奥吉特大约吸收了 300 名村民在此务工，同时，奥吉特吸收村里入股资金 230 多万，村集体每年收益 9. 6 万元。

张庄因地制宜抓好特色副业。张庄引进兰考雀之灵农业科技有限公司，发展孔雀养殖基地和观赏基地。孔雀不仅外形美丽，还能带来经济效益。第一批在张庄落户了 4 家，农户分散养殖孔雀，公司回收孔雀蛋。

红薯醋是豫东一带所特有的一种调味品，具有很好的食用和药用价值。张庄村文氏醋坊是一家小家庭式的作坊，文氏醋坊的醋作为当地特色产品被摆放在村里的商店售卖。

在幸福路中段有一家张庄布鞋店，由张庄村及附近村民进行手工缝制。每卖一双鞋都会捐赠 20 元做公益。做布鞋对年龄没有限制，七八十岁的老太太也可以在家纳鞋底。布鞋坊上班时间比较灵活，既解决了村里妇女的就业情况，也满足了她们日常照看家庭的需要。

麦杆画也是张庄村的特色副业之一。张庄冯杰夫妻免费教愿意学的村民，教会之后回收村民的作品进行销售。只要手不残疾，村民都可以制作这种工艺品。游客想要什么题材就做什么题材，如果游客喜欢，还可以把麦杆画制作在葫芦上，让游客带走。

这些工作大多对年龄没有限制，工作时间比较灵活，既解决了村里妇女的就业情况，也满足了她们日常照看家庭的需要。

党的十九大报告中说："就业是最大的民生"。农民的充分就业、高质量就业是乡村振兴应该关心的问题。通过支柱产业和特色副业的培育，最大程度的吸纳农民就业，促进共同富裕。

## 实践五：打造以科技兴农为核心的农业综合体

爱思嘉农业嘉年华是2020年中国农民丰收节河南省主会场，位于开封市西姜寨乡。它以农业科技为主题，包括蔬汇高科、汴州粮仓、花开盛世、扶正草本、果蔬农乐、汴都水韵6个主题场馆，13条现代农业生产链，2000多种现代农产品，300余项先进农业装备。

爱思嘉农业嘉年华面向游客开放，游客购买门票进入园区。它属于城郊休闲农业类型，大城市是它重要的游客源地，各级各类的学校、培训中心聚集于此，在向城市学生群体开展科普旅游方面有着巨大的潜力。它抓住农业生产活动的"新、奇、异、趣"来吸引游客。如栽培方式"新"，在蔬汇高科中，大量的蔬菜种植采用了无土栽培的新种植方式；再说"奇"，比如以往在土里结果的红薯等现在像葡萄一样长在架子上；还有"异"，在果蔬农乐厅，通过电脑控温的方式，可以让生长在南方的各种水果如香蕉、火龙果等生长良好。最后说"趣"，在汴都水韵厅，园区把各种农业水利设施制作成可以让小朋友参与的装置，孩子们玩水车，趣味无穷。

爱思嘉农业嘉年华充分利用边缘区和城市之间较好的通达性，以高科技农业为发展方向，其科技含量和示范性是一般农业生态园无法比拟的。因为一般农业生态园区通常展示的自然生态环境和作物生长过程。这里把各种农业科技新成果展示在园区内，体现科技农园特点。

西姜寨模式通过打造现代高效农业、三产融合、三链同构，成为开封乡村振兴战略发展的新发力点。以科技为载体，引入“科技引领、文化融合、幸福生活”的理念。它展示中原名优产品、示范现代高效生产、结合互动体验活动，拓展产业不同环节的价值增值。爱思嘉成为中原地区集现代农业示范、农业科普教育、乡村特色亲子游乐、农事和民俗演艺、农业创意产业孵化等多功能于一体的现代农业旅游目的地。

## 实践六：乡村文化振兴

文化是一个国家和民族的灵魂。一个没有文化自信的民族，是无法自立于世界民族之林的。源远流长的中原文化为中华民族克服困难、生生不息提供了强大精神支撑。习近平总书记2019年在河南考察时说，依托丰富的红色文化资源和绿色生态资源发展乡村旅游，搞活农村经济，是振兴乡村的好做法。文化振兴能改善农民精神风貌，提高乡村生活文明程度。有乡土特色的民间艺术既传统又时尚，既是文化又是产业，不仅能够弘扬传统文化，而且能够推动乡村振兴，要把民间传统文化传承好、发展好。

发扬红色文化：张庄作为当年的防风防沙指挥部以及焦裕禄精神的发源地，张庄村独特的红色文化是其最大的优势。张庄村也依托自身优势建造了四面红旗纪念馆、焦裕禄精神体验教育基地和焦林纪念园等景点，发挥教育和旅游的功能。四面红旗纪念馆位于村子西头，它是为了纪念当时抗风沙精神而设立的。四面红旗纪念馆里面的展览分为四个方面：治沙展览——沧桑岁月——奋斗历程——丰收乐章。在四面红旗纪念馆中，我们可以看到当时被树为四面红旗的四个大队的历史图片，这些都形象地展示了当时人们奋力改善生态环境、发展生产的景象。在张庄村最南边则是焦裕禄精神教育体验基地，占地120多亩，进门便是焦裕禄翻淤压沙的巨型雕塑。往里是当年兰考的“四面红旗”和张庄“除三害”的场面。整个体验基地不仅能让到来的游客受到焦裕禄精神的教育，又能回归乡村，进行滑沙等一些娱乐项目。

保护传统文化：中原大地在华夏民族漫漫的长河中，创造了无数令后世惊叹的民间艺术瑰宝。这些民间艺术产于中原大地，出自中原人民之手，凝聚着中原人民的智慧。这是我们中原地区特有的民间玩具，名字叫“草帽老虎”，它是一种泥泥狗，泥泥狗作为中原民俗艺术品的典型代表之一，作为伏羲、女娲以及很多远古圣灵的祭祀物，与淮阳地区的伏羲文化、中原文化紧密相连。它展现了中原农耕环境下民俗艺术品的泥土性质和乡土特色，同时也彰显了中原文化古朴原始之美，因此泥泥狗被誉为“真图腾”“活化石”。随着现代化进程的加快和人们文明程度的提高，传统手工技艺及其制品因其丰厚的文化底蕴越来越为公众所喜爱。透过它们，我们可以听到千年前的声音，感受到历史的厚重感，这是我们对古人的缅怀，也是对未来美好生活的呼唤。

打造村庄的公共空间，丰富村民的精神生活：为了提高村民们的文化素养，张庄着意打造了桐花书馆。把村民闲置的院落改建成图书馆、阅览室和展室，建成后免费对村民开放。张庄戏院本是一所寻常的院落，但它的建筑和格局适合作为一个表演的场地。通过剔除院落中芜杂的部分，使院落显得爽朗开阔，再适当布置些植物，就可以赋予这个院落新的功能。张庄戏院为丰富村民们的业余生活发挥重要作用，村民们组建了自己的艺术团，每天在此义务排练，表演剧目主要是宣扬红色文化，受到人们的欢迎。咿咿呀呀的曲调飘荡着村落上空，让村庄顿时有了灵气。

中原地区的乡村建设，通过丰富当地农业模式、美化环境、充实文化生活、为村民提供岗位等等一系列措施，改变了乡村落后的面貌，促进了多元产业的发展，提高了村民的生活质量，给百姓带来了实际的利益。村落在发展过程中，始终以人民群众为主体，要尊重人民的意愿，让百姓更加积极主动地参与到乡村的建设中来。

# 新农村建设中的中国农村村落美学问题与思考

喻仲文（武汉理工大学艺术与设计学院）

当前的中国农村村落美学呈现出庞杂的景观，这种景观的形成是经济文化发展的产物，它也是新农村建设所希望解决的问题，即改变杂乱的、失序的农村村落面貌，建立新的农村村落美学。在这个过程中，新农村建设的项目确实使村落的面貌焕然一新，它给农村村落的建设提供了一定的范本和借鉴，使人们对于农村村落新景观和新面貌有一个可资借鉴的图景，在一定程度上起到了思想与美学启蒙的作用。一些新农村建设项目启示人们：住宅建筑的美在哪里，如何合理规划建筑的空间？在此影响下，农村村落单体建筑的审美在近些年来进步很大。但是，对于新农村村落美学的建设来说，这种影响是微乎其微的，更大的问题是，村落美学不仅仅是建筑的美，它还有环境的美，伦理的美等。传统村落建立了天、地、人、神相互沟通、相互依赖的亲密体系，新农村村落美学是否要重建这种人与自然、人与人之间的环境伦理和社会伦理，此外，新农村建设项目的新农村，是否符合村落美学发展的方向？诸如此类的问题，都需要我们做出理论上的梳理和预判。

基于传统村落及新农村美学中的存在的这些问题，我们认为，有几个重要问题需要我们着重反思：第一，谁是农村村落的主体？第二，谁在观看？农村村落美学是谁的美学？第三，农村的逆现代化是否可能？第四，农村村落回归传统是否可能？这些问题都涉及农村村落美学的基本理论及农村村落美学发展的宏观性问题，也是村落美学发展不可回避的问题。只有对上述问题有一个明确的答案，农村村落美学的发展与未来才可能有更清晰的描述。

## 一、谁是农村村落的主体？

毫无疑问，村民是村落的主体，因为村落是他们的家之所在，是其世代生息之地，是祖宗之地，村落的存在与发展直接关系到他们的切身利益。但是，在新农村的规划设计和建设中，我们几乎看不到村民的影子，村民很少参与讨论和决策，这些问题都交给了政府、专家和专业的人士。因此，就会出现赶农民上楼，让农民远离他们的庄稼地居住等现象。这样建设起来的新农村村落是违背“村落”的本义的。村落是安居的地方，是被高度认同、高度亲密的地方，一旦新农村建设在情感上不能对村民产生认同感和亲和感，这样的新农村建设就是存在严重瑕疵的。新农村的建设必须要重视村民的作为主体的参与权、知情权和决策权。

但是，村落里的村民是否就一定是村落的主体呢？从历史上看，村落的选址、建设都是由村民中的权威人士，一般为宗族中德高望重的长者，或者就是某个先祖决定，传统村落的建成，它表面上决定于某个单一的个体，实际上是公共权威在起着重要作用。宗族中的权威人士会根据其广博的见识和专业知识，在家族会议中，说服或听取村落中其他人的意见，将公共意志付诸实施，这是一种广泛的协商参与的权力模式，类似于今天的民主集中方式。这种方式可以有效建立公共权力，使村落的规划建设及后期的管理与维护获得可持续性的认同。村落公共权力的建立，很好地维护了村落的公共秩序和伦理道德，包括村落的整体规划、环境治理及公共舆论等，都在公共权力无形的监督下良好地运转。在村落的现代化过程中，村落的公共权力消失了，村落的建设、规划都缺乏统一的、全局性的安排，单独的家庭成为不受约束的主体，公共秩序、公共环境因失去有效的约束而凌乱，譬如建筑的布局混乱，池塘等水体的退化与污染等，都导致了传统村落的快速解体。从这个角度说，公共权力是村落建设和发展的重要保证。那么，谁能够给村落提供合法性的公共权威以保障村落健康持续的发展呢？我们认为，在现代社会，政府在村落的保护、建设与发展中应具备一定的主体性，它需要填补传统村落公共权力丧失后的空白，以管理村落的建筑、环境规划及日常治理，使村落呈现出秩序井然、风俗优良的聚居体。因此，在社会主义新农村中，农村村落的主体应是双重的，即政府主体和村民主体，二者是一种主体间的关系，政府既不能利用公权迫使村民放弃其主体性，村民也不能因村民身份罔顾政府的监督，二者通过相互沟通、相互监督等主体间的协商，达到对村落发展的管理。

不难看出，我们之所以提出政府与村民主体间的协商，一是因为政府的公权导致了村落与村民的疏离，一是因为村民不受约束的自由，破坏了村落的发展或未来。这种主体间的关系对于新农村的改造建设非常重要，对于那些相对保存完好又正在蜕变的村落更为重要。如果没有公共权力的参与，那些衰变的传统村落会日益变得面目全非，甚至不宜居住，因为公共权力消失后，过度的自由会严重影响村落的公共性和舒适性。而那些保存完好的传统村落，亦需要政府的力量，在经济上给予支持，在规划、设计上给予指导，以免其再现传统村落解体的修昔底德陷阱。在现实案例中，我们在湖北鄂州万秀村目睹了政府与村民主体间的协调关系给村落带来的生机。该村地处一个偏远的山区，坐落在一个山冈上，全村村落面貌非常完整，一排排的民居、深幽巷道、清澈的池塘、茂盛的庄稼等等，构成了一幅美丽的村落风光，村落环境干净，民风淳朴。村落建有社区服务中心、娱乐中心，村外建有图书室、停车场、公共娱乐场所，集村落的传统功能与现代功能于一体，较好地实现了传统居住方式与现代生活，传统公共秩序与现代管理体系相融合。对于那些已经“荒漠化”或城镇化村落来说，同样离不开政府的参与，无序的村落扩张及村落管理，只能导致更大的衰败。

当然，村落发展的程度存在不平衡性，政府与村民的主体间关系，并不总是表现出平衡状态，主体间的强弱关系需要根据实际的情况来协商。我们认为，传统状态保持较好的村落，对于村落形态的改变，政府的干预要审慎，而对于那些已经面目全非的村落，政府需要利用公权力重建公共权威。

## 二、谁在观看？

这个问题对于新农村的建设及传统村落的保护与建设至关重要。如果说村落的主体涉及对村落的参与与体验的话，观看则同参与不同，参与是亲身体验，参与者也常常是利益相关方；而观看是以旁观者的，无利害关系的视角审视某个对象。正是如此，观看可导致审美的、游戏的，甚至是冷漠的态度，就像鲁迅先生所批判的“看客”。如果对象的命运由观看者来决定的话，那么，是不是不合理甚至是荒谬的？观看者是谁，观看什么，如何观看，看起来似乎是一个哲学、美学的问题，事实上，它对于村落美学及村落的未来影响巨大。

那么，是谁在观看？在新农村村落美学的发展中，村落的观看者有多个层次：一是政府在观看，二是城市中的专家、专业人士在观看，三是城市的旅游者在观看。村民作为村落的一部分，他们无法观看，即使观看，其观看也是无效的，因为他们是被观看者。农村村落的发展似乎只与两类人有关，一是专业人士，其次是观光人士。前者是以政府及与政府合作的专家及专业设计人员为主，后者是到农村享受“乡村风光”的游客。前者从专业出发对村落的建设予以规划设计和设想，因此，他们的方案常常是想象性的、审美的和理想化的。或者说，他们所规划的农村村落实际上是他们头脑中想象中的村落，如果农村村落的规划设计建立在想象的基础上，难免会水土不服，很难得到村民的认同。后者就是来自城市的游客，这些游客看惯了城市现代化的高楼大厦、吃腻了美味佳肴，希望回归到农村村落的原生态环境中，感受丰富多彩的乡风民俗。因为他们是游客，怀着审美的心态而来，他们便以陌生的、新奇的、审美的眼光打量农村村落的景观及其生活。在他们眼里，一排排矮屋，一段段土坯墙，坍塌的屋顶，破落的草垛，都洋溢着古朴的诗意和淡淡的忧伤，就连泥土地上那斑驳的牛粪都被他们浪漫的情绪诗化了。这种诗意化的体验会被掌握话语权的城市放大，并影响到社会舆论、影响到学术界、设计界及政界对待传统村落的态度。譬如关于农村村落的美学观，有的学者认为，要让农村成为农村，使其免受现代化的侵蚀，以便留住乡村的美。从人类学的角度说，任何原生态文化的消失，都是文化人类学领域的重大损失。有的学者则认为，农村村落已经不适应现代生活的需要，尤其在农村人口大量减少，城镇化进程日益加快的时背景下，农村村落的自然消亡是历史的必然，因此必须建立现代化的农村，现代化的、城镇化的村落。从学术的观点看，这两种相互对立的观点，都有其合理性。但是，农村村落真的是戴望舒的《雨巷》、郑愁予的《江南》吗？对于农村村落及其中生存的村民而言，农村村落不是一个诗情画意的世界，诗人笔下的、画家手中的以及摄影师镜头下的农村村落，只是艺术家们艺术创造的产物，在诗歌和图像之中，我们看不到生活的艰辛，闻不到农村村落中腐臭的味道，听不到劳作中无奈的叹息。倘若将这种艺术加工后的村落视为现实中的村落，那么，美若天堂的农村村落，对它的任何改变岂不是对美的严重破坏吗？很显然，这种逻辑是极其危险的。它可能会使村落失去发展改变的机会或发展的方式（譬如失去资金的投入或对政府决策的误导等等），也可能使村落发生原住民们不愿意看到的改变（譬如平静的生活、朴素的民风被观光者、商业生活等打破）。因此，谁在观看，如何观看？它对农村村落美学的理解及村落的未来，都有着重要的影响。那些原生态的传统村落，远离了现代化的生活，感受不到现代科技所带来的便利的生活和美的享受，而他们发展的权利，不能因其原生态的美受到旁观者的赞美和欣赏而被剥夺。

总而言之，我们必须改变，不应作为一个旁观者，而应以一个参与者、体验者的身份去感受农村村落的美，更要感受村落的丑和村落的艰辛。只有如此，我们才能明白，农村村落的未来及未来的美学该如何设计。

## 三、农村的逆现代化是否可能？

除了边远地区，当代农村基本上都受到了现代化的影响。现代化的影响包括三个方面：现代式的建筑、现代化的生活、现代化的观念。现代化的建筑是以钢筋水泥、楼房为特征，它对传统村落的建筑形态产生极大影响。传统建筑的建筑材料丰富多样，地域化特征明显，它使得建筑的造型呈现出较大的地域性差异。但是，钢筋混凝土建造的建筑则使建筑的功能实用化，建筑形式现代化，村落建筑传统的文化及历史文脉受到严重的冲击。现代化的生活主要指现代化的电器、现代化的交通。现代化的生活影响到人们的日常行为和交往习惯，影响到村落的文化和民俗文化活动。譬如在传统村落的时代，人们在业余时间经常聚集在村巷、小院、祠堂等空间中闲谈、聊天、议事等，面对面的交流，极大地增强了村落的亲和性和社会性。在现代化的生活中，人们的活动空间既可以极大极宽，也可以极小极窄：既可以待在家中闭门不出，也可以白天在外，晚上回家。交流异常简单，但又变得异常艰难：同在一个村落，却难以相见。现代化的生活改变了村落的公共文化，也改变了村落的公共性，因而，村落的公共空间、公共环境及公共事务等也变得不再重要。这些变化对村落美学的影响是巨大的。现代化的观念主要体现在对物质生产生活、伦理观念、审美观念等人生观、价值观的时代性理解。譬如传统村落的经济节约观、辈分长幼伦理观、实用主义的审美观等等，都受到了现代文化的冲击。

现代化对村落的布局、景观和文化生态都产生了重大影响。现代化的交通必然要求村落能够满足汽车的同行，因此，那些传统的村巷和民居建筑，都有可能受到严重影响，它给传统村落带来了一个现实的两难问题：坚持传统的建筑，影响到现代生活。坚持现代生活，又对传统村落的布局和景观造成破坏。许多学者在这个问题上也困惑不已，一些学者甚至花费大量精力研究如何复兴传统农村村落。在我们看来，他们的困惑往往在于他们作为一个旁观者，为农村传统村落的大量消失而痛心不已，因而一厢情愿地眷念“刀耕火种”的时代。在西方的 20 世纪早期，这种相似的浪漫主义的怀旧情绪也曾经盛行。事实上，我们需要回答一个问题：逆现代化是可能的吗？如果不能，那么我们对农村传统村落的诸多想象不过是幻影。

毫无疑问，现代化的潮流势不可挡，农村村落的现代化步伐也不可逆转。正视这一点，我们就能在传统性与现代性之间的博弈中保持理性的认识和判断，从而采取正确的、科学的方式对待农村村落美学。让传统的归于传统，让现代的归于现代。传统村落在自然变迁中，已经呈现出多极化的特征。那么就要尊重这种多极化的事实。对现代化、城镇化的部分要积极引导，使其向深度现代化、新村落美学的方向发展。而对于那些传统保存尚好的村落，既要保护其原生态的特征，又要发展其现代化的生活和现代化的管理，该保护的保护，该发展的发展，实现传统与现代并行协调发展。

## 四、农村村落回归传统是否可能？

这个问题与上一问题实质上基本相同，既然现代化不可阻挡，那么，已经现代化、“城镇化”的农村村落也无法回归传统，还未解体的传统村落也难以保存传统，一旦它们接触到现代文化和生活，其村落也面临终结的危险。这并不意味着我们不能留下一些村落的传统，留住一些乡愁。对于前者而言，完全的回归传统已不可能，也无意义和必要。历史总在不停地变迁，农村村落也从未停止过改变。但对于后者，首先，我们需要通过一些策略和措施保存传统的部分。它主要包括物质的部分，如建筑形态、空间布局、环境布局等可视可见的部分，尽量使其美学形态不发生大的改变。但是，一定要顺应现代化的潮流，使村民生活的现代化需求、建筑的现代化功能得以满足，譬如对建筑内部的装修、包括结构等作局部的改变，以满足现代化生活的需要。保存村落传统布局及村落巷道的前提下，对村落的道路作适当的调整，在道路附近设置停车场等现代设施，尽量弥补村落布局对现代交通的不利影响。

其次，回归村落传统还包括非物质的部分，譬如村落的伦理美学、村落的交往美学，重建村落作为公共性和亲和性的栖居之地。当然，由于生活、生产方式和整个文化生态发生了根本的变化，这种回归也不可能是回归到其原初的状态，而是在新生活、新时代基础上的创新与转换。

最后，要确保传统与现代协调化。传统与现代协调化主要针对传统风格保存较完整的村落及半城镇化的古村落而言，前者有完整的传统村落状态，一般都没有受到现代化的影响，但是，随着改革开放的推进以及经济的继续发展，这些处于偏远地区的传统村落不可避免地要接受现代化的生活，它们也必须改变较为原始的、落后的生活状态。为了避免这些村落的自然衰落或消失，需要积极主动地接纳现代化，有意识地开展对传统村落的主动性保护。对于这样的村落，要划定保护区与发展区，积极维护村落的原貌，改造传统建筑中的生活设施，使其适应现代化的生活。同时，大力建设公共空间和公共设施，满足现代生活和现代化生产所需。

上述三个层次的美学策略和景观，都是根据村落发展的实际状态和现代化、城镇化的程度进行的，可在一定程度上消除全国一盘棋、一刀切的粗暴化、粗略化建设方式，在某种程度上说，是维护和传承护农村多样化的村落美学和村落文化的思路之一。二者的关系如图 1 所示：

| 发展状态 | 美学策略与美学景观 | 现代化与传统化的强弱变化 |
|---|---|---|
| 城镇化 | 深度现代化 | 现代化 |
| 半城镇化 | 修复性的现代化 | |
| 半传统化 | 传统与现代协调化 | |
| 整传统化 | | 传统化 |

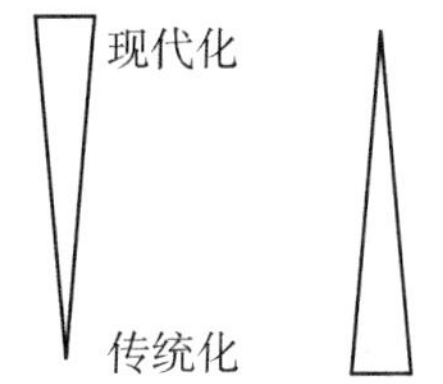

图 1

根据当前农村村落的现状所作出的根据现实和逻辑的思考，我们认为，一味地怀着对传统农村村落的浪漫幻想是不切实际的。但是，我们要区分两个不同的问题：物质的现代性与非物质的传统性。这两者并非势不两立，传统文化可以融入现代化的生活。反之，现代化的生活也可以接受传统文化。物质的生活可以是现代的；同样，文化生活也可以是传统的。因此，我们既要接纳现代生活进入传统村落，也要在现代化的村落尊重传承传统文化。就村落而言，无论是强现代化的，还是强传统化的村落，我们要避免的是村落的同质化，因此，新农村村落一定要在精神层面与传统相沟通，与地方性文化相沟通，要回归村落的居住本性，让人诗意地栖居，建设新农村、新美学。既要建立新的、美的村落，也要建立村落的新美学，它包括村落自然的美、环境的美，还包括风俗的美、伦理的美，只有在村落中建立良好的社会关系，新农村、新美学才可能真正建立起来。根据新农村美学的设想，我们提出如下构思：

第一，重建与“水”的关系。水是中国传统村落的灵魂和核心，它是中国农村村落最富有文化特色和意蕴的元素。尽管现代化的生活（如自来水）已经使村落可以不依赖地表水就能够生活，许多农村也不以农业为主业，因此他们打破了对灌溉水的依赖。水体便变得无足轻重。这不仅极大地损害了农村的村落景观，更严重的是，它割断了新农村、新村落与传统村落、传统文化的联系，使新村落丧失文化的内涵，而仅仅成为居住的场所，这样的村落是缺乏灵魂的。

对水的重视，不仅是重建农村的文化生态，也是对村落自然生态的修复，而在两种生态之间，存在着相互影响的、相互依存的共存关系。我们在前文中已经分析了水对于村落社会关系所起的润滑作用。即使在现代生活占据主流的现代化的村落中，水依然可起到如此重要的作用。水中的嬉戏、水中的娱乐，水上的运动，它在给自然带来美的享受的同时，也为人们之间相互沟通、相互理解、相互合作带来新的形式和新的机遇。

第二，重建与庄稼的关系。同“水”一样，庄稼也是中国传统村落美学的重要要素。但是现代经济使农村村落不再倚靠庄稼生活，许多农田和耕地被荒废，荒废的不仅仅是土地及破荒凉的农村村落景观，还有文化和传统精神的断裂。它使得人们对于庄稼的感情，对于农业生态的感情都趋于淡漠，这使得人们的乡土观念、故土观念都被淡化。同庄稼种植在一起的，还有数不清的民俗文化、民间文化及丰富的文化观念和传统，随着庄稼种植热情的减退，人们的自然伦理、社会伦理等意识形态观念都会受到影响。因此，我们要重建农村村落与庄家的关系。

那么，如何重建庄稼与人的亲和关系呢？很显然不是回到传统农业的小农经济时代，而是要积极利用农业的种植业资源，开展生态农业、规模农业和景观农业，利用现代化的思维、管理和技术，使村落在更高层次、更新的美学形态上建立与村落的天然联系。至于如此，村落才能成为美的、适于居住的村落，从而回归村落的本性。

第三，重构自然伦理和社会伦理。由于许多村落脱离了水，脱离了庄稼，也脱离了公共的绿化，结果无论是自然生态还是文化生态，都受到严重影响。在传统农村村落，人们对于自然是无比敬畏的，因为自然生态直接关系到他们的收成、他们的生活，而当农村村落已不再以农为业时，对于他们而言，自然界就是无关紧要的，他们忽视自然、脱离自然，不再关心水中是否还有鱼，是否长满了水草；也不关心植被是否完整，山体是否滑坡，耕地是否退化等，因为现代的生活足以使其远离水体、远离耕地。水体的清洁与否，耕地的贫瘠与否，几乎不影响他们的生活，这不仅会导致环境的污染增加，管理的缺失等严重问题，还会导致人们公共伦理、公共道德的退化，这种冷漠的文化心理甚至会影响到整个国家文化战略和经济战略的顺利进行。

在对待自然的同时，也必然产生人与人的关系，自然伦理的美，是社会伦理美的缩影。维护自然的生态的同时，也是维护、创建良好社会关系、社会风气的过程。因此，对于新农村建设而言，重建村落与自然的关系，重建自然伦理与社会伦理，是一件艰巨而又迫切的任务。

需要强调的是，无论是建立与水、庄稼的关系，还是重建自然伦理和社会伦理，都不表明要将农村村落束缚在土地上，保持其原始、落后的生存状态，而是意味着，新农村村落的建设与中国优秀文化传统相融合的关系，才能使村落建立起新景观、新风尚，新美学。

# 结　语

村民是村落的主体。因此，在新农村建设中，应该建立村民与政府的双重主体协调机制，既要尊重政府的公权力作为村落的公共权威，也要尊重村民作为居住主体的权利，从而实现村落的良性发展。

我们认为，人们常以他者的眼光对传统村落美学进行观看，一定程度上美化了传统农村村落，这种诗意化的审美评价对村落的建设与发展具有重要的影响，尤其对于那些尚处于原生态的传统村落。保存良好的传统村落，往往远离了现代化的生活，享受不到现代科技所带来的便利和舒适，而这些村落很可能因广受赞誉的原生态景观而失去发展的机会，因此，我们不能以旁观者、第三者的身份观看，而应以一个参与者、体验者的身份去感受农村村落的美，更要感受村落的丑和村落的艰辛，客观地认识、评价传统村落的美学景观。

现代化对农村村落的影响已经发生并仍在继续，即便是那些尚未受到严重冲击的村落，也终将受到现代化的侵袭，逆现代化已不可能。因此，建立新的村落美学及村落的新美学，需要建立多极化的管理策略和发展策略。该成果提出了深度现代化、修复性的现代化及传统与现代融合的三极模式。对于已经现代化的村落，要引导、深化村落的现代美学，使村落形态、建筑形态更具现代美感和艺术感；对于那些已被破坏但现代化不足的村落，实行修复性的现代化策略，消除村落的荒漠化、空心化，让村落更美、更协调；而对于那些尚未遭到破坏的村落，要注重对传统风格的保护，同时发展现代化的生活，使二者协调发展。

# 乡愁、乡土元素与“美丽乡村”

周浩明（清华大学美术学院）

提到“乡愁”，一曲《小村之恋》便会情不自禁地飘进我的脑海，除了那轻轻柔柔的旋律，还有那娓娓道来的幽幽歌词：

弯弯的小河，
青青的山岗，
依偎着小村庄。
蓝蓝的天空，
阵阵的花香，
怎不叫人为你向往！
啊！问故乡，
问故乡别来是否无恙？
我时常时常地想念你，
我愿意我愿意回到你身旁，
回到你身旁。
美丽的村庄，
美丽的风光，
你常出现我的梦乡。

（在梦里我又回到了我那难忘的故乡，那弯弯的小河，阵阵的花香，使我向往，使我难忘）

难忘的小河，

难忘的山岗，
难忘的小村庄。
在那里歌唱，
在那里成长，
怎不叫人为你向往！
……

在这首几乎人所皆知的小曲中，邓丽君以其特有的平和但略带幽怨的语调，唱出了浓浓的思乡之情，其实，这就是某种意义上的乡愁！

到底是什么东西，会让我们对自己的故乡魂牵梦绕，哪怕最终“叶落”，也必须“归根”？到底是什么东西，让远离故乡的飘泊游子，哪怕困难重重，也要不辞劳苦，决意在春节期间返回阔别多时的老家？到底是什么东西，使享受优厚物质生活的城市居民，哪怕花上几个小时甚至不远千里，也要寻找机会带上自己的爱子走向乡村，踏入田园？是对父老乡亲、儿时玩伴的深深眷念；是家乡留给我们的独特记忆；是乡村的独特韵味和景观意象；是乡村不同于都市的特质；更是邓丽君所吟唱的那种让人一辈子都无法忘怀的对故土的眷恋之情——乡愁！

但可悲的是，我国的大多数乡村正在逐渐失去这样的特质！当回到魂牵梦绕的老家时，我们发现，老家已经不是记忆中的老家的样子，老家的村庄已经和你在城市中居住的小区没有什么区别！当带着自己的妻儿，经过几个小时、甚至几天的旅程，到达你日夜思恋的故乡、或寄以厚望的乡村景点时，我们却发现，那里的小桥、那里的流水、那里的人家早已不存，那里的枯藤、老树、昏鸦也已经不知所踪，我们的老家早已“人非物亦非”，给人留下几多失落，几多无奈，几多惆怅，但很可惜，这样的惆怅并不是乡愁！

这样的境况，即便不能用可悲来形容，也着实是一种无奈、一种遗憾！正因为此，2013 年 12 月，习近平总书记在《中央城镇化工作会议》上发出号召，要依托现有山水脉络等独特风光，让城市融入大自然；让居民望得见山、看得见水、记得住乡愁。

要留得住青山绿水，记得住乡愁——这已经成为中国的城镇化理想，也是每一个都市与乡村人的人居梦想。

怎么才能在当前轰轰烈烈的新农村建设中真正达到邓丽君所吟唱的“怎不叫人为你向往”的、带有浓浓乡情的乡村环境？怎样才能让设计师、建设者笔下的“美丽乡村”真正实现习总书记所期待的那种人居梦想？答案是：中国的新农村建设必须运用可持续发展的整体系统设计理念，以尊重“整体乡土精神”的设计观为指导，以使对传统的“继承与延续”成为新农村建设的主旋律。概括地说，如何在设计中体现传统文化的继承和延续，很好地保持“乡土精神”，有效地再现或重构“乡愁”，这是当今“美丽乡村”设计与建设中的关键。

我们先来看看，乡愁是怎样形成的？

乡愁的形成，通常是由人们记忆中故土的自然景观、村庄和田地等村落环境元素以及曾经的人和事等碎片共同酝酿而成。这些记忆中的碎片经过长年累月的心底积淀，慢慢发酵，便会形成浓浓的乡愁，而且时间越长、年龄越长，这种乡愁会越发浓郁。因此，自然景观、村落环境以及曾经的人和事等，都是“美丽乡村”建设中可以借以酿就乡愁的“乡土元素”，这些“乡土元素”都可以成为设计师与建设者们独特的“设计元素”，是他们借以挥洒的设计至宝。

什么是“乡土元素”？广义地讲，传统乡村中一切原生的元素都可以看作为乡土元素。按照当代环境美学的理论与观点，这些乡土元素都是构成乡村环境之美的独特元素。概括起来，乡土元素可以分为以下几类：

## 一、独特的地域性整体乡土意象以及乡间的各种自然元素

地域性整体乡土意象指的是某一地域所固有的大地整体景观意象，是一种宏观尺度的概念化的景观图景。中国地域辽阔，地域性地理风貌千差万别，长江中下游地区的密织水网、华北平原的千里

沃野、青藏高原的连绵雪山、内蒙的无边草原、东北的茫茫林海、西沙的万顷碧波与镶嵌期间的美丽岛屿，这些都是典型的地域性整体乡土意象。

与其他任何乡土元素不同，高山、大漠、长河、莽原等乡土元素往往以其宏大的尺度而摄人心魄。长久以来，虽然人们对于这些神秘莫测、无法抗拒的自然体和自然现象怀有一种天生的畏惧，但自然一直都是人们美学欣赏的目标与源头，也是人们美学灵感的重要来源，尤其是在18世纪浪漫主义开始，卢梭提出“回归自然”之后，人们对于原始自然的赞美与尊崇便得到了进一步的强化，自然环境成为了美学研究的主要对象，而当代“环境美学”的诞生，更是使得原始自然成为了人们绕不开的话题，成为了人们环境审美的主要对象。

这种独特的地域性整体乡土意象也是乡村景观借以呈现的最有特点的天然背景，很容易因其自身的地域性特质而赋予整体乡土环境以独特的地域之美，具有强烈的“唯一性”，是任何其他地区所不可能具有的。比如当我们春天自驾进入西藏的林芝地区，看到漫山遍野的桃花时，与我们在烟花三月的扬州观赏桃花时的感觉完全是不一样的，因为我们知道这是在海拔3000米左右的西藏林芝，背景中有连绵的雪山与巍峨圣洁的南迦巴瓦雪峰，村庄依偎着的是奔腾的雅鲁藏布江，点缀于桃花间的是独特的藏式民居与喇嘛教寺庙，这实际上就是地域性整体乡土意象在环境审美上的独特魅力。因此，应该在乡村环境设计与建设中很好地抓住这种乡土元素的独特意象，以符合其特质的方式用心地铺陈其他各种乡土元素，使得村落环境能够融入当地的整体乡土意象，达到人工美与自然美的完美统一。

从设计的角度看，尽可能少地破坏这些天地大景的自然形象，是当代设计师和建设者们需要关注的问题。但是事与愿违的是，在我们中国的新农村建设和各地的旅游开发中，人为破坏大自然景观的现象比比皆是，劈山盖房、削岭造景、围湖造田、凿崖修百丈电梯、毁林立景观雕塑等现象随处可见，从秀丽的江南水乡到苍茫的大漠戈壁，从欣欣向荣的沿海城乡到人迹罕至的青藏高原，这种破坏自然形象的所谓景观设计，正在叮咬大自然的天然肌肤，使得自然母亲的身上长满疮疤。

无处不在的木栈道就是一个典型的例子。从北京到边疆、从城市到乡村、从平原到山岗、从森林到荒漠、从大海到草原、从河湖到峡谷，用进口木材制作铺设的木栈道，已经变成了新建景区人行步道的标配。这些千篇一律的木栈道非但成为了景区景观形象同质化的罪魁祸首，同时也是对环境生态的巨大破坏者。当然，木栈道有其优越的一面，比如与石质台阶或铺地相比，材料加工方便、制作施工简单、施工周期更短。但其缺点也是显而易见的，那就是形式单一、机械加工痕迹过重，与地形的结合粗鲁，往往悬浮于地面之上，与地面之间缺乏有机的联系，而且寿命有限。相比之下，传统的石质小路与台阶是因着地势直接从地上长出来的，与周边地面融为一体，灌木、小草可以在石缝中自然生长，时间稍久，石质栈道就会融入所在环境之中，成为所在地面环境的有机组成部分，无论是从视觉上和生态上都不会造成对环境的太大影响，而且具有更长的使用寿命，更具生态性。

在地域性大地整体乡土背景上展开的各种具体的自然物，也是构成地域性乡村环境特征的主要元素，它们包括自然的山、水、林、泉，各种动物和植物等，甚至包括一些特殊的自然现象，如风霜雨雪、星移斗转等。此类环境元素是乡村环境中数量最为庞大的乡土元素家族，它们来自于自然，因此也可以这样认为：乡土环境中一切自然的东西都可以归入此类，有些虽为人工种植、饲养、加工、制造的生命体或非生命体，由于其本身仍然保持着或显露出自然的特征，因此也可以归入此类，最典型的如乡村中的田地与阡陌交通，田地中的庄稼及其果实，村民饲养的家禽、家畜等。而且此类乡土元素可以大到崇山峻岭、江河湖泊，小到小草苔藓、蜉蝣蚂蚁。以生态学的观点来看，这些都是地球生态系统的有机组成部分，它们没有高低、贵贱之分，都是地球生态链中的一个环节，在整个生态系统的运行演化中都拥有自己的一席之地。从生态伦理的角度上讲，它们与人是平等的。因此，从生态美学的角度来看，只要它们在维系地球生态系统的平衡中扮演着自己应有的角色，那么它们就是美的。

除了应该尽力避免对自然景观造成肌体的伤害，还应在乡村设计与建设中充分利用好大自然赐予的独特的自然景观及其整体景观意象，充分保持其原有的自然特质，使其成为乡村环境建设最可以依赖的最本源的基础，只有在保持原有自然背景特质的前提下展开的新乡村环境，才有可能是最接地气、最能承载乡愁、最具人间烟火、最为理想的乡村人居环境。

因此，在当今新农村的设计和建设中，对于乡村固有的所有自然乡土元素，都必须给予同等的重视，否则很可能会导致乡土意境的整体崩溃，北京郊区玻璃台村在新农村建设中的兴衰，就是一个典型的例子。玻璃台村曾是新农村建设的典范，设计师的精心设计，使得该村一度成为京郊旅游的热门山村。但是，随着热度的提升，游客数量不断增加，停车问题日益严重，于是为了追求短期的经济利益，村民们将原本流经村前的山溪盖上了水泥板，巨大的水泥停车场彻底盖住了潺潺的溪流——一个在村民眼里微不足道、可有可无的平常之物，小村原有的乡土意境彻底丧失，再加上村民们为接待更多游客而随意进行的私搭乱建，为争抢生意而无限扩大和随意安放的广告牌，使得原来井然有序静谧的山间小村变得热闹非凡、混乱不堪，完全失去了原有的乡村韵味，最后陷入了“门可罗雀车马稀”的尴尬境地，真可谓得不偿失！

## 二、带有明显地域特色的建筑物、构筑物及其固有形态

作为世界文明古国，中国上下五千年的文明发展，孕育出了根植于各地自然环境的乡村与城市，无论是乡野民居还是城市宫阙、坛庙，都体现出了民众的建筑智慧，这些建筑或构筑物在长期回应自然的建设实践中，不断探索最适合的建造方式和建筑形式，不仅为人们提供了遮蔽风雨、抚慰精神的美丽家园，还形成了各地独特的建筑意象，成为构成当地独特环境景观的最主要的视觉要素。

传统建筑（或构筑物）的类型繁多，包括民居、坛庙、塔幢、石窟、桥梁等，它们千姿百态，具有极其强烈的地域特征，是理所当然的最有特色的乡土元素，也是具有最大视觉承载量的人工性乡土元素。

北方的四合院、江南水乡的枕河民居、内蒙草原的蒙古包、八闽大地的土楼、黄土高原的窑洞、川藏地区的藏式民居与寺庙、云南哈尼族的蘑菇房……不胜枚举。当地劳动人民在不断试错的摸索中逐渐形成了这些最适于当地气候与环境的建造方式，它们都是千百年来各地先人们建筑智慧的结晶。无论是外在形式还是内在结构，都是当地最为适宜的，即使是近代新材料、新结构、新形式、新生活方式的出现，也不可能全盘否定其固有的合理性，更何况它们早已成为当地人们铭刻在心的恒久记忆，这种记忆是不可能在短时间内被彻底清除的。

各地独特的传统建筑形式，以及千百年来衍化出来的千姿百态的局部装饰，都会成为各个地区传统乡村风貌有别于其他地区的最为主要的视觉要素，也是当地人民最为重要的物质与精神载体。保持并延续这些流传百年的建筑形式与装饰特征，是当今新农村建设中凸显地方特色、更好地酿造乡愁、留住乡愁的重要手段，至少比那些不顾当地传统，盲目搬弄现代建筑形式的做法要高明得多，有效得多。江西婺源地区的乡村建设，虽然大多也已经采用了现代材料与结构方式，但其民居建筑依然在外观上保留了白墙灰瓦马头墙的徽派建筑主要特征，因此至少从总体上来说，绝大多数乡村的基本风貌与当地的传统环境是协调的，这种思路值得提倡。

正如中央农办主任、农业农村部党组书记、部长唐仁健在2021年第20期《求是》杂志所刊《扎实推进乡村全面振兴》一文中指出："乡村建设不是搞大拆大建，重点是在村庄现有格局肌理风貌基础上，通过微改造、精提升，逐步改善人居环境，强化内在功能，提高生活品质。同时，注重保护传统村落民居，守住中华农耕文化的根脉。"

## 三、传统生活环境中常见的各种生活与生产用具、设施

此类用具和设施范围广泛、类型无限，只要是与人们日常生产、生活相关的任何物件，都可以归入这一类型。

中国地域辽阔，民族众多，由于所处地域地理环境的不同，人们在长期与自然环境的斗争与妥协中摸索出了各种解决之道，产生了各种相应的生产生活用具和设施。此外，中国各民族长期以来形成了不同的宗教、文化与生活习俗，宗教文化与生活习俗的多样性，也催生出了形式多样的宗教与文化用具，这些独特的用具和设施，时常会成为人们绵绵乡愁的触发者，也是我们进行“美丽乡村”建设时应该重视的乡土元素。此类乡土元素通常包含以下具体器物或设施：

（1）交通工具：车（畜力车：驴车、牛车、马车、雪爬犁、狗拉雪橇、勒勒车等；人力车：手推车、黄包车、三轮车、板车等）；船（江浙一带的乌篷船、摩梭人的独木舟、达斡尔人的树皮舟、遍布各地的竹排、木排等）……

（2）农具：水车（江南一带的龙骨或蛇骨水车，贵州等地的轮式水车）；犁、耘耥、连枷、钉耙、锄头、铁镐、铁锹、镰刀、斧头、砍刀、扁担、箩筐、竹匾、渔网、鱼篓等）……

（3）日常生活用品或用具：各类服饰；各种家具；各种灯具（油灯、马灯或桅灯、灯笼）；水桶、米桶、篮子、簸箕、筲箕、摇篮、烟杆、水烟筒、锅、碗、瓢、盆……

（4）宗教、文化用品与设施：宗教用品与设施（香炉、香烛台、转经筒、宗教法器、藏族的玛尼堆、蒙古族的敖包等）、传统乐器（锣、鼓、笛子、二胡、唢呐、口弦琴等）；文房四宝；古书、古画……

（5）消遣娱乐用品：围棋、象棋、纸牌、麻将……

（6）御敌或狩猎武器：刀、枪、箭、矛……

（7）其他杂件：无法归入上述类型的其他物件。

人们常说“触景生情”，这里的“景”，既可以是之前生活过、到过的具体空间场所，也可以是先人或自己曾经用过的物件，包括这里所说的用具。因此在乡村环境的设计中，适度保留、复原传统的用具或设施，也是勾起人们乡愁的有效办法。具体来说，既可以在乡村环境中继续使用传统的用具，也可以将这些用具作为设计元素而运用于场景之中，可以实际使用，也可以作为纯粹的视觉元素。比如许多现代环境设计中的传统灯笼，就是一个很好的道具，它既可以作为常规的照明灯具而实现其基本的照明功能，同时它的传统外观与色彩以及灯体上的文字，又赋予它一般灯具所不具备的喜气与吉祥。不过，当前举国上下、大江南北，只要所涉环境需要体现传统氛围就必定挂满大红灯笼的做法，又变成了一种不分地域、场合，随意滥用传统元素的不良现象，也是导致当代乡村环境设计千篇一律的原因之一，同样也不可取。

## 四、传统生活环境中常见的各种基本做法

此类乡土元素多属于非物质的范畴，通常是以某种技巧、做法的非物质方式传承下来，但最终在建筑、用具等具体的物质载体上体现出来。这些基本做法也都是先人们在长期的生活实践中摸索出来的，它们有的是因不同的功能需求而采用的不同建筑形态，如凉亭、门楼、牌坊、院墙、城墙，又如江南民居中的马头墙等；有的是因适应当地气候或地形环境而采用特殊结构而形成的传统形式，如南方的吊脚楼民居和干栏式民居形式、云南佤族和傣族民居特殊的屋顶形式、北京地区民居屋顶上的铺瓦方式；有的是适合不同的生活方式而产生的相应的建造方式，如适合“逐水草而居”的游牧迁徙生活的装配式蒙古包、达斡尔人的“撮罗子”（达斡尔人的传统帐篷式民居）；有的是出于御敌要求而发展出来的特殊的布局形式，如客家人的土楼、羌族的碉楼；有的是根据地方材料的天然特性精巧构筑或编织而形成的独特的外观图案，如四川民居中柱枋与墙体形成的外墙图案、各种竹篾器具所呈现的编织花纹、根据不同石材质地和形态铺设或砌筑形成的路面和墙面纹理；有的则是

因为民族与宗教的独特文化而衍生出来的特殊工艺，如藏族的唐卡、藏族建筑构件上的彩绘雕刻、云南傣族寺庙中的幢幡、各民族服饰上的刺绣图案等。这些因不同的做法、工艺而产生的外在表现形式，往往带有鲜明的民族或地域特色，如果利用得当，可以使新建的环境元素很好地融入当地固有的地域与民族文化环境，产生良好的氛围感，同时凸显当地的传统特色，也是诱发乡愁的有效手段。

## 五、传统环境中遗留的特殊历史痕迹

光阴荏苒、岁月如梭，任何一个时代都会在历史的长河中留下自己的痕迹。从早先的游猎、游牧时代，到之后的农耕时代，再到后来的工业化时代以及当今的生态文明时代，人类社会走过的每一步都会留下深深的脚印。每一个国家、每一个民族、每一个村落、每一个家庭，直至每一个人也都不例外。作为先前时代的独特印记，这些历史痕迹记录下了国家的兴衰与人世的沧桑，它能够让人情不自禁地回忆起“曾经的人和事”，而这“曾经的人和事”正是乡愁形成的基本要素。爷爷留下的祖屋、奶奶留下的针线盒，甚至是父亲留下的唠叨、母亲留下的慈爱目光，都会最终酿出“老家”的味道，令在外闯荡的游子魂牵梦系。

此类乡土元素包括各类文物古迹、祖传或家传的各类物质与非物质遗物、带有时代标志性特征的各类文字、标语及图案、标记，甚至是老墙表面因岁月侵袭而留下的斑驳印记等。这类乡土元素通常会较好地留存于传统的未经改造的乡村环境之中，与其他类型的乡土元素不同，这类乡土元素能够折射出更强烈的人文气息。但在当今乡村环境的改造中，此类元素往往更容易被忽视而一拆（扔）了之，再也无法挽回，如果这些乡土元素能够被好好保留并且巧妙地融入到新的设计之中，那么它们更能唤起人们的怀旧与思乡情感，同样也能助力传统文化的保持和乡土精神的延续，也有助于更好地留住“乡愁”。

## 六、传统环境中居民日常的生活场所和方式

“日出而作，日落而归”，是乡村典型的生活图景。但是实际上，乡民们的生活内容远不止这些，比如在笔者的老家江苏江阴一带，男性老人们每天都会在清晨背个篮子去镇上的茶馆喝茶，而女人们则会聚集在村中的井塘头、河滩（老家本地的叫法，即井台和河埠头）洗衣、淘米、洗菜。小朋友们放学或放假后，会在村中院场上玩丢铜板、拍三角的游戏。每到夏天的晚上，天气炎热，各家各户还会在院场上用长凳、木板或竹榻搭起露天餐桌，晚餐过后又自然变成露天凉台，全家老少坐在凉台上吹风凉（老家本地的叫法，即乘凉），三五步之外便是隔壁邻居家的凉台。这时候，小朋友们会在夏夜的繁星中寻找北斗七星、看流星从天空中快速划过。他们还会缠着见多识广的长者，听他们聊他们小时候的事情，讲他们听说过的鬼怪故事。夜深后凉台上铺上凉席，张上蚊帐则又成为露天床铺，大家都在萤火虫一闪一闪的荧光中轻松愉快地结束一天中最悠闲的时光。记忆中童年的整个酷暑夏夜就是在这样的场景中度过的。这是多么美好、令人难忘的往事啊！而童年的这些记忆，慢慢地就变成了萦绕眼前的乡愁。

小镇的茶馆、村中的井塘头和河滩、门口的院场、在院场上乘凉看星星，这些都是这里所说的“传统环境中居民日常的生活场所和方式”，它们在不同地域、不同民族的表现形式各不相同。这些场所有些可能非常正式，如侗族以鼓楼为中心的周边空间、傣族以缅寺为核心的村寨中心、村落中的戏台等。当然也有一些场所比较随意，有些甚至是因为生活所需而自然形成，如上面所说的井台、河埠头等。在这些空间类型中，前者往往在村落空间中具有举足轻重的作用，如侗族的鼓楼，通常都是族人商议大事、村民婚丧嫁娶举行仪式的场所，如遇外敌入侵也会在此击鼓报警、商议御敌对策。而傣族的寺庙则更是寨子的心脏，祭祀、节庆、议事、集市等都在此处举行，还是傣族儿童读书识字的场所，具有学校的功能。后者虽然在社会层面的重要性上没有前者强，但却是村民日常

生活中不可或缺的生活性空间，在井台、河埠头周边通常还建有茶室、杂货店等与村民最为贴近的功能性和娱乐性空间，妇女们在这里淘米、洗菜、洗衣服，男人们则在这里抽烟、聊天，因而这里是村落中最为活跃的公共生活空间，是村民们亲情乡情的维系纽带，也是村中最为主要的信息集散中心，平时几乎所有的消息都会在此汇聚并扩散，是最能够为人们留下儿时记忆的“积极空间”，也是传统乡村环境中非常重要的乡土元素。这类场所往往都是典型的“积极空间”，即使是在当今的新农村建设中也是一种不可忽视的重要元素，巧妙利用或在新的设计中重现，将会在新农建设中起到顺应村民传统生活习俗、维系村民亲情乡情、促进社会和谐发展的积极作用，它们能让整个村落“活起来”，当然也是留住或培育乡愁的必要手段。

从以上所列乡土元素所涉及的范围可以看出，几乎任何乡间能够找到的原生的自然物体或世代流传的人造物都可以视为乡土元素。但是需要指出的是，几乎所有的乡土元素都只是一定地域范围内的乡土元素，如果移出该地域范围，就可能不再是有效的乡土元素了，用一个通俗的词来描述，那就是乡土元素必须是“土生土长”的。所以，乡土元素具有鲜明的“原生性”，比如说江南水乡的传统水车，在当地是典型的乡土元素，但如果移到了青藏高原，或者出现在大兴安岭林区的某个“新农村”的环境设计中，那么这充其量只能说是一件小品，一个观赏物，而不是一件真正的乡土元素，自然也就不可能唤起人们的乡愁。反过来如果将大兴安岭达斡尔人的“撮罗子”放到江南水乡的新农村中，同样会显得不伦不类，同样会失去其原有的“乡土本性”，非但不会勾起人们的乡愁，反而会严重破坏当地原有的乡土氛围，使得设计质量大大下降。

遗憾的是，在当今的新农村建设热潮中，许多设计师和建设者要么没有这样的认识，要么不肯下功夫挖掘当地合适的乡土元素。他们教条地认为，只要是乡村中的东西就可以不分地域随处搬用，之前提到过的只要是有旅游接待功能的乡村景点就必定会悬挂大红灯笼的做法就是一个典型的例子。要知道，并不是所有的中国农村传统上都有挂红灯笼的习惯，也不是所有地方的红灯笼都采用同样的形式和制作方法。

因此，“乡土元素”必须尊重“乡土”二字，只有世代流传于当地的、“土生土长”的地方元素，才是真正的乡土元素，认识到这一点，才不致在新农村建设中出现“橘逾淮为枳”的尴尬。

除了“原生性”，乡土元素的处理还应该注意其“整体协同性”。传统的乡村画面是由作为背景的天地山水和展开于背景之上的其他各种元素组成的，包括村庄和村庄周围的田地或荒野，而村庄又包含建筑以及穿插于建筑之间的道路、街市、河流、桥梁、坝子、院场、零星田地等，还有生长繁衍于此的植物与动物，当然也包括村庄的主人——人。而村庄外围的田野，除了田里的庄稼以外，还包括庄稼以外的荒草、野树等野生植物，以及纵横于田地之间的阡陌交通和散布期间的农业生产设施，如人工的水渠、梯田的挡水埂等，当然也包括劳作于田间的农人和牲畜。

元代马致远的《天净沙·秋思》有咏：“枯藤老树昏鸦，小桥流水人家，古道西风瘦马。夕阳西下，断肠人在天涯。”这首著名元曲所刻画的正是作者作为四处飘泊的旅人所怀有的幽幽乡愁，而触发这种乡愁的，正是传统乡村中最为普通的乡土元素：冬天干枯的老藤缠着同样垂暮的老树，老树上落着黄昏归巢的乌鸦，一条小河在老树下缓缓地流过，小河上架着一座弯弯的小桥，小桥的旁边，依偎着一座庄户人家的茅舍。暮色中，油灯的光亮从窗户纸中暖暖地透出，炊烟从茅舍的顶上袅袅升起。而形成强烈对比的是，在附近的古老驿道上，却有一位远离故乡的旅人骑着他那瘦骨嶙峋的老马，顶着寒风蹒跚地走向远方。在曲中，除了“枯藤”“老树”“昏鸦”“小桥”“流水”“人家”“古道”“瘦马”这些视觉实体，就连看不见摸不着的“西风”都经过词曲作者的加工而成为了烘托感情的乡土道具，为流落天涯的“断肠人”增加了一份忧伤，为整个的画面平添了一份凄美。如果我们把这段文字看作一幅注满乡愁的水墨画，那么，画面中的“枯藤”“老树”“昏鸦”“小桥”“流水”“人家”“古道”“西风”“瘦马”等任何一个素材都很好地成为了烘托浓浓乡愁的必要元素，或者换句话说，画面所表达出的浓浓乡愁，是这些再平常不过的乡土元素共同发酵、协同作用的结果，它们构成了一个共同的整体，每一种元素都在其间发挥着重要的作用，单个的小桥、单个的昏鸦都不可能达到如此的效果。不难看出，真正的乡愁，只有在这样的整体环境中才能孕育生长。乡村的环境，少了其中的任何一种元素都是不完美的。

当然，《秋思》所表达的乡愁，多了点哀怨，但何尝不是一种真实的情感流露？传统乡村所呈现的正是这样一种带有淡淡幽怨却又“怎不叫人为你向往”的、让人魂牵梦绕的宁静、平和景象。

按理来说，乡村的广阔天地，本应该是牛羊鸡鸭、鱼鳖蝉鸟的栖息天堂，但是在当前轰轰烈烈的新农村建设中，许多当地政府为了达到“村容整洁”的要求，采用一刀切的粗暴方法，强行禁止村民饲养家禽、家畜，整洁的目的倒是达到了，但乡村没有了虫鸣鸟唱、没有了犬吠鸡啼、没有了牛羊撒欢，那还是真正的“乡村”吗？如果一定要认定其为“乡村”，那也必定是一个缺胳膊少腿的乡村，一个心智已经不健全的所谓“乡村”，这样的乡村已经不是我们当今真正所要的乡村！

由此看来，对于党的十六届五中全会提出的新农村建设的二十字方针：“生产发展、生活富裕、乡风文明、村容整洁、管理民主”，不同的人会有不同的理解，其中的“村容整洁”，顾名思义包含两方面的含义，即“整”和“洁”。

这里我们先来说说“洁”。“洁”，显然主要指的是“干净”，与其相反的则是“脏”，但“干净”与“脏”是相对的，还要看是在什么样的前提条件下来评价，如在“超净”的生物实验室里，几乎连一点灰尘甚至细菌都不允许存在，否则就是“不干净的”或“脏”的。但在我们的日常生活环境中，有一点灰尘是再正常不过了。因此，干净并不一定要“纤尘不染”，尤其是在农村环境中。对于城市居民来讲，稻田中的淤泥和猪粪肥料都是脏的，但对于种地的农民来讲，这是最普通不过的东西，猪粪等有机肥料更是丰收的保障，是希望所在，提升到更高的层面，甚至可以说是美的象征。因此，从这样的视角来看，村民饲养家禽家畜，除了可以增加经济收入，还可以收获幸福。村落中的家禽家畜如同天上的鸟儿、水里的鱼儿一样，如果管理得好，可以让村落环境充满生机，甚至有可能成为乡村旅游的一道独特风景，何乐而不为呢?

有些人将其中的“整”字教条地理解为“整齐划一”，于是乎兵营式阵列布局的所谓“新农村”如雨后春笋般出现于全国各地，不管当地的自然地形是平原、丘陵还是山岗。要知道，“整”不一定非要“划一”，顺应自然地势有机布局也是一种“整”，而且是一种高层次的“整”，一种内含生态意义的“整”，传统村落中民居建筑顺山坡自然等高线有机展开的布局就是这样的“整”。

确实，乡村环境最容易引起人们诟病的地方，除了“脏”就是“乱”。“脏”是很不容易被人容忍的，因为这很可能引起严重的公共卫生问题，如疾病传播等，因此也就有了地方政府粗暴禁止村民家庭饲养的现象，但是“乱”和“脏”还有些许的区别，“乱”对村民的生产生活和身心健康并不会产生实质性的损害。“乱”通常是城市居民（或旅游者）对乡村环境的形容性用词，对于村民来讲，生活方便才是第一位的，这才导致了村落中没有规律的草垛、随意堆放的柴禾、杂物等，但其实这并不是影响乡村评价的主要因素。关于这一点，只要看看为什么艺术家、画家、诗人们都更愿意去那些没有经过刻意整理过的偏僻村落就明白了。退一步讲，就算人们更喜欢组织有序的乡村环境，设计师、建设者、管理者们也可以通过有组织地管理村民的日常行为，规范村民对于基本生活资料的堆放方式来加以解决。其实，这样的例子在国外的农村中比比皆是。奥地利著名小镇哈尔斯塔特（Hallstatt）是一个背枕陡坡、前临湖泊、用地极为局促的小镇，为了保证更多的可用空间，镇中的道路都顺势因地而建，连前面沿湖主路两旁建筑以及中心广场周边建筑旁边的树木，都是紧贴墙面种植，而且都被修剪成扁扁的犹如爬藤植物一样贴墙生长，以免横向探出的树枝减小有限的道路宽度，影响交通。小镇甚至产生了这样一个少见的规定：居民去世葬入教堂墓地 10 年之后，必须将其尸骨挖出，选取死者的头骨、股骨祭入旁边的小屋供后人缅怀瞻仰。空出的墓穴留给后来的逝者。即便是在用地如此紧张的情况下，当地管理者也并没有禁止居民在屋外堆放必要的生活物资，如乡村中常见的木柴等。不过，这些木柴都斩劈整齐，规则有序地堆放在建筑悬挑部分的下部或者不影响道路交通的边角处，这样的处理方式非但没有普通农村常有的脏乱感，相反给人以良好的秩序感，而且堆放整齐的木材还成为了人们摄影镜头的目标之一，是人们喜闻乐见的极富美感的乡土元素。

其实，在当今中国的“美丽乡村”建设中，也不乏类似的正面例子，比如河北怀来县的坊口村。在这里，设计师和管理部门不是像有些“新农村”一样简单粗暴地禁止村民在屋外堆放柴禾，而只是要求将它们堆放在不影响交通和生活的路边、屋角等地方，而且必须堆放整齐，旁边没有其他垃圾杂物。如此一来，本来随意乱堆、影响村容村貌的柴垛竟然成为了一道独特的风景，着实是巧妙处理传统乡土元素的一个范例，妙哉！

耕种田地、饲养家禽家畜，是农业社会最为主要的特征，既然我们建设的是美丽乡村而不是美丽城市，那就应该真正地将其作为乡村来对待，尽力保持甚至突出其乡村特征。诚然，保持“村容整洁”也是“美丽乡村”的必要条件，但禁止饲养家禽家畜、禁止在屋外堆放柴草等措施并不是保证村容整洁的必要手段，探索如何以更为有效的方式来解决村庄环境的卫生整洁问题（如牲畜粪便处理与沼气结合的技术，尽管这种技术还有待进一步成熟），这才是真正的负责任的态度！另外，解决乡村环境的卫生整洁问题，除了采用适宜的技术手段，还可以从提高村民的卫生与审美意识入手，鼓励、督促村民勤打扫、常整理。相信如果地方政府能够像下决心彻底禁止村民饲养家禽家畜一样，以同样的决心来激励村民自觉维护村落内外的环境卫生和村容面貌，那么一定会建设出更为完善的“美丽乡村”！

真正“土生土长”的乡土元素还具有以下一些特点，在当今“美丽乡村”建设和“乡村振兴”中有着特殊的地位与作用：

其一，“乡土元素”是体现乡土精神的重要载体。其二，乡土元素中所蕴含的传统的材料、技术与审美观念等往往都具有强烈的地方特征，由此而形成的环境语汇，能构成当地独特的意象符号，突出“美丽乡村”的“乡土”特征。其三，传统建筑、环境及其他乡土元素的乡土性地域特点，能在当地居民中产生强烈的认同感、归属感，这也真是“乡愁”形成的最重要条件。其四，优秀的乡土建筑与环境营造技艺，在适应当地气候、利用当地资源潜力、表达当地居民思想意识等方面都具有独特的优点，从中我们不但可以探索历史的信息、文化的信息，还可以了解劳动人民的生态智慧。其五，乡土元素中所包含的技术都属于低技术或适宜技术的范畴，与高技术相比，低技术或适宜技术具有明显的生态优越性，而且具有更好的经济性，与我国尚属于发展中国家的定位相适应。其六，造就乡土元素的低技术或适宜技术实施难度小，但在乡土环境中完全可以满足基本的需求，只要适当结合一些高新技术，就可以使美丽乡村建设如虎添翼，取得更好的成效。因此，传统元素和传统低技术的传承与发扬光大与当今社会的发展并不会产生矛盾冲突。

“美丽乡村”建设不能以牺牲文化传统、破坏地域性乡土特色为代价来换取表面的、村民所不理解、不支持的“村容美观”。不能以消弭乡愁的办法来获得所谓的“现代感”“幸福感”，要知道怀有“乡愁”也可以是一种幸福，因为人的感情是复杂的，并不像有些人想象的那样天天“无忧无虑”就是幸福，事实上所谓的天天无忧无虑是不可能的，如果真有，对于不同于动物的人来说也将是非常单调的。

在当今我国的“美丽乡村”建设中，乡村的整体环境应该从乡土元素等传统文化特色方面来着力培养。一是挖掘与继承：挖掘历史文脉，继承优秀的传统文化积淀，而传统乡土元素往往就是历史文脉与文化积淀的最好体现者。二是创新与发展：依托传统文化背景，创造具有时代气息的新文化。乡土元素是先人们在千百年的生活实践中慢慢摸索、发展而来的，是与现实生活最直接关联的，因此也是最接地气的。虽然随着文明的发展，人们的生活方式正在发生着巨大的变化，人们寻找新的生活问题的解决办法也是社会发展的必然，但是，只要传统的解决办法依然适宜，就不应该被抛弃，因为这是以最小的代价获得适宜生活环境的最便捷的办法。因此创新发展与传统继承是不矛盾的，只有在新的层次上继承传统乡土元素中所蕴含的优秀思想和手法，才能发展和创新出能够体现乡土特色和时代精神的社会主义新农村，才能塑造出真正的“美丽乡村”。

可以说，乡土元素不存在“没用”“有用”与“更有用”的区别，它们都是平等的，没有高低贵贱之分，都应该得到应有的尊重。任何乡间能够找到的乡土元素，都可以成为“美丽乡村”建设中有效的激励因素，成为“乡愁”的积极唤起者。

因此，作为“美丽乡村”的设计者和建设者来说，对于“乡土元素”等传统精华，他们首先应该“愿意发现”，这代表着一种正确的对待优秀传统的思想观念与积极态度，应该在不断的学习与认识中逐步确立；其次必须“善于发现”，这体现着一种高水平的专业素质和洞察能力，需要在实践中努力培养；再次应该“勤于运用”，这反映着一种崇高的伦理精神，一种将一切生命体与非生命体视为全球命运共同体的长远眼光，这要求在自己的日常与职业生活中努力拓宽自己的胸襟；最后只有“擅于运用”才能把自己的职业理想与社会的文明发展充分地结合起来，为中国的“美丽乡村”建设贡献自己应有的力量，而这需要有扎实的专业功底，有实现自己的专业抱负的能力，可以在不断的学习与实践中逐渐提高。唯有达到了以上四点，才能够成为“美丽乡村”的优秀设计者和建设者，为生态文明建设作出自己应有的贡献。

历史的车轮不可能倒转，但我们希望它能够沿着正常的轨迹奔向前方，而不是穿越式地前进，在当今中国的“美丽乡村”建设中，我们希望能够看到更多《小村之恋》中所向往的那种留着浓浓乡愁的“故乡”！

# 建筑与园林环境美学

# 通过文本想象的景观：17 世纪意大利关于中国园林的第一个构想

［意］马爱莲（恩纳“科雷”大学）

早在现代通信系统诞生之前，信息的国际传播速度就已经非常令人印象深刻。尽管困难重重、距离遥远，欧洲和中国在 17 世纪中叶就已经通过发达的书信系统保持着联系。

在欧洲范围以内，邮政网在 16 世纪初就已经存在了，它使得越来越多居住在不同地方的人能够频繁而定期的交流信息，进而产生了一个活跃的国际知识分子社区，拉丁语称为 Respublica Literaria（汉译“文人共和国”或“文学界”）。信息在通讯路线上的流通依赖于一些作为节点的中心城市。

1608 年，米兰副邮政局长奥塔维奥·科多诺（Ottavio Codogno）在他的《全球邮政的新路线》（“*Nuovo itinerario delle poste per tutto il mondo*”）①一书中概括了邮政的路线，并提醒要寄信到中国或远东的人必须在 3 月 20 日之前在里斯本寄出信件，从这里每年都有船只开往东方，这些船需要八九个月的时间才能到达印度的果阿，在那里，这些信件被装载上船，开始另一段为期两个

① Ottavio Cotogno, *Nuovo itinerario delle poste per tutto il mondo*, Appresso Girolamo Bordoni, 1608. 本文中引用的中文皆为作者本人翻译。感谢我的朋友彭荆苗在修改和翻译过程中给予我的帮助。

月的航程到达澳门。这是到达中国的路线之一,① 却不是唯一的路线。去中国还有其他商业路线，在这些路线上，商人、旅行者、传教士不断往来，而且他们随身携带的信件、物品、书籍都传播着有关中国的信息。

到 16 世纪末，去过中国的商人、旅行者和传教士的见闻在欧洲开始流传：他们的文字被印刷成书，又被翻译成其他语言并被不断引用，使关于中国的文献日益丰富。这些与中国有关的文字使得西方人开始形成关于中国的景观、城市和自然空间的想象。

例如，奥古斯丁修道士胡安·冈萨雷斯·德·门多萨（Juan González de Mendoza，1540—1618）于 1580 年从西班牙出发，远至墨西哥，打算经菲律宾前往中国，②但是他未能抵达中国。

1583 年他返回西班牙，然后去罗马教廷，受教宗格里高利十三世（Gregorius XIII，1502—1585）的旨意，收集有关中国的所有资料，基于他人的叙述，他完成了自己的著作：1585 年在罗马出版了西班牙文《大中华帝国的最著名的事、礼、习惯》，通常缩写为《大中华帝国史》（*La historia de las cosas más notables, ritos y costumbres del gran reyno de China*），随后就被翻译为许多其他欧洲语言，并对欧洲产生了巨大的影响。在意大利语版本里，他对中国城市景观是这样描述的：“在各省的首府里，住着一位总督或政府的长官，他住在国王所建的房子里，这些房子都非常华丽，高大而

① Noël Golvers 研究了古代欧洲和亚洲之间商业和文化交流的路线，上述的路线是 Via Goana。除此之外，还有连接布雷斯特和广州的 Via Gallica，以及连接澳门与巴达维亚和阿姆斯特丹的 Via Batavica；Via Anglica 和 Via Ostendana 连接比利时和中国；Via Moscovitica 或 Sibirica 通过西伯利亚大道连接莫斯科和北京。请参考 Golvers, Noël, “‘Savant’ correspondence from China with Europe in the 17th-18th centuries.” *Journal of Early Modern Studies* 1 (2012), pp. 21-42.

② 门多萨去中国的初衷是开启西班牙与中国的外交关系，但他的使命失败了；门多萨要将西班牙国王费利佩二世（Felipe II de España，1527-1598 年）的一封信交给中国皇帝，但他没有成功。有关详细信息，请参 Antonella Romano, “La prima storia della Cina. Juan Gonzales de Mendoza fra l'Impero spagnolo e Roma.” *Quaderni storici* 48. 1 (2013), pp. 89-116.

且建造工艺很超群，精良。因为它们有很宽敞的花园、鱼池和有许多野生动物和鸟类的花园，它们好像我们的大型别墅和罗马一样，普通人的房子也非常好，都是精心建造的，一般都有几棵树整齐地排列在门前，树既可以给门口遮荫，又能美化街道。所有的房子都有自己的庭院，花园里种满了鲜花和植物，让住在这里的人感到愉悦。每个院子里都有一个鱼池，尽管有的很小。”①

《大中华帝国史》还收录了奥斯定会西班牙修道士马丁·德·拉达（Martín de Rada 或 Herrada，1533—1578）和 Jerónimo Marín（1556—1606）的见闻，他们于 1577 年从菲律宾前往中国。② 读者可以跟随他们的文字在中国观光，与他们一起游览风土人情、城市和房屋内部的细节。

例如，在 Chinchieo 省的 Tangoa③ 城市，“他们去看了一个游乐室，屋子离一个建在水里的墙壁很近：它有漂亮的长廊和可以用餐的石雕凉亭，这里有许多彩绘桌子，还有许多大片鱼池，里面有各种鱼，旁边是几块漂亮的雪花石膏，都是一整块的，最小的长宽八拃。当用餐时，周围都有很多水流，有许多种着各种花的花园”（177～178 页）。

许多没有去过东方的其他作家，依靠在欧洲传播的信息和文字

---

① 译自 Gonzúlez de Mendoza, Juan and Francesco Avanzo, *Dell'historia della China, descritta nella lingua spagnuola, dal P. maestro Giouanni Gonzalez di Mendozza, … Et tradotta nell'italiana, dal Magn. m. Francesco Auanzo, cittadino originario di Venetia. Parti due, divise in tre libri, & in tre viaggi, fatti in quei paesi, da i padri Agostiniani, & Franciscani. … Con due tavole, l'una de' capitoli, & l'altra delle cose notabili*, appresso Andrea Muschio, 1586, p. 21. & pp. 17. -18

② 需要了解有关他们旅程的更多信息，请参阅 Dolors Folch, “Biografía de fray Martín de Rada.” *Huarte de San Juan. Geografía e Historia* 15 (2008), pp. 33-63.

③ 文本使用了古老的地名音译。Chinchieo 省表示福建，Tangoa 好像是这里的城市。Tangoa 地名在其他书籍中写成 Tung-an，两位从这个城市出发到 Chinchieo 市（根据某本书是泉州）；Tangoa 这个地方也是根据 Aix-Marseille 大学（法国）的中国现代史教授 Christian Henriot 的数据库，位于福建。也许 Tangoa 是同安。

开始形成对中国的印象。其中，乔万尼·博泰罗（Giovanni Botero，1544—1617），一位意大利耶稣会士，曾为年轻的枢机主教费德里科·博罗梅奥[①]（Federico Borromeo，1564—1631）服务，并撰写了几篇关于当时所知的世界上国家的地理、经济、军事和政治情况的论文。他在1588年出版的《论城市壮大之缘由》（“*Delle cause della grandezza delle città*”）[②]中提到了中国城市情况：“现在我们去中国。从来没有一个王国（我指的是一个统一的王国）比中国更大、人口众多、富有、资源丰富，也没有一个王国像中国这样能够存在几个世纪。因此，理所当然的，中国皇帝选择的居住城市也是世界上最伟大的城市。它们是这三个：Suntian，Anchin，Panchin。Suntian（据我所知）是最古老的城市，也是省会，省叫做Quinsai，人们通常用同一个名字称呼这座城市。[③] 它位于一个四条大河汇入的巨大湖泊的东面，湖中有许多小岛，这个地方十分有魅力，空气清新，开阔的建筑全景，以及美丽的花园，这里是一个非常愉快的地方。在它的河岸上长满植被，有茂盛树木，清澈的溪流，巨大的喷泉，以及宏伟的宫殿”。[④]

---

① 东方的语言、文化、书籍爱好者。由枢机主教费德里科·博罗梅奥创建的盎博罗削图书馆（Biblioteca Ambrosiana），馆藏中文古籍，书籍目录在Fumagalli, Pier Francesco. “Sinica Federiciana il fondo antico dell'Ambrosiana.” *Aevum* 78.3（2004），pp. 725-71. http://www.jstor.org/stable/20861628.

② 在这本有趣的书里，他讨论了为什么一些城市会发展而另一些消亡；其中一章介绍了中国的城市情况。

③ 它们是三个城市：Suntian（顺天），Anchin（南京），Panchin（北京）。早期的采用音素字母为汉字注音的试验常常导致混乱和误解。当时西方文献常常写错中国城市的名称，博特罗自己也注意到了这个问题。Quinsai可能这里要表达“行在”，因为这词的古译就是Quinsay。从马可·波罗开始，西方著作均将杭州称为行在（Quinsay）。有关这本书和此问题的研究，请参阅Andretta，Elisa，Romain Descendre，and Antonella Romano. “Un mondo di ‘Relazioni’：Giovanni Botero ei saperi nella Roma del Cinquecento.”（2021）：588. 在这本书中她解释当时的人想表示杭州时使用顺天名称的原因，而且解释了这次Suntian可以被翻译杭州或北京的可能性。

④ 译自Giovanni Botero, *Delle cause della grandezza delle città libri III. Di Giovanni Botero benese*. appresso Giovanni Martinelli，1588，pp. 57-58.

博特罗从未去过中国，为了描述中国城市他引用了从各种书籍和见闻中收集到的信息。正是这样，有关中国景观的印象，通过文本的描述在欧洲逐渐传播开来。

许多作者也这样做，如另一位意大利作家洛多维科·阿里瓦贝内（Lodovico Arrivabene，约1530—1597），① 他因为有 Gonzaga 宫廷的背景，所以成为当时最权威的诗人和作家。他从当时流传的关于中国的传闻中汲取了灵感，于1597年出版了他虚构创作的故事作品“*II Magno Vitei*”，这就是第一部以中国和亚洲骑士为主角的欧洲骑士小说。这是现实与虚构结合的一个很好的例子。主角是 Ezonlom（神农）和他的儿子 Vitei（黄帝）。② 小说结合当时的两种流行趋势，即骑士小说和西方对东方的迷恋，由此他描述塑造了一个骑士在广阔的亚洲草原上驰骋的英雄史诗。

虽然这部作品是虚构的，但为了描述中国风景，其中引用了当时在欧洲流传的材料。例如，他引用了我们之前分析过的同一句话，修改如下：“美丽的地方，清新的空气，建筑的风景，无比美丽的花园，让这个地方像天堂一般：对当地人来说，如果在世界上可以找到天堂，那么它就是在 Quinsai，否则在其他任何地方都找不到。除此之外，在湖岸上，看到四季常青的植被，好像最珍贵的地毯，还有各种各样的树木，都让人呼吸到非常甜美的气味，这就是鲜花、水果、树叶的香味，几乎每个季节都有。”③

① 曼图亚（Mantova）人，他与贡扎加家族和宫廷的背景有关，成为其中最权威的诗人和作家之一。关于这本书更多的信息，请参阅：葛桂录：《另一种声音：维柯、巴雷蒂对“中国神话”的解构》，《北方工业大学学报》2011年第2期。

② 关于这本书及其主角，请参阅 Elisabetta Corsi，“Editoria，lingue orientali e politica papale a Roma tra Cinquecento e Seicento.” in *Editoria，lingue orientali e politica papale a Roma tra Cinquecento e Seicento*，Viella Srl Rome，2013，p537. 或请参阅周宁：《天朝遥远——西方的中国形象研究》，北京大学出版社2006年版。

③ 译自 Lodovico Arrivabene. Il Magno Vitei N. p.，appresso Girolamo Discepolo，1597，p. 412.

在所有这些描述中，最引人注目的是丰富的水资源和茂密的植被。例如，作为耶稣会官方历史学家的丹尼尔罗·巴托利（Daniello Bartoli，1608—1685）① 在1653—1673年写了《耶稣会史》，在这本书里总结了耶稣会士当时传教时所书写的一切。他描述了中国城市的风景，如下："不管是文官还是武官，他们的居所通常都有花园、小树林、用凝灰岩做的小山，或者用另一种海绵状的黑石。岩石一个接一个地叠放在一起，以粗糙艺术②组成一个作品，尽可能模仿自然的山脉，悬崖和洞穴。可以通过很多弯弯曲曲的道路到达这些地方，给人一种有趣的错觉，因为在很小的空间里蜿蜒的路形成一条长长的路径。（1633，47页）……他们的花园就是他们的天堂，结合了乡村和城市里面的最令人愉快的东西，它们可以将人工添加到自然里：宏伟的宫殿，是为了满足消遣而设计。按照礼制安放在最适当地方的小山、小峭壁、洞窟，里面有喷泉、瀑布，非常有趣，外面有许多的溪流，它们从假山上冲泻到下面的石头上。在花园的平坦部分，有苗圃、有美丽岛屿的湖泊、阴凉的树林。这些都是人造的乐趣，所有这些都是人工建造的，新建的总是比以前的更好，不断的以旧换新。他们拥有各种花卉，数量和种类都非常丰富。他们总是在每个季节提前提供其他季节的花，好像永远都是春天"（140页）。

久而久之，对中国的花朵和植物的关注越来越多，特别是对那些与欧洲不同的植物，这种兴趣随后将创造一门独立的科学（类似于现代植物学，仍处于萌芽阶段并尚且充满错误），而有关该学科出版的书籍，其中最早在欧洲广泛传播的是 Flora Sinensis《中国

① 丹尼尔罗·巴托利是一位意大利耶稣会士、作家、历史学家。他1663年出版了《耶稣会史．亚洲．第三部分．中国篇》，一共四卷。在这本书中讲述了圣弗朗西斯·泽维尔（1552）逝世以后的耶稣会在中国最重要的事件。要了解他为了撰写中国部分使用了哪些资料，请阅读邬银兰：《巴尔托利〈历史汇编〉，中国部分的资料来源?》，《国际汉学》2021年第2期，pp. 167-174，206. DOI：10. 19326/j. cnki. 2095-9257. 2021. 02. 023.

② "Con arte rupestre"是一种 *rupestre* 的艺术。"Rupestre"这个词是形容词，有两个意思，可以指又与农村有关系的样子，又粗糙的样子。

植物志》(1656)。由波兰耶稣会士卜弥格(Michał Piotr Boym 1612—1659)①用拉丁文写成。在读者须知中，他写道："种类繁多的水果和不寻常的繁殖方式让我惊叹不已，这些与我们的树木完全不同"。

尤其是在17世纪后期的文献中，虽然中国植物和花卉的多样性大受称赞，但也有其他方面受到了批评。被批评的是中国园林的过于"自然性"。与欧洲园林不同，中国园林似乎不想用明显的人工装饰美化环境。例如，洛伦佐·马加洛蒂(Lorenzo Magalotti, 1637—1712)② 于1667年出版了《根据1665年到佛罗伦萨的耶稣会士白乃心 Giovanni Gruber③ 的记叙撰写的中国报告》(*Relazione della China cavata da un ragionamento tenuto col P. Giovanni Grueber della Compagnia di Gesù*, *Nel suo passaggio per Firenze l'anno* 1665)通常缩写为《中国报告》，这里对中国花园描写如下："关于花园，它们比较普通，以至于它们好像是带有围栏的足球草坪。除了茉

① 卜弥格著有《中国地图册》《中国植物志》《中国医药概说》和《中国诊脉秘法》。该书的影印版最近在意大利出版，这本书与 *Una Nuova Natura. Il gesuita Michał Boym nella Cina del Seicento*(一种新的自然，17世纪中国的耶稣会 Michał Boym)组成一套，由 Duilio Contin 和 Lucia Tongiorgi Tomasi 编辑，Edizioni Aboca 出版社2019年出版。

② 洛伦佐·马加洛蒂是一位意大利科学家、文学家和外交官，他来自佛罗伦萨贵族家庭，为托斯卡纳大公国服务。从1667年起他为托斯卡纳大公科西莫三世德美第奇(Cosimo III de' Medici)服务。如需了解更多信息，请参考 Lionello Lanciotti, "Lorenzo Magalotti e la Cina", *Cina* 2(1957), pp. 26-33. http://www.jstor.org/stable/40855730

③ 奥地利耶稣会士白乃心(Johann Grueber, 1623—1680)学习了神学、天文学及数学等课程。他于1656年到中国，1664回到意大利。Magalotti 1665年会见了耶稣会士白乃心，通过这次会见获得了有关中国的材料和信息。1667年，他发表了这次会见的结果，即《中国报告》。他在撰写《中国报告》时除了参考了来华白乃心的文献资料以外，也参考了殷铎泽(Prospero Intorcetta, 1626-1696)的《中国政治道德学说》或《中庸》(Sinarum Scientia Politico-Moralis)。请参考 Noël Golvers, "Censimento del Sinarum Scientia Politico-Moralis di Prospero Intorcetta e alcuni nuovi aspetti del suo viaggio europeo", *Intorcettiana* 2.3(2020), pp. 12-21.

莉，他们没有别的芳香花卉；这里的玫瑰很美，但没有香味；没有郁金香、风信子和银莲花，它们的名字大家也都不知道。除此之外，丰富的水源使花园美丽并宜人。确实，他们并不是用特殊的人工装饰将水喷出地面，而是让水自然地从地面流出来。说到这方面，最漂亮的当属我在皇帝的花园里看到的，在这里巨大的瀑布从青铜制悬崖上流下来，（悬崖）上面装饰着树干和各种树叶的浮雕，因为中国人是金属铸造艺术的优秀大师……”①

随着时间的推移，越来越多的诸如题为《探奇游记》或《环球历史和地理》的书籍以不同的语言传播至整个欧洲，这种书通常是收集自来华旅行者的文章和见闻，类似于明代晚期的类书与日用类书。②

由于文化和商业交流日趋频繁，加之往来中国的人越来越多，在十八世纪有关中国园林的信息也越来越详细。特别是在 1759 年发表的一本有关中国人塑造景观的英文专著。这本专著首先被翻译成法文，然后被翻译成意大利文，并在 18 世纪末的意大利引起了一场关于园林艺术的有趣辩论，因为受中国影响而出现了一种“传遍整个欧洲的自由园林风格”③ 该书的作者是英国建筑师威廉·钱

---

① 本文所引用的文字，选自 Iacopo Carlieri, *Notizie varie dell'imperio della China e di qualche altro paese adiacente con la vita di Confucio il gran savio della China, e un saggio della sua morale*, Italia: da Giuseppe Manni, 1697, p. 64.

② 值得注意的是，在 16 世纪末至 18 世纪，在欧洲图书馆里已经出现了中文藏书。尤其是带着大量插图的日用类书。有关日用类书的深入研究，请参阅吴蕙芳：《“日用”与“类书”的结合——从〈事林广记〉到〈万事不求人〉》，载《辅仁历史学报》2005 年第 16 期。收入吴氏著《明清以来民间生活知识的建构与传递》，台湾学生书局 2007 年版，第 1~54 页。有关中国日用类书在欧洲传播的一些例子，请参阅 Arianna Magnani, *Enciclopedismo cinese in Europa: percorsi transculturali del sapere tra Seicento e Settecento*, De Ferrari, 2020.

③ 意大利语原文：“maniera libera, la quale inizia a dilatarsi in tutta l'Europa”。这段引文自钱伯斯论文的意大利语译本。Jacques Delille, *I Giardini ossia l'arte d'abbelire i paesaggi del Sig. Abate Delille, traduzione … del Sig. Ab. Cristofano Matteo Martelli Leonardi Canonico di Pietrasanta*, Domenico Marescandoli, 1794, pp. 139-149.

伯斯（William Chambers，1723—1796）。①

他随瑞典东印度公司去过中国广州两次（1743—1744、1748—1749），因此有机会看到中国的风景。他对中国园林的知识一方面是他在广州私家园林中亲身所感、所闻、所见，另一方面是从一位叫 Lepqua ②的中国艺术家那里所获得的信息。钱伯斯通过他的著作将中国建筑、景观和传统园林艺术的知识转播到欧洲国家并推动英中式园林的产生，因此他在西方园林的“中国热”中扮演了重要的角色。③ 他如此向欧洲人介绍中国人的园林布景艺术：“我在中国看到的花园很小……自然是他们的模型，而且他们的目的是复制它美丽的不规则性。他们首先考虑的是地形，是平坦、起伏、丘陵还是山脉、宽阔还是狭窄、旱地还是湿地、有河流和泉水，还是缺乏水源，等等场地。”④

根据地势地形而选择最合适的布局并减少开支。然后，他描述

① 他对18世纪欧洲关于中国园林的看法有很大的影响。威廉·钱伯斯的著作以及法国耶稣会士王致诚（Jean-Denis Attiret，1702—1768）的书信，被认为是“中英式花园”发展的重要灵感来源。有关详细信息，请参阅 Bianca Maria Rinaldi（ed.），*Ideas of Chinese Gardens*：*Western Accounts*，1300-1860. University of Pennsylvania Press，2016，pp. 112-120. https：//doi. org/10. 9783/9780812292084-011.

② 关于这位中国画家，没有更多的信息，他的名字我们只有英文发音的音译。在其他的书里，钱伯斯更详细地介绍了一位广州的画家。见本文第26条注释。

③ 相关更多信息请参阅陈苗苗，朱霞清，郭雨楠：《威廉钱伯斯和他的中国园林观》，《北京林业大学学报（社会科学版）》2014年第3期，第44~49页。

④ 本书同时以英文和法文出版：William Chambers，*Design of Chinese Buildings*，*Furniture*，*Dresses*，*Machines and Utensils* … *to which is Annexed a Description of their Temples*，*Houses*，*Gardens*，Published for the author，1757；William Chambers，*Desseins des edifices*，*meubles*，*habits*，*machines*，*et ustenciles des Chinois*：*Grave's sur les originaux dessine's a' la Chine* … *Auxquels est ajoute une description de leurs temples*，*de leurs maisons*，*de leurs jardins*，Haberkorn，1757. 本文的英文引文和译文来自于链接：https：//doi. org/10. 5479/sil. 361087. 39088005973763 ，p. 14.

了构成园林的几种场景，主要分为三种：第一种是 Pleasing，令人愉快的场景，类似于西方的浪漫场景，使用大自然最快乐的事物，如非凡的树木、植物和花卉、湖泊、喷泉和最稀有的鸟类和动物；第二种是 Horror，可怕的场景，它的特点是阴森森的树林、黑暗的洞穴、险峻的叠石、畸形的树木、残垣断壁；第三种是 Enchanted，迷人的场景，给观看的人一种惊喜的感觉。根据作者的描述，经常交替使用这三种对比的场景，总是会产生新的惊喜和乐趣。

关于园林中的用水，他观察到这种元素在中国园林中很重要。他说："他们在水景布置中避免一切的规律性，因此先要观察水在山区里怎么自然地运行"，"按照中国方式设计景观，这种艺术是非常困难的，而且理解力有限的人很难学会。规则看起来简单，但执行起来也需要天赋、判断力和经验。需要的是丰富的想象力，以及对人类思想有很深入的了解"。

在威廉·钱伯斯的著作中可以出现中国园林设计与西方绘画的比较："中国的园艺师和欧洲的画家一样，从自然中采集最令人愉悦的事物，然后将它们以某种方式结合起来，不仅使它们能够展示出各自单独的优点，更能使它们组成一个优雅而引人入胜的整体……他们将花园视为画家作画：他们栽种植物和画家在画作里面绘制图案采用相同的方式。（1757，15 页）"钱伯斯在其他的文章①里写道："他们的造园师不仅仅是植物学家，而且还是画家和哲学家……. 造园是一个特殊的职业，必须很深入的研究。（1772，11 页）"而且，"观赏性园艺是法律所关注的问题，因为它会对大众文化产生影响，进而影响到整个国家的美观。（12 页）"

到这里，这篇文章概述了在 16 世纪和 18 世纪的意大利图书馆里面可以查阅到的关于中国园林的信息。

许多西方传教士、旅行者，甚至那些从来没有到过中国的人，仅仅通过收集信息，都写过大量关于中国的书籍，显然本篇文章所

① William Chambers, *A dissertation on oriental gardening*, W. Griffin, 1772. 这本书的最后的部分有一段章节他说来自一位旅居英格兰的广东艺术家谭其奎 Tan Chet-qua（约 1728—1796 年），但是很有可能不是真的。

引用的只是很少一部分例子。在16世纪末，在意大利可以找到意大利语、拉丁语以及其他欧洲语言出版的书籍，这些书籍为人们提供了大量的信息来源。因此，在17世纪和18世纪，除了关于中国文化、历史和语言的基本观念以外，有关中国景观的描述也广为流传。

事实上，无论是专著还是远东的旅行日记，书里面总是会出现中国园林和自然景观的描述；这些景观常常被认为如伊甸园一般：空气清新，河流和湖泊众多，动植物丰富，地势基本平坦，但有时也有山峦，最让人感觉奇妙的是那些幽暗的山间小道。有趣的是，观察者们准确地注意到有些自然景观的元素在中国园林中总是重复出现，例如在花园里可以看到有很多鱼的池塘和小河流，或者经常观察到有很多粗糙的岩石，这让西方人感到特别好奇和惊叹。

从当时的报道可以看出，最令人震惊的是中国园林对“自然”进行了精心的人工重建，但是这个方面有时也受到批评，因为同时期巴洛克意大利的园林，旨在以艺术的形式展示甚至超越自然，通常比自然原型更加美丽，以此来显示艺术家高超的建筑和水利技艺。恰恰相反，中国园林被认为隐藏一切人工技巧，人为的介入并不明显，以此来表现自然本身的美。

18世纪以后，中国园林的这种特征被积极地重新评价，并作为一种模范，开启了19世纪英国园林的时尚。在1785年，一位意大利作家首先介绍国外新的园林时尚为“adornare modestamente la sola natura, e non ad imbellettarla”（谨慎地装饰自然，而不是美化自然），其次说“Non so, se alcuno Italiano abbia prodotto mai alcun libro sopra il giardinaggio. Pare che gli Inglesi abbian presa quest'arte dalla China.”①（我不知道是否有意大利人写过关于园艺的书。但看来英国人是从中国获得这种艺术的）。确实，中国“模仿自然”的园林开始作为国际典范，在西方兴起了英国中式园林的时尚。

① Francesco Milizia, *Principj di architettura civile*, Italia: Remondini, 1785, p. 195.

# 海与山之间：热那亚的景观感知与园林空间

［意］劳诺·玛格兰尼（热内亚大学）
［意］马爱莲　译（恩纳“科雷”大学）

从 11 世纪开始，热那亚市就是一个小型国家实体的驱动力中心。该实体的领土范围从地中海北岸的利古里亚海，一直延伸至其背后的亚平宁山脉山区。穿过亚平宁山脉的山口地区，便可以直达波河河谷。

热那亚市围绕港口而建，其中心地区规划用于密集的商业贸易活动。起初，这里对拜占庭帝国和近东地区有极大兴趣，到 13 世纪时，贸易范围拓展到爱琴海地区直至黑海克里米亚。

因此，早在中世纪时，这座城市就扮演了一个欧洲大都市的重要角色，它与威尼斯等其他海洋贸易中心展开激烈竞争，并与奥斯曼帝国和北非伊斯兰的扩张发生联系和冲突。① 16 世纪时，随着热那亚共和国并入哈布斯堡帝国，不仅统治阶级所从事的贸易、金融和银行业得到了显著发展，还包括拓展到整个欧洲范围（尤其是西班牙和法兰德斯，以及西班牙和葡萄牙的海外殖民地）的商业活动，以及对热那亚统治阶级贵族家庭尤为重要的商业活动，如放贷和船只租赁等。

从 16 世纪到 17 世纪，这座城市的发展已经定下主基调：港口

---

① 请参考 Borja Franco Llopis & Laura Stagno（eds.），*A Mediterranean Other. Images of Turks in Southern Europe and Beyond*（15*th*-18*th* *Centuries*），Genova University Press，2021.

湾区周围的密集建筑群被 12 世纪、16 世纪和 17 世纪时建造的各种城墙包围，并逐渐延伸至城市周围的山区。这座城墙绵延大约 20 公里，即使在远离城市外围的地方也清晰可见。

这种暗含着表现城市的威严画面也通过绘画和版画传播到了欧洲上层阶级权力圈（见图 1）。

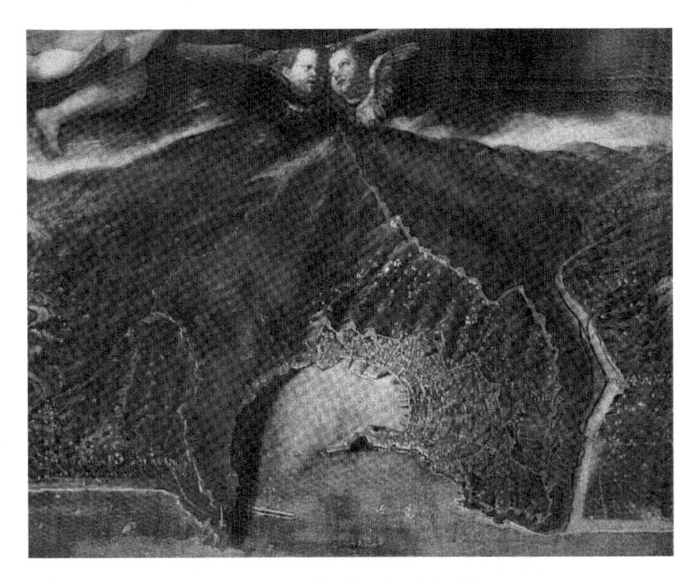

图 1 Domenico Fiasella，“热那亚的圣母像”。San Giorgio dei Genovesi 教堂，巴勒莫，细节。这幅画是受巴勒莫市的热那亚人社区委托创作，那时候巴勒莫市是西班牙的西西里总督辖区的首府。圣母被描绘成热那亚的女王，在她的脚边有总督权力的象征。这幅画表现了位于 1637 年新建的湾区城墙内的城市图景。围绕港口湾区密集建设的城市与这片地区之间的关系非常明显，地区被防御工事包围着，从海岸一直到 Peralto 山。在城市西部和东部的别墅区以及两条河流 Polcevera 和 Bisagno 的山谷中，可以看到城市在不断扩张

这画面是一幅具有伊甸园特征的景观：城市位于其中，坐落在大海与山川之间。它正是以大量城市周边的休闲住宅为特点，

其花园与乡村相邻，而这样的别墅也正是统治贵族们所向往的。乡村位于临近城市中心的海边，城市的两边是流向大海的两条河流的河谷。乡村的主要作物是蔬菜、橄榄、葡萄和柑橘类水果。作为一个整体，这种别墅景观构成了一个被包围在城墙里的城市的替代空间。从海上望去，看起来是一个整体，串联起许多临海小村庄、别墅建筑区域、种植园以及城市周围的山丘，令人感到非常愉悦。

这幅画面，以透视技术表现出来，形成一种“鸟瞰图”，从海上无论何时都清楚可见。当人们从海上（这以前曾是进入城市的特权通道），或者从山间小路进入城市的时候，都可以欣赏到这幅画面。正是这幅画面，令许多旅行者和游客深刻体会到这些地方的伊甸园特色。

如果说这座城市首次登上世界贸易的舞台是因为它与地中海东部以及更远的地区的接触，那么从这种意义上说，维吾尔族景教教徒拉班·扫马①（Rabban Sauma）的记叙则更加重要。他出生在北京，被任命为“东方景教会会长”，并被伊尔汗国君主阿鲁浑（Arghun）（1258—1291）任命为第一任驻欧洲大使。在西行途中，他也抵达了意大利。当他1287年造访热那亚时，着重强调了热那亚地区的伊甸园特色，特别是气候方面。他这样写道：“当我们到达那里时……我们看到它就像天堂的花园一般，冬天不冷，夏天也不热。那里的植物四季常青，树木也不落叶，水果终年不断。”②

① “拉班”指示“大师”的意思 。他与弟子拉班·马可沿丝绸之路一路西行。拉班·扫马似乎是第一个以书面形式记录自己旅程的中国旅行者。然而，他的旅行记录是用古叙利亚语写成的。这本书首先被翻译成英文，然后又翻译成意大利文和中文；意大利文版和中文版均于2009年出版。中文版是佚名著，朱炳旭译：《拉班·扫马和马克西行记》，大象出版社2009年版。

② 本文引用的是拉班·扫马的意大利语译本。具体请参考 Pier Giorgio Borbone: *Storia di Mar Yahballaha e di Rabban Sauma. Cronaca siriaca del XIV secolo*, Lulu Press, 2009, p. 80.

这种印象同样也被景观“专家”——诗人彼特拉克（1304—1374）①所证实，他在1352年的*Familiares*书信②中提及了一段儿时的回忆，描述了当地的怡人风景：“那时我还是个孩子，就像在梦里一样，当海湾的海岸线上日出和日落的时候，看起来就像是天堂的而不是人间的住所。正如诗人在极乐世界中描述的风景一样，它的山顶上布满了宜人的小径、绿色的山谷和幸福灵魂。”③

热那亚所在的这片地区，在Itinerarium Syriacum④里被描述为“一座皇家城市，依傍在阿尔卑斯山麓，以它的人民和城墙闻名于世。”而在15世纪中期，恩尼亚·席维欧·皮可洛米尼（Enea Silvio Piccolomini，1405—1464）将这座城市称为“维纳斯的神庙”，强调它性感的特征。16世纪初的让·奥通（Jean d'Auton 1466—1527）以及其他作家则盛赞它宜人的气候和美丽的景色，

---

① 在西方传统景观研究中，弗朗切斯科·彼特拉克（Francesco Petrarca），他被视为是以“现代”方式感知和阅读自然景观的开端中的关键人物之一。例如Kenneth Clark的研究，请参考Kenneth Clark，*Landscape into art*，London：J. Murray，1976. Simon Shama也分析了阅读自然景观的技巧，请参考Simon Shama，*Landscape and memory*，Vintage，1997，pp. 419-421. 而近期的著作如William John and Thomas Mitchell（eds.）：*Landscape and power*，University of Chicago Press，2002，p11. 则批评“在观看风景中”的原始时刻的指示是一种简化的图式化。

② *Rerum familiarum libri*或缩写为*Familiares*《亲友通信集》的诗集包含350封书信，写于1345年至1366年之间，写给好朋友和熟人，有些是虚拟地写给过去的伟大作家的。

③ Petrarca，FAM. XIV卷，5书信．彼特拉克的信是用拉丁文写的，如需正文全部英文译文，请参考Francesco Petrarch，*Letters on Familiar Matters*（*Rerum familiarum libri*）*I—XVI*，Translated by Aldo S. Bernardo，Johns Hopkins University Press，1982.

④ “*Itinerarium breve de Ianua usque ad Ierusalem et Terram Sanctam*”，《从热那亚到耶路撒冷和圣地的旅行指南》（缩写Itinerarium Syriacum）是1358年写的。这是一本宗教圣地的导游书，第一部分根据作家自己的记忆，第二部分参考了其他文学作品的信息（他并没达到耶路撒冷）。

特别是有很多宛如“人间天堂”的花园。①

有趣的是，这种山与海、山与水的结合，恰好是中国园林景观的显著特征，② 真正的热那亚景观也属于同一类型。17 世纪时扩建的城墙包围了整个城市的海湾区域，从临海港口的密集城区一直到城区背后高达 500 米的山脉顶部。这一特征在贵族们的很多私人别墅设计中同样非常关键，尤其是当别墅的规模更大，能够包含各种地形特征：从别墅附近到海滩之间，从住宅附近的平地直至后面的山地。在别墅区域内通常还有大量精心设计的作物、花坛、规整的果园和树林。私人园区里的建筑规划构成了一个微观世界，它是对宏观世界里城市与自然的关系的一种模仿和反映。

很多别墅都反映了这种感知景观“山-海”二元性的倾向，特别是在前面有海面，后面有山脉的时候。很多花园的建筑被置于海与山的垂直线上，这里列举一些示例：在为数众多的热那亚别墅和花园的背景中，③ 第一个例子是多利亚别墅④（Villa del Principe Doria），它是规模最大的建筑和花园群，它建于 16 世纪 30 年代至 17 世纪早期。

这座地产位于城市以西，从大海延伸至后面的山丘，因此海拔跨度从零点到最高处约 300 米，设计恢宏的花园有海拔 150 米之高。建筑物前面的平地花园延伸至海边，并设有一个凉亭眺望台可

① 关于此处所提到的描述，请参考 A G. Petti Balbi, *Medieval Genoa Seen From Contemporary People*, Sagep Editrice Genova, 1978, pp. 74-83, pp. 112-119, pp. 152-159.

② 关于对景观在西方和中国文化中的语言表达和概念的比较，请参考 Jullien Francois 的研究，比如 Jullien François, “Vivre de paysage, ou L'impensé de la raison”, *Gallimard*, Paris, 2014.

③ 请参考意大利版本 Lauro Magnani, *Il tempio di Venere: giardino e villa nella cultura genovese*. Sagep, 1987. 英文版本 Lauro Magnani, “Genoese Gardens: Between Pleasure And Politics”, in *Gardens, city life and culture*, Michel Conan and Wangheng Chen (eds.), Harvard University Press, 2008, pp. 55-71.

④ 安德烈亚·多里亚（Andrea Doria，1466-1560 年）是一位意大利贵族，是热那亚共和国的海军上将、政治家。作为帝国海军上将，他指挥了几次对奥斯曼帝国的远征。多利亚是意大利 16 世纪的核心政治人物。

图 2　Guglielmo 和 Antonio Van Deynen，“在热那亚的别墅中接待哈布斯堡的 Alberto 和 Isabella”，私人收藏。这幅画出自佛兰德艺术家之手，描绘了 1599 年，在热那亚东边 Albaro 区的别墅里的一场聚会。出席聚会的是哈布斯堡大公 Isabella 和 Alberto，以及总督 Lorenzo Sauli 的宾客们。热那亚迷人的景色呈现在外国客人面前，在这片地产的风景中，别墅住宅与地区之间特殊关系被极好地表现出来。在背景里，城市坐落于海面和高山之间。贵族们带有围墙的地产一直延伸到山上，成为这片地区的标记

以俯瞰大海。后面的花园被设计成逐级而上的梯田式，每层都种着不同的植物直至最上层的林地，终点处有一个很大的壁龛，装饰着一个巨大的从海上也能看见的朱皮特雕像。①

如果说古代的图画以鸟瞰透视和广角放大的方式重塑了自然视觉，那它们也清楚显示了景观的感知形式。这种感知形式在现在的

① 请参考 Laura Stagno, *Palazzo Del Principe*: *The Villa of Andrea Doria Genoa*, Sagep Libri&Comunicazione, 2005.

图 3 Christoph Friedrich Krieger 克里斯托弗·弗雷德里希·克雷格“Doria 王子别墅”。水彩蚀刻版画，J. C. Volkamer 福尔卡默，纽伦堡吉舍尔·赫斯帕里得斯，纽伦堡，1708 年

照片中已经完全消失：在山区，花园的空间屈从于建筑投机：虽然保留了主要建筑和它周围邻近的空间，但那种显示别墅与景观之间联系的特殊的“海-山”中轴线已经完全消失了。

第二个例子是位于 Sampierdarena 郊外的乔凡尼·文森佐·帝国 *Giovan Vincenzo Imperiale*（1582—1648）①，始建于 16 世纪 60 年代，其花园部分区域的规划更为广阔。这是一个独特的城外扩建区，Sampierdarena 地区距离市中心以西大约 3 公里，沿着主干道建

① 意大利诗人和作家，他出身于一个富有的热那亚贵族家庭，是巨大遗产的唯一继承人。17 世纪初，他出版了《乡村状态》（Lo stato rustico）。在这本诗集里面，他讲述了热那亚和赫利孔山（Elicona）之间真实的和幻想的旅程。赫利孔山是位于希腊中部的一座山脉，在古代希腊神话中，赫利孔山是文艺女神缪斯们居住的地方。

图 4　Domenico Pasquale Cambiaso 多梅尼克·帕斯夸里·坎比亚索,"普林西比的别墅"（1840 年代），铅笔，水彩，白铅画于纸上，热那亚，在市政地形图集，馆藏编号 2203。这幅画可以让人更好地理解，从海岸到后面山区之间，别墅以及花园的独特地理位置

造了许许多多的别墅 ①。

和前例一样，Villa Imperiale② 的区域也始于海平面，从稍稍靠后于广阔的海滩，到别墅的建筑后面开始升高，直到海拔近 150 米。巨大的梯田式露台由阶梯相连，生气勃勃的鱼池和喷泉点缀其间，最后到达一条通往远处山区的林间小路。集贵族、政治家和诗人于一身的花园主人对此进行了优雅的文学描写："登山的感觉如同攀登希腊的赫利孔山③——缪斯女神的所在之处。"

---

① 请参考 Lauro Magnani, "The rise and fall of gardens in the Republic of Genoa, 1528—1797." *Bourgeois and Aristocratic Cultural Encounters in Garden Art*, 1550—1850, Dumbarton Oaks, 2002, pp. 60-63.

② 这里"帝国"没有形容词的意义，"帝国"就是意大利一个著名家庭的姓氏的汉译。

③ 描述来自先前引用的书。

图5　今天的多利亚别墅仍旧保留着花园，可以俯瞰大海。
但是遍布山区的城市，却侵占了上升的花园空间

第三个例子是迪内格罗①别墅（Villa Di Negro）的花园。

18世纪到19世纪初印刷的图画足够精确地再现了一种更接近于别墅当初外观的原貌。别墅的占地区域从前面的海滩陡然上升到后面的山丘，最后以一个海拔100米的观景台作为终点。

17世纪中期，英国游客约翰伊夫林②（John Evelyn，1620-1706年）着重强调，这座别墅占地不到“一英亩”，却井然有序地布置了崎岖的花园，高大的树木，“喷泉、岩石、鱼池”，石雕和大理石雕像，栩栩如生地模拟了“羊群、牧羊人和野生动物”。

与伊夫林类似，另一位德国游客约瑟夫·富顿巴赫（Joseph

① 迪内格罗Di Negro（或De Negri）是热那亚共和国的一个古代贵族侯爵家族。Ambrogio Di Negro（1519—1601）是第75个热那亚共和国总督，是商业、社会和政治层面的重要人物。1565年，他在城墙外的热那亚圣特奥多罗区（San Teodoro）建造了别墅（Villa Di Negro）。别墅也名为“dello Scoglietto”或“lo Scoglietto”，名字的意思是“小石头”，因它在海上的位置而得名。

② 约翰·伊夫林（John Evelyn，1620—1706年）是一位英国作家、园艺家、日记作家，他出生在一个富有的地主家，是皇家学会（Royal society）创始人之一。他的日记记述了英国当时的文化、艺术、社会和政治情况。他写了30本关于美术、林业和宗教主题的书。请参考E. S. de Beer（ed.），*The Diary of John Evelyn*，Oxford University Press，1959，pp. 97-98.

图6 Christoph Friedrich Krieger 克里斯托弗·弗雷德里希·克雷格，“桑普托利亚的风景”，1708年，水彩蚀刻版画，J. C. 福尔卡默，纽伦堡吉舍尔·赫斯帕里得斯，纽伦堡，1708. 在内部准线的两边和海滩的正面，有很多面朝山区或大海的花园。在16世纪时，别墅住宅区位于 Sampierdarena 的“快乐村庄”

Furttenbach，1591—1667）早在几十年前就提出了从山顶观看景色的多样性。① 从不同方向看，要么是一片“达30英里”的广阔海域，要么是林木茂盛的自然丘陵和山脉，或者是俯瞰近处，离迪内格罗别墅不到一公里远的密集城区。

因此，仅仅从热那亚花园内的私人区域里，就能够看到多种的自然景色。花园通常占地面积有限，但园内地势有的部分地势平坦，有的部分依山而升，水体穿插其间，创造出非凡的景观，并与天然的山脉和广阔的海面融为一体。这些地点能看到开阔的景色，从东到西都非常值得欣赏。从日出到日落，整个太阳运行的轨迹，使得整个别墅的南面都有美丽的景色。

① 请参考 Joseph Furttenbach，*Newes Itinerarium Italiae*（*Ulm*1627），G. Olms，1971，p. 217.

图 7　帝国别墅和花园在“Les plus beaux édifices de la ville de Gênes et de ses environs”里，第二卷，巴黎，1832 年，p. 49 bis

此外，所有提到的这些别墅，在花园里都有用多种材质加以装饰的人造洞穴。这些材料是开采自城市周围山谷里的自然物，如石钟乳和石笋，混合了不同种类的石灰石、水晶、珊瑚、贝壳以及一些人造材料，如玻璃贴和陶瓷。再配上各种水景，整体效果显得更加生动。

通过逐年的改造，人工重建一个隐秘的自然环境：从原始的混乱中开始，到逐渐形成人和动物的形状，再到描绘古代的神话故事，这些都是通过变质的各种多材质马赛克来呈现的。① 通过这种

---

① 请参考 Lauro Magnani, *Tra magia Scienza e meraviglia. Grotte artificiali nei giardini genovesi*, *catalogo della mostra*, Sagep, 1984. 或 Lauro Magnani, “Introduzione alle grotte dei giardini genovesi”, *Cazzato*, *Fagiolo*, *Giusti*, 2002, pp. 38-47. Lauro Magnani, “Le grotte artificiali: metodologie di rilievo e di rappresentazione”, in *Atlante delle grotte e dei ninfei in Italia. Italia settentrionale*, *Umbria e Marche*, Mondadori Electa, 2002. pp. 48-52。请参考同一本书中第 53~107 页与利古里亚洞穴有关的章节。对于这种现象及其在欧洲的发展，请参考 Hervé Brunon and Monique Mosser, *L'imaginaire des grottes dans les jardins européens*, Hazan, 2014.

图 8　迪·内格罗·罗萨扎（也称为 Lo Scoglietto）别墅，热那亚。随着海岸线的后退，随后从 19 世纪开始，填海建造了一条重要的道路中轴线和铁路线。如今，别墅已经没有了通向大海的通道，但它后面的山脉依然保留着。至少，在这个古代花园的边界内部，还没有现代建筑

方式在花园空间里寻求与自然关系的和谐。

别墅很少直接囊括大量广阔的景观，而普拉（Prà）地区的 Negrone 家族的别墅则是一个少见的例子。别墅的建筑和花园处于一个相当大的范围内，这些地方都是精心购置的，在海滨横向延伸两公里，并向内陆纵向延伸 5 公里远，直到后面的山区。别墅和花园内部的海拔高度从海平面开始，一直上升到其最高点，超过海拔 500 米。

实际上，通常大多数别墅的规模都很有限，只占有很小一片土

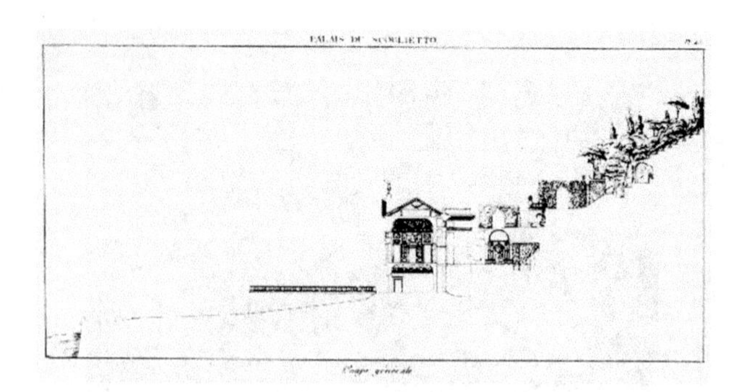


图9　迪·内格罗·罗萨扎（也称为 Lo Scoglietto）别墅在“Les plus beaux édifices de la ville de Gênes et de ses environs”里，第二卷，巴黎，1832年，p. 47。这个交叉区域可以让你理解建筑物后面陡峭上升的山丘，特别是相互衔接的梯田式花园

图10　Domenico Pasquale Cambiaso 多梅尼克·帕斯夸里·坎比亚索，”迪·内格罗·罗萨扎别墅观景台的风景”。热那亚，市政地形图集（馆藏编号，2202）。从别墅里可以观赏到多重风景，这幅画表现了东面的城市全景，背景是里维埃拉和波托菲诺

地。但是正如一些仰慕的游客所说，从别墅的建筑上，甚或从花园的高处看去，这片广阔的景色，大海和山脉，仿佛都属于别墅主

图 11　多利亚洞穴，内部。瓦萨里所提到的洞穴，建于约 1550 年。最初由 Lercaro 和 Doria Galleani 所有，后来 Giovanni Andrea Doria 乔瓦尼·安德里亚·多利亚买下了它，并将它与邻近的普林西比别墅相连，其内部有丰富的多材质马赛克装饰和水景。洞穴建筑位于半山腰，可以越过梯田花园俯瞰广阔的海景

人。相反，从海上看过来，别墅的建筑和环绕它的花园，形成了一个人造的自然空间，置身于一大片广阔的区域中。无论是在纵向的海上通道里，还是在横向的山脉景色中，它都既显得高大突出，又与周围环境和谐相融。

但是，如今却几乎总是会失去一个方面，尤其是后者，由于城区领土的深刻变化，密集的城市结构已经吞没了别墅定居点，但仍然可以通过强迫我们去想象，或用虚拟重建的方式来恢复它在工业时代以前给人们的景观感知。①

利古里亚特殊的地形使得别墅建筑在开阔而多样的环境中成为一个“视觉对象”，同时也提供了一个特别的视点，使人们能够清楚地观看环境中海与山所组成的二元结构。正因为如此，热那亚的

① 第一次虚拟重建练习是在大学课程的背景下与学生一起进行的，关于 3D 渲染，请参见 A. Leonardi & E. Ponte（eds.），*Sampierdarena tra ricostruzione storica e restituzione tridimensionale*，Genova，2007。同时请参考 A. Leonard & L. Magnani，“Genova come” tempio di Venere：“la ricostruzione virtuale di un quartiere di ville”，in *Atlante tematico del Barocco in Italia. Residenze nobiliari. Italia settentrionale*，De Luca editore，2009，pp. 97-103.

别墅普遍极好地融入了景观，成为景观的一部分和特征元素。

西方花园的传统，早在风格主义和巴洛克时期，已经预见了以各种方式在人造元素的空间里来呈现山和构建水，目的是为了获得观景的多样化和模拟自然环境的丰富性。即使在地势平坦或者没有明显地形特征的完全不同位置，也可以达到很好的效果。

很明显，热那亚的情况具有特殊性，这种多样性与当地环境条件的本质是相符合的。花园里人造景观所着重表现的，正是源于自然景观的各种特征。

总之，这种独特性正是源于这片地区处于一个以“山-海”二元性为特点的环境背景中。直到今天，这种独特性都清晰可辨，令人愉悦。无论人类如何介入其中，它都不会因为生态环境的改变而改变。

# 白居易的园林环境设计思想

范明华（武汉大学哲学学院）

在整个唐代，白居易是对人居环境尤其是园林环境设计问题有过相当系统和深入思考的文学家。白居易有关园林和园居的思想，既系统地总结了魏晋以来文人对于此类问题的共同看法，同时又对宋以后的园林环境设计以及文人的生活观念有着深远的影响。

白居易一生钟爱园林，自称“平生无所好，见此心依然”①，不仅写下了大量关于园林和园居生活的诗歌和文章，而且还一直致力于营造带有园林景观的居住环境。据他自己在相关诗文中的描述，他亲自主持设计和营建的私家园林有四处，即长安新昌里宅园、洛阳履道里宅园、庐山草堂和渭水别墅。此外，在他短暂寓居的官署，也有经他之手营造的园林景观，如《春葺新居》诗中提到的，他在任江州司马、江州刺史时，曾在官宅的前庭种柳，后院栽松，说：“彼皆非吾土，栽种尚忘疲。”②

白居易有关园林环境设计的思想主要涉及三个方面，即园林环境选择、园林空间设计和园林意境营造。

## 一、“何必山中居”，“无防喧处寂”——园林环境选择

在中国古代，文人对于“居”这件事是非常看重的，因为它

① （唐）白居易：《香炉峰下新置草堂，即事咏怀，题于石上》，见顾学颉点校：《白居易集》（第一册），中华书局1979年版，第137页。

② （唐）白居易撰，顾学颉点校：《白居易集》（第一册），中华书局1979年版，第165页。

牵涉文人一生“安身立命”的大事，或者说牵涉文人一生在纷繁复杂的现实世界身心如何自处、如何安顿的问题。对于游走于政治体制内外的文人来说，“居”所代表的既是一个实际的空间场所，同时也是一种如何安身立命的立场和态度。在中国古代文献中，我们可以找到大量与“居”有关的概念，如“山居”“水居”“田居”“岩居”“林居”“湖居”“溪居”“仙居”“禅居”“闲居”“安居”等。这些概念所反映的，都不只是一个实际的居住场所，也包括了古代文人对于居住环境的各种想象，反映出他们对于理想的、同时也是美的人居环境的价值诉求。

除了上述概念之外，还有一个概念也是经常提到的，那就是“卜居”。“卜居”最初是《楚辞》中的一个篇名，写的是屈原被放逐之后向太卜郑詹尹请教去向的问题。它原本与居住无关。但这个词自秦汉以后，就有了卜问居址或寻找适宜的居住环境的意义。如《史记·秦本纪》中说：“德公元年，初居雍城大郑宫。以牺三百牢祠鄜畤。卜居雍 。”① 在《史记》中，“卜居”是指通过占卜的方法确定建设国都的地方。大约从东汉以后，随着私家园林的兴起，加上这个词与屈原因被放逐而流落江湖有关联，因此它也被赋予了退居、隐逸或远离纷争、回归自然等含义而受到文人雅士的喜爱（包括与这个词意思相近的“卜筑”）。在唐代，“卜居”也大量出现在各种诗文作品中，而且多半带有选择隐居之地的意思，如杜甫的《寄题江外草堂》：“我生性放诞，雅欲逃自然。嗜酒爱风竹，卜居必林泉。”②

白居易也曾写过多首与“卜居”有关的诗，如《卜居》《蓝田山卜居》《洛下卜居》等。白居易诗中的“卜居”一词，同样也有选择个人居所的意思。但文人们所谓“卜居”，多半与占卜和风水没有关系，而更多的是出于文人自己的人生态度和审美考虑。我们从白居易诗中的叙述可以看出，他曾多次在长安和洛阳两地为自己寻找建住所的地方，并且对于选择什么样的地方也有他自己的一套标

① （汉）司马迁撰，李全华标点：《史记》，岳麓书社1988年版，第39页。

② （清）彭定求等编：《全唐诗》（第七册），中华书局1960年版，第2321页。

准和想法。

据《卜居》一诗记载，白居易对构建自己的住所一事颇为重视。他说：“游宦京都二十春，贫中无处可安贫。长羡蜗牛犹有舍，不如硕鼠解藏身。且求容立锥头地，免似漂流木偶人。但道‘吾庐’心便足，敢辞湫隘与嚣尘？”① 这首诗写的是他在京城长安卜居的事。但早在此之前，他就曾在庐山修筑了一处别墅即庐山草堂。这个草堂建在庐山北边香炉峰和遗爱寺之间，周围环境得天独厚，兼有自然和人文之胜。这个草堂只是一个临时的住所，虽然环境很好，但毕竟远离京城和自己的家乡。因此在返回长安和洛阳任职之后，白居易又曾四处寻找自己晚年可以安居的地方。如其《游蓝田山卜居》一诗中说：“脱置腰下组，摆落心中尘；行歌望山去，意似归乡人。朝踏玉峰下，暮寻蓝水滨：拟求幽僻地，安置疏慵身。本性便山寺，应须旁悟真。”② 从这首诗可以知道，他曾打算像当时的很多文人一样，希望在长安南边的蓝田山下找到一块理想的构筑私人宅院的地方。但他最后放弃了这个计划，选择在洛阳城内定居。在洛阳，他也似乎经过了多次踏勘，经过反复比较后最终选择在洛阳城东南的履道里（履道坊）购置房产和营建宅园。在《池上篇》的序文中，他对这个地方的大致方位进行了说明，说：“都城风土水木之胜，在东南偏。东南之胜，在履道里。里之胜，在西北隅。西闬北垣第一第，即白氏叟乐天退老之地。”③ 同时又在《洛下卜居》一诗中，对这个地方的环境和景观情况进行了具体的描述，说：“遂就无尘坊，仍求有水宅。东南得幽境，树老寒泉碧；池畔多竹阴，门前少人迹。”④

从白居易的这些诗歌和文章可以看出，他对园林居住环境的选

① （唐）白居易撰，顾学颉点校：《白居易集》（第二册），中华书局1979年版，第407页。

② （唐）白居易撰，顾学颉点校：《白居易集》（第一册），中华书局1979年版，第116页。

③ （唐）白居易撰，顾学颉点校：《白居易集》（第四册），中华书局1979年版，第1450页。

④ （唐）白居易撰，顾学颉点校：《白居易集》（第一册），中华书局1979年版，第163页。

择有两个特点，即第一，他非常注重环境中的自然和人文条件。已建成的庐山草堂和未建成的蓝田山别墅，均背靠大山，近依寺庙，背靠大山可以将周围的自然景观纳进来，以建立建筑空间与自然背景之间的直接关联；近依寺庙，则与白居易“本性便山寺”的个人思想倾向有关，同时也可以使整个居住环境多一些由佛教寺庙所带来的人文气息和清净氛围。白居易晚年定居的履道里宅位于洛阳城内，与庐山和蓝田山的大自然环境不一样，但履道里的西侧和北侧有与伊水相通的水渠经过，水渠流经的区域水源充足，植被丰茂，为构筑园林提供了良好的自然条件。履道里的西对岸是集贤里，北对岸是履信里，这两个里坊当时也有很多著名园林，如集贤里的裴度宅和履信里的元稹宅，因此可以想见，在洛阳城的西南即伊水渠流经的区域，不但有良好的自然条件，而且也有非常浓厚的文化氛围。这是白居易选择在此建园的主要动机。第二，白居易总的来说是倾向于在城市中的僻静处选择自己的居所，以满足其“中隐”的需求。他曾写过一首题目很长的诗，叫做《李、卢二中丞各创下山居，俱夸胜绝，然去城稍远，来往颇劳。弊居新泉，实在宇下，偶题十五韵，聊戏二君》，从这首诗的题目就可以见出，他对李、卢二中丞的山居是不赞成的。李、卢两位中丞的别墅分别坐落在洛阳城外的龙门山和滊涧之中，有山有水，风景很美，但“各在一山隅，迢迢几十里。……爱而不得见，亦与无相似。闻君每来去，矻矻事行李，脂辖复裹粮，心力颇劳止”，因为路途遥远，交通不便，往返一次费时费力，一年到头难得见上一次，有等于没有，反而变成了一种负担，失去了建造园林以供居住、生活和游憩的本意。所以白居易认为，他们的城外别墅不如自己的城内宅园（即履道里宅），对他们说：“未如吾舍下，石与泉甚迩；凿凿复濺濺，昼夜流不已。洛石千万拳，衬波铺锦绮。海珉一两片，激濑含宫徵……君若趁归程，请君先到此。愿以潺湲声，洗君尘土耳。”① 在白居易看来，园林是用来安顿身心的，而不是用来扰乱

① （唐）白居易撰，顾学颉点校：《白居易集》（第三册），中华书局1979年版，第822页。

身心的。因此，它的选址应该首先满足便利的要求。

这种想法，与他所倡导的“中隐”以及他对“家”或“家园”的理解和对身心安闲与舒适的追求是一致的。他曾多次提到，人不必远离城市或不必选择山居，如：“门严九重静，窗幽一室闲；好是修心处，何必在深山?”① “鸡栖篱落晚，雪映林木疏。幽独已云极，何必山中居?”② 虽然，在很多诗作中，他也提到“幽”“远”“偏”“僻”“静”这些概念，但他所谓“幽”“远”“偏”“僻”“静”等，并不是指远离城市或世俗，而是指内心的安宁与闲适。他所追求的实际上是一种闹中取静或喧中处寂的精神境界，与物理意义上的远近没有关系，如他所说的“心静无妨喧处寂，机忘兼觉梦中闲”,③ “常闻陶潜语，心远地自偏”,④ “官曹称心静，居处随迹幽”等。⑤

总的来说，白居易对园林或园居环境的选择，是以有良好的自然和人文条件，同时便于居住和生活且有利于身心自由为原则。

## 二、“何须广居处”，“有意不在大”——园林空间设计

白居易曾亲自主持过多处园林设计，可以称得上是一个具有很高艺术水平的造园家。对于园林营造中的空间布置和景物组织，他都有非常清晰的思路和方案。比如他的洛阳履道里宅园，虽然当时

① （唐）白居易：《禁中》，见顾学颉点校：《白居易集》（第一册），中华书局 1979 年版，第 98 页。

② （唐）白居易：《闲居》，见顾学颉点校：《白居易集》（第一册），中华书局 1979 年版，第 144 页。

③ （唐）白居易：《闲居》，见顾学颉点校：《白居易集》（第三册），中华书局 1979 年版，第 853 页。

④ （唐）白居易：《酬吴七见寄》见顾学颉点校：《白居易集》（第一册），中华书局 1979 年版，第 124 页。

⑤ （唐）白居易：《赠吴丹》，见顾学颉点校：《白居易集》（第一册），中华书局 1979 年版，第 98 页。

可能没有具体的设计图纸，但整个布局有条不紊，十分清楚。他在《池上篇并序》中，对这个宅园的内部空间和环境设计进行了非常详细的描述，说：

地方十七亩，屋室三之一，水五之一，竹九之一，而岛树桥道间之。初，乐天既为主，喜且曰：虽有台，无粟不能守也，乃作池东粟廪。又曰：虽有子弟，无书不能训也，乃作池北书库。又曰：虽有宾朋，无琴酒不能娱也，乃作池西琴亭，加石樽焉。乐天罢杭州刺史时，得天竺石一，华亭鹤一二以归；始作西平桥，开环池路。罢苏州刺史时，得太湖石、白莲、折腰菱、青板舫以归；又作中高桥，通三岛径。罢刑部侍郎时，有粟千斛，书一车，洎臧获之习筦、磬、弦歌者指百以归。先是颍川陈孝山与酿法，酒味甚佳。博陵崔晦叔与琴，韵甚清。蜀客姜发授《秋思》，声甚淡。弘农扬贞一与青石三，方长平滑，可以坐卧。太和三年夏，乐天始得请为太子宾客，分秩于洛下，息躬于池上。凡三任所得，四人所与，洎吾不才身，今率为池中物矣。每至池风春，池月秋，水香莲开之旦，露清鹤唳之夕：拂杨石，举陈酒，援崔琴，弹姜《秋思》，颓然自适，不知其他。酒酣琴罢，又命乐童登中岛亭，合奏《霓裳散序》，声随风飘，或凝或散，悠扬于竹烟波月之际者久之。曲未竟，而乐天陶然已醉，睡于石上矣。睡起偶咏，非诗非赋。阿龟握笔，因题石间。……

十亩之宅，五亩之园。有水一池，有竹千竿。勿谓土狭，勿谓地偏。足以容膝，足以息肩。有堂有亭，有桥有船。有书有酒，有歌有弦。有叟在中，白须飘然。识分知足，外无求焉。如鸟择木，姑务巢安。如龟居坎，不知海宽。灵鹤怪石，紫菱白莲。皆吾所好，尽在吾前。时饮一杯，或吟一篇。妻孥熙熙，鸡犬闲闲。优哉游哉，吾将终老乎其间。①

① （唐）白居易撰，顾学颉点校：《白居易集》（第四册），中华书局1979年版，第1450~1451页。

由这篇序文和诗的描述可知，履道里宅占地 17 亩（合今约 13.4 亩），其中房屋占三分之一，水面占五分之一，以竹为主的植物占九分之一。住宅之外有一个平台，一个五六亩的水池和三个岛屿，有西平桥、中高桥等桥梁，有环池路和连通三岛的道路，有琴亭（在池西）、中岛亭（在中间的岛上）等亭子，有书库（在池北）、粮仓（在池东）等附属建筑，有天竺石、太湖石、青石舫、游船、竹林、白莲、菱角、白鹤等陈设或景物。在整个宅园的设计中，平台、三岛、粮仓的布置带有唐和唐以前园林设计的特点，而其他的景物布置则与宋以后至明清时期的园林设计基本一致。

白居易履道里宅的空间和环境设计，总的来说是以自然为主，风格虽然简朴，景观却相当丰富，故其《醉吟先生传》中也说："所居有池五、六亩，竹数千竿，乔木数十株，台榭舟桥，具体而微。"① 这种设计方法既代表了当时文人园的审美理想，同时也对后世私家园林的环境设计产生了深远的影响。

除了强调以自然为主之外，白居易园林空间和环境设计的另一个原则是"小中见大"。"小中见大"是后世园林空间和环境设计的一个通则，但它起源于魏晋南北朝时期，成熟于唐宋之际。其中，白居易的相关思想有着非常突出的贡献。

白居易在其园林诗中经常提到"小"的概念。从《小宅》《小池》《小台》《小舫》《小桥柳》《小院酒醒》《小阁闲作》《小庭亦有月》《卧小斋》等诗题可以看出，他对小园、小院及其附属的各种景物有一种特别的爱好。同时，从其他的一些诗作中，也可以知道他一贯主张在园林的"小"空间这种领会无穷的意趣，如他说："闲意不在远，小亭方丈间。西檐竹梢上，坐见太白山。"②"尽日方寸中，澹然无所欲。何须广居处？不用多积蓄；丈室可容

① （唐）白居易撰，顾学颉点校：《白居易集》（第四册），中华书局 1979 年版，第 1485 页。

② （唐）白居易：《病假中南亭闲望》，见顾学颉点校：《白居易集》（第一册），中华书局 1979 年版，第 95 页。

身，斗储可充腹。”① “君住安邑里，左右车徒喧。竹药闭深院，琴樽开小轩。谁知市南地，转作壶中天。”②

这些诗中所表达的观点，很显然是白居易的“中隐”思想和家园意识在园林中的具体体现。同时，这与他对唐代权贵铺张奢靡的造园之风和有园无主现象的批判有关。他所说的“小”，与贵族和权臣园林的“大”形成了明显的对照。同时，这个“小”又与他注重内心体验和倡导身心闲适的生活美学密切相关，带有明确的精神指向。他在诗中所说的“壶中天”或“壶中天地”，是当时文人对园林审美意境的一种概括。“壶中天地”意指在狭小的园林空间中容纳和表现出天地万物生长变化的无穷意趣。这种被称为“壶中天地”的园林设计意趣，在魏晋时期已经萌芽，但直到中唐以后才蔚成大观，并成为文人园林的一种普遍和自觉的艺术追求，影响和引导着宋以后文人园林的审美走向，甚至发展成为所谓“芥子纳须弥”的、更为精致、细腻的园林艺术设计观念。在这里，“壶中”指的是园林实际面积和空间的狭小，以及各种人工景观体量的小巧，是一种物理尺度；而“天”或“天地”则是一种心理尺度，它指向的是整个宇宙和文人的整个精神世界。

但从白居易的很多诗歌和散文作品来看，他并不觉得自己的园“小”有什么遗憾，相反，他还非常自豪。他感到自豪的，一是他能够朝夕与之相处，有一种精神上的拥有感和满足感，二是园虽小而景物并不单一或单调。在这个小园中，可以见出无限广阔的天地。如他说：“帘下开小池，盈盈水方积；中底铺白沙，四隅甃青石。勿言不深广，但取幽人适……岂无大江水？波浪连天白！未如床席前，方丈深盈尺。清浅可狎弄，昏烦聊漱涤。”③ 他认为，在房前开凿一方水池，在水底铺上白沙，在四周砌上青石，虽然不能

① （唐）白居易：《秋居书怀》，见顾学颉点校：《白居易集》（第一册），中华书局1979年版，第99页。

② （唐）白居易：《酬吴七见寄》，见顾学颉点校：《白居易集》（第一册），中华书局1979年版，第124页。

③ （唐）白居易：《官舍内新凿小池》，见顾学颉点校：《白居易集》（第一册），中华书局1979年版，第130页。

与大自然中真实的大江大湖相比，但若以审美的心态细加体察，就能发现其中有既深且广的意趣和波浪滔天的景象。

园林中的“小中见大”是一种空间营造方法。其中涉及许多具体的要素和技法，如置石、叠山、理水、借景等。宗白华说：“建筑和园林的艺术处理，是处理空间的艺术。”① 处理空间，最根本的目的是打破物理空间的局限，同时赋予空间以精神的内涵。其中，借景具有非常突出的意义和作用。一般认为，“借景”的概念出自明代造园家计成，但其实在计成之前，直接或间接讨论过“借景”的人非常多，虽然他们没有明确使用过“借景”一词。因此，准确地说，计成并非园林“借景”理论的首倡者，而是其总结者或集大成者。

在白居易的诗中，有很多地方提到“借景”的方法，比如：“西檐竹梢上，坐见太白山”②，这是远借，即将远处的太白山景色纳入视觉范围，与南亭西檐和园中竹林构成一个有纵深感的画面；“丹凤楼当后，青龙寺在前”③，这是邻借，因为有了丹凤楼和青龙寺的前后掩映，让整个宅园更显出一种“市街尘不到”的幽深氛围；“窗里风清夜，檐间月好时”④，这是仰借，即在草堂之内，静夜之时，可以透过窗户和屋檐仰望明月当空的景象；“云映嵩峰当户牖，月和伊水入池台”⑤，前一句是远借和仰借，后一句是俯借。引伊水为池，池中倒映明月，造成月华如水，水中映月的美丽景象。由于有这些“借景”的存在，整个园林顿觉有天地

① 宗白华等：《中国园林艺术概观》，江苏人民出版社 1987 年版，第 5 页。

② （唐）白居易：《病假中南亭闲望》，见顾学颉点校：《白居易集》（第一册），中华书局 1979 年版，第 95 页。

③ （唐）白居易：《新昌新居书事四十韵，因寄元郎中、张博士》，见顾学颉点校：《白居易集》（第二册），中华书局 1979 年版，第 415 页。

④ （唐）白居易：《自题小草堂》，见顾学颉点校：《白居易集》（第二册），中华书局 1979 年版，第 937 页。

⑤ （唐）白居易：《以诗代书，寄户部杨侍郎，劝买东邻王家宅》，见顾学颉点校：《白居易集》（第二册），中华书局 1979 年版，第 746 页。

空阔的意趣，原本狭小的园林也一下子变“大”了。

此外，从借景的内容上看，白居易也有细致的描绘。首先是借形，即利用门窗等手段把园林内外的亭、台、山、林、江、湖等人工或自然的有形之物纳入观赏范围，以增加了园林层次或景深，打破园林物理空间的局限。他诗曰：“东窗对华山，三峰碧参差；南檐当渭水，卧见云帆飞。”① 在这里，窗户仿佛一个取景框，窗框之内的虚空将华山的东西南三峰收入眼帘，而亭台南边的屋檐下即有渭水流过，坐卧之中也可以看见水面千帆竞飞的景象。善于利用门窗来借景，是白居易惯用的方法，他说：“平台高数尺，台上结茅茨。东西疏二牖，南北开两扉；芦帘前后卷，竹簟当中施。”② 从这几句诗可以看出，白居易的住所非常简单，但由于有四面开豁的门窗，就可以把周围的景色容纳进来，成为自己朝夕欣赏的对象。同时又由于欣赏的介入，周围的景色也就仿佛成为了园林的一个实际的组成部分。其次是借声，即利用自然界或人工制造的各种音响，增强对园林幽深、渺远、空阔的感受。如他对庐山草堂的描绘：“堂东有瀑布，水悬三尺，泻阶隅，落石渠，昏晓如练色，夜中如环珮琴筑声。堂西倚北崖右趾，以剖竹架空，引崖上泉，脉分线悬，自檐注砌，累累如贯珠，霏微如雨露，滴沥飘洒，随风远去。”③ 在这里，又瀑布流泻所发出来的声音如环佩一样叮当作响，像琴筑一般激越或悠扬，给人以宁静、悠远的感觉，在不知不觉中将欣赏主体的想象牵引到远方，从而在主观上或心理上突破了园林本身空间的局限。第三是借色，即利用因四时、昼夜、明晦的不同而产生的光线、色彩变化以活跃园林的环境氛围，春色、秋色、月色、雪色、云色、雾色、水色等的“借用”。“色”的借用，在园林之中并没有实际地增加什么，只是由于有了光线和色彩的变换，

---

① （唐）白居易：《新构亭台，示诸弟侄》，见顾学颉点校：《白居易集》（第一册），中华书局 1979 年版，第 117~118 页。

② （唐）白居易：《新构亭台，示诸弟侄》，见顾学颉点校：《白居易集》（第一册），中华书局 1979 年版，第 117 页。

③ （唐）白居易：《草堂记》，见顾学颉点校：《白居易集》（第三册），中华书局 1979 年版，第 934 页。

园林中的整个环境便在这光色的笼罩之下呈现出了不同的情调和意趣。如："移花夹暖室，洗竹覆寒池。池水变绿色，池芳动清辉。"① 翠竹掩映清池，池水变成绿色，再加上不同花卉的颜色，便衍生出变幻莫测的光色变化；又不如："遗爱寺钟欹枕听，香炉峰雪拨帘看。"② 在庐山草堂，香炉峰的雪色卷帘即见，山色也因白雪的覆盖而显得空明宁净，犹如一幅天然的雪景图。最后借影，也叫影射，指的是通过水中的倒影来扩大园林的视觉空间。如："朱槛低墙上，清流小阁前。雇人栽菡萏，买石造潺湲。影落江心月，声移谷口泉……"③ 其中的"影落江心月"，便是借影。

在园林的环境设计中，园林内的具体景物是实境，而被"借用"的形、声、色、影等则是虚境。在一个完整的园林环境设计中，实境和虚境事实上都应该在设计的考虑范围之内。也正是由于虚境的加入，才能发生"虚实相生"的作用，同时，园林的物理空间也因此而被突破，转变成为一种具有精神意义和观赏、体验价值的心理空间。

白居易经常形容自己的住宅或园林为"小园""蜗舍""小宅"，尤其是他在长安新昌里的宅园，面积相当小，而且紧邻密集的住宅区。但是他一方面通过对内部空间和环境的改造，另一方面通过心理的诱导，使它变成宜居的家园。他说："小宅里闾接，疏篱鸡犬通。"④ "宅小人烦闷，泥深马钝顽。街东闲处住，日午热时还。院窄难栽竹，墙高不见山。唯应方寸内，此地觅宽闲。"⑤

① （唐）白居易：《春葺新居》，见顾学颉点校：《白居易集》（第一册），中华书局 1979 年版，第 165 页。

② （唐）白居易：《重题》，见顾学颉点校：《白居易集》（第二册），中华书局 1979 年版，第 343 页。

③ （唐）白居易：《西街渠中种莲叠石颇有幽致，偶题小楼》，见顾学颉点校：《白居易集》（第二册），中华书局 1979 年版，第 711 页。

④ （唐）白居易：《小宅》，见顾学颉点校：《白居易集》（第二册），中华书局 1979 年版，第 731 页。

⑤ （唐）白居易：《题新昌所居》，见顾学颉点校：《白居易集》（第一册），中华书局 1979 年版，第 408 页。

“集贤池馆纵他盛，履道林亭勿自轻。往往归来嫌窄小，年年为主莫无情”。① 在白居易看来，住宅或园林的大小并不能完全由自己决定，“莫羡升平元八宅，自思买用几多钱”，② “冠盖闲居少，箪瓢陋巷深。称家开户牖，量力置园林。俭薄身都惯，营为力不任”，③ 住宅或园林的大小首先是同个人财力的大小相关的。但白居易又认为，如果从个人身心安适的考虑，尤其是从内心的安宁、闲适，则“小”比“大”更好。他说：“小水低亭自可亲，大池高馆不关身。”④ 过分追求“大”是一种浪费，同时劳心费力，有悖于造园的本意。

总的来说，在园林环境空间设计上，白居易并不看重物理意义上的“大小”，而是看重心理意义上的“大小”。从环境美学的意义上说，白居易实际上是强调人居环境的生活功能，包括它的精神功能，或者说，他是主张人与环境的统一而非分离，注重环境所带来的亲切感、家园感和幸福感，而反对把人居环境作为一个外在于人的身心健康和身心愉悦的、异化了的物质存在。

## 三、“种竹不依行”，“旷然宜真趣”——园林意境营造

白居易对园林或园居环境的看法，最根本的一点是他把园林或园居环境看作人生在世的一种寄托。因此，园林或园居环境并不完全是一种物质的存在，而同时也是一种精神的存在。从上述白居易有关园林的论述可以看出，他更看重的其实是园林的精神

① （唐）白居易：《重戏赠》，见顾学颉点校：《白居易集》（第二册），中华书局 1979 年版，第 722 页。

② （唐）白居易：《题新居，寄元八》，见顾学颉点校：《白居易集》（第二册），中华书局 1979 年版，第 407 页。

③ （唐）白居易：《闲居贫活》，见顾学颉点校：《白居易集》（第三册），中华书局 1979 年版，第 853 页。

④ （唐）白居易：《重戏答》，见顾学颉点校：《白居易集》（第二册），中华书局 1979 年版，第 722 页。

功能。

无论是从白居易反复倡导的“中隐”观念，还是从他对唐代园林奢靡之风的批判以及他对诸多园林的描写，均可以看出，贯穿于白居易人居环境设计思想的一根主线是强调人或人的体验在环境设计以及环境审美中的作用。在《白蘋洲五亭记》中，白居易提出了一个与柳宗元“美不自美，因人而彰”相类似的命题，即：“地有胜景，得人而后发”。这个看法，从客观的方面说，是指环境美的发生，而从主观方面说，也可以说是环境美的发现。他在这篇文章中说：“大凡地有胜境，得人而后发；人有心匠，得物而后开：境心相遇，固有时耶？盖是境也，实柳守滥觞之，颜公椎轮之，杨君绘素之：三贤始终，能事毕矣……”① 在中国古代思想史上，关于环境美、自然美或一般来说美的生成，一般都强调人或人“心”的优先地位和主导作用。这种看法的出现，与先秦以来的心性理论和唐以后的禅宗思想均有密切的关系。白居易的“地有胜境，得人而后发”，可以说是继承了自先秦以来注重“心”的主宰与创造作用的思想传统，同时这种看法又与他一直强调的“作主人”的思想相通。如上所说，在园林的设计、建设和欣赏方面，白居易自始至终都强调“主人”的重要性，反对对园林的、纯粹物质意义上的占有，而主张从精神上“拥有”“享有”园林对人所具有的审美价值。比如他在题赞裴度的园林时说：“南院今秋游宴少，西坊近日往来频。假如宰相池亭好，作客何如作主人？”② 同时在《游云居寺赠穆三十六地主》中说：“胜地本来无定主，大都山属爱山人。”③ “胜地本来无定主，大都山属爱山人”，这是白居易所提出的、对后世文人山水审美观、园林审美观或环境审美观有

① （唐）白居易撰，顾学颉点校：《白居易集》（第四册），中华书局1979年版，第1494页。

② （唐）白居易：《代林园戏赠，裴侍中新修集贤宅成，池馆甚盛，数往游宴，醉归自戏耳》，见顾学颉点校：《白居易集》（第二册），中华书局1979年版，第721页。

③ （唐）白居易撰，顾学颉点校：《白居易集》（第一册），中华书局1979年版，第256页。

深远影响的理论命题。比如苏轼在给范子丰的一封尺牍（《临皋闲题》）中说："临皋亭下不十数步，便是大江，其半是峨眉雪水，吾饮食沐浴皆取焉，何必归乡哉！江山风月，本无常主，闲者便是主人。"① 苏轼的这个看法就是直接来自白居易。在苏轼看来，自然山水本身是客观的存在，而它的意义则有赖于人的发现。这发现的基本前提就是"闲"，也就是超越功利的、即不以功利性的"占有"为目的的审美态度。在《夜游承天寺》这篇短文中，苏轼进一步发挥了以"闲心"对待客观景物的思想，说："元丰六年十月十二日，夜，解衣欲睡。月色入户，欣然起行。念无与为乐者，遂至承天寺寻张怀民。怀民亦未寝，相与步于中庭。庭下如积水空明，水中藻、荇交横，盖竹柏影也。何夜无月？何处无竹柏？但少闲人如吾两人者耳。"② 苏轼所谓"闲人"，即是有"闲心"或具有审美态度和发现美的眼光的人，同时也就是白居易所谓"主人"。

因为强调人的作用，因此，在环境审美中你，白居易认为"外适内和"才是至关重要的。对这种体验，白居易在他的诗作中进行了大量的描述。这些描述主要集中在"安""闲""静""舒""适""逸""和""真（养真）""乐（为乐）"等概念的阐发上。同时这些概念，通常又与"居"的概念结合在一起，如"闲居""安居"等。因此，我们也可以说，白居易的"安""闲""静""适""舒""逸""和""真（养真）""乐（为乐）"等概念，是对环境或人居环境审美经验的一种描述。就这些概念之间的关系来说，"安""闲""静"是环境审美的主观前提，"适""舒""逸"是环境审美的心理体验，"和""真""乐"是环境审美的最终目的。其中，相对来说，白居易提到最多的是"安""闲""适"三个概念，这在他的"闲适诗"和园林诗中可以找到

---

① （宋）苏轼撰，傅成、穆俦标点：《苏轼全集》（下），上海古籍出版社 2000 年版，第 1676 页。

② （宋）苏轼撰，傅成、穆俦标点：《苏轼全集》（下），上海古籍出版社 2000 年版，第 2225 页。

大量的例证，如："身闲无所为，心闲无所思。"（《秋池二首之一》）① "人心不过适，适外复何求？"（《适意二首》之一）② "便得心中适，尽忘身外事……散贱无忧患，心安体亦舒。"（《效陶潜体诗十六首》）③

由于白居易特别注重内心的体验，因此在实际的园林设计中，他固然一方面注重山石、池台、亭榭、林木等等的经营，但另一方面，他又更重视园林意境和意趣的表现。而这一点，也正是古代文人园林的基本特点。文人园有时也叫"写意园"，"写意园"的基本特点就是强调把精神性的内涵包括人生态度、人生理想、审美趣味、审美理想等渗透到园林中的一切具体的景物设计中去，使它成为一个可以住居、生活和畅游的场所。

文人园林的最高境界或最高理想，总的来说就是"自然"，即明代计成所说的"虽由人造，宛自天开"；"自成天然之趣，不烦人事之工"。④ 在中国文学艺术中，"自然"常常被当成一种没有人工痕迹或感觉不到人工痕迹的审美境界。在唐代，由于道家、道教和禅宗思想的盛行，"自然"或"真"成为一个使用频率相当高的美学概念。作为老庄、禅宗的信徒，白居易也经常在其诗文作品中提到的"自然"或"真"概念，同时在具体的园林设计中，一直遵循着"自然"或"真"的原则。如他所说，"引水多随势，栽松不趁行"⑤，"旷然宜真趣，道与心相逢"⑥，就是明证。

---

① （唐）白居易撰，顾学颉点校：《白居易集》（第二册），中华书局1979年版，第489页。

② （唐）白居易撰，顾学颉点校：《白居易集》（第一册），中华书局1979年版，第111页。

③ （唐）白居易撰，顾学颉点校：《白居易集》（第一册），中华书局1979年版，第105、107页。

④ （明）计成撰，陈植注释：《园冶注释》，中国建筑工业出版社1988年版，第51、58页。

⑤ （唐）白居易：《奉和裴令公〈新成午桥庄，绿野堂记事〉》，见顾学颉点校：《白居易集》（第二册），中华书局1979年版，第736页。

⑥ （唐）白居易：《题杨颖士西亭》，见顾学颉点校：《白居易集》（第一册），中华书局1979年版，第102页。

白居易所谓“自然”或“真”，在园林设计中有多种表现：一是结合自然的环境进行总体规划；二是以自然的景物作为园林景观的主要构成要素；三是采用自然的材料作为建筑物或构筑物的主要材料；四是按照自然的规律进行园林中的景物布置。

在园林营造中，自然与人工始终是一对矛盾。在处理这对矛盾时，白居易所秉持的是以“自然”为主、以“人工”为辅的原则。如他在谈到长安新昌里的宅园时说：“今春二月初，卜居在新昌。未暇作厩库，且先营一堂。开窗不糊纸，种竹不依行。意取北檐下，窗与竹相当。”① 所谓“开窗不糊纸，种竹不依行”，就是为了表现出自然的意趣或他所谓“真趣”。但这不等于说他完全排斥人工的因素。事实上，为了获得更自然的效果，他有时也主张对自然的景物进行必要的改造，如他在《截树》中说：“种树当前轩，树高柯叶繁。惜哉远山色，隐此蒙笼间！”当树木的枝叶过于茂密以致遮挡了远方的山色时，白居易认为应当对它进行修剪，所谓：“一朝持斧斤，手自截其端。万叶落头上，千峰来面前。忽似决云雾，豁达睹青天。”但他这样做的目的，其实还是为了“自然”目的，即删除不必要的枝叶，以期能看见远方的山峰和青天。因为有了这一番简单的改造，园林的内外空间得以自然地沟通、融合在一起：“始有清风至，稍见飞鸟还。开怀东南望，目远心辽然……岂不爱柔条？不如见青山！”② 在这里，不但园林的内外空间连接在了一起，而且外在的自然与“心中的自然（自由）”也打成了一片。又如他说：“结构池西廊，疏理池东树。此意人不知，欲为待月处。持刀间密竹，竹少风来多。此意人不会，欲令池有波。”③ 这首诗所讲的道理与上一首诗所讲的是一样的。前一首题为《截树》，讲的是他在长安的新昌里宅，这一首题为《池畔》，讲的是

---

① （唐）白居易：《竹窗》，见顾学颉点校：《白居易集》（第一册），中华书局1979年版，第223页。

② （唐）白居易撰，顾学颉点校：《白居易集》（第一册），中华书局1979年版，第140页。

③ （唐）白居易撰，顾学颉点校：《白居易集》（第一册），中华书局1979年版，第165页。

他在洛阳的履道里宅。在《池畔》一诗中，他所表达的意思是：对架构池西的廊道，疏理池边的树木，是为了能够站廊庑之下观赏明月升起的景象；而砍伐太过茂密的竹林，则是要凉风吹进来，让池水泛起层层波涛。他的这些做法，总的来说是为了营造更加自然、同时也更让人回味无穷的园林意境。

“意境”理论是唐代美学对中国美学的独特贡献。虽然这一理论在唐代以前已经萌芽，但到唐代才走向成熟。“意境”本质是“意”，是心物交感的产物，既是主体之“意”，也是客体之“意”，既是审美主体的意图、情感和想象，同时也是审美对象所表现出来的意蕴和意味。就意境的构成来说，它是主观与客观的统一，同时也是想象与真实的统一。

在园林营造中，意境的总体特征是经由审美的想象所达到的“自然”或“真”（包括白居易所谓“真趣”）。而要达到这种“自然”或“真”，又有许多具体的方法。比如前文所谈到的“借景”和“开窗不糊纸，种竹不依行”之类，都是营造园林意境的基本方法。除此之外，白居易还谈到一些具体的方法，也对园林环境的营造具有画龙点睛的作用。

其一是以山石写意。山石是园林设计中的必备之物，对山石的处理、安置可以见出园林主人的审美意趣。在文人园林中，体积庞大的自然山体被摒弃，小山小石成为一种更具象征意味的点缀。白居易的园林诗中经常提到山石，尤其是石头，如“一片瑟瑟石，数竿青青竹”①，“石虽不能语，许我为三友”②。在白居易的笔下，石头被赋予了灵性和感情，同时又具有以小见大的、巨大的艺术表现能力，所谓“撮要而言，则三山五岳、百洞千壑，覼缕簇缩，尽在其中。百仞一拳，千里一瞬，坐而得之”③。在一方小小的石

---

① （唐）白居易：《北窗竹石》，见顾学颉点校：《白居易集》（第三册），中华书局1979年版，第822页。

② （唐）白居易：《双石》，见顾学颉点校：《白居易集》（第二册），中华书局1979年版，第462页。

③ （唐）白居易：《太湖石记》，见顾学颉点校：《白居易集》（第四册），中华书局1979年版，第1544页。

头上，可以见出广大无限的天地境界。

其二是以水写意。引水为池，是古代园林的一般做法。水的灵动与静谧，以及水中的倒影、水中的植物、水中的游鱼和水上的光影变化等，都对园林意境的营造有非常重要的意义。而如何利用有限的水体面积营造出自然水体的丰富效果，表达文人雅士的江湖之志，也成文人园林营造中一个需要考虑的重要问题。在白居易园林中，尤其是其晚年所居的履道里宅中，水体占有非常重要的位置。据他自己的描述，履道里宅有水池、水溪和浅滩，在水池中可以看到时时泛起的波涛，在溪流和浅滩中可以听到流水的声音，让人想到野外的江湖和深山中涧水或泉瀑。这种以小面积的人工水体模仿大面积的自然水体的做法，就是以水写意的基本方法。

其三是以小亭写意。亭在白居易的园林和诗文作品都具有突出的地位。所谓“闲意不在远，小亭方丈间”①，白居易所要表达的意趣和意境，通常可以在“小亭”的意象中见出。由他的描述可知，他的履道里宅有“琴亭”“中岛亭”“南亭”等亭子。这些亭子是他纳凉、休息、养病的所在，同时也是他与朋友聚会或独自观赏园林景物的所在。同时他还经常写到别处的亭子，对亭子的审美作用进行了详细的描述，如他在《冷泉亭记》中这样形容：杭州灵隐寺的西南角有一个冷泉亭，亭的后面是山，周围是水，“高不倍寻，广不累丈；而撮奇得要，地搜胜概，物无遁形。”在白居易看来，这个规模不大的亭子，因为所处地理位置绝佳，故能收纳四时和周围的美景：春日“草薰薰，木欣欣”，让人血气平和，身心舒展；夏夜“泉渟渟，风泠泠”，让人烦躁尽除，心情畅快。又因为亭以“山树为盖，岩石为屏”，加上周围是水，整个环境云飞水绕，恍如仙境一般。置身期间，有“若俗士，若道人，眼耳之尘，心舌之垢，不待盥涤，见辄除去。”②

① （唐）白居易：《病假中南亭闲望》，见顾学颉点校：《白居易集》（第一册），中华书局1979年版，第95页。

② （唐）白居易撰，顾学颉点校：《白居易集》（第三册），中华书局1979年版，第944页。

总的来说，白居易对其以园林为主体的居住、生活环境的设想，大体上是以安顿身心为主旨的。无论是他对自己的居住环境的设计，还是对其他的居住、生活或游憩环境的描写和赞赏，都是围绕这个主题来展开的。像唐代的许多文人抑或是历史上的许多文人一样，他关注的重点是人居环境的精神意蕴与审美价值。从环境美学的角度来看，他实际上强调的主要不是环境的物质构成，而是环境与生活的关联，以及环境最终能向人呈现出何种意义。而这一点，也可以说是白居易环境美学思想对当代人居环境设计与建设的一个最重要的启示。

# 谈园林尚“虚”的美学思想

黄　滟（华中农业大学）

经典的中国园林，总是虚实相生的产物，其中意境的产生亦是如此。然而，在“虚实”关系中，无论是从哲学的角度还是从园林的角度，“虚”的作用和地位都要高于“实”，尽管它是不可见的。对“虚”的重视，追根溯源，是因为中国古代哲学中对本体之“道”的追求，亦是对“无”的追求。从老庄“有无相生”的空间观，到汉代《淮南子》的“夫无形者，物之大祖”，再到魏晋时期的“贵无”或“尚虚”论，一直都在用“无”或“虚”突破实体界域的拘囿，实现对无限的追求。在中国园林中，不管是从哲学的构成层面过渡来的审美感知的“虚”，还是从哲学的本体层面过渡来的审美意境的“虚”，或是从哲学的心理层面过渡来的审美体验的“虚”，其中都渗透着“尚虚”的思想。

## 一、贵无：以无为有

清代尤侗在《揖青亭记》中说：

亦园，隙地耳。问有楼阁乎？曰无有。有廊榭乎？曰无有。有层峦怪石乎？曰无有。无则何为乎园？园之东南，屿然独峙者，有亭焉。问有窗棂栏槛乎？曰无有。有帘幕几席乎？曰无有。无则何为亭？凡吾之园与亭，皆以无为贵也……今亭之内，既无楼阁廊榭以束吾身，亭之外，又无丘陵城市之类以塞吾目，廓乎百里，邈乎千里，皆可招其气象，揽其景物，以

> 献纳于一亭之中。则夫白云青山为我藩垣，丹城绿野为我屏茵，竹篱茅舍为我柴栅，名花语鸟为我供奉，举天地所有，皆吾有也。①

此处的“无”就是园林景观构成的虚的空间。而此段的论述中心就是“以无为贵”。但这个“无”并不是绝对的空无，其中蕴含着在审美感知层面和体验层面综合出现的更高层次的“有”。揖青亭内有楼、阁、廊、榭、层峦、怪石等一系列具体的物质性的实用，但如果没有文中所说的一系列的“无”，“有”就不可能得以呈现，涌纳在一亭之中。《淮南子》中有言：“使之见着，乃不见者也”，② 此“不见者”就是“无”。就是在空间中存在的物质性的“无”。它既是楼阁内可以容纳人身的“无”，也是室外视线开阔的“无”，更是驻亭凭高而远眺的“无”。也就是说，园林景观“有”的显现关键在于空间上的“无”的预先存在，“无”相对于“有”具有优先性。

### （一）园林建筑的用虚

“有之以为利，无之以为用”，苏州亦园揖青亭就是园林中“贵无”论的典型。因此，由于中国文化中“贵无”的思想，园林设计中高度重视“用虚”，“虚”在园林中不仅是指它是园林空间构成的要素，还指示着对于这个要素进行利用的方法，即空间上的“虚化”，减有形增无形，这需要更高的修养和想象。

明代祈彪佳在《寓山注》的《妙赏亭》篇写道：“此亭不暱于山，故能尽有山。几叠楼台，嵌入苍崖翠壁，时有云气，往来缥缈，掖层霄而上，仰面贪看，恍然置身天际，若并不知有亭也。”③

① （清）尤侗：《揖青亭记》，载黄卓越辑：《闲雅小品集观》（下），百花洲文艺出版社 1996 年版，第 112 页。

② （汉）刘安，（汉）许慎注，陈广忠点校：《淮南子》，上海古籍出版社 2016 年版，第 409 页。

③ （明）祁彪佳：《寓园注》，载陈从周、蒋启霆选编，赵厚均注释：《园综》下，同济大学出版社 2011 年版，第 127 页。

此句说明了“无”在园林建筑中的运用。亭作为园林建筑的一种形式，以窗或柱的形式开启了“虚”的空间，以获得与宇宙虚霩合而为一的生生之气。“不昵于山，故能尽有山”的空间运用是为了一种意境层面“虚”的实现，是为了形成囊括云烟之变的宏意象。明代钟惺在《梅花墅记》中曾言：“高者为台，深者为室，虚者为亭，曲者为廊”,① 此句说明亭的首要特点就是“虚”。此“虚”说明了亭的建筑形式。相比其它的园林建筑，亭的建筑屋身与屋顶的结构关系，已经因为“用虚”的需要而转化为亭柱和屋顶的结构关系。无论是网师园的冷泉亭，还是留园的冠云亭，或是虎丘的涌翠亭；无论是立于山巅的南山积雪亭，还是隐于林中的雪香云蔚亭，或是构于水际的沧浪亭，都以飞檐起翘的造型构成，使得本来沉重下压的屋顶，显示出向上的轻快感，也便有获得最大范围的视野，从各角度不遮挡人的视线。并都以虚空的内部与周围的空间环境发生联系，以一种无形的、不可度量的连续流动着的客观存在而被感知，以达到“并不知有亭”的境界。因为对“虚”的运用，亭成为人与自然空间之间的媒介。可以说，亭将自己的有限空间沉浸于宇宙的无限空间之中，并构建了自然山水和人的体验之间的中介空间。因此，亭的构建多从外部的空间环境入手。需要强调的是，中国园林作为一个相对封闭的“有”的内部空间，开放“无”的空间就显得重要一些。而这就要求内部空间具有通透的特质。即使再小的园林，因为有通透洞达的内部空间，也不会觉得闭塞窒碍。因此，园林建筑除了亭的设计突出了用虚之外，其他建筑也在不同程度上涉及用虚。比如《园冶》中就说：“临溪越地，虚阁堪支；夹巷借天，浮廊可度。”② 虚、浮二字说明了阁、廊空间上疏通空阔的结构特点；清代刘凤诰的《个园记》中说：“曲廊邃

① （明）钟惺：《梅花墅记》，载陈从周、蒋启霆选编，赵厚均注释：《园综》上，同济大学出版社 2011 年版，第 186 页。

② （明）计成，陈植注释：《园冶注释》，中国建筑工业出版社 1981 年版，第 49 页。

宇，周以虚槛，敞以层楼”，[1] 曲、虚、敞三字也说明了廊、楼空间上开阔显豁的结构特点。故而，就中国园林的内部空间而言，就园林建筑的结构特点而言，用“虚”是为了“有”能更好的显现，“无”具有是存在意义上的优先性和预设性。

### （二）园林意境的用虚

由于园林空间上对“虚”的运用，其形成的“围而不隔，隔而不断”的空间布局有效地化解了空间的封闭性，使声音的传播、光影的虚幻、香气的四溢成为可能。于是，在园林景观之中，声音、光影、香味之类无形之物的锦上添花，也是园林“贵无”“用虚”的重要原因和必要手段。声音、光影、气味之类非视觉的虚的因素也是园林的构成要素，它创造的是园林虚象，即园林在时间和空间双轴线上的虚境。

清代张潮在《幽梦影》中写道：“春听鸟声，夏听蝉声，秋听虫声，冬听雪声，白昼听棋声，月下听箫声，山中听松风声，水际听欸乃声，方不虚此生声。”[2] 此句说明了园林一年四季所具有的不同听觉感受，也说明了园林声音环境的应时变换不仅具有流动、变化的时间维度，而且深化了对园林的空间感受，其中无形的时间占了主导作用。留听阁园就有诗句：“留得残荷听雨声”（李商隐）；“夜雨连明春水生，娇云浓暖弄微晴，帘虚日薄花竹静，时有乳鸠相对鸣”（苏舜钦）；“柳外轻雷池上雨，雨声滴碎荷声”（欧阳修）。对声音不同的感知也表达了在同一虚景中人所进入的不同的虚境，因心不同而情有所异。

光影是时间的代言人，光随着时间的不同运转而运动，影则随着光的强弱和方向角度的变化而浓淡不一。影是形的映像，如花下的碎影、冬日的梅影、水中的倒影、粉墙的竹影等，它们利用倒影

① （清）刘凤诰：《个园记》，载陈从周、蒋启霆选编，赵厚均注释：《园综》上，同济大学出版社 2011 年版，第 66 页。

② （清）张潮：《幽梦影》，中州古籍出版社 2017 年版，第 130 页。

触手不及的特点，与园林的实景相呼应产生虚景，让人回味而成为虚象。“云破月来花弄影”（张先）；“粉墙花影自重重，帘卷残荷水殿风”（高濂），这些效果的产生得益于设计者对“虚”的理解和运用，使得在任何一个季节里，虚景与实境能相互呼应，在“游于虚”审美体验下产生美的虚境。于是，拙政园就有了倒影塔、塔影园，还有以影命名的园林——影园。

拙政园的“香远益清”、沧浪亭的“闻妙香室”等以香味命名，留园的闻木樨香轩、拙政园的海棠春坞等则以此处所种的树木命名。园林植物散发的芳香从嗅觉上引导游园者的遐想而达到虚境，虽然香气是有时限的，但其虚境是无限绵长的。通过嗅觉来达到对自然美的感触和珍惜，恐怕只有在园林这种艺术形式中方能实现。士大夫偏爱梅花、荷花等清雅脱俗的暗香和冷香，其中追求的是孤傲雅洁的审美情趣和真实独立的人格心性。香气是抽象的，又是具体的，于是在虚与实的转化中，香气使园林空间弥漫着美感。

园林匾联的”诗化“也是用“虚”使园林更为自觉地融入了诗情画意。网师园殿春簃书斋小屋的楹联：巢安翡翠春云暖；窗护芭蕉夜雨凉。翡翠、芭蕉、春云、花窗、鸟巢、夜雨构成一幅朦胧美的春雨图。园林中的景色与诗词中的意向有着共同的指向，通过审美体验层面的“游于虚”而相互融合，从而进入审美意境层面的“灵境”。

园林用虚景实现的虚境启动了人心灵的主观能动性，使物境跟心境融为了一体。园林意境的虚境在声音、光影、气味和时间的构建下丰富了意境的层次。

综上所言，因为中国文化中“贵无”思想，园林设计中高度重视“用虚”，“虚”在园林中不但具有形式的意义（即作为园林构成的一部分），方法的意义（即作为园林设计中“虚化”的处理方法），而且具有表现精神内涵的意义（即作为表现情感和想象、创造园林意境的手段）。

## 二、崇简：删繁就简

道禅“贵无”哲学的影响是重视当下直接的体验，推崇简约纯净的美感。绘画理论也是强调简的风格。明代沈周就说：“繁中置简，静里生奇”,① 董其昌也说：“山不必多，以简为贵”,② 恽向则强调：“画家以简洁为上，简者简于象而非简于意。简之至者缛之至也”,③ 绘画创作中对“简”的崇尚直接影响到了园林。李渔就有“宜简不宜繁，宜自然不宜雕斫”④ 的观点，“简”在园林空间中即是“以小见大”的原则，壶纳天地。比如浙江的天一阁，用“天”和“一”寓指“小”与“大”的关系，园虽小仅占地半亩，然可以从“一”见“天”，以“小”观“大”，以“有”见“道”之无。一沤就是茫茫大海，一假山就是巍峨连绵。“小”代表园林是天地的代表，园林是宇宙天地的微缩物，之所以由小达于大，由有达于无，就在于顺乎自然，以简求之。而“沧浪”“蓬莱”则是人虚静追求的意义。

从南北朝开始，士人开始思考在狭小的空间内表现独有的文人趣味和审美追求。如北周庾信写有《小园赋》，在其“一壶之中”，数亩弊庐，水中养有一寸二寸的小鱼，路边有三竿四竿的竹，再加一片假山，建一两处亭台就满足了。这幽深清寂的空间将园林分寸之余的趣味表现得淋漓尽致。在如此之简的园林内，在极有限的天地内却也创造出了深广的艺术空间。雅朴自然的“小园”不在乎几亩小院一座破旧的小屋，而在乎主人与自然合二为一的自在休闲

① （明）沈周：《江山鱼乐图》，载周积寅辑：《中国画论辑要》，江苏美术出版社 2005 年版，第 415 页。

② （明）董其昌：《画禅室随笔》，载周积寅辑：《中国画论辑要》，江苏美术出版社 2005 年版，第 415 页。

③ （明）恽向：《论画山水》，载周积寅辑：《中国画论辑要》，江苏美术出版社 2005 年版，第 415 页。

④ （明）李渔，杜书瀛校注：《闲情偶寄 · 窥词管见》，中国社会科学出版社 2009 年版，第 116 页。

的心理享受。“鸟多闲暇，花随四时。心则历陵枯木，发则睢阳乱丝。非夏日而可谓，异秋天而可悲。”① 从此句中也探出庾信屈仕敌国、南归无望的无奈心情。因此，他便在此小园中开始体味羡慕已久的隐居生活。可见，简致的小园导致园的物质功能下降，但就他构想的小园及园居生活，虽原朴、宁静、拙陋，但与纷乱喧嚣的尘世和华丽的宅第形成鲜明的反差，精神享受功能得到空前的提高。可以说，庾信构想的小园成为了园林尚简风尚的极致。唐朝刘禹锡也有诗云：“看画长廊遍，寻僧一径幽。小池兼鹤净，古木带蝉秋。客至茶烟起，禽归讲席收。浮杯明日去，相望水悠悠。”② 诗人在简约的世界中安置自己的光远之思，在禅悦的“简”中寻求栖息心灵的淡泊境界。园林的池木鹤禽也因主人倾心禅悦，也情染禅悦。“简”在此不光是指园林的空间布置和景物数量，同时也是指士人简约的有禅意的生活方式。看画、寻僧、小池、古木、客至、禽归、浮杯、相望，这些景物和动作的相陪相伴，将“淡然离言说，悟悦心自足”的高士情怀展现无余。唐代白居易更是成为以小见大风尚的推动者。他曾说：“庾信园殊小，陶潜屋不丰。何劳问宽窄？宽窄在心中。”③ 园林在他看来，实际上就是为了帮助士人不迷失初心，正视自己的内心世界，不攀附不自弃，既要以平淡的心态安抚仕途的失意，又要以超凡的体验褪去庸俗的享乐。可见，小园的“简”是以体道而通无为基础的，其构建了一个自在圆足的世界，在此世界中，士人欲通过微小精致的“简”展现广阔悠远的境界，在一勺池水、一拳顽石、一竿青竹、一枝枯木中，去实现自己的审美理想和心灵体验。

宋代的文人更是沉迷于“壶中天地”的精妙。冯多福在《研山园记》中写道：

---

① （北周）庾信：《小园赋》，载陈从周、蒋启霆选编，赵厚均注释：《园综》下，同济大学出版社 2011 年版，第 223 页。

② （唐）刘禹锡：《秋日过鸿举法师寺院便送归江陵》，见（清）彭定求等编：《全唐诗》，中华书局 1960 年版，第 4015 页。

③ （唐）白居易，朱金成笺校：《白居易集笺校》，上海古籍出版社 1988 年版，第 2232 页。

夫举世之宝，不必私为己有，寓意于物，固以适意为悦，且南宫研山所藏，而归之苏氏，奇宝在山地间，固非我之所得私，以一拳石之多而易数亩之园，其大若不侔，然已大而物小，泰山之重，可使轻于鸿毛，齐万物于一指，则晤言一室之内，仰观宇宙之大，其致一也。①

此段文字表明对于园林的“简”而言，“适意”体现了它的审美标准，“齐万物于一指”体现了自然和园林景观不仅是一种客观的对象，还是其人格理想的寄寓，“仰观宇宙之大”则体现了人通过景物与宇宙的组合关系，这些种种最后落实到了“致一也”，即在拳石草舍之间，在对简的自然审美中仍能实现人与天地万物的融合，于心凝形释的“简”中达到与万化冥合。

明代刘士龙在《乌有园记》中写道：

乌有，则一无所有矣。……况实创则张设有限，虚构则结构无穷，此吾园之所以胜也。……他如山鸟水禽，鸣蛙噪蝉，时去时来，皆属佳客，偶闻偶见，俱属天机，此又吾园人物之胜也。至于竹径通幽，转入愈好，花间迷路，壁折复还，则吾园之曲也。广岫当风，开襟纳爽，平台得月，濯魄欲仙，则吾园之畅也。出水新荷，嫩绿刺眼，被亩清蔬，远翠海空，则吾园之鲜也。积雨阶坪，苔藓斑驳，深秋霜露，蒹葭离披，则吾园之苍也。怪石如人，隽堪下拜，闲鸥浴浪，淡可为朋，则吾园之韵也。孤屿渔矶，夕阳晒网，烟村酒舍，竹杪出帘，则吾园之野也。瀑惊奔雷，尘不到耳，藤疑悬绠，枝可安巢，亭置危峦，升从鸟道，桥接断岸，度自悬空，则又吾园之奇而险也。园中之我，身常无病，心常无忧；园中之侣，机心不生，械事不作。供我指使者，无语不解，有意先承；非我气类者，

① （宋）冯多福：《研山园记》，载陈从周、蒋启霆选编，赵厚均注释：《园综》上，同济大学出版社 2011 年版，第 33 页。

望影知惭，闻声欲遁。皆吾之得全于吾园者也。①

此段文字用“吾园人物之胜”“吾园之曲”“吾园之畅”“吾园之鲜”“吾园之苍”“吾园之韵”“吾园之野”“吾园之奇而险”将此园所有的园林要素进行了情致的归纳，说明乌有园“实创则张设有限”，而“虚构则结构无穷”。竹径、新荷、清蔬、苔藓、怪石、闲鸥、孤屿、烟村、竹杪、瀑、藤、枝、亭、桥这些精微的园林实体在园林空间的放置是多维度的，可重叠的，他们构建了一个有限的简约的世界，然而，在鸣蛙、噪蝉、嫩绿、远翠、霜露、夕阳、积雨这些虚景的衬托下，于精微处见到了广大、见到了神气，“简”的意蕴也油然而生。乌有园简致的布局，不仅使人获得了全面的情致之趣，也实现了自我的“身常无病、心常无忧”。“机心不生、械事不作”的园中之侣是园主对园林景物的心性观照，是以我之心见物之性。乌有园有限的景观，寻求和满足了园主个性的自适，渗透了他对“一无所有”的理解和感悟。“乌有”乃“至简”，“至简”将世俗生活消除到了极致，使人的心性在自我审视中，窥见小就是大、有即是无，使人产生超出园林自身的远思逸致。

明代文震亨在《长物志》中写道：“元代画家云林的居所在高山丛林中，只设一几一榻，却令人联想到山居风致，顿觉通体清凉。”② 此句对“简”的利用说明，只有情性超朗虚恬者才能得到园林的真趣。虽只有一几一榻，比“无”多一，但却因为主人对物质环境的超然态度，以平常心对待一切事物的禅宗观念，展现出了山林至简生活的恬静清幽。明代陆绍珩的《醉古堂剑扫》中有多处对“简”的描述，“辟地数亩，筑屋数楹。插槿作篱，编茅为

① （明）刘士龙：《乌有园记》，载陈从周、蒋启霆选编，赵厚均注释：《园综》下，同济大学出版社 2011 年版，第 231 页。

② （明）文震亨；汪有源 胡天寿译：《长物志》，重庆出版社 2008 年版，第 379 页。

亭。以一亩荫竹树，一亩栽花果，二亩种瓜菜。四壁清旷，空诸所有”;①“疏帘清簟，销白昼唯有棋声。幽径柴门，印苍苔只容屐齿”;②“园中不能办奇花异石，惟一片树阴，半庭癣迹，差可会心忘形”;③“净几明窗，一轴画，一囊琴，一只鹤，一瓯茶，一炉香，一部法帖。小园幽径，几丛花，几群鸟，几区亭，几卷石，几池水，几片闲云。”④描述中出现的“一”既代表少，也代表无，代表少是指它的数量和体块，代表无是指“一即一切，一切即一”，是至上的本体的无。“二”“四”“半”“几”则代表了人对这个世界和万物的观照，它不是对现实的写照，而是对心灵的写照。心灵深层的直接体验来自这一亩竹树、一亩花果的至简生活方式，来自一瓯茶、一炉香的至简生活态度。

清代的俞樾在《曲园记》中感叹道：“嗟乎，世之所谓园者，高高下下，广袤数十亩，以吾园方之，勺水耳，卷石耳……《传》曰：‘小人务其小者’，取足自娱，大小固弗论也。”⑤曲园的曲尺形的园基平面，从南到北，长40余米，宽10余米，而从西到东，长10余米，宽20余米，可谓是真正的小园了。然正是在这小园中，“取足自娱”恰恰表达了园不求大，只求能流连、守拙、隐退和归复自然的文人情怀。在园中求的不是物质的“有”，而是精神的“无”。清代郑板桥说：“十笏茅斋，一方天井，修竹数竿，石笋数尺，其地无多，其费亦无多也……何如一室小景，有情有味，历久弥新乎！对此画，构此境，何难敛之则退藏于密，亦复放之可弥六合也。”⑥在一方天井中弥合六虚，实现从天井中见到天地，小世界中见到大宇宙。园林正是以这种可以实现的“简”的方式

---

①（明）陆绍珩编著：《醉古堂剑扫》，岳麓书社2016年版，第115页。

②（明）陆绍珩编著：《醉古堂剑扫》，岳麓书社2016年版，第93页。

③（明）陆绍珩：《醉古堂剑扫》，岳麓书社2016年版，第57页。

④（明）陆绍珩：《醉古堂剑扫》，岳麓书社2016年版，第59页。

⑤（清）俞樾：《曲园记》，载陈从周、蒋启霆选编，赵厚均注释：《园综》上，同济大学出版社2011年版，第248页。

⑥（清）郑燮：《郑板桥全集·板桥题画》，中国书店1985年版，第25页。

来完成从小我见天地的转化。也正是这种以有限的“实”表现无限的“虚”的心理需求，将园林有意识地设计为“简”成为了一种风尚。

“贵无”思想影响下所推崇的“简约”，不仅体现在文人园林的空间布局、生活方式上，还体现在文人园林的色彩上。老子曾言“五色令人目盲”,① 庄子曾言“五色乱目，使目不明”,② 雕饰彩绘的美被认为是俗的。宗白华指出，从魏晋六朝开始，中国人的美感已经“认为‘初发芙蓉’比之于‘镂金错采’是一种更高的境界”。③ 法天贵真，不拘于俗的思想，使文人倾向于清真朴素的色彩。于是，至简的园林对应的不是错彩镂金的华贵美，而是清水芙蓉的淡雅美。文人园林的建筑因此具有雅洁素朴的色调，配以花草竹木的装饰色彩。如苏州网师园的冷香亭，其攒尖顶是黑色的，漏明窗是白色的，粉墙黛瓦，黑白相映，素净简淡。园林中繁多的色彩都被这黑白二色所构成的围墙所包围和稀释。黑和白作为色彩序列的两极，把持着“无”在园林色彩的主导地位。

综上所述，中国园林对“无”的追求投射到了园林“简”的风格上，文人引一湾溪水、置几片假山，用“简”的格局构建了一个虚灵的空间和虚空的世界。人在目之所见的有意蕴的景致里，首先看到了自己契合大道的，荡却一切俗尘世念的心。园林景致也因心的观照而在虚空的氤氲中显示出意义。

## 三、因借：巧于因借

园林执著于对“无”的追求，努力用“有”实现“无”，于是，就产生了虚而待物，打破界域，扩大空间的创构审美意境的重要方法借景。也因为园林的“小”和“简”，为了拓展园林空间、丰富园林内涵，借景成为园林设计的必备手段，“巧于因借”，通

① 陈鼓应：《老子注译及评价》，中华书局 2009 年版，第 104 页。

② 陈鼓应：《庄子今注今译》，中华书局 2009 年版，第 359 页。

③ 宗白华：《中国美学史论集》，安徽教育出版社 2006 年版，第 15 页。

过借“实”来实现“虚”。

计成在《园冶》卷三《借景》中说：“构园无格，借景有因……高原极望，远岫环屏，堂开淑气侵人，门引春流到泽……山容蔼蔼，行云故落凭栏；水面粼粼，爽气觉来欹枕。南轩寄傲，北牖虚阴；半窗碧隐蕉桐，环堵翠延萝薜”① 可见，借景就是要以园外空间来丰富园内景观的层次，达到虽在外犹在内的视觉效果。“园林巧于因借，精在体宜，愈非匠作可为，亦非主人所能自主者；须求得人，当要节用。因者：随基势之高下，体形之端正，碍木删桠，泉流石注。互相借资；宜亭斯亭，宜榭斯榭，不妨偏径，顿置婉转，思谓‘精而合宜’者也。借者：园虽别内外，得景则无拘远近，晴峦耸秀，绀宇凌空，极目所至，俗则屏之，嘉者收之，不分町疃，尽为烟景，斯所谓巧而得体者也。”② 此段将“巧于因借”分为了两个要素，“因”与“借”。“因”即指造园所要依据的环境和条件，应顺势而成，巧用天时地利；“借”即指借景，对客观已存在的环境和景物加以利用。因与借是相辅相成，相互统一的。“因”是园林内在的组成部分，“借”是园林外在的组成部分。“借”是主观对客观的选择和利用，是根据主体对客观景物的鉴赏所作出的屏或收的决定。而被借的景物本就是“有”，一种“有”就是园林周围的自然环境，可以借来作为整个园林的背景，以烘托园林外在景境的深邃。这种借往往是对园林整体环境的营造，比如承德避暑山庄就充分地利用了全方位的山体环境。一种“有”就是某个山水景物的外在特征，可以借来丰富园林内在景观的层次，以烘托园林的自然天成。但无论是何种“有”，都是为了进行有限空间向无限空间的转化，通过“有”实现“无”，从而达到内外呼应，浑然天成的视觉效果。借景将零散的景观构成有机的整体，有时此景观的主景又可成为彼景观的借景，让一景发挥多种

① （明）计成，陈植注释：《园冶注释》，中国建筑工业出版社 1981 年版，第 233 页。

② （明）计成，陈植注释：《园冶注释》，中国建筑工业出版社 1981 年版，第 41 页。

作用，即使园外之景也可以纳入观者的视野，既丰富了层次又多变了景观，可以说是一种高明的以小见大，无中生有的艺术手法。因此，计成就强调“夫借景，园林之最要者也”。①

祈彪佳在《越中园亭记》中对曲水园这样描述：“先大夫所构为寓也。然而卧龙盘旋，雉堞外诸山环列，登朝来阁，望千岩万壑，使人应接不暇，居然城市山林，盖寓也而实园矣。”② 此段明显地在概述曲水园对于周围自然环境的整体利用，在感慨院内景观的丰富和充实，尽管美景都在园外。此曲水园就是一起借景的优秀案例。因为曲水园很小，院内无法通过实实在在的“有”实现园林景观的丰富，于是通过“借”的方式开拓了视野，增加了园林内容，将园外之“有”变成了院内之“有”，从而实现园林审美体验和审美意境的“无”。曲水园成功的借景说明“因借无由，触景俱是”。“无由”就是没有具体的死板的规定性的条件，关键就在于“触景”，也就是要利用到客观环境中已存在的优势景观。“因借无由”也就是要想尽一切办法达到对已存在的优势景观的充分利用。祈彪佳在《寓山注》中描述选胜亭时说：

> 乾坤自开辟，山水自浑蒙也。此亭北接松径，南通峦雉，东以达虎角庵，游者之屐常满，然而素桷茅榱，了不异人意，惟是登亭回望，每见霞峰隐日，平野荡云，解意禽鸟，畅情林木，亭不自为胜，而合诸景以为胜，不必胜之尽在于亭，乃以为亭之所以生也乎！③

此段文字表明，亭之胜就在于“合诸景以为胜”，即借景的成功。此借景极大限度地扩展和深化了视觉空间，使得院内之亭与无

① （明）计成，陈植注释：《园冶注释》，中国建筑工业出版社1981年版，第237页。

② （明）祁彪佳：《越中园亭记》，载陈从周、蒋启霆选编，赵厚均注释：《园综》下，同济大学出版社2011年版，第101页。

③ （明）祁彪佳：《寓园注》，载陈从周、蒋启霆选编，赵厚均注释：《园综》下，同济大学出版社2011年版，第125页。

穷的朦胧天际融为一体，霞峰隐日，平野荡云，呈现深远之感。“山水自浑蒙”似在提示在自然环境中到处都存在着“因借”的可能性，只要设计者“巧于因借”，则“触景俱是”。

清代袁起在《随园图说》中写道：“登阁四顾，则长干塔、雨花台、莫愁湖、冶城、钟阜，虎踞龙蟠，六朝胜景，星罗棋布于窗前，遥望三山，白鹭洲，江光帆影，映带斜阳，历历如绘，非山之所有者，皆山之所有者。”① 此段的“皆山之所有者”与祈彪佳的“亭之胜”是同一个道理，皆是通过“借”将非我之物纳为唯我之物。唯我可对眼前的画面进行取舍、剪裁和赏析，将园外的自然美景借入园内为我所用，使园景扩延至无穷，同时也增加了园林的野趣。不得不说，借景是造园特别是造小园必需的手段。它景延展了景观视域的深度，加大了景观视域的宽度，使视觉的平面构图可以随意组合，最大限度地利用了内与外、虚与实、远与近、敞与闭等多种对比关系，在园林“无”景的情况下完成视觉的“有”景，在视觉的“有”境的情况下完成审美的“无”境。

那园林的“借”具体借些什么呢?

(1) 借山。因为大自然的天成条件，易得群峰连绵、远岫如屏，所以在园林借景的案例中，最多的就是借山。如宋代司马光的独乐园就有“见山台”，拙政园有”见山楼“等。山开辟了视野的“空”和“有”，“空”是就深度而言，“有”是就景物的存在而言。山的“空”与“有”使园内景色平添幽远之境。明代王稚登在《寄畅园记》中写道：“寄畅园者，梁溪秦中丞舜峰工别墅也，在惠山之麓”，“登此则园之高台曲树，长廊复室，美石嘉树，径迷花、亭醉月者，靡不呈祥献秀，泄密露奇，历历在掌，而园之胜毕矣”。② 此记说明园林借山景可获得的山林之趣。明代徐有贞在

① (清) 袁起：《随园图说》，载陈从周、蒋启霆选编，赵厚均注释：《园综》上，同济大学出版社 2011 年版，第 149 页。

② (明) 王稚登：《寄畅园记》，载陈从周、蒋启霆选编，赵厚均注释：《园综》上，同济大学出版社 2011 年版，第 130 页。

《先春堂记》中有言："余常过之，季清请余登焉，坐而四望，左凤鸣之冈，右铜井之岭，邓尉之峰其上，具区之流汇其下，扶疏之林，葱蒨之圃，棋布鳞次，映带于前后。"① 此记所写说明园外的山景大大地丰富了园林的视觉内容，这也是很多园林选择依山而建的重要原因。

（2）借水。水是自然的重要组成，但因为水较之山，资源相对比较难获得，所以园林借景的案例中，借水少于借山。且借水更多用于面积比较大的庄园别墅或皇家园林。明代刘侗所作的《帝京景物略》中就有较多的借水的案例。如：

> 但坐一方，方望周毕。其内一周，二面海子，一面湖也，一面古木古寺，新园亭也（《英国公新园》）；
>
> 三里河之故道，已陆作乂，然时雨则渟潦，泱泱然河也。武清侯李公疏之，入其园，园遂以水胜。以舟游，周廊过亭，村暖隍修，巨浸而孤浮（《李皇亲新园》）；
>
> 近都邑而一流泉，古今园亭之矣。……堤柳四垂，水四面，一渚中央，渚置一榭，水置以舟，沙汀鸟闲，曲房人邃，藤花一架，水紫一方（《钓鱼台》）。②

可见，水开辟了视野的"曲"和"静"，"曲"是就水的形态而言，"静"是就水体的状态而言。水的"曲"与"静"使园内景色平添秀丽之境。

（3）借建筑。造园者为了满足视野的饱和度，通常也将园外或远或近的特色建筑视为借景对象，其中以视点较高的塔居多。如宋代李格非在《洛阳名园记》中曾这样描述环溪："榭北有风月台，以北望，则隋、唐宫阙楼殿，千门万户，岧峣璀璨，亘十余

① （明）徐有贞：《先春堂记》，载陈从周、蒋启霆选编，赵厚均注释：《园综》上，同济大学出版社 2011 年版，第 173 页。

② （明）刘侗：《帝京景物略》，载陈从周、蒋启霆选编，赵厚均注释：《园综》上，同济大学出版社 2011 年版，第 6~9 页。

里，凡左太冲十余年极力而赋者，可瞥目而尽也。”① 此段描述，将园外的建筑的浮华热闹引入院内，增添了园内的人气。明代王世贞在《游金陵诸园记》中写道：“亭西高阜，亭其上，曰‘碧云深处’，可以远眺朝天宫，北望清凉、瓦宫、浮图、乌龙之灵应观，亦佳处也。”② 清代张英的《涉园图记》中写道：“然后为深堂邃阁，曲磴长廊，以襟带乎其中。”③ 这些描写都说明，对建筑形态、色彩、整体动势的借用，极大地丰富了视觉画面的形式感，充实了园林的构图语言。

（4）借花木。《园冶》中有句“堂开淑气侵人，门引春流到泽”，④ 此句就是说明，要将园外的古木名花都“嘉则收之”，增加园林视觉的线形和点形元素。园记中多有关于花木的画面记载，如：

曰‘椒庭’者，广除也，可以眺山椒。曰‘爽台’者，踞椒庭而耸，梧竹承之，是不尽丽于山水者也，然而山水之致袭焉，故曰‘兼所丽’也。⑤（明·王世贞《安氏西林记》）

晋陵多陂池竹木之胜，而西南之滨，尤饶逸致。碧流三尺，红芷百寻，郭穑接天，檐牙隐树，早畦未剪，莱香袭衣，远陇相环，麦秀成浪。时值春寒，芳桃满枝，忽闻鸟声，落蕊盈陌，十里五里，飞花有台，朝阳夕阳，游丝亘路。⑥（清·

① （宋）李格非：《洛阳名园记》，载陈从周、蒋启霆选编，赵厚均注释：《园综》下，同济大学出版社2011年版，第167页。

② （明）王世贞：《游金陵诸园记》，载陈从周、蒋启霆选编，赵厚均注释：《园综》上，同济大学出版社2011年版，第140页。

③ （清）张英：《涉园图记》，载陈从周、蒋启霆选编，赵厚均注释：《园综》下，同济大学出版社2011年版，第69页。

④ （明）计成，陈植注释：《园冶注释》，中国建筑工业出版社1981年版，第233页。

⑤ （明）王世贞：《安氏西林记》，载陈从周、蒋启霆选编，赵厚均注释：《园综》上，同济大学出版社2011年版，第129页。

⑥ （清）方履篯：《春暮游陶园序》，载陈从周、蒋启霆选编，赵厚均注释：《园综》上，同济大学出版社2011年版，第118页。

方履篯《春暮游陶园序》)

可见，花木的形、色、香都是园林借用的作用内容，它在借景方面的地位虽比不上借山借水，但却对调节园林气氛起了很重要的作用。应该说，花木之借既借了“实”也借了“虚”。实则为花木的形态和颜色，虚则为花木的香味和声音，如风吹竹林的声音等。对花木的借用活跃了园林的生动性，投入了对生命的关注，也反映了园林中人与万物平等且融合的关系，一种对“道”的追求。

粗看，园林是在借山、水、建筑、花木的“实”，细嚼，园林在借山、水、建筑、花木的“虚”。清代张潮说：“山之光、水之声、月之色、花之香、文人之韵致、美人之姿态，皆无可名状、无可执著，真足以摄舍魂梦、颠倒情思。”① 这些不可名状的摄舍魂梦的“虚”是来自“实”的。于是，在实处借虚，在虚处借实，淡而不薄，厚而不滞。“虚”之所借应四时之变而有所异。春见山容，夏见山气，秋见山情，冬见山骨，所借之景的变化会带来所成之境的变化。当然，园林的借景不是机械的，而是一系列所借景物的相互组合，互妙相生，共同完成园林意境的生成。如《园冶》中所说：“泉流石注，互相借资”；② “窗虚蕉影玲珑，岩曲松根盘礴”；③ “花间隐榭，水际安亭，斯园林而得致者”；④ 《幽梦影》中所说：“有青山方有绿水，水唯借色于山”；⑤ “筑园必因石，筑楼必因树，筑榭必因池，筑室必因花”⑥ 等。可见，一系列所借景物的互妙相生，就是因为它们于天地之间所存在的联系。正如

① （清）张潮：《幽梦影》，中州古籍出版社 2017 年版，第 55 页。

② （明）计成，陈植注释：《园冶注释》，中国建筑工业出版社 1981 年版，第 41 页。

③ （明）计成，陈植注释：《园冶注释》，中国建筑工业出版社 1981 年版，第 53 页。

④ （明）计成，陈植注释：《园冶注释》，中国建筑工业出版社 1981 年版，第 68 页。

⑤ （清）张潮：《幽梦影》，中州古籍出版社 2017 年版，第 162 页。

⑥ （清）张潮：《幽梦影》，中州古籍出版社 2017 年版，第 229 页。

《幽梦影》中所说：“园亭之妙，一字尽之，曰借，即因之类耳。”① 借是因为它们是相互关联的事物，说明了世界万物并不是孤立存在的，它就是“有”与“无”的相生相长，也更说明了宇宙是一个整体，每一事物都在相互联系和相互转化中，更好地体现着这个整体。

李渔也在《闲情偶寄》中从多个侧面比较系统地论述了自己关于“取景在借”的思想。“借景”是为了“生境”，生出画境和意境。造园者利用“借”的方式将小空间虚幻成大空间，实现画面中的借无生有，意境中的借有生无。应该说，“借”首先完成了平面的构成形式，不但有峰峦丘壑、竹树云烟，而且还有楼台亭榭，构成丰富的视觉层次，构成画境。其后完成了立体的虚境意象，画面的形成为园林意境的产生做好了铺垫，通过心与境的契合，构成意境。因此，借景只是园林设计的重要手段，而“虚”的显现和意境的实现才是园林设计的根本，最终都体现着对“无”的执着追求。

综上所述，我们之所以进行园林审美，就是因为我们需要通过“虚”来把握“道”，期待从它那里获得某种意义。也正是这种对“道”的追寻、对意义的获得构成了我们对园林意境的享受。于是，园林尚“虚”的美学思想成就了园林成为一种具有超越性存在的符号。

① （清）张潮：《幽梦影》，中州古籍出版社 2017 年版，第 229 页。

# 环境美学思想下的新时代中国生态建筑思潮

童乔慧　陈馨玉（武汉大学城市设计学院）

2012年党的十八大的召开，标志着中国特色社会主义进入新时代。不断改善的物质条件，不断提高的生活水平，客观上奠定了新时代建筑文化和建筑创作走向繁荣与发展的基础。这个时期的中国建筑思潮是全世界共同瞩目的焦点和共同关心的话题，中国特色社会主义生态文明建设的相关话题越来越引起人们的关注，建筑与环境的可持续发展成为建筑师关注的焦点。那么，新时代中国生态建筑思潮的核心要义与基本指向是什么？它的提出与最终确立经历了怎样的发展历程？它进一步指导生态文明建设的现实路径是什么？它对于困扰全球的生态环境问题又有什么重要价值？我们是不是正在重建和再造适应世界文化潮流的现代中国生态建筑思潮？这是每一个严肃思考当代中国建筑问题的人都面临和必须回答的问题。

2016年5月17日，习近平总书记在哲学社会科学工作座谈会上讲话并指出：这是一个需要理论而且一定能够产生理论的时代，这是一个需要思想而且一定能够产生思想的时代。党的十八大以来，国内外形势发生了前所未有的深刻变化，我们需要从理论和实践结合上系统回答新时代坚持和发展什么样的建筑文化特色，才能更好的符合中国国情，符合中国特色社会主义的总目标和总任务。因此新时代中国生态建筑思潮的研究具有时代性和十分重要的理论价值。新时代中国经历了现代化道路的转轨和现代化程度的加深，通过对这一时期生态建筑思潮的研究，可以探寻当代生态建筑的技术策略和生态机制，并以此作为出发点，实现生态人居的理论建构。

## 一、新时代中国生态建筑思潮的背景

对中国当代建筑思潮和生态建筑理论的研究，是建筑学科论坛和研究学者关心的热门话题。① 刘先觉教授对1979—2000年的建筑设计思潮提出了五种趋向。② 东南大学潘谷西教授在《中国建筑史》中，将改革开放以后中国建筑师的实践分类为：中国特色的再探索、南国新风与深广建筑师群、时代技术美的追踪、在结合的层面上开拓、新古典风韵的创造、地域文化的表达。③《新时期中国建筑思想论题》中，采用文献统计学和分类学的方法对1980—2008年期间体现中国新时期建筑思想的基础资料进行了基本的统计分析，研究了新时期中国建筑思想发展的轨迹。④ 另外，《建筑学报》《建筑师》等杂志也是研究中国当代建筑思潮的重要文献资料。国内关于生态建筑理论的论著，有西安建筑科技大学绿色建筑研究中心编的《绿色建筑》（1999）、李华东主编的《高技术生态建筑》（2002）、葛明的《生态建筑学的思想研究》（2003）等。

随着生态运动在西方的日益扩大，深层生态学（即生态哲学）逐渐受到重视，它已经成为西方哲学的一个重要流派和生态运动的主导思想。⑤ 生态建筑学既是生态学（包括社会生态学、城市生态

① 郝曙光：《当代中国建筑思潮研究》，中国建筑工业出版社2006年版，第17~28页。

② 刘先觉：《中国近现代建筑艺术》，湖北教育出版社2004年版，第177~222页。

③ 潘谷西：《中国建筑史（第五版）》，中国建筑工业出版社2004年版，第484~500页。

④ 张向炜：《新时期中国建筑思想论题》，天津大学博士学位论文，2008年，第15~112页。

⑤ 雷毅：《深层生态学思想研究》，清华大学出版社2001年版，第2页。

学等）与建筑学交叉渗透的产物，又是自然科学和社会科学如美学、历史学、心理学等多学科更大规模结合的产物。生态建筑学一词是意大利建筑师帕欧罗·索列瑞（Paelo Soleri）提出的。西方关于生态建筑理论大致分为两类：一类是以生态设计研究为核心，兼及生态建筑，此类著作视野较为宽阔，涉及的领域也非常之广；另一类则是专门论述生态建筑的著作，视点较为集中，研究也更为深刻，如K. 丹尼斯的《生态建筑技术》。①

因此可以看出，对于中国现代建筑思潮的研究主要集中在2010年以前，对于2010年以后的建筑思潮主要以建筑个案分析为主。从建筑思潮的主题来看，中国建筑界的话语权中心地位正在加强，同时建筑创作对于生态环境的关注度正在逐步升温，生态建筑理论不断发展，生态建筑的实践层出不穷。从国内外学界近年来的发展风向来看，中国学界对文化社会学的关注度在不断提高，建筑研究视角已从传统的建筑本体拓展到社会层面（如社会文化、社会生活等），研究方法理论也从单纯的建筑学扩展到社会学、符号学、生态学等跨学科门类，这些从学科内核向外拓展的交叉领域成为当前建筑研究的创新方向。②

## 二、环境美学思想下的新时代中国生态建筑思潮

生态建筑思潮作为当代美学观念中一个独特的分支，用环境美学的理论方法解析新时代生态建筑思潮有助于客观分析中国生态建筑思潮的发展方向并给予良性引导。环境美学以自然环境和人工环境为研究对象，强调了人与自然和谐共生的关系。学者陈望衡教授认为环境美学是一门综合性的应用性学科，以环境的“宜人性”

① Klaus Daniels. The Technology of Ecological Building, Princeton Architectural Press, 1997.

② 欧雄全，王蔚：《一个三向维度的研究范式——当代研究语境下的建筑社会学认知》，《住区》2020年第3期，第146页。

为核心理论，渗透在生态学、建筑学和城市学等各个领域。建筑的本质是人的创造物，是人与自然相互联系的有机组成部分。就建筑思潮而言，其所关注的层面从纯粹的抽象美学上升到了人与环境的互动，处理好人、建筑、环境之间的关系成为了建筑发展中不可忽略的主题与关键。新时代背景下生态建筑强调尊重自然，结合适宜技术实现人工环境与自然环境的相互融合，环境美学的理论方法可以有助于生态建筑思想的建立。当下美学观念的发展是生态建筑等设计美学理念的前提与基础，以环境美学为理论指导，进一步实现了生态研究下跨学科理论与实践的交叉。新时代中国生态建筑是环境美学理论的建筑实践，也是适应环境变化下的建筑选择。

### （一）清华大学设计中心楼

清华大学设计中心楼（见图 1）建成于 2001 年，位于清华大学校园内主楼前区中心绿地的东南隅，建筑面积大约 7800$m^2$，共四层，包含了工作室、办公室、展览室等多种功能。设计中结合多层次的设计策略，从遮阳隔热、节能、绿化等方面采用各种措施，为工作人员创造了一个舒适、绿色和健康的办公和学习环境。

图 1　清华大学设计中心楼，来源于作者自摄

1. 缓冲层策略

在办公楼的设计中，充分考虑基地周围的环境、气候等外部因素，引入了中庭、架空屋顶以及立面的缓冲设计，有效地调节室内外环境，减少了建筑能耗。

在建筑的南向设计了一个绿化中庭，种植花草树木，达到净化空气的作用。同时顶部玻璃天窗和南部百叶遮阳板的结合使中庭在不同的气候条件下满足不同的环境需求，成为多变的过渡和缓冲空间。在冬季，中庭作为完全封闭的温室，成为大开间办公环境的热缓冲层，达到保温节能的效果。在夏天，南部的百叶遮阳板遮蔽打开，遮挡了太阳光线的直射，中庭成为巨大的乘凉空间，起到了和工作室之间的过渡作用。在过渡季节，中庭作为开敞空间，加强了室内外的空气流通。①

屋顶架空顶棚的设计对于建筑的热缓冲也起到了一定的作用。它通过太阳能板的架设有效地减少了阳光直射热，同时屋顶的架空处理也加强了空气流动，有利于屋顶热量的散发，从而降低建筑能源损耗。建筑立面上采用了可自动遮阳板装置，根据气候以及温度的变化自动调整角度，实现室内温度的平衡与稳定。西面设置了与建筑脱开一定距离的石饰防晒墙体（见图 2），一方面遮挡了冬季的西北风，另一方面也有效避免了夏季西侧的直射阳光，起到了保温隔热的作用。

2. 节能策略

在设计过程中，设计院办公楼尽可能利用自然资源以及家具办公设备的节能设计，实现建筑节能。

通过屋顶架空设置的太阳能光伏板收集太阳能发电，满足了建筑内部报告厅功能的用电量，虽然整体来说成本代价较高（每发电 3.6 千瓦需要 40 万~50 万元人民币），但在当时是具有开创性和试验性的设计手法。此外，在建筑内部不同功能的空间布置了节能灯具以及楼宇自动控制系统，采用分级设计、分区集控等措施，达

① 胡绍学、黄柯、宋海林：《生态办公建筑的有效实践——清华大学设计中心楼综合评价》，《建筑学报》2004 年第 3 期，第 36 页。

图2　清华大学设计中心楼西侧防晒墙，来源于作者自摄

到节电效果。

3. 绿色化策略

设计中还采取了一系列可持续的具体措施，实现建筑的绿色化与生态性，从而塑造一个健康的办公环境。

首先，在外部维护系统的选择上，主要的工作空间——设计室南侧中庭的大面积推拉式玻璃窗，南北廊顶部采用玻璃天窗（见图3），两者相互结合加强了夏季的空气对流，调节了室内局部小气候，通过自然通风保持室内温度。且在平面布局上，充分考虑日照，将一些楼梯间、门厅、会议室等非主要空间布置在东西两侧，缓解西晒对主要功能的影响。并对功能空间合理进行自由划分，并非采取墙体分割的方式，强化了内部空间的流动性。其次，在建筑三层的中庭空间引入了景观绿化，不仅为工作人员提供了舒适开放的交流空间，而且形成了天然的空气净化器与温度调节器。最后，在室内装饰材料的方面，多功能选择了一些可再生的绿色材料。采用不铺设地毯的塑胶地面，避免了地毯织物等带来的空气污染。

清华大学设计院办公楼遵循“以人为本”的设计理念，通过

图 3　清华大学设计中心楼顶部天窗与中庭绿化，来源于作者自摄

一系列生态性处理策略，结合实际情况，创造了宜人的工作环境，为我国生态办公建筑的实践迈出了实践性的第一步。

### （二）深圳市万科梅沙书院

深圳市万科梅沙书院（见图 4）位于深圳大梅沙海滨旅游区，临海而建，气候舒适。由斯蒂文·霍尔（Steven Holl）设计，建成于 2009 年，地下 2 层，地上 5 层，是一个集办公、休闲娱乐、酒店以及展览为一体的多功能混合型建筑群。

该综合体以“漂浮的地平线”作为设计概念——将不同功能体块以水平几何形态串联在一起，并将整个建筑架空抬起，犹如海平面升起，使建筑最大程度地还原于自然。建筑群以创新的设计理念最大化场地开放性和绿地覆盖率；以生态技术的灵活运用适应自然地理气候条件；以绿色建筑材料实现低能耗、可持续的生态发展理念。

1. 创新的设计理念

由于规划的限制以及基于对周围风环境的考虑，在造型的处理上，万科梅沙书院打破了传统建筑中形式和功能之间的关系，以水

图 4　深圳市万科梅沙书院实景图，来源于中国建筑科学研究院. 中国最新绿色建筑一百案例［M］. 北京：中国建筑工业出版社，2011.

平向展开的条形空间将不同的功能综合组织在一个复杂多变的平面中，在长条形的平面布局中满足多样化的功能，实现“躺着的摩天楼”这一设计理念（见图 5）。建筑背山面海，环境优美，形体呈水平展开、高低起伏，顺应山丘的肌理，给人们以穿梭于山地之中的空间体验，同时，对周围环境实现最小的视觉干扰，达到与自然环境的协调统一，与周围的山丘、绿地形成丰富的绿地景观，并最大程度地避免“热岛”效应的形成。

万科梅沙书院提出“斜拉桥上盖房子”的结构设计理念，采用新颖的结构体系，以“混合框架+拉索结构”的体系使建筑漂浮于地面 15m，从而为底层创造了连续的大空间。在架空的底层（见图 6）引入下沉庭院，种植树木、布置景观水池，形成完全开放的城市公园，弱化了建筑与城市之间的界限。开放的场地设计不仅还绿于民，为人们提供了开阔的景观视野和自由的休憩场所，同时还改善了周边场地的风环境，加强了空气对流与通风，营造了良好的局部微气候。

图5　建筑总平面，来源于中国建筑科学研究院．中国最新绿色建筑一百案例［M］．北京：中国建筑工业出版社，2011．

图6　建筑架空的底层景观，来源于中国建筑科学研究院．中国最新绿色建筑一百案例［M］．北京：中国建筑工业出版社，2011．

2. 绿色的生态技术

除了基于建筑设计理念下造型与结构处理所创造的“可持续性和生态性”以外，万科梅沙书院仍然采用了许多成熟的生态技术和科学的方法，以达到绿色、节能、环保的生态理念。

在遮阳系统的设计上，按照太阳的不同照射角度将整个建筑的外立面遮阳体系分为全玻璃幕墙、水平固定遮阳和电动遮阳等（见图7）。① 遮阳百叶仿佛“会呼吸的建筑表皮”，采用穿孔铝板，既丰富了立面形式也使得内部空间光影更加多变。电动遮阳的自动调节系统有效缓解了建筑中大面积玻璃幕墙造成的剧烈的太阳辐射热和眩光现象，满足夏天不同时间和不同角度的阳光遮挡需求，达到了节能的效果。

图7　遮阳百叶，来源于中国建筑科学研究院. 中国最新绿色建筑一百案例［M］. 北京：中国建筑工业出版社，2011.

在能源的利用上，最大程度地运用场地的可再生能源，减少能源消耗。由于万科梅沙书院地处深圳，结合其一年四季日照充足的环境特点，该建筑在屋顶设置了太阳能光伏系统（见图8），转化

① 陈蕴、艾侠、杨铭杰：《绿色总部——万科中心设计解读》，《建筑学报》2010年第1期，第8页。

图 8　光伏发电，来源于中国建筑科学研究院. 中国最新绿色建筑一百案例［M］. 北京：中国建筑工业出版社，2011.

的太阳能提供了整个万科总部用电总量的 14%，① 大大提高了自然能源利用率。

在水资源的处理上，将日常用水、自然雨水与景观设计紧密结合，大大节约用水。在建筑内部采用了先进的节水器具，建筑屋顶设置雨水收集装置将积蓄的雨水回收利用于绿化，在室外场地的设计上结合深圳多雨的气候尽量采用渗水铺砖加强雨水渗透，减少灌溉用水，以达到“屋面雨水全部收集，地面雨水全部渗透”的水环境处理。

3. 可持续的建筑材料

在材料的选择上，建筑仍秉持可持续发展理念。采用铝合金玻璃幕墙、竹材等多种可再生循环材料，例如大量使用竹材作为混凝土模板，使得万科中心可能是国内第一个在室内设计中大规

① 张淼：《绿色生态建筑解析——深圳万科中心》，《现代装饰（理论）》2016 年第 10 期，第 8 页。

模使用竹材的办公建筑。幕墙采用双银中空 Low-E 玻璃，减少室内外的热量交换，降低能耗。本地材料的使用也大幅度减少了运输成本。

深圳市万科梅沙书院从建筑设计、技术以及材料等几大方面实现了低能耗、高舒适的生态目标与理念，为我国生态建筑的发展起到了积极的推动作用。

### （三）龙湖超低能耗建筑主题馆

龙湖超低能耗建筑主题馆（见图 9）位于河北省高碑店列车新城展示可持续技术和理念的景观公园内，南侧是开阔的水塘杨树林，北侧是一堵山地土坡，建成于 2017 年，建筑面积大约 1200$m^2$。

图 9　湖超低能耗建筑主题馆鸟瞰图，来源于网络（https：//www. archdaily. cn/cn/891025/long-hu-chao-di-neng-hao-jian-zhu-zhu-ti-guan-su-po-jian-zhu）

该建筑作为展厅向公众宣传和展示其超低能耗技术，通过简洁的形体设计实现了建筑与场地自然环境的相互融合；在空间上，结合流线的处理加强了人、建筑与景观之间的互动；在技术上采用可持续设计降低能耗。

1. 视觉感受的生态性

设计中结合“消隐于环境”的设计理念，从功能出发，建筑自南逐渐向北降低高度，高空间作为展厅，低空间作为辅助用房。同时结合屋顶花园的设计与北部保留的景观土坡连为一体，北立面与山体相连，南立面的玻璃幕墙的镜面反光使建筑消隐于自然，从而简化建筑体量，使其与自然环境完全融为一体，在视觉感受上实现建筑的生态性（见图10）。

图10　龙湖超低能耗建筑主题馆俯视效果，来源于网络（https：//www.archdaily.cn/cn/891025/long-hu-chao-di-neng-hao-jian-zhu-zhu-ti-guan-su-po-jian-zhu）

2. 流线体验的自然性

建筑形体以简洁的形式实现了建筑对场地与周围自然环境的尊重，在空间设计上利用室内外景观渗透，营造步移景异的丰富体验，在空间体验上实现建筑的自然性。

在空间设计上，通过一系列丰富的空间序列组织展览流线（见图11），从而尽可能使建筑与周围环境发生互动，相互融合。通过“入口广场—建筑前广场—建筑内部—建筑后广场—出口”的流线设计，形成完整的室内外空间过渡，使得建筑本身也成为了展示的一部分。

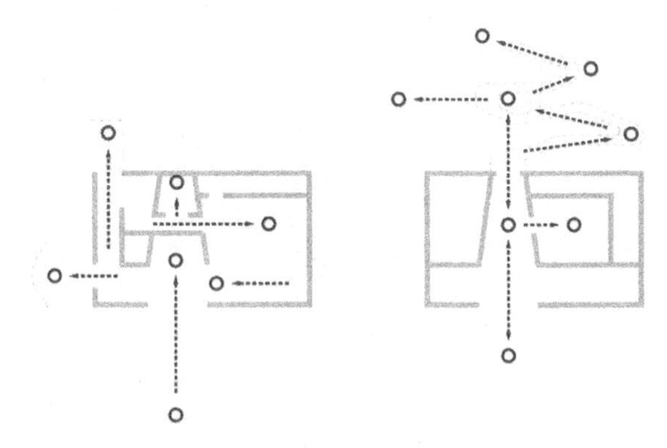

图 11　龙湖超低能耗建筑主题馆展览流线，来源于网络（https：//www. archdaily. cn/cn/891025/long-hu-chao-di-neng-hao-jian-zhu-zhu-ti-guan-su-po-jian-zhu）

展览流线自中部开始，一层形成环形展览流线，二层顺应大台阶形成与室外的联系。每一次路径的转折都对应不同的景观，西南角的观景窗的设定，将观众从入口引至序厅。西北侧的雨水花园让西北角埋于土坡内的展厅，视线上稍微放松透气。① 中庭大台阶的南北两侧也具有不同的景观体验，北侧视线开阔，直指小广场；南侧视野相对丰富，朝向小树林，实现了“室外—室内—室外”的景观空间过渡。同时大台阶（见图 12）顶部天窗的自然光线结合两侧种植的绿植，将室外的自然景观引入建筑内部，模糊了室内与室外的界线。

3. 建筑使用的绿色性

该建筑在设计过程中，通过一系列具体技术实现建筑使用上的绿色性。

在立面的处理上，南侧采用大面积的玻璃幕墙（见图 13），使得冬季最大程度地获得太阳辐射热，夏季通过百叶窗的角度调

① 宋晔皓、孙菁芬、夏至：《整体思维下可持续建筑的设计表达——龙湖超低能耗建筑主题馆》，《中国建筑装饰装修》2019 年第 8 期，第 99 页。

图 12　龙湖超低能耗建筑主题馆中庭大台阶，来源于网络（https：//www. archdaily. cn/cn/891025/long-hu-chao-di-neng-hao-jian-zhu-zhu-ti-guan-su-po-jian-zhu

图 13　龙湖超低能耗建筑主题馆立面玻璃幕墙，来源于网络（https：//www. archdaily. cn/cn/891025/long-hu-chao-di-　neng-hao-jian-zhu-zhu-ti-guan-su-po-jian-zhu）

整达到通风散热的效果。中庭大台阶的顶部引入了天窗，既丰富了内部空间的光影效果，也充分利用自然采光与通风，成为昼夜温差的调节器。同时，结合空间布局改善室内风环境，冷空气从北侧走廊和中庭台阶进入，热空气从室内南侧最高处而出，形成完整的风循环。

龙湖超低能耗建筑主题馆以“整体思维”的设计思路，实现超低能耗的被动房设计与诗意的建筑设计相结合，成为亚洲区第一个获得德国被动房中心（PHI）认证的展陈建筑，其与环境之间的处理手法为新时代中国生态建筑的设计提供了新思路。

## 三、结　　语

在中国新时代以来社会变迁的大背景下，在这个呼唤理论创新的新时代，新时代中国社会的背景构建了当代中国的生态建筑思潮的主体框架和在世界建筑之林的话语权的主导地位。这对于当代中国建筑理论研究，也具有一定的开创意义。同时，当今中国保护生态环境和实现持续发展刻不容缓，考察梳理新时代中国生态建筑思潮的产生背景，审视当代中国生态建筑思潮的发展历程和丰富内容，正确认识当代中国生态建筑思潮的主要理论建树以及有待克服的局限性，从总体上把握新时代中国生态建筑思潮发展的轨迹，为正确总结当代中国生态建筑设计的经验和教训提供参照，为中国建筑的未来发展提供借鉴，这些无疑具有重大的实践意义。辨析生态建筑思潮的过程有助于加深对意识形态的学习，增强中国建筑理论工作的主导权和话语权。新时代背景下中国生态建筑思潮的特性，有利于坚定中国建筑的文化自信，对于中国传统建筑文化的继承与发展具有重要的现实意义。

# 建筑与环境的统一
## ——论弗兰克·劳埃德·赖特有机建筑中的环境思考与启示

陈馨玉（武汉大学城市设计学院）

## 引　　言

弗兰克·劳埃德·赖特（Frank Lloyd Wright，1867—1959，以下简称赖特）是20世纪西方四大现代主义建筑大师之一。然而，在国际式现代建筑盛行的时代，赖特以独特的设计理念打破了当时方盒子的建筑形式，以“有机”的建筑观关注建筑与环境之间的相互融合，探求着一条不同于建筑工业化的早期“生态建筑”道路。赖特的“有机建筑”理论及作品中寻求建筑与环境和谐共生的思想与当下“可持续发展”的生态观念不谋而合，其富有人情味的自然观对新时代中国建筑创作思想与实践具有一定的指导作用和现实意义。

## 一、赖特的有机建筑思想

由于从小生长于美国大草原的自然环境之下，赖特对自然万物有着浓厚的情感，这使得他在建筑创作中强调建筑与环境的适应性以及整体性，形成了一种独特的“有机”观。赖特将他的“有机”建筑方法描述为关注整个建筑空间、局部、建筑与其场地的统一，以及所有这些与居住在建筑中的人的统一。① 在 1901 年发表的《机器的艺术与工艺》（The Art and Craft of the Machine）中，赖特提出了有机建筑这一概念。但对于其有机建筑思想，赖特从未给过一个明确的定义。基于其实践作品以及相关学者的前期研究，大致可以体现在以下几个方面：

1. 建筑与环境

赖特崇尚自然的建筑观使得他从建筑的体量、比例和形式等角度出发，充分呼应场地的景观条件，寻求人工环境与自然环境之间的协调，使建筑成为自然的一部分。他反对建筑与环境之间的相互对峙与隔离，认为有机建筑是"自然的建筑"，是"地面上一个基本的和谐的要素，从属于自然环境，从地里长出来，迎着太阳"。②

在建筑中赖特善于运用自然材料比如木材、石材等，充分展现其本性，并与人工材料巧妙结合，使得建筑看上去仿佛与周围环境融为了一体。

2. 整体与局部

赖特认为，"有机建筑是一种由内而外的建筑，其目标在于整体性。在这里，总体属于局部，局部属于总体"。"只有当一切都是局部对整体如同整体对局部一样时，我们才可以说有机体是一个活的东西，这种在任何动植物中可以发现的关系是有机生命的根本。"③

赖特的有机整体观使得其打破了固有的建筑形式与空间概念，开始从有机生命体不断生长与进化的角度，寻求建筑的连续性与整体性。在空间上，隔墙、天花板以及门窗组成连续的部分；在结构上，采用悬挑结构，尽可能实现建筑空间在视觉以及感觉上的延伸

---

① Rogers W K, "Frank Lloyd Wright's 'Organic Architecture': An Ecological Approach in Theory and Practice." *Analecta Husserliana*, 2004 (83), p. 381.

② 罗小未：《外国近现代建筑史（第二版）》，中国建筑工业出版社 2004 年版，第 92 页。

③ 项秉仁：《国外建筑师丛书——赖特》，中国建筑工业出版社 1992 年版，第 3 页。

与交融，将室外的自然环境引入人工环境，使得两者相互依存。

3. 形式与功能

在路易斯·亨利·沙利文（Louis Henri Sullivan）①“形式追随功能”的观点下，赖特更进一步提出了“形式和功能合一”的主张。他将建筑空间作为设计的主体与重点，创造了富有诗意的内部空间与功能。建筑的形式则以简洁为主，与内部功能相统一，形成具有生命力的建筑。

## 二、赖特有机建筑中的环境思考

“有机建筑”曾多次出现在赖特的各大演讲之中，但他从未给出过明确的定义。1953 年赖特在撰写的文章《有机建筑语言》中，提出了九个词条来评述自己对有机建筑思想的理解，即：自然、有机、形式追随功能、浪漫、传统、装饰、精神、第三度和空间。②“自然”是赖特提到最多的词语，也是赖特有机建筑的核心思想，他崇尚自然，强调将自然环境作为建筑设计中的重要对象。

赖特的“有机建筑”思想主要体现在统一性与自然性两个层面。前者体现的是建筑与环境在整体上的统一，他认为“自然”是一切形式的源头，建筑应该和自然相互协调，仿佛从自然中生长出来一般，以达到人工与自然的融合统一；后者则在细部上追求一种素朴之美，他认为有机“不只是指动植物等自然生命的直观形态，而是更深一层，指向自然生命赖以成立的内在机制，局部与整体的综合一致性”。③ 赖特尊重场地，通过材料、空间、结构等细部的处理上追求自然的本质，采用简洁的形式展现其真实性，凸显

---

① 路易斯·亨利·沙利文（Louis Henri Sullivan，1856—1924）美国建筑师，被称为“摩天大楼之父”或“现代性之父”。他被誉为现代摩天大楼的创造者。其主要作品有圣路易斯的温莱特大厦、迈耶百货公司大厦等。

② 孙小飞：《自然之“道”——探析赖特的有机建筑思想》，《美与时代（城市版）》2018 年第 8 期，第 13 页。

③ 金秋野：《鳞片和羽毛：弗兰克·劳埃德·赖特“有机建筑”之辩》，《建筑学报》2019 年第 3 期，第 111 页。

自然的基本特性。

1. 尊重场地景观

赖特充分尊重自然环境，以一种谦卑的态度实现建筑与自然的有机统一，从场地的景观、地形、地貌出发，充分考量建筑的外观、比例以及布局等，使得建筑融于环境，契于环境。

流水别墅（Fallingwater House）建成于1936年，是埃德加·考夫曼委托赖特为其在美国宾夕法尼亚匹兹堡市设计的乡间别墅，它坐落于高低错落的山坡之上，周围是茂密的野生灌木与潺潺流动的瀑布（见图1）。从外观上看一共三层，造型十分活泼，每一层都有向不同水平方向伸展的阳台和屋檐，与自然有机地交织在一起。建筑西北角的两棵大树被保留下来，从建筑内部自然而生，溪水从建筑底部穿流而出，山石构成了建筑夯实的地基，野生的杜鹃和树木环绕建筑周遭静谧生长，使得周边的环境成为了别墅的一部分，悬浮于瀑布上的建筑仿佛是生于环境之中。同时，为了使建筑与地形的融合更加密切，建筑在材料的使用上也是因地制宜，从当地或是周围的环境中选择石材或者砂岩作为主要材料（见图2）。建筑外部细腻的杏黄色混凝土墙面、透明的玻璃与粗犷的青灰色毛石壁炉外墙形成了人工与自然的质感对比，两者相互映衬强化了建筑的动感。粗犷的竖向岩石支柱穿插于悬挑的水平平台之中，形成了水平与垂直的空间对抗，赋予建筑自然的活力，进一步强化了建筑的张力，使得建筑宛如生长的植物簇拥在瀑布之上。

西塔里埃森（Taliesin West）是赖特为自己在威斯康星州斯普林格林建造的工作室，它坐落于荒漠之中，以消隐的形式融合在整个环境里（见图3）。整个建筑依山丘而建，为了延续山体的走势，墙面以45°倾斜着排列布局，建筑的屋顶似地面一样起伏，同时，建筑群没有固定的规划和设计，常常随意的增添和改建，建筑在形式和规划上都营造出了山丘自由生长的动感形象（见图4）。粗犷厚重的石墙、不加修饰的红杉木框架以及轻盈的白色帆布屋顶相互交织在一起，以不拘的形式与周围的自然景物相互协调。此外，为了适应荒漠干燥的气候环境，建筑采用扁平的形式降低了层高，一方面加强了与地面的联系，另一方面也减少了太阳辐射热。此外，

图 1　流水别墅，来源于网络（https：//www.archdaily.cn/cn/622965/ad-classics-falling-water-house）

图 2　流水别墅材质对比，来源于网络（https：//www.archdaily.cn/cn/622965/ad-classics-fallingwater-house）

赖特在日本帝国饭店的设计中，为了应对日本地震频繁的自然灾害，对建筑墙体采用收分的处理手法，加固建筑底部的承受能力。

2. 展现材料特性

赖特追求体现自然之美，以一种朴素的理念处理建筑与环境之

图 3　西塔里埃森鸟瞰图，来源于赖特信托基金会

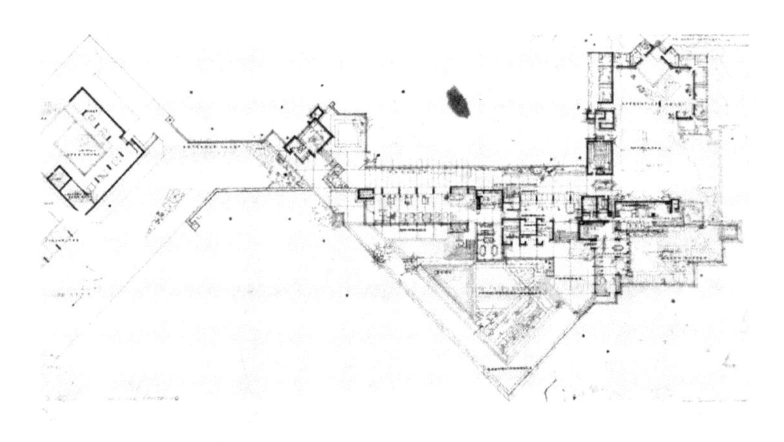

图 4　西塔里埃森平面图，来源于 GA Residential Masterpiece 09

间的关系。从材料出发，关注材料的基本特性，主张展现材料的真实性与自然性，运用各种材料使建筑符合可持续发展趋势，实现与环境的和谐共生。在设计中，赖特常常将人工材料与自然材料巧妙地结合在一起，既从工程角度也从艺术角度理解材料的天性，充分发挥每种材料的长处，通过纹理、色彩和质感的处理，使建筑与周围的环境相融合。

（1）自然材料。

赖特始终坚持和偏爱在设计中使用自然材料，使它们不加修饰地暴露在外，形成建筑与自然之间的有机联系。

当混凝土盛行于建筑设计之中时，赖特仍然在住宅中大量使用木材。他认为木材是最温暖的材料，也是最适合居住的材料。在罗比住宅（Robie House）的设计中，他将木材运用于室内天花板、窗框以及家具等各个易于触碰的地方，并通过抛光等简单的加工工艺充分展现木材真实的纹理，使人在室内也能感受到大自然亲切的特质。

在赖特的建筑中，他还表达了对石材的热爱。石材常常取于周围环境之中，通过其本身的色彩和肌理加强与自然的联系，模糊建筑与自然之间的界限。日本帝国饭店的设计中，清水砖墙以及近似火山岩的石材的运用是他对于日本本土文化和自然环境回应的体现。① 流水别墅的部分建筑材料也是以最简洁和自然的处理手法，就地取材。室内壁炉的材料来源于原有的山体石块，没有任何装饰地展现着自然的肌理和色彩。同时，在垂直生长的支柱上使用了水平延展的天然砂岩材料，塑造出层叠的重量感与极强的雕塑感，与周围起伏的山势以及厚重的岩石相呼应（见图5）。

图5　流水别墅支柱的天然砂岩材质，来源于［英］Richard Weston. 建筑大师经典作品解读［M］. 大连：大连理工大学出版社，2006.

① 曾波：《赖特有机建筑思想的内涵与外延研究》，天津大学，2014年，第19页。

(2) 人工材料。

赖特并不排斥新技术和工业材料的使用，他在设计中大胆采用人工材料，充分发掘其特性，与自然材料结合，使其巧妙地融于自然之中。

玻璃和混凝土是工业时代的产物，但是赖特通过细节上的处理使它们成为强化建筑与自然接触与联系的纽带。在流水别墅的设计中，为了弱化石墙和混凝土平台带来的实体感，他利用玻璃的透明性和通透感，在建筑中采用了大片玻璃材质引室外自然环境于室内之中（见图6），达到视线和空间的延伸，使得建筑空间与大自然相互渗透，形成浑然一体的体验。在入口处（见图7），赖特充分发挥钢筋混凝土的结构属性，钢筋混凝土的雨棚结构与雨棚一侧的钢柱子从自然岩石之上生长而出，达到结构与形式上的统一。西塔里埃森的设计实现了自然与人工的完美拼贴（见图8）。建筑墙面

图6　流水别墅起居室的大面积玻璃，来源于［美］David Larkin，Bruce Brooks Pfeiffer 著．丁宁译．弗兰克·劳埃德·赖特：经典作品集［M］．北京：电子工业出版社，2012.

图7　流水别墅钢筋混凝土雨棚，来源于［美］David Larkin ，Bruce Brooks Pfeiffer 著．丁宁译．弗兰克·劳埃德·赖特：经典作品集［M］．北京：电子工业出版社，2012.

图8　西塔里埃森自然材料与人工材料的拼贴，来源于［美］David Larkin ，Bruce Brooks Pfeiffer 著．丁宁译．弗兰克·劳埃德·赖特：经典作品集［M］．北京：电子工业出版社，2012.

的石材取自于当地沙漠各色各式的石头，厚重的石墙使得建筑在荒漠中并不突兀；屋顶由木材随意地支撑着半透明白色帆布，光线自然而然地透过屋顶进入室内，造成室内时而黑暗时而明亮的空间变化。自然石材与人工帆布的强烈对比创造了野趣横生的视觉体验，这种富有创意的材质拼贴与组合也实现了建筑与荒野沙漠的协调。

3. 简化建筑形式

赖特的有机建筑理论主张“尽可能地使用少的空间去满足我们的需要，并且尽可能地简化形式”。在形式的处理上，赖特以一种极其简约的态度进一步抽象和简化，达到一种浑然天成与素朴的视觉体验，实现源于自然的建筑形式。

在体量的处理上，赖特早期的草原生活对他的建筑设计理念产生了极大的影响，他认为广阔的草原带来的自然美和无线水平延伸的趋势，在建筑设计上应该通过简化形式和弱化体量来传递和增强这种静谧感，采用低平的屋顶给人草原般的安全感，体现对自然的尊重。罗伯茨住宅（Isabel Roberts House）是赖特草原风住宅时期的典型代表作（见图 9），赖特通过出挑深远的屋檐突出建筑水平延展的形象，呼应地面的水平线；其次，建筑采用厚重的基座，低矮的层高强化了与地面的联系。这一系列的操作手法使得建筑以最简洁的水平线条与周围的草原环境相互协调。

图 9　罗伯茨住宅，来源于赖特信托基金会

在平面的处理上，赖特创造了自由且动态的平面布局形式，墙体可以根据功能需要自由布局，各个功能的空间相互组织在一起，没有明确的界限，以简洁的组织手法形成了更完整、更紧凑的空间。在贝尔德住宅（Baird House）的设计中（见图10），建筑东西两部分布置了完全不同的建筑功能。东侧以私密性较强的居住功能为主，一条水平向的走廊串联了南北的卧室，营造了相对安静的空间氛围。而西侧主要以书房、客厅以及起居室这一类开放性较强的公共空间为主，它们之间的组织相对自由和简洁，没有固定的墙体分割和走廊联系，各个功能也都没有明确的空间定义，平面相互交叠，形成了相对活跃的空间氛围。

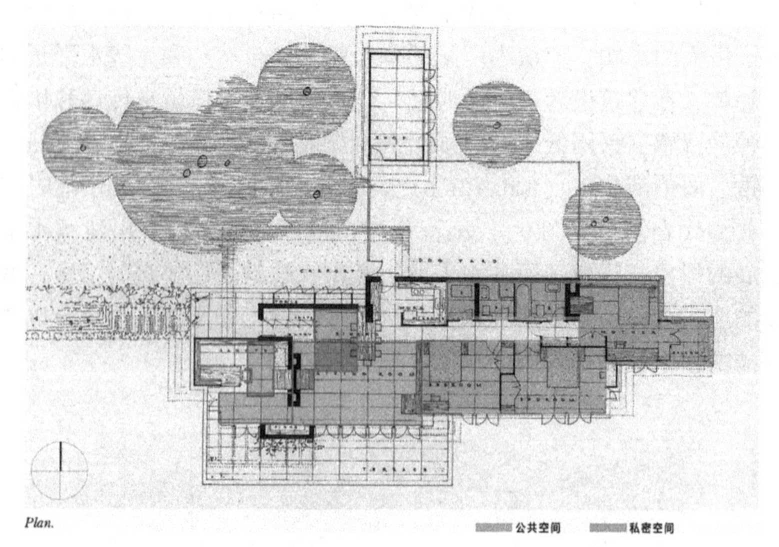


图10　贝尔德住宅平面分析，来源于赖特信托基金会以及作者自绘

4. 灵活组织空间

赖特关注内部空间的塑造，打破方盒子建筑物的传统体系，以连续性空间的设计理念灵活组织内部空间，与室外空间相互呼应，使内外空间相互穿插、相互渗透，形成与自然环境的共生。

在流水别墅的设计中，赖特通过一系列的路线组织实现了室内外空间的连续性，巧妙地引入了自然环境与自然光线，使得室内的空间随着四季之景和时令的变化而产生不同的体验。别墅一共三层，内部空间以入口层的起居室为核心展开。别墅的一层是以壁炉为中心的完整的休闲空间（见图11），赖特通过墙体的灵活布置将传统的静态空间划分为相互流通的从属空间，加强了空间的流动性和连续性。二层则是以主人卧室为主的居住空间，三层是以书房为主的工作空间，功能属性划分十分明确。在空间的处理上，赖特运用了欲扬先抑的手法（见图12），主入口位于一层的东北角，在进入大空间起居室之前，设计了一个狭窄且昏暗的廊道和天然毛石堆叠的主楼梯，通过空间的变化结合天窗渗透而来的微弱的自然光线，使整个流线充分发挥自然元素的作用。起居室的空间氛围也随着自然光线的变化而产生丰富的变化，透过天窗的阳光从起居室的东、西、南三侧向下渗透，阳光的照射使石材地面闪烁着波光粼粼的流动感，赋予整个空间生机盎然的活力（见图13）。自然光线、树木以及石头随着楼梯、踏步和室内空间的转换而变化，形成步移景异的空间体验，实现建筑和人与环境之间的交流。此时，建筑的空间不只是承担着围合和限定的作用，而成为了居住者体验和感知自然环境的媒介。①

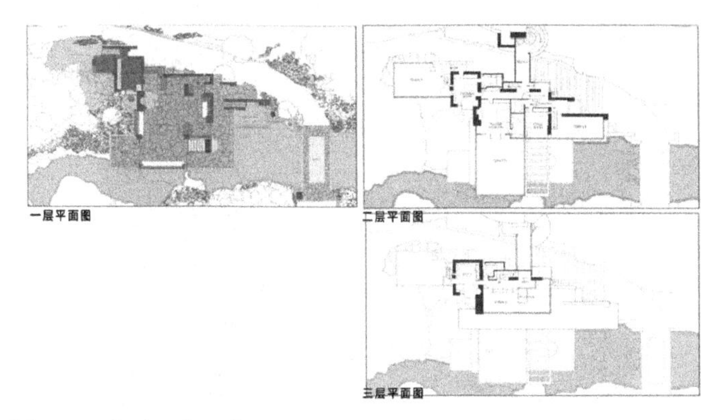


图11　流水别墅各层平面图，来源于网络（https：//www.archdaily.com/60022/ad-classics-fallingwater-frank-lloyd-wright?ad_source=search&ad_medium=projects_tab）

① 王晓辉：《“天人合一”的有机建筑——流水别墅》，《美术大观》2016年第1期，第89页。

图 12　流水别墅入口狭窄的廊道，来源于美国历史建筑调查（国会图书馆）

图 13　流水别墅起居室石材地面，来源于［美］David Larkin，Bruce Brooks Pfeiffer 著．弗兰克·劳埃德·赖特：经典作品集［M］．丁宁译．北京：电子工业出版社，2012.

在草原式住宅的空间设计上，赖特通过一系列平面组织手法加强室内外的渗透。赖特多采用以壁炉为中心的十字式平面形式，起居室、餐厅以及其他辅助用房围绕壁炉布局，建筑的各个部分既相互连通又保持相对私密。威尔茨住宅（Willits House）就是这一风格的代表。为了强化建筑平面的水平感，起居室南部的半室外活动空间随着屋檐向外延展，结合大面积的透明玻璃窗的设计，将广阔的草原景色纳入室内，实现了室内到室外的过渡（见图14）。

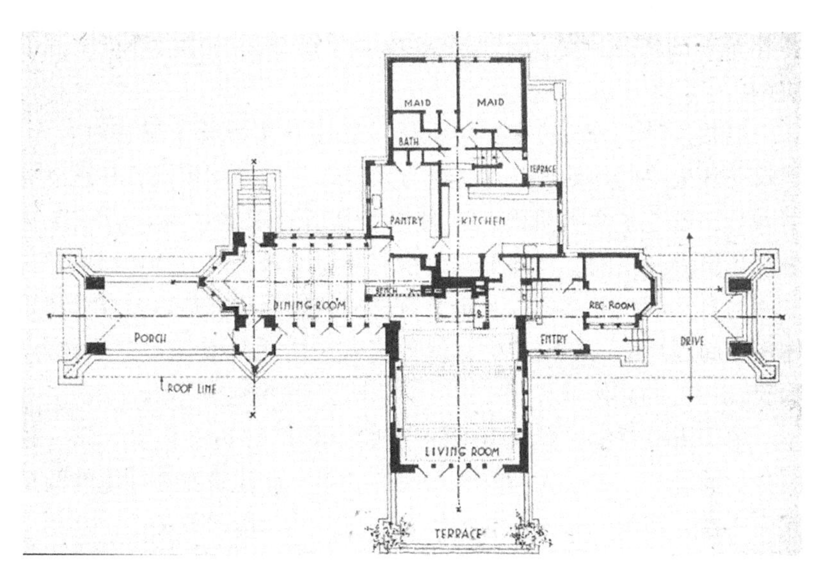


图14 威尔茨住宅平面，来源于网络（https：//archimaps. tumblr. com/post/5841401660/wrights-plan-for-the-willits-house-highland）

## 三、对中国建筑实践的启示

1. 有机建筑思想与中国古典哲学的碰撞

中国传统哲学的基本问题是“究天人之际”的问题，即人与自然的关系问题，“天人合一”一直贯穿中国传统哲学的始终。①

儒家“天人合一”的理念与道家“道法自然”的哲学思想所追求的人与自然的内在统一与赖特的“有机主义”如出一辙。儒家的天人合一思想认为天地万物构成了一个有机的整体，人与自然应成为一体，相互协调。道家思想主张“人法地，地法天，天法道，道法自然”，认为自然有其固有的本性和规律，人们应该遵循自然规律才会得以发展。“道法自然”的含义在于“自然”与“无为”，并不是无所不为，而是无为之为，顺应自然、尊重自然，实现最小化对天地万物的干预和破坏，保护其自然天性。这种哲学观在建筑上的体现则是追求人工环境即建筑空间与自然环境之间的协调。

据相关学者分析，中国传统哲学思想直接影响了赖特对于人、建筑与环境之间的处理，他将西方建筑思想与中国传统哲学理念完美融合，创造了“有机建筑”理论。其所追求的“天人合一”体现在建筑内部空间、外部形式与自然环境的融合与协调：探求建筑空间与自然的相互渗透、对于建筑材料的选择与表达以及寻求建筑体量与周围环境的和谐共生，使得建筑由内而外实现“道法自然，物我合一”的超然境界。

中国古典哲学思想所追求的“天人合一”“道法自然”是一种精神上的统一，寻求人与自然之间的联系。而建筑作为环境的两重性而存在，即其一作为人造物代表人与自然环境构成关系；其二作为物成为环境的一部分与人构成关系，思考建筑与环境之间的关系实则就是人与自然的关系。从赖特的有机建筑中可以看到其对于建筑与环境的处理不仅仅局限于形式，更包含了建筑之下的人的体验以及与自然的更深层面的互动。这种现代建筑形式下与中国古典哲学思想的碰撞使我国传统文化在建筑中的运用得到了完美的体现，也为我国可持续性建筑的建设奠定了哲学基础与文化内涵。

① 孙娜蒙、李雨红、许民：《赖特有机建筑与“天人合一”思想》，《华中建筑》2007年第1期，第199页。

2. 有机建筑思想对中国生态建筑设计的价值

随着近来国内对于生态环境的重视，以及新时代背景下习近平总书记“实现人与自然和谐共生的现代化目标”的提出，建筑行业作为国民经济的支柱产业，在建筑设计中引入生态学，实现建筑的“可持续发展”，使建筑成为人与自然相互联系的有机纽带，成为了当下中国建筑发展的必然趋势。

赖特将建筑视为“有生命的有机体”，他所设计的建筑早已体现了深层次生态学的设计原则，即建筑与周围环境融为一体的有机建筑设计原则。① 在实践中，赖特从场地环境出发，充分尊重周围的地形、地貌以及自然景观，不拘泥于传统的建筑形式与材料，巧妙地运用人工材料与自然材料的结合，灵活处理建筑的空间布局、形式以及比例，既强调了建筑的整体性，也弱化了其存在感与体量感，使得建筑以一种更为亲切的形式融入环境。在理论上，赖特认为：“有机建筑应该是自然的建筑。房屋应当像植物一样，是地面上的一个基本的、和谐的要素，从属于环境，从地里长出来迎着太阳。”② 他强调建筑应该与自然环境融为一体，生长于环境之中，而不是相互独立的存在。

赖特的“有机建筑”理论也开创了有机建筑的先河，基于尊重自然、崇尚自然的生态观，从建筑与环境的关系以及建筑形式的角度出发，探求人、建筑与自然之间相互依存、融合共生的设计手法，其在理论抑或是实践上的人性化思考为新时代下中国生态建筑设计提出一种可借鉴的模式与思路。

## 结　　语

随着城市现代化的大规模发展，建筑与自然的关系渐行渐远，

① 宋晔皓：《欧美生态建筑理论发展概述》，《世界建筑》1998 年第 1 期，第 68 页。

② 同济大学、清华大学、南京工学院、天津大学：《外国近现代建筑史》，中国建筑工业出版社 1982 年版，第 105 页。

各种环境问题也越来越突出。在这一背景下，有机建筑将成为中国新时代发展的必然趋势。习近平总书记在《加强生态文明建设必须坚持的原则》中指出，生态环境是关系党的使命宗旨的重大政治问题，也是关系民生的重大社会问题。这一方面反映了建立人与自然和谐共生的社会环境的迫切性；另一方面有机建筑尊重自然、顺应自然的环境观也符合当下中国建筑发展的时代要求。

赖特从场地、材料、空间和形式等各方面的建筑策略与环境处理，使得建筑在生态与有机的基础上更加富有人情化与诗意，实现对周围环境最大程度的尊重。其有机建筑思想与作品中所关注的人、建筑与环境之间的关系对当代中国建筑设计具有重要的启示作用，使建筑师得以更加深层次的思考建筑之于环境的意义以及环境对于建筑的价值。

# 艺术与设计

# 从吴门画派到董其昌

## ——明代山水画中的写生、师古与自然的“消失”

聂春华（广东第二师范学院）

写生与师古是明代山水画创作中的一对主要矛盾，虽然明初王履就已提出“吾师心，心师目，目师华山”① 的创作理念，但王履在明代并没有什么真正的追随者。尤其在江南的文人画家中，“师古人”还是“师自然”的难题不断发酵，并最终走向了与师法自然相反的道路，在此过程中，作为山水画模仿对象的自然似乎逐渐“消失”了，导致中晚明以后山水画笔墨形式的日趋机械化和程式化，直至石涛的“一画”论以振衰起敝的方式重提自然对于山水绘画的作用。

### 一

王履之后，明代的实景山水绘画在吴门画派那里焕发生机，沈周、文徵明等绘画大师将自身独特的生命体验和带有苏州地方特色的景致结合在一起，改变了明代实景山水画创作的方向。同时，吴派画家还创作了大量师古的作品，传统的母题、构图和笔法在他们的作品中不断浮现，隐微传达他们作为文人的生活品位和复杂情绪。

吴门画派的实景山水画以自然风光、名胜风景和园林斋居为

① （明）王履：《华山图序》，见俞剑华编著：《中国历代画论大观》第四编《明代画论》（一），江苏凤凰美术出版社 2017 年版，第 2 页。

主，其中又以名胜纪游图最具特色。相关存世作品有沈周的《虎丘十二景图册》《苏州山水全图》《太平山图卷》《千人石夜游图卷》《西山纪游图卷》，文徵明的《石湖清胜图卷》《洞庭西山图卷》《天平纪游图轴》，唐寅的《沛台实景图页》《黄茅渚小景图卷》等等。如沈周的《虎丘十二景图册》，在沈周以前的虎丘图，多为传统意义上的文人笔墨，构图和笔法较多程式化的表现，实景意味较为淡薄，仅从画面很难分辨出虎丘山的形态特征，而沈周的《虎丘十二景图册》则以写实的手法描绘了虎丘山塘、憨憨泉、半山腰之松庵、悟石轩、千人石、剑池等 12 个景点。传为沈周所画的《苏州山水全图》也与此类似，他将苏州地区带有标志性的名胜景观汇集于一幅长卷中，包括虎丘、浒墅、天池、天平山、支硎山、横塘、木渎、灵岩、上方山、胥口、虎山桥、光福、太湖等 20 多个景点。根据画卷的跋文可知，此画的目的很明确，就是使“未游者”能通过此卷而见吴下山水之概。在这样的画面中，传统文人画所要表达的笔墨意味反倒是次要的，画面主要起到一种介绍名胜景观的功能。

而在一些实用功能没那么强的纪游画中，沈周并没有凸显其实景写生的意味。如其《虎丘送客图》，画面前景是两棵枝叶茂盛的松树，树下高台有一文士抚琴送客，中景为潺潺溪水和舒朗有致的山石，远景则为巨大的山体。此画为沈周送别好友徐仲山之作，画上题识说：“水部徐君仲山治泉鲁中者几三年，顷回寻行，因携酒饯别虎丘，水部即席有作，谩倚韵答之。庚子灯夕前三日沈周识。”① 此画中的山水缺乏地理标志，如果不是标明虎丘饯别，则很难看出是在虎丘。当山水画并没有明确的实用功能的时候，画家往往会采用传统的笔法而非纪实性的描绘，画中景物常常被表现为非特定地点的程式化的背景，它的功能服务于诸如雅集、送别、访友、隐居、渔樵等经典主题并传达画家本人的意趣，而非惟妙惟肖地模仿自然。

由于没有模仿自然的需要，这类山水画的师古和仿古意味浓

① 见（清）卞永誉撰：《式古堂书画汇考》卷五十五，四库全书本。

厚。吴派画家遍仿宋元诸大家，而又以仿元四家为最多。明代李日华在《六研斋笔记》中说："石田绘事，初得法于父、叔，于诸家无不烂漫，中年以子久为宗，晚乃醉心梅道人。"① 吴门画派的画家善于将宋元大师们的山水图像组合挪用，将各种元素解构并重组，在相似的笔法构图和主题中注入新的思想和情感。在这样的仿古作品中，我们看不到带有地理标记的具体实景的再现，而只有命名为"云林山水""董巨山水""大痴山水""梅道人山水"等带有个人风格特征的想象性山水的呈现。因此，在这样的作品中，我们看不到对自然客体的持续性的热情，而只有对画史脉络中带有延续性的显著风格的关注。简单地说，仿古作品更关注的是对山水图式的文人认同。

## 二

我们可以看到，吴门画派从写生和师古两方面发展了明初以来的山水画，他们的实景写生大多满足于某种带有实用功能的目的，而师古之作则更多地与他们的审美品位和情感抒发联系在一起。但这两种不同的需要在明代画评家那里的评价是不一样的，只有后者才被视为文人自身身份和价值的真正体现。在师古之作中，形似的功能居于次要的位置，想象性的山水被视为继承了文人画的真正传统，而那种克肖自然的形似之作则大多只出现在功能性和商业化的场合。这也导致吴派画家并未真正花心思去接触自然和临摹自然，他们的足迹大多只局限在江南苏州一隅之地，所描绘的山水也大多只是他们所熟悉的江南风物。

如果说这样一种倾向在沈周、文徵明那里还不明显的话，那么在吴门画派后学那里这种局限性就凸显出来了。文徵明门下的钱穀曾为王世贞作《溪山深秀图》，该图有两卷，第一卷是用王世贞所得的高丽贡茧纸所作，此卷完成两月后钱穀另得佳纸，且对前卷不太满意，复作一卷赠王世贞。王世贞为此卷作跋曰："叔宝为余图

① （明）李日华：《六研斋笔记》卷一，四库全书本。

之两月，意不满，会得佳纸，复作此图，纯用水墨气韵，精神奕奕射眼睫间，且要余作歌酬之，曰‘能事尽此二卷矣’。余既如其言，复戏谓叔宝：‘此浙东西山水也。’昔赵大年出新意作画，人辄嘲之曰：‘得非朝陵回乎？’谓其所见不满五百里也。叔宝当頬发赤，然异日老屐游秦陇巴蜀八桂七闽还，吾更当得两奇卷矣。”①王世贞说钱穀所作《溪山深秀图》实为“浙东西山水也”，就如赵大年所作画皆为一日往返之景，实际上非常深刻地指出了钱穀作画视野狭小的缺点，没有见过浙江以外的山川大河，画出来的山水也只能是浙江一带的风景。

实际上，吴门画派中真正有丰富的自然经验的画家并不多，这也导致他们对于江南以外的自然山水和与之相应的绘画风格有一定的隔膜。王世贞是明代文人中少数对王履的《华山图册》赞誉有加者，王履殁后其图一直藏在里人武氏家族处，王世贞从武氏处借来王履画册及诗记，意欲请钱穀为其手摹而未能如愿，后转而求助同为文徵明门下的陆治。王世贞在其画跋中叙述道：“余既为武侯跋王安道《华山图》，意欲乞钱叔宝手摹而未果。踰月，陆丈叔平来访，出图难其老，侍之至暮，口不忍言摹画事也。陆丈手其册不置，曰此老遂能接宋人，不作胜国弱腕，第少生耳。顾欣然谓余，为子留数日，存其大都，当更细究丹青理也。陆丈画品与安道同，故特相契合，画成当彼此以笔意甲乙耳，不必规矩骊黄之迹也。”②王世贞意欲乞钱穀为其手摹《华山图册》而未果的原因已不得而知了，实际上从王世贞揶揄钱穀所画为“浙东西山水”来看，钱穀恐怕不是《华山图册》的最佳临摹者。陆治和钱穀虽同游文徵明门下，但陆治非常注重吸取宋画的优点，他晚年隐居支硎山后，更为重视通过师法造化来指导绘画。应该说，在吴门画派中，陆治是最适合临摹《华山图册》的人，所以王世贞说陆治画品与王履

① （明）王世贞：《钱叔宝溪山深秀图》，见（明）王世贞：《弇州四部稿》卷一百三十八，四库全书本。

② （明）王世贞：《陆叔平临王安道华山图后》，见（明）王世贞：《弇州四部稿》卷一百三十八，四库全书本。

同，“故特相契合”。然而陆治也未见过华山，他只能根据《华山图册》来进行临摹，这就产生了有些怪异的结果，陆治的临摹没有实景的支持，他通过单纯图像的转摹为同样未到过华山的王世贞提供作品。

明代画家的师古和仿古并非亦步亦趋的复制，“仿”是建立在各种绘画要素的重组基础上的创新。陆治对《华山图册》的临摹同样如此，他挪用了王履作品的基本构图，却使用了具有他自己风格的笔法。通过比较王履和陆治的《华山图册》可以发现，在基本构图相同的情况下，王履对山石的处理较为圆润，而陆治笔下的山石则更多折线，尖角更为锐利，线条也更加繁密。如果参照陆治其他作品，则可发现这种细密锐利的笔法正是他标志性的特点。因此，在这种图像的转摹中，一种强烈的自我表现的需要代替了对真实自然的关注。或许我们不应对陆治苛求过多，在无法得见华山实景的情况下，他只能通过一种风格化的笔法来赋予其临摹之作以意义，而这恰好也是明代文人仿古画延续不绝的传统。换言之，这种临摹之所以能在文人间得到认同，并不在于图像和图像以及图像和现实之间的相似程度，而在于其形式自身的重组和更新的功能。陆治通过文人画的笔法重新赋予了其临摹之作以意义，在此过程中唯一丧失的也只有“自然”了。

明代山水画的许多症结都可以在吴门画派中找到端倪，实景写生画在他们那里逐渐走向一种带有强烈功能的产品，他们还发展了向宋元大师学习并临摹他们作品的风气，这都暗示了山水画在他们那里已逐渐远离真实的自然。这些症结在吴门画派那里可能还不严重，像沈周、文徵明、唐寅这样的绘画大师仍能以其天纵之资发展出创新的形式，但是在数十数百年后，当这些创新的形式失去活力并沦为程式化的作业，远离真实自然带来的弊端才开始显露。

## 三

作为晚明绘画的集大成者，董其昌所面临的困境要比吴门画派严峻得多，不仅“家数”和“写生”之间的矛盾持续发酵，而且还要面对吴门画派衰落后产生的各种问题。董其昌对此有清晰的认识，在一篇题跋中他指出："吴中自陆叔平后，画道衰落，亦为好事家多收赝本，谬种流传，妄谓自开堂户。不知赵文敏所云：时流易趣，古意难复，速朽之技，何足盘旋？"① 吴门画派自陆治之后已难振颓势，早期大师们的创新形式在吴门后学中逐渐流为程式，而苏州地区浓厚的商业氛围也影响了绘画的收藏与交易，导致各种刻意模拟吴派大师的仿作和赝本流行。商业市场的行情非董其昌所能左右，他更关心的应该是绘画的程式化导致的缺乏创新的问题。像沈周、文徵明、唐寅那样的吴派大师早已在山水画中开创出自己的格局并成为吴中画师们竞相模仿的典范，当这些典范在陈陈相因中成了新的程式，如何突破吴门画派藩篱的思考实际上关涉的是如何在画坛乃至画史中安身立命的根本性问题。袁宏道曾记述董其昌的一段话，可以作为他对这个问题的思考。袁宏道《叙竹林集》云：

> 往与伯修过董玄宰。伯修曰："近代画苑诸名家，如文征仲、唐伯虎、沈石田辈，颇有古人笔意不？"玄宰曰："近代高手，无一笔不肖古人者。夫无不肖，即无肖也，谓之无画可也。"余闻之悚然曰："是见道语也。"故善画者，师物不师人；善学者，师心不师道；善为诗者，师森罗万像，不师先辈。②

针对吴派大师的师古仿古，董其昌指出他们"无一笔不肖古人""夫无不肖，即无肖也"，意思是说他们的作品太过肖似古人，反而没有模仿到古人作品的真精神。袁宏道将董其昌这句话理解为

① （明）董其昌：《跋唐宋元名画大观册》，见俞剑华编著：《中国历代画论大观》第四编《明代画论》（一），江苏凤凰美术出版社 2017 年版，第 160 页。

② （明）袁宏道：《叙竹林集》，见（明）袁宏道著，钱伯城笺校：《袁宏道集笺校》，上海古籍出版社 1981 年版，第 700 页。

作画要“师物不师人”，也就是要以自然为师，反对模仿古人，但袁宏道对董其昌的理解可能是错误的，“师物不师人”“师心不师道”等见解极为符合公安派性灵之说的主旨，但此种独抒性灵的见解却与董其昌的绘画理念有着很深的鸿沟。董其昌绝对不会主张“师物不师人”，他不仅从未说过绘画不需仿照古人的话，而且他本身就是通过遍仿宋元大师而进入绘画堂奥的，因此他批评吴派大师的话只能理解为他认为吴派大师们仿古的方式是错误的。在他看来，仿古不仅是必要的，而且在吴门画派颓势不振的情况下，为正确的仿古方式正本清源的时候到了。

董其昌的真意其实是希望重申“仿”的重要性，并走出吴门画派仿古的旧模式。这无论是对他还是对晚明画坛而言，都是极为重要的一步。董其昌之所以能超越众多吴门后学，将晚明绘画重新带入生机勃发的境地，很重要的就是确立了新的仿古方式在绘画创作中的重要性。与董其昌同时期的唐志契曾说：“苏州画论理，松江画论笔。理之所在，如高下大小，适宜向背，安放不失，此法家准绳也。笔之所在，如风神秀逸，韵致清婉，此士大夫气味也。”①吴门画派强调对画理的重视，即无论是仿古还是写生，其实都要尊重自然物理在绘画中的指导性作用，故而吴派画家特别关注作品的高下、大小、远近、向背等结构性因素，要求所表现事物的结构位置皆以不违背自然物理为务。以董其昌为代表的松江派则重“笔”，即各种轻重不一、干湿有别的笔法，绘画对象需要通过笔墨表现出来，但笔墨具有相对独立的自身价值，和外在事物并不具有必然的联系，很多时候某种特定的笔法乃是心灵风景的呈现。唐志契的这段话可以和袁宏道所记述董其昌的话相互参照，吴门画派既然注重表现自然物理，其图像也就不会过分或刻意偏离自然物理；而董其昌强调笔墨本身所蕴含的士大夫风格，他对于图像和物理也就不那么强调彼此的肖似关系了。因此，董其昌其实并不太重视模仿自然，同时也反对刻意模仿古人现成之作，他所强调的是笔

---

① （明）唐志契：《绘事微言》，见俞剑华编著：《中国历代画论大观》第四编《明代画论》（一），江苏凤凰美术出版社2017年版，第17页。

法自身的创新和独立的价值以及透过笔法表现出来的独特的审美品位。

董其昌找到了一条走出吴门画派的途径，就是重视山水画的笔墨表现能力而非其再现功能，相应地也就切断了绘画与自然之间的联系。但是，如果我们阅读董其昌的画论而非他的绘画作品，我们会发现他经常强调师法自然的重要性。他在一篇题跋中说："画家以天地为师，其次山川为师，其次以古人为师，故有不读书万卷，不行千里路，不可为画之语。"① 又说："画家以古人为师，已自上乘。进此当以天地为师，每朝起，看云气变幻，绝近画中山。"② 董其昌把天地山川放在古人之上，这是很典型的自然主义的态度。在中国古代画论中随处可见类似的言论，董其昌的话也并没有什么独到之处，更像是对此类传统言论不假思索地挪用。尊崇自然在中国古代已然形成强大的传统，乃至几乎没有人会直接否定这个传统。即便是以一种非自然主义的方式进行创作，董其昌也不会贸然断定自然已不在他的绘画实践中发挥作用。

但师仿古人在董其昌那里具有更显著的意义，他早年习画是从临摹古人的作品开始的，并且长期以来浸淫于古代书画名迹之中。他也创作了大量以"仿"为名的画作，几乎仿遍宋元诸家绘画大师。实际上，董其昌对于自然的印象深受宋元大师画作的影响，导致其眼中的自然"屈从"于记忆中的图像。董其昌曾说："米元晖作《潇湘白云图》，自题云：夜雨初霁，晓云欲出，其状若此。此卷余从项晦伯购之，携以自随，至洞庭湖舟次，斜阳篷底，一望空阔，长天云物，怪怪奇奇，一幅米家墨戏也。"③ 又云："画家初以古人为师，后以造物为师，吾见黄子久《天池图》皆赝品。昨

① （明）董其昌：《舟次城陵矶画并题》，见俞剑华编著：《中国历代画论大观》第四编《明代画论》（一），江苏凤凰美术出版社 2017 年版，第 155 页。

② （明）董其昌：《画禅室随笔》，华东师范大学出版社 2012 年版，第 66 页。

③ （明）董其昌：《画眼节录》，见俞剑华编著：《中国历代画论大观》第四编《明代画论》（一），江苏凤凰美术出版社 2017 年版，第 146 页。

年游吴中山，策筇石壁下，快心洞目，狂叫曰：黄石公。同游者不测，余曰：今日遇吾师耳。"① 与王履以师法华山来破除古人家数不同，董其昌眼中的自然只不过是为了印证其记忆中的图像。他在洞庭真景中看到的是米家墨戏，于吴中实景中看到的则是黄公望的画。自然观察对他来说成为印证这些图像的过程。正如高居翰所说，董其昌"对自然的感受深受他记忆中的绘画形象所左右，因而无法对眼前的自然山水作出直接而单纯的感官反应"。②

董其昌无疑发现了笔墨自身独具的不受具象再现所束缚的性质，他比当时其他任何画家都要更关注笔墨结构所能开拓出来的那个幻象的世界。他有句名言道："以境之奇怪论，则画不如山水，以笔墨之精妙论，则山水决不如画。"③ 董其昌承认自然山水在形态上要比绘画复杂得多，但他并未因此延伸出山水画对于自然的某种从属的性格，他将山水画的笔墨表现能力提高到了超越真实自然的程度，意思是说山水画的本质恰恰是其笔墨表现语言而非其具象再现的能力。从这方面来看，董其昌对晚明山水画的变革是巨大的，他标榜山水画笔墨语言的独立价值，实际上极大地凸显了文人画所具有的人文性，并为晚明以后的山水画创作开辟了一片新的天地。自董其昌之后，山水画始可以从与自然的关系中解脱出来，完全依据文人持守不绝的人文传统和内心对品位韵致的追求而创作。

董其昌对山水画笔墨形式的新发现，并非通过师法自然来实现，而主要是通过更新师仿古人的模式来实现。董其昌曾说其"每观古画，便尔拈笔，兴之所至，无论肖似与否"，④ 正是此种

① （明）董其昌：《题〈天池石壁图〉》，见俞剑华编著：《中国历代画论大观》第四编《明代画论》（一），江苏凤凰美术出版社 2017 年版，第 153 页。

② ［美］高居翰著，李佩桦等译：《气势撼人：十七世纪中国绘画中的自然与风格》，生活·读书·新知三联书店 2009 年版，第 60 页。

③ （明）董其昌：《画旨节录》，见俞剑华编著：《中国历代画论大观》第四编《明代画论》（一），江苏凤凰美术出版社 2017 年版，第 138 页。

④ （明）董其昌：《大观录》，见俞剑华编著：《中国历代画论大观》第四编《明代画论》（一），江苏凤凰美术出版社 2017 年版，第 170 页。

似与不似的风格突破了此前吴门画派师古的弊病，开创了一种“仿”的新模式。虽然师古或仿古是快速进入绘画堂奥的门径，但无论师古或仿古都容易囿于师法对象的风格之中而无法实现真正的突破。董其昌批评吴门画派仿古“无一笔不肖古人”，而他则一方面主张“岂有舍古法而独创者乎”,① 一方面又说“学古人不能变，便是篱堵间物，去之转远，乃由绝似耳”。② 就如他所说的“无论肖似与否”这样模棱两可的语意一样，董其昌在师法古人的态度上将看似矛盾的两方面因素结合起来，从而实现一种带有画家主体自我创新的“仿”的新模式。董其昌所要做的不仅仅只是师古或仿古，而且还要将古人的绘画语言进行重新的分解、组织和运用：

画平远师赵大年，重山叠嶂师江贯道，皴法用董源麻皮皴及《潇湘图》点子皴，树用北苑、子昂二家法，石法用大李将军《秋江待渡图》及郭忠恕雪景。李成画法，有小幅水墨，及着色青绿，俱宜宗之，集其大成，自出机轴。再四五年，文沈二君不能独步吾吴矣。③

“集其大成，自出机轴”是董其昌绘画创作的要旨，他不再像吴门画派那样亦步亦趋地模仿宋元大师的风格，他完全打破了同一幅画遵循某位画师风格的习惯，不同时代不同画师的皴法、结构、主题被他分解成较小的元素，然后在一种新的语境中被重新组织成新的绘画语言。董其昌的作品因此呈现出介于“似”与“不似”之间的奇特风格，说它“似”是因为它确实挪用了前代大师们的笔法技巧，说它“不似”又是因为他并非完全与他模仿的大师风格一致。如董其昌有仿关仝笔意的一幅画并题曰：“倪元镇有《狮子林图》，自言得荆关遗意，余故以关家笔，写元镇山，恨古人不

① （明）董其昌：《画禅室随笔》，华东师范大学出版社 2012 年版，第 63 页。

② （明）董其昌：《画禅室随笔》，华东师范大学出版社 2012 年版，第 90 页。

③ （明）董其昌：《画禅室随笔》，华东师范大学出版社 2012 年版，第 69 页。

见我耳。"① 又董其昌有《仿倪瓒〈山阴丘壑图〉》并题曰："倪元镇《山阴丘壑图》，京口陈氏所藏，余曾借观，未及摹成粉本，聊以巨然《关山雪霁图》拟为之。"② 董其昌的仿作的特点是不同风格之间的挪移摹写，如用关仝和巨然笔意改写倪瓒的作品，或者以倪瓒的画风嵌入仿关仝和巨然之作。董其昌此种创新性的"仿"可用其论书法的一段话来概括，他说：

> 大慧禅师论参禅云："譬如有人，具万万赀。吾皆籍没尽，更与索债。"此语殊类书家关捩子。米元章云："如撑急水滩船，用尽气力，不离故处。"盖书家妙在能会，神在能离。所欲离者，非欧虞褚薛诸名家伎俩，直欲脱去右军老子习气，所以难耳。那吒析骨还父，析肉还母，若别无骨肉，说甚虚空粉碎，始露全身?③

对董其昌来说，学画与学书的关捩是一样的，必须如哪吒析骨还父、析肉还母那般经历一个脱胎换骨的过程，而其妙处就在于对传统书法和绘画不仅能够继承，而且能摆脱它们的束缚形成新的风格。董其昌无疑开辟了一种别开生面的仿古模式，他确实已不必刻意强调山水画与自然之间的本末关系了，诸如山石、溪流、雪雾、烟岚、树木、山居等自然元素都可以在宋元大师的作品中找到，并

① （明）董其昌：《仿关仝笔意并题》，见俞剑华编著：《中国历代画论大观》第四编《明代画论》（一），江苏凤凰美术出版社 2017 年版，第 156 页。

② （明）董其昌：《仿倪瓒〈山阴丘壑图〉并题》，见（清）《石渠宝笈》卷二十六，四库全书本。

③ （明）董其昌：《画禅室随笔》，华东师范大学出版社 2012 年版，第 14 页。董其昌还有段类似的话云："米元章书沉着痛快，直夺晋人之神。少壮未能立家，一一规模古帖，及钱穆父诃其刻画太甚，当以势为主，乃大悟。脱尽本家笔，自出机轴，如禅家悟后，拆肉还母，拆骨还父，呵佛骂祖，面目非故。虽苏、黄相见，不无气慑。晚年自言无一点右军俗气，良有以也。"见（明）董其昌：《容台集》卷四，台北国立中央图书馆编印《明代艺术家集汇刊》1968 年版，第 1974 页。

通过笔法形式的分解和重组来获得。董其昌作品中每种元素都和传统维持着紧密的联系，同时又呈现传统作品中前所未见的奇景。这与其说是对自然山水的描绘，还不如说是对绘画语言的持续不断的实验，是绘画形式自身的繁殖。

重视师法古人即重视绘画的师承关系，但董其昌绝非对于其师法对象毫无选择。在这方面他提出颇具争议的南北宗论，他认为北宗为李思训父子着色山水，流传而为宋之赵干、赵伯驹、伯骕，以至马夏辈，南宗则始自王维，其传为张璪、荆、关、郭忠恕、董、巨、米家父子，以至元四大家。董其昌有明显的崇南抑北的倾向，认为李思训之北宗，若马、夏、李唐、刘松年辈，“非吾曹易学也”。[①] 自然与古人是古代山水画两个最基本的来源，而在董其昌的画论中，既然山水画已经无须在与自然的关系中界定自身，那么在山水画史的脉络中画家与画家、作品与作品之间的关系将起到决定性的作用。董其昌对于其作品能否在画史中挣得一席之地有一种深深的忧虑感，他建立南北宗论并表达强烈的崇南贬北的倾向，其目的正是通过树立正确的典范谱系而确立自己的位置。在这个具有强烈褒贬意味的谱系中，山水画与自然的关系已经变得次要，它的价值来自某种带有倾向性的趣味标准，那些被认为体现了这种标准的作品被视为具有画史脉络中的正当性。我们可以发现，董其昌的南北宗理论改变了山水画中自然的本源性作用，就像晚明愈演愈烈的党派之争那样，南北宗理论使山水画陷入宗派门户的无尽漩涡，其中一幅山水画的价值和正当性是由它在这个谱系所占的立场和位置来决定的。

## 四

当我们打量明代山水画时，一个根本性的问题时常横亘在我们面前，即真实自然究竟在山水画的创作和欣赏中发挥了什么样的作

① （明）董其昌：《画禅室随笔》，华东师范大学出版社 2012 年版，第 76 页。在董其昌《画旨》中，此句为“非吾曹当学也”。

用？我们通常想当然地将自然视为山水画创作和欣赏的本源性因素，因为它是山水画所描绘和再现的对象。通常我们又会根据这样想当然的观点将山水画家和观画者想象为自然的亲近者。对于我们这个有着极为强大的尊崇自然的传统的国家来说，得出这样的判断是很自然的。然而，董其昌的创作表明了山水画是可以离开真实自然的，依赖于对宋元大师的开创性的模仿，董其昌创造出和实景无关的笔墨再造的自然。我们无法因为主张亲近自然就轻易否定董其昌对晚明山水画变革的贡献，真实自然、历史传统、前代大师和典范性的作品，是每个画家在创作时都会面临的诸多因素，对每种因素的不同的依赖性都会影响到画家的创作观和创作实践。董其昌开创了一种仿古的新模式，这对已在吴门后学那里萎靡不振的山水画创作来说是个极大的刺激，这种新模式促进了晚明山水画新的发展，并在清初四王那里形成一个新的高峰。清初四王延续了董其昌的仿古模式并刻意强调了这种模式在画史脉络中的正统地位。在他们那里，董其昌集大成式的笔墨风格，对古人的似与不似的模仿，对笔墨表现能力的重视以及对心灵自然的呈现等，都发展至一个新的高度。

然而，当我们对整个明代山水画史的脉络进行对比浏览之后，会发现明代山水画的发展具有某种“范式转换”的特点。沈周、文徵明等吴派大师开创了吴门画派写生与仿古的模式并惠及后人，但在画师们的竞相模仿下这种模式最终在陈陈相因中成为桎梏山水画发展的程式。董其昌的仿古新模式起于吴门衰敝之时，这种模式在晚明以至清初激发了山水画新风格的产生。但在清初四王那里，这种模式也已发展至巅峰并成为新的绘画程式。随着笔墨形式的日趋机械化以及对正统性的强调，这些程式显露出对其他风格和模式的排他性的影响，并最终抑制了山水画向其他方向的发展。就如吴门画派之后山水画的发展期待董其昌振衰起敝那样，清初四王以后的山水画也期待另一位“董其昌”的出现。

实际上，在清初已有画家选择了和董其昌及其后学不一样的道路。石涛主张抛弃古人成法，在与自然山水的交融互动中领悟“一画”之道，创作出超越历史传统的独特之作。石涛写道：“此予五十年前，未脱胎于山川也；亦非糟粕其山川而使山川自私也。山川使予代山川而言也，山川脱胎于予也，予脱胎于山川也。搜尽奇峰打草稿也。山川与予神遇而迹化也，所以终归之于大涤也。”①石涛抛弃了董其昌通过仿古来创新的模式，重新恢复了山水画与真实自然的关系，这种关系既是对张璪和王履以来“师法造化”传统的回归，同时也通过对超越言语描述的“一画”之道的强调而极大地深化了这种传统。石涛用这种釜底抽薪式的方法从中国古代文化的根源处矫正晚明以来山水画的积弊，只是他此种主张过于个人化并且过于艰难，以至于很难像师法古人那样方便成为众多画师的选择，也很难真正实现他所谓独树一格的“大涤”之画。

通过对吴门画派和董其昌山水画创作模式的描述，我们可以看到当一种模式经过陈陈相因而失去活力的时候，推动山水画向前发展的起弊之法就是打破这种已流于程式的模式的束缚，新的模式游荡于真实自然和历史传统之间，两者相互作用制约着山水画的发展。在此，我们看到作为山水画本源要素之一的真实自然，本就是山水画发展所不可或缺的，就像一个画家也很难完全抛开历史传统进行创作那样。历史传统为大多数画师进入这个领域提供了可资借鉴的资源，其本身的不断积累也就形成了不断延续的画史脉络。而在历史传统的尽处，则是最具活力的真实自然，真实自然是无定形的，是永不枯竭的变化，当历史传统已经不足以提供创作资源的时候，回到真实自然往往就是唯一的选择。当画家亲临真实自然的时候，他面对的不再是有限的历史资源，而是无限的变化和想象力的冒险，如果他能借此而领悟石涛所说的“一画”之道，那么实际上他就已掌握了中国山水画最深的奥秘。

① （清）道济著，俞剑华标点注译：《石涛画语录》，人民美术出版社1962年版，第8页。

# 历代《九歌图》与《九歌》的图文转化探析

黄　敏　孙蓝蝶（武汉大学城市设计学院）

当人们作画时，多有参照或是来源，就像人物画描人，风景画绘景，静物画摹物，都依托于现实，有人任凭自己天马行空的想象或是浓烈情绪的宣泄完成一幅幅极具特色的画作，也有人乐于将故事、将诗文等文字性作品通过绘画、图像的形式展现出来。本文以历代《九歌图》为例，追寻文字与图像之间的联系，总结前人文图转换的经验与方法。

## 一、图像与文字之间的信、达、雅

图像是人类视觉上对客观对象的描述，它有具体的视觉效果的画面。文字是记录人类思想、承载语言的符号，是作为信息交流的工具。图像和文字，二者都可作为叙事的媒介，但却具有不同的符号特性——图像能够“再现”及“造型”，文字的抽象程度则更高，可不受“造型”因素的影响，同时二者之间也存在相互模仿和重构的情况。①“图与文”所关注的重点就在于视觉再现和语言之间的关系，而此文则主要讨论将文再现成图。

“信、达、雅”来自严复的《天演论》，点出了翻译的难点，同时也是达到最优的要求。信是指译出的意思需得不悖离原文，做

① 龙迪勇：《图像与文字的符号特性及其在叙事活动中的相互模仿》，《江西社会科学》2010年第11期，第24~34页。

到译文准确，内容不偏离、不遗漏，也不应随意增减；达是指可以不被原文形式所限制，译文内容清晰、通顺便可；雅是指翻译时所选用的字眼、词语要得体，最好能够保持文章原本的意蕴。总的来说，就是指翻译作品内容需要忠实于原文、文辞畅达、文采盎然。此规则虽是针对翻译提出，但对于图文转换同样适用——信要求画作基本依于文本内容，不可臆想、不可改变原文意思；达要求不拘泥、不被仅有的文字限制，可适当根据其他佐证或相关资料完善画面整体；雅要求图像整体风格一致，视觉效果能够美而不杂乱无章。因此，图与文的信达雅可总结为：图像对文本再现要做到基于文本、内容饱满、画面统一。

在中国历史上，屈原文学作品所表现出的独特人格精神和强大民族感召力，及其描写所具有的绘画美，吸引了大量的画家，由此所出的“楚辞图”数不胜数，其中不乏杰作，这在中国绘画史上都是极为少有的。在屈原的众多作品中，画家们偏爱《九歌》这个题材，“九歌图”在“楚辞图”中的占比也因此较大，或许是因为它有关神鬼，极具浪漫色彩，又描写细腻，极具画面感。

“九歌图”是绘画者对《九歌》文本的图像化展现，暗含着绘者对文本内容以及作者精神的接受和阐释。① “九歌图”可以是某个人的作品，但不可能只藏有某个人的思想，因为它已经是在屈原的思想上进行再创作了。前人也许会只依据《九歌》原始文本进行想象，但如若拿到现今，在白话文的语言背景下，我们对古诗词的理解必然会经过一层“解释”，甚至是经过多次的、从古至今数轮的理解，才有的现在最终对应诗文的“释义”，在这个过程中就已经涵盖了不止一个人的思考与证明。“九歌图”是连接文字与图像的桥梁，同时也是绘画者与屈原精神、与众多思想沟通的美丽产物，宛若众多闪着光的神思在碰撞与交融，亦善亦美。

除了对屈原以及其他人想法的精练，“九歌图”也必然暗藏着绘画者对自己的解读。个人的绘画风格是最表层的，人们能够通过

---

① 张克锋：《屈原及其作品在绘画创作中的接受》，《文学评论》2012年第1期，第81~90页。

视觉所“看到”，更深层次的则是绘画者的个人经历对其作画的影响，也许是生活环境和生存状态的潜移默化，也许是重大事件带来的冲击和转折。处在不同的年代，拥有不一样的际遇，精神状况和思想境界的不同，即使以同样的文学作品作为绘画内容，不同绘者笔下所呈现的画面也会不尽相同。

## 二、淡豪轻墨：李公麟与九歌图

李公麟，字伯时，号龙眠居士，安徽舒城人，是北宋时期著名的文人画家。《宣和画谱》有记载：“考公麟平生所长，其文章则有建安风格，书体则如晋宋间人，画则追顾陆，至于辨钟鼎古器，博闻强识，当世无与伦比。”李公麟在绘画上继承并改良了唐代人物画的传统，融合各家之长，逐渐形成了自己独有的艺术风格，成为北宋时期人物画创作的集大成者①。最为著名的便是经他所完善的“白描”技法，他笔下的画作，无一不可体现他运笔之流畅、画工之精湛。

最早以《楚辞》内容为主题进行创作的人或许不是李公麟，但他却可以称作是图绘《九歌》的开创者，历代对于“九歌图”的临摹绘画，基本上可以溯源至他。后世许多九歌图，从题字看，其中不乏以“临龙眠”字样，直接表明其师承来源②。历代也不乏对李公麟的九歌图及后世人临本的分析，但大多通过人物形象、画面构成、作画手法等方面入手，基本上是单从绘画或艺术的专业角度出发，而作为绘画主题的《九歌》，其主旨、其精神、其文本本身，却少有将画面内容对应到文本本身做仔细探讨的。无论是临摹还是创作，都脱离不了最本源的东西——屈子之气韵精神，毕竟这才是作画内容的灵魂所在。

《楚辞·九歌》十一篇，李公麟《九歌图》共有十一个部分，

---

① 何继恒：《中国古代屈原及其作品图像研究》，《苏州大学》2017年。

② 石以品：《穷神之艺不妨贤——李公麟绘画研究》，《上海大学》2015年。

其中《礼魂》篇并未出现。屈原像作为最后一个部分在画卷末端，面部和身体均朝向神鬼魂，似在遥遥观望他笔下和心中的神灵。在李公麟的长卷中，神和人出现在了同一画面中，虽有间隔阻断，画中景色却是相互连接着的，显得十分自然，就好像神灵在人的祈求下，真的降临了人世间，画中世界满足了人与神同在的愿景。

从整体来说，李公麟的《九歌图》充分体现了他扫去粉黛、淡毫轻墨的白描艺术。① 他画中的线条，在“铁线描”和“高古游丝描”之间，这两种线描技法各有特色——铁线描行笔浑圆厚重，显得刚劲有力，如同铁线置于画布之上；高古游丝描更显圆活秀丽，宛若春蚕吐丝。李公麟《九歌图》的线条圆滑顺畅、秀逸飘柔，尽显秀劲古逸之气，在衣物的处理上流露出灵动、洒脱，层层叠叠之中富有韵律，厚重又不失飘逸。② 画中的人物衣袍、景物均有上色，却异常清新淡雅、不显浓重，画面虽清透，却恰似淡妆，虽着色不多却有清亮、高洁之态。③

《东皇太一》作为开篇迎神曲，必定是隆重且盛大的，而在画中（见图1），主体神被放大化，坐于车架之中，前方神龙拉车，周围还有十数个“随从者”跟随，这些随从的身份暂无明确证明，或许是侍者，又或许是天官，但无论身份如何，他们的存在无一不是在显示车架上的人的身份尊贵。虽然原文中并没有对东皇太一本身的描写，也无车架、侍从的出现，但李公麟却将自己对于最高天神的想象，通过其他的人和其他的物表现出来，也算符合这位神的身份。也不知他是否在作画时，将这位至高天神与人间帝王相对应上了，因为画面也属实有点文武百官随皇帝出行的感觉。

云中君在画幅中第二个出现，脚踏祥云，对应其称谓，如文章中描写的那样穿戴齐整、衣袖飘飘，手持笏板似代表掌握着施云布

---

① 王磊：《李公麟白描艺术的独特审美价值》，《合肥工业大学学报（社会科学版）》2010年第24期，第164~167页。

② 陆阳：《李公麟画风研究》，《江南大学》2013年。

③ 金前文：《淡墨写就无声诗——李公麟及其画风研究》，《南京艺术学院》2008年。

图 1　李公麟《东皇太一》

雨之能力。身后不知是妖鬼还是扈从，是灾祸的象征还是神灵手下帮忙的精怪，这两者均可侧面体现云神的神通广大、法力高强。

《湘君》虽然名字如此，但实际内容是以湘夫人的视角进行描写，《湘夫人》也是同样如此，因此若是按篇名对应起来，《湘君》篇应该是以湘夫人为主角进行作画，《湘夫人》也一样。但在李公麟的画卷上，似乎不能用篇名按顺序对应，而是直接按神的称谓对应，因为“湘君”题字的画面就是画的湘君（见图 3），“湘夫人”就是湘夫人（见图 2）。而画卷中的他们也不愧是相互爱恋的两位神祇，均是衣着鲜艳、容色尚好，湘君白白净净的甚至显得有些“男生女相”。他们俩都带着一位侍者，相对原文内容来说，《湘君》篇中湘夫人有侍女相伴，但《湘夫人》篇中的湘君似乎并未有侍从相伴左右，李公麟这样画也许是为了让二湘之间的关系更加对等，这种对等具体从人数上有所体现，颇有种“你带着侍女，我也要带侍从”的打情骂俏之感。从人物的状态上也能看出些趣味，他们都面向同一侧，衣裙、飘带向反方向飞舞，且幅度不算小，有种化静为动的视觉效果，也显示出了二湘为见心上人的急切。但值得注意的是，在同幅画面之中，他们都是朝着同样的方向，并不是相对而行，似乎也印证了原文中两人最终未能见到对方的结果。

大司命（见图 4）在图幅中第五个出现，作为掌管寿辰和死亡的神，在李公麟的画笔下显示出了老人的苍老形象，披肩戴帽，手撑细杖，有些像在水中撑船用的长竿，也不知这位神是如人世间的老者一般腿脚不便，还是说这根细长的物件是他的施法器具。

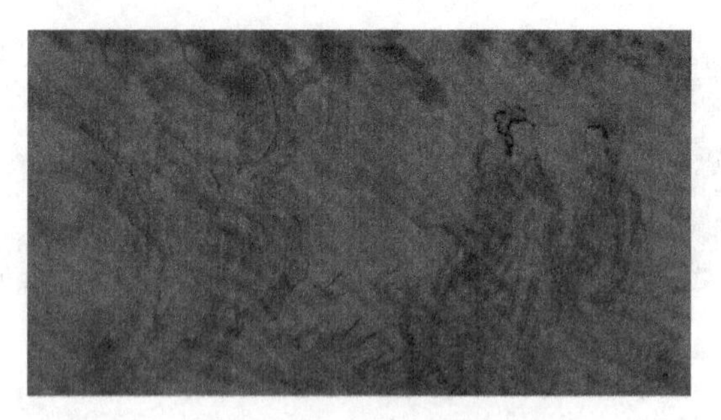

图 2　李公麟《湘夫人》

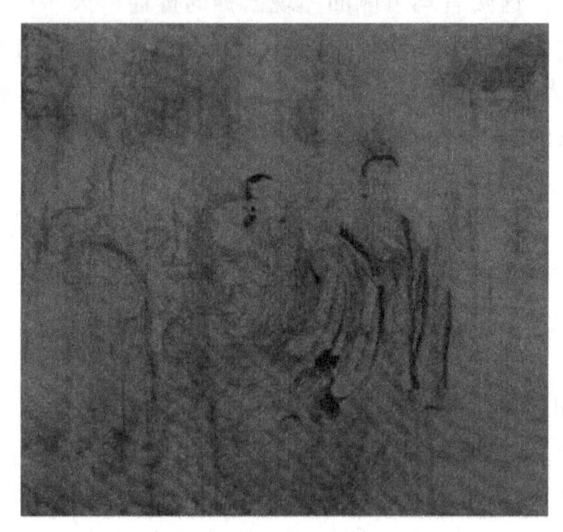

图 3　李公麟《湘君》

少司命（见图 5）紧接着大司命出现，是一位掌管凡人子嗣的神，在李公麟的画中他是作为男性神灵出现的，他静静地站在云端之上，一手拿着绢帛、一手有所指点，似乎在思考为哪位家中送去子息，又似在清点人间的孩童，而他的身后就站着一位小童，或许是他的侍童，一路跟随帮衬，也是为了与他的职能相互照应。

东君（见图 6）在李公麟的《九歌图》中第七个出现，图上的东君如同原文“操余弧兮反沦降”所写一般，手拿弓箭，就像

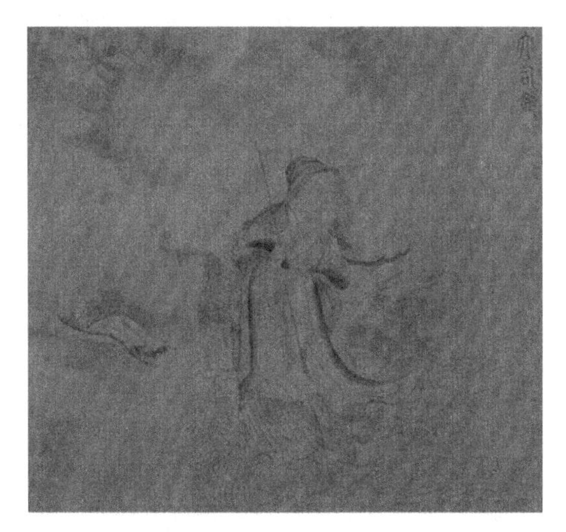

图 4　李公麟《大司命》

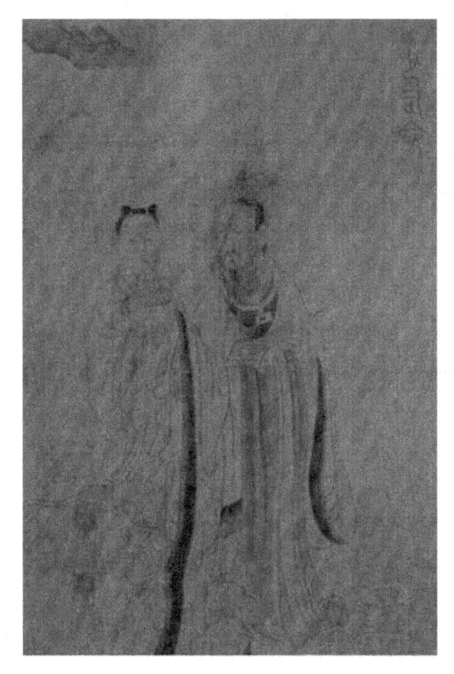

图 5　李公麟《少司命》

是要架起弓箭射向天狼星一般，从向上飘起的衣袖即可推测出他手的动势。而他的面部表情相较前面几位神灵，更为夸张和生动，大张的嘴似在大笑，即使面对灾厄依然豪迈，十分符合文中他热烈外放的性格特点。

图6　李公麟《东君》

河伯在画卷上，是唯一一位在水中的神灵，也是唯一一位坐着的神灵。他位于滚滚波涛的正中央，但正因他的存在，水潮涌动却没有大波强浪，他乘着一只巨大的龟，望向远方。

山鬼在李公麟笔下似是女性，说“似是”，是因为画中的这位山神以背影相对，身上也并无明显代表性别的特征或服饰。但其身着倒是非常贴合原文以草叶藤蔓当作披肩、衣物，也如文中所描述一般，骑着赤豹穿梭在山林树丛之间。

《国殇》（见图7）一篇位于末尾，在屈原像之前，将这两者安排在一起，或许也有屈原为楚国牺牲的将士们作诗、守望的意蕴。而《国殇》的绘画内容则是从树林间走出的数个披坚戴甲的士兵，他们都拿着武器举于身前，在画卷中的身体动势为“前进”姿态，体现了楚国英魂们无所畏惧的精神。

图7　李公麟《屈子图》及《国殇》

## 三、典雅古拙：赵孟頫与九歌图

赵孟頫，字子昂，号松雪道人，浙江吴兴人，是元代著名书画家。他出身宋朝皇族，成长于诗书相承的皇亲官宦家庭，聪敏过人、才情出众。然而在他二十三岁时，宋朝覆灭，他也为求自保而终日沉湎于书画之中。后来被迫入仕，在夹缝中生存。① 赵孟頫为宋朝皇裔却出仕元朝，常被讥讽议论，遂将精力集中于文学和创作上，把自己的满腔情绪通过文字、书画抒发出来。② 而《九歌图》作于他的晚年时期，卷末有文字写道：“题跋：九歌，屈子之所作也。忠以事君，而君或不见信，而反疎，然其忠愤又不能自已，故假神人以寓厥意。”

在作画风格上，赵孟頫反对以浓重艳丽为特点的院体画，提出“作画贵有古意”，极力主张仿古，师法唐和北宋的作画传统。他还格外崇拜李公麟，在人物画方面也继承了李公麟的白描技法，喜欢用线条来描绘人物，在不断临摹和创作的过程中，逐渐融合唐和

① 贾银花：《试论赵孟頫的文人画理论与实践》，山东大学，2005年。
② 李雅馨：《〈九歌〉文图关系研究》，河南大学，2018年。

北宋的绘画风格和绘画技巧，绘画线条加强了流动感、提升了表现力，逐渐使白描技法变得更加成熟，形成了儒雅、简洁、古雅、拙朴的艺术风格。①

赵孟頫的《九歌图》是以李公麟的《九歌图》作为临摹对象，内容基本相同。他的用笔相较李公麟的显得更为圆润、简练，人物衣袖都是行云流水，呈现出飞动飘逸之势，十分生动传神。② 在用色上较之李公麟更大胆，显得颇为鲜艳明丽，却也没有过于鲜艳。

赵的《东皇太一》不同于李之处在于，画面中仅两位人物，东皇太一以及一位侍女，周边并没有众多随从围绕，也无座驾龙车。二湘也不同，画幅上均只有一位人物，不带侍女、侍从，且两个人物形象均为女性，这与对二湘内容的理解有关，有资料考证曾有二湘是帝尧之女、帝舜之妻的说法。③ 但就《九歌》原文内容来看，《湘君》《湘夫人》是在以情侣的角度互诉衷情与苦闷，画面内容（见图 8、图 9）似与之不相符。赵孟頫所绘的大司命（见图 10）与

图 8　赵孟頫《湘君》

① 李雅馨：《〈九歌〉文图关系研究》，河南大学，2018 年。

② 黄凌梅：《历代〈九歌图〉探美》，曲阜师范大学，2009 年。

③ 赵逵夫，杨潇沂．论湘君、湘夫人形象演化及其文化意蕴［J］．湖南科技大学学报（社会科学版），2015，18（01）：158-163.

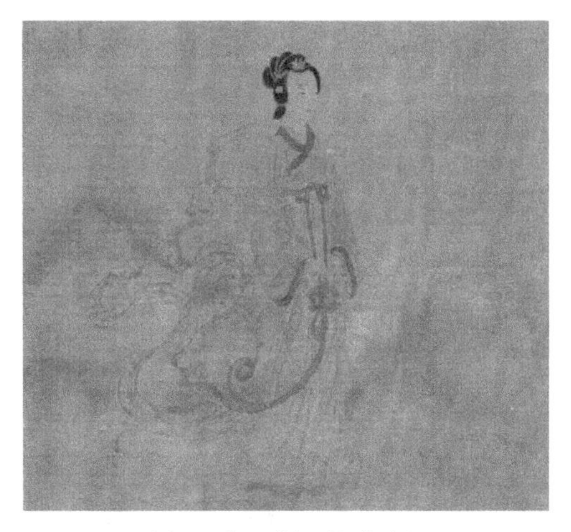

图 9　赵孟頫《湘夫人》

图 10　赵孟頫《大司命》

少司命（见图 11）倒是与李公麟的有异曲同工之妙，都是将大司命画作面容苍老的老翁，赵的大司命手中很明显地拄着一根长长的木拐杖，前端还有虬曲着的枝桠，而少司命则同样以孩童为侍，二者均可体现其所司所掌。值得注意的是，赵孟頫笔下《九歌图》出现了更多更为细致的“物”，例如侍者手中的旗帜、掌扇，众神手中的花草、法器等，虽无风景，但也多了些许更能衬托人物本身的物件儿，对人物的识别和理解更有帮助。

图 11　赵孟頫《少司命》

## 四、隽雅飘逸：张渥与九歌图

张渥，字叔厚，淮南人，是元代著名的人物画家。有关他的出身和经历似乎并无许多详细的文字记载，在《四库全书》中有记载其友人顾德辉为他写的简要小传："张渥：渥字叔厚，淮南人，博学明经，累举不得志于有司，遂放意为诗章，自号贞期生，又能用龙眠法为白描，前无古人，虽时贵亦罕能得之，与玉山主人友善，即一时景绘为玉山雅图，会稽杨廉夫为之序，传者无不叹美云"。从文字中可知他博学多才，但屡次参加科举却未能及第，因仕途的失意而放寄情诗画，在绘画上深受李公麟的影响。

张渥不止一次以《九歌》为题材作画，除了多幅《九歌图》外，还绘有《湘妃鼓瑟图》《湘君湘夫人图》等。他似乎是将不得志的满腔苦闷寄托于被放逐的屈原的作品之中，相似的思想感情让他与屈子隔空对话，以求用画作抒发自己的情感。张渥的《九歌图》是临摹李公麟而来，但绝不是刻板的生搬硬照，他是在李的基础上融入了自己的理解与创作，甚至在表现上与《九歌》的精神内涵更加吻合。在线条上，张的更为繁复，且人物造型显得灵巧、活泼，表情也更加细致生动，具有动感，别有一番飘逸的滋味，神灵的仙气就体现了出来，不似李的有浓重的庙堂之气。

张渥画笔下的湘君（见图12）与湘夫人再不是行路而来，而是行进于江河之上，十分符合他们湘水之神的身份。湘君脚下的水更像浪一般，一层一层打着波浪向前推进，倒是显出了急切的感觉，而湘君身上的衣服似乎也似乎印证了这份焦急的心情——许是因为行进的速度过快，还有及江风过大的原因，将湘君的衣服都有些许从身上吹掉，没那么衣冠整洁了，但与心上人见面怎会不注意仪容，衣袍的滑落也同样衬托出了湘君想快点见到女神的急迫。反观湘夫人（见图13）脚下的江河，就显得十分平静，只是稍稍有些起伏的波澜，也让她给人以雍容华贵之感。但她是不急的吗？不，在文中湘夫人也同样是思念如潮，从画面中向后飘动的衣袖、飘带，甚至连她略微前倾的姿态，都可以佐证她的情感，但或许是因为女性更为矜持、柔弱，因此不像湘君一般表现得急迫。

图12　张渥《湘君》

在表现《东君》（见图14）一篇时，张渥与李公麟一样，同

图 13　张渥《湘夫人》

图 14　张渥《东君》

样以“青云衣兮白霓裳，举长矢兮射天狼”为画面，将东君画作一位手持弓箭的武将，魁梧雄伟、鬓眉怒张。在他视线所对之处，还有一个小小的圆圈，也许就是代表“天狼”，这小小的星辰跟勇武的东君形成了鲜明的对比，似乎也是在表明在这位神灵面前，一切灾祸都无须惧怕，而他身上围绕着的衣带，就像是被他霸道的气势吹得飘扬起来一样，十分具有表现力，同时也正与原文中崇尚光明、嫉恶如仇的思想相照应。

《国殇》（见图 15）篇，屈原用浓重的笔墨描写了战争的场面，激烈而残酷，但战士们却依旧不畏艰难万险、不惧一切强敌，奋不顾身为国家战斗，而张渥的画也从种种细节体现了屈原对英雄们的赞颂。整个画面并没有人们想象中千军万马相互攻坚的场面，而是仅有数个身穿铠甲的士兵在浓密树丛的掩盖下，堪堪露脸。其中仅有一个被较为完整地画了出来，他视线上抬、手握长矛，似在观察周遭、判断敌情，谨慎地向前迈进。在他的身侧也有一名士兵，遮掩在树后，仅有半身露出。人物和景象相辅相成，也使得画面更加完整和饱满。

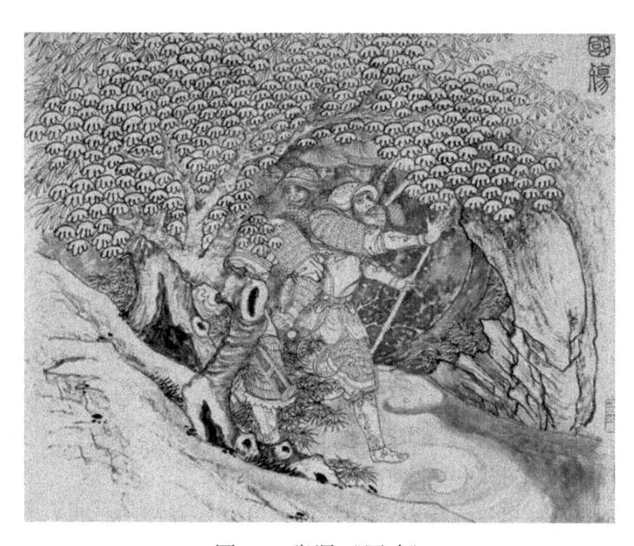

图 15　张渥《国殇》

## 五、夸张奇诡：陈洪绶与九歌图

陈洪绶，又名胥岸，字章侯，号老莲，浙江诸暨人，是明末清初的书画家。陈洪绶出生于名门望族，从小便显露出绘画才能，且天资聪慧，但幼年丧父、青年丧母，因故离家，浪迹绍兴。他从小便志向以己之力普济众生，但屡试不中，在抱负无法实现的失意之下，寄情于诗画。陈洪绶主张学画需以古人为师，他临摹了大量名师大家的作品，各家风格与技法都逐一学习、尝试，因此他的笔法充满古拙之气，造型上却十分夸张奇特，有自己独特的绘画风格。

陈洪绶的艺术修养甚高，虽然临摹、仿绘过许多古人的画作，但他不仅仅是“仿”，他还会“造”，他能够跳出古人所习惯的“舒适圈”，创造出了自己的独特风格。对于《九歌图》，陈洪绥全然颠覆了之前李公麟、赵孟頫、张渥等人对众神形象的“设计”，别具一格。

如果说从《九歌》原文内容中所祭祀的神灵来看，这十一幅图都还比较吻合，都是祭礼的对象神，而没有任何其他人物或场景。但在人物形象上，相较前人则有很大的不一样。如《山鬼》（见图 16）一篇，陈洪绶并没有按照原文内容将她画成一位妩媚的女山神，而是直接将“山鬼”变成了真正面容恐怖的山中鬼怪，基本脱离了原文内容，可以说是十分随意了，从中也能看出陈在作画上的夸张奇诡与别具一格了。河伯（见图 17）的形象跟前人的比，变化也挺大的。他的动作再不是单一地坐在龟上，而是跟其他神灵一样画作站姿，身上还披了一件长衫，许多顺滑又飘动着的褶皱，就好似黄河的波浪一般，而他的手中也握了一个形似船桨的物品。整个画面中，在底部，也就是河伯身下，还画有一条龙，不知是有代表黄河之意还是在暗指河伯的真身就是一条龙，又或许这条龙只是从黄河底部飞来河伯身边的护卫。

在面容表情的刻画上，陈洪绶笔下的东君（见图 18）和大司命（见图 19）非常到位，十分符合文中两位神灵的特征。

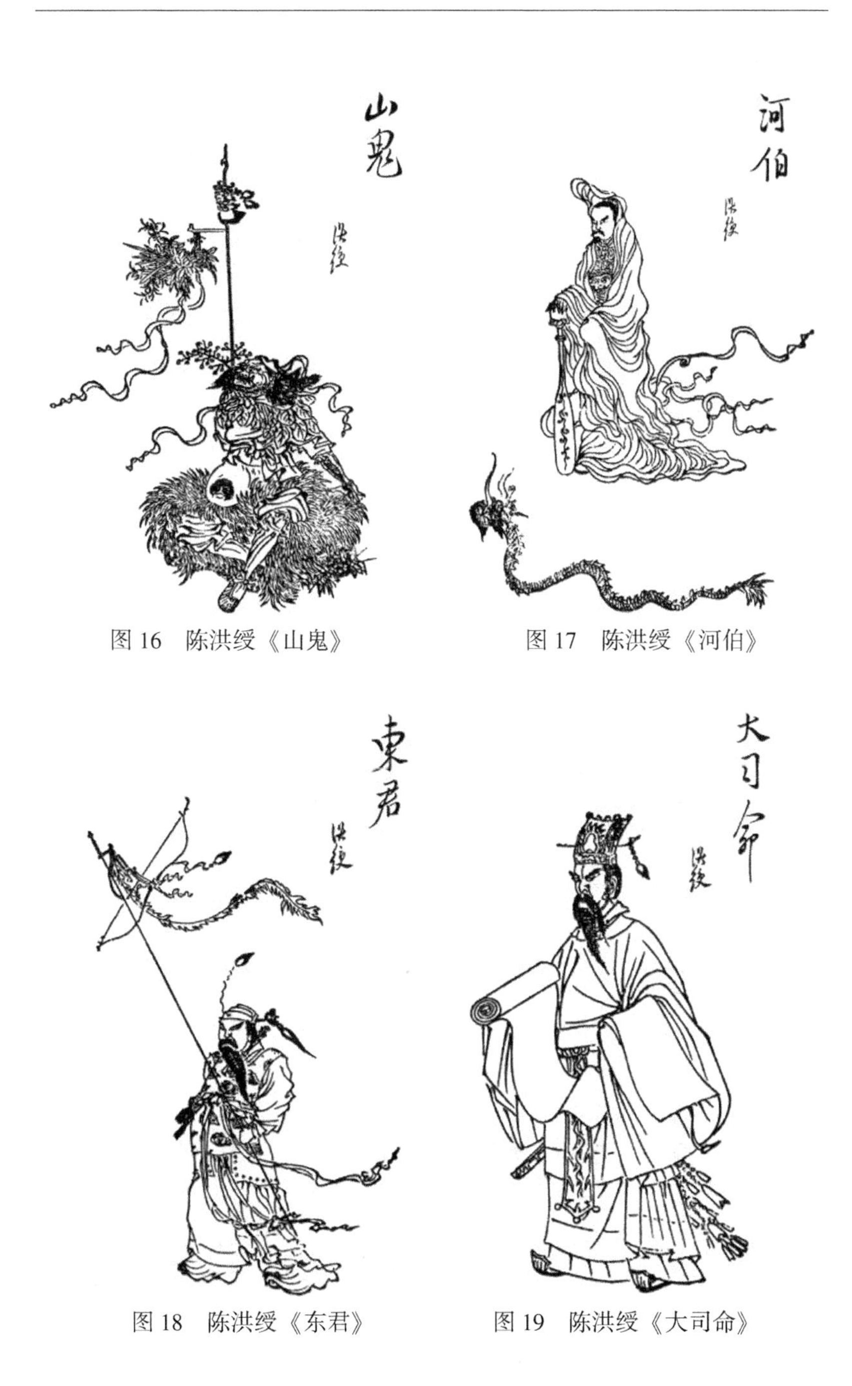


图 16　陈洪绶《山鬼》

图 17　陈洪绶《河伯》

图 18　陈洪绶《东君》

图 19　陈洪绶《大司命》

比较有趣的一点是，有三幅图中的人物是以背面示人的，分别是《礼魂》（见图 20）、《湘夫人》（见图 21）和《少司命》（见图 22），更令人惊喜的是陈洪绶将《礼魂》一篇用绘画表现出来了，以往似乎并未有人对最后一篇内容进行绘制。陈洪绶是用舞蹈着的祭祀者来表现最后的送神仪式，画面中的人物着盛装，头上戴着鲜花、插着香草，身上、衣服上带有各种复杂华丽的装饰，几乎可以说是缀满全身了，受伤还拿着一个物件儿，不知是某种乐器还是专用祭礼的法器，然后踩在有纹饰花边的地毯上，翩翩起舞，身上的络珠都跟着动作飞舞起来。

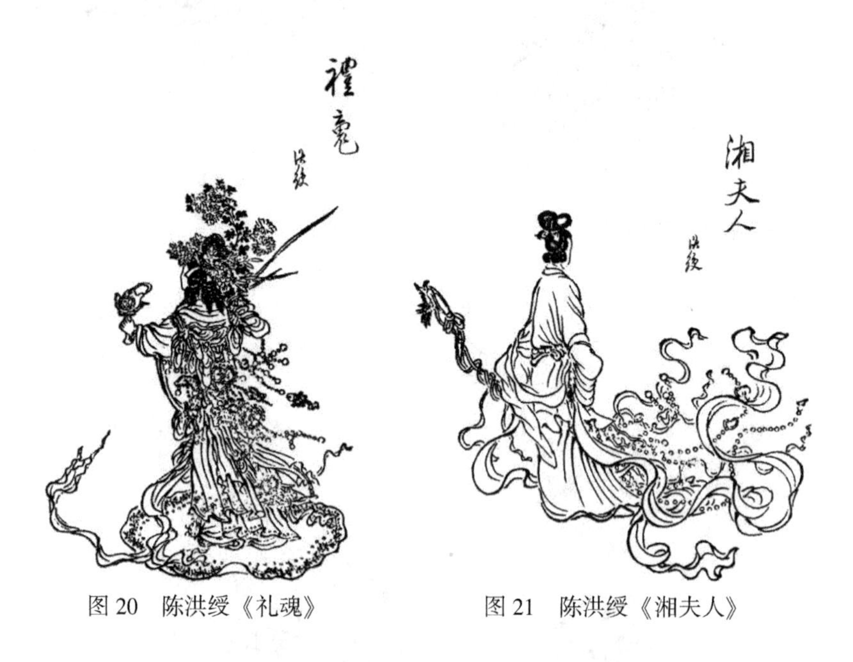


图 20　陈洪绶《礼魂》　　　　图 21　陈洪绶《湘夫人》

## 六、清疏苍秀：萧云从与九歌图

萧云从，字尺木，号默思，安徽芜湖人，明末清初的画家，是以“古淡奇高，清疏秀润”的为主风格的“姑熟画派”创始人。他从年少时就因父亲的影响下喜爱上了诗文绘事，早年临摹大师作品，却不被众多前人的画作搅乱自己的风格与特色，而是取各家之

图 22　陈洪绶《少司命》

长、学习熔炼，慢慢使自己的风格成熟起来。萧云从站在明亡清立之时，复杂、沉痛之感感沉郁胸中，他报国无门，空有一番胆识与才学，这种无能为力、为国而殇的痛苦正与屈原的经历与苦闷相契合，才使得他在思想感情上与屈原是惺惺相惜的。

萧云从作《九歌图》不同于以往画家，他认为以文学作品为内容的画作，其画面必须符合该作品的文本内容，而不能天马行空，并且，他是为了将整个《楚辞》的内容都画出来。因此，萧云从在画图之前，对屈原及其诗赋进行了细致且深入的研究，还参考了历代“楚辞图”作品，集合众家之长，在明亡后一年创作出《离骚图》，总共有 64 幅图。每张图都附有原文及作注，主要为了阐明自己的作画意图，方便读者理解。以往的画家绘制“楚辞图”或是“九歌图”，大多临摹李公麟的作品，鲜少有创新者。但萧丛云不同，他忠于《九歌》原文内容，对于以往的所有《九歌图》

都只是“参考”而不“参照”，他还尝试了《楚辞》的其他内容，拓宽了绘画题材。

《东皇太一》（见图 23）画面中的至高天神形似人间帝王，从穿着打扮上就很容易看出这一点——头戴旒冠、身着衮服、一手长剑、一手玉珏，面庞圆润，颇具气势。在他身边围绕着四名侍女，从原文可知应该是祭祀时的女巫。她们围绕在神尊周边，有手端“琼芳”的，有献上“蕙肴”“琼浆”的，更有吹“竽”奏“瑟”的，整个画面显得十分鲜活。这种将神与人置于同一画面的画法也非常吸引人，就好像神灵听到了人们的祈求与愿望，也代表着愿意为人们解决烦恼，充满着朝气与希望。

图 23　萧云从《东皇太一》

萧云从对《东君》一篇的阐释与以往所绘的《东君》差别很大，图中共有九个人物，在构图上分为上下两个部分。上半部分为东君乘于龙车之上，双手托日，俯瞰大地，有龙与雷公左右护驾在车辕两旁，还有随行侍从两人，一为男子，背弓捧箭，一为女子，手捧“桂浆”。下半部分，左有五名乐师奏乐，右有祭巫举杖似在迎接神的到来。虽说上下分隔开了，但是场面依然和谐欢畅，有人神共乐之感。

《云中君》（见图 24）也同样是分为了上下两部分，依然是上神下人，其中神的部分占比较大，似从神的视角来描绘这幅场景。画中云神驾着龙车向东而去，从天空俯视着祭者，高贵之姿态尽显。从龙车的朝向和云神手中拂尘飞舞的状态可知这位神祇不会多做停留，忽而来、忽而去，也暗指云飘忽不定的特征。而下方祭礼的巫者则是双膝跪地、手捧祭品，以虔诚的姿态盼望神祇降临。

图 24　萧云从《云中君》

合二为一的《二湘》（见图 25）与《二司》（见图 26）构图一致，人物呈对角线分布，结构坚实有力，但方向相反，相互呼应，画面饱满。二湘的画面中，湘夫人乘飞龙于画面左上部分，与“驾飞龙兮北征”对应；湘君策马于画面右下部分，与“朝驰余马兮江皋”对应。二湘、二司命相互对应，神灵与神灵之间两两相望，各具情致。

图 25　萧云从《二司》

萧云从笔下的河伯（见图 27）不同于以往的青、中年形象，或威严肃穆，或平静淡然，而是一位更为年轻的男性神灵形象，但依然是在水中乘着大龟，还有龙围绕在他身边，左上方更是出现了原文中的水中宫殿。在画面中的年轻河伯，手拿着一个精美的瓷瓶向河中倾倒，似在操控黄河之水，神秘而奇幻。

根据《山鬼》一篇的情思意蕴，萧云从将山鬼视为“含睇”“宜笑”的多情而又浪漫的女性形象（见图 28）。与以往所绘《山鬼》以树木、山石的环境烘托不同，萧云从所画的山鬼形象更多是通过相关的车驾装饰、布置来衬托。如坐骑“赤豹”与“辛夷车”，将这两者作重点描绘。还根据诗中“雷填填”“猿啾啾”等原文，在空中增画雷公、身旁增画猿猴作为装衬，展现出了山鬼身上野性的美丽与魅力。

图 26　萧云从《二湘》

图 27　萧云从《河伯》

图 28　萧云从《山鬼》

萧云从所画的《国殇》（见图 29）中并没有大批的将士以及周遭的风景，他只画了一个将士作为画面“主角”，而在这位将士身旁飘扬的战旗之上，凝出了无数士兵的身影，他们在战斗、在杀敌。萧云从将画笔集中在这个“代表”身上，凝练出了一个英勇杀敌，毫不退缩、勇往直前的英豪形象。一个人，才更显刚强；一个人，才愈发悲怆。

萧云从还画了《礼魂》篇，画面中间一个两手持握香草的女巫，背向画面翩翩起舞的姿态，与原文以歌舞送神相对应，唯美飘逸、动感十足。女巫侧脸以对，头微微扬起，表情甜美、祥和，充满欢愉，给人以充满希望之感，与原诗的基调一脉相承。

图 29　萧云从《国殇》

## 七、潇洒豪放：傅抱石与九歌图

傅抱石，号抱石斋主人，中国著名现代画家。对于艺术风格，他崇尚革新，个人在创作中吸收、汲取中国传统艺术的精髓，成长自身。他的人物画作品，笔墨潇洒豪放，表达的情感真挚且强烈，画风雄健却不失细腻。傅抱石的作品深受六朝魏晋古风的影响，他同时秉着革新的精神，将山水画技法融入人物画，在承袭古意的同时自我创新，做法和画风都是独树一格，开创了自己独特的人物画风，成为20世纪中国传统美术现代化转型的代表性画家。①

傅抱石所创作的《九歌图》完成于他的晚年时期，这与当时的政治环境分不开，也有很大部分是受友人郭沫若的影响。1953年正值屈原逝世2230年，郭沫若为了纪念这位伟大的爱国主义诗人，便不遗余力地在世界范围内进行宣传，举行了各种纪念活动。而作为友人的傅抱石亦在他带动下受到了大规模举行纪念屈原活动的影响，便以友人写的《屈原赋今译》为蓝本，进行《九歌图》的创作。②

《东皇太一》通篇描绘吉日良辰之时祭祀天神的场面，着重描写了祭品的丰盛、歌舞的欢快，充满馨香祷祝之音，表现了对东皇太一的虔诚和尊敬。而在傅抱石的画中（见图30），这样一个娱神的场面是极其华丽的——祭祀的宫殿里，巫女们伴着鼓瑟之声起舞，东皇太一就立在云层之中，静静地观望这一场盛大的祭礼。整个画面是具有层次感的，祭祀场景集中在左下角，被祭祀的神灵立于右上方，人的活动与神灵的悄然降临互不干扰，人与神还是有身

图30　傅抱石《东皇太一》

① 盛秋玲：《傅抱石人物画风格特质研究》，南京大学，2013年。

② 李雅馨：《〈九歌〉文图关系研究》，河南大学，2018年。

份上差距的。但画面又显得十分和谐、自然，或许真的有神灵悄然观摩人间也说不定。在那稍稀疏的云朵间，还露出了些许宫殿的梁柱与观礼席位，星星点点的器具、装饰都显示出祭礼的重要与盛大。

《东君》(见图 31）一篇赞颂日神普照万物、射杀天狼、除暴诛恶、保佑众生的英雄气概，体现了人们对日神的崇敬和对光明的无限渴望。傅抱石笔下的东君威武雄壮，他身穿青云袍，一手牵着缰绳，一手挽带着长弓，骑着一匹膘肥体壮的宝马，在世间疾驰，为人间除恶造福。

图 31　傅抱石《东君》

《云中君》(见图 32）是祭祀云神云中君的乐歌，表现出人对云中君的热切期盼和思念，以及对云、雨的渴望，包含着人们对光明、自由等美好事物的追求。傅抱石笔下的云中君是一位女性神，她身着颜色鲜艳的霓裳，红裙、绿衬、蓝飘带，驾着龙车在天空飞行。从淡淡的云层中透出了广袤大地上的连绵山峰，充分表现出了文中“览冀州兮有余，横四海兮焉穷”的豪情。

《湘君》(见图 33）以湘夫人的口气表现湘水女神对湘君的怀恋，以及迎候湘君而未能相见的惆怅，情感变化曲折，缠绵悱恻。

图 32　傅抱石《云中君》

图 33　傅抱石《湘君》

傅抱石画心中的湘君形象与古时人们的理解有所不同，他认为湘君是有情有义的女子，她对爱情的执着与追求就似象征着爱情的杜若草，在水边亭亭玉立着，遥望远方，恋恋不舍地等待着心上人的出现。这幅画构图十分具有透气性，人物立于左侧靠下的位置上，脚下就是沙洲，而她面朝画面的右方，视线微微向上、眺望远方，而在右上角画了一处小小的沙洲，拉开了空间距离，使整个画面更加意境悠远，整幅画以淡墨染就，却依然有情感与思想氤氲其中。

《湘夫人》（见图34）承《湘君》文意，写湘夫人同样思念湘君，而终不能相见的惆怅。依《湘君》体制作了平行对称的表述，哀感顽艳，情氛动人。画面中的湘夫人面容姣好、发髻高梳，身形窈窕纤细，衣宽袖广，高雅端庄，有一种超然淡然之感。她站在波光粼粼的水面之上，与湘君呈对称构图。在湘夫人周围，还有落叶簌簌落下，似在营造静静等待的孤凉之感，将人物衬托得更加忧郁惆怅。

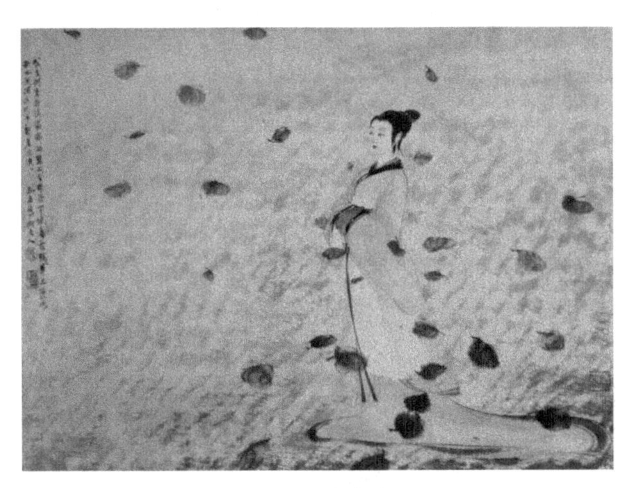

图34 《湘夫人》

傅抱石在绘制《大司命》（见图35）时，似用大笔挥刷墨色，若有大片乌云聚集不散，又以笔锋竖向干刷，呈浓云雨幕交织之势。然而大司命作为执掌命数的神灵，身处其中依然岿然不动、淡定如初，画面中大司命的侧脸英俊刚毅，手握配件，乘架龙车，于滚滚雷霆之中穿行而过，体现出了他的坚定。

少司命（见图36）在傅抱笔下是一位年轻貌美的姑娘，她身穿花瓣制成的衣裙，长发披肩、怀抱仙草，柔美恬静。她向着画面

图 35　傅抱石《大司命》

图 36　傅抱石《少司命》

右侧走去，而在她身后即画面左上角，有一处繁华的城池，让人不禁怀疑她是不是刚从那座城池离开，是否为人间带去了更多子息与福气。

郭沫若认为《河伯》讲述的是男性河神向女性洛神追爱的故事，傅抱石依据他所写的书来进行创作（见图 37），因此他在画面构思时将河神、洛神放到了一起，二神一同坐在以荷叶为盖的龙车上。画面中两条青龙拉车，两条白龙左右护航，在静态的画幅之上也呈飞奔之态。而在他们的下方，则是宽广开阔的江流河水，墨色挥洒，表现力十足。

图 37　傅抱石《河伯》

《山鬼》一篇祭祀的是位温柔多情而又遗恨绵绵的山中女性精灵。画中的她是一位美丽的姑娘（见图 38），这与从容不迫立于气象森严、狂风暴雨中，背后是虎约车仗的形象完全不同。她带着纯真的表情，袖手而立，她身姿婀娜，肩披薜荔、腰系藤萝，静默端庄的姿态完全不像山野的鬼怪精灵，而是人间美少女的化身。

《国殇》是用以祭祀为国牺牲的将士的乐歌。殇之言伤也，国殇，死国事，它为楚国将士不惧牺牲、视死如归的英勇和豪迈而歌颂。傅抱石为我们描绘了一幅残破的战后之景（见图 39）——苍凉的战场上杂草丛生，草丛之中躺着将士未寒的尸骨，还有死亡的战马和破败的战车，那身披甲胄、巨盾执剑昂首立于中央的将士，是存活下来的英雄还是已故的英魂呢？他高昂的头颅和依然坚挺的

图 38　傅抱石《山鬼》

身躯无不在告诉我们英雄的忠勇。

图 39　傅抱石《国殇》

## 八、绮丽瑰玮：陈丝雨与九歌图

陈丝雨，中国新生代自由插画家，擅长用强烈的色彩和大胆的想象来重构中国传统的文学作品，用现代性的表达赋予传统新的魅力与张力。她绘制的《楚辞·观》是对《楚辞》全篇完整的表现，画作内容十分精美，而因本文主要研究的内容集中在“九歌图”上，以下仅将她所画的有关《九歌》内容的插画拿出来分析。

《东皇太一》（见图40）的主基调是明黄色、橙色，与光明、温暖、热烈相应，还与中国古代皇帝龙袍为黄色相互呼应。被一众祭祀“召唤”出来的东皇太一，生于一轮巨日之中，双手一掌月、一掌星辰，“它”无疑就是天地万物的化身，是最高的神灵。围绕在它身边的有青色的飞鸟，还有上半身形似人类的精灵，它们有的在奏乐，有的在舞蹈，有的在献礼。除此之外，还有很多细节之处，十分精巧，例如画面最下方铺在地上的花朵，可与原文相照应；连巨日中间都有传统的祥云图案填充；就算是位于下方的祭礼人群，再小巧，也能从他们穿戴的轮廓外形猜出他们祭司、巫者的身份，还都有不同形态与动作，十分用心。

图40　陈丝雨《东皇太一》

《东君》（见图41）的表现仅用了黄色系进行表现，将日神特征从颜色上就贯穿于一整幅画面之中。在黑色的背景之中，日神乘着马从天上宫阙向下驶去。借助它疾驰的日神也并未完全乘坐于马背之上，只是借力而行。日神背着一轮明黄色的光芒，似在想昭示天下他的身份，他的头发也如马一般，于后半段变成火焰，飘在身后。在这幅图中，无论是马的形态还是东君的姿态，都显得张力十足，飘逸又不失力量。

图41　陈丝雨《东君》

《云中君》（见图42）的色彩层次由上至下是由橙红转蓝紫，既有火烧云的红，又有霞光满天的紫。在庞大云体的遮掩下，云神仅有上半身露了出来，她身披鸟羽制成的披肩，一手在云层中拂动，她的身体宛若和云融为了一体，有星星点点的斑块向四周飞散。云层中还暴露了布满鳞片的三两截龙身，许是为云神拉车的那条龙。为了有所对照，右下方还画着两只羚羊，便于观者将之与云神的本体进行对比，感受她的体量大小。

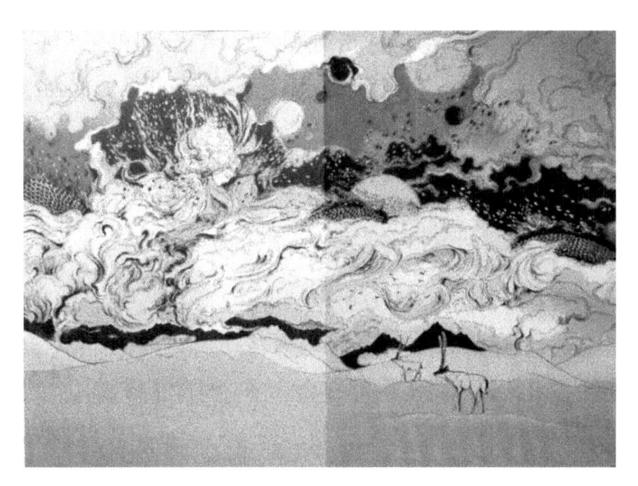

图 42　陈丝雨《云中君》

《湘君》（见图 43）与《湘夫人》（见图 44）的主基调都是绿色，只不过《湘君》的是以湘夫人为画面主角的嫩绿色，而《湘夫人》

图 43　陈丝雨《湘君》

是以湘君为画面主角的深绿色。作为湘水女神，湘夫人整个身体都与湘水融为一体。她呈“倒流”的姿态，轻闭双眼，如海藻般的头发跟河水一起流下，跟着游动在半空的，还有几条红色的鲤鱼，灵动俏皮，煞是可爱。湘夫人融于水中的躯体被鲜花覆满，她在哪，哪就有花草，也侧面表现了她就是湘水之灵。而在左下角，画有一龙舟及船上数人，也仅有个剪影。而《湘夫人》一篇主要在画中表现了湘君于水中修建宫殿的画面——湘君为了心爱的姑娘用神力建起精致的湖心亭，用荷叶、鲜花、香草作顶，让香飘满室，厅内摆放各色花草，体型巨大的金鱼在空中穿梭游动，魔幻而又浪漫。

图 44　陈丝雨《湘夫人》

《大司命》（见图 45）以紫色为主调，或许是因为深紫色更接近黑色，而黑色象征着死亡。画面中的大司命高傲又冷漠，后侧的头、狭长冷漠的眼睛，似乎都在昭示他的不屑一顾。然而在众人的祭祀中，他还是如原文所写的那般，声势浩荡地来，一个挥手、一卷衣袖，就收走了寿数已近的凡人灵魂。在画面中，有许多飞舞的蝴蝶，还有大小、颜色不一的圆，它们似乎是从最下方的城市、居所而来，或许就是亡者的灵魂。陈丝雨笔下的大司命似乎显得格外桀骜不驯、不可一世。

图 45 陈丝雨《大司命》

《少司命》（见图 46）以浅黄色、嫩绿色为主，显得格外有生气，与少司命掌管子嗣与孩童相符。在画中的少司命身体轻盈地飞在空中，其姿态更像是展翅的飞鸟，就如同飞舞在她身边的几只灵雀一般。她的动作像是要去安抚天上的彗星，与原文“登九天兮抚彗星”对应。而在画面下方有一片莲塘，其中有一朵绽放的莲花中卧着一个婴儿。将婴儿孕育在花中，是表明对孩子有好的祝愿，而少司命向上伸手的动作姿态，是否也是在暗指希望出世的所有孩子们都能够积极向上。这一幅图对于少司命的想象与表现，非常符合其身份特征，画面也有强烈的美感，还暗含积极向上的意义，以及对孩子们的祝福。

《河伯》（见图 47）的主基调也是绿色，但这种绿更偏向水绿色，比较浅淡通透的感觉。画面里的河伯如湘夫人一般，与水融为

图 46　陈丝雨《少司命》

图 47　陈丝雨《河伯》

了一体，以他为原点，有水以波浪式向上、向外扩散，而在这“水幕”之中，隐隐透出来一座水下宫殿的一角，甚为华丽。画中还有许多金色的鱼，它们大多游在河伯身边，仿佛很是喜欢这位河神。

《山鬼》（见图48）仍是以绿色为主，在这幅画中，绿色就显得更多种多样了一些，浅绿、深绿、蓝绿，还掺着不少黄色。在这幅画中，山鬼似乎完全和山连接了起来，她的头发长长了就变成了叶子、树枝，她的身上还开出了鲜花，甚至她的衣裙仿佛都铺就了林中草地。在原文中所出现的动物，在图中也有明显的表现，例如趴在山鬼身边的豹子，树枝上的花狸，还有从画面中间飞过的孔雀。但较于原文内容，这幅图似乎也并没有什么情节与它相符，只能说这个山鬼被画得更加曼妙动人了，并且将她与山的联系扭得更紧了，仿佛她就是这座山的山灵一般。

图48　陈丝雨《山鬼》

《国殇》（见图49）以红色、黑色作专门描绘。在黑色的背景下，黑色的天空，黑色的大地，但大地却是被鲜血给染红了。战后的战场上随处可见断裂破损的战车、将士们的盔甲，甚至尸骨。画面的主体既不是将士，也不是战后风景，而是用鲜红的色彩描绘的马匹，共有三匹，它们都扬着马蹄、跳动着，就连它们背后的鬃毛都在飞舞。它们既是战斗中的战马，又似乎在象征着楚国牺牲的战士们，因为他们就如同这些烈性子的高傲战马一般，即使浑身染血也会一往无前，直至生命的尽头。

图49　陈丝雨《国殇》

《礼魂》（见图50）一篇作为送神曲，内容就是奏乐、舞蹈，用以换了的氛围送神灵们离开。在原文中有“春兰兮秋菊”，于是在这幅图中，中间部分就被各色菊花和兰花占据了，而在这些鲜花的两侧，纷飞出了四位人物形象，他们似在舞蹈的巫者，又像是准备开的神灵，又或者两者兼备。总之，这幅图还是十分符合原文内容的。

图 50　陈丝雨《礼魂》

## 九、文字转变成图像的方法

以前文所提到的“信、达、雅”来说，或许并不是所有画家都做得淋漓尽致，或许只是单纯的临摹前人的作品，更有脱离文本随意创作的，但均是各自的尝试，总有值得学习的地方。

第一，认真研读《九歌》文本内容，对应原文内容进行创作。只有读透了《九歌》，才知道应该画什么、需要画什么。如果脱离了文本内容，只能称得上是自己的创作作品。例如陈洪绶所画的《山鬼》形象，便与原文中那位多情的女神不同，更像是山中的精怪。不过有一点需要说明的是，每个人对原文内容的理解都会有所不同，因此在绘画表达上也会呈现出不一样的形貌，如李公麟、萧云从所画的二湘为一男一女，而在陈洪绶、傅抱石笔下却是两位女性神。

第二，在文本内容的基础上，可作适当想象，但不可脱离原文精神内涵。例如陈丝雨所画的《少司命》，有婴孩躺于莲花之中，虽原文并未有相关内容与此相关，但这样的细节却与少司命掌管子嗣的职能相契合，是对少司命身份的表达。

第三，合理构图，控制各元素的画面占比。例如萧云从的《东君》，下有人民虔诚祭祀，上有神灵翩然而至，画面饱满，对原文内容的描绘也十分完整。又如傅抱石的《东皇太一》，天神站于云层之上，在画面右上部分，右下部分云层稀疏，透着宫殿中祭祀的场景，整个画面的设计都非常之精巧。再如他的《湘君》，人物作近景，刻画得也很细致，右上角还画着小小的一片水中方洲，拉开了整个画面的空间感，意境一下子就变得悠远起来。

第四，善用“衬托”，通过其他元素来衬托画面主体。例如：李公麟的《东皇太一》以身边的围绕的随从等来体现天神至高无上的地位，赵孟頫的《少司命》以身边的侍童来体现他掌控凡人子嗣的职能，张渥的《国殇》以被树丛遮挡的士兵来暗喻人数的众多等。

第五，注意人物的刻画，面容表情、肢体动作、身着衣物等均可体现其性格、情绪、状态。例如张渥的《东君》，画中人物大张着的嘴以及将要举弓的动作，体现了他豪迈、嫉恶如仇的性格特点。又或者是傅抱石的《湘夫人》，她凝望远方的眉眼和静静伫立的姿态，透露出了一股忧郁的情绪，营造了寂寥的氛围。

第六，化静为动，让静止的图像在画纸上“动起来”，增强画面活力。这种方式大部分画家都有所运用，例如萧云从的《云中君》、傅抱石的《河伯》等，运用朝着一个方向飘动飞舞的头发、衣袖，又或是飞翔的龙车等，来表现“疾驰”“匆匆而来”“迅速离开”等具有动势的情节或动作，显得颇有灵气。

第七，可不局限于单首诗歌内容，相互关联的内容可以进行结合或对照。例如萧云从对二湘与二司命的处理方式，他认为他们是成双成对的神灵，于是将他们画到一幅画中，凸显了二者的关系，也让画面更具有情节性，对故事的表达更具有新意。

这些方法不仅仅只适用于对《九歌》向图像的转变，还可灵活运用于其他内容，有助于文字性作品在图像上的表现。

# 古代山水画论中的环境美育思想探析

魏　华（河南财经政法大学）

对于西方人来说，美育通常是以艺术欣赏为主的审美感性教育，数量众多的博物馆、美术馆、音乐厅等都承担着美育的职能，而自然美的育人功能则往往被忽视。这与中国古代的情况截然不同，我们的祖先并没有像西方人那样大规模地兴建艺术场馆，艺术赏鉴也只是朋友之间的小规模活动，然而从现存大量的山水诗、山水画可以看出，自然环境审美显然更受人们的重视。如果从美育角度看，中国传统的美育其实并不局限在艺术领域，自然环境承担着更为重要的美育职能。所以在中国传统的艺术中，山水画占有举足轻重的地位。与西方风景画不同的是，山水画不仅仅是艺术，还是自然环境的替代物，南朝时期的宗炳曾用“卧游”来形容山水画的欣赏，可见山水画描绘的其实是画家们心中理想的自然环境，山水画欣赏不仅是艺术欣赏更是环境欣赏。不过，由于年代久远、战争、灾害等原因，许多山水画未能保存到今天，但是，留存下来的大量画论资料弥补了这种遗憾，古代山水画论不仅是绘画理论，还蕴含着丰富的环境美学及美育思想。

## 一、悟道明理

环境审美对人类来说是否有益处？如果有，它的益处在哪里？这个问题不仅是环境美育的核心问题，而且是山水画的根本问题，它关系到山水画是否有必要成为独立的画科而存在于世。所以，山水画从一开始出现便伴随着对环境审美功能的思考。魏晋南北朝时期是山水画的形成时期，这一时期开始出现了专门论山水绘画的文章，尽管数量不多且篇幅不长，但是却占有极其重要的地位，此时的画家们开始思考自然环境审美有哪些特别的好处。

宗炳在《画山水序》一文的开篇便说："圣人含道映物，贤者澄怀味象。"① 接着宗炳列举了古代的"轩辕、尧、孔、广成、大隗、许由、孤竹"这些圣贤，指出了他们与"崆峒、具茨、藐姑、箕、首、大蒙之游"的关系。宗炳认为，圣贤们的成功与山水环境之间有着直接的关系，自然环境为圣贤们提供了思想的火花和灵感。随后他分析了其中的原因，明确指出"山水以形媚道"②，也就是说，圣贤们所追求的"道"就蕴含在自然之中。这就将自然山水从物质层面上升到精神层面，并与老子所说的宇宙间最高深的"道"联系在一起。因此，通过山水审美可以认识世界，即可以悟"道"。

宗炳的"澄怀味象"的观点是对老子"大象无形"思想的进一步阐释。"澄怀味象"中的"象"不是普通的山水形象，而是老子所言的"大象"。所谓"大象"就是含"道"之象，也就是最符合事物本性的形象。从中可以看出，老子将自然事物的形象分成两类：一类是反映了事物本质特性的外观形式，而另一类则是与其本性不符的特殊形式。前者符合"道"的规定，后者与"道"无关。由于"道"是老子哲学的根本命题，显然前者优于后者。因此，对于深受道家思想影响的中国画家们而言，在描绘山水之前，首先要学会区分这两种"象"，而区分的过程也是对山水之"道"的认识过程。由此看来，中国古代对自然的审美不是（如西方那样）静观山水的视觉形式，而是要超越视觉，用"心"去认识事物的本性以及宇宙间的规律。同样，审美快感也不是纯粹由山水的形式带来，而是在体道悟道之后获得的深层次的快乐。

---

① （南朝）宗炳：《画山水序》，俞剑华：《中国古代画论类编》，人民美术出版社1998年版，第583页。

② （南朝）宗炳：《画山水序》，俞剑华：《中国古代画论类编》，人民美术出版社1998年版，第583页。

正是由于山水中的“道”超越了视觉，宗炳才使用“味”这个动词来代替“看”。“味”揭示了中国传统的审美方式，即“心物合一”的体验式审美。也就是说要将“心”与全身的感官结合起来体验事物，而不是只靠感官去感受。“心”在古代人看来类似于大脑的中枢系统，不仅是五官的统帅，而且具有思维辨别能力。由于“心”的介入，使得人们能够认识自然事物中的“道”。这种独特的环境审美方式既区别于西方传统的“静观”式欣赏，也与西方当代环境美学所倡导的“参与式”① 的欣赏有着根本区别。在当代环境美学出现之前，西方人对自然风景的欣赏只是静观，把风景当成美丽的绘画来欣赏，欣赏的只是风景中的艺术形式。后来，美国环境美学家阿诺德·伯林特指出了这种审美方式的缺陷，它忘记了自然环境是个立体的、由多重要素构成的复杂对象。对于自然，仅仅靠视觉欣赏是不够的，还需要欣赏者调动起多个感官(如听觉、触觉等)，全方位地感受自然风景的美。但是，无论是“静观”还是“参与”，都没有摆脱感官欣赏，而宗炳的“澄怀味象”则将追求真理与审美结合起来，使审美超越感官欣赏层面，是一种注重事物内在精神的深度体验。

“澄怀味象”到明清时期发展为穷“理”观物式的山水审美。受理学思想的影响，宗炳所说的“道”逐渐被“理”所取代，于是，在许多画论中“理”都成为了重点问题。例如，李开先在《中麓画品》中说：“物无巨细，各具妙理，是皆出乎元化之自然，而非由矫揉造作焉者。万物之多，一物一理耳，惟夫绘事以一物而万理具焉。非笔端有造化而胸中备万物者，莫之擅场名家也。”② 王原祁在《雨窗漫笔》中也说：“作画以理、气、趣兼到为重。非是三者，不入精妙神逸之品。”③ 由此可见，在中国的文人画家们

---

① 参见［美］阿诺德·伯林特：《环境美学》，张敏、周雨译，湖南科学技术出版社2006年版，第16~23页。

② （明）李开先：《中麓画品》，卢辅圣：《中国书画全书》（五），上海书画出版社2009年版，第40页。

③ （清）王原祁：《雨窗漫笔》，张素琪校注，西泠印社出版社2008年版，第27页。

看来，绘画与表现事物的“妙理”有很大关系，绘画的所有要素都要为表现宇宙万物的“理”服务，同时，欣赏山水的过程也就是明理的过程。

“理”与宗炳所说的“道”大同小异，都是指自然万物孕育变化的内在规律，只不过宗炳受道家思想影响较大，而“理”则来源于宋明理学。理学在北宋时也被称为“道学”，所以，“理”就是“道”，只是这个“道”并不全是道家之“道”，它融合了儒家与道家思想，更倾向于哲学的形而上层面。在这种思想的指导下，欣赏山水画不是简单的艺术欣赏，它跟欣赏自然界山水一样，重在悟出宇宙造化之理。这就将山水欣赏进一步提升至哲学高度，同时对于欣赏者的自身素养有很高的要求。宋元以后，越来越多的山水画家们意识到了读书的重要。王绂说：“夫书画一致，自古而然。不能读书，即不能穷理，不能观物；不能穷理观物，即不知各各生意所在；不知生意所在，虽欲守神专一，皆死笔也。”① 在中国古代文人看来，山水画并不仅仅就是视觉艺术，而是宇宙万物之理的表现，自然界也不仅仅具有美的视觉形式，更蕴含着宇宙之“道”以及各种天文地理知识，体悟自然中的“理”需要用“心”而不是只用“眼”。所以，中国传统美学并不排斥读书，而是将读书与山水欣赏结合起来，两者相辅相成、相互促进。明代董其昌概括为“读万卷书，行万里路”②，一方面，读书明理有助于人们更好地体验自然环境的美；另一方面，环境审美也能加深对书本知识的理解。

从宗炳的“澄怀味象”到明清时期的“明理”，中国古代对于自然的审美态度总体上是一致的，即将感性认识与理性认识密切结合在一起。这与西方那种偏重感性的审美方式有所不同，在他们看来，感性与理性是分离和对立的，这决定了西方的美育只能以艺术

① （明）王绂：《书画传习录》（卷二），卢辅圣：《中国书画全书》（四），上海书画出版社 2009 年版，第 36 页。

② （明）董其昌：《画旨》，《董其昌全集》（二），上海书画出版社 2013 年版，第 595 页。

为中心，因为艺术更加强调感性形式，而自然美始终被排除在美育之外。那种将自然当做风景画来欣赏的"静观"式的审美，归根结底不过是用艺术形式来衡量自然，自然最终只能沦为艺术的附庸。与此相比，中国古代的自然审美方式具有独特的美育价值，因为它将人的感观感受与理性思辨统一于自然环境之中，充分体现了自然环境的价值以及育人功能，自然本身的美也只有在这种模式下才能充分体验到，而人们在欣赏自然美的同时也加深了对世界的认识。

## 二、畅神怡情

自然审美除了可以悟道之外，还具有畅神怡情的情感功能。"畅神"一词最早由宗炳提出，他在《画山水序》一文的末尾说："圣贤映于绝代，万趣融其神思，余复何为哉？畅神而已，神之所畅，孰有先焉！"①但是，宗炳所说的"畅神"还只是与圣贤悟"道"相关的心理活动，他的"神"只是一种精神。而最先将"神"与情感相联系的是南朝的王微，他在《叙画》中说："望秋云，神飞扬；临春风，思浩荡。"② 对于山水画的"神"，王微明确地说："此画之情也。"③当人们面对不同的自然风景时，内心会涌现出不同的情感。这也是山水画与地图的不同之处，欣赏山水画不能像看地图那样"案城域，辨方州，标镇阜，划浸流"④，而是要品味出画中景物的"情"。尽管王微谈论的是绘画，但是对于自然山水审美同样适用，因为他所说的"情"是由自然环境引发的。

① （南朝）宗炳：《画山水序》，俞剑华：《中国古代画论类编》，人民美术出版社1998年版，第584页。

② （南朝）王微：《叙画》，俞剑华：《中国古代画论类编》，人民美术出版社1998年版，第585页。

③ （南朝）王微：《叙画》，俞剑华：《中国古代画论类编》，人民美术出版社1998年版，第585页。

④ （南朝）王微：《叙画》，俞剑华：《中国古代画论类编》，人民美术出版社1998年版，第585页。

按照他的理解，自然环境不仅能启发人们以哲学思考，还具有审美情感功能，能调动起人们的各种情感。

西方的美育思想尽管也重视审美对于人的情感的陶养作用，但是主要指的是艺术审美，因为艺术是“表达情感的符号”①，而自然在他们眼中只是由一堆堆分子、原子组成的物质世界，物质世界没有情感可言。但是，中国古人眼中的世界却是生命的世界。方东美先生在深入比较了中西方哲学之后发现：“中国人的宇宙是精神物质浩然同流的境界。这浩然同流的原委都是生命。”② 于是，“天地之大美即在普遍生命之流行变化，创造不息”③。对生命的体悟和体验使得自然美更加具有美育价值。生命是有情感的，自然万物如同一切生命体一样具有各种情感，石涛说：“故山川万物之荐灵于人，因人操此蒙养生活之权。苟非其然，焉能使笔墨之下，有胎有骨，有开有合，有体有用，有形有势，有拱有立，有蹲跳，有潜伏，有冲霄，有崱岁，有磅礴，有嵯峨，有巑岏，有奇峭，有险峻，一一尽其灵而足其神。”④ 在中国山水画家们看来，万事万物都有自己的灵魂和生命，有着像人一样的喜怒哀乐，同时，由于气的流动性表明人与自然融为一体、无法分离，这使得人与自然之间进行情感交流成为可能。所以，就美育而言，自然环境仍然能够陶养人们的情感。

在中国古代艺术中，艺术家的情感经常是由外界事物引起，即触景生情，这表明自然景物能够与人们的情感发生关联，触发人的情感。这个过程古代人称为“兴”，“兴”按照朱熹的解释就是“感发志意”⑤ 的意思。“兴”在诗歌或文学作品中比较普遍，《论语》中就有“兴于诗，立于礼，成于乐”（《论语·泰伯》）的观点，“兴”被认为是诗歌的首要功能。中国的山水画发展至明清时

① ［美］苏珊·朗格：《情感与形式》，刘大基等译，中国社会科学出版社1986年版，第62~63页。

② 方东美：《中国人生哲学》，中华书局2012年版，第18页。

③ 方东美：《中国人生哲学》，中华书局2012年版，第55页。

④ （清）道济：《石涛画语录》，人民美术出版社2016年版，第6页。

⑤ （南宋）朱熹：《四书章句集注》，中华书局2012年版，第179页。

期，由于文人士大夫广泛参与艺术，他们将诗书画融为一体，于是山水的抒情功能就受到了格外的重视。明代唐志契在《绘事微言》中说："自然水性即我性，水情即我情。"① 自然山水与人的情感是相通的，人们在进行自然审美的同时，内心情感也得以陶养，这便是环境美育的情感陶养功能。

## 三、林泉之心

山水画在宋代空前繁荣，画论也越来越多，其中最重要的山水理论专著当属北宋郭熙的《林泉高致》，郭熙在该书中对环境的审美功能有了进一步的深入思考。他认为，除了悟道和畅神之外，自然审美还能修身养性，提高人们的道德修养和个人境界。他说："君子之所以爱夫山水者，其旨安在？丘园养素，所常处也；泉石啸傲，所常乐也；渔樵隐逸，所常适也；猿鹤飞鸣，所常亲也。尘嚣缰锁，此人情所常厌也；烟霞仙圣，此人情所常愿而不得见也。直以太平盛日，君亲之心两隆，苟洁一身，出处节义斯系，岂仁人高蹈远引，为离世绝俗之行，而必与箕颖埒素，黄绮同芳哉！《白驹》之诗，《紫芝》之咏，皆不得已而长往者也。"② 在郭熙看来，经常沉浸在自然山水之中，会让人远离人世间的喧嚣与纷扰，"离世绝俗"，产生"林泉之心"，从而达到修身养性的目的。

郭熙是深受儒家和道家学说影响的画家，他的山水观带有融合儒道的色彩。从郭熙的个人经历来看，他虽然"少从道家之学"③，但是他既不是僧人，也不是隐士，而最终成为了深受宋神宗器重的宫廷画家。其子郭思赞扬他"潜德懿行，孝友仁施为深"④，郭思的评价明显带有儒家色彩，儒家的价值观深深地影响着郭熙父子。对于儒家学者而言，提高个人修养和道德水平是非常

① （明）唐志契：《绘事微言》，山东画报出版社 2015 年版，第 36 页。
② （北宋）郭熙：《林泉高致》，山东画报出版社 2010 年版，第 9 页。
③ （北宋）郭熙：《林泉高致》，山东画报出版社 2010 年版，第 3 页。
④ （北宋）郭熙：《林泉高致》，山东画报出版社 2010 年版，第 3 页。

重要的，正如《大学》中所说："古之欲明明德于天下者，先治其国；欲治其国者，先齐其家；欲齐其家者，先修其身；欲修其身者，先正其心；欲正其心者，先诚其意；欲诚其意者，先致其知；致知在格物。物格而后知至，知至而后意诚，意诚而后心正，心正而后身修，身修而后家齐，家齐而后国治，国治而后天下平。"（《礼记·大学》）在儒家看来，治国、齐家、修身之间有着内在的逻辑联系，而修身的关键则是要"正其心"。但是对于如何"正其心"，郭熙却有着新的见解。传统的儒家文人一般是通过读书——特别是圣贤经典著作——来实现修身的目的，而郭熙则将修身与自然审美联系起来，他认为自然界的山水草木同样能够让人养成"林泉"之心，从而达到提升个人道德境界的目的。所谓"林泉"之心，是与"世俗"之心相对的，它源于自然，并向往着回归自然。在郭熙看来：世俗中有太多人为的东西，人类总是习惯于将自己的主观意志强加于别人，这些东西违背了事物的本性，是人主观妄为的结果；但是自然界则不然，宇宙万物都依据自己的本性自由生长，自然美有着——人类世界所没有的——天然的本性之美，于是，经常沉浸在自然美之中，便能抛开现实中功名利禄的诱惑，从喧嚣的世俗中跳脱出去，从而达到仙人或圣贤的至高境界。因此，对自然美的欣赏也是在培养"林泉之心"，即超功利的精神境界。

郭熙的环境美育观根植于中国传统文化，是中华美育精神的体现。尽管西方也有审美超功利的观点，但是西方人眼中的"美"不涉及道德，正如康德所说，美是"无利害的和自由的愉悦"①，所以，康德眼中的美指的是纯粹的形式美，"无利害"表明审美既非生理欲望的驱使，也非道德的强迫，而是对形式的自由感知。与此相应的美育也主要是培养人的感性能力，而道德教育则由德育来承担，与美育无关。然而中国自古就有"尽善尽美"的观点，这使得中国古代的美育与德育之间并非泾渭分明，而是互相渗透、密

① ［德］康德：《判断力批判》，邓晓芒译，人民出版社 2002 年版，第 45 页。

切融合。从教育目的上看，美育与德育最终都是为了育人，尽管两者手段和方法不同，但宗旨其实是一致的。西方的教育尽管德、智、体、美等各门类齐全，但是在教育实践中容易导致用力不均衡的弊病，比如对智育和德育过于重视，而对于看似无用的美育则比较轻视。与此相比，中国传统的美育则没有与德育、智育等割裂开来，而是有机地融汇于自然环境，这其实很值得今天的教育工作者们思考和借鉴。

## 四、烟云供养

如果将中西方艺术家的寿命进行比较，便会发现大部分中国的山水画家都很长寿，这与环境审美不无关系。明代董其昌曾说："黄大痴九十，而貌如童颜。米友仁八十余，神明不衰，无疾而逝。盖画中烟云供养也。"① "烟云供养"表明，起到养生功能的主要是"烟云"，而"烟云"是自然中气的表现形式，由于山水画家经常观察和欣赏自然美，所以往往很长寿。这就是说，自然审美具有延年益寿的养生功能。

自然环境之所以能够养生，与中国传统的环境审美方式有很大关系。恽寿平在一幅山水画的题跋中说："时春水初澌，春气尚迟，谷口千林，正有寒色。"② 在恽寿平看来，对春天的审美最重要的是感受"春气"，也就是说，只有感受到春天的气息才算是真正欣赏到了春天的美。由此可见，中国古代对于环境的欣赏主要是"气"的欣赏。董其昌曾明确指出："画家之妙，全在烟云变灭中。"③ "烟云"——作为自然界中气的最直观的表现形式——尽管在西方的风景画中并不是主要的景物，但是在山水画中却无比重

① （明）董其昌：《画旨》，《董其昌全集》（二），上海书画出版社2013年版，第599页。

② （清）恽寿平：《南田画跋》，山东画报出版社2012年版，第100页。

③ （明）董其昌：《画旨》，《董其昌全集》（二），上海书画出版社2013年版，第597页。

要。因为在中国古代人看来，“气”是万物的本原，也是所有生命体的共同本质，所谓“通天下一气耳”（《庄子·知北游》）。既然宇宙万物的本质是气，而人的本质也是气，那么，两者就可以沟通，自然环境便能够影响人的气质。沈宗骞在《芥舟学画编》中说：“天地之气，各以方殊，而人亦因之。南方山水蕴藉而萦纡，人生其间，得气之正者为温润和雅，其偏者则轻佻浮薄。北方山水奇杰而雄厚，人生其间，得气之正者为刚健爽直，其偏者则粗厉强横。此自然之理也。”① 长期生活在不同的地区，周围的自然环境便会影响一个人的性格，南方的人通常“温润和雅”，而北方人则“刚健爽直”，这种性格上的差异实际上是由于自然环境中不同类型的“气”长期陶养的结果。所以，自然界中的“气”能够对人产生深刻影响。

那么，为什么自然审美能够影响人的寿命呢？主要原因在于“气”与生命是密切相联的。在古人看来，生命的诞生就是阴阳二气交合的结果，因此，中国人眼中的宇宙不仅是“气”的宇宙，更是生命的宇宙。董其昌说：“画之道，所谓宇宙在乎手者，眼前无非生机，故其人往往多寿。”② 也就是说，宇宙万物都是有生命的，自然界中充满了生机，对自然的审美其实是对生机勃勃的生命之美的欣赏，当人们欣赏生命之美的时候，自然事物中的生命活力便会对人产生影响，使人的生命变得活跃，从而起到延年益寿的作用。因此，从气化的生命角度来欣赏自然是中国传统美学的独特之处。从环境美育的角度看，自然环境审美不仅能够提高审美能力，还有益于身心健康，延年益寿。

总之，在中国传统的美育思想中，环境美育占有重要地位，通过自然环境来育人是中国古人的独特智慧，即使在今天，人们普遍围绕艺术活动来进行美育的时候，不要忽视了自然环境。

---

① （清）沈宗骞：《芥舟学画编》，王伯敏、任道斌：《画学集成》（明—清），河北美术出版社 2002 年版，第 567 页。

② （明）董其昌：《画旨》，《董其昌全集》（二），上海书画出版社 2013 年版，第 598 页。

# 中国画“不贵五彩”的审美逻辑

赖俊威（湖北美术学院）

学界关于中国传统绘画审美批评的问题盛行这样一种讲法：“重墨轻色”甚至“以墨代色”。这种观点实则似是而非，有意将所谓“墨色”排除在整体视域下的色彩体系之外，即水墨本应作为一种绘画颜色类型或形态存在的客观事实遭到某种刻意回避。具言之，当时一些画家们主要是以特定绘画创作或审美观念区分并比较“用墨”与“设色”，这在明人董其昌以色彩类型将山水画比附“南宗与北宗”之说可见一斑。从中国画论发展史来看，这种针对颜色表现展开的绘画批评至迟可追溯到五代时期荆浩提倡的“不贵五彩”之说。然而，荆浩本人也并非完全将墨色剥离于具有整体视觉意义的色彩体系。从作为“水墨一派”口号——“墨运五色”概念来看，时人是将“墨色”与中国传统哲学视域下的“五色”（通常被表述为呈现造化万物的纷繁之色）相提并论，具体来讲，绘画水墨之色的视觉表现在客观与主观两个范畴均不曾真正地脱离中国传统的色彩认知体系。直观地讲，水墨主要呈现黑与白两种色相，二者在事实上终归是色彩家族中的两类颜色。从绘画媒材层面来讲，水墨本身又是一种具有色彩性的材料，这从与其极为匹配的“画底”——纸不难看出，即在这种视觉表现过程中，纸有意地成就了一种白或留白，从先人对纸的各种色彩化拟名可窥一二：澄心、墨光、冰翼、白滑、凝光、鹄白、白鹿、凝霜等。这种被贴上“有色”（主要是白色）标签的纸名或多或少表现出某种具有色彩属性的审美特征，恰巧诠释了古人内心色感之丰。

自元代以后，中国画史上存在大量“不贵五彩”（“弘扬水墨”）的用色意图及现象，绘画界的总体视觉面貌逐步走向一条日趋简淡的色彩实践之路，尤其是多数的山水画家不喜用色，典型者莫过于被誉为表现“天真幽淡”画风的倪云林，水墨花鸟等其他题材在徐渭、陈淳等人那里更是得到了淋漓尽致的发挥。由此可见，水墨俨然成了中国绘画美学在色彩表现方面极其显著的一种表现形态，具体发展出的是一个以黑白为主色调，有时兼用“淡彩”或鲜用彩色的艺术创作形式，当然，期间仍存一些设色浓重的绘画作品在整体趋势上终也未能摆脱人们追求淡雅笔墨旨趣的影响，通常呈以一种淡化物质与形式的画法模式，诚如清人石涛基于“一画”概念所言的“画之蒙养在墨”“画受墨”① 之论。所谓“一画”，首先是一种方法，但又讲究对以往一切成法的超越，倡导一种追求自由的绘画境界。水墨之色正是实现这种自由状态的一个关键手段，概言之，绘画离不开墨的“蒙养”。那么，如何才得上“蒙养”？一些学者认为石涛绘画语境中的“蒙养”与《周易》蒙卦的卦义有关：“蒙以养正，圣功也”②，朱良志以此总结出三层含义，分别是“顺应自然之道的天蒙，强调艺术创造不可分析性的鸿蒙，以及倡导艺术真实的童蒙”，大意是“强调回归天道，以浑然不分之真性来拒斥法之束缚，以贞一不杂之理来持养性情，以达圆融之境”③。显然，墨在绘画中的本体含义与功能不言而喻，这一点尤其体现在古代画家的生活观之中，所谓“墨非蒙养不灵，笔非生活不神”④。“一画”论对于纠正中国绘画“不贵五彩”这等偏颇之说具有相当重要的哲学指导意义。诚然，从更为切实的绘画色彩发展史来看，尤其是明、清画论中有关色彩的文字描述基本还是停留在对绘画技巧层面的考量，有关彩色的审美实践庶几还是宗以水墨效果追求展开。水墨——这一反传统用色理念的绘画色彩

① （清）原济：《苦瓜和尚画语录》，《中国书画全书》第 12 册，上海书画出版社 2009 年版，第 163 页。

② 杨成寅：《石涛画学》，陕西师范大学出版社 2004 年版，第 174 页。

③ 朱良志：《石涛研究》，北京大学出版社 2017 年版，第 66~74 页。

④ （清）原济：《苦瓜和尚画语录》，《中国书画全书》第 12 册，上海书画出版社 2009 年版，第 163 页。

形式乃至观念，深刻影响人们对绘画色彩的审美评价，最终也就表现为对色彩运用的有意限制，这也就成为了后人眼里中国画“不贵五彩”的一条重要历史依据。

“水墨体系”的弘扬必然对应着“彩色体系”的式微。那么，水墨体系因何得以倡导，彩色体系何以被弱化？首先，我们须客观地承认水墨是中国传统绘画色彩形态的一种新表现形式，因为中国古人（尤其是文人）对水墨审美价值的提倡，直观地表现在绘画形式感的发展维度。通常而言，一种审美评价标准的确立会影响甚至决定相应艺术形式样态的构成与发展。彩色与墨色二者之间主导地位的转换，恰受绘画审美标准改变所致。对水墨形式感的强调，同时也造成了对这种形式感不甚强烈的其他方向或因素的拘囿，彩色这一色彩形态即是其中难以幸免的一员。然而，这并不能说明色彩本身不为中国画所重，过往以丹青“重彩”画为主的传统足以证明这一点，更不能简单地以此确证“不贵五彩”即为“以墨代色”，只能说“以墨代色”是“不贵五彩”审美逻辑所产生的一种具有显著判断特征的另类阐释。

那么，究竟如何理解中国画“不贵五彩”的内在审美逻辑？对此需要尝试论证这样一个重要问题：黑白两色的地位在中国古人心目中为何会超过其他色彩类型？这从来都不是要取消黑与白自身所具有的色彩属性或特征。从中国传统色彩的价值化过程本质来讲，色彩在中国社会早期的经验认知中与人的生命意识密切相关，从哲学本体意义上看涉及“道”的视觉形象表征及其一定的秩序规范问题，由此进一步延伸到“形外之韵”的艺术创作与审美体验之中，即从“灿烂求备”发展至“绚烂至极归于平淡”。还有另一个重要问题需要廓清：绘画中的水墨形态对中国生命哲学思想是如何展开深层表现的？需要注意的是，我们不能因为水墨形态主要受文人群体所尚，便将其只归于文人阶层，其实际是整个民族生命哲学意识在绘画中的直觉表现，只不过作为代言者的文人画家能够更为集中地反映出这种色彩生命意识，正如清人叶燮在《原诗》中所言：“可言之理，人人能言之，又安在诗人之言之？可征之事，人人能述之，又安在诗人之述之？必有不可言之理，不可述之事，遇之于默会意象之表，而理与事无不灿然于前者也。"① 这是何等深邃的人生情调！明确这一点，不仅对理解中国人的色彩美感研究尤为重要，而且有利于当代中国画色彩批评与审美理论的重构。

## 一、"道"的视觉形象化

中国古典绘画由"重彩"转向"淡彩"这一所谓"不贵五彩"的画史现象，并非在视觉表现意义上的水墨取代了彩色的主色调地位时才初现端倪，因为"不贵五彩"观念的诞生有其中国传统哲学根源。中国传统色彩普遍是作为一种价值化的观念形态存在，具言之，色彩普遍被赋予了相应的价值属性，色彩概念具有明显的价值语义，反过来也向我们表明色彩在很早以前就具有了被主观限制的潜在基因，即色彩自身的属性一般会为各种远缘的价值概念影响乃至遮蔽。色彩的这种价值性通常体现在实用与文化两个范畴，在根本上皆表现为对人生命意识的彰显，不仅在本体论意义上成为中国传统哲学核心概念——"道"视觉形象化的表征形式之一，同时也被充分融入政教、人伦、民俗、艺术等诸多领域之中。色彩诠释中国人生命意识的过程，往往被规定在特定的秩序之中，秩序在形式上通常又具体表现为某种社会规范，此处的规范更多是作为一种指引方式而言，而非作一般意义上的制度约束。宽泛地讲，人们对纷繁现象背后的哲学探求通常在于对稳定规律的把握，主要指抽离出有秩序的理性并为后人普遍接受，这才是"生命秩序"的真谛所在。因之，这种"道—色彩—生命"的认知逻辑直观地导致现象界中的色彩为各种观念限定，最终沦为人们目下对色彩的限制，限制之目的却始终离不开以生命为本的宗旨。简言之，中国画"不贵五彩"明显与人的生命哲学意识休戚相关，尤其表现在色彩作为"道"的视觉形象表征。

① （清）叶燮著，蒋寅笺注：《原诗笺注》，上海古籍出版社 2014 年版，第 194 页。

古代中国的“道”①，在汉语中一般指的是道路，《说文解字》解释“道，所行道也”②。可见，“道”指代关乎人之行动的道路，道路实际是人们得以行走的必要媒介，人行走在道路上，从出发点到达目的地。③ 然而，随着语义朝哲学本体论维度转向，“道”不只是作一般现实的道路形态为人们所理解，而是作为密切关乎人的生命价值的一种“常道”存在，旨在揭示事物之于人的本性与真理。史上各学派对“道”皆有论述，其内涵虽差异显著，但以“道”摄“理”讲“美”的思维方式方法几乎如出一辙，这里以作为主流学派的“儒道禅”为例展开具体说明：以孔子为代表的儒家倡导“仁”之道，以老子为代表的道家强调“自然”之道，禅宗则主张“自性真空”之道。上述之“道”皆有其特定的视觉形象说明：儒家的“文质”色彩观、道家的“自然”色彩观以及禅宗的“真空”色彩观。事实上，从色彩与生具有的自然性视觉体系而言，这些基于道论的视觉认知或多或少都表现出对色彩的观念性限定，色彩自身的属性也在一定程度上被遮蔽。然而，众家学派旨不在限制色彩，只不过是借助对色彩展开限制的这种行为表达相应的哲学思想与理念，色彩本身并非他们关注的根本对象。很显然，这与后来某些人的中国绘画不贵色彩的批评之论并不在同一语境之中。所以，从色彩本性规定而言，“被观念或概念限制”作为古代中国色彩的一种前置条件，目的不是为了限制色彩本身，实为藉此伸张自家的理念或反对与自身相左的其他理念，典型如道家主张“五色令人目盲”反对儒家倡导的“文质”观念。无论如何，色彩的存在意义是以一种视觉表征形式说明或诠释特定的“道”。

① 本文重在说明色彩作为生命本体之“道”的视觉表征形式，而不在于全面诠释中国古代哲学中“道”的内涵及其观念演变。易言之，中国古代哲人大体都有自身的道论，“以道规色”“以色显道”的思维方式基本上是一致的，前者是以自身的哲学理念限定了色彩，后者是以色彩形式表征特定的理念。

② （汉）许慎撰，（清）段玉裁注：《说文解字注》，上海古籍出版社1988年版，第75页。

③ 彭富春：《论老子》，人民出版社2014年版，第4页。

问题的关键是，色彩为何能够被选为古代哲人言“道”的重要媒介？

中国古代哲学普遍追问与关注人的生命存在问题。“道”作为生命存在的一个原始或元概念，一般旨在对生命展开本体性的规定，这能够从老子对“道”的阐释一窥其妙：

> 道生一，一生二，二生三，三生万物。①
>
> 道生之，德畜之，物形之，势成之。是以万物莫不尊道而贵德。②

在老子的语境中，“道”首先是作为宇宙本体而存在，不是自然科学意义上的实际存在，本质上是一种概念意义的设定。“道”的另一个重要意义，是作为宇宙规律而存在，主要表现在“自然无为”“相反相成”“返本复初”等概念之中。③ 从结构与思维方式来看，“道”一般具有两极性或两面性，所谓“一阴一阳之谓道”④，“阴阳”基本是重要哲学概念“易”的立论依据，“易”可谓中国传统文化语境下生命意识的源泉，正如《周易·系辞传上》所言：“易有太极，是生两仪，两仪生四象，四象生八卦”⑤，世间万物皆从“易”生，同时表明一分为二的阴阳辩证思维方式自古以来对生命哲学意识的重要性，诚如董仲舒《春秋繁露·基义》所言：“凡物必有合。合，必有上，必有下，必有左，必有

---

① 陈鼓应：《老子注译及评介·四十二章》，中华书局1984年版，第232页。

② 陈鼓应：《老子注译及评介·五十一章》，中华书局1984年版，第261页。

③ 陈望衡：《中国古典美学史》，湖南教育出版社1998年版，第32页。

④ （三国）王弼：《周易注疏》周易兼义卷第七，清嘉庆二十年南昌府学重刊宋本十三经注疏本，第226页。

⑤ （三国）王弼：《周易注疏》周易兼义卷第七，清嘉庆二十年南昌府学重刊宋本十三经注疏本，第245页。

右……物莫无合，而合各有阴阳，阳兼于阴，阴兼于阳。”① 鉴于此，中国古人普遍是以一种辩证意识对“道”展开视觉形象化的生命化建构，而黑白二色作为一组鲜明的对偶范畴恰是在这样一种思维基础上自然地成为其中极其重要的一种表现形式。

黑白体系的确立是“道”的视觉形象化的一种典型表现，如《荀子·儒效》以分别黑与白的方式讲“善类”之道的问题：“苟仁义之类也，虽在鸟兽之中，若别白黑。”② 客观地讲，中国传统绘画对水墨体系的选择，与作为物质层面的绘画材料的改变不无干系，但从精神本质而言，主要还是关联人们对黑白体系之于“道”的哲学内涵的理解。那么，黑与白何以能够从众多色彩类型中脱颖而出以匹配“道”？让我们首先尝试从视觉体认层面看待古代中国的“道”的属性或特征。老子对“道、名、有、无”关系的论述在很大程度上有助于理解“道”与视觉的这层关系：

> 道可道，非常道；名可名，非常名。无，名天地之始；有，名万物之母。故常无，欲与观其妙；常有，欲与观其徼。此两者，同出而异名，同谓之玄。玄之又玄，众妙之门。③

可见，“常道”与“常名”分别具有不可言说、不可指称的性质，表现为“无”，“无”是指天地的开始。那么，“道”又该如何显在呢？按此逻辑，“道”应是存在的，表现为“有”，“有”是为万物之母体，但“有”并非一个物。综合而言，“有”就是“无”，“无”和“有”具有同一的本源，都是玄妙的。④ 人们要通过“无”直观道的奥秘，通过“有”直观道的边界。可见，“无/有”“妙/徼”都与人的视知觉感官有着密切的关联，而作为“众

① 苏舆撰，钟哲点校：《春秋繁露义证》，中华书局 1992 年版，第 350 页。

② （清）王先谦撰：《荀子集解》，中华书局 2012 年版，第 139 页。

③ 陈鼓应：《老子注译及评介》，中华书局 1984 年版，第 53 页。

④ 彭富春：《论老子》，人民出版社 2014 年版，第 4 页。

妙之门”的“玄”本身从字义上看又作深黑色理解，按照徐复观的理解，“玄乃五色得以成立的‘母色’。水墨之色，乃不加修饰而近于‘玄化’的母色”①。不难看出，关于“道”的“有无”特征表现与黑白色相的视觉特征极为冥契，正如老子进一步所言的“知其白，守其黑，为天下式”②。这明显是一种隐喻的说法，将黑白视为“道”的一种自然象征，分别代表着黑暗与光明。从画史上看，享有“黑龚”与“白龚”之誉的清代画家龚贤对于“知白守黑”哲学理念可谓有着较为深刻的理解，其在很大程度上恰是藉此黑白世界来追求某种光明。关于黑白、明暗与色彩概念之间的关系，黑格尔在西方绘画语境中提出：“一切颜色的抽象基础是明和暗。如果单是明暗的对立和配合在一起作用而还没有加上颜色的差异，所显现出来的就还只是白色作为光而黑色作为阴影之间的对立以及二者的过渡转变和浓淡浅深之差。”③ 很显然，在西方绘画色彩的一般性认知语境中，明暗特征基本属于黑白两色，黑格尔只是从绘画形式的角度分析了色彩与黑白明暗的关系，这恰恰却成为了黑白色相极为重要的显在特征。中国古代哲学对明暗的本质理解明显不止于形式认知层面，“老子认为，光明与黑暗的分别是没有意义的。真正对光明的追求就是放弃对明暗的分别”④，中国古人对明暗的把握是从生命哲学本体论出发的。人类的自然性视觉体系基本可以概括为由明暗与色彩两大因素构成，倘若说色彩通常被用来表述为“物色”，即自然界的一种现象，那么明暗意义下的黑白更像是一种抽象形式，但它客观上又需要通过色彩来体现。事实上，黑白既是两种颜色，又往往具有无色的意味，从色彩关系的原理出发，这与其他色彩相比，似乎存在着一种超越色性认知的距

① 徐复观：《中国艺术精神》，商务印书馆 2010 年版，第 238 页。

② 陈鼓应：《老子注译及评介·八十章》，中华书局 1984 年版，第 178 页。

③ ［德］黑格尔：《美学》第三卷上册，朱光潜译，商务印书馆 2009 年版，第 272 页。

④ 朱良志：《寻找中国画色彩的逻辑》，《书画世界》2014 年第 1 期，第 27 页。

离，这大概也是人们容易将黑与白排除在绘画色彩队伍之外的一个重要原因。

总的来说，黑白从众多色彩形态中脱颖而出，并成为“道”的一种典型表现形式，与“道”的“有/无”“玄妙”等属性极为契合，中国传统绘画最终走向以水墨为统宗的道路，在精神本质上必然受到“道”的这种玄化思想影响。黑白主要在于表现明暗，甚至可以说，黑是人们对黑暗的直观感觉，白则代表着光明。黑白二色较之其他色彩似乎更能直观地诠释人的生命意识，即如王维所言的“肇自然之性，成造化之功”，这正是黑白天生具有的自然特征，也揭示了张彦远提出的“意在五色，则物象乖矣”之真谛所在。

## 二、“生命秩序”规范下的色彩认知

中国古代哲人创造了一众看似限制色彩本身属性的概念，在根本上与人的生命意识相关。人的生命意识往往表现在具有显著价值特征的生存环境之中，并由此形成相应的秩序与规范。中国文化环境中的色彩正是浸润在这样一种“生命秩序”下的视觉表现形态。其中，作为传统绘画色彩语素的“五色”或“五彩”，在很大程度上是谓限制色彩自由运用的一个典型哲学概念。从色彩的具体选用过程来看，明显存在颜色之间的“不平等性”，即如“青、赤、黄、白、黑”五色在画面中的使用频率几乎盖过了其他颜色类型。所谓“五色”，大抵是一个与宇宙观、社会秩序观蒂萼相生的色彩谱系。鉴于此，与其将它视为一个颜色分类系统，毋宁视其为对宇宙及社会秩序的某种类比或象征体系，如“五色”之中的黄色，从五方位色的角度而言，位居中央，一般被用来指代大地及其色彩表征，在五行意义上作为土色而存在，也常被视为统治阶层的中心地位。“五色”中的其他颜色——青色、赤色、白色、黑色则分别代表东、南、西、北四方，也表现出较为严格的秩序感。显而易见，作为中国古典色彩理论的核心语素——“五色”深处一种与生命意识有关的世界秩序之中。

这种体现生命价值的色彩秩序观不仅是体现在宇宙或世界结构的认知层面，还充分影响古人的社会生活中各种具体功能的实际运转，典型如朝代更迭所导致的尚色制度，服饰等各种器物的用色制度，以及社会风俗用色制度等，所谓“改正朔，易服色”① “乾坤有文，故上衣玄，下裳黄”② 等论可以说是不绝于耳。除“五色”之外，儒家基于礼制而倡导的正色观亦是如此，颜色在儒家用色观念中也表现出明显的礼制规范性，人们对色彩的选择与运用显然不是根据个体的好恶评价，而是具有普遍性的秩序规定，难怪孔子会向世人发出“恶紫之夺朱”的警世恒言。道家伸张的“五色令人目盲”之论，虽是从反对以儒家为代表的传统秩序角度出发而言的，但从色彩与生命关系的认知逻辑来讲，其所倡导的见素抱朴之色依然还是生命意识下的色彩理论表现，即反对人为的、外在感官的，提倡无为的“非秩序”也是一种全新的生命秩序体现。总的来讲，“五色”谱系、儒家色彩观、道家色彩观等皆是基于人的生存以及生命价值存在而展开的色彩哲学认知。显然，中国色彩表现出一种生命意识影响下的秩序性特征，色彩的固有属性并非古人在生命哲学本质意义上的审美追求，色彩在此语境中主要是一种生命化的色彩。

以上是从思想根源上把握色彩与人的生命价值之间的直接联系，继而看待所谓“色彩限制”的问题。中国传统绘画语境中同样表现出限制色彩的意识或观念。早在先秦时期，作为“绘事”功能性理解的中国绘画本是作为“设色之工”存在，而在孔子提出的“绘事后素”概念中已然表现为对色彩的一种出于道德范畴的观念性规范，该语境中的秩序主要指孔子所推崇的周礼之制。此外，谢赫在相对纯粹自觉的艺术语境中所言的“随类赋彩”概念，即使已具备了较为明显的艺术独立性，终究还能看出是以一种相对

① （汉）班固：《白虎通德论》卷第七，四部丛刊景元大德覆宋监本，第 39 页。

② （宋）李昉：《太平御览》卷第六百九十服章部七，四部丛刊三编景宋本，第 4101 页。

稳定的“类相色”作为所绘对象及其最终绘画形象的色彩形态。具体而言，无论是作为大家口中的“概括色”，还是后来进一步发展出来的“意象色”或“抽象色”，都并非随时、光等条件而变的客观存在的物象色彩面貌，从这个层面而言，绘画色彩确实遭遇了有意的限制。逮至水墨观念普及，对绘画色彩的限制更是达到了某种极致，甚至发扬墨色能够替代彩色的言论，这不妨可视为是受充分彰显个体生命体验之规定的影响。从以伦理道德为代表的价值观念到具有概括性的类相性色彩思维，再到抽象的水墨体系，中国画色彩发展史在表面上都处在一种被“有意限制”的氛围之中。这三个极具代表性的色彩观念都具有两个共同的特征：①色彩皆关乎人的生命意识或生命体验；②色彩是作为一种媒介被用以言说一定的观念，即色彩观念旨不在色彩本身。显而易见，关注生命意识下的中国色彩，既以“明物象之源”为客观的现实基础，又不只拘囿于形式层面。从绘画对象角度而言，充分关涉到色彩对于绘画形象塑造的“似”与“不似”、“似”与“真”、“华”与“实”等审美关系问题；从绘画创作层面而言，荆浩所提“有形病”和“无形病”，可谓反过来论证了色彩作为绘画形式构成要素的“有形”与“无形”两种存在状态，这对于人们从真正意义上理解“不求形似”问题具有重要的启发性，也为“不贵五彩”的阐释提供了最重要的两个向度。

区别于西方写实主义传统背景下的科学色彩体系，中国绘画色彩在本质上被笼罩在强烈的生命意识之下，这大概也是中国传统艺术批评的一个最为根本的审美标准。鉴于此，中国古人的色彩思维也具有十分显著的生命秩序感，当生命秩序感在艺术创作过程中逐渐酝酿出一种“游戏”的审美态度，那么，最终发展出以黑白为主色调的中国绘画色彩体系实则在情理之中，因为形式的极简更便于事物本质的显露。绚烂纷繁的色彩偏于直观感性，素朴简淡的黑白更接近抽象理性并趋于一种恒定，这从中国绘画通常以黑白二色结构造型，以其他色彩加强形象真实感以及烘托情感等气氛可见一斑。

## 三、“得于骊黄牝牡外”的色彩体验

从客观的画史来看，水墨体系在相当程度上颠覆了以往中国画浓重用色的传统。中国绘画在文人思潮影响下逐步倡导一股“水墨写意”之风，其中重要的理论基石大概源自张彦远《历代名画记》总结的“运墨而五色具”和荆浩《笔法记》称道的“不贵五彩”绘画创作理念。从绘画创作理念出发，水墨体系的强化深受这股写意之风的影响，尤其表现在文人画家所倡导的“逸气”“游戏”绘画美学思想之中。不置可否，绘画色彩在具体实践上的确存在被限制的视觉现象，并形成一定通俗义上的“不贵五彩”之论，且表现为以墨色替代彩色之用。那么，难道“墨运五色”仅仅是为了强调墨色能够取代彩色的绘画构成功能？或者说，据以“五色”绘画色彩语素的用色传统，已然沦为只能仰仗墨色认知理论的一种视觉幻想？这显然与绘画作为视觉艺术的基本事实不符，即使“以墨代色”是对人的视知觉经验发起的一种挑战，墨色本身的呈现无论如何也不可能脱离色彩的基本视知觉属性。故而，“墨运五色”绝非只是一种不切实际的虚空幻觉，其中大量画论记载了有关“墨色分明”的内容，其在表现上还是基于色彩的一个重要性质——“相对性”，如郭熙将墨分为“焦墨、宿墨、退墨、埃墨”①，侧面反映墨色本身具有一种类似“五色”并置的相对性；唐志契认为墨色分有“六彩”，即“黑、白、干、湿、浓、淡”②；张庚论用墨更是明确提出“墨之鲜彩，一片清光，奕然动人”③ 之论……这些皆可作为“以墨为彩”的一定力证。所谓“墨之鲜彩”的表现，最终在本质上是被“气韵生动”所统摄。这

---

① （宋）郭熙：《林泉高致》，《中国书画全书》第1册，上海书画出版社2009年版，第501页。

② （清）唐岱：《绘事发微》，《中国书画全书》第12册，上海书画出版社2009年版，第467页。

③ （清）张庚：《浦山论画》，《中国书画全书》第15册，上海书画出版社2009年版，第1页。

种以“气韵”为宗旨的墨色表现几乎彻底改变了传统的设色原则，其中最为显著的表现莫过于从“浓艳”之色发展为“淡逸”之色，诚如恽寿平所称“离形得似，绚烂之极仍归自然”①，大抵可概括为如王原祁所言的“色由气发”之论，旨在实现“不浮不滞”的色彩审美效果。②

对色彩绚烂与泛滥的限制行为是否意味中国画真的反对色彩？明人孔克表曾言：“善相马者，不于骊黄牝牡，而于天机，余谓观画亦然”③，分明是以相马不索之于骊黄牝牡为喻，向人们揭示本质意义上的中国传统绘画的审美观照不在于色彩等形式的绚烂，而在于形式背后的“天机”，但这里也并没有否定色彩形式的存在，而是主张超越形式寻找“天机”，与欧阳修提出的“古画画意不画形”、倪瓒倡导的“不求形似”等绘画创作理念极为相洽，即并不妨碍“迹意兼美”的绘画审美追求，而是不以“求形似”“求绚烂”为目的。倘能窥得所谓“天机”，从审美本质上而言，彷如孟子所言的“形色，天性也；惟圣人然后可以践形”④，将这里的“圣人”的审美心理置入绘画创作加以考虑，亦可指窥得天机之人，即绘画创作主体当如圣人由内在充实外在，“得骊黄牝牡之外”大体指的就是这个意思，即不在于批评“骊黄牝牡”，而是从内心深处超越并充实了“骊黄牝牡”的不足，否则即使天生的绚丽多彩也将被辜负。关于对与“骊黄牝牡”密切相关的“天机”的把握，首先需要明确，中国绘画美学乃至整个古典美学在本质上并不拒斥纷繁的色彩形式，而是重视人的内在生命呈现，具体指追求一种超越形式、超越色彩的审美目的，获得一种“形外之韵”

① （清）恽寿平：《南田画跋》，《中国书画全书》第11册，上海书画出版社2009年版，第232页。

② （清）王原祁：《雨窗漫笔》，《中国书画全书》第12册，上海书画出版社2009年版，第289~290页。

③ （清）孙岳颁等编：《佩文斋书画谱》卷八十一历代名人画跋一，清文渊阁四库全书本，第2089页。

④ 杨伯峻译注：《孟子译注·尽心章句上》，中华书局2018年版，第356页。

的审美体验。与此同时，难免在行为上反对外在感官的单纯作用以及知识性认知，这也正是水墨被贴上“写意”标签并在中唐以降逐渐代替丹青、青绿成为中国绘画主流的重要原因。绘画的这种写意性，“从色彩、形质表现，一直探进到观念表现，而可以造成视觉触动或经验辨识的感性审美元素则趋于弱化”，在本质上又是“借此实现对人生或世界存在原质的揭示，从而使绘画摆脱眼目所见的形色，成为更趋一般的形式”。① 所以，绘画色彩形态从绚烂的彩色转向素朴的水墨，终究还是归于古人对内在生命的体认，而非只是对彩色或墨色作高低等第的表面评价。总之，“不贵五彩”根本上关联的是中国人对生命体验的重视，一来是为了直溯造化之源而回归本色世界，让人们不执着于形色世界，如倪瓒“逸笔草草”的平淡绘画风格；二来本着“色即天性”审美理想，实现“如春在花”之境，作为显在要素的色彩已然溢出了形色世界，成为“春花”之化身，明秀妍丽的色彩同样可以直通本色世界，所谓“在在即是”，知晓此理者自然不会执着于对色彩的否定，诚如深谙此理的石涛在绘画设色上无疑是浓抹大涂，心中无色，纵是满幅绚烂，亦可直臻造化之境。大体而言，中国古典哲学中所谓的“正色”“素色”“色空”“无色”等概念皆并非单纯反对色彩的片面讲法。故而，所谓中国传统绘画排斥色彩的主张在本质上应是一种误解。

如前文所述，生命意识下的色彩是“道”的一种视觉化表征，水墨体系的内在精神旨在更好地诠释“道”的本色，并不执著于对彩色形态本身的排斥。即便主张“不贵五彩”的荆浩也在《画说》中有言：“红间黄，秋叶堕。红间绿，画簇簇。青间紫，不如死。粉笼黄，胜增光”②，此虽是从一种反面效果的角度讨论不同颜色之间的组合问题，能看出其并非完全否定设色的传统，反而给

---

① 刘成纪：《释古雅》，载《中国社会科学》2020年第12期，第52页。

② 蒋义海：《中国画知识大辞典》，东南大学出版社2015年版，第577页。

出关于设色的具体建议。荆浩追求的是一种“水晕墨章”的审美效果，诚如其自诩笔墨兼到即可为证，再如评价其极为推崇的张璪的绘画：“气韵俱盛，笔墨积微，真思卓然”①。“气韵俱盛”可谓其心目中“画道”之本色，作为“玄化亡言”的绘画形式——墨色呈现的恰又是一个“阴阳陶蒸，万象错布”的大千世界，这直接上升至宇宙本体问题的思考层面。时间的永恒性决定了“草木敷荣，不待丹碌之采”的色彩时间观；空间的稳定性决定了“山不待空青而翠，凤不待五色而粹”的色彩空间观。② “真思卓然”体现的又是画家之“画意”，主要作用于绘画色彩观念在意动层和形态层的发展过程。张彦远围绕“骨气形似”与“意”的关系说明对此可资一定参考：“骨气形似，皆本于立意”③，此处之“意”是一种动力表现，“骨气形似”则是“意”的形态表现。“气韵俱盛”之“道”主要作用于绘画色彩观念的根源层和价值层，一方面是观念的统筹前提，另一方面是明“意”之果。服膺“虚室生白，吉祥止止”④ 的董其昌虽以设色与用墨作为区分工匠画和文人画的特征，在一定程度上导致设色画遭到贬抑，但其本人不仅并未高举文人画就是水墨画的大旗，还创作了不少“山红涧碧纷烂漫”⑤ 景象的绘画作品。由此不难发现，设色画并不完全作为文人画的对立面而存在，设色画与水墨画都可以具备文人审美性质。那么，中国绘画色彩评价体系本质上能够基于一种怎样的标准被统摄起来？概言之，绘画“不贵五彩”的本质在于回归“道”之本色，并不执着于对彩色的排斥。概言之，无论水墨还是彩色，皆是对

① （五代）荆浩：《笔法记》，《中国书画全书》第1册，上海书画出版社2009年版，第7页。

② （唐）张彦远：《历代名画记》，《中国书画全书》第1册，上海书画出版社2009年版，第126~127页。

③ （唐）张彦远：《历代名画记》，《中国书画全书》第1册，上海书画出版社2009年版，第124页。

④ （明）董其昌：《画禅室随笔》卷四，清文渊阁四库全书本。

⑤ 出自（唐）韩愈《山石》一诗：“出入高下穷烟霏，山红涧碧纷烂漫”（载《全唐诗》卷三百三十八，中华书局1960年版，第3785页。）

"道"的视觉表征。水墨之所以能够在更大程度上被选为中国绘画色彩的主要表达形式，这是因为墨色的视觉性在直观意义上更契合于"道"，但这并非意指彩色与"道"相悖。这一点充分体现在人们对绘画色彩实践从"能事"转向"游戏"的理解过程之中。

从"游戏"的视角看待绘画活动，中国绘画色彩审美的终极表现大抵可总结为："有色于画，画每去寻色；无色于画，色自来寻画"。中国绘画既离不开色彩，又旨不在色彩，即使是接近本色的水墨之色亦然。从比较具体的设色过程与色彩体验而言，水墨无非是中国绘画设色的一种独特技法，客观上依然是传统绘画色彩形态表现的一种拓展，即水墨源于并构成中国绘画色彩观念。中国绘画设色趋简澹乃至不用彩色，表面上是对色彩的限制以凸显墨色，本质上还是中国古典哲学中的"得意忘象"（"得意忘色"）之举。绘画色彩恰是在"画事原在神完意足为极致，岂在彩色之墨与朱乎？"① 的审美觉解背景下以"气韵生动"为最高追求，不仅能够通达本色，而且能够极尽灿烂。故而，对本色的追求毋须排斥色彩，因为色彩本即天性，既是自然之色，亦是心源之色。

倘言本色于"道"仍过于抽象，那么本色于"人"则具体得多。古人对绘画本色的强调本质上是对个体天性的一种维持。这是一种对本真的自然回归。英国学者劳伦斯·比尼恩曾在《亚洲艺术中人的精神》一文中这样写道："西方风景画比起中国风景画有一个极大的优点，那就在于色彩。中国风景画是用墨画在丝绢或纸上……谁也不会责备中国人缺乏色彩感；他们在绘画上的这种节制肯定是经过深思熟虑的。这是对于过分注重事物的地方色彩和表层外观所持的一种天生的厌恶态度"②，恰恰印证了中国古代画家对"形外之韵"的审美追求，同时从造型观念上再一次为我们道出中西方绘画色彩的本质差异：西方绘画习惯于以色彩造型，中国绘画

① 潘天寿：《听天阁画谈随笔》，上海人民美术出版社 1980 年版，第 39 页。

② ［英］劳伦斯·比尼恩：《亚洲艺术中人的精神》，孙乃修译，辽宁人民出版社 1988 年版，第 53 页。

造型主要以墨线为本，加之色彩或墨色填充。事实上，无论是“重彩”绘画中绚烂的色彩，还是“淡彩”绘画中素淡的色彩，总体上都离不开用于绘画造型的墨线。从技法上讲，前者可概括为“勾勒填彩”，后者则是为“以笔运墨”。这似乎也是中国绘画未如西方那般走向水彩画的一个现实原因。当代中国绘画的“危机论”普遍存在这样一个认识：中国绘画形式创造经历着一个不断重复的过程。一种观点认为，中国传统绘画已经过了辉煌时期，绘画形式已难以再向前迈进，并在西方绘画各形式要素觉解的冲击之下，以色彩为例，以往的“重墨轻色”成为了“新绘画”的一种桎梏。另一种观点则认为，中国绘画形式已趋于完美，无需继续发展。以上观点虽是两种截然不同的态度，但都指向了同一个问题：中国传统绘画及其形式创造当何去何从？这一点尤其体现在中国绘画创作的色彩运用问题之上。

总的来说，中国画中的水墨一般不属于“设色”范围，但从视觉表现来讲，又不能否认黑白作为两种颜色存在的客观事实存在。这似乎形成了中国绘画色彩理论中的一大悖论。那么，中国古人是怎么做到既将黑白置于色彩体系之外，又能据以视觉体系看待黑白色相及其审美问题？首先，世间万物的存在皆以“道”为本体性规定，一切现象皆可视为“道相”。这种认知观念直接导致源于视觉感官的色彩也必然是作为“道”的表征形式之一存在。中国传统文化语境中的色彩既是色彩，也不是色彩。中国绘画色彩限制的问题主要是受其功能性存在土壤和本体性存在意义两方面决定。一方面，我们需要立足中国绘画色彩理论所处的生命价值哲学领域看待色彩身上的抑制基因；另一方面，我们要从中国古典美学普遍追求的“形外之韵”（即超越形式）的艺术理想去理解“水墨弘扬”与“彩色抑制”。所谓“不贵五彩”，并非指彩色被墨色完全取代，其真正意义在于以文人画家为代表借助水墨形态揭示古代中国的普遍审美意识，在根本上还是以绘画色彩的形式溯源生命的存在。具体来讲，这充分表现出“中国古典美学对自然的感性形式的美的根本看法，即囊括中国绘画色彩在内的自然的感性形式都普遍被看作是生命的力量与和谐的表现，同时又隐含着和社会政治伦理道德相关的重要内容"①。这种生命意识下的色彩，恰是中国古典美学为何总是偏好从精神层面把握形式美的根源所在，亦是色彩作为形式美的重要形态为何总是被视为特定精神之象征的关键原因。真正自由的形式美并不止于感官愉悦，亦不止于形式本身，而是对形式本身的超越，所谓"有人悟得丹青理，专向茅茨画山水"②，而导致这一审美创作理念的思想源头还是色彩作为形式美在本质上对人的生命哲学的凸显，正如王国维所言："茅茨土阶，与夫自然中寻常琐屑之景物，以吾人之肉眼观之，举无足与于优美若宏壮之数，然一经艺术家（若绘画，若诗歌）之手，而遂觉有不可言之趣味。此等趣味，不自第一形式得之，而自第二形式得之无疑也。绘画中之布置，属于第一形式，而使笔使墨，则属于第二形式。凡以笔墨见赏于吾人者，实赏其第二形式也"③，显然，笔墨这一色彩形态在王国维眼里并非是简单的在技术层面的用以绘画布置的形式因素，而是涉及一种精神化的艺术表达。笔墨被列为"第二形式"的主要原因在于：首先，"以笔墨表现的艺术形式已不是事物的原初形式，而是被重构的形式"④；其次，绘画色彩作为"第二形式"的趣味性，从根本上讲，终归旨在对生命本质的领悟，再一次为中国绘画色彩形态从"彩"转向"墨"作出总结，即古人不局限于各种色相，黑白很自然地成为一种"原色"——近"道"的色彩。

从色彩与生命的关系出发，最后不妨以闻一多先生所写的《色彩》一诗作为结尾：

---

① 李泽厚、刘纲纪：《中国美学史·先秦两汉编》，安徽文艺出版社1999年版，第573页。

② （明）唐志契：《绘事微言》，《中国书画全书》第5册，上海书画出版社2009年版，第471页。

③ 姚淦铭、王燕编：《王国维文集》第3卷，中国文史出版社1997年版，第33页。

④ 刘成纪：《释古雅》，载《中国社会科学》2020年第12期，第53页。

生命是张没有价值的白纸，自从绿给了我发展，红给了我情热，黄教我以忠义，蓝教我以高洁，粉红赐我以希望，灰白赠我以悲哀；再完成这帧彩图，黑还要加我以死。从此以后，我便溺爱于我的生命，因为我爱他的色彩。①

① 闻一多：《闻一多选集》，四川文艺出版社1987年版，第72页。

# 北宋山水画论中的家园意识

陈 瀛（武汉大学哲学院）

宋代分为北宋和南宋，北宋时期（960—1127）经历短暂的发展，经济、文化都达到繁荣的景象，尤其是商业的发展已经超过之前各个时代，一度呈现为升平之世。但随着统治者专制主义的不断加强，人民遭受的封建压迫日益严重，于是土地问题成为了北宋社会矛盾的焦点，到宋仁宗时期已经形成“势官富姓，占田无限”的严重局面，随着广大农民失去土地沦为佃户，导致多次农民起义的爆发，同时周边的许多少数民族政权也不断地骚扰北宋边域，引起多次战争，但北宋王朝却采取绥靖政策，用大量的资源换取短暂的和平。这一时期内忧外患，北宋神宗为了解决这些问题，便提拔王安石组织变法，变法在一定程度上达到了效果，但随着宋神宗离世，宋徽宗即位，北宋逐渐式衰。虽然宋徽宗赵佶在统治北宋王朝期间表现得极其腐朽无能、穷奢极侈，但他却对宋代书画艺术的发展起了积极作用。虽然北宋时期的统治者并没有使得国泰民安，但以历史的眼光来看，北宋时期我国的科技文化领域出现了繁荣景象，在哲学、文学、艺术和科学技术上各方面都取得了新的成就。虽然北宋时期国力并不及汉唐，但其文化的高度在中国历史上是空前的。其原因是北宋拥有宽宏的文化政策，对文化并不实行专制制度，崇尚言论自由、兼容并蓄。同时统治者对于文人儒士的尊重，也推动了文化的发展。从宋太宗倡导“兴文教，抑武事”“以文化成天下”，再到宋真宗的《劝学诗》都表现出北宋推崇的“重文轻武”的思想，在这样的政策下导致文人士大夫形成了文化的自觉。

## 一、北宋文人的家园意识

正因为北宋时期的动乱、土地等问题，让文人士大夫们不得不思考如何在这样的时代里安身立命，同时也使得在儒家思想下成长的他们从关注自身的利害到思考社会、国家、人民的前途，而这样的思考正是宋代文人思想的升华。北宋时期文人士大夫的家园意识与当代的家园意识是有区别的，当代的“家园意识”① 是由海德格尔在20世纪初提出的，他阐述了存在与意义的问题，他将“人在世界中存在”② 作为一个整体看待，认为人在本质上与自然是密不可分的，人不会被忽视其存在的。脱离世界的人是不存在的；反之，没有人的世界也是孤独的。但对于北宋人来说则与之不同，《说文解字》曰“家，居也”③。古人认为家是生活居住的场所，这个场所是建立在土地之上。而“园，所以树果也”④。指有花果、树木的地方，种植植物也须土地。所以“家园”一词应包含了土地，同时是满足生存和生活的条件的地方，《后汉书·桓荣传》：“贫窭无资，常客佣以自给，精力不倦，十五年不窥家园。”唐薛能《新雪》诗：“香暖会中怀岳寺，樵鸣村外想家园。”而“家园”一词的含义又引申为家庭、家乡、故乡等等。这种家园指的是真实或现实家园，但北宋时期文人士大夫的家园，却超越了现实所生活的家园，强调的是追寻精神家园。这种精神家园是完全主观的，对于不同的个体是不同的，如苏轼所言，“试问岭南应不好，却道：此心安处是吾乡”⑤。他认为让心灵安定的地方，便是我的故乡。这已经超越了故乡的概念，也超越了现实家园的范畴，

① ［德］马丁·海德格尔：《存在与时间》，陈嘉映、王庆杰译，三联书店2006年版，第4页。

② ［德］马丁·海德格尔：《存在与时间》，陈嘉映、王庆杰译，三联书店2006年版，第4页。

③ （东汉）许慎：《说文解字》，中华书局1963年版，第150页。

④ （东汉）许慎：《说文解字》，中华书局1963年版，第210页。

⑤ 唐圭璋：《全宋词》，中华书局1988年版，第288页。

故乡与家园不仅仅是人的安居之所，也是精神安宁之处，这地方就是人的故乡与家园。而在北宋，这种超越现实的精神家园意识不只是苏轼一人，已然成为北宋文人们的集体诉求。对于苏轼而言心灵与思想的安宁之处就是他的精神家园，但对于欧阳修来说“山水之乐”才是他的精神家园，“夫穷天下之物，无不得其欲者，富贵者之乐也；至于荫长松，藉丰草，听山溜之潺湲，饮石泉之滴沥，此山林者之乐也”①。欧阳修在这篇文章中指出“富贵者之乐”与“山林者之乐”两种人生快乐，对于“富贵者之乐”欧阳修觉得只是对于物质生活的追求，是有欲的一种表现，而“山林者之乐”是对于山水自然的喜爱，看丰草树木，听流水之声，让心灵与精神从世俗中逃脱，归复于山水之间，这种无欲的状态便是他所追求的精神世界。欧阳修又言“山林本无性，章服偶包裹”②，直接体现出他对“山林者之乐”的极度推崇，认为自然山水就是人性回归的地方，他在《醉翁亭记》中说道：“醉翁之意不在酒，在乎山水之间也。山水之乐，得之心而寓之酒也。”这种“山水之乐”让他在人生的低谷阶段里获得精神的补偿，从而抚慰心灵。欧阳修的家园意识是从现实自然山水出发，通过审美的方式，达到精神世界的快乐，实则是对于精神家园的向往。

由于北宋时期的积弱积贫、人民生活困苦，同时又受到辽、夏等族的不断侵扰，北宋统治者一方面对内粉饰太平，另一方面对外则采取消极的防御方针。面对这样的情况，文人士大夫们非常担忧，希望通过改革的方式扭转局面，于是由范仲淹、欧阳修、李觏等人提出了一系列改革措施，这便是北宋历史上煊赫一时的“庆历新政”。在这个改革集团中范仲淹是极具代表性的，他在不少诗词中表达了对于人民的同情和国家的担扰。对于范仲淹来说国就是大家，而当国作为家来看时，家园意识就是国家意识，而他的家园

① 陈望衡：《中国古典美学史》，湖南教育出版社 1998 年版，第 667 页。

② 陈望衡：《中国古典美学史》，湖南教育出版社 1998 年版，第 668 页。

意识就是家国情怀，他在《岳阳楼记》中写道："先天下之忧而忧，后天下之乐而乐。"他认为作为士大夫应把国家、民族的利益摆在首位，为国家分愁担忧，为人民幸福出力。范仲淹的精神是一种大无畏的精神，他的家园意识不同于苏轼与欧阳修等人，对他而言他所追求的精神家园就是家国情怀，国家的利益是在个人利益之前，是一种为国奉献的大无畏精神。北宋时期的士大夫大多都有这种家国情怀，如张载所言："为天地立心，为生民立命，为往圣继绝学，为万世开太平。"① 他们受到儒家思想的影响形成这一观念，修身齐家实则为了治国平天下，对于他们来说这才是士大夫应有的责任和担当。而范仲淹的家园意识除了家国情怀，也包含了对自然山水的向往，他认为自然山水风光可以抚慰心灵与精神，"而或长烟一空，皓月千里，浮光跃金，静影沉璧，渔歌互答，此乐何极！登斯楼也，则有心旷神怡，宠辱偕忘，把酒临风，其喜洋洋者矣。"② 他登上岳阳楼后，眺望山水，感到心旷神怡，这种感觉足以忘却自己的荣誉与失意，这是审美意识给他带来的精神上慰藉，在精神家园中得到安宁。

北宋文人士大夫的家园意识实则是超越客观现实的家园，并不局限于具体的家、故乡、吾乡、国、自然山水，而是精神上的存在，精神与心灵的归属之地便是家园。于是诗歌、书法、绘画等形式成为了表达他们情感与精神的途径，其中绘画则极具代表性。北宋时期文人士大夫是非常乐衷于绘画，其主要由于北宋画院的建立。北宋画院不仅规模宏大，制度上也比较健全，通过考核录取画家进入画院学习，然后视各人成绩决定职位等级和待遇。并且北宋时期的统治者几乎都爱好书画，导致其画院规模超过之前的时代，所以书法与绘画两方面的成就尤为突出。而这一时期的书法家与画

① 侯外庐、邱汉生、张岂之：《宋明理学史》（上卷），新华出版社1984年版，第94页。

② （宋）范仲淹：《范文正公文集》（二十卷），上海图书馆古籍数据库，https：//gj. library. sh. cn/org/info/shl？ uri=http：//data. library. sh. cn/gj/resource/instance/t538ocg67k037ewj。

家人数极多，其中画家里山水画家是最多的，北宋的山水画家们注重法度、尚“形”，往往表现为构图大势逼人，笔墨法度严谨，意境清远高旷。北宋山水画不同于历代的作品，从作品的语言、形态、内容和审美主体的情感上看，会令人产生一种古雅的艺术美。由于很多画家本是文人出身，他们将人生感悟、绘画经验和审美经验进行总结，创作出许多山水画论，这意味着北宋文人士大夫从文化的自觉走向艺术的自觉。

## 二、北宋山水画论中家园意识的体现

每一个时代文学与书画都是互相影响的，北宋亦复如此。郭熙曰“柳子厚善论为文，余以为不于文。万事有决，尽当如是，况于画乎”①。他认为绘画应与文学一样是有诀窍的。南宋邓椿言：“画者文之极也。故古今文人，颇多著意……唐则少陵题咏，曲画形容。本朝文忠欧公，三苏父子，两晁弟兄……然则画者岂独艺之云乎……其为人也多文，虽有不晓画者寡矣。其为人也无文，虽有晓画者寡矣。”② 证明山水画在北宋时已普及于一般文人，同时以欧阳修为中心的古文运动在无形中影响了北宋山水画论，而欧阳修、苏轼等北宋文人士大夫的家园意识也浸染于山水画论中。

郭熙在《林泉高致》言：“君子之所以爱夫山水者，其旨安在？丘园养素，所常处也；泉石啸傲，所常乐也；渔樵隐逸，所常适也；猿鹤飞鸣，所常亲也；尘嚣僵锁，此人情所常厌也；烟霞仙圣，此人情所常愿而不得见也。”③ 他认为君子爱好山水的主要是因为自然山水可以涵养心性、远离人世间的喧嚣。其中“丘园”

① 杨成寅：《中国历代绘画理论评注（宋代）》，湖北美术出版社 2009 年版，第 79 页。

② 杨成寅：《中国历代绘画理论评注（宋代）》，湖北美术出版社 2009 年版，第 274 页。

③ 杨成寅：《中国历代绘画理论评注（宋代）》，湖北美术出版社 2009 年版，第 75 页。

一词有两层含义，一指家园、乡村，二有隐居之处的含义，《易·贲》："六五，贲于丘园，束帛戋戋。"① 王肃注："失位无应，隐处丘园。"② 郭熙认为家园应是涵养心性的地方，同时这个地方也是远离尘世喧嚣，如仙圣之境一般。在他看来，只有寄情于山水之间才能摆脱现实的政治枷锁，远离世俗、脱离喧闹，只有退隐于自然山水中才能让心灵得到安宁与慰藉，这样的地方才是郭熙的理想家园。这种理想家园对于大多数文人士大夫来说是一种奢望，他们认为仕宦生活与山水生活是矛盾的，这种矛盾其实就是现实家园与精神家园的矛盾。郭熙认为可以在两者之中找到平衡，他说："然则林泉之志，烟霞之侣，梦寐在焉，耳目断绝，今得妙手郁然出之，不下堂筵，坐穷泉壑，猿声鸟啼，依约在耳，山光水色，滉漾夺目，此岂不快人意，实获我心哉！此世之所以贵夫画山水之本意也。"③ 此言意为人不必非要成为隐士，但要有高洁的品性，对于精神家园要有向往，可以身处庙堂，却有林泉之志。而只有山水画才能让人达到这种状态，也就是说山水画才可以平衡现实家园与精神家园。并且郭熙也给出了解释，"不下堂筵，坐穷泉壑"，意为坐在家中就能看尽山水胜景，这种方式是通过观画体验到现实家园，从而实现精神的超越，进入精神家园之中，这与宗炳的"畅神"相似，"于是闲居理气，拂觞鸣琴，披图幽对，坐究四荒……畅神而已，神之所畅，孰有先焉！"④ 但不同的是宗炳强调的是主观精神意识的能动性，郭熙强调的是山水画本身，他认为山水画才是现实家园通往精神家园的路径。并且他觉得不是所有的山水画都是通往精神家园路径，提出"画山水有体，铺舒为宏图而无馀，消缩为小景而不少。看山水亦有体，以林泉之心临之则价高，以骄

① （魏）王弼：《周易正义》，九州出版社 2004 年版，第 4 页。

② （魏）王弼：《周易正义》，九州出版社 2004 年版，第 4 页。

③ 杨成寅：《中国历代绘画理论评注（宋代）》，湖北美术出版社 2009 年版，第 76 页。

④ 转引自（唐）张彦远：《历代名画记》（卷六），人民美术出版社 1963 年版，第 131 页。

侈之目临之则价低"①。郭熙从创作与欣赏两方面切入，创作大幅的山水画是宏大并一眼即可全见，而创作小幅的是微缩却细节不少。欣赏山水画则是需要林泉之心去感悟和观看，不可骄傲自大的去欣赏。林泉之心实则是一种心境，是虚静、安宁，应是远离世俗功利的心态，这种心境才可以通过山水画直达人的精神家园。而后郭熙继续探讨什么样的山水画才可以让人通向精神家园呢？便是"世之笃论，谓山水有可行者，有可望者，有可游者，有可居者。画凡至此，皆入妙品。但可行可望不如可游可居之为得，何者？观今山川，地占数百里，可游可居之处，十无三四，而必取可居可游之品。君子之所以渴慕林泉者，正谓此佳处故也。故画者当以此意造，而鉴者又当以此意穷之，此之谓不失其本意"②。郭熙认为山水画有四点极其重要为"可行、可望、可游、可居"，但是"可行、可望"却不如"可游、可居"，可游与可居实则是郭熙的家园意识。"可行、可望"只停留在对于画面的观感上，让人感觉可以行走和观看于画面之中，并没有让人产生精神上的共鸣，而"可居、可游"则让人感受到归属感，这种归属感是存在于精神层面，让人的精神可以游玩、居住在山水画中。这种归属感是源于精神的自由和解放，就如苏轼的"此心安处是吾乡"一样，心灵安宁处、精神的自由地便可以成为自己的家园。苏轼的"吾乡"并不是指某一个特定的地方，但还存在于现实世界中，而郭熙的家园意识是对非现实的家园进行主观想象，是完全精神化的世界，与其说游居于山水画之中，不如说通过山水画游居于自己的精神家园里。

北宋时期的山水画家除了研究山水本身之外，将季节、天气等环境因素也作为山水画的一部分，因为不同的季节、天气环境下的山水带给人的感受是不同的，范仲淹云："若夫淫雨霏霏，连月不开，阴风怒号，浊浪排空，日星隐曜，山岳潜形……则有去国怀

① 杨成寅：《中国历代绘画理论评注（宋代）》，湖北美术出版社2009年版，第76页。

② 杨成寅：《中国历代绘画理论评注（宋代）》，湖北美术出版社2009年版，第76页。

乡，忧谗畏讥，满目萧然，感极而悲者矣。至若春和景明，波澜不惊，上下天光一碧万顷……登斯楼也，则有心旷神怡，宠辱偕忘，把酒临风，其喜洋洋者矣。"① 证明天气变化下的自然山水会影响人的感受，所以山水画家们对这些环境因素也进行总结。如韩拙认为："山有四时之色：春山艳冶而如笑，夏山苍翠而如滴，秋山明净而如洗，冬山惨淡而如睡，此说四时之气象也……春水微碧，夏水微绿，秋水微清，冬水微惨……凡夫林木者有四时之荣枯，大小之丛薄，咫尺重深，以远次近……升之晴霁，则显四时之气；散之阴晦，则遂其四时之象。故春云如白鹤……夏云如奇峰……秋云如轻浪飘零……冬云如泼墨惨翳。"② 山水林木会随着季节的变化而变化，而带给人不同的感受。除了季节变化之外，他认为云雾天气的变化也十分重要："凡云、霞、烟、雾、霭之气，为岚光山色、遥岑远树之彩也。善绘于此，则得四时真气、造化之妙理；故不可逆其岚光，当顺其物理也。"③ 无论是季节还是云雾这些变化本身存在于自然环境之中，并不是韩拙想象出来的，他入微的观察自然并进行总结，目的其实是对于"真"的探究，在他看来山水画是真实自然山水的反映，自然环境的变化应是山水画的一部分，只有求"真"才能得山水之趣，这其实就是在强调"外师造化"。在求"真"的同时，把客观规律删繁就简地融入创作，那么这作品会是情高格逸、出于意表的上品佳作，如黄休复言："笔简形具，得之自然，莫可楷模，出于意表。故目之曰逸格尔。"④ 其实真实的反映自然山水，同时掌握这些自然的变化规律，合理的运用在山水画

① （宋）范仲淹：《范文正公文集》（二十卷），上海图书馆古籍数据库，https：//gj. library. sh. cn/org/info/shl？ uri = http：//data. library. sh. cn/gj/resource/instance/t538ocg67k037ewj。

② 杨成寅：《中国历代绘画理论评注（宋代）》，湖北美术出版社 2009 年版，第 199 页。

③ 杨成寅：《中国历代绘画理论评注（宋代）》，湖北美术出版社 2009 年版，第 200 页。

④ 杨成寅：《中国历代绘画理论评注（宋代）》，湖北美术出版社 2009 年版，第 170 页。

中，将其表现出来才可以让观者产生精神上的共鸣。“心存目想：高者为山，下者为水；坎者为谷，缺者为涧；显者为近，晦者为远。神领意造，恍然见其有人禽草木飞动往来之象，了然在目，则随意命笔，默以神会，自然境皆天就，不类人为，是为活笔。”①此为沈括《梦溪笔谈》论画山水部分，他认为掌握了自然客观规律之后的山水画才是具有生命力的作品，这样的作品才是优秀的作品，此类描述还有许多，如苏东坡画跋：“而山水以清雄奇富，变态无穷为难。”② 所以在山水画中表现自然环境的变化是极其重要的，这种源于自然的变化再通过画家用笔墨的方式表现出来，实则是人与自然之间的统一。

## 三、北宋画论中的精神家园的实质

在北宋画论中认为山水画不是对于自然风景的写实绘制，而是把山水画作为表现文人士大夫的田园之思、林泉之思、江湖或江海之思，本质上是指超然于世俗生活之外、自给自足的生活理想，如郭熙所言：“苟洁一身，出处节义斯系，岂仁人高蹈远引，为离世绝俗之行而必与箕颍埒素，黄绮同芳哉。”③ 山水画被文人画家们赋予了新的含义，一种主观精神家园的存在，这样的家园是非现实存在的，对于苏轼、欧阳修、范仲淹来说精神家园是立足于现实家园的，他们对现实的家园进行描述，希冀在现实家园中找到符合自己理想的家园。所以“山水”被北宋文人士大夫作为一种出世、隐居的概念，不仅仅是自然界或现实的存在，它应是非纯粹的物质存在，是被赋予了精神内涵。自然山水经过“赋义”或经过不断的阐释而成为有意味的自然形象，这是山水之所以能成为审美和艺

① 杨成寅：《中国历代绘画理论评注（宋代）》，湖北美术出版社 2009 年版，第 287 页。

② 杨成寅：《中国历代绘画理论评注（宋代）》，湖北美术出版社 2009 年版，第 233 页。

③ 杨成寅：《中国历代绘画理论评注（宋代）》，湖北美术出版社 2009 年版，第 76 页。

术表现对象的前提。而“庙堂”指的是入世、出仕的思想，这两种理念深深地困扰着他们。正因如此，北宋的文人士大夫将山水作为一种精神或情感的居所，对于他们而言，现实家园是不尽人意的，而寄情于山水则是他们宣泄情感的方式，但游玩于山水风光并不能长期抚慰心灵，于是山水画成为了最好的载体。他们在创作山水画的过程中抒发自己的情感，在这个过程中既实现自然与人的和谐统一，又是现实家园与精神家园的统一，于是北宋文人画家们从创作和欣赏山水画来找到自己的精神家园，不用在“出世”或“入世”中做出选择。山水画不仅平衡了仕宦生活与山水生活的矛盾，也实现了对于他们人生的终极关怀。北宋画论强调“画外之意”“可居可游”，是因为其认为山水画就是人为创造出的精神家园，文人士大夫通过创作和欣赏的过程即可进入这一精神世界，发挥主观精神的作用找到自己的精神家园，从而抚慰心灵，实现精神的自由。所以说北宋山水画论表现出的家园意识，实质就是人对于现实家园的超越，将山水画作为途径抵达自己的精神家园，从而实现有限到无限的可能。

# “平淡”的感性学意义
## ——以山水画中的“米氏云山”为中心

曾思懿（武汉大学哲学学院）

审美素有感性学的传统，人们对艺术、环境乃至日常事物的审美欣赏均无法离开感官感知的参与。“平淡”是中国文化中一项重要的审美标准：在形而上学建构中，老子认为“道”有“淡乎其无味”的特征，庄子提出“游心于淡”；在诗学品评中，司空图“二十四诗品”中的第二品即“冲淡”；在文人书画中，“古淡”是书风的重要品评标准，米芾视“平淡天真”为山水画旨趣所在；在理想人格方面，孔子认为君子之间的交往当“淡如水”。法国汉学家朱利安是当代学者中以“淡”为路径思考中国思想和美学的先驱，近20年来，中国学界对“平淡”问题也有广泛讨论：贡华南《味觉思想》中提出“淡”是道家精神根基所在；夏可君《平淡的哲学》以山水画为中心对“平淡”进行了哲学建构；宋灏以胡塞尔、海德格尔现象学的视野探讨了山水画中的“淡”如何形成“通往世界之途径”。这些学者在论述“平淡”时均不约而同地触及山水画和感性学的论域，由此可见，山水画是“平淡”审美的重要载体，并且感官感知所提供的相似感受使得“平淡”不仅仅只是中国文化语境中的哲理认同，它在面对陌异的他者时依然能够被理解与阐释。

宋代以后，“平淡”成为文人画画风的重要表征。董其昌构建的“南宗”谱系即以水墨渲淡之法为定宗的渊源，他说“南宗则王摩诘始用渲淡，一变钩斫之法，其传为张躁、荆、关、郭忠恕、董、巨、米家父子以至元之四大家"①。米芾、米友仁父子在"南宗"文人画脉络中处于承前启后的位置，他们开创的"米氏云山"是"平淡"山水画的典型代表。本文拟以"米氏云山"为中心，探讨画家和观者在"米氏云山"的创造与观看中经历了怎样的知觉历程，最终使得"平淡"审美经验的生成得以可能。

## 一、"可见"的平淡

人们的日常感知主要依赖由视觉、听觉、味觉、嗅觉和触觉组成的感官系统，通过感官系统的感觉活动，人们得以获取关于外部世界的知识。人们在日常生活中感知到的"平淡"无外乎较低纯度的色彩形成的视觉之"淡"、调味较少的食物形成的味觉之"淡"、刺激性成分稀薄的气体形成的嗅觉之"淡"和云烟雾霭形成的触觉之"淡"。很明显，对山水画"平淡"的感知不同于日常中的这些感知：尽管古人不乏使用"味"来刻画"平淡"，但在山水画的实际欣赏中却不涉及口舌的真实感觉；色彩在一定程度上影响着观看，但形式性的因素却并非"平淡"感的唯一来源；除此之外，日常生活中很少使用触觉来感知"淡"，但触觉在山水画的感知发挥着重要作用，艺术家对宣纸和笔墨的触及恰恰构成了"平淡"的生产语境。那么，山水画中的"平淡"有何特征呢？

不妨从米芾、米友仁父子着手来看。米芾在评价董源画作时提出了他的"平淡"观，《画史》云："董源平淡天真多……峰峦出没，云雾显晦，不装巧趣，皆得天真。岚色郁苍，枝干劲挺，咸有生意。溪桥渔浦，洲渚掩映，一片江南也。"② 由此可见，在董源开创、米氏父子复兴的江南画派中，"平淡天真"是重要的旨趣，而刻画"平淡"的主要有云雾、留白、洲渚等元素。米芾推重的

① （明）董其昌：《画禅室随笔》，华东师范大学出版社 2012 年版，第 76~77 页。

② 俞剑华：《中国历代画论大观（第二编）：宋代画论》，江苏凤凰美术出版社 2016 年版，第 173 页。

董源是五代南唐时期的画家，传世作品有《潇湘图》《夏景山口待渡图》《溪岸图》等，他在画史中的地位最早便是由米芾建构和确立的。在米芾以前，《宣和画谱》如此评价董源：

大抵元（即‘董源’）所画山水，下笔雄伟，有嶄绝峥嵘之势，重峦绝壁，使人观而状之……然画家止以着色山水誉之，谓景物富丽，宛然有李思训风格。今考元所画信然，盖当时着色山水未多，能效思训者亦少也，故特以此得名于时。①

《宣和画谱》所引时人评价与米芾所言“平淡天真”似有矛盾之处：米芾评“不装巧趣”，《宣和画谱》则评“景物富丽”；米芾之评侧重“优美感”，《宣和画谱》之评则侧重“庄美感”。究其根由，或在“水墨山水”与“着色山水”的分野。据《宣和画谱》所论，北宋人所见董源之山水画，除今传水墨画外还有着色画，董源的着色山水符合唐五代时期金碧青绿山水的审美风尚，且有李思训的风格，故时人多赞赏他的着色山水。米芾和《宣和画谱》则有为董源水墨山水翻案的倾向，尤其米芾另开蹊径，以“平淡天真”来刻画董源之画。加之后来米友仁笔下一系列“云山墨戏”之作，不难推断“水墨山水”是“平淡”需具备的形式因素之一。

再者，明代董其昌有一段论述涉及“米氏云山”的渊源：“云山不始于米元章，盖唐时王洽泼墨，便已有此意。董北苑好作烟景，烟云变没，即米画也。”② 唐代画家王洽泼墨成画和董源擅长的烟景为“米氏云山”奠定了画史渊源，米氏父子又在此基础上增添了烟云变幻的画法，如米芾自道：“因信笔作之，多烟云掩映，树石不取细，意似便已。”③ 又元代吴镇题米友仁《潇湘图》

---

① （宋）佚名著，王群栗点校：《宣和画谱》，浙江人民美术出版社2019年版，第110~111页。

② （明）董其昌：《画禅室随笔》，华东师范大学出版社2012年版，第92页。

③ 俞剑华：《中国历代画论大观（第二编）：宋代画论》，江苏凤凰美术出版社2016年版，第181页。

云："元章笔端有奇趣，时洒烟云落缣素。"① 可见烟景与烟云是除水墨外，"平淡"的另一基本形式特征。烟云之所以能够体现"平淡"的意境，一方面在于它们在山水画中的存在往往以淡墨乃至留白暗示、呈"平远"的构图，另一方面在于人们日常生活中对现实的烟云有着轻淡的触感经验。水墨山水与烟云变没是"平淡"的重要视觉表征，也是山水画中的可见性元素，那么它们是如何在人们的感官知觉与感性体验中发挥作用的？

梅洛-庞蒂的感性学视野或许能为这一问题的回答提供路径，在他最后的著作《眼与心》中，强调绘画中"身体"的重要性，这也意味着他视审美经验为知觉经验。"眼"代表可见，"心"代表不可见。在"米氏云山"中，可见的是"平淡"的视觉表象，如水墨的色彩、烟云的形态；不可见的是"平淡"的精神意趣。张颖论及梅洛-庞蒂的"可见与不可见"："从绘画艺术内部来讲，绘画的可见性（颜色、线条、构图）等，与两种层面上的不可见性互为表里：一是令绘画有效表象的光线、阴影、亮度、深度等要素；二是作品的精神性意义，它奠定绘画作品的存在论地位。"② 根据这一思路，我们可以围绕"不可见"的"平淡"提出以下两个问题：第一，不可见的因素是如何形成"平淡"的视觉表象？第二，"平淡"有着何种能确定"米氏云山"存在意义的精神旨趣？这两个问题涉及的并不只有绘画的观看，还涉及到绘画的创造，由是还需反思艺术家是如何介入绘画的。这一"艺术家-观者"视角在朱利安论述"淡"的审美转化时已有初步体现，他认为艺术家和观者均是"淡"审美的生成者："只有当艺术家超越了'法我之间'对峙的关系时，他才能达到'平淡天然'……平淡所蕴藏的丰富性，就在于它让我们能够化眼神为意识，并且使之无穷无尽地深入。平淡的画不会立刻满足我们肤浅的品位，而会唤起我

① （清）顾嗣立编：《元诗选二集》，中华书局1987年版，第714页。

② 张颖：《意义与视觉：梅洛-庞蒂美学及其他》，北京时代华文书局2017年版，第99页。

们的内在性更往深层潜入。画与观者的意识便一齐改变了。"① 在接下来的两章中，笔者将在"艺术家-观者"这一视野中，结合具体的山水画展开分析。②

## 二、艺术家："身体"的提供者

梅洛-庞蒂强调"身体"在绘画中的作用，他说："正是在把他的身体借用给世界的时候，画家才把世界变成绘画。为了理解这些质变，必须恢复活动着的、现实的身体，它不是一隅空间，一束功能，它乃是视觉与运动的一种交织。"③ 这一基本思想逻辑也可见诸中国古代山水画论之中，画家和论家亦强调身体之于山水的感应与接触。谢鲲曾说："一丘一壑，自谓过之。"于是东晋画家顾恺之便将谢鲲画入丘壑之中。"胸中丘壑"转而成为中国画史中的重要概念，宋代周密云："唯胸中自有丘壑，然后知人境之胜，体用之妙。"明代沈周自评道："石田老翁非画师，胸中丘壑天所私。"清代金梁评唐人画卷道："丘壑生胸，宇宙在手。"这些论述均涉及画家"身体"与自然山水和笔底山水的互动，一方面画家

---

① ［法］朱利安：《淡之颂：论中国思想与美学》，华东师范大学出版社2017年版，第89~90页。

② 有两点需要澄清。第一点是"米氏云山"概念涉及的物质材料和视觉文化。米芾的山水画作品未能传世，因此本文所论及"米氏云山"主要依据以下三方面的材料：其一是米芾的画论著作《画史》和他的题跋；其二是其子米友仁的山水画和题跋；其三是时人和后人在观看"米氏云山"时留下的题跋或笔记。第二点是观者的身份问题。观者无疑是"观看"模式的建立者，但观者所在的场域、身份和群体亦影响着"观看"，这些差异足以造成不同的知觉感受。因此文本在论述"观者"时，将对他们进行简单的划分，将他们分为"原初语境中的观者"和"博物馆语境中的观者"两类。很明显，前者在面对物质材料时能够拥有比后者更多的感官感知的可能性，但后者对时间性的触感也是前者无可比拟的，因此他们的感性体验在"平淡"经验的生成中都具有典型性。

③ ［法］梅洛-庞蒂：《眼与心·世界的散文》，杨大春译，商务印书馆2019年版，第33页。

受到自然山水的烟云陶养，另一方面他们又通过笔墨技法将自然山水呈现为笔底山水。

“米氏云山”在米友仁的一系列潇湘图中展现得淋漓尽致，在他的画中，“米氏云山”与“潇湘”相互成就。“潇湘”原本是一个地理概念，指涉这潇水和湘水流经的湖南、湖北和广西的部分地区。但随后历史文学传统又深化了它的文化意涵，《山海经》“湘水出舜葬东南陬”认为舜南巡时死于潇湘，宋代诗画将“潇湘”刻画为类似桃花源的意象。“潇湘”兼具地理和文化意涵，它既是陶养着米氏父子的“自然山水”，又是他们参与创造的“笔底山水”。

宋人在评价米氏父子时也用到了“胸中丘壑”这一概念，如朱熹评论米芾道：“米老《下蜀江山》（笔者注：下蜀位于镇江）尝见数本，大略相似，当是此老胸中丘壑最胜处。”① 张元幹评论米友仁道：“士人胸次洒落，寓物发兴，江山云气，草木风烟，往往意到时为之。”② 米芾曾在长沙为官，米友仁也极有可能跟随父亲在长沙度过童年，因此他们都有在潇湘地区生活的经验。不过米友仁系列“潇湘图”中的“潇湘”指向的并非湖南地区，而是“潇湘”经在地化转变后的镇江山水。米友仁在《潇湘奇观图》自题中明确指出“潇湘”即“镇江”：

> 先公居镇江四十年，作庵于城之东南冈上，以海岳命名，一时国士皆赋诗，不能尽记。卷乃庵上所见，大抵山水奇观，变态万层，□在晨晴晦雨间，世人鲜复知此。余生平熟潇湘奇观，每于登临佳处，辄复写其真趣，□卷以悦之目。（《潇湘奇观图》自题）

那么镇江山水是如何通过米氏父子“身体”的介入而成为具

① 俞剑华：《中国历代画论大观（第二编）：宋代画论》，江苏凤凰美术出版社2016年版，第310页。

② 曾枣庄：《宋代序跋全编》，齐鲁书社2015年版，第3744页。

有潇湘画意的“米氏云山”的？人文地理学家段义孚认为，人类对环境的体验是从审美开始的，他说道：“美感可以是从一幅美景中获得的短暂快乐，也可是从稍纵即逝淡豁然显现的美之中获得的强烈愉悦。人对环境的反应可以来自触觉，即触摸到风、水、土地时感受到的快乐。”① 在他看来，空间与地方是通过人们的经验视角，如视觉、味觉、嗅觉、听觉触觉等感官被体验到的，在人们认识空间与地方的过程中，空间与地方也会反过来塑造着人们。从米友仁在《潇湘奇观图》中的自题可知，镇江山水有“变态万层”“晨晴晦雨”的特点，这和云山可见的“烟云变没”有相通之处。米芾有词《诉衷情·思归》：“劳生奔走困粗官。揽镜鬓毛斑。物外平生萧散，微宦兴阑珊。奇胜处，每凭阑。定忘还。好山如画，水绕云萦，无计成闲。”② 词中亦提及镇江山水有“水绕云萦”的特征。米氏父子的题跋与词均包含着他们对镇江山水的日常感知经验：通过视觉，他们得以领略“山水奇观”“晨晴晦雨”“好山如画”；通过触觉，无阻力的云烟环境能够带来轻快之感。总之，自然的气息唤起他们的情感与记忆，“卷乃庵上所见”“每于登临佳处”“每凭栏”，一次次的自然审美欣赏最终成就了“米氏云山”。用中国画论中的术语来说，米氏父子接受着镇江山水的“云烟陶养”。在明代董其昌看来，画家“身体”的塑造与平淡的烟云之间有不可分离的关系，他说道：“黄大痴九十而貌如童颜，米友仁八十余神明不衰，无疾而逝，盖画中烟云供养也。”③ 董其昌从经验的层面对这一现象作出阐释，现代学者夏可君、何乏笔等人则从身体现象学的层面解释了这一现象，如夏可君说道：“一旦我们思考中国思想与气血年岁的关系，尤其是平淡与年岁的时间性的关系，烟云供养也是与呼吸的调节有关，而且表现为艺术的形式，这样就

---

① ［美］段义孚：《恋地情结》，志丞等译，商务印书馆 2018 年版，第 136 页。

② 唐圭璋编：《全宋词》，中华书局 1965 年版，第 488 页。

③ （明）董其昌：《画禅室随笔》，华东师范大学出版社 2012 年版，第 131 页。

可以进入对古淡以及苍古情调最为内在的对话之中。”① 镇江地处江南地区，多平缓的河流与山丘，以诗意闻名，米友仁“辄复写其真趣”的行为蕴藏着画家对自然山水价值的肯定与出自心灵的妙悟。

董其昌特别提到画家年岁与“平淡”之间的关系“以天真幽淡为宗，要亦所谓渐老渐熟者。”米芾在评价巨然时也持这一观点：“巨然少年时多作矾头，老年平淡趣高。”② 在米芾词中，上阙仍在感慨垂垂老矣、奔走他乡的颠沛流离，而下阕旋即描绘了处在水云之间、风景如画的镇江山水，以一种积极的态度肯定了淹留他乡的意义，这种生命的安顿感是由自然山水提供的。这一明显的时间感也体现在米友仁《潇湘白云图》中的自题，他在画中共留下两跋：

第一跋：夜雨初霁，晓烟既泮，则其状类此。余盖戏为潇湘，写千变万化不可名神奇之趣，非古今画家者流画也。惟是京口翟伯寿，余平生至交，昨豪夺余自秘着色轴卷，盟于天而后不复力取而归。往岁挂冠神武门居京城旧芦，以《白雪词》寄之，世所谓《念奴娇》也。

第二跋：昔陶隐居诗云：山中何所有，岭上多白云。但可自怡悦，不能持寄君。余深爱此诗，屡用其韵跋与人轴卷，漫书一二于此。其一：山气最佳处，卷舒晴晦云。心潜帝乡者，愿作乘彼君。其一与翟伯寿横披书其上云：山中宰相有仙骨，独爱岭头生白云。壁张此画定惊倒，先请唤人扶着君。绍兴辛酉岁孟秋初八日过嘉禾获再观。懒拙老人元晖书。

两跋之间的时间跨度长达 15 年之久。第一跋题于北宋靖康元年（1126），彼时家国动荡，北方战乱频繁，米友仁从汴京回到镇江。北方为官的经历使他格外怀念镇江山水的诗意温情，当他看到“夜雨初霁，晓烟既泮”场景时，便怀归隐之一创作了《潇湘白云

① 夏可君：《平淡的哲学》，中国社会出版社 2009 年版，第 20 页。

② 傅申：《宋代文人书画评鉴》，上海书画出版社 2020 年版，第 127 页。

图》（见图 1）。他在北宋末年短暂隐居三年后终又在南宋高宗时期出仕，或许正是这段仕宦经历，题于南宋绍兴十一年（1141）的第二跋在归隐之意以外更流露出“心潜帝乡”的仙山意趣。正因这些丰富的生命经历，尤其是在朝为官经历的宦海沉浮，使得米友仁更能以一种逸乐的心态体悟山水的平淡性。

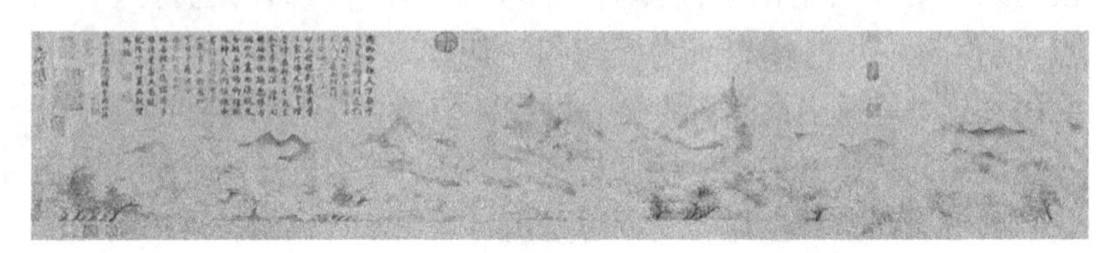

图 1　《潇湘白云图》（局部），宋代，米友仁，纸本水墨画，上海博物馆藏

艺术家“身体”的平淡化进而会影响他们笔底平淡山水的形成。梅洛-庞蒂的感性学强调“身体”“肉”在绘画中的作用，“通过展现其关涉某些沉默的含义之肉身本质的、效果相似的梦幻世界，绘画把我们所有的范畴，诸如本质与实存、想象的与实在的，可见的与不可见的都混淆在一起了”①。中国山水画同样需要“身体”的介入，米芾的一段题跋指出“身体”与“笔墨”的一致性：“子瞻作枯木，枝干虬屈无端，石皴硬，亦怪怪奇奇无端，如其胸中盘郁也。”② 前已述及，“米氏云山”中“可见”的平淡是它的水墨设色和烟云构图。同样，在《潇湘白云图》中，“可见”的是水墨和烟云。米友仁在勾勒云山时使用了“米点皴”，即饱含水墨的横点。以留白暗示的“云”在以墨色渲染的“山”中形成了数条烟云带，形状千变万化、虚实交错，呈现了山水的朦胧迷远。笔墨是“可见”的，但笔墨背后的画家却是“不可见”的。笔墨看似是画笔在纸上的物理运动，实则涉及的却是画家心和手的触感。

① ［法］梅洛-庞蒂著，杨大春译：《眼与心 · 世界的散文》，商务印书馆 2019 年版，第 44 页。

② 傅申：《宋代文人书画评鉴》，上海书画出版社 2020 年版，第 123 页。

文人画十分强调“心”“手”之间的一致，如苏轼题宋迪《潇湘晚景图》云：“旧游心自省，信手笔都忘。”黄庭坚《跋东坡论画》亦云：“虽然笔墨之妙，至于心手不能相为南北，而有数存焉于其间。”① 在他们看来，“有笔无思”将堕入画工之流。米友仁的“米点皴”是手感的典型体现，画家在运用这一皴法之前需先将毛笔用墨水浸润，使笔根含淡墨、笔头含浓墨，笔内含墨由深至浅，运笔时配合着画家姿态和呼吸略微向后按、拖。“留白”看似笔墨未触及的地方，但因其具有理念的现在性，被学者们认为是一种“不触之触”。方闻指出山水画的空间并不忠于“视觉的科学理论”②，因此与西方以二维“虚幻空间”呈现三维真实空间的风景画不同，梅洛-庞蒂在《眼与心》中批评“虚幻空间”式的构图模式，他认为没有任何一种对现存世界的投影方法可以完全地忠于现存世界。而梅洛-庞蒂追求的绘画“深度”在山水画中得到不期而然的体现，米氏云山虽采用中国画独有的“平远”造境，但画中空间的营建却融入了画家的身体经验，留白和墨色形成了独特的空间感。梅洛-庞蒂亦提到颜色之于空间深度的重要性，他以《瓦利埃的肖像》为例说道：“《瓦利埃的肖像》在各种颜色之间安排了一些空白，这些空白从此以后就有了加工、切割某种比黄色—存在或绿色—存在或蓝色—存在更一般的存在之功能；就像在最后那些岁月的各种水彩画中，空间围绕着那些不能明确定位在任何地方的平面辐射开来。”③ 从米芾“因信笔作之，多烟云掩映，树石不取细，意似便已”可以看出，米氏云山追求的并非镇江山水在画面上呈现的虚幻空间，而是一种平淡之“意”，由平远展现的平淡空间，恰恰符合了米氏父子对镇江山水“烟云掩映”的身体经验。

除此之外，值得一提的是，米氏父子的“米氏云山”与倪瓒

① 曾枣庄：《宋代序跋全编》，齐鲁书社2015年版，第3150页。

② 这一观点是方闻在《心印：中国书画风格与结构分析研究》中提出的。

③ ［法］梅洛-庞蒂：《眼与心·世界的散文》，杨大春译，商务印书馆2019年版，第63页。

的山水画均是公认的典型的“平淡”之作，而巧合的是它们的创造者均有高度的洁癖。对于倪瓒的洁癖，朱利安有如下论述：“我们相当熟悉该画家的生平，知道他的遭遇使他特别更向往‘超脱’，使他更趋向‘淡’。倪瓒丰硕的家产容许他过着审美家的生活，直到四十岁……他只接待他的朋友，他生活在一个万物纯化、净化的世界里，其中无一物是粗俗的（他甚至可能有洁癖）。”① 据《宋氏》记载，米芾也有洁癖：“冠服效唐人，风神萧散，音吐清畅，所至人聚观之。而好洁成癖，至不与人同巾器。”② 洁癖本身属于一种心理行为，洁癖者对周围环境的干净程度格外挑剔，这一心理状态反映在绘画中即成为对画面整洁程度和空灵意境的追求。“平淡”是米芾品评书画的关键词，他之所以推重董源，是因为董源相比于荆、关、李、范诸家“平淡天真多”，对巨然的喜爱也是因“平淡奇绝”“老年平淡趣高”，对颜真卿书法的不满在于“无平淡天成之趣”。米芾反感巨然年轻时多棱而细密的“矾头”，认为山水的无穷之趣在于“烟云雾景”，或许这也是米氏云山不着意刻画现实中的亭台楼阁和人物、而着意于呈现元气淋漓的仙山境界的旨趣所在。

镇江山水以“云烟陶养”的方式影响着米氏父子的“身体”，他们又通过触感、呼吸和视感等身体经验完成了“米氏云山”的创作。艺术家“身体”的平淡在山水画中是“不可见”的元素，但他们创造出的“米氏云山”的平淡却是“可见”的。至于如何欣赏这些可见与不可见的平淡，则是观者要回答的问题。

## 三、观者：“观看”模式的建立者

贡布里希在论及“观看者的本分”时特别提及中国画的观者对“留白”的观看，他说道：“或许恰恰是中国艺术的视觉语言有

① ［法］朱利安：《淡之颂：论中国思想与美学》，华东师范大学出版社 2017 年版，第 10 页。

② （元）脱脱等：《宋史》，中华书局 1985 年版，第 13124 页。

限，又跟书法是一家眷属，鼓励艺术家让观看者进行补充和投射。闪亮的绢素上的空白跟笔触一样，也是图像的一部分。”① 在他看来，留白的心理机制在于观者的想象力对空白“屏幕”的填补，虽然这一论点狭隘了中国绘画中的“留白”观念，但他提出十分重要的一点，即观者与画家一同参与了艺术作品的建构。“米氏云山”有相当数量的观众，他们所在场域之不同塑造了不同的观看：从共时性来看，观者有阶层和身份之别，如柯律格将中国画的观者分为“士绅”“帝王”“商贾”“民族”“人民”几类，其中他认为士绅的观看是一项社会性集体雅好；从历时性来看，可粗略地将观者分为古人与今人，他们之间的区别在于前者的观看能够直接接触视觉物质材料，而后者的观看则更多的要通过博物馆、印刷品、互联网等媒介。

“平淡”不仅是山水画画家的创造，也是观者的创造。这一概念之所以成为山水画重要的审美标准，来自米芾观看董源、巨然画作后的推动。首先，“观看”这一行为本身即体现着通感机制的作用，梅洛-庞蒂阐述过以视觉为核心官能的通感，这一机制在现代心理学中也得到证明，朱平说道：“从科学的角度而言，人类的大脑皮层被分成各种不同的感觉区域，比如枕叶上的视觉区和颞叶上的听觉区，两者的传导神经不是彼此隔绝的。某一种感受器接受外来刺激所引起的兴奋，也会引起其他感受器的兴奋，由此产生多种感觉的复合与特定感受的挪移。”② 其次，山水画的观者还发展了独特的观看模式，宗炳“卧游”观念奠定了后世山水画的主要观看方式，宋代以后卷轴画的流行再度丰富了这一观看方式。夏可君就观者对平淡山水画的感知提出了“观养”的观照模式：“就山水画的图像与知觉的关系而言，观养要求气息的共感，山水画的图像之为图像，尤为体现为烟云的形态，因此，烟云之为云气在流动中

---

① ［英］E. H. 贡布里希：《艺术与错觉——图画再现的心理学》，杨成凯等译，广西美术出版社 2012 年版，第 175 页。

② 朱平：《感官联觉机制的历史书写——从古代绘画到当代艺术》，中国美术学院出版社 2019 年版，第 3~4 页。

呈现出的形式，就成为知觉的首要对象。而要知觉到烟云的气韵，则需要养观，而不是一般意义上的知觉。”① 因此，山水画的观看首先是与日常感知相结合的通感的观看，其次是独属于山水画的“观养”式的观看。

晋宋时期的宗炳受创“卧游”的观看方式，他因年老和病痛缠身，无法身至山川，于是将记忆中的山川景致绘成山水画，张贴在墙壁上，自己则卧于山水画前，通过冥想完成游山水的历程。他在讨论“卧游”的《画山水序》中使用了“澄怀”“凝气”“理气”“畅神”等一系列与身体有关的词汇，认为“卧游”需要观者身体知觉的配合。宋代郭熙《林泉高致》以“可居可游”进一步确证了山水画观看是一个空间向观者敞开的过程。这些观看方式可以在中国古代的一些“画中画”中找到线索，人们会在床榻周围放置山水画（见图2），或在室内安置山水屏风（见图3）。五代周文矩的《重屏会棋图》和元代刘贯道的《消夏图》都在某种程度上反映了“卧游”的观看方式，这两幅画均存在多个空间，其中山水画以壁画或屏风为物质载体，观看“山水画”的场域均为封闭的私人空间。山水画所开显的空间超越了能见与可见的经验场域，将观者引导进山水画的境界中。

以上两幅画中山水画的观看遵循了“卧游”的原义，需要观者躺卧其侧。但广义的“卧游”对身体姿势并无严格要求，因此文人雅集也成为“卧游”的可能场域。明代谢环的《杏园雅集图》提供了雅集中如何观看山水画的范本，画中存在着两种观看方式（见图4）：第一种是立轴画的观看方式，由侍童使用顶端装有铁叉的竹竿挑起画作，观者目光与挂起的立轴呈正视；第二种是手卷画的观看方式，观者在书桌上将画轴从右至左缓缓展开，观者目光与画作形成斜视。那么，这些观看方式如何影响“米氏云山”的观看？

米友仁《潇湘白云图》的题跋提及两种观看方式，其一为“卧游”，关注题跋道：“达功他日以此示之，倘以为知言，则当得

① 夏可君：《平淡的哲学》，中国社会出版社2009年版，第82页。

图 2 《韩熙载夜宴图》（局部），宋代，顾闳中，绢本设色，北京故宫博物院藏

图 3 《消夏图》（局部），元代，刘贯道，绢本浅设色，纳尔逊艺术博物馆藏

山川之胜，卧以游之。”其二为悬挂，米友仁题跋道：“壁张此画定惊倒，先请唤人扶着君。”与身游山水相比，山水画提供的“卧游”缺少了身体位移的环节，但这并不意味着身体不需要在这一过程中发挥作用。当观者观看云山时，他们的视觉经验与身体呼吸

图4 《杏园雅集图》（局部），明代，谢环，绢本设色，大都会艺术博物馆藏

相配合：视线在“虚”“实”的云山之间切换，精神则在吸气与吐气之间进入禅定状态，观者对平远的视觉触感和日常轻薄云烟的想象被唤起，正如韩拙所言“观者豁然如目穷幽旷潇洒之趣”。米芾《画史》论及他对画作尺幅的偏好：“知音求者，只作三尺横挂三尺轴。惟宝晋斋中挂变幅成对，长不过三尺，褾出不及椅，所作人行过肩汗不着。更不作大图，无一笔李成、关仝俗气。”① 为求画意的表达和画作的妥善保存，米芾喜作三尺横轴，而这一尺寸的特色又恰好为卧游式的观看提供了极大的便利。当观者在雅集或书斋中将横卷从右至左缓缓打开，手之于画卷的接触和延展速度决定了目光之于内容的接受速度。在这一过程中，观者的身心是缓缓进入这一烟雾迷蒙、柔和绵延的仙境家园的。“卧游”的观看方式引导观者进入了“米氏云山”的平淡之境，随着画卷的徐徐展开，画中的烟云触及了观者对日常烟云的经验性感知，平远的空间造境又

① 俞剑华：《中国历代画论大观（第二编）：宋代画论》，江苏凤凰美术出版社2016年版，第181页。

给观者带来视觉上的轻松，观者的身体在意识中徜徉于无尽的虚无浩渺之中。

但现代生活无疑改变了人们对“米氏云山”的观看，夏可君在《平淡的哲学》中表达了他的现代性隐忧，他认为现代生活可能会使人们丧失对古代诗意生活的感通，从而无法感受到传统的“平淡”。① 今人和古人处在不同的文化语境之中，通过不同的空间和媒介观看着“米氏云山”，这势必会带来不同的感受。笔者认为，这些异质因素并不足以终结现代人对“平淡”的感知，当旧有的观看方式无法适应时代时，观者将会建立新的观看方式。

现代最典型的观看空间是博物馆，而博物馆中的观看与古代社会在雅集、书斋中的观看最大的区别在于，前者丧失了画作的原初语境及观者近距离接触画作的可能。而博物馆也致力于通过策展弥补这一古人与今人的鸿沟，除提供导览手册、介绍、讲座等艺术品语境信息外，策展人还致力于从灯光照明、空间设计、科技元素等方面建立“类语境”，以期创新观看方式。以台北故宫博物院展陈的两件米氏云山为例（见图5~图6），从现场图片可以看出展厅整体灯光数量较少且使用暖光源，展柜内灯光则使用了显色性指数较高的氛围灯光照明系统，展厅和展品呈现出的柔和氛围使观者更易于从“米氏云山”中感知日常的平淡。现代人很难体验古人的雅集和书斋生活，但博物馆的空间设计却可以在借鉴历史的基础上再造“雅集”和“书斋”空间。湖南省博物馆的“闲来弄风雅”宋朝人慢生活镜像展（见图6）即侧重于宋代文化中文人艺术的呈现，展厅灯光幽暗，融合了园林的元素，并以文人书案为中心，案上放置品茗用具，再现“平淡”在文人生活中表征的“闲”“风雅”“慢”的一面。此外，VR的运用则使观者拥有更沉浸的体验，VR科技已在一些叙事性较强的画作中得到应用。试想有朝一日将“米氏云山”以VR的形式呈现，观者或许更能身临其境地进入烟云流动的仙山空间，在这一虚拟空间中，观者自身的感知能力依旧有效，因而能够调动感官去感受“米氏云山”的平淡天真、一片

① 夏可君：《平淡的哲学》，中国社会出版社2009年版，第15~16页。

江南。

图 5 《云林钟秀图》，方从义，元代，纸本水墨画，私人收藏/台北故宫博物院展①

图 6 湖南省博物馆“闲来弄风雅”宋朝人慢生活镜像展

除此之外，博物馆是一架时间机器，因博物馆中的观看是一种在历史序列中的观看。博物馆观看模式的特色在于它对观者生命内在时间感的唤起。当代艺术研究者格罗伊斯提出博物馆是“古”的象征，“新”只有在与博物馆的比较中才能得到识别，他说道：“既然我们首先以博物馆的形式体验艺术史……‘现实’本身对于

① 台北故宫博物院于 2020 年 4 月 8 日至 7 月 5 日的“笔歌墨舞——故宫绘画导赏”展览上展出了两件“米氏云山”，分别是米友仁的《云山得意图》和方从义的《云林钟秀图》。在能找到的与展览相关的网图中，这张能较好地呈现现代博物馆语境中观者与艺术品的距离。

博物馆来说是次要的，‘真实’只能在与博物馆藏品的比较中被定义。”① 博物馆提供的“古”的语境，对现代观者感知“平淡”而言是重要的。如前所述，米芾、董其昌等人均认为“平淡”的感知与艺术家年岁之间存在着关联，同样，“平淡”的观看也有其时间维度。在古代画论中，论家经常将“古”与“淡”相提并论，如宋代《宣和画谱》评价关仝“深造古淡”，清代秦祖永《桐阴论画》以“天真古淡”评价胡宗仁、倪瓒，清代李濬之《清画家诗史》评价张恂“具古淡天真之致”。当代学者夏可君认为，“古”是平淡的内在时间性，与中国文化好古和怀古的基本意欲方向相通。② 当现代观者身处艺术博物馆的空间，博物馆的历史性将成为他们背景知识的一部分，他们首先会被苍古的时间感所触及。带着这一时间意识观看“米氏云山”，那些“可见”的“平淡”与当下的“古”的经验，便在一瞬间得到会通。

从社会平等的观念来说，博物馆语境的开放性、平等性使得“米氏云山”的观者不再局限于文人精英阶层，社会公众有了相对平等的观看机会。诚然，博物馆的介入使现代观者与艺术品之间产生了距离，因此现代观者可能由于原初语境的丧失而无法获得与古代观者相同的审美经验。但在新的语境下，现代观者可以依凭当代技术的发展和自身的观看经验，从而建立新的观看方式。

## 结　　语

传统美学常用“象外”“意境”“味外味”等解释“平淡”，虽然这些观点深深植根于中国文化语境，却有陷入循环论证的可能。但若重新思考美学的感性学起源，重视人们感官知觉带来的审美经验，则会发现“米氏云山”的“平淡”兼有“可见”与“不可见”的审美特征。相比古人，现代生活改变了人们对“平淡”

① Boris Groys, Art power, The Mit Press, 2008, pp. 23-24.

② 夏可君：《平淡的哲学》，中国社会出版社 2009 年版，第 186～187 页。

的感知。镇江的“山”和“水”大致保持着与古时同样的地貌，但现代地表建筑和道路的改造却使现代人很难再感知到米氏父子所经验的“云山”。全球化和多元化的文化塑造了现代人的观看，当代艺术展览证明了人们对艺术品的创作与欣赏不仅甚至不再以“笔墨”为标准，“平淡”的山水画可能因缺乏视觉冲击而遭遇观者的冷落。以近年流行的《千里江山图》为例，作为院派山水的典范，其青绿的交替着色圆满地表现了山水的韵律，体现了古代山水画技法的卓越。但在它的风靡中，我们也能看到一种审美倾向，即《千里江山图》的地位已近乎等同于山水画、宋代文化乃至中国文化的代名词，这很难不令人怀疑“平淡天真”在今天是否依然是公认的审美标准和审美意趣。因此，如何感知古代艺术中的“平淡”，现代人是否还需要乃至再造现代的“平淡”，是 21 世纪的人们需要面对的审美命题。

# 环境美学的跨文化交汇与伦理实践

## ——以中国山水画为例

岳　芬（常州工学院）[①]

跨文化交汇也已成为环境美学发展的新趋向，中国传统文化为西方当代审美范式的转型提供了某种动力。最为典型的例证是道家的环境智慧及其影响下的山水画在西方自然观念发展变化过程中的作用，这种现象体现了中西文化交流的某种内在互通性。

## 一、思想与传统：道德选择与环境责任

在中国传统思想中，自然可以作为衡量人的存在的道德标准，这同环境伦理的基本观点是有区别的。依照道家哲学，自然亦可以理解为天道，老子“天道无亲，常与善人”[②] 的观点几乎影响了儒释道各家的人生价值观。陈鼓应认为，天道并非“一个人格化的天道去帮助善人”而是善人“自为的结果”。[③] 以此来看，天道是一个不具感情色彩的中立的存在，当人类与之亲和时，便能够得“道”（或是接近“道”），相反，远离天道则会使人走向善的反面——“恶”。

老子在这里所说的天道应当既包括人类社会之道，也包括自然

---

① 作者简介：岳芬（1983—　），女，山西太谷人，博士，常州工学院人文学院副教授，主要从事文艺学跨文化研究。基金项目：2020年度江苏省社科基金项目“欧美环境美学中的中国元素研究”（20ZXD001）。

② 陈鼓应：《老子注释及评介》，中华书局1984年版，第340页。

③ 陈鼓应：《庄子今注今译》，中华书局1983年版，第343页。

之道，自然对待人和动物并没有亲疏远近之分，只是善于将自身融于自然的人则可以实现一种顺应天道自为的存在。无论是在宗教信仰领域，还是在世俗社会中，劝人向善的道德理想几乎是中国传统哲学一致的精神追求。虽然各家思想在解释如何向善的问题上略有不同，但是在天道与人类道德的关系上却是基本一致的。

庄子的著作中也有类似的观点，“古之真人，其寝不梦，其觉无忧，其食不甘，其息深深。真人之息以踵，众人之息以喉。屈服者，其嗌言若哇。其耆欲深者，其天机浅”①。所谓真人应指能够顺应自然的贤者，他的生息坐卧均符合自然的要求。尤其是在生和死的问题上，自然作为道德标尺的意义就更为重要：

> 古之真人，不知说生，不知恶死；其出不䜣，其入不距；翛然而往，翛然而来而已矣。不忘其所始，不求其所终；受而喜之，忘而复之，是之谓不以心捐道，不以人助天。是之谓真人。
>
> 若然者，其心忘，其容寂，其颡頯凄然似秋，暖然似春，喜怒通四时，与物有宜而莫知其极。②

身体真正融入自然，外在形貌则显现出四季的变化，自然与人便不再分离，人的生死只是自然循环变化的一部分，生与死的问题自然而然得到解决。如徐复观所说，“庄子不是以追求某种美为目的，而是以追求人生的解放为目的”③。在消解了生与死的人生最大问题之后，人与自然的融合才能更为彻底。

作为道德标尺的自然也可以看作是一种人格化自然，它强调天（自然）和人之间的平等：“天与人不相胜也，是之谓真人。”④ 落实到艺术审美，自然构筑了审美的基本框架，审美活动被限定在顺

① 陈鼓应：《庄子今注今译》，中华书局 1983 年版，第 186 页。
② 陈鼓应：《庄子今注今译》，中华书局 1983 年版，第 186 页。
③ 徐复观：《中国艺术精神》，商务印书馆 2010 年版，第 135 页。
④ 陈鼓应：《庄子今注今译》，中华书局 1983 年版，第 187 页。

应天地自然这一道德要求之内。

苏立文认为，中国传统文人对绘画等技艺的评价在很大程度上取决于艺术家本人的品行，“王维之所以在中国绘画历史上被提升到如此高的位置，实际上是宋以后的文人画家的信念的表达，即一个人的绘画就像他的书法一样，不仅仅关系到他的笔墨功夫，更与他的人品相关。因为王维是一个理想的文人，所以他也就成为一个理想的画家”①。

庄子等哲人眼中的圣人应当是“那能‘乘天地之正，而御六气之辩’的‘无待’之人”②，只有达到无待的状态，人与自然才能够实现真正意义上的“天人合一”的境界。除了老子、庄子等道家哲学家之外，孔子所代表的儒家哲学和禅宗精神也都强调人之道应顺从于天道的规律。

在道德前提下，中国传统审美的理想旨趣不同于西方环境美学。从庄子开始，物我一体的精神就已经在很大程度上影响了中国传统自然观，在庄子的著述中最为典型的就是庄周梦蝶的故事：“昔者庄周梦为胡蝶，栩栩然胡蝶也，自喻适志与！不知周也。俄然觉，则蘧蘧然周也。不知周之梦为胡蝶与，胡蝶之梦为周与？周与胡蝶，则必有分矣。此之谓‘物化’。”③ 庄子所说的物我齐一并非简单的物化，因为蝴蝶等“物”也可以“人化”，万物与我并没有本质的区别，齐物是对宇宙的生态式解读，在庄子的世界中，所谓人类中心主义或环境中心主义的争论都是不存在的。

受到老子的影响，庄子对自然的审美判断建立在辩证逻辑的基础上，他否定了实用主义的审美判断，他认为，“山木自寇也，膏火自煎也。桂可食，故伐之；漆可用，故割之。人皆知有用之用，而莫知无用之用也”④。从这点来说，庄子将自然的美独立于一切

---

① ［美］迈克尔·苏立文：《中国艺术史》，徐坚译，上海人民出版社2014年版，第162页。

② 张祥龙：《从现象学到孔夫子》，商务印书馆2011年版，第206页。

③ 陈鼓应：《庄子今注今译》，中华书局1983年版，第101~102页。

④ 陈鼓应：《庄子今注今译》，中华书局1983年版，第156页。

价值意义之外，使自然万物彰显出其本身的存在意义。庄子的观念可以被视为原始的“非人类中心主义”的生态观，他竭力跳脱出人类中心主义的樊笼，从生物自身的角度来思考存在的意义。

但是，从动机上看，中国传统自然审美范式也并不是严格意义上的环境美学，在中国传统的自然审美观念中并不存在现代意义上的“纯粹的自然美”，中国传统文人对自然美的追求背后带有复杂的观念内涵，如神仙思想、人生哲学等。徐复观就认为，李思训绘画中的“荒远闲致”实际上是一种“海上神仙的想象”。① 另外，中国传统哲对自然的重视有时还受到社会政治的影响，“汝游心于淡，合气于漠，顺物自然而无容私焉，而天下治矣”②。在这方面，远离人世奔赴荒野的哲人显然是“被迫”走向自然的。

相应地，在西方环境美学中，环境美学家最初将环境艺术视作一种外在于身体的、对象化的艺术形式而独立存在的，物我的融合只在于艺术层面，并没有完全上升到人生哲学的层面，作为客体的自然和审美主体之间仍然存在着一定的距离。面对自然，环境美学在很多方面延续了19世纪的审美传统，在大多数环境艺术中，艺术家是将环境当作艺术审美的对象，而非身体的内在构成。但是，在环境伦理学逐渐兴起之后，环境美学家越来越强调环境艺术的伦理责任，“环境艺术的责任之一是使人们对环境形势和个人与环境的关系更加敏感”③。

总之，环境责任和道德选择是环境美学的前提，审美旨趣受制于基本的道德规范、社会政治等诸多复杂因素的影响。中国传统哲人的环境观在动机上并不完全是一种纯粹的环境哲学，即使陶渊明这样的早期自然主义者放弃尘世、走向自然的原因也是十分复杂的。因此，从环境伦理层面来说，中国环境哲学的道德建构同西方环境美学的哲学基础是有区别的。

---

① 徐复观：《中国艺术精神》，商务印书馆2010年版，第237页。

② 陈鼓应：《庄子今注今译》，中华书局1983年版，第235页。

③ ［芬］奥瑟·瑙卡利恁：《环境艺术》，肖双荣译，武汉大学出版社2014年版，第109~110页。

## 二、社会与问题：环境保护的实践

受到生态主义和环境保护运动的影响，环境美学家在关注美学问题之外，必定要对环境美学的伦理责任和环境保护的实践进行思考，尤其是在环境危机和生态灾难频发的时代，环境保护已经成为环境美学的重要组成部分。

在环境保护方面，中国传统哲人也关注环境问题（包括自然灾害）同人类社会之间的关系，但是，中国传统环境观同现代环境观的内涵是有区别的，前者未超脱人生哲学的范畴，后者则注重人对自然的改造。

如何有效和合理地利用自然资源是中国古代社会政治哲学的一个重要内容，尤其是在唐宋以后，人口迅速增长、城市规模日益扩大，这一问题显得更为突出。如在宋代，“政府向民众开放山泽动物资源，由于人口众多、崇尚奢侈，再加普遍运用先进的科学技术，在某些地区，对动植物资源的开采过度，产生了资源和生态等危机”①。彭汝砺等政治家开始注意这些问题，同时提出解决这些生态问题的方案，成为较早的生态保护者。

除了政治家外，儒家学者也开始意识到生态问题，这一时期儒家思想已经占据社会主流，他们的观念能够对整个社会产生不可估量的影响。关于生态问题，“宋儒有一些著名的论述，例如‘民胞物与’，‘仁者以天地万物为一体’等等，总的思想是把‘仁’所覆盖的范围，由先秦儒家的人，扩展到包括动物甚至万物”②。对生态问题的关注并非宋儒们的独创，原始儒家早就注意到这一问题，只不过宋代的生态危机较为严重，而且，有限的自然资源同人类需求之间矛盾要比先秦尖锐得多，因此，宋儒对环境问题的关注

---

① 赵杏根：《中国古代生态思想史》，东南大学出版社 2014 年版，第 105 页。

② 赵杏根：《中国古代生态思想史》，东南大学出版社 2014 年版，第 145 页。

也是一种应激反应。

到了明清时期，生态问题愈发严重，明代社会开始寻求新的方法来解决生态问题。“明代已经有刻意创建农林生态系统的成功实践，甚至还有超越农林的社会生态系统设计。”① 不重视技艺的传统受到挑战，单纯利用儒家或道家思想对人类行为进行教化并不能从根本上解决生态问题，维护生态系统稳定的科学观念开始成为解决人与自然矛盾的重要手段。

除了自然资源的利用问题之外，对灾异的认识也反映了中国传统社会的自然观。灾异在中国传统文化中具有很丰富的象征意义，它反映了人与自然的畸形关系，灾异并非完全取决于自然（哪怕那些只是完全与人类活动无关的自然灾害），几乎所有的灾害都被认为同人类行为有关。

传统的灾异观从一个侧面反映了自然在中国传统社会思想中的地位。自汉唐以来，中国传统社会对灾异的看法就同社会的变化息息相关，灾异不仅能够影响到政治的稳定，还可能引发大的社会变革，其原因主要在于两个方面，其一，中国传统社会对科技的态度是比较消极的，不仅缺乏必要的科学观——“缺乏对灾异的科学认识”②，而且缺少科学探索的精神。但是，为避免灾异引起的恐慌将人与自然的关系推向极端，中国传统思想家和政治家们采取一种转化的方式来消解恐慌所引起的人与自然的对立，即将灾异与政治联系起来，对灾异的解释甚至可以用来限制君权，这在一定程度上平衡了人类社会与自然的关系。

中国传统社会对自然的认识并非全部出于热爱，有时，对自然灾害的解释反而是建立在恐惧基础上的。例如，中国古代社会一般将蝗灾视作无法控制的自然灾难，不杀蝗虫被认为是会遭致祸患的行为——大量被灭杀的蝗虫的灵魂会对捕杀者进行报复，因此唐代

① 赵杏根：《中国古代生态思想史》，东南大学出版社 2014 年版，第208 页。

② 赵杏根：《中国古代生态思想史》，东南大学出版社 2014 年版，第91 页。

时，姚崇向皇帝提出大规模灭蝗的建议是具有某种牺牲精神的，“为了救人而杀虫，即使会招致恶报，姚崇愿意自身独当之”①。姚崇的行为是值得深思的，在满足社会需求和自然生态平衡之间，人类必须做出选择。虽然姚崇的行为并不符合现代生态主义的要求，但他破除了人类对自然的无谓的恐惧，为中国传统社会提供了一种认识自然的正确方式。

灾异的一个重要作用还在于对君权进行限制，在无比强大的君主制传统中，对灾异的解释在一定程度上平衡了君主与臣民的关系，也缓和了人类社会与自然的矛盾。例如，“清代持‘灾祥说’者，其宗旨几乎无不在于制约当道，这和吕不韦、陆贾、董仲舒等以‘灾异说’制约国君的设想，完全是一致的”②。灾异就像是一柄利剑悬在君主头顶，富有智慧和远见的臣子可以在适当的时候借此委婉地劝阻君王，以维护政治统治的良性运转。

但是，中国传统生态思想并非完全停留在人生哲学层面，也有部分思想同西方环境美学的观点相似。例如，在佛教传入中国之后，放生等行为开始流行于中原内地，及至宋代，放生等动物保护的实践也延伸出生态审美的观点。③ 此种环境审美亦不同于此前文人对山水美的欣赏。放生是一种不完善的动物保护行为，其出发点有时并非出于保护自然的目的，而只是为了满足自我行善的目的。即使如此，放生在一定程度上还是超越了审美的范畴，借助放生等行为，人类开始主动地直接干预自然生态系统的构建。

总之，中国传统社会已经开始认识到环境问题，采取措施以调适人类与自然的关系。虽然部分观念，如放生观、灾异说等，并非科学的环境观，部分观念甚至还带有某种强烈的政治色彩，但是，这些观念在结果上仍然起到了维护生态系统平衡的作用。建立良性

---

① 赵杏根：《中国古代生态思想史》，东南大学出版社 2014 年版，第 98 页。

② 赵杏根：《中国古代生态思想史》，东南大学出版社 2014 年版，第 266 页。

③ 赵杏根：《中国古代生态思想史》，东南大学出版社 2014 年版，第 123 页。

生态系统的环境实践是环境智慧的重要方面，体现了中国传统社会对自然的基本态度。

## 三、艺术与精神：山水画中的环境智慧

山水被视作古代中国关于自然环境的主要概念之一，也是重要的美学概念。① 同西方环境美学相比，中国传统的艺术审美与自然之间具有某种“先天”的联系，自然观念对中国艺术的影响可以上溯到先秦哲学。例如，在山水画领域，正是哲学思想为艺术开拓了新的疆域：“由庄学精神而来的绘画，可说到了山水画而始落了实。”② 在艺术史上，山水作为艺术表现对象是较为晚近的事，③但是，当山水进入艺术领域之后，艺术观念也发生了巨大的变化。

庄子思想中的“坐忘”观是山水画的哲学基础之一。在庄子看来，所谓坐忘即“堕肢体，黜聪明，离形去智，同于大通，此谓坐忘”④。在环境美学中，坐忘被理解为融于万物的审美方式，坐忘消解了审美主体与审美对象之间的界限，无论是在山水画中、还是在山水园林的构建中，坐忘都体现了中国传统文化对自我的弃绝和走向自然大化的愿望。

徐复观认为，在中国传统思想中艺术的重要性显然要逊于道德精神追求，“我国的绘画，是要把自然物的形相得以成立的神、灵、玄，通过某种形相，而将其画了出来。所以最高的画境，不是模写对象，而是以自己的精神创造对象”⑤。绘画只是作为一种工具以彰显思想精神，被绘画所摹写的万物存在于画者内心，甚至是

---

① 陈望衡：《中国古代环境美学思想体系论纲》，《武汉大学学报》（哲学社会科学版）2019 年第 4 期，第 46 页。

② 徐复观：《中国艺术精神》，商务印书馆 2010 年版，第 236 页。

③ 参见［英］迈珂·苏立文：《山川悠远——中国山水画艺术》，洪再新译，上海书画出版社 2015 年版，第 20 页。苏立文认为，“纵观各国的艺术，山水画出现都比较晚”。

④ 陈鼓应：《庄子今注今译》，中华书局 1983 年版，第 226 页。

⑤ 徐复观：《中国艺术精神》，商务印书馆 2010 年版，第 238 页。

一种原本就灌注于画者内心的、先验的存在。

山水画、尤其是水墨山水也体现了道家的哲学精神，“水墨是颜色中最与玄相近的极其素朴的颜色，也是超越于各种颜色之上，故可以为各种颜色之母的颜色”①，通过两种最原始的颜色的变化，绘者寻找到一种既能够表达人的精神愿望、又不会远离自然的方式来构筑理想的自然世界。因此，“水墨的出现，是由艺术家向自然的本质的追求”②。

山水画还代表一种隐逸的追求，“‘得之自然’便是逸，则逸即是自然，自然即是逸”③。山水画尽可能地表现一种同世俗生活截然不同的另类品格——在自然山川中寻找被人类社会所摈弃的较为原始的生活范式。山水画往往将人以及与人相关的元素隐匿在广袤的山水之中，唐代以后，山水画逐渐取代魏晋时期的人物画，并成为中国传统绘画的主要特征，绘画中人越来越渺小，而自然万物（主要是山川、河流、树木等）则越来越宏大，如范宽的《溪山行旅图》等，此种变化本身也反映了中国传统社会对人与自然关系的理解。高居翰（James Cahill）认为，如李成、范宽这样的画家，他们的作品“具有一种我们觉得在自然界中无所不在，恰当而又和谐的秩序感”④。

远离世俗生活只是走向山水的最初的动机，但绝不是唯一的理由。徐复观认为，如荆浩、关同、董源、巨然、李成以及范宽等画家“与政治的距离愈远，则所寄托于自然者愈深，而其所表现于山水画的意象亦愈高，形式亦愈完整”⑤。以历史的角度来看，政治因素是产生山水画较为直接的、客观的原因，贪婪和偏执的自然观不仅导致人类对自然万物产生敌意，而且也让人类社会自身处在焦虑和混乱中。不仅东方传统社会如此，在西方，政治和社会因素

---

① 徐复观：《中国艺术精神》，商务印书馆2010年版，第239页。

② 徐复观：《中国艺术精神》，商务印书馆2010年版，第239页。

③ 徐复观：《中国艺术精神》，商务印书馆2010年版，第286页。

④ ［美］高居翰：《图书中国绘画史》，李渝译，生活·读书·新知三联书店2014年版，第28页。

⑤ 徐复观：《中国艺术精神》，商务印书馆2010年版，第281页。

也是促使部分智者走向自然的重要原因，华兹华斯等人奔赴湖畔寻找诗歌灵感的行动显然可以对应中国传统画家在山水中寻找安宁的行为。

除了政治等社会原因之外，更高的精神追求也促使山水画走向完善。极力表现山水的绘画不仅意味着艺术风格和审美取向的转变，更重要的是，山水画还象征文人生存观念的变革，正如徐复观所说，“绘画由人物转向山水、自然，本是由隐逸之士的隐逸情怀所创造出来的；因此，逸格可以说是山水画自身所应有的性格”①。从环境哲学的角度来看，隐逸是一种典型的回归自然的生命选择，它并非专属于东方或西方，也不专属于传统或现代，在东方传统社会中，隐逸的精神追求在士人中曾多次风靡一时，而在西方现代社会里，隐逸也屡见不鲜，梭罗走向瓦尔登湖的行为即是一种现代的隐逸，他不仅再现了陶渊明的行为，而且为自己的行为赋予了生态保护的内涵。

在徐复观看来，中国山水画并非起源于日本学者下店静市所说的自然恐惧心理——后者认为，山水画是“以中国古代的原始祭祀，作为山水画的起源，即是以山水画为起于对自然的恐惧”②。即便如此，山水画也并非完全起源于画家对山水的热爱，部分原因还在于寄情山水者对世俗生活的厌倦。因此，山水画的精神并非一种纯粹的热爱自然之情，而是一种对人类自身反思的综合的情感。虽然山水画并不一定反映真实的物质世界，但是，绘画的世界是“不以人的了解来统御宇宙，而具有自身绝对的存在”③，山水画包含了传统文人对人和自然关系的深度思考。

面对自然而产生的恐惧，深受东方智慧影响的生态主义者阿伦·瓦兹（Alan W. Watts）认为，“人得要发现，他在自然界中看到的一切……都在他自身内部有着对应物。因此，直到他认识到自

① 徐复观：《中国艺术精神》，商务印书馆 2010 年版，第 294 页。

② 徐复观：《中国艺术精神》，商务印书馆 2010 年版，第 313 页。

③ ［美］高居翰：《图书中国绘画史》，李渝译，生活 · 读书 · 新知三联书店 2014 年版，第 31 页。

然界‘底部’以及它给自己带来的恐怖的感受也都是‘我’时，他才真正与自己是一体的”①。阿伦·瓦兹的哲学思想同生态主义运动有密切关系，他对中国道家哲学、佛教思想均有深刻的理解，在其著作中，他希望从中国传统知识中获取智慧以缓解当代人心灵的焦虑。例如，老子关于水的比喻给阿伦·瓦兹留下深刻印象，他因此将道家的哲学的部分内容解释为一种“柔道”② 精神，他认为老子的观念正是来源于自然，自然以生动的方式表达了真理的内容，是否能够正确认识这些真理则取决于人类。

此外，山水诗的发展也促进了山水画走向繁荣，“唐代以后，中国很多优秀的诗人开始写描绘大自然的抒情诗”③。虽然并非在唐代以后诗人才开始描绘自然，但是，唐代诗人对自然山水的关注显然大大超越前朝，④ 而且，此前的诗歌大多借描写自然山水来“抒发忧愁悲哀的感情”⑤。因此，自唐代开始，山水诗与山水画相互呼应，形成了别具一格的自然审美潮流。

中国山水画家对自然的观察同西方画家也有相似之处，石守谦认为，20 世纪前半叶，在西方文化影响下，中国学者也开始在中国传统绘画中寻找并发现了“中国画家如何精密地观察外在自然

---

① ［美］阿伦·瓦兹：《心之道——致焦虑的年代》，李沁云译，广西师范大学出版社 2015 年版，第 128 页。

② 参见［美］阿伦·瓦兹：《心之道——致焦虑的年代》，李沁云译，广西师范大学出版社 2015 年版，第 105 页。

③ ［美］加里·斯奈德：《生态学、文学和世界新的无序性》，山里胜己译，［日］山里胜己、高田贤一、野田研一、高桥勤、［美］斯科特·斯洛维克：《自然和文学的对话——都市·田园·野生》，刘曼、陶魏青、于海鹏译，中国社会科学出版社 2014 年版，第 10 页。

④ 参见［日］小尾郊一：《中国文学中所表现的自然与自然观——以魏晋南北朝文学为中心》，邵毅平译，上海古籍出版社 2014 年版，第 313 页。如小尾郊一所说，“大多数唐人喜作情景融合的诗，其中也出现了以景为主的纯粹的写景诗，这是值得大书特书的”。

⑤ ［日］小尾郊一：《中国文学中所表现的自然与自然观——以魏晋南北朝文学为中心》，邵毅平译，上海古籍出版社 2014 年版，第 25 页。

的线索"①，并因此"肯定了中国绘画至少在精神层面上的'写实'"。② 虽然中国绘画中的精密性同文艺复兴以来的西方绘画有所区别，但是，在对待自然的问题上，中、西绘画之间是有相同之处的。而且，中国传统绘画以描绘自然为主的艺术理念对西方艺术的影响也是有据可循的，根据苏立文的论述，中国的绘画艺术对欧洲绘画和园林艺术产生过直接的影响，③ 西方园林的设计者和风景画家在中国山水艺术中寻找到了相应的灵感。

受中国传统山水画的影响，环境美学也强调审美者对自然风光的"场所"式体验，部分环境美学家认为，"'场所'构成了把人类及其活动纳入其中的生态系统"④。通过场所，人类同自然建立起一种关联，审美者不仅能在场所中"获得身份"⑤，而且能够获得一种综合的审美体验，审美者在不自觉中成为审美对象的一部分。

总之，"人与自然之间不断变化着的对话一直是诗人和画家所关心的主题"⑥，山水画亦不例外。山水画艺术是中国古代环境智慧的象征，在其产生之初就以超然的态度大胆放弃对人世、转而极力表现自然山水的美，从这个角度来说，中国山水画的艺术性真正

---

① 石守谦：《从风格到画意——反思中国美术史》，生活·读书·新知三联书店 2015 年版，第 34 页。

② 石守谦：《从风格到画意——反思中国美术史》，生活·读书·新知三联书店 2015 年版，第 34 页。

③ 参见［英］迈克尔·苏立文：《东西方艺术的交会》，赵潇译，上海人民出版社 2014 年版，第 125~127 页。

④ ［日］生田省悟：《觉醒的"场所的感觉"——关于人类与自然环境的现代日本言论》，［日］野田研一、结城正美：《越境之地——环境文学论序说》，于海鹏、刘曼、邵艳平译，中国社会科学出版社 2014 年版，第 6 页。

⑤ ［日］生田省悟：《觉醒的"场所的感觉"——关于人类与自然环境的现代日本言论》，［日］野田研一、结城正美：《越境之地——环境文学论序说》，于海鹏、刘曼、邵艳平译，中国社会科学出版社 2014 年版，第 7 页。

⑥ ［美］高居翰：《图书中国绘画史》，李渝译，生活·读书·新知三联书店 2014 年版，第 59 页。

"达到任何别的文明的风景画艺术不能匹敌的表现力"①。山水画也可以被视作中国古代环境实践的一种独特方式，寄托了传统艺术家对自然的全部情怀和对人与自然关系的思考。

## 余　论

在思想起源上，中国哲学与西方环境美学有密切联系，曾繁仁认为，海德格尔的哲学思想是生态哲学和美学的观念基础，而海德格尔哲学的很大一部分则来自道家思想。② 通过海德格尔等哲学家，中国传统思想与环境美学之间的联系是有迹可循的。

尽管中国传统生态智慧中的自然审美并非完全意义上生态的审美观，它同环境美学等现代审美范式相比，在哲学观念、伦理道德以及环境实践等方面是存在一定区别的。但是中国传统生态观对于环境哲学和环境美学而言仍然具有丰富的启示性。对中国传统生态智慧重新发掘和反思，可以对环境哲学和环境美学产生积极的效用。特别是在风景画方面，中国传统生态智慧本身已经对西方现代环境观产生过潜在的影响。因此，中西文化的交汇是值得环境美学家们关注的现象。

---

① ［英］迈珂·苏立文：《山川悠远——中国山水画艺术》，洪再新译，上海书画出版社 2015 年版，第 51 页。

② 参见曾繁仁：《生态美学基本问题研究》，人民出版社 2015 年版，第 31 页。

# 家具设计中的模仿问题探讨

吴恩沁

在设计中，模仿优秀作品是常见的。它往往带来两种结果，其一：重视对原作精神的借鉴和表现，不论外观与之相似与否；其二：对原作外观作极大程度的再现，甚至抄袭。从以下图片中可以直观感受到这两种模仿现象：E60 凳①及其仿作（见图 1、图 2）、Cognac XO 椅②及其仿作（见图 3、图 4）、Snowball 吊灯③及其仿作（见图 5、图 6）。这些模仿作品有的呈现得比较纯粹，即简单地再现。有的则呈现得较为含蓄。

图 1

图 2

在设计中为什么容易出现再现现象？怎样模仿才有可能摆脱陷

① 芬兰，阿瓦·阿图（Alvar Aalto）设计于 1933 年。

② 芬兰，艾洛·阿尼奥（Eero Aarnio）设计于 2008 年。

③ 丹麦，保罗·汉宁森（Poul Henningsen）设计于 1957 年。

于抄袭再现困境的危险？要回应这些问题，首先有必要对历史上美学家们对“模仿”这一概念的认识变迁做一简要介绍。

图 3

图 4

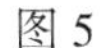
图 5

图 6

## 1. 模仿概念的历史发展

人类古代文明认为自然世界是神圣的。人类不敢破坏或亵渎自然，只有这样，他们才能获得相对的自由。因此，模仿自然是他们的原始冲动。早已在希腊流行的模仿说把客观现实世界看做文艺的蓝本，文艺是模仿现实世界的。当代美学家布洛克（H. G. Blocker）指出，艺术再现“与西方最古老的艺术理论即希腊人的

‘艺术乃自然的直接复现或对自然的模仿’理论一脉相承。是西方延续时间最长的一种艺术概念。它在近两千年的时间内，不仅支配着西方艺术哲学，而且支配着艺术批评和艺术实践”（陈超南，1993）。虽然均基于模仿的观点，柏拉图和亚里士多德有着不同模仿说。柏拉图认为，艺术模仿日常生活中的物体和事件。但是生活又是对理式①的模仿。因此，文艺作品是对模仿的模仿；一个模仿品已经和真实的理式有了两次偏差，以致模仿品相对普通生活经验来说几乎就是一个错觉或幻象。简要地理解柏拉图的观点，即：模仿，即便与现实生活极度相似，也不是对宇宙真理的体现。柏拉图的模仿说虽然强调了理式的崇高性质，但柏拉图模仿说的思想消极一面是把理式看作脱离实际、外在于感性世界的；不认为理式是可以被人类准确模仿的（见朱光潜，1979）。亚里士多德则认为文艺作品有模仿理式的可能。理存在于事中；对事的模仿的同时可以揭示理。而且，模仿不再是对现实忠实的描述，而是已经变成了对人的感情和期待的模仿，有着表现的成分。他说：“如果一个行为仅仅是外部过程或结果，一系列外在的现象之一，那么它不是真正的美学的模仿”（Butcher，1951）。

文艺复兴时期，达·芬奇提出了镜子理论。他认为艺术应当像镜子一样反映自然。但这不意味着艺术应该再现自然。艺术反映现实不但要通过感知也要通过理性理解。艺术家应该运用他们的思维活动去创造第二自然。达·芬奇说：“只相信他的习惯方式的画家在作画时就像一面镜子，忠实地再现他面前的一切，而缺乏对它们真正的理解”（Lahdensuu，2009）。别林斯基也有相似的观点。他在《论俄国中篇小说》中说：“创作既有不依存于创作者的自由，又有对创作者的依存……为什么艺术家的创作里反映出时代，民族乃至于他自己的个性呢？为什么反应出艺术家的生活意见和教养程度呢？从此看来艺术……对创作不是既是奴隶又是主子吗？不错，创作依存于创作者，正如灵魂依存于肉体”（朱光潜，1979）。别林斯基确认了艺术创作同时具有艺术家模仿现实的内容和他们主观

① 理式：Idea，不依存于人的意识存在，可以理解为神或真理。

言说的内容。以上模仿论认为，美学的模仿应当具有艺术家或设计师的个人理解或情感表现。“表现”作为美学范畴始见于魏朗(Eugene Veron)的著作《美学》。他说：“所谓艺术，就是情感的表现，获得一种外部的解释”(Veron，1878，98)。这在19世纪末和20世纪初是占优势的观点。克罗齐(Benedetto Croce)认为：“晦涩的感觉或印象通过文字从人的灵魂深处通向清晰的精神”(Croce，1978)。他更加强调精神的重要和表现的方式，相信艺术应当由精神经历或理解去超越现实。

同时以上观点也表明，西方艺术中的模仿从侧重外观再现发展到强调精神表现。模仿是人类艺术行为的第一步，但是再现式的模仿没有导向更高层次的艺术创造。随着古今哲学家、艺术家和设计师对模仿说的深入思考，有精神活动参与的模仿在艺术创造中所占的比重越来越大。最终，19世纪末到20世纪初西方抽象艺术的出现坐实了这个趋势。模仿外界已经不能令艺术家满意，他们渴望表现自己对生活和艺术创作的理性思考或主观感受，甚至因此抛弃了对模仿对象的外表相似性追求。

在中国，艺术的表现观念有着悠久的历史。南北朝时期，谢赫提出了绘画六法。其中第一法就是“气韵生动”(对对象的精神气质表达)，而“传移模写”(对对象外形的刻画)被放在第六位(Han，2009)。他高度重视对现实内涵的理解，并且把这种理解转移到绘画中去。绘画不仅仅是画面上的线条和色彩，更是画家对生活的理解和情绪的表现。事物的本质被认为比事物的外形更为真实。这一点与柏拉图的理式说类似。不同的是，中国的表现观认为事物的本质精神是可以而且应当被言说的。对抽象精神的表现逐渐变成了中国传统绘画中最受重视的要点，使画家总是希望抓住事物的本质、表现其灵魂，而不刻意关注表象或陷入忠实模仿事物的外形的窠臼中。这一创作指向在明清文人绘画中获得了高度体现。画家总是希望通过画面的形式语言去抒发胸臆。这就是为什么中国画的技法总是被认为没有西方古典绘画的技法成熟的原因。方东美认为“中国的艺术方法是真正的表现”(方东美，1988)。

综上所述，不论中外，从理论上可以认为表现性的模仿较之再现性的模仿具有进步性，也是艺术创作的追求。

## 2. 再现和表现的特征

虽然二者性质不同，但是再现和表现之间还是有相似之处。这使得有时区别它们是比较困难的。再现意味着与其他人或事物相似或相同的行为或方式，或者，复制他们的话语、行为或外观等。所谓表现，借用贡布里希的话语，“是一种翻译，而不是一种抄录”，是一种“转换式变调，而不是一种复写”①(布洛克，1987)。牛津高阶英语词典对“表现”有类似的解释：“用其它方式来讲述、书写、或交流你的思考或感觉”(Wehmeier，2001)。这就是表现的含义：保留原作外表之下的主旨；表达作者从对对象主旨的观察中所得的思考。这是一个生产过程，包括了设计者从他的生活经验和知识中产生的分析和理解。它与只用到物质材料的再现不同，表现的工作需要脑力活动的参与。在英语中“表现”（Express）的原意是“挤压出……的内容”（Murray，1969）。因为受到某种挤压，人的内在思维状态或情绪从心里倾泻到艺术作品中。这一解释进一步证明了表现是一个由内而外的过程。设计师的创造活动是受其内在的理解和创造欲驱使的。这就充分彰显了设计师的主观能动性意义。当设计师在表现原作精神的时候，一些不同于原作的新东西总是会被创造出来。鲁道夫·阿恩海姆（Rudolf Arnheim）的观点解释了在表现过程中，被模仿物的精神与新作品的形式之间的关系：

他（艺术家）需要深入关注和感知他的经验。他也需要有智慧通过将它理解为普遍真理的符号，去寻找到个别事物的意义……艺术家的特权是有能力在一个给定的条件中去理解自然和经验的意义，并且使它们有形化。他为他感知到的无形的结构找到一个形状(Arnheim，1974)。

就同一话题，芬兰家具设计师约里奥·库卡波罗（Yrjö

① 布洛克在《美学新解》中借用贡布里希的该说法来界定再现的意义，我认为不妥。相反，用贡布里希的这一说法来解释表现是合适的。

Kukkapuro）阐释得更加明了：

卡如塞里椅（Karuselli）① 是根据人机工学原则设计出来的。将人的要求作为设计的核心可以说是永恒的指导思想。但是永恒的指导思想不仅是这一个。人的追求常常是多样化的，甚至人的要求可以以多样化的处理方式被诠释。（方海，2004a）

这种多样化的处理方式可以造就设计作品不同的外在形式，这帮助设计师脱离复制再现的危险。虽然设计师模仿了别的作品，他仍应当保持独立的思维。对于原作来说，被表现式模仿使它在未来更有价值，因为它的意义不仅在它本身，更在于它的启示性。

瑞典学者格兰·荷米伦（Göran Hermeren）说："相似性经常被用来证明影响②的存在"（Hermeren，1975）。如果是这样，怎样区别表现式模仿和再现式模仿呢？然而，荷米伦紧接着又说："艺术创作受到很多因素的影响，但是对其他艺术家的作品的熟悉只是其中一个因素"。这意味着虽然一件作品模仿着另一件，这不足以说明为什么它们相似；或者，不相似的作品之间是有可能存在着模仿的。这样，就把模仿内涵的外延扩大了，甚至更重视非形式方面的内涵。对设计师来说，学习设计形式以外的东西是必要的，比如：设计原理，设计方法，以及与设计有关的文化研究。模仿不仅限于形式层面，更重要的是学习其他作品中蕴含的设计师的想法。以下，我以家具设计中的几种模仿现象为例，来分析再现和表现的结果。

## 3. 案例研究

### 3.1 巴洛克和洛可可家具模仿自然元素

巴洛克式样富于装饰性。因为设计师喜好用花草等植物形象作

① 约里奥·库卡波罗设计的椅子，被称为世界上最舒服的椅子。

② 这里，影响可以理解为模仿。用"影响"基于将原作视为主动方，用"模仿"基于将新作视为主动方，在该句中二词表达的意义相同。

为结构和装饰元素，这一类的设计作品被称为花的帝国。这些装饰元素以平面图案或雕塑的形式被写实地运用在设计中。其对自然的模仿几乎等同于对自然的复制。丹纳（Hippolyte Taine）在《艺术哲学》（*The Philosophy of Art*，1873）中说：极度精确的模仿不会给人带来愉悦，反而使人感到不快甚至厌恶。随着艺术和设计观念的发展，巴洛克和洛可可式样已经成为了历史。

### 3.2 清代广式家具对西方家具的模仿

从明代中期开始，天主教传教士开始进入中国。1893年，清政府颁布了新法令，允许华侨回国谋生置业，营造他们的住房。这些西方传教士和归国华侨将一些欧洲造型艺术传播到了中国。广州是我国海上丝绸之路的交通城市，是西方文明较早输入中国的商埠。据蔡易安介绍，清代广式家具采用了西方家具中的新形式，传统的家具大胆吸取了西欧豪华、奔放、高雅和华贵以及各种曲线造型等新的家具形式，式样上有了重要的突破（蔡易安，2001）。由于式样丰富和富于装饰，清代广式家具变得流行一时。

然而清代广式家具对西式家具的模仿主要基于视觉特征方面。西方家具的视觉元素和结构元素几乎被不加选择和分析地借用到中国传统家具中。大多清式家具只是将中国传统造型元素和西方家具的造型元素并置在一起。尽管它们中的一些取得了一定的视觉和谐，而事实上这两种元素所代表的文化内涵没有能够有机地整合。坊间有一种有趣的说法：与骡子类似，清式家具本身是一种结合物，但是它没有再创造的能力，即没有生命力。因此，它不像明式家具一样对后世具有深远的影响。

什么原因造成了巴洛克、洛可可和清代广式家具对对象的平庸模仿呢？问题的关键在于设计师对抽象造型的理解上。这几种家具对对象的模仿几乎都是用极端具象的造型语言来呈现的。设计者对模仿对象不加分析提炼，直接照搬其具体形式。新作品展现的具象形态往往只说明了其自身的物质特征，难以表达设计者对模仿对象的消化理解。因而，新作品不具有生命力和值得揣摩的内涵。相对而言，在以下北欧家具案例中，设计师对抽象形式的理解和运用帮助了他们进行表现式模仿。

### 3.3 北欧家具对自然元素的表现

大自然提供给所有设计师的内容都是一样的。设计师将他们由物质元素翻译成精神和智力元素。这样设计师才能藉由简化、提炼、夸张等设计方法来表现这些精神和智力元素，以使生命力、动感、反抗力等自然的精神状态在设计作品中呈献给观者。这一从自然物质到设计师的理解再到在作品中言说的过程就可以称为表现。在以下优秀的北欧家具设计作品中可见这一过程的结果：阿纳·雅各布森（Arne Jacobsen）设计的蚂蚁椅（Ant Chair，1952）、天鹅椅（Swan Chair，1958）、蛋形椅（Egg Chair，1958），埃罗·沙里宁（Eero Saarinen）设计的郁金香椅（Tulip Chair，1956），艾洛·阿尼奥设计的蘑菇凳（Mushroom Stool，1962）、西红柿椅（Tomato Chair，1971），楠娜·迪兹尔（Nanna Ditzel）设计的蝴蝶椅（Butterfly Chair，1990）。

### 3.4 汉斯·魏格纳（Hans J. Wegner）的设计对明式家具的表现

18世纪后半叶，中国风（Chinoiserie）影响到了斯堪的纳维亚国家。建于1753年，至今仍旧对外开放的斯德哥尔摩郊外的中国宫就是一个证明。受到中国明式圈椅的影响，1944年，丹麦设计师汉斯·魏格纳设计了四把特征鲜明的中国式椅子。为他带来巨大国际声誉的是设计于1949年的名为The Chair的圆形扶手椅。这把椅子被称为“世界上最漂亮的椅子”。它将明式圈椅简化为最基本的结构；看上去完美到多一分则多少一分则少的程度。魏格纳一生设计了500多把椅子，其中1/3与明式家具的椅子有关联。它们是明式家具精神的表现。

使魏格纳成功模仿明式家具的原因有三。原因一：这两种设计思想有相通之处。在中国封建社会史中，明代中国有着相对民主和自由的社会气氛。人们在创造物质财富的同时注重追求精神享受。“和谐”是儒家文化价值体系的核心。道家的自然观认为人是自然界不可分割的一部分，崇尚自然的曲线美。在思考方式和情感上，中国人一直尊崇“天人合一”的观念；把人与自然的关系看作父子关系般亲密的关系。因此，人与自然之间的有机互动与和谐被看做美的极致。虽然中国古代设计理论并不丰富，但是家具设计者从古典哲学和美学文论中提炼出的设计思想，令明式家具有材质天然，线型圆滑流畅的特征，更承载着深刻的思想意蕴。与之相似，魏格纳尊重自然并且主张设计融入自然。包括丹麦在内的北欧国家，大自然对人的影响是强势的，人不可能不去适应自然。现代北欧家具设计建立在人们日常需要的基础上，将人文主义和功能主义联系在一起。由此，设计师发展了北欧设计理论：富于人文精神的有机设计。他们相信，一个有着棱角的椅子对使用者来说是不舒服的，因而也是不美的。相反，有机造型的椅子会好很多。设计师们很多时候用优美的曲线代替了不必要的直线条。和直线条一样，曲线形也是一种简洁，但要温和得多。北欧设计师倾向于用木头、皮革或其他传统材料——传递出家具与自然界的密切关系。北欧现代家具基于自然感情和人文哲学的设计观念与中国明式家具的设计观念具有一致性，因此两种家具的形式也具有相似性。由于理念的相通，对魏格纳来说明式家具的设计理念是容易理解和值得欣赏的。他真正读懂了明式椅子，抓住了其设计精髓。他设计的中国风格的现代椅子用抽象的造型语言表现了中国传统文化的精神，以新的形式表现了传统的语义；或者说，与中国明式家具一同传递了设计中的普世价值：人为本、少则多。魏格纳对明式家具的学习专注于传统，但并不囿于对传统形式符号的复制。

原因二：这两种造型方式有相似之处。材料和技术条件往往会鼓励或者阻碍一个新设计的发生。另一个使魏格纳成功模仿明式家具的原因是明式家具所具有的现代气质。首先，明式家具中精确的榫卯结构体现了现代家具设计中的模块设计概念。这一结构的优势是容易装卸，方便运输。尽管明式家具反复装卸的情况并不多见，但是它提供了这一理念和操作的可能性。第二，明式家具中包含有现代人机工学的数据。比如，椅子的背板倾角往往是100~105度，并且其弯曲程度与人体脊柱的“S”形弯曲吻合。因为明式家具中的这些现代设计特征，使魏格纳从明式家具中获得同感和启示成为可能。此外，虽然魏格纳与明式家具的曲木工艺不同，但是二者异曲同工，呈现出几乎一致的视觉效果。由此可见，成功的模仿也建立在技术实现的可能上。

原因三：明式家具留有再创作空间。设计作品是否留有再创作的空间是后来的设计者能否摆脱再现式模仿困境的因素之一。明式家具的优势在精神层面。如上文提到的库卡波罗的观点，包含在一种形式中的抽象概念可能藉由不同的外形来体现。魏格纳的中国式椅子与明式家具获得了精神上的统一，但是他们有着自己独特的外形和个性。相较而言，洛可可家具的强势特征在视觉层面，是一个仅具有物理特征而罕有精神内涵的对象。它仅仅有能力呈现其自身的外形特征，而留给设计师的再创作的空间不足。这也是现代设计中难以寻到清式家具精神踪迹的原因。

以上三点原因说明魏格纳表现明式家具的精神是合情理的。它是建立在理性基础之上的科学借鉴，绝非对形式的再现式模仿。魏格纳对现代家具设计的理念有着深刻的理解；这使他较为容易地去领悟其他相似的家具设计作品。然而造成这一成功模仿不是魏格纳单方面的努力能够做到的。明式家具自身具备了被魏格纳模仿的可能，为他提供了模仿的条件。当魏格纳与明式家具相遇，二者都是幸运的。魏格纳从明式家具那里获得了共鸣和灵感，而明式家具找到了言说自己的现代语言。

## 4. 结　　论

外形的相似仅仅是表现式模仿的合理性或可能性结果。其关键在于对模仿对象的分析认识、获得思想上的认同，并用尽可能抽象的设计语言来表现这种认识。机械再现似的模仿与艺术创造：科学，独立，自由，原创的精神相悖，它的后果是不可持续发展。孔子说：“君子和而不同，小人同而不和”。这意味着，人与人之间健康的关系应该是和谐的，但不必要每人都是相同的。就设计中的模仿来说，虽然二者之间有影响或被影响的关系，但二者还是各自独立的。应当在灵魂上有共鸣的前提下，为外形的差异留下空间。

论述到此似乎可以告一段落，但是这一话题并未结束。当我继续关注在家具设计中的模仿问题时，发现情况是复杂而有趣的。1966 年阿尼奥设计的 VSOP Cognac 椅几乎和埃罗·沙里宁在 10 年前设计的郁金香椅（Tulip Chair）一样。它被称为郁金香椅的“沉闷的变奏”（Dietsch，2005）。阿尼奥在 2008 年设计的 Cognac XO 椅子又和他自己的 VSOP Cognac 很相似。除了这一系列模仿的案例，阿尼奥 1966 年设计的“Polaris 椅看上去就像伊姆斯在 1955 年设计的玻璃纤维堆叠椅子的仿制品”（Dietsch，2005）。这是一个很讽刺，但是也很常见的现象。设计师很难不模仿他人的创意，也很难阻止他人模仿自己的。在这个问题上，芬兰美学家约里奥·瑟帕玛（Yrjö Sepämaa）曾经说过：“不论何原因、何程度，模仿说明了模仿者对原作的崇拜和爱慕”（私人交流）。瑟帕玛看似回避了该话题。我们几乎可以在字里行间读到一些无奈和黑色幽默。无论如何，设计师由崇拜和爱慕开始了模仿，也应该对模仿的性质和质量负责任。

关于设计中的模仿问题，我希望且相信其他学者会有更值得注意的观点。比如，库卡波罗就相关问题说过：“这是一个系统问题：设计—产品—市场，是一个系统；教育—设计—管理是另一个系统”（方海，2004b）。可能他把解决问题的希望寄托在教育和管理上。阿尼奥对此似乎还没有什么好办法，尽管他被这个问题困扰着。

# 短论与随笔

# 我的环境美学研究引路人
## ——阿诺德·柏林特教授

陈望衡（武汉大学哲学学院）

我称阿诺德·柏林特（Arnold Berleant）为我的第一位美国朋友，而阿诺德·柏林特称我为他的第一位中国朋友。我们结识于1988年，至今33年了。

33年的岁月，足以让一个婴儿长成教授、科学家，甚至国家领袖。而我这33年，在柏林特的引领下，在环境美学研究的道路上也取得了一定的成绩。学界赞誉我为“中国环境美学的主要开拓者”，而我这个开拓者的导师是柏林特。我非常感谢柏林特，没有他的帮助和指导，我不可能有今日的成绩。

# 一、引　　路

20世纪80年代，我的一位朋友在美国留学，他知道我从事美学研究，便自作主张将我的简介发给美国美学学会，代我申请加入。当时柏林特担任学会秘书长，他接受了我的申请，于是我成为学会外籍会员。从1988年起，我们就有了通信联系，我至今保存着柏林特的全部纸质信件，厚厚的一大叠。

1992年，我邀请柏林特访问我任教的浙江大学，他愉快地接受了邀请，第一次访问中国。他与同伴设计的行程是经香港、深圳飞到重庆，再由重庆经过长江三峡前往杭州。我担心后一段旅行不一定顺利，因为当时的交通没有现在这样方便，购买船票、火车票都不那么容易，便派学生舒建华前往重庆接机；然后，领着他们在重庆坐船经过三峡，在岳阳上岸，再转火车到达杭州。柏林特对这段浪漫的旅行非常满意，和我一见面就连夸三峡的神奇与壮丽，也夸我学生的机灵和尽心。

这一次，柏林特送给我的礼物，是他的英文版《环境美学》和已译成中文的两篇文章：《培植一种城市美学》《建立城市生态的审美范式》。正是他这部专著和这两篇文章，打开了我的学术视野。

20世纪80年代初，我在长沙从事编辑工作，1981年发表了第一篇美学论文《简论自然美》（《求索》1981年第2期）。1989年开始，我受聘于浙江大学教授美学，经常在杭州《风景名胜》杂志上发表游记、山水美学小品文。当时，我有山水美学（自然美学）概念，但还没有环境美学概念。

柏林特的启发，使我对环境美学、城市美学萌生了兴趣，我的学术新航程从此开始了。

首先，我的学术视野由山水拓展到环境。

山水美学与环境美学，虽然面对的都是自然，但实质上并不相同。山水审美属于旅游美学，立足点是欣赏；环境审美属于生活美学，立足点是居住。柏林特有一句话特别经典，他说："环境是就是人们生活着的自然……人们生活其间的自然。”(《环境美学》第一章《向美学挑战的环境》)这一思想启发了我，我开始从生活出发构思我的环境美学。

我将生活确定为环境美学的主题。生活，我用“居”这一词来概括，将生活环境的品位区分为“宜居”“利居”“乐居”三个层次。宜居重在生态，利居重在功利，乐居重在幸福。环境美的本质是“乐居”，也就是人在自然界中幸福快乐地生活。

我将这一观点阐发为《环境美学的当代使命》，此文在《学术月刊》(2010年7月)发表，后被《新华文摘》转载，引起了广泛关注，遂成为2013年高考语文的阅读试题材料。此文后来译成英文，在日本一家刊物发表(*The Contemporary Mission of Environmental Aesthetics*, in *The Journal of Asian Arts and Aesthetics*, Vol. 3, 2010)。2009年1月22日，我应邀在斯坦福大学作学术报告，主题也是《环境美学在中国的当代使命》。

1999年，我在一次美学会议上宣读《培植一种环境美学》，此文最初发表于《企业文化》(2000年第3期)，后来正式发表于

《湖南社会科学》（2000年第5期）。2007年4月，我的专著《环境美学》由武汉大学出版社出版。我有意取这样一个书名，表明此书与柏林特《环境美学》有着血缘关系，没有柏林特的《环境美学》，就没有我的《环境美学》。

然后，我的环境美学研究由自然进入城市。

我喜欢游山玩水，对自然山水素有癖好。柏林特提出“构建一种城市美学”，引起了我极大的兴趣，我开始了针对中国城市问题的美学思考。

1995年，我撰写了《历史文化名城的美学思考》，发表在《武汉文博》（1995年第4期），后又发表在中国城市学的重要期刊《城市发展研究》（1997年第4期）。2001年5月，我作为中国唯一代表出席由联合国大学主持、韩国清州市政府承办的第三届文化与城市可持续发展国际会议，发言主题为《历史文化名城的美学魅力》。

城市——我们的家

2008年12月11日，《光明日报》以第10、11两版发表了我在宁波一次面向社会公众的讲演：《城市——我们的家》，此文后为《新华文摘》（2009年第7期）转载，产生了重大的社会影响。其后，我又发表了《将城市建设成温馨的家——中国城市现代化道路的反思之一》（《郑州大学学报》2009年第3期），英文版发表在日本一家杂志上。(*The Establishment of the Concept "Home": The Reflection of Chinese City Urbanization*, in *The Journal of Asian Arts and Aesthetics*, Vol. 2, 2009.)

"城市是我们的家",并不是我的发明,柏林特在其《建立城市生态的审美范式》一文中就说过:"城市设计是一种对家园的设计"。但是,我将家园感确定为环境审美的最高品位,将"构建家园"作为我环境美学思想的核心,我的这一思想后来得到霍尔姆斯·罗尔斯顿(Holmes Rolston III)的高度赞赏,他在评论我的《中国环境美学》一书时说:

> 陈著最引人入胜之处在于,他阐释了,在中国,人与自然怎样在由各自不同元素构成的富有创造力的动态系统中一起运作,互相支持,互施影响,结果产生了一个更加美丽的中国。……中国人有一种强烈的感觉,身处自然就是"在家";"因此,家园感代表环境身份的最高层次"。(p. 75, also pp. 61-108.)

## 二、合　作

柏林特不仅是我环境美学研究的引路人,是我的导师,也是我们共同事业的合作者。

我们的合作始于出版"环境美学译丛"。

2003年,我获得教育部人文社会科学研究基金"环境美学基本问题研究",这一项目从1992年开始酝酿,至此已经10年。为了在中国开拓环境美学事业,我招了几名以环境美学为研究方向的博士研究生。这在中国是首次,当时最大的困难是研究资料缺乏。我决定,首先将西方重要的环境美学研究成果引进来,便与柏林特商议出版一套"环境美学译丛",由他负责选取合适的著作,由我负责翻译与出版。我的想法获得柏林特的赞赏,于是,我们立刻密锣紧鼓地行动起来。

经过三年的努力，“环境美学译丛”第一辑终于出版了，共计六部著作，即《环境美学》（*The Aesthetics of Environment*）、《环境之美》（*The Beauty of Environment*）、《自然与景观》（*Nature and Landscape*）、《艺术与生存》（*Art and Survival*）、《穿越岩石景观》（*The Crazannes Quarries*）、《生活在景观中》（*Living in the Landscape*）。

这套译丛受到中国读者的广泛欢迎，除了美学、环境等专业人士以外，其他相关专业如城市、建筑、园林、规划、设计专业人士也喜欢，清华大学建筑学院还将其列入研究生必读书目。美学领域之外诸多专业人士知道我，更多的是因为这套丛书，而不是我本人的著作。

我与柏林特的另一项重要合作是举办国际会议。

2003年，由著名环境美学家约·瑟帕玛（Yrjo. Sepanmaa）主持，在芬兰举办环境美学国际会议。瑟帕玛给我发来了邀请，而我因为一些困难而犹豫着，柏林特则坚决主张我参加会议。我还记得他在信中说的一句话：你既然选择了环境美学研究，这样的国际会议是一定要参加的，这对于你以后的研究关系极大。因为柏林特的态度明确而又坚决，我克服了许多困难，最终出席了这次会议。这是我第一次参加在欧美举办的国际会议，此后直到2015年，我几乎每年都出国参加国际会议，由此进入国际美学界。

芬兰环境美学国际会议让我收获极大，主要有两个方面。

第一，开拓了视野。这届环境美学会议的主题是农业美学，农业也是环境美学研究的对象，这是我过去绝对想不到的。因为这届会议，我的环境美学研究开始注重农业了，《环境美学》一书开辟了“农业环境美”专章。这里，我用的词是“农业环境”，而不是“农村环境”，这是富有深意的。中国政府21世纪初叶提出建设美丽中国国策，我的环境美学派上了用场，为一些地方的乡村建设、城市美化作出了贡献。

第二，结识了一批从事环境美学研究的国际朋友，这为我在中国开展环境美学研究提供了大量的国际资源。

于是，我也想2004年在中国举办环境美学国际会议了。我的想法得到了柏林特的支持，会议名称原来拟用“环境美学国际会议”。不过，由于当时中国研究环境美学的学者很少，我们担心报名参会的人不够多，在征求各方面意见以后，将会议改名为“美与当代生活方式国际学术会议”，而将“环境美学”作为会议的一个单元。

会议于2004年5月14日至16日在武汉大学举行，柏林特应我的请求担任会议荣誉主席，作了《美与当代生活方式》的主题发言。会议期间，他还受聘为武汉大学客座教授，接受了武大校长为他颁发的聘书。

由于得到了柏林特的支持，这次会议很成功。大约30位国际学者出席了会议，包括往届国际美学学会主席柏林特、瑟帕玛、阿列西·艾尔雅维奇（Aless Erjavec），后任国际美学学会主席约斯·德·穆尔（Jos de Mul），日本感性工学学会会长清水义雄（Yoshio Shimizu），国际《周易》学会主席成中英（Chung-ying Cheng）。这在当时的中国，国际化程度已经很高了。

会后，应出版“环境美学译丛”的湖南科学技术出版社及其上级管理机构湖南省出版局的邀请，我和6位欧美学者柏林特、瑟帕玛、艾尔雅维奇、成中英、帕特丽夏·约翰松（Patricia Johanson）、乔安娜·郝斯滕（Johanna Hallsten）访问长沙，并举办“环境美学国际论坛”。论坛在湘江西岸的普瑞酒店举办，这是一座新酒店，楼房前还有大片土地正待建成园林。会议期间，代表们在园林植树，柏林特兴致勃勃地在空地栽下了一棵小树。他说，从事环境美学研究的学者亲自从事环境美化工作，非常有意义。

长沙会议结束后，湖南省旅游局派车送我们去著名的风景地——张家界。张家界风景管理局以我们武汉会议的七位学者为主力，举办了隆重的“武陵源风景美学国际论坛”。

其后，我还在中国举办过三届环境美学国际会议。一、2006年，在武汉大学；二、2009年，在襄阳；三、2015年，在武汉大学。三次会议我都邀请过柏林特，他因故未能出席，但对会议仍然十分关心，给予我不少指导。

在我与柏林特开展合作之前，中国的环境问题还没有引起足够的重视，环境美学更是新鲜事。他的著作在中国学术界有着巨大的影响，他和我合作主持以及另外参加的中国环境美学学术活动，包括学术会议和讲演，为环境美学在中国的开展进行了高品位的宣传，对中国环境保护及美化事业、中国环境美学研究事业起到了积极的推动作用。

回忆我与柏林特的合作，不仅是成功的，而且称得上是精彩的。

## 三、鼓　　励

在柏林特的指导下，我于2007年出版了专著《环境美学》，此书于2009年获得了中国高等学校科学研究（人文社会科学）优秀成果二等奖。由于参选的艺术类著作当届没有选出一等奖，二等奖实际上是这个门类的最高奖了。我将喜讯告知柏林特，他很快回信，给予我赞扬与鼓励。

2009年，爱尔兰学者哥罗·西普里尼（Gerald Cipriani）和他的学生苏丰将我的《中国环境美学》译成英文，在国际上著名的劳特利奇出版社（Routledge）出版。此书在西方世界受到关注，著名学者艾伦·卡尔松（Allen Carlson）为之写作一个辞条，收入《斯坦福哲学百科全书》。

另外，约斯·德·穆尔、霍尔姆斯·罗尔斯顿、大卫·亚当·布鲁贝克（David Adam Brubaker）、安德鲁·兰伯特（Andrew Lambert）等数位西方学者为此书写作了评论，发表于中国刊物《鄱阳湖学刊》2017年第4期。

柏林特在给我的信中，也对此书做了很高的赞扬：

亲爱的陈教授：

我写信告诉你，正在阅读你的著作《中国环境美学》，深感喜悦，获益匪浅。著作写得很好，我看得出来，你有幸得到了哥罗·西普里尼的积极帮助。著作富含精彩纷呈的史料，有利于读者理解中国传统的环境审美。著作也让我理解了，为什

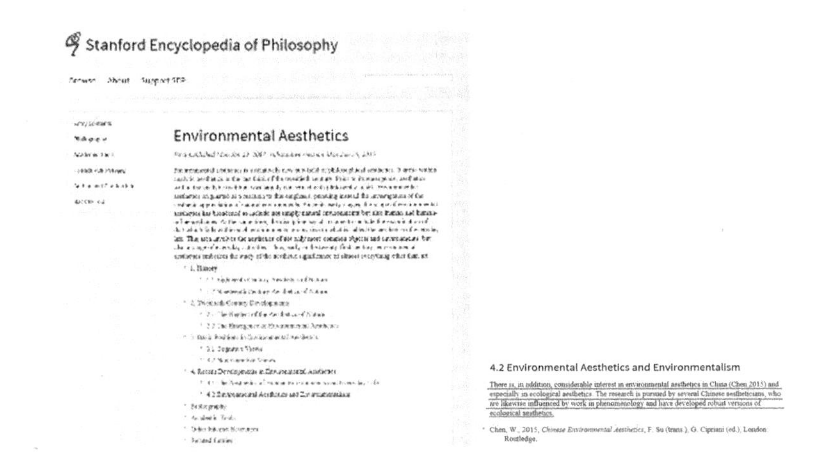


么中国学者与我的著作意气相投。欢迎你来作客，到时候我们就此畅谈，我很期待。

致以最良好的祝愿！

随后，柏林特又正式写作一篇评论，发表在英文网上刊物《当代美学》上。他的评论是这样的：

陈望衡的《中国环境美学》

阿诺德·柏林特

作为哲学追问焦点的环境美学，首先发端于20世纪下半叶的西方世界，尤其是英国、美国、加拿大和芬兰。环境美学之所以日益受到关注，部分原因在于环境运动日盛；另一部分部分原因在于，学者们重新发现，一些长期争论不休的哲学问题，与环境的审美价值具有关联性，也在其中找到了新的关注点。尽管直到20世纪最后10年，在中国才出现这一新的兴趣，但对自然的深层意识和对环境价值的欣赏，却根源于中国古代文化。对自然的迷恋，融进了中国古代的艺术、文学和宗教。在《中国环境美学》中，武汉大学哲学教授陈望衡为当代西方学者开放了一条道路，他们由此发现，与现代观点相比，中国古代对自然以及自然世界中之人类地位的理解，是多么丰富。他汇集了许多思想家、诗人和艺术家的观点，一起构成中国人独特的“天人合一”观。通过建立一种关于中国人对自然的思考和评价的历史性与跨文化阐释，本书为西方环境美学研究提供了一个富有价值的参照。

作为唯一的英文版中国环境美学著作，本书本身达到了令人印象深刻的成就。陈望衡不仅对中国环境思想的起源进行了清晰而详尽的历史性阐释，还介绍了中国古代表达和运用这些思想的观念和实践，例如“风水”。这一阐释发展成为对环境的哲学讨论，而这个词语发展成为对环境的传统理解。这里的核心是，我们在西方所称的主体和客体，被融合为感知与理解中不可分离的统一体。这一观念更普遍地贯穿在（中国人）关于风景与环境的思想中。天人合一是道家思想的核心，而儒家关切的是环境的社会维度，于是天人合一就成了道德约束。

在这一文化基础上，陈望衡进一步探讨了一些特别的环境：园林、宫殿、农业景观以及城市环境，探讨这些不同语境下关于美的思想。本书堪称力作，不仅成功地汇聚并阐明了一种悠久而复杂的传统，也充满了诗歌、绘画与建筑中关于那一历史的表达。大量引文、寺庙与景观图片，体现和佐证了一传统。尽管英文版的图片质量有所不足，但是苏丰对文本认真细致的翻译，哥罗·西普里尼流利而优雅风格的编辑，给陈教授渊博的学识锦上添花，因而本书读起来非常流畅，仿佛本来就是用英文写的，这在汉语英译著作中实属罕见。

当代中国的环境美学研究，受到了建立这一探索领域的西方文献的巨大启发。陈教授发现，西方当代学者与自己同声相应，其审美交融思想如果理解为人与自然的统一，则与中国传统（天人合一）平行。近年来，西方也探索斋藤百合子（Yuriko Saito）和卡地亚·曼多基（Katya Mandoki）提出的日常生活的审美维度，类似于东方将审美价值与日常活动融合起来。

由此开始，中国环境美学形成了自身的特点与势头。其中

> 最引人注目的是，曾永成、曾繁仁、袁鼎生以及程相占等人提出了生态学美学（Ecological Aesthetics）这一概念，或如其著作常称的“生态美学”（Ecoaesthetics）。他们用生态这个科学概念，表示作为自然世界一部分之人类生存的境遇（Contextual）特点。生态这个概念为中国传统关于“人生于天地之间”的理解提供了科学基础，它所重申的是一种根本性的哲学观念，即反对主宰了西方理性与科学生活的柏拉图-笛卡尔式二元论的渗透。中国美学家们写作的许多生态美学著作都富有论辩性，但据此正好可以期待，其中将涌现一批原创性的研究，展现境遇主义（Contextualism）的丰富成效，即开拓一种新的理解和一套新概念，以之应对当今世界的环境挑战，这些挑战无论在中国还是西方都十分严峻。通过鼓励西方学者回应中国学者关于西方环境哲学的知识，《中国环境美学》对现代环境研究者们将大有裨益。
>
> 无疑，全球环境危机是人类世界工业化转型所带来的最迫在眉睫的后果。陈望衡的《中国环境美学》很重要，因为它通过其历史阐释和文化洞察，提供了一个背景。肯定人类环境之审美价值的重要性，成了比任何时候都更迫切的需要。陈望衡为我们呈现了中国环境思想的广阔视野，以及自然与环境丰富的文化意义。本书提供了对环境的多层次切入，兼及自然的与人类的，标志着环境美学一个新颖而富有创造性的转变。也许，本书将帮助激发来自不同传统的学者们开展合作研究。

自20世纪90年代跟随阿诺德·柏林特研究环境美学，至2015年出版英文版《中国环境美学》，20多年的时间里，我了取得一些成绩并获得了他的肯定，愉悦之情是难以言喻的。对于柏林特，我满怀着感恩之心。

我的环境美学研究，正如柏林特在书评中所说，一直坚持着“对环境的诠释包括了自然和人的双重维度”，也就是生态与文明两个维度。实际上，我强调这两个维度的统一，也受到柏林特的影响。柏林特在其《环境美学》中说：“任何关于环境美学的讨论也必然具有我所称的文化审美”，“文化审美是一个巨大的感知母体，它真正构成每个社会的环境”（参见《环境美学》第二章）。柏林特说的“文化”，在中文里与“文明”同义，但“文明”较“文化”在品位上似乎更高，“文明”一般为“文化”的精华。我认为，任何美都是文明的显现，美在文明而不在生态。我认为，将生态纳入美学，特别是纳入环境美学是必要的，而且是很重要的；但是，环境美学不是生态美学，环境美也不是生态美。正如柏林特所说，环境是一个“物质—文化（Physical-culture）领域”（参见《环境美学》第二章），我认为环境美应该是自然与文化的统一，生态与文明的统一。

在这个基础上，我提出了“生态文明美”的概念。我在《光明日报》（2015年7月15日）上发表了《生态文明美：当代环境审美的新形态》一文，继而提出建立“生态文明美学”。稍后，我在《南京林业大学学报》（2017年第1期）发表《生态文明美学初论》一文，此文英文版为中国英文刊物《当代社会科学》（*Contemporary Social Sciences*）2018年2期采用。其后，我又发表数篇关于生态文明美学的文章。我在强调“美在文明”这一观点的同时，也强调美离不开生态，尤其是原生态——荒野，主张文明与荒野互不侵犯，实现“划界和谐”或“契约和谐”。

这些文章引起了德国学者格洛·伯姆（Gernot Bóhme）的注意。2019年，伯姆来武汉参加国际会议，与我进行过学术交流。其后，他在德国发表《生态与美学有何关系?》一文，对我的环境美学观点进行评述，并给予较高的评价。

柏林特看到伯姆的文章后，高兴地将文章转发给我，并且向我祝贺。

亲爱的望衡：

你好！希望你与家人近来安好。我们一如既往地忙。

我写信给你，附发格诺·伯姆教授一篇论文，此文刚刚发表于最负盛名的德语周刊《时间》（*Die Zeit*）。他在文中讨论了你的环境美学著作，也讨论了我的。当然，论文是用德语写的，但也许你有同事能帮你翻译。

……

看过文章以后，我发现伯姆实际上批评了柏林特。柏林特将这篇文章发给我，目的可能是祝贺我、鼓励我。但我收获的不只是祝贺和鼓励，还有更多。其中之一是柏林特对待学术论争的正确态度，这给我树立了光辉的榜样。另外，伯姆这篇文章一方面肯定、赞扬了我，另一方面也对我的一些观点提出了质疑，并有所批评，让我受益了。

柏林特虽已年届九旬，却仍然活跃在美学研究第一线。经我的途径，柏林特有 3 部著作译成中文在中国出版，即《环境美学》（*The Aesthetics of Environment*）、《生活在景观中》（*Living in the Landscape*）、《美学再思考》（*Re-thinking Aesthetics*），另外，《审美场》（*Aesthetic field*）也已经由我的学生翻译定稿，即将在武汉大学出版社出版。这些著作以及其他著作与论文，是他对中国学术界、中国美学事业的重要贡献，也是他与我友情的见证。

衷心地祝愿阿诺德·柏林特先生永远年轻！他写书而由我和我的学生译书的故事，将再开新篇！

附件：阿诺德柏林特教授两封相关的信

信一：

亲爱的陈教授：

我没有收到你上一封信，显然你也没有收到我的。我信里告诉你，我的文章发表于《当代美学》当期短评栏目（*Contemporary Aesthetics*，*Vol.* 17（2019））。链接如下：https：//contempaesthetics. org/newvolume/pages/article. php? articleID = 867。

在你此信之前，我没有收到张文涛的论文。我有兴趣阅读，并将把我的评论发给你。

谢谢你告诉我中国学者对我的环境美学著作感兴趣，对此，我很感激。我很高兴，能够为中国学者理解环境美学作出贡献，而我也大受教益于中国学者的著作，比如你的。

致以热忱的祝愿！

阿诺德·柏林特

2019. 7. 15

信二：

亲爱的望衡：

我已经仔仔细细地读过你的文章了。既然你说只要我觉得合适，想改就改，我就做了一些小小的改动，以便在用法、标点、学术风格方面符合英语的惯例。修改稿发附件给你。纪念文集的编者也可能再进行一些修改，以便符合他们的标准。

很高兴读到你的记述，并且得知你发现我所做的事情有助于你。我以前没有发觉这一点，当然，这非常令人欣喜。谢谢你所有的溢美之词！

致以热忱的祝愿！

阿诺德

2021. 10. 13

# 自然性历史性景观
## ——茶马古道的保护和发展探究

俞显鸿（厦门大学创意与创新学院）

自然性历史景观是指在自然环境中人类活动在相当长的时期内形成的历史性特色景观。这种景观在现存社会还普遍存在，如中国的长城，京杭运河，茶马古道等因为防御，运输或水利，贸易系统性的活动与功能所形成的历史性自然景观。自然性历史景观与历史性景观如秦始皇兵马俑遗址及北京故宫等历史古迹名胜有显著的特征区别。主要的区别有如下几点：

其一，跨越持续周期长，自然性历史景观往往是贯穿数个朝代，有某个朝代开始历经几个朝代前赴后继地持续建造和使用发展，经历了由兴而衰的几个阶段，往往因为时代的生产力的发展而功能退化。或者因为朝代的更替和政治的变化而衰落。正是因为超长的时间周期而形成历史性的景观。

其二，跨越地域广，历史性自然景观很显著的特点是建造在大自然的环境当中，是人类改造自然的结果，人类往往利用这种对自然的改造来达到一个国家性的关系民生的活动，往往是贯通南北，巩固边防，贸易往来的目的。跨地域甚至连接国界连通他国的地域维度。

其三，耗费巨大，在历史过程中打通构建一个国与国、地区与地区之间的通路或者屏障，往往经历多个朝代的持续性建设和投入，是开拓性的建造，而且是艰苦卓绝的。

其四，意义和影响深远，因为时间经历长，地域广，工程耗费大，往往具备打通重大政治和经济和社会需求的，对国家与国家，地区与地区的各方面的影响是深远的，也同时是具有重大历史意义的景观。

其五，是人类与自然的天作之合。正是以上的特征，自然历史景观跨时空、跨国界对自然的改造和影响深远，跟人类的城市形成和其他历史遗迹有截然不同，人类对城市和村镇的改造大多是以人类自我意愿为主体来选定自然改造自然的活动，而自然性的历史景观人类必须在尊重自然和道法自然的前提下对自然的利用和改造，这种改造的属性是具备生态为先的属性，是自然为先与敬畏自然，利用结合自然为基础的改造，是具备被动的生态意识。对自然环境的改造是融合自然环境自身特点，而形成特殊的自然生态的历史景观。

## 一、自然历史性景观的人文精神价值与新时代价值新体现

人类对自然改造是破坏生态的行动，但是由于人的生产力水平和科学技术水平尚未达到一定高度，人类对自然的改造虽然在一定程度破坏了生态，但尚不足以破坏自然生态的平衡。① 人类对自然的尊重的前提下进行改造或连通。没有进行大面积的破坏而是巧妙利用自然原本的属性人对自然的关系是和谐共生、美美与共的，在环境生态不受大影响的前提下，人的改造让自然美有了一种人工美的提升，而人工美又在自然美的背景下得到体现。进行构筑开挖及架设等方面的改造。改造的后果并不影响生态。

自然性历史景观的空间所承载的精神家园是生态的，人类创造历史性自然景观的前提是进行商业贸易，连通航运，沟通天堑，或巩固边防、发展边贸等系列长远的社会和国家意义上的活动。是长期持续的人类活动与自然环境融合并建立起桥梁作用。随着近现代人类社会进步的节奏，很多自然历史景观逐渐衰退、淡出视野。实

---

① 陈望衡：《生态文明与生态文明美——再论环境美学的当代使命》，载《美丽中国与环境美学》，中国建筑工业出版社 2018 年版。

用功能上的退化并不意味这些景观存在的意义或价值的消失。反而在精神层面，自然历史景观仍然有极其重要的价值和时代意义。主要体现在以下三个方面并以滇川藏茶马古道滇藏线为例展开一些探究；

### （一）融通各国各民族与各地域的经济文化价值

茶马古道①是一条穿行于今藏、川、滇横断山脉地区和金沙江、沧澜江、怒江三江流域，以茶马互市为主要内容，以马帮为主要运输方式的古代商道，连接内地与西藏的古代交通大动脉，经历了唐宋元明清，其历史作用不可低估。其起源于西汉时期，兴于唐宋而盛于明清，尤其“二战”时期最为兴盛，是中国西南民族经济文化的走廊。

茶马古道是以川藏道、滇藏道与青藏道（甘青道）三条大道为主线，辅以众多的支线、附线，构成的一个庞大的交通网络。地跨川、滇、青、藏四区，外延达南亚、西亚、中亚和东南亚各国。茶马古道主要干线主要分南、北两条道，滇藏道和川藏道。茶马古道是推动民族和睦、维护边疆安全的团结之道。茶马古道是中国统一的历史见证，也是民族团结的象征。② 在早期历史条件下，并不限于国内贸易，而是国与国、地区与地区的贸易。西南地区地形险要复杂，山川河流互相交互贯穿，滇藏茶马古道大约形成于公元六世纪后期，南起云南茶叶主产区思茅，临沧一带，经大理白族自治州和丽江，中甸，甘孜后，由康巴藏区进入卫藏区，抵达拉萨及色达后藏地区。或有从昌都和拉萨转入印度和尼泊尔，是古代中国和南亚地区的重要贸易通道。

茶马古道从商贸的功能上沟通了各个国家和地区，通过商贸过程中架构了社会、历史、文化、军事等价值。而且在各个国与国，

---

① 格勒：《茶马古道的历史作用和现实意义初探》，载《中国藏学》2002 年第 3 期。

② 任建新历：《史上茶马古道极其社会文化功能》，载《中华文化论坛》2008 年第 2 期。

地区与地区之间的文化的互通和影响方面产生了积极的沟通融合的作用。文化的碰撞和融通对中华民族的文化体系的融合和构筑做出了积极贡献。西部地区地处偏远，在政治上经常会因为朝代的变迁而产生分裂和统一，茶马贸易的影响在文化文脉及血脉上促成的笼统系列的中华文化并在政治意义上起到了重大作用。

### （二）茶马古道新时代价值与意义

对茶马古道历史文化价值的认同有重大意义，因为历史与文化的深度挖掘与再度崛起对于西南经济与社会的发展有积极的作用，尤其是探求和发展各民族之间深度的和谐与共荣有重要意义，文化根源根基的认同使得茶马古道保护与开发比较经济文化层面有了更深远的政治意义。封建社会历史中的北方“丝绸之路”与西南方的“茶马古道”集中浓缩了各国与地区之间的共同谋求生存发展，共同走和平发展道路的重要史证。在走习近平新时代中国特色的社会主义道路大政治方向过程中，推动“一带一路”建设国际合作共赢、协同发展路线也有着异曲同工之妙，这些漫长的历史活动在中华民族灿烂的文化历史中也有同样的先见之明。

## 二、茶马古道的生态环境和现存状况

茶马古道地处西南各省与广阔藏区，架构了云南和四川等地与藏区的茶马贸易，跨云贵高原和青藏高原，有着极其复杂的地形地势，地处印度洋板块和亚欧板块之间，因为剧烈地壳运动过程而最终形成的“世界屋脊”。青藏高原是世界上平均海拔最高的高原，气候条件复杂，生态环境多样。既有终年积雪的山峰，还有四季如春的峡谷地带，可考生物群落和生物多样性尤为丰富，可谓地球上地形地质复杂、生态环境多样，气候条件特殊的高寒地带。

秉承自然与人类和谐共融，西南各地大部分地区山川河流纵横交错，生态环境优越但生存环境恶劣，各族人民向来以顽强的生命力在高原上世代生存，经历严峻的生存考验，延续了特有西南各民族历史文化。在相对落后的生产力条件下，顺应高原的地形地势，顺应气候环境的变化，在尊重与敬畏自然的前提下，利用相对落后的开凿工具在艰苦卓绝的自然环境下开拓了这条令人惊叹的浩大的历史工程。途经悬崖峭壁及凶险的河流溪谷，多有在绝壁上凿出宽度不足一米的崖壁上的道路，怒江段贡山县丙中洛镇北雾里村仍然完整保留了当年绝壁栈道的遗存，峡谷里构建桥梁和悬索，在非常狭小和陡峭且危险的自然中里构筑道路架起历时久远的茶马贸易，是人和自然的天作之合，是各民族不畏艰险，求生存发展，共同繁荣的最好的历史见证和遗存，从一定程度上反映了自然和人类改造的有机融合，是相对质朴和落后的，但也是生态的。

茶马古道的生态条件良好，为生态文明建设提供环境保障，人类早期对自然改造的能力受制于低下的生产力，艰险的自然山川，也造就了相对稳定的人与生态平衡的关系，人对自然的改造和索取会被限制在一定的程度之内，从而形成良好的生态关系，使得西南地区的生态一直处于不被人类过多改造和破坏。而西南地区过去的落后贫穷的生存状态使得生态资源得到很好的保护，为生态文明的建设发展提供环境和资源性的保障。西南地区在中国国土范围内乃至世界范围内都有最原始和生态的自然环境的区域之一，而在这些生态环境区域里承载着人类从事大量的贸易和经济文化的往来。微妙的生态及人和自然的关系对现代自然环境的生态文明建设会带来重要意义。

茶马古道遗存廊道空间和商业形态完整。在经济贸易往来过程，带动了很多地区的物品交换，除了最典型的茶马贸易外，以毛皮、药材、虫草、布匹、皮革、丝织品、器皿、棉布、盐、酒、香烛、铁农具、日用品、武器等物资交换贸易，交换的性质是按需形成，是基本的生活或生产的物质资料为基础的，大多产品多为生态自然的产品，根据双方的优势或相对特色资源来进行交易，并由于路途漫长和交通工具与道路条件的原因，贸易活动的周期相对漫长，这些过程中会形成一系列的贸易中的驿站和商贸集市和重镇，为沿途的供需和服务提供条件，茶马古道绝不仅是纯粹的商贸活动的道路。而且是跨地区的漫长周期的活动对政治文化经济和技术等各个领域都带来积极的影响。

## 三、茶马古道生态与建设的开启与展望

茶马古道在“二战”以后，整个社会科技和生产力得到巨大提升，近代中国也逐渐从落后的半殖民地和半封建社会进入工业时代，整体社会形势逐步进入和平发展时期，对于战马的需求进入断崖式的跌落时期，过去由马帮承载了千年的茶马贸易由此偃旗息鼓。沿线的驿站商号也悄然无声的衰落。茶马古道虽然不再承载茶马贸易，但茶马古道带来的影响一直没有消亡，仍然承载这精神和文化方面的重大作用。中国古代大型廊道遗产受到全社会的普遍关注，这是全社会经济发展，文化自觉，区域联动，旅游繁荣的晚近现象。廊道遗产是从绿道，遗产廊道，文化线路的基础上，结合遗产的历史状况和开发显示提出的新概念，是区域性，整体性保护与开发的新理念、新方法。①

茶马古道廊道遗存不仅有重要的历史和文化意义，还存在重大的休闲旅游经济价值：其一，茶马贸易形成了一系列的驿站和集市，过往的重要的历史名镇得到不同程度的存留，相当部分有较高的历史和文物价值。遗存完整的保存当时的历史风貌和过往商业的空间格局。各历史廊道遗存空间之间仍然保留完整的交通脉络。其二，历史文化遗在古镇和驿站的空间上得到较为完整，多地的少数民族文化和商业功能及传统生活方式并没有因为经济落后而消亡。历史文脉没有受到当下高速发展的经济建设遭受破坏。其三，地域性民族特色文化依旧鲜活的融于当地百姓的生活起居，文化的传承不仅有物质和空间的承载，人本身与人的活动是最鲜活的历史文化系统传承的主体，是为自然性历史景观的保护和发展提供了重要的物质和人文的保障。

茶马古道的生态文明建设，离不开对自然生态优先和历史文化生态优先的双重原则：

---

① 任建新历：《史上茶马古道极其社会文化功能》，载《中华文化论坛》2008 年第 2 期。

第一，自然生态的保护的主体是自然，对自然生态的保护往往和社会发展是矛盾的，矛盾主要存在于城市和沿海经济发展地区和自然生态之间的矛盾。对于生态环境较好的西南边远农村地区，生态平衡关系是要得到重视和延续的，自然生态资源保护以自然为主体，人类为客体的前提去改造，凸显自然生态的生物多样性和原生性。西南地区独特的生态环境生态优势是得天独厚的，生态为先为前提是生态发展的保障。

第二，保护和发展人文历史是生态文明建设重要原则，茶马古道的历史先后经历了多个朝代的更迭，从兴起到繁荣到兴盛至衰落经历了近两千年的岁月。以地区特色物产交换为目的的贸易之路，具有特殊的历史自然景观，维持了茶马古道的人文历史的生态性，自然和历史所形成的特色人文景观具备极为重要的历史文化研究价值，自然生态和人文历史生态又具备重大经济转换价值。为人类亲近自然、了解自然，为生态文明思想的实践提供重要的物理空间。这种意义上而言对历史性的自然生态景观的开发和保护是要进行深度思考的。

## 四、当代景观建设与茶马古道（开发激活）

景观建设是人类改造自然和改善生存环境的重要环节，景观建设过程中的宏观策略、中观的规划和微观的设计会对茶马古道产生重大的影响。当代文明体现人类有史以来最先进生产力，对生态环境的破坏力是极强的，生态环境的修复是现实必须面对的问题，当下任何破坏生态环境所都是急功近利的，不利于人类生存环境的持续与发展。生态不仅存在于生存环境，还包含人文和历史观念的生态和人类生存发展空间等系统性的生态，景观建设应当符合当代文明所提倡的生态文明发展的框架下进行实践。

茶马古道休闲旅游的生态优势：其一，旅游与生态结合是茶马古道复兴的重要依托，以生态环境资源为本体，在廊道路线的再次营造上巧用各历史时期路线与休闲旅游的结合。其二，茶马古道有特殊的地形、地貌、地质、气候、植被等完整的生态系统，将人的活动归纳入生态系统，融于生态，形成历史人文与环境的生态链。其三，不应过重考虑经济效益和规模效益，轻质的生态优先的休闲开发是可持续的。

茶马古道历史和人文优势，保护和开发是基于历史记忆和历史遗存，人们对茶马古道的历史因为大量影视和文化题材而熟悉，演绎历史与时空围绕茶马古道沿路乡村或驿站，鲜活地展现在地文化的特色和传统。各民族的生活、生产、生存方式为休闲旅游提供大量内容。休闲旅游推动茶马古道文化促进与传播，围绕在地文化的独特魅力，深度挖掘历史题材，围绕茶马古道历史廊道遗存的在新时代深远意义展开。形成重视历史、延续历史、发展历史的生态体验。

发展可持续特色产业，茶马古道自古以来以货物贸易与经济往来重要通道，历史遗存在物品与商品方面又集中体现。当下生活热衷与沿用的普洱是西南地区和藏族地区贸易和经济往来的关键物资，两千多年的历史长河中形成系统的茶叶贸易，对西南地区的文化、政治、经济形成了重要影响。除此之外，还有大部分是西南各地的特色生产与消费性物资，通常是优良的生态环境的自然回馈。西南地区大量的金银铜铝的贵重金属及工艺制品受到广大民族地区的欢迎，这些消费品类和当地文化习俗形成完善的结合，形成了相当规模的商行和补给服务，使得重要的驿站也有完善的商业配套空间，西南地区茶叶主产区的生态与地理优势及茶马古道的重大影响，为可持续特色产业带来行业影响力和竞争力。茶叶是云南地区非常重要的商品，其行业优势是环境与历史生态的结果。使得负盛名的普洱茶拥有良好的产地品质和加工工艺。商品的内涵的精神实质是生态，重视产品体验和情景融合是茶马古道休闲旅游产业的关键之笔。

## 五、茶马古道与大国气派

习近平总书记曾经指出，建设新丝绸之路和 21 世纪海上丝绸之路的合作倡议，依靠中国与有关国家既有的多边机制，借助既有的，行之有效的区域合作平台，“一带一路”旨在借用古代丝绸之路的历史符号，高举和平发展旗帜，积极发展与沿线国家的经济合作伙伴关系，共同打造政治互信，经济共融，文化包容的利益共同体，命运共同体和责任共同体。体现了大国担当的中国气派和宏伟抱负。

在积极倡导和发展“一带一路”的对外关系过程中，中国政府着重建设西南地区铁路网公路网的分布建设，全力打通西南、西北连通东南亚，中亚，西亚，中东和欧洲的整体的交通脉络。西南地区和西藏地区经济发展相对落后，铁路公路线分布密度低、建设水平开发强度相对较东部落后，入藏铁路之前仅西宁到拉萨的青藏铁路，但随着系统性格局的构建，滇藏铁路、川藏铁路线正在进行积极建设，主干铁路网在世界屋脊上的构建，使得藏区天堑也逐渐成为坦途，体现了国家的综合实力与宏大发展格局。东部经济先发优势将随“一带一路”建设往西部纵深渗透，是东西部战略协同，共同发展的一个重大历史机遇。迎合深化改革的天时、生态环境的地利、社会需求的人和是茶马古道的重大发展契机：

第一，茶马古道作为历史性的传统交通运输路线，把握当下机遇，协同和融入生态文明建设潮流，发展历史和生态的特色路线经济，形成“慢”结合路线、文化与经济并重、生态历史与休闲旅游并轨，再次唤醒这条尘封的历史路线，让茶马古道重获新生、继往开来。

第二，应当积极的作为生态文明建设的历史文化的重要补充，茶马古道响应西南地区建设发展中承担重要角色，承载传统和民族文化，让文化历史与生态资源和环境相互融合。

第三，茶马古道的保护和发展必须承载更广阔久远持续性的休闲旅游和生态环境的经济开发与融合，跟随西部建设和“一带一路”的获得更多的发展机会，高起点、高层次的参与生态文明系统建设。带动西南地区久远持续健康的发展。

## 六、茶马古道与设计创新

西南地区的目前仍属于中国贫困欠发达地区，经济发展水平落后，城市居民的生活水平也比较东部沿海地区落后，偏远乡村经济发展尤为滞后，教育，医疗，人才和乡村建设等问题非常严峻，偏远和恶劣的生存环境也使得地广人稀的西南藏区发展滞后的根本原因之一。

国家在宏观层面全力开展西南地区的精准扶贫，脱困脱贫系列的“乡村振兴”，设计创新是精准扶贫道路的重要和有力手段，设计创新之路必须结合习近平总书记提出的“金山银山就是绿水青山”的生态环境保护和经济发展协调平衡。生态环境的保护和开发有紧密关联性，是生态文明建设的重要准则。

### （一）设计创新要从宏观、中观、微观层面来思考探索茶马古道的生态保护开发的全过程

其一，从宏观上考虑西部建设开发必须和东部建设发展协同，必须形成不同地区和不同城市的差异化分工与协作，分工协作是设计创新的重要前提。

其二，中观层面保持和稳定西南地区的生态和历史文化优势发展特色生态休闲产业，发展绿色旅游经济。注重生态体验和历史时空特色体验的融合，结合当地乡村特色和民俗文化开展生态与服务产业，形成生态旅游的垂直产业链。

其三，微观层面紧扣茶马古道的沿线重要节点来开展特色产业和空间的设计，结合村镇和村民的利益，开挖整合村镇发展的潜在资源，从点出发，注重线路关联，分段组合发展，恢复茶马古道的复兴之路。

### （二）茶马古道的设计创新必须是有方向性和明确目标

茶马古道的设计创新必须是有方向性和明确目标的，生态文明建设就是设计创新的方向，目标就是在生态环境保护的基础上进行

针对性创新性开发，达到生态和文明的平衡与和谐。既要激活生态和生存的关系，也要解决发展和保护的问题。茶马古道的保护和开发有较长周期性的战略、策略、规划、设计、运营、发展的多种层面来认识与设计创新，充分结合天时、地利、人和的条件来迎合创新。

其一，在发展的战略层面来认知茶马古道的开发和保护的重大意义，高度决定视角，历史文化和政治地位的认知提升会让茶马古道具有更广泛的社会效益。茶马古道的保护和开发所带来的经济效益会使精准扶贫，脱贫脱困有更多的发展机会，带动整个古道沿线的生态旅游的发展。思想观念创新是设计与创新的前提。

其二，在发展的策略层面，茶马古道区域生态历史文化的休闲旅游和沿海城市的互动和分工协作关系。茶马古道沿线区域的地理位置偏远。要注重优劣势转换，从传统产品输出角度，过去优势已经呈现为劣势，从打造生态休闲旅游体验的环境资源的角度，地理时空的距离却能成为优势。从目前的中国北方城市热衷到海南岛三亚市度假置业的现象来看，沿海城市对生态环境落差较大的区域存在的反差体验和投资有持续性的热度。最北和最南的城市差异化的互补分工的普遍现象已经是现代旅游度假的风向标。东西部，中西部，大范围区域协同分工可以为西南生态休闲旅游产业链的重要支持。系统性打造生态历史休闲产业链必须成为策略的重点，茶马古道沿线途经少数民族的地州，沿途有近 3800 公里的大小支线，紧密联结“滇、藏、川”大三角无数的村庄和驿站。途经景颇族、普米族、白族、纳西族、彝族、藏族 15 个民族的聚集的区域，沿途民族风俗多彩多姿极具魅力，可谓“五里不同音，十里不同俗”。茶马古道的沿线的历史文化资源，生态环境资源可谓极其丰富，重视资源与茶马古道的密切关系，必须再度有目的地、有计划性地进行生态开发，结合沿海发达区域对生态文化旅游的重要需求，深度的体验性休闲旅游要求和倒逼构筑系统化现代产业垂直链的生成。从根源上去思考茶马古道的长远的周期性开发，不仅对生态保护与历史文化本身，更对自然历史双重特性的特色休闲旅游的长远持续的经济利益产生重要推动。

其三，在发展规划层面，茶马古道的呈两条线性的形态存在，在时间与空间形态上可以进行分析合判研，提出针对的办法和目标；

首先，在时间形态上，茶马古道经历了兴起、发展、衰落的时间线，这条时间线会随国家中西部发展战略而存在再度兴盛繁荣。茶马古道的规划必须顺应时代潮流，贴合时代所需，迎合时代所求，发展特色生态与历史的休闲文旅，探求茶马古道系统性的发展与未来，首先是对过往的历史进行梳理合解析，充分利用在地的历史、人文、风俗，物产，工艺等在休闲旅游中的重要影响。以时间维度来发现、归纳、梳理、发展、历史与人文的丰富内涵。

其次，在空间形态上，茶马古道漫长的线性通道无疑对规划有重大挑战，在空间上所存在的不利因素和有利因素往往形成较为错综复杂的关系：①地形地势复杂；②规划线路长、规模大、支线复杂；③可操作落地难度大；④经济投入有限，运营难度大；⑤投资回报周期长、经济效益不明显。

茶马古道的再度繁荣复兴并不是单一的点的开发，而是系统性的保护和开发；需要涉及在策略上提供系统性支持，需要由政府与社会团体及民众的合作参与；可以由点的打造形成段的连接进一步形成段面的影响，再由各个段面形成更高层面的路线性的合作与协同，可以形成以村落为单位，政府与社会团体共同开发形成段面的为关系，按照一定时间为周期的点、段、面的协同，把困难转化为多地政府社会和民众共同参与建设的优势，转劣势为优势的规划办法。积极引导组织沿途民众参与，打造就业和创业机会，把握道路经济，开放和鼓励民众合理化制度化经营，想办法让在地民众成为生态保护和开发的参与者、受益者、经营者，让投资效益成为社会效益、经济效益、生态效益。

其四，在设计层面、对点线空间进行细分和研究，充分做好现状调研……沿线大多道路崎岖，地形陡峭，山川河谷纵横，在当时的交通手段相对落后的状况下，贸易商品大多依靠人力和畜力肩挑马背来运输，沿途狭窄而陡峭的山路途经河岸，峡谷，峭壁悬崖，艰辛程度不言而喻，在这种艰苦卓绝的自然环境中要经过漫长的时间周期才能完成茶马贸易，这是一条生命和时间所构筑的通道，无论久远历史还是近代，茶马古道的地位至关重要，正因为这些非常特殊的地理人文生态条件所形成的商品贸易，才具备了非常强悍的生命力，这些商品都充满这非凡的魅力和故事，为现代城市民众所推崇。

## 结　语

茶马古道在未来的保护和发展是较为复杂的系统，尤其在运营层面应当随着这个时代的变迁而发展，保持经久不息的自然性历史遗产景观的生命力，融入时代价值，建设生态休闲旅游的垂直产业链，搞好产品与服务，文化和 IP，产业和产业化经营，形成生态型产业链闭环是生态保护和开发的重要目标。在未来的发展层面，探究和建设生态环境与生态文明发展的趋势和方向迎合未来发展需求。

# 打造武汉“水文化”品牌<br>助力“长江文明之心”建设研究

邓　俊（武汉大学城市设计学院）

## 引　言

建设“长江文明之心”是武汉市按照国家中部崛起、“一带一路”、长江经济带、长江中游城市群等重大战略要求，勇于肩负长江大保护和彰显大河文明的使命，以推动武汉经济发展方式转变和提升武汉国际知名度、国际美誉度、国际竞争力为目标的重要战略举措。

从这一高度出发，“长江文明之心”就不仅仅是以南岸嘴为圆心、半径3.5公里的圆，同时也是建设“历史之城”的重点区域和“当代之城”“未来之城”的历史根基，更是武汉未来城市发展的定位之一，这个定位就是成为长江流域的文明之心！因此，本研究报告中的案例选取和对策建议，将突破“长江文明之心”的具体所指，进而扩展到全市范围。

“水资源是武汉决胜未来的战略资源”也是建设“长江文明之心”的物质基础，而“水文化”是建设“长江文明之心”精神基石，“水文化”品牌是“水文化”的高度概括和集中体现，打造“水文化”品牌将为“长江文明之心”建设提供有力支撑。

## 一、水文化品牌与长江文明之心的逻辑关系梳理

### （一）城市文化 X 水文化=城市水文化

水是人类生活的重要资源，人类文明大多起源于大河流域。广义上看，水文化是人们在社会实践中，以水为载体所创造的物质、精神财富的总和，是民族文化中以水为载体所形成的各种文化现象的统称，是民族文化中以水为轴心的文化集合体。如果将水文化类型化和具体化，大致可分为三个层面：①物质层面的水文化，如水环境文化、水工程文化、水工具文化和水形态文化等；②行为层面的水文化，如制度下形成的水文化、实践中形成的水文化等；③精神层面的水文化，如水精神、水文艺等。

城市文化是人们在城市中创造的物质和精神财富的总和，是城市人群生存状况、行为方式、精神特征及城市风貌的总体形态。城市文化与水文化的结合早已有之，中国自古以来就有临水建城的传统，水在城市建设中起到了无以替代的作用，从而产生了丰富多样的城市水文化。

武汉是国家历史文化名城，是长江文明的重要传承地，市域面积 8569 平方公里，拥有 166 个湖泊、165 条河流，水域面积 2117 平方公里，占市域面积的 25%，占比居中国大城市之首，具有无可比拟的天然禀赋。从历史上看，有不少的名著、名篇、名家是从水的角度来认识武汉、赞美武汉的。《尚书》记载："江汉朝宗，其流汤汤"；《诗经》记载："江汉汤汤，武夫洸洸。"崔颢的"黄鹤一去不复返，白云千载空悠悠"成千古绝唱；诗仙李白一句"黄鹤楼中吹玉笛，江城五月落梅花"，则让武汉第一次有了江城的美誉；南宋诗人袁说友在《游武昌东湖》中也写道："只说西湖在帝都，武昌新又说东湖？如何不做钱塘景，要与江城作画图。"又一次奠定了武汉"江城"的地位。武汉因水而兴，集城市文化与水文化之大成，具有深厚的城市水文化。

### （二）城市水文化 X 城市品牌=城市水文化品牌

20世纪90年代以来，品牌成为营销界最热门的主题，最早是市场营销学的重要概念，现被广泛应用于其他领域。品牌是一个综合的概念，涵盖范围广阔，存在于社会中的不同层面：微观层面，一个人、一件产品、一项服务都可以打造自己的品牌；中观层面，一家营利性的企业或非营利性的组织同样需要品牌塑造；宏观层面，一个城市、一个国家、一个民族也可以拥有专属于自己的品牌。当代社会已经进入一个品牌经营和品牌竞争的新时代。

英国学者莱斯利·彻纳东尼曾经说过："在经济发展到相当程度时，城市已经从工业时代的大生产聚集地转变为人居的栖息地，成为人文、历史、景观的综合体。因此，城市和乡村也正在被开发成品牌。每一座城市和乡村都吸引着价值观与其相同的人们，确保他们有自己的生活方式的主张。"城市品牌是一座城市最宝贵、最有价值的财富，能够为城市创造形象、信誉、声望和价值。成功的城市品牌意味着能吸引更多的外来投资，招揽更多的人才，就像为城市安装了加速器，促进城市快速发展。城市，让生活更加美好；城市品牌，让城市更具魅力。

威尼斯以"水城"闻名于世，水上建筑、水上交通是其独特的水文化财富，这座只有5万居民的小城日接待游客达6万人之多，更衍生出"威尼斯建筑双年展"，"威尼斯艺术双年展"等一系列世界级的文化艺术品牌。"梦里水乡"——乌镇，利用其纵横交错的水网体系将水文化发挥到极致，相继成为历史文化名城，全国20个旅游黄金周预报景点之一，并成为了世界互联网大会永久会址，这个居民只有59000人、面积只有71.2平方公里的小镇2016年接待游客1400万人次，产值33.15亿元人民币。除此以外，"西湖"之与杭州、"都江堰"之与成都、"漓江"之与桂林、"洱海"之与大理，无不是城市水文化品牌广为传播的典范。在2016年国务院批准的武汉总体规划首页中明确表述："要把武汉建设成为具有滨江、滨湖特色的现代城市。"肯定了武汉城市特色的发展方向。可以说，水是武汉最重要的战略资源，水文化是武汉最显著的文化优势，水文化品牌将是武汉最重要的城市品牌。

### （三）城市水文化品牌将有效助力长江文明之心建设

从概念上来解读，“文明”是“文化”成果中的精华部分，“长江文明”是“水文化”成果中的优秀代表，“长江文明之心”本身就是水文化品牌的体现，因此，打造城市水文化品牌，就是打造“长江文明之心”。

参照武汉市政协1号建议案（2018年1月13日通过），即中共武汉市委十三届四次全会关于“以长江文明之心为重点，提升建设历史之城，致力建设世界级历史人文集聚展示区”的要求中，对于“集思广益，抓紧规划”的表述：需要做好系列专项规划，涵盖“历史人文”“文化产业”① “生态景观”“四水共治”“交通市政”五大方面，以此推进长江文明之心建设。以上五个方面，涵盖了构成文化的“历史、社会、经济、旅游、政治、交通”等各个要素，既是支撑长江文明之心建设的重点，也是城市水文化品牌助力长江文明之心建设的着力点。以此为基础，课题组经过反复论证、慎重甄选，挑选出了与之相对应的城市水文化品牌。

在选择过程中，基于代表性、示范性、可操作性及前瞻性等原则，希望所挑选出的品牌能够作为武汉即有水文化品牌的有效补充，进而成为新的水文化代表品牌，助力武汉成为长江流域的文明之心。这些品牌分别是：“历史人文中的水文化品牌”——宗关水厂，“文化产业中的水文化品牌”——中科院水生生物博物馆，“生态景观中的水文化品牌”——东湖绿道湖中道，“四水共治中的水文化品牌”——“漢水1906”，“交通市政中的水文化品牌”——天兴洲大桥。

---

① 依照国家统计局发布的《文化及相关产业分类2012》，文化及相关产业是指为社会公众提供文化产品和文化相关产品的生产活动的集合。其中博物馆是为大众提供文化艺术服务的重要载体。

## 二、武汉水文化代表品牌调研

### （一）历史人文中的水文化品牌

1. 以宗关水厂为例

宗关水厂是武汉市最大的水厂，其前身是清光绪三十二年（1906）商人宋炜臣筹股创办的“汉镇既济水电股份有限公司”兴建的既济水厂，至今已有112年历史，目前仍在为武汉市民提供供水服务。宗关水厂于1909年落成并正式供水，使得汉口成为当时继上海（1883年供水）、天津（1899年供水）、广州（1908年供水）之后的中国第四个拥有现代化水厂并提供自来水服务的城市。宗关水厂日供水能力105万立方米，不仅是国内现存的仍在供水的三家百年老厂之一，① 其供水能力也仅次于上海杨树浦水厂，是全国供水行业建厂最早，生产能力最大的地面水厂之一，2018年1月27日，入选《中国工业遗产保护名录》（首批）。作为宗关水厂最重要的历史遗存——水厂轮机房（老泵房）于2014年被确立为湖北省文物保护单位，目前辟作博物馆。

2. 问题梳理

宗关水厂是水务集团控股企业下属的基层生产单位，其主要职责是保障供水，文物保护及博物馆接待能力有限；由于自来水生产的特殊性，宗关水厂是重点防恐单位，能够进入宗关大院的人员严格受限，客观上限制了水文化的传播；由于发展需要，宗关水厂大院内不同时期建筑比邻“老泵房”修建，协调性差，影响了历史遗存的文化代入感。综上，作为武汉百年水务事业的见证，其历史地位和发展成就未能得到充分重视，其作为历史人文中的武汉水文化代表品牌地位亟待确立。

---

① 上海杨树浦水厂，日供水能力148万立方米；武汉宗关水厂，日供水能力105万立方米；广州西村水厂（原增埗水厂），日供水能力100万立方米。

### （二）文化产业中的水文化品牌

1. 以中科院水生生物博物馆为例

水生生物博物馆是中国科学院水生生物研究所内的主要场馆和标本展示单位，位于东湖之滨，紧邻武汉大学。其前身是1930年1月在南京成立的国立中央研究院自然历史博物馆，1954年9月由上海迁至武汉。目前收藏有我国淡水鱼类标本1000余种、40余万尾；来自国外34个国家和地区的鱼类标本600余种；藻类标本2万多号；其中对外展览标本有：活化石矛尾鱼、国家一级保护动物中华鲟、白鲟、白暨豚和二级保护动物江豚、山瑞鳖、大鲵、胭脂鱼和扬子鳄等。由于独具特色的收藏和高水平的研究，该博物馆已成为亚洲淡水鱼类多样性展示和研究的中心之一。

2. 问题梳理

目前，水生生物博物馆是中国科学院水生生物研究所下属科研部门“水生生物多样性与资源保护研究中心”的二级单位。作为拥有悠久历史且具有淡水水生物研究权威影响力的单位，其对外宣传力度不够，大众对其缺乏认知，年接待参观者2000人左右，其科普影响力弱；博物馆与水生所各科研单位在同一区域，缺乏对外开放的独立性，客观上限制了参观的便利性；博物馆内的软硬件设施部分老化，展示手段较为传统，不能有效体现其藏品的重要性、丰富性；相较于同类型博物馆，缺乏相关衍生产品，馆藏标本的综合价值有待进一步挖掘。综上，其为大众提供文化服务、科普教育的载体功能亟待加强，其作为文化产业中的武汉水文化代表品牌地位亟待确立。

### （三）生态景观中的水文化品牌

1. 以东湖绿道—湖中道为例

东湖绿道是国内首条城区5A级旅游景区绿道，全长101.98公里，串联起磨山、听涛、落雁、渔光、喻家湖五大景区，由湖中道、湖山道、磨山道、郊野道、听涛道、森林道、白马道共7条主题绿道组成，其中又以湖中道最具代表性。湖中道全长6公里，从梨园广场至磨山北门，途经湖光序曲驿站、九女墩、华侨城湿地公园、长堤杉影、鹅咏阳春等多处观景点，是7条绿道中人流量最大、景观最丰富多元、外地游客最集中的一条。湖中道具有：①历史性，如长堤杉影景点，道路两旁均为水杉湿地，由具有60多年历史的长堤和东湖渔场生产区改造而成；②交互性，如湖心岛景点，由原沙滩浴场改建而成，呈现出一湖三岛、沙滩草坪，是亲近东湖的绝佳景点；③科普性：如华侨城湿地公园景点，集生态科普与环保教育功能为一体，成为面向公众的“开放的生态博物馆”。

2. 问题梳理

东湖绿道已经成为武汉一张耀眼的城市名片，其本身就是人与自然和谐共处、反映武汉人水和谐的水文化品牌。尽管湖中道在7条绿道中拥有超高的人气，但由于宣传不力，导致民众对“湖中道”这一名称不知晓、不熟悉；其次，景区导视系统不尽完善（路牌、安全提示牌等）；公共设施设置不尽合理（如卫生间等）；医疗急救设施缺位（如除颤器等）；售票、乘车等服务存在不规范；部分景点存在多头管理，责权不明，以上问题影响着游客及市民的游览体验。综上，湖中道作为东湖绿道的代表性路段，具有景观、生态和人文上的显著优势，完善其存在的各项不足，对于东湖绿道成为武汉生态景观中的水文化代表品牌具有指导意义。

### （四）四水共治中的水文化品牌

1. 以“漢水1906”品牌及系列产品为例

2017年3月，伴随“四水共治”工作方案的出炉，武汉市明确了将“水优势”作为决胜未来的核心竞争力。武汉市水务集团积极响应市委市政府号召，秉承“优水优用”的发展理念，以缔造城市新名片为己任，组织开展“优质瓶装水”研发生产项目。该项目与武汉大学设计团队通过深入的产学研合作，共同创立了“漢水1906”品牌及其系列产品，实现了武汉自有瓶装水品牌零的突破。目前，“漢水1906”系列产品包括容量为320ml/

380ml/480ml/500ml/4. 5L 共计 5 种瓶型，包含反映武汉水务历史的“汉口水塔瓶”，全面反映武汉地域特色的“武汉映像”系列套瓶，以及反映武汉当代发展成就的“长江之心”瓶三大主题系列。是武汉市两会、湖北省两会指定用水，目前已被武汉会议中心、武汉规划展示馆、湖北省博物馆等窗口单位以及部分市直机关所选用。

2. 问题梳理

限于创立时间短、产量小等客观因素，目前“漢水 1906”品牌的认知度较低。840 万瓶的年产量不足以惠及广大市民，未能在普通武汉市民中形成在地品牌的亲切感、认同感，更无法上升为文化品牌。同时，该品牌系列产品主要定位于中档，向上延伸具有高度文化韵味和地方特色的高端占位产品，向下延伸具有快销特性的普惠性走量产品，以及围绕品牌研发相关衍生品都是未来发展的重点。作为武汉首个瓶装水品牌，其肩负着承载城市情感和发挥武汉水优势的重任，其作为“四水共治”中的武汉水文化代表品牌地位亟待确立。

### （五）交通设施中的水文化品牌

1. 以天兴洲大桥为例

天兴洲长江大桥拥有世界同类型桥梁中“跨度、速度、荷载、宽度”四项第一，① 是目前世界上最大的公铁两用桥，也是中国第一座满足高铁运行的大跨度斜拉桥。大桥横跨天兴洲，该洲拥有得天独厚的原生态江岛风情景观资源，长期封闭的状态使洲上原始生态得到了较完整的保护，天兴洲未来的规划将继续以“生态保育、绿色、低碳”为主题，以补充未来城市功能为主要职能（长江新城“前花园”，以生态保育为重点的“长江之珠”），是未来城市生态文明建设的重点区域之一。同时大桥还比邻长江新城选址，是武汉未来城市建设和发展的高地，如加以时间、人文的沉淀，有望

---

① 大桥主跨 504 米、可同时承载 2 万吨的荷载、可满足列车 250 公里的运行时速、主桁宽度 30 米。

成为继武汉长江大桥之后的第二张标志性的城市名片。

2. 问题梳理

文化品牌的打造最重要的是人的参与，天兴洲长江大桥作为新桥，其本身的历史人文沉淀较少。一方面，大桥上没有设置人行道，也没有设置其他与游人交互的公共设施，限制了人与桥之间的互动，使其成为单纯的交通设施，不能像武汉长江大桥那样承载更多的城市文化和生活意义；另一方面，在天兴洲“绿色，生态”的主题之下，横跨洲上的大桥无论从景观上还是设施上都与该主题格格不入，大桥外观与洲上的自然景观缺乏协调性，人、桥、洲缺乏互动性。综上所述，作为横跨生态保育区的大桥，在“长江大保护”的背景下，凸显其生态友好、环境协调，成为促进人与生态良性互动的桥梁，示范意义重大，其作为交通设施中的武汉水文化代表品牌地位亟待确立。

## 三、各代表性品牌建设思路

### (一) 宗关水厂——“长江水务之根”

上海与武汉同为长江沿线城市，从水务事业发展历史来看上海早于武汉，但杨树浦水厂（1881 年始建）取水点为黄浦江（水源主要来自太湖、淀山湖)，宗关水厂（1906 年始建）取水点为汉江(长江最大支流)，因此，不论是从发展历史还是从现实规模来看，宗关水厂都是当之无愧的“长江水务之根”。

基于此定位，需要尽快树立宗关水厂的特殊地位，在强化其自来水生产能力、技术水平的同时，务必对其所在区域进行整体规划、科学论证，保留什么、拆除什么、新建什么，在硬件上凸显其水文化表征；同时应集合武汉市水务集团、文物保护单位、博物馆运营管理单位等相关力量，在资金、技术、人员等方面提供保障，使之尽快成为名副其实的长江流域水务事业的杰出代表和历史根基。

### （二）水生生物博物馆——“长江水生生物之家”

中科院水生生物博物馆，早在1999年就先后成为湖北省和武汉市“青少年科技教育基地”首批“全国科普教育基地”“全国青少年科技教育基地”，2005年即建成5000平方米的博物馆大楼，展示面积达1000平方米，具有良好的硬件基础和科普教育历史。其作为国内最权威、历史最悠久的水生生物研究及展示单位，理应成为长江流域水生生物之家！

基于此定位，需要该博物馆继承历史、巩固基础、与时俱进。需要独立设置参观通道，与科研单位分离，减少对科研影响、简化入馆程序；引入专业的博物馆管理机构，采用政府补贴与单位投入相结合，免费向公众开放；通过优化展品内容，更新软硬件设施，运用AR、VR等现代交互手段丰富参观体验。使之成为坐落于东湖之滨的长江流域水生生物的乐园和极具科普影响力的博物馆典范！

### （三）东湖绿道湖中道——“滨水绿道示范道”

东湖绿道因武汉独步全球的湖泊资源而成为国际级的滨水绿道。湖中道因其景观风貌的代表性、多样性而成为东湖绿道的缩影，也因其超高的游览人数而备受关注，因此，其示范效应应该被强化，在现有基础上进一步细化各项工作。

对标国际一流的生态旅游景点，进一步优化导视系统，如设置的地点、形制、色彩材质、图文样式、背光及盲文等；优化公共设施布局和无障碍设施等；尤其应增设医疗急救设施以应对老年群体的突发状况；进一步明确权责，实现景区管理、服务的无缝衔接和多重保障。使湖中道成为东湖绿道中的流量明星和质量标杆，进而成为国际级的“滨水绿道示范道”。

### （四）“漢水1906”——“百年匠心之作”

作为武汉市首个瓶装水自有品牌和“四水共治”“优水优用”的具体体现，其承载的是城市情感和惠民、利民的历史责任。正因如此，该品牌不同于一般意义的商业品牌，该系列产品也不应停留在普通商品的定位。“漢水 1906”品牌所昭示的是“汉镇既济水电”自 1906 年创办以来，秉承“百年匠心，只为好水”的精神品质，其水质所呈现的是以长江地表水为原水的最高制水工艺。

在现有基础上，应着力开发更加具有文化代表性，集观赏价值、品鉴价值和收藏价值的精品玻璃瓶型；着力开发面向年轻消费群体的具有武汉特色的创意瓶型；着力扩大产能，面向市场惠及广大市民；围绕品牌着力开发丰富的系列衍生品，形成独特的汉派品牌文化，使“漢水 1906”成为在武汉触手可及、沁人心脾的“百年匠心之作”，也成为能够被实实在在感受到的武汉水文化。

### （五）天兴洲大桥——“长江生态友好示范桥”

天兴洲大桥在工程技术上的成就无可挑剔，其独特的地理位置又为其在“长江大保护”背景下成为生态友好的代表作提供了巨大的先天优势。基于天兴洲作为“生态保育区”的规划定位，天兴洲大桥与天兴洲的互动模式将为同类型桥梁的打造提供生态友好的示范样板。

在保证交通安全和效率的前提下，应逐步设置并开发桥面两侧的人行步道，在适当位置增设观景平台和用于观测天兴洲上鸟类活动的观测点，以此增强民众与生态保育的互动联系；充分考虑桥梁所产生的噪音、粉尘、污染物对天兴洲的影响，增设必要的降噪、除尘和排污设施，将对各类动植物的负面影响降至最低；在桥梁的涂装、灯光及装饰物上，应通过再设计，实现与天兴洲生态景观的和谐统一，以此彰显该桥梁的特殊定位。

## 四、总结与展望

以上五个方面的水文化品牌只是武汉众多具有发展潜力，成为这座城市水文化继承者和发扬者中的代表，也是武汉既有的水文化品牌的补充。鉴于能力和时间所限，该研究只能作为相关系列研究的起始阶段，各水文化品牌的相互关系、共生机制、以及如何形成有机整体，促进武汉社会、经济、旅游、政治、交通的特色化发展将是未来极具研究价值内容。

“长江文明之心”建设是一项长期而宏大的工程，武汉不仅要建设以南岸嘴为圆心、半径 3.5 公里的“长江文明之心”，也要将自身打造成为长江流域的文明之心！当下的武汉生机勃勃、蓄势待发，紧紧抓住大有可为的历史机遇期，这一宏伟蓝图必将实现。

# 城乡桥接的“康养园宅”之美

李映彤（湖北工业大学）
梁　杰（湖北工业大学）

“康养园宅”将康体养生话题带入田园乡村，开拓休闲农业发展的新途径，在健康养老领域（包括智慧养老、生态养老、旅居养老、游学养老等）多种形式养老服务环境设计方面，积极创新商业模式，以创新推动产业发展，同时通过创新，让这种新型居住空间，真正融入健康养老产业。“康养园宅”打造以乡村田园为生活空间，以农作、农事、农活为生活内容，以回归自然、修身养性、康体疗养为生活目标的一种新生活休闲方式样本，是构建新型城乡关系，实施中国城市化战略和乡村振兴战略的有效途径。

“康养园宅”是在传承中国古典园林优秀传统文化基础上，融合现代居住观念的创新，也是乡村振兴、城乡融合发展趋势背景下，一种新的城乡桥接美学载体。

## 一、“康养园宅”的概念

“景观作为环境美的存在形式，主要由两个方面的因素构成：一是“景”，是指客观存在的各种可感知的物质因素；二是“观”，是指审美主体感受景色时的种种主观心理因素”①。要把大自然的美引入每个小家，首先要明确审美过程中的观念问题，对景观概念的理解，是开启审美旅途的起点。

---

① 陈望衡：《环境美学》，武汉大学出版社2007年版，第136页。

"康养园宅"的概念源自中国古代的古典私园。其核心变化是"纳园入宅",在建造理念上是对自然式景观居住观的传承,虽然在设计和建造要素上与中国古典私园存在诸多的异同,但在审美标准上是一致的,和传统古典私园在本质上是共通的,所以,无论"康养园宅"出现何种样式,他和中国古典私园应该是异质同构的。

### (一)中国古代景观居住观

以孔子为代表的儒家思想是影响中国古代两千多年的主流文化之一,孔子用"智者乐水、仁者乐山"的比喻把大自然的山、水元素和人的内在品格、天性结合在一起,是中国"天人合一"思想最直观的体现。

在以景观居住为审美边界的视域中,中国古代出现了四种不同的居住形式:一是达官贵人营造的,既拥有自然因素,又享受人世奢华的宅第——园林;二是隐居于名山大川,安享自然的隐士居所——世外桃源;三是普通老百姓怀着对自然质朴的追求,对居住环境的房前屋后美化所形成的住所——民居;四是一些能够由心意触发,借助绘画等艺术作品和自然中显现的点点滴滴,从飞花落叶中感悟到大自然"大爱无形,大音希声"的审美意境,进入"随遇而安"人生境界的高士住宅——意所。这四种居住形式集中体现了中国古代景观居住观,是中国古代人生观对居住空间态度的直接写照,对当代中国居住形式的研发具有现实的参考意义。

从中国汉字的构成关系上来看,"景观"一词中的"观"是这个概念的核心和落脚点,"景"就是内在外化的形式,所以"景观"也可以看作是人的主观意识形态对景色观照的结果,观景者的文化修养、审美意象成为构成景观的第一推动力,反映在居住空间形式上,就是其景观居住观。"康养园宅"把传统意义的景观纳入宅内,使空间成为内外交织的整体,展现出多姿多彩的人居需求与观念。

### （二）中国古典私园的当代表象

表象，在《后汉书・天文志上》有记载："言其时星辰之变，表象之应，以显天戒，明王事焉。"为显示出来的征兆之意。反映了客观的有形之物和主观的思维逻辑之间相互的联系。"康养园宅"审美理念是主观的，是对中国古典私园的直接感知过渡到理性抽象思维并与当代的住宅方式融合设计的结果。进一步说，它通过对自然式景观居住思想的传承，重新审视现代城镇家庭结构的居住方式和审美文化，对中国古典私园的造园要素进行解构重组，并置换以现代建筑顶界面、底界面、侧界面、楼道、构件以及设备这些客观的有形之物，打造出全新的，适应城镇特色、拥有合宜尺度和美学意味的住宅。

"康养园宅"把古典私园中的"自然之道"纳入宅中，同时也保留了古典私园的审美意境，不再是走出建筑进入自然，而是居住在内外空间交融的住宅环境之中，这样不仅可以更有效的利用城镇土地资源，让人更好地享受绿色，享受生态，减少能源消耗，还能以中国古典私园深厚的文化底蕴再树中华民族自信心，提升中国新型城镇住宅的文化品位，为世界住宅产品增添一种新的范式。

### （三）康养园宅的审美体验

"审美感知与审美体验是环境审美欣赏的必要条件。"① 西方环境美学家代表人物阿诺德・柏林特认为："在环境欣赏当中，远远不止于满足视觉的需要。对环境的欣赏需要我们积极地投入到各种不断变化的环境中去，穿行于各种体量、质地、颜色、光和影构成的空间之中。"② "康养园宅"的审美体验来自每个户主深切的生活体验和丰富的感情积累，他们充分调动主体的情感想象从而进

---

① 程相占：《中国环境美学思想研究》，河南人民出版社 2009 年版，第 44 页。

② ［美］阿诺德・柏林特：《环境美学》，张敏、周雨译，湖南科学技术出版社 2006 年版，第 117 页。

行创作，特别是以中国古典园林的审美感知为创作依据的新型住宅产品。

居住在“康养园宅”中，能在有限的空间内感受到自然与人的融合，也能感受到历史文化底蕴与高品质现实生活的融合，因此其审美体验是当代城乡人居环境的新形式，“康养园宅”探索中国传统园林在当下再生与活化，其审美理念源自中国古典私园，是对中华民族优秀文化的传承与创新，是新型建筑形式和居住文化产品。

## 二、“康养园宅”融和之美

“融和”一词早在唐代诗人李商隐《为裴懿无私祭薛郎中衮文》：“灵台委鉴，虚室融和。”提及，具有融洽和谐之意，侧重于合成一体，双方或多方共同生存发展下去，和而不同，各美其美。“康养园宅”作为城乡桥接的美学载体，为城乡的融合发展，城乡关系的构建带来新的可能，身为一种新型建筑形式和居住文化产品，它可以与自然环境与社会环境达成有机的融和。

### （一）与自然环境融和

我国国土面积总量的九成以上是农村，遍布于高山、江湖和平原之中，自然资源丰富，非常适合“康养园宅”的选址和建造。

计成在《园冶》的“兴造论”中说：园林巧于“因”“借”，精在“体”“宜”，园虽别内外，得景则无拘远近。园林建筑必须根据自然环境的不同条件因势利导、随机应变，使建筑和自然环境有机结合，达成协调和统一。具体而言，根据建筑和环境的关系，康养园宅的选址主要从邻山、邻水和平地三个方面进行叙述：

邻山而建的“康养园宅”布局灵活，建造物各抱山势，妙在取景，形成参差错落、富于变化的庭院空间。建筑主体可以与山林融为一体，“取势”“形胜”，建筑密度可高达60%~80%，但不会感到压迫感，因建筑依山势呈现阶梯状跌落布置，采光通风好，空间剖面遮蔽少，加上长廊、过街楼等空透建筑形式处理，使其空间印象流通而开敞。

邻水“康养园宅”造型与水可以产生以下三点关系：第一，建筑主体立面向水面展开，临水面布置空廊、敞厅、连续长窗等，使室内获得良好的观赏水景条件；第二，建筑物尽可能贴近水面布置，三面凸向水，跨在水面，茶室等开敞空间四面临空布于水中，以平、折桥同岸边联系；第三，建筑造型小巧玲珑，丰富多变，以空透为主。此外，邻水园宅可以采取多种手法进行引水造景，保留自然水景，进行综合设计，合理引入人工水景，达到人工与自然的协调统一。

平地“康养园宅”多建于城市的平原地带，受选址影响，通常具有建造范围小，自然要素相对少的特点，会给其建造带来设计难题。但可以总结出其布局思想：建筑开路，统一安排，疏密得意，曲折多变。处理手法上应该合理利用空间大小、对比的主次安排，选择合宜的建筑尺度扩大空间感受，增加构筑物的景深和层次，利用空间回环相通，道路曲折变化展开空间层次，形成丰富的空间印象，最后中国古典私园中借景的设计手法在“康养园宅”的设计中也同样适用。

### （二）与社会环境融和

在社会政策的推进下，《“健康中国 2030”规划纲要》正式把健康中国上升为国家战略，并指出：把健康城市和健康村镇建设作为推进健康中国建设的重要抓手。① 近年来，生态旅游、生态康养、康养产业相关内容不断提出，以“康养、旅居、地产、医养、农业”集合的康养旅游度假新型产业，在一系列宏观政策和措施下快速形成，成为新兴经济形态。康养园宅，将康养社会发展理念融合进当代住宅建筑之中，它是符合“绿水青山就是金山银山”理念的新兴文化产品。

从社会人群的环保意识来看，“康养园宅”融和了人们对于自

① 中共中央、国务院：《“健康中国 2030”规划纲要》，2016-10-25。

然生态建筑的追求，这种融合是有机的，就低碳建筑而言，“康养园宅”符合其技术、经济、地域、伦理等方面的要求。中国古语讲：“三分匠、七分主人”,① “康养园宅”对于低碳环保住宅形式探讨可以引导人们对于绿色、自然美的追求，从而推动大家对于人、建筑与自然关系的新思考。

## 三、“康养园宅”设计之美

谈及“设计”，西晋史学家陈寿《三国志·魏志·高贵乡公髦传》云：“赂遗吾左右人，令因吾服药，密因酖毒，重相设计。”主要为设下计谋之意。如今，设计包含范围广大，它涵盖了规划、工程、技术、产品造型等许多方面，要找到一个大家统一的界定标准，是件不易之事。王受之在《世界现代设计史》中把“设计”一词划分为名词和动词来看，动词“设计”是指产品、结构、系统的构思过程，名词的“设计”，则是指具有结论的计划，或者执行这个计划的形式和程序。② 如果把设计理解成一种有目标有计划地进行技术性的创作与创意活动之时，“设计”历史想必自有人的存在始就产生了。“康养园宅”的设计是有概念、有计划的创意性活动，以审美的视角去体会“康养园宅”的设计之美主要可以从结构、功能和形式三个方面来感受。

### （一）结构美

“康养园宅”的结构和传统建筑结构一样，都是由基础、梁、柱、墙、板等建筑构件形成的具有一定空间功能，并能坚固安全承受建筑物各种正常荷载作用的骨架结构。

---

① （明）计成著，陈植注释：《园冶注释》，中国建筑工业出版社 2009 年版，第 47 页。

② 王受之：《世界现代设计史》（第二版），中国青年出版社 2015 年版，第 22～23 页。

其结构选型首先是针对根据特定的环境，参考现代建筑的结构分类，在建筑设计过程中综合考虑使用功能、艺术造型、技术经济等诸多方面的因素，运用物质及技术手段，适当地选择建筑的构造方案、构配件组成以及细部节点构造；其次，“康养园宅”追求自然，注定其结构选型是要根据居住者的需求、场地的自然属性以及当地建造材料、工艺条件进行系统、创新的结合，按照“意在笔先”“法无定式”原则营造的建筑结构，必然具有丰富的弹性和无穷的想象力。

### （二）功能美

古典私园的居住形式，它以中国传统族居的生活方式为前提，在人员结构和家国礼仪上都呈现出一定的规章制度。在如今城乡不断发展的现代化社会，人们对美好生活向往的愿景更加强烈，文化多元化背景之下，“康养园宅”其空间功能是符合现代城乡人民的生活习惯与居住方式，它既对自然式住宅的文化思想进行传承，又重新审视现代家庭结构的居住方式，其展现出业主的功能需求与建筑功能美，同时具备空间构成的灵活性与社会发展的时代性。康养园宅所面对的业主群体也各不相同，有颐养天年的老年人群、养生保健的中青年人群、美容康体消费人群等，丰富实用的功能需求必然成就独特的功能之美。

### （三）形式美

中国古典园林的特征讲究：园画相通、援画入园。受此传统的影响，计成提出造园须“境仿瀛壶，天然图画”。比如在“康养园宅”的空间造景设计中也可以采用叠山理水的造园手法，可以仿画中的形式，呈现计成所提及的“桃李成蹊，楼台入画”① 的思想。

---

① （明）计成著，陈植注释：《园冶注释》，中国建筑工业出版社 2009 年版，第 62 页。

柳宗元在《袁家渴记》中环境的描写："其中重洲小溪，澄潭浅渚，间厕曲折，平者深墨，峻者沸白。"① 其中，"间厕曲折"的形式美与中国古典园林环境营造时在有限的空间中进行无限延伸的空间处理手法是一致的。"康养园宅"的空间形式也是间厕曲折，迂回多变的，可以有曲水，曲岸，曲廊等丰富的变化，展现出层次丰富的美感，犹如一幅幅美丽山水画再现。"康养园宅"的形式美就是要把古典园林中"如画"的美学思想与空间形式中遵循形式美的设计法则，通过活化处理融入当代的居住空间设计，达成环境如画的人居生活场所。

## 四、"康养园宅"独特之美

同中国古典私园将大自然的道纳入园中一样，"康养园宅"则更是把古典私园的道纳入其中。正如计成所说的"巧于因借，精在体宜"，正是在人与自然之间取"中和之道"，这种住宅形式，环境优美、宜人乐居、冬季能保持温暖，夏季保能持凉爽，充分利用纳入宅内的自然能源如太阳能、风能，减少能源的消耗，同时，又能使居住者在自信、满足的景观居住心态中更好地享受绿色，享受生活，对环境、社会和经济要素产生最小的负面影响。

"康养园宅"的基地从选址上不可能像古典私园那样到自然界里"相地得宜"，去获得一大片含有丰富自然景观元素的区域，个体现代人一方面不具备这种能力，另一方面现代生活也离不开城市区域的范围，城市土地的属性和价格都决定了康养园宅基地面积有限性。所以，城乡融合的康养生活方式是最为合适的首选。正因为如此，康养园宅未来的土壤在农村，这正好同频了我国的乡村振兴，自然也展现出它独特的美。

① （唐）柳宗元：《柳宗元集》卷二十九，中华书局1979年版，第768页。

### （一）基于相地行为的地域特征

2021年1月26日，《农村土地经营权流转管理办法》经2021年第1次常务会议审议通过，由农业农村部发布。未来，再回到乡村土地上的主人不仅仅是曾经走出去的农民，而是从城市奔向农村的大学生和富裕起来的城市人。农村将会是家园、是生活和享受的地方。

农村的广阔天地中包涵着各种各样的微地形，根据中国古典园林的布局“随形就势、因地制宜”方法，不同的基地将获得无穷无尽的康养园宅空间形式，但是每一个康养园宅又同时是独一无二、不可替代的。

### （二）业主生活态的功能独特性

古语讲：“家和万事兴”，这个“家”，从空间上理解，指的就是“居住空间”。居住空间解决的是在一定空间范围内，如何使人居住、使用起来方便、舒适的问题。“康养园宅”空间不大，涉及的内容却很多，包括心理、行为、功能、空间界面、采光、照明、通风以及人体工程学等，而且每一个问题都和人的日常起居关系密切，并将直接影响到日后的生活。一方面，空间要充分满足提供生活内容必须的物品陈放和收纳，另一方面，要为居住者的日常生活、工作、学习和交流提供必需的活动空间，运用空间构成、透视、错觉、光影、反射、色彩等原理和物质手段，将康养居住空间进行重新划分和组合，并通过室内各种物质构件的组织变化、层次变化，满足人们的各种实用性的需要，达到适用性目的。

空间是用来容纳生活的，而生活是多姿多彩的，每一个家都有自己的故事，同样的基地条件，不同的功能空间需求，必然产生不同样的空间。

### （三）个体素质决定的设计取向

除了地形特征、功能需求的影响之外，业主的人文情怀和设计师的专业素质也会使康养园宅产生不同的空间形式。自然美是

"康养园宅"空间艺术性的体现，它体现着主人独特审美情趣的和个性，不是要简单地模仿大自然原始的形式表象，而要根据自家康养居室的大小、空间、环境、功能，以及家庭成员的性格、修养等诸多因素来考虑，在坚持自然审美观的前提下，通过对每个空间顶界面、底界面、侧界面的处理，将对自然美的追求体现出来。打造出全新的，拥有合宜尺度和自然美意味的住宅。

"康养园宅"的形式从基地的地域特征、空间功能和设计取向三个方面决定了每一座康养园宅都具有其独特性和不可复制性。按这样的架构进行设计，康养园宅的空间形式将会出现百花争艳、万紫千红的局面。

人居环境设计的源动力在于尊重生活现象的真实存在，"康养园宅"这一创新的生态住宅空间，在人与自然环境间建立长效性的亲和关系，能够充分促进城市与农村两者的互动与相互影响，城市也好，农村也好，都应该以追求美好生活为主题，以谋求幸福和与大自然和谐共生为最高追求，这才符合自然之道，才能创造高质量的人居环境和最美、最宜人的景观形象。

## 五、结　语

"十四五"时期，是乘势而上开启全面建设社会主义现代化国家新征程、向第二个百年奋斗目标进军的第一个五年。民族要复兴，乡村必振兴。全面建设社会主义现代化国家，实现中华民族伟大复兴，最艰巨最繁重的任务依然在农村，最广泛最深厚的基础依然在农村。探索发现城乡桥接的新美学载体，对未来新型城乡关系的构建有着积极的意义。

家，是人心灵深处的港湾，居住空间形式是人生存意识的最佳体现。"康养园宅"核心理念是纳"园"入"宅"，对居住的品位和理解，把古典私园中的自然之道纳入其中，创造出环境优美、宜人乐居、健康养生的住宅空间，这种自然性和人文性的美是不言而喻的。

在城市化发展、乡村振兴、城乡融合发展的趋势下，"康养园宅”可以为人们提供一种舒适、养生、健康生活空间。它作为城乡桥接的美学载体，更需要我们不断深入地探索研究，在理解其概念理论、美学价值的基础上，为传承我国传统的古典园林文化、推动新时代中国城乡关系构建、拓展美学研究领域添砖加瓦，让更多具有中国特色、中国风格、中国气派的“康养园宅”走向世界。

# “敬畏”作为面对环境的第一态度

赵红梅　刘海燕（湖北大学政法与公共管理学院）

环境美学的研究可以告一段落了：环境美学的国内会议已经召开了多次，环境美学的专题研究已经颇具规模。环境美学产生的背景、环境美学的哲学基础、环境美学的研究维度、环境的概念、环境美的性质、环境美的功能、环境美的本体、环境的本质等问题都得到很好的研究。环境美学的翻译工作不断延续。无论是农业美学、城市美学，还是自然美学荒野美学，环境美学的国内国外研究都已为学科建设发展做出了应有的创新贡献，但体系性系统性研究还略显不足。本文立足于情本性的时代潮流，试图从情感递进的角度切入环境美学，挖掘环境美学新发展必须遵循的情感递进结构中的第一态度。我们认为研究环境美学和环境伦理学，离不开第一态度：敬畏。

环境美学国内国外研究都不可避免地会关注审美问题，但是环境美学并不一定关心态度问题。据《行政伦理学教程》所述，态度包括认知、情感及意向三种成分。认知是态度的基础、情感是态度的核心、意向是态度的外在表现。① 特里·L. 库珀认为，价值观“是我们的信仰系统中的核心也因此是我们的‘态度’”，“由价值观引起的主观责任并不仅仅是情感的表达。它们由三种成分构成。”② 另据 MBA 智库百科所载，价值观代表着一个人对周围事物

---

① 参见张康之、李传军：《行政伦理学教程》，中国人民大学出版社 2004 年版，第 130 页。

② ［美］特里·L. 库珀：《行政伦理学：实现行政责任的途径》，中国人民大学出版社 2001 年版，第 75 页。

的看法和行为倾向，也就是个人对某一事物的善恶、是非和重要性的评价。从性质上说，价值观是态度的核心。”情感与价值观相联。“人类的情感是伦理生活中不可缺少的一部分，它与道德品性不可分离。”① 审美判断是一种价值判断，道德判断也是价值判断。审美判断不可能离开审美感知、同情移情，也就是说态度中所包括的情与道德中所包含的责任是关联着的。遗憾的是国内大多数公共伦理学、行政伦理学、环境美学和生态美学等学科里，态度与责任、审美情感与责任意识之间往往是隔而不连的。在西方哲学、美学那里，知情意是人的心意功能，知情意构成了态度的三个层面，没有态度就会“眼中无人”。责任则是态度的“监护人”，无论是在美学伦理学，还是公共管理学，责任需要时时出场。责任离不开责任意识，责任的履行需要敬畏作为第一态度。

敬畏是指主体对具有神圣性或强大力量客体的一种既“尊敬”又“畏惧”的心理态度。“什么是尊敬？霍尔巴赫回答说：‘尊敬是爱的一种形式’。”② 敬畏感是指“敬重”与“畏惧”相互夹杂而成的一种复合情感。③

## 一、环境审美中的敬畏

大环境是一张王牌，一方面人在自然面前是渺小的、转瞬皆失的。火山毁庞培，海啸移边城；另一方面人的精神信仰追求是不朽的，具有超越性。如精卫填海、愚公移山、疫情防控逆风而行等。人与环境的关系密切又复杂。事实证明，如果我们在环境美学的思考与研究中忽略了态度的话，我们就会在一定程度上远离环境美的本质性问题，我们会把有毒的雾霾当作审美对象、我们会把城市美

---

① ［美］特里·L. 库珀：《行政伦理学：实现行政责任的途径》，中国人民大学出版社 2001 年版，第 18 页。

② 参见［法］霍尔巴赫：《给欧仁妮的十二封信》，弁言译，商务印书馆 2012 年版。

③ 参见王克：《大学生敬畏感问题研究》，中国地质大学博士文库，2016 年。

化工作当作城市管理、城市评价与城市居住的重中之重，我们会把环境当作征服的对象而不是相伴而生的伙伴。

无论是西方文化，还是中国文化，要求与自然保持距离的情感态度这一点是共通的。控制自然是一种似近却远的心理距离，敬畏与尊重是一种似远可远可近的心理距离。面对自然的桀骜不驯，人类控制身边可控制的自然为自己服务这是一种实用的选择。但是，如果缺乏了敬畏与尊重的情感态度，人类中心主义主张过度膨胀于地球环境，势必影响人类对其他星球的异常渴望和对居住环境的异常漠然。宇宙自然对人类的极端报复会导致可控自然与人类最远的相处。可管理可管控的自然是我们的“身边人”，可控制的自然是我们生命时时相依相偎的伙伴。但是，可控制不等于一味控制或单一控制。

面对自然，态度很重要。环境问题严重的时候，不敬畏不尊重环境是很难战胜因环境问题衍生出的各种困难的。21 世纪，大环境污染逼近的时候，人类开始了新的美学征程。和风细雨、阳光灿烂、春风拂面、清泉流水，世人莫不喜之、爱之、恋之、把玩之，这就是所谓的环境中的欣赏审美与畅情了。现实杂多世界中呈现出鲜活的、生气灌注的力量，生活中现实的拼抢、冲撞、争先、创新求优色彩斑斓。疫情发生前，校园“严重的唯美主义”者如惊鸿一闪而过，身边一片荒野景象中的人类呈现出比天空还美的颜色，人的重要性似乎再次以感性的形象显现出来。但是，大环境污染严重、天空逐渐暗淡下来的时候，习惯仰望天空的人类渴慕星星与天空相唱相伴的心情一再受阻的时候，人类开始在相互的争吵、怀疑、倾轧中趔趄不稳。特别是曾经迎风招展的一类人、家外彩旗飘飘的美人们，他们的心理普遍因环境的猛烈撞击而在应对中轻易失控。

我们主张人类环境审美中的敬畏，就是敬畏大环境，敬畏管理对象，敬畏环境万物，就是敬畏自己的自然性、社会性和精神。包括物质肉体、精神和灵魂。人类环境审美中的敬畏态度突出体现在荒野审美活动中，当然也体现在超越了熟人社会的陌生人社会那里。中国人历来重视血缘亲情，龚长宇在《陌生人社会——价值基础与社会治理》一书中提到，1979年以来社会转型进入加速期，原有的熟人社会格局被打破，在熟人社会向陌生人社会转型的过程中，原有社会秩序的价值基础发生了改变。陌生人社会的到来是对熟人社会的否定，也是对血缘亲情的挑战，面对新型的生存群落，我们持好奇态度是肯定的。但是，与惊异不同，敬畏或者说敬而远之的态度对于今天的我们来说，是更安全更有益于彼此审美活动的开展的。对于数千年来重血缘亲情的中国人来讲，走进荒野一如走进陌生人社会，走进陌生人社会犹如步入荒野，转型期的审美不是一种如画式的静观，而是一种与天地人才神同在的沉思，不敬畏难以听到彼此的呼吸与心跳。荒野与人文世界保持着较远的物理距离，人无法在荒野中长期居住。荒野对于人来说太远、太神秘。因而易使人对荒野产生敬畏之情；荒野中的各种生命是随宇宙时间而动的。轮回中的永恒，人们只有敬畏。

城市，特别是城乡边界难以完全割裂开来的城市，对于居民来说，城市荒野的味道特别浓。城市中心“城中村”，三教九流同处龙蛇难分之地，文化上的迥异是人与人之间最大的差别和鸿沟。我们不能因为服装、饮食、语言、工具、学历、相貌、职业等不同随意管理与相待他们。与荒野审美相伴的陌生人社会的欣赏不是一种轻松随意的欣赏，敬而远之、敬而退之、敬而避之、敬而亲之、敬而学之、敬而请之、敬而理之都在其中。无论是疫情发生的环境，还是雾霾严重的环境，心怀敬畏顺水不推舟的背后暗藏着一种深度审美。

## 二、环境责任中的敬畏

1915年诺贝尔和平奖获得者阿尔贝特·施韦泽提出了“敬畏生命”的伦理思想。诚如保罗·里克尔所言：经由害怕而不是经由爱，人类才进入伦理世界……畏惧从开始就包含了后来的所有要素，因为它自身隐藏着自己消失的秘密；由于它已经是伦理的畏惧，而不仅仅是肉体上的害怕，因此所畏惧的危险本身是伦理的。敬畏作为一种 态度，既是人与自然、人与城市和谐的内在基础，又是人与人、人与社会共融的道德根基，还是人对自身超越的精神内力。在环境危机面前，在敬畏伦理日益丧失的今天，重新审视和重视敬畏问题具有重大的理论价值和现实意义。

众所周知，环境伦理学的研究离不开自然价值与环境正义等核心概念。其实，自然价值的显现离不开环境责任的担当，环境正义的实践离不开敬畏的态度。正义是划界，正义是判裁。但是正义这把重剑之所以有力，是因为它起于对对象的尊重、了解、知晓，基于对对象的体验、体会与感知。有了尊重甚至敬畏、有了欣赏与体验、感知与怜悯，正义之剑的运行方可带着体温。“有关环境正义的情感路向应该是：首先必须有对环境的敬畏与尊重的素养，其次拥有对环境的认知与感知、欣赏与体验的素养，最后才会拥有对环境公正、环境正义、环境责任的了解与担当的瞬间完成、当下呈现。”①

环境责任中的敬畏是责任研究中的重要论题，敬畏环境责任也应该是环境伦理学、环境管理、公共管理伦理、环境美学关注的话题。敬畏与其说是一种生命意识，毋宁说是一种伦理。敬畏就是敬畏，敬畏既关乎对象又关乎自身，是人类生命的完美旅行。敬畏是人类由于自身生存基础的有限性所生发出来的对神圣性对象既敬且畏的价值情感。这种表达是传统的亦是古典的。敬畏对象的同时可能会远离自身迷失自我，敬畏对象的同时也可以萎缩不前龟息不动，但是具有宏大气场的敬畏从来不会舍弃对从内至外、从外至内不断成长壮大中的自我的尊重与肯定。敬畏可以形成一种内在的神圣感、秩序感和使命感，自觉地规约自身的言语和行为。

亚里士多德是西方伦理思想史上最早谈论责任的人。他认为“道德责任归因于理性主体”，人和动物的区别在于人是理性主体，为此他就要对自己的行为负责。萨特也同意亚里士多德的理论，提倡自由选择，他把人的选择与人的生命存在和世界存在看成是必然联系的概念，认为人必须选择才能存在，人是世界无可争议的原创

① 赵红梅：《新时代环境美学的本质思考》，郑州大学学报，2020年第1期。

者，所以人对这个世界要负有终极责任。承担责任首先要求的是敬畏与尊重，美学家哲学家伦理学家康德就是这样的。康德认为，位我上者，头顶上的灿烂星空与心中的道德律。美国著名公共行政学家弗雷德里克·莫舍指出，在公共行政的所有词汇中，“责任”一词最为重要。王立峰在《世界人权的困境与人类命运共同体建构》一文中指出，一个负责任国家是真诚的国家，或者说，是内外政策一致的国家。

人类存在的价值与意义在环境责任的敬畏中渐渐被承认。人类的自信、安全感、获得感、幸福感、生活世界的建构在责任的承担中逐渐突显。乔芬尼·彼科·德拉·米兰多拉在《论人的尊严》中谈道：“我曾将你放在世界之中，以求你能够观察自己的周围，看到存在着的事物。我曾将你造就成一个既不依从上苍也不俯就凡间的人……以求你能够实现而又超度你自己。”① 承担责任获得自由，承受环境轻辱与忍受环境冒犯是尊重与敬畏环境、改善环境所必须有的姿态。

承担环境责任就是敬畏与尊重自己，与自己和解。按照《公共服务中的情绪劳动》一书所言，所有的工作都是情绪劳动，需要情感联结。情绪劳动包括情绪工作和情商。如关系维护、沟通技巧、情绪调动和责任感等。情绪劳动的最高级别是责任感。② 萨特说：“人，由于命定是自由的，把整个世界的重量担在肩上：他对作为存在方式的世界和他本身是有责任的……责任不是从别处接受的：它仅仅是我们的自由的结果的逻辑要求。”③ 环境导致的尘中扬尘再多无易的时候，我们必须低头静思。为什么国家中心城市武汉、易居易旅行易生活的武汉、绿地绿道绿心新城俱有的山水园林城市武汉会有疫情发生？是武汉的问题，还是全球的问题？人类学

① ［波］符·塔达基维奇：《西方美学概念史》，褚朔维译，学苑出版社 1990 年版，第 1 页。

② 参见［美］玛丽·E. 盖伊：《公共服务中的情绪劳动》，中国人民大学出版社 2014 年版，第 205 页。

③ ［法］萨特：《存在与虚无》，陈宣良等译，生活·读书·新知三联书店 1987 年版，第 708 页。

的研究已经表明，敬畏是人类的伦理秩序得以成立的前提和基础，它以极大的内在约束力支撑着人类自我超越的神圣感，自我规约的秩序感与自我提升的使命感，而这种强大的伦理动力其核心恰恰来自于人类自身生存的时间与空间的双重有限性，有限的生命、有限的能力、有限的视域使人类形成对无限之神圣的向往和追寻，敬畏正是人类克服自身有限性而产生的精神向度。①

承担环境责任就是敬畏与尊重自己的生活环境，与环境和解。我们从来没有像今天这样感受到“世界”这个词的重要性，也从来没有像今天这样感受到“命运共同体”的重要性。当我们将“世界”与“家园”在日常生活中联系起来的时候，我们才感受到西方国家曾经经历过的环境痛苦和我们将要展开的思考和未来工作。

承担环境责任就是使万物安居做环境的守护者，与万物和解。一方面，物质、空间与情感理论，要求我们与他者保持应有距离，敬畏与尊重。敬畏中有畏，尊重中有重。自然力量呼啸而过的时候，我们不能不敬尊、避让。另一方面，人作为万物之灵，必须在环境灾难面前有所作为。人类需要共同合作，人类需要在环境问题面前共同协作。

只有从敬畏开始，我们的环境研究无论是环境伦理学、环境美学、环境社会学、环境管理学、城市环境治理等才有可能具有一种可持续性的、弹性中蓬勃发展的未来。具有“共同体”的敬畏态度，无论是宇宙间的生命共同体、人类社会的人类命运共同体、社区管理中的文化共同体，我们才可以进行整体性思考。通过完美制度与完善德性，人类在环境危机日益加重的今天重新出发，构建人类生存牢不可破的生态基地、不沉航母。

① 刘宇：《论敬畏》，《东岳论丛》2016年第3期。

# 关注当代环境美学研究新方向

明海英（中国社会科学报）

20世纪60年代，环境美学在欧美兴起，成为备受关注的一门新学科。随着环境美学与生活美学的交融互渗，环境美学研究对象由“自然环境”转向“人类环境”，其研究范围逐渐拓展，重心由自然环境美学转向与人类日常生活更为紧密的人类环境美学。

## 一、倡导人与环境和谐共存

“20世纪60年代以来，全球环境危机日益加深，环境的审美质量也随之下降，环境的审美价值开始与经济价值、社会价值等诸多价值形态一起进入相关领域的学术视野。”① 山东大学文学院副院长程相占表示，环境美学将美学研究的对象和范围，从艺术转向艺术以外的环境以及环境中的各种事物，提出并论证了新型的环境观、美学观及各种环境审美欣赏与审美体验模式。环境扩大了美学的研究领域，美学则促成了一种新型的环境观。这种环境观旨在克服人与环境的二元对立，倡导人与环境的和谐共存。在程相占看来，环境美学隐含着三重富有美学史意义的重要转向，即美学的生态转向、身体转向和空间转向。

环境审美是一种身体与环境相融合的审美形式，它不仅关注建筑、场所等空间审美形态，还重视整体环境下人作为参与者所经历

---

① 程相占：《中国环境美学思想史研究的当代意义》，《江苏大学学报》（社会科学版）2007年第4期。

的各种审美情境。中南大学文学与新闻传播学院副院长陈国雄表示，环境的欣赏者是环境的有机组成部分，直接介入环境之中。与其他审美体验相比，介入式审美模式产生的审美体验包含更多的隐性因素，这些隐性因素对人的审美冲击更有力、更生动、更深刻，有助于提升人类的审美感知能力。

环境美学从多种维度看待环境，以和谐为最高美学追求，在涉及利益的问题上主张协调与平衡，保障各方利益以达到和谐统一。武汉大学哲学学院教授陈望衡表示，环境美学建立在环境伦理学的基础之上。① 在一定程度上讲，它接受环境伦理学的人与环境同为主体的观点，既从人本主义立场来建设环境，又从生态主义维度来建设环境。因而，人不能只是按照自己的利益来处置环境，还须兼顾其他生物的利益。

## 二、为人类构建安乐栖居家园

环境美学所提出的一些概念或理论命题，如“环境美”“环境审美欣赏”“环境审美体验”等，无不表明人与环境之间存在一种超越功利和占有欲望的、纯粹的“审美关系”。程相占表示，环境美学的思想主题在于为人类构建可以安乐栖居的家园，也就是“人性化环境”。所以，人们在探讨环境美学理论的同时，还应关注环境设计与环境规划等实践问题。

环境美学强调环境建设要重视生态维度，以实现文明主义与生态主义的统一。陈望衡认为，人们应转变过去那种将自然界一味看成资源的观念，意识到只能适度开发自然资源，重视保护自然环境。当代环境美学的第一使命，就是确立环境作为“家”的概念。他阐释道，家的首要功能是居住。居住可以分成宜居、利居、乐居三个层次，其中宜居是基础，立足于生存；利居侧重创业，立足于发展；乐居侧重生活，是前两者的综合与提高，是人类对环境的最高追求。环境美学将乐居看作环境美的最高形式，其重要价值在于

① 陈望衡：《环境美学》，武汉大学出版社 2007 年版，第 9 页。

确立了人类环境建设的最高目标。①

将家园感定位为环境审美经验的主要内容，纳入环境审美经验的研究视野，这是一种具有前瞻意识的美学创见。陈国雄表示，审视环境美学的发展历史，其理论反思与实践践行的最终目的，是有效应对日趋严重的环境问题。环境与人类生活融为一体，日常生活环境与人的个体健康、精神满足、幸福感以及自我实现需求紧密相关。环境乐居不仅侧重环境优美、适宜居住者的居住与发展，还关注居住者的情感需求。

## 三、深挖中国传统环境美学思想

20 世纪 90 年代，中国学者开始接触环境美学研究。21 世纪以来，中国的环境美学研究已经进入“环境美学的深化拓展期”。②陈望衡建议，应深入挖掘中国古代文化美学思想。当代中国人仍保持着诸多优秀传统文化基因，从中国古代环境思想中寻找美学智慧，更好地处理当代环境问题，意义之重大不言而喻。

5000 多年中华文明为我们提供了丰厚的思想宝库，值得深入发掘和认真学习。如何将中国传统环境美学思想吸收、转化到当代环境美学之中，如何发掘中国传统环境美学思想的核心价值以弥补西方环境美学的理论缺陷，是中国学者必须思考与解答的问题。程相占认为，在进行理论构建的过程中，的环境美学应对美学学科、西方美学史进行深入反思，通过回答当代西方环境美学的理论难题并与之进行富有学理深度的学术对话，为丰富和发展当代环境美学研究作出自己的理论贡献。

当前，“环境美学”是欧美学界和中国学界共同关注的热点。中国的美学界正努力发掘本土传统中的审美要素，共建以“环境

① 2008 年，陈望衡在宁波作题为“城市——我们的家”的演讲，将“居”的层次扩展为“宜居”“利居”和“乐居”三个层次，引起广泛关注。

② 程相占：《西方环境美学在新世纪的深化与拓展》，《学术论坛》2015 年第 4 期。

审美”为核心的新美学体系。陈国雄表示，环境美学的建构性，可从环境经验的审美模式、环境经验的审美诠释、环境审美的价值体系三方面进行考察，从介入模式的重构、家园感的构建与中西美学交流平台的搭建等方面进行探讨。① 他认为，环境美学的未来发展必须置于多学科视野中，这样更有利于其在理论建构层面与实践价值生成层面发挥多元作用。

转载自：中国社会科学网-中国社会科学报 2022 年 04 月 18 日。

① 陈国雄：《环境美学的建构性考察》，《贵州社会科学》2010 年第 6 期。

# 书　评

# 陈望衡《中国环境美学》书评

[美] 阿诺德·伯林特（美国长岛大学）
刘思捷　译（武汉纺织大学）

环境美学诞生于20世纪下半叶的西方世界，其中尤其以英国、美国、加拿大和芬兰学者对这一问题十分关注，现在已逐渐成为哲学探索的焦点问题。一方面，环境运动日益加剧，另一方面，哲学领域对环境问题的思考也在持续进行，并已经建立了新的研究结构和关注焦点，因此环境美学日益获得更多的注意。虽然直到上世纪末，这一问题才开始受到中国学者的关注，对自然的深厚认知和对环境价值的欣赏早已在中国传统文化中根深蒂固了。对自然的热爱在中国古典艺术、文学和宗教中均留下了痕迹。在《中国环境美学》中，武汉大学教授陈望衡为当代西方学者呈现了中国传统观念中，对自然、以及自然界的人居环境的丰富理解中的思想精华。他在书中为我们呈现了一系列饱满的概念，并论述了为这一独特的天人合一概念贡献力量的中国古代思想家、诗人和艺术家们。通过建立一种历史和跨文化语境下中国人对于自然的思想认识和价值观，该书为西方环境美学研究者们提供了一项有力的参照物。

《中国环境美学》的英文版是独一无二的，就它自身内容而言也是令人惊叹的。陈望衡不仅对中国环境思想的起源提供了一份清晰的、详细的历史解读，还引入中国古代体现和运用这些思想的概念和实践，例如风水。这些解读发展成为了对环境的哲学讨论，或者成为描述传统思想的哲学词汇。其中的核心思想是，突破西方美学中主客分离的传统，建立了主客统一的融合形式。这些在总体层面上组成了景观和环境的概念体系。人与自然的统一在道家思想中同样占据了核心地位，这创造了一种精神压力，在儒家思想中则表现为社会层面的环境关怀。

从这一文化基础出发，陈望衡引入一系列特定的环境类别：园林、宫殿、农业景观，以及城市环境，并在这些不同的语境下寻找美的概念。该书的杰出性不仅仅在于对漫长而复杂的传统的收集与阐述，还挑选出了诗歌史、绘画史和建筑史中对环境的表达。不少引文和寺庙、景观的摄影体现和记录了这一传统。尽管英文版中并没有提高图片质量，但是苏丰细致的翻译和哥罗·西普里尼独特的文字编辑，有助于读者理解该书丰富的内容。该书仿佛原本就是以英文写作一般，这在翻译书籍中实属罕见。

当代中国学者对环境美学的研究受到了西方文学及其研究领域的严重影响。当代作家们在美学参与的丰富资料中，发展出一种对人与自然统一融合的理解，陈望衡在其中找到了与中国传统思想一致的地方。近年来，西方对于日常美学维度的探索研究，越来越接近于东方美学思想中将审美价值融入日常活动的做法，例如斋藤百合子和卡地亚·曼多奇的研究。

从一开始中国环境美学就建立了自身的特点与动力。最为卓越的是生态的美学理论，或者俗称“生态美学”，其中尤其以曾永成、曾繁仁、袁鼎生以及程相占等人的著作作为奠基。生态美学使用了生态的科学概念，其典型思想特点是认为人应当作为自然世界的一部分而存在。当生态为传统中国人理解自然栖居提供了科学的土壤，从根本上看，它就站在了长期统治西方人文与科学生活的柏拉图-笛卡儿式的二元论哲学观的对立面。很多中国美学家写的生态美学著作都容易激发争辩，但是从这一立场出发我们可以期待，在回应当下环境挑战之时所建立的新理解和新观点下的丰富文脉主义，都将呈现在最原始的研究中，就这一点而言中国和西方一样都在面对深刻的挑战。通过鼓励西方学者理解与回应中国学者对西方环境哲学的解读，《中国环境美学》对于现代环境研究者们而言颇有价值。

毫无疑问，全球环境危机是产业转型的直接动力。陈望衡的《中国环境美学》通过历史解读和文化见解，为当下背景环境提供了重要内容。对人类环境中美学价值的重要性的肯定，从未体现出如今天一般的紧迫性。陈望衡为我们呈现了中国环境思想的宏观视野，以及自然与环境的文化意义。从内容上看，该书对环境的诠释包括了自然和人的双重维度，体现了丰富的论述层次，标志着新鲜而饱满的环境美学思想的转变。该书可以帮助并启发来自不同文化背景下的学者进行合作与协同研究。

# 陈望衡环境美学研究的理论体系和特色

## ——对国外学者评陈望衡《中国环境美学》的再思考

晏　晨（北京市社会科学院文化研究所）

## 一、陈望衡《中国环境美学》的国外学术评介

发表于《鄱阳湖学刊》2017 年第 4 期的《国外学者评陈望衡〈中国环境美学〉》一文，介绍了美国科罗拉多州立大学特聘教授霍尔姆斯·罗尔斯顿Ⅲ、荷兰鹿特丹大学哲学系人类文化哲学教授约斯·德·穆尔、武汉纺织大学教授大卫·布鲁贝克和美国纽约市立大学史丹顿岛哲学系助理教授安德鲁·兰伯特四位西方学者对陈望衡英文著作《中国环境美学》(*Chinese Environmental Aesthetics*)的评介，陈著于 2015 年，由英国劳特利奇出版社（Routledge）出版，这是第一部在国外出版的由中国人撰写的环境美学专著，《斯坦福哲学百科全书》将其写入辞条。四位国外学者均肯定了陈著对中国环境美学研究的重要意义，作为中国环境美学的领军人物，陈望衡这部英文著作为英语世界的读者打开了解中国传统哲学美学思想和当代环境美学发展的窗口，国外学者皆认为陈望衡环境美学主要从人与自然、自然与环境的关系出发，确立了环境美学的研究新起点，他们对陈著中的家园感、中国古典美学资源中的“美学意识”十分感兴趣，认为可以从中国古代哲学思想和传统智慧中寻找当代环境危机的解决思路，源于传统的中国环境美学昭示了研究的新方向。

英文版《中国环境美学》在中文版《环境美学》（武汉大学出版社 2007 年版）上进行了调整和重新编排，著作围绕中国传统环境美学思想和现代环境美学研究展开，共 6 章，分别为第 1 章古代中国的环境美学，第 2 章中国传统环境美概念，第 3 章园林、宫殿和农业景观，第 4 章美、自然和环境，第 5 章美和农业环境，第 6 章美和城市环境，以及结语部分当下环境美学的重要性。从章节安排中可以发现，英文版针对英语世界的读者首先介绍和分析了中国古代的环境美学思想和风水观念，在此基础上从家园感、景观、乐居三个方面分析了传统思想中环境美这一概念，接着结合园林、宫殿和农业景观探讨了中国古代环境美学思想，并继续对中国传统文化中的美、自然和环境概念展开探讨，然后主要分析了中国的农业环境和城市环境的美，认为中国的古代智慧有助于应对当今的环境和生态问题。《中国环境美学》突出了中国环境美学研究的“中国性”，这种“中国性”主要体现在如下三个方面：一是对中国传统哲学和美学思想的借鉴，中国人很早就认识到人与自然的紧密关联并将自然视为与人不可分离的生活环境，自然不仅代表着最高形式的美（自然至美），自然环境也被视为人类家园，而环境之美就在于家园感，这给仅从审美角度考察环境的西方视野加上了一个生活维度；二是对中国城乡环境问题的持续现实关注，应该说全球范围内严峻的环境和生态问题已经危及了人类的生存和发展，著作虽立足于中国却也是全球性问题的一个重要侧面，因而环境美学的写作可以看做是对当前问题的应对和源于传统智慧的解决路径提供；三是研究思路上不同于西方学界划分明晰的科学（如卡尔松）、文化（如柏林特）等思考路径，著作更主要地是遵循文化进路，但在具体分析中综合了人文、科学和生态主义等多个维度，以跨学科综合视野全面考察了环境美。

四位西方学者虽从不同的角度评价了这本中国环境美学研究专著，基本上强调了陈著植根传统的文化特色和环境家园感的重要观念。霍尔姆斯·罗尔斯顿Ⅲ认为陈望衡的研究从中国传统的人与自然关系出发，环境体现为自然的人化，中国人基于审美需求改造环境的典型成果是建造园林，园林正是艺术与自然的结合。与西方人与自然二分的传统观念不同，中国人将自然视为家园而非外在于己的环境，家园感确认了人对环境的情感认同，家园意识代表了中国环境美的最高层次。罗尔斯顿认识到陈望衡充分阐发了城市美和农村美，但似乎忽视了荒野美，但实际上并非如此，陈望衡教授认为当代环境美学以生态文明价值观为基础，而荒野在陈望衡的生态文明审美观中占有特别的审美价值，因为荒野不仅是生命之根还是维系地球上自然生态的骨干力量，对荒野的审美需要引入新的生态审美观才能达成。① 约斯·德·穆尔也十分认可陈望衡教授所倡导的人与自然和谐相处的和谐人居理念，认为陈望衡的研究为解决现代环境危机以及推动现代环境美学的发展贡献了古老的中国智慧，其解决方案具有重要的现实意义。大卫·布鲁贝克和安德鲁·兰伯特都按照著作的主旨和章节铺陈对陈著进行了详尽的介绍和评述，布鲁贝克认为陈望衡教授的研究从中国传统哲学思想天人合一中发展出一种整合性的美学理念，将人与自然放在互相依赖、深度交融的环境美学视野内，环境美的最高目标就是培育乐居的生活环境。陈著的“启发性和现实性”在于“通过中国传统美学的精神价值追求，试图缓和科学与技术力量所产生的不良后果”，这代表着当今社会的思想转型，也就是陈望衡曾在《“生态文明美学”初论》一文里所指出的生态文明美学建构中的一个重要问题，即重新确认科技人性，重建对科技的信任，② 而传统思想则能帮助完成这种“纠偏”。安德鲁·兰伯特注意到重新梳理人与自然的关系可以帮助解决环境问题，而长期浸染了美学意识的中国传统思想就遵循了融合人与自然的审美进路，因而自然不再与人保持距离，而是人生活于其中的环境，“环境的美”也就成为一种带来“全新思维模式”的崭新美学概念，这种人与环境关系新构架的提出既是陈著的重要价值，也为当今城乡规划和决策提供了理论基础。

---

① 陈望衡：《再论环境美学的当代使命》，载《学术月刊》2015 年第 11 期。

② 陈望衡：《“生态文明美学”初论》，载《南京林业大学学报（人文社会科学版）》2017 年第 1 期。

此外，环境美学家阿诺德·柏林特也专门撰文评述了陈著《中国环境美学》并给予较高评价，柏林特认为，由于中国传统文化中已深植“对自然的深刻认识和对环境价值的欣赏”，并建立起了对自然界中人居环境的深刻认识，该著作突破了主客二分的西方思维模式而追求主客融合的传统道路，在分析中展现了中国环境思想的宏大视野和文化意义，通过“建立历史和跨文化语境下对自然的思想认识的和价值观”成为西方研究者的有力参照。①

毫无疑问，国外学者从陈望衡的美学研究中注意到了中国当代环境美学研究的热潮，并不约而同地认为陈望衡的研究中展现出的对和谐和整体美的追求昭示了世界环境美学研究的未来，这种追求源于传统的中国思想和哲学智慧，展现出与西方环境美学研究不同的致思方向。对中国环境美学研究而言，环境美学更多是走入生活的美学，去发现人居环境的美，而对西方学界（比如罗尔斯顿、卡尔松等环境美学家）来说，环境美学意味着美学走向“荒野”，将眼光从艺术转向自然，也意味着克服美学的形而上学危机，欣赏过去往往被忽视的美学领域，但中西环境美学的共同之处在于都体现出美学研究的现实转向，并展现出一种新的生态取向和人文价值观念。

## 二、从环境美学的学科发展看陈望衡环境美学研究的思想起点和理论体系

环境美学的兴起，是从对自然美的重新发现和考察开始的。自然美和艺术美同为美学研究的对象，但长期以来高扬艺术美忽略甚至贬抑自然美的倾向，使研究者感到亟需扭转这一趋势回归自然主题，探寻自然环境的审美问题。环境美学开始于对自然环境的审美欣赏的研究，1966 年罗纳德·赫伯恩发表《当代美学及其对自然

---

① ［美］阿诺德·柏林特：《陈望衡〈中国环境美学〉书评》，载 *Contemporary Aesthetics*, *Vol*. 17（2019）（《当代美学》2019 年第 17 期），参见 https：//contempaesthetics. org/newvolume/pages/article. php? articleID = 867.

美的忽视》一文，代表了这一美学研究的转向。根据斯坦福哲学辞典，环境美学的起源与20世纪后30年的分析哲学传统有极大关联，分析传统主要与艺术哲学相关，事实上忽略了自然世界，而环境美学的出现正式挑战了这一传统，环境美学的研究范围不仅包括自然环境，也包括人工环境和日常生活，甚至一切艺术之外的对象。从路径上而言，环境美学也并非遵循艺术审美的静观、非功利以及如画（Pictureqe）欣赏模式（以主客二分为前提）而开辟了将自然当做自然来欣赏的新道路。① 环境美学兴起的另一个大背景是环境恶化带来的环境运动、环境伦理和环境主义（Environmentalism）的出现，1962年蕾切尔·卡森出版《寂静的春天》成为一个标志性事件，人们开始反思并从生态观念出发重新审视人与环境的关系。在哲学美学界，环境美学家艾伦·卡尔松、约·瑟帕玛、阿诺德·柏林特等先后出版了环境美学研究论著，还有针对自然、环境、人文地理与审美展开研究的奥尔多·利奥波德、霍尔姆斯·罗尔斯顿Ⅲ、齐藤百合子、段义孚等，这些学者的思想都成为我国环境美学学科诞生之初积极借鉴的西方思想资源。在思想主张上，西方环境美学研究者既有坚持审美认知态度的一派，以卡尔松、罗尔斯顿等为代表，他们认为与艺术欣赏需要艺术史和艺术批评的知识来帮助更好地理解艺术品类似，自然欣赏也需要自然科学尤其是地理学、生物学和生态学的知识介入来更好地展示自然物和自然环境的美学品质，瑟帕玛、齐藤百合子等也认为需要有关自然的地方叙事、民间故事甚至神话故事来作为自然审美的补充或科学知识的替代；也有非认知派如柏林特从现象学入手考察人对环境的“审美介入”主张，质疑审美的非功利性、距离感、对象化，强调语境化和多感官经验，人沉浸在环境语境中，将环境视作有机整体而非框景模式。非认知派还有如诺埃尔·卡罗尔（Noel Carroll）的唤起模式（Arousal Model），肯定自身面对自然时所唤醒的情感，卡罗尔认为这一出于本能的情感才是自然审美。进入21世纪，环境美

① 斯坦福哲学辞典环境美学词条［DB/OL］. https：//plato. stanford. edu/entries/environmental-aesthetics/

学的范围不仅有自然环境，还包括人类生活环境以及日常生活领域，比如农村景观、城市景观和特定环境如工业园区、购物中心等，如柏林特对城市环境美学的研究范围也涵括了博物馆、太空环境等后现代景观，在日常生活领域也包括更私人化的环境如个人生活空间和审美维度的日常经验和活动，但日常经验活动也似乎将环境美学带回到传统美学和真正的审美经验内，例如运动和饮食美学，园艺美学、景观、建筑美学等。① 结合环境美学发展的历程可见，环境美学发展至今日，已汲取了科学、哲学、人文等多维度思想资源，学科发展日趋成熟。

与西方早在20世纪60年代就已创立环境美学相比，中国环境美学研究起步较晚，直至1998年陈望衡教授在成都一次学术会议上提出建立环境美学学科的建议，我国环境美学的研究和学科建设才逐步展开。② 后来陈望衡一直致力于环境美学研究，其主要成就包括撰写国内第一部《环境美学》专著，招收环境美学研究方向的博士生，组织翻译出版"环境美学译丛"和创办《环境美学前沿》学术辑刊，以及后来《中国环境美学》英文版在国外出版等等，③ 很大程度上推进了我国环境美学的研究。相较于西方环境美学对自然美的重新发现和传统主客二分审美方式的转变，中国传统中人与自然原本就是一体，中国人悠久的自然审美史最早始自周朝，可以说人与自然和谐共处的文化精神构成我国传统的重要内

---

① 斯坦福哲学辞典环境美学词条［DB/OL］. https：//plato. stanford. edu/entries/environmental-aesthetics/

② 国内与环境美学研究类似的还有生态美学，关于二者的区别已有数篇论文探讨，据生态美学学者程相占的观点，环境美学就审美对象立论，生态美学就审美方式立论。参考程相占、［美］阿诺德·柏林特、［美］保罗·戈比斯特等．生态美学与生态评估及规划［M］. 郑州：河南人民出版社，2013：2. 但陈望衡提出"生态美"概念不能成立，应称为"生态文明美"，生态文明美构成了环境审美的新形态，见陈望衡近两年发表的《生态文明美：当代环境审美的新形态》及《"生态文明美学"初论》等文章。

③ 张文涛：《陈望衡与阿诺德·柏林特环境美学思想之比较》，载《郑州大学学报（哲学社会科学版）》，2019年第3期。

容，因而中国环境美学一开始就将自然与环境视为人类生活不可分离的部分，这体现出中西传统思维、哲学基础而由之而来的审美方式的不同。以传统的天人合一思想为基础，审美主体和审美客体也不是传统西方二分式的，人与环境处于有机系统和完整的生命共同体中，人与自然（环境）不仅是融为一体的，而且环境就是人们生活的家园。陈望衡教授将柏林特视为自己在环境美学道路上的领路人，正如柏林特重视城市的后现代文化景观，认为景观与人紧密相关，陈望衡发扬了柏林特文化美学的路径，将环境视为物质-文化领域，注重人的环境体验，将自然人视为审美潜能的重要来源，并进一步提出家园感的概念，突出人的需求，这就与国外理论家如卡尔松将自然对象化、主张自然全美的肯定美学观点形成显著差别。陈望衡认为环境美学的根本性质是家园感，家园感的提出既受到柏林特的启发，也离不开古代士人的精神滋养。古代文人向往回归自然的淳朴生活环境，从汉代仲长统在《乐志论》中抒发对田园生活的向往到谢灵运的始宁别业，从陶渊明《归田园居》到王维辋川别业、白居易庐山草堂等，都寄托了古人回归自然寻找心灵家园的愿望。中国传统文化中的家园感意味着人与环境间亲密且深厚的物质和精神关联，到现在仍是如此，区别只是古代人的家园自然性多于人工性，而现代则恰好相反，人生活于亲手创造的人工环境中，人与环境达到和谐状态。陈望衡环境美学坚持人文主义基本立场，将人与环境视为整体，克服了西方环境美学中过度的科学认知主义倾向，也否定了人与环境的二分。

在研究起点上，相较于西方环境美学的出现是为了应对传统美学转型和发展的挑战，中国环境美学更多与中国的现实社会背景密不可分。中华人民共和国成立以来，尤其是改革开放以来，工业化和城市化的迅速推进在促进经济发展的同时，也彻底地改变了我国的城乡面貌，我国在几十年间走过了西方 200 多年的工业化进程，高速发展的经济背后是对区域环境和自然生态的巨大破坏。在思想认识上，直到近一二十年，人们对城乡建设的评价才从唯 GDP 的经济评价指标转向考察城市文化和社会综合平衡发展，追求城乡经济社会可持续性发展，而中国环境美学的兴起正回应着现阶段国内的环境问题、城乡问题、生态难题等一系列现实困境。因而，中国环境美学研究一开始就从对环境的思考出发，如何实现环境美构成了环境美学的重大问题，环境美学既是一种与人的需求高度相关的文化审美，也是融合人与自然的环境审美，由此带来一种重新审视人与环境关系的全新思维方式。环境美学研究的对象是与人息息相关的各种环境，景观作为环境美的存在方式成为环境美学研究的本体，一方面是客观存在的各种可以感知的物质因素构成的“景”，另一方面是审美主体感受风景时种种主观心理因素之“观”,① 环境审美实际上就是对景观的审美。在具体的研究内容上，陈望衡认为环境美学的类型主要有园林美、自然（荒野）美、农村美、城市美，与卡尔松将景观分为自然、乡村、城市景观相比，中国环境美学多出了园林景观。实际上，园林景观正是中国古人在天人合一理念上所建造的理想人居环境，代表了中国人的独特审美文化。从园林审美方式上可以看出，中国人很少将环境视为与艺术一样的审美对象，而是认为生活维度也是环境极其重要的方面。将环境与人的生存发展联系起来，国外学者如约翰·杰克逊所著《发现乡土景观》提出的作为理想景观之一的栖居景观和和辻哲郎《风土》中探讨作为特殊人类生存结构的风土也是如此，只是相比起来中国在认识环境的人居性上要久远得多，并展开了丰富的人居环境建造实践，园林就是中国环境的代表，也是中国美学的典型体现。园林不仅是中国古代社会的产物，在当下仍有其积极意义。后工业时代，城市中生活的人们更为注重环境的文化品质，同时也更渴望亲近自然，而城市园林本身兼顾了自然、文化元素，也顺应了美化环境、打造和谐宜居城市的发展趋势，因而建造园林城市不仅指明了未来城市规划发展的方向，也是当代环境美学研究的重要对象。

与英文版比较起来，中文版《环境美学》则更突出一种构建环境美学新理论的体系性。由于环境美学在中国是一门崭新的学科，陈望衡在学科体系构建中不仅考虑到西方学科被介绍到中国后

---

① 陈望衡：《我们的家园：环境美学谈》，江苏人民出版社 2014 年版，第 63 页。

本土化的问题，尝试运用中国传统思想资源对接现代学术研究，而且在研究中立足中国社会现实，为当下社会尤其是中国的建设发展提供美学思路，因而其研究既具有广度，也具有深度，而且将人文维度与生态维度、科学认知结合起来，具有跨学科的宽度。从中文版著作中可以窥见其环境美学体系的展开，著作首先研究了环境美学的学科性质和哲学基础后，提出环境美学的性质是家园感，环境美学的功能是乐居和乐游，而作为环境美存在方式的景观是环境美学的本体等基本命题后，接下来就按照环境审美的类别从环境美（性质、本体和功能）、自然环境美、农业环境美、园林美、城市环境美几方面依次展开。其中城市环境美最为重要，陈望衡提出了城市生活化、园林化、人文化以及乡镇化的发展道路，为应对快速推进的都市化进程带来的弊端提出了多元化的参考方案。事实上，陈望衡教授不仅开展学术研究，还积极投身环境建设，为许多城市的规划提供了宝贵中肯的方案，如主张武汉“靓水见山”、解放长沙“岳麓山”，还有对丹霞山、三峡工程的规划建议，均获得了好评，理论和实践相得益彰，使其理论体系具有深刻的现实关怀，这对于处于学科创立期的中国环境美学来说，无疑有着积极的意义，因为环境而非自然的提法本身就意味着告别西方传统审美而建立与人的深度关联。这种对新学科的构想和设计如陈望衡教授自己所言：“环境美学的出现，是对传统美学研究领域的一种拓展，意味着一种新的以环境为中心的美学理论的诞生。”①

## 三、陈望衡环境美学思想的理论特色和现实意义

陈望衡的环境美学研究既注重体系的宏大丰赡、逻辑严整，又通过“乐居是环境审美的最高层次”，“生活（居）是环境美学的主题”，“家园感是环境美的本质”，“朴素美是生态文明时代标志性的美”等一系列重要理念普及了环境美学在当代生活中的重要性，以及开展“城市，我们的家”等颇受关注的大众文化、美学

① 陈望衡：《环境美学》，武汉大学出版社2007年版，第10页。

讲座以及作为专家为武汉、长沙、延安等城市规划提供决策咨询，进一步拉近了审美与生活、美学与人生的距离，增进了人们对环境美学的亲切感和认同感，一方面，使其美学研究具有理论和思想深度，另一方面，其语言深入浅出、生动易解，成为中国环境美学研究绕不开的关键人物。陈望衡是中国环境美学重要的理论开拓者和身体力行的家园美的倡导者。

### （一）陈望衡环境美学思想的理论特色

陈望衡的环境美学研究立足于传统中国哲学和当前发展实际，在引进吸收了西方环境美学的思想资源后，形成一种有中国特色的环境美学思想，这体现在其思想融合传统与现代，既注重人文情怀，又突出生态文明价值，提倡一种以家园感为核心、以生态文明为基础的环境美学，既顺应了后工业时代生态文明发展的要求，也期待在更高的层次上复归了人与自然共生的传统美学模式。

第一，融合传统与现代思想资源。陈望衡环境美学研究广泛吸收了中国古典美学资源、西方环境哲学、美学思想和现代生态文明智慧，构建了一种能进行中西对话的美学。正如生态伦理学权威、《哲学走向荒野》的作者霍尔姆斯·罗尔斯顿教授在为英文版《中国环境美学》写的评价中说："陈望衡清晰地诠释了中国人如何在富有创造力的动态系统中与自然相互生成，共筑美丽家园……该著的亮点是让我们认识和了解中国人长期以来对和谐美及整体美的追求，这也许是全球环境美学的未来。"罗尔斯顿认为陈望衡美学指明了环境美学发展的方向，不论是卡尔松的审美认知模式还是柏林特的介入模式，将环境视作主体感知的对象是他们的共同立场，而陈望衡环境美学则有意识地植根传统来超越西方传统的对象化审美，他提出一种"对象性消融"的非对象性审美，"环境的意义主要在居，我们在居之中生活着，也在居之中审美着，居之中有审美，审美即在居之中"。① 因而，环境就是生活，环境审美是为了

---

① 陈望衡：《我们的家园：环境美学谈》，江苏人民出版社2014年版，第80页。

拥有更好的生活，环境美学的核心是家园感，这是中国环境美学的独特之处。在中国古代环境美学中，包含了丰富的家园感思想，如陈望衡在《中国古代环境美学思想体系论纲》中将家园感分为安居、和居、雅居、乐居四个层次。① 与此同时，陈望衡也并未否认科学认知，他承认科学认识是了解环境的基础性条件，在著作《环境美学》（2007）中，陈望衡指出人文主义和科学主义是环境美学研究的两大哲学基础。此外生态也是构成环境美学研究必不可少的维度，之后陈望衡将研究基础扩展到人文主义、科学主义和生态主义，明确提出生态文明美，这一点会在下文中加以说明。

第二，凸显人文情怀。陈望衡环境美学突出了环境美的观念，在 2010 年发表的《环境美学的主题》一文中，陈望衡从环境文明的美学维度、环境保护的美学高度、可持续性发展的美学保证、家园建设的美学质量四个方面阐释环境美学与人的生活的关系，认为营造乐居环境让人们生活更幸福是环境美学的主题。既然“美学是一门具有最大生活性的哲学”，而环境是我们生活的基础和家园，那么环境美学的本质就是营造人与环境和谐的家园感。家园意味着人和环境最深厚的情感联系，就环境作为人类的生命本源和生存发展的基础来说，环境就像是人类的家，这不仅体现为环境为人类提供生活的物质基础，还成为人类的精神归属，可以说，环境直接影响着人的生存状态。在谈到城市环境时，柏林特也强调一种积极的城市美学的重要性，他说：“当我们致力于培植一种城市生态，以消除现代城市带给人的粗俗和单调感，这些模式会成为有益的指导，因而使城市发生转变，从人性不断地受威胁转变为人性可以持续获得并扩展的环境。”② 陈望衡认为理想的人类家园体现一为乐居，一为乐游，突出环境审美之“乐”，即环境如何使人类生活更幸福的问题，并探讨人们如何在城市、农村等广阔的天地间寻

---

① 陈望衡：《中国古代环境美学思想体系论纲》，载《武汉大学学报（哲学社会科学版）》2019 年第 4 期。

② ［美］阿诺德·柏林特：《环境美学》，张敏译，湖南科学技术出版社 2006 年版，第 56 页。

找美，创造更为适宜（宜居）、健康（利居）且温馨（乐居）的居住环境。2008年8月9日，在宁波市图书馆天一讲堂举办的城市美学讲座《城市，我们的家》中，陈望衡列举了亲身到访的世界各地著名城市的例子，深入浅出地分析了什么是美的城市，城市美的特征和主要内容，他认为，城市的美在于景观优美、底蕴深厚、个性鲜明，但更在于城市与人之间形成的情感联系，而能满足人情感需求的城市包括山水园林城市和历史文化名城。整场讲座中尤其突出城市之于人的一种家园感，极大唤起了观众的共鸣，全场反应热烈，这表明长久以来我国城市发展中对人的需求的忽视，这次讲座在环境美学的视野下重新确立了城市作为生活家园的根本属性，这正是当时的城市发展中所亟需的方向性引导，也体现了陈望衡的学术研究中一直贯彻的深切现实关怀和人文情怀。

第三，追求生态文明价值。生态文明美学是陈望衡近年来生态文明概念基础上对环境美学研究的拓展，他明确提出美在文明而不在生态，因而讨论的对象是生态文明美而非生态美。生态文明是继渔猎文明、农业文明、工业文明之后的新文明形态，因而生态文明美学是当代环境审美的新形态。在著作《我们的家园：环境美学谈》中，陈望衡进一步将环境美学研究的基础从以往的人文主义、科学主义完善为人文主义、科学主义和生态主义，反映了生态之于环境美学思想的重要意义，也表明其坚持生态立场、尊重生态文明价值，通过重新确认自然神性、重新确认科技人性破除工业时代人类中心主义的价值取向，既确立人的主体性与自然主体性的统一，也实现人的价值与物的价值的统一。那么，确立生态文明观之于人的重要意义在哪里呢，陈望衡在《试论生态文明审美观》一文中指出："建立一种新的生活方式，培植一种新的生活审美观已经到了时候，生态文明作为对工业文明的否定之否定，亟需新的生活观念和与之相应的审美观念。这种新的生活方式是绿色生活方式，这种新的审美观是朴素审美观。"① 在新的审美观念指导下，重估荒

① 陈望衡、谢梦云：《试论生态文明审美观》，载《郑州大学学报（哲学社会科学版）》2016年第1期。

野价值，在城市中容纳荒野，构建文明与荒野的守界和谐十分重要，① 陈望衡突出荒野也可看做是对罗尔斯顿书评的回应，人居环境中的荒野如沙洲、湿地对于恢复城市生态平衡并形成荒野之美具有关键作用。

### （二）中国环境美学研究的现实意义

对于中国美学学科建设而言，陈望衡环境美学立足于中国传统思想资源和社会现实，对中国现代化中的环境问题、城市问题、新农村建设问题、城镇化、历史文化名城保护等问题都给予了极大的关切和反思，试图通过构建环境美学体系来应对种种挑战，并提出了对于中国甚至全球都有普适性价值的环境美学欣赏和构建途径。正如陈望衡在评价他提出的“境界”时认为，境界本体论虽来自中国古典美学，但有当代的价值和世界的意义，“可以移植到当今的美学，也可移植到其他民族的美学”②。他的环境美学研究也是如此。工业革命以来科学和技术的突飞猛进造成的人类生存环境困境已在 20 世纪 60 年代开始涌动的环境主义思潮中得到普遍反思，当下城乡社会发展中人的精神情感危机日益加重，快节奏的生活和无处不在的沮丧、压力、焦虑笼罩在人们身上，寻找家园感成为新的时代课题。如今又站在变局的十字路口，中国古代思想中蕴含的有关环境美的思想，能否为当下的环境问题和美学建设提供解决思路，是中国环境美学之于全球学术的意义所在。几位国外学者对陈著《中国环境美学》的书评不约而同地赞同陈望衡对中国传统思想的借鉴，认为中国人对和谐整体美的追求昭示了全球环境美学的未来道路。陈望衡也清醒地意识到生态文明时代的到来预示了审美的全球化，“当前，人类亟需将个人、地区、民族同生态环境的发展以一种全新的全球审美视野统一到一起，认识到全球化背景之下

① 陈望衡：《城市审美如何容纳荒野》，载《郑州大学学报（哲学社会科学版）》2019 年第 2 期。

② 陈望衡：《20 世纪中国美学本体论问题》，湖南教育出版社 2001 年版，第 490 页。

美的本质，这种美是生态与文明二者和谐发展的统一之美，这种全球审美能够指导不同民族、不同地区、不同国家的人们处理好与生态环境的关系，从而在全球审美的视野之中找到解决当前全球生态危机的新出路”。中国传统中人与自然和谐的思想可以作为应对全球生态危机的理论资源，这样就从家国情怀上升到全球意识，“审美需要全球化，审美的新姿态就是从全球化的审美视角来构建人与自然的和谐共处，从而实现真正的全球生态文明——人与自然的共荣共生”。① 让人类更幸福是环境美学研究的最终目的和理想，陈望衡《中国环境美学》研究不仅体现了研究的中国特色，反映了中国城乡社会建设发展实际，也在中西方美学对话交流中展示出世界环境美学发展的未来方向，陈望衡教授的研究既在中国古典和现代学术资源的基础上推动了中国美学的发展，也为世界美学的多元化发展贡献了中国智慧，为解决人类共同面临的环境问题提供了中国方案。

① 陈望衡、谢梦云：《试论生态文明审美观》《郑州大学学报（哲学社会科学版）》2016年第1期。

# 唐朝：世界文化史上光辉的一章[1]

陈望衡（武汉大学哲学学院）

唐代是中华民族历史上最值得骄傲的时代之一。国力强大，文化繁荣。这个时期，美洲尚未被欧洲人发现；欧洲处于黑暗的中世纪，城市破败，田园荒芜。唯有中国这块土地，呈现繁荣、兴旺的景象。大唐帝国拥有世界上最大的物质财富，也拥有世界上最灿烂、最辉煌的精神财富。诗歌、乐舞、书法、绘画、雕塑、建筑、园林，在当时的世界上毫无争议地处于最高水平。

那么，唐代人的审美品位究竟是什么样子的？现在，我们只能通过唐人自己留下的物质作品或文字作品去揣摩、去想象了。读读杜甫的《丽人行》，那都城长安水边丽人出行的场景何等靓丽，何等辉煌！且不说"态浓意远淑且真，肌理细腻骨肉匀"的女人姿态尽见唐人视肥为美的女性审美观，仅看看这贵族女子的装饰："绣罗衣裳照暮春，蹙金孔雀银麒麟。头上何所有？翠微盍叶垂鬓唇。背后何所见？珠压腰衱稳称身。"那个时期的工艺水平、审美趣味不是尽为彰显了吗？再看看王勃的《滕王阁序》，那地处偏僻

① 本文系《光明日报》刊出的包括作者和读者两篇文章构成的对《大唐气象》一书的整版评论和延伸思考，另一篇是汪修荣的《从审美视角看大唐》（见后）。两篇文章开头附有编者按语《唐朝是一本厚厚的书》，其文曰：唐朝，是一个恢宏大气的时代。那时的诗，那时的画，那时的书，那时的舞，无一不在展示那个时代的美。这种美也融入了中华民族的血脉，伴随我们的民族发展和成长。陈望衡、范明华两位资深学者站在哲学的高度，以严谨的治学态度，另辟蹊径，从审美的视角审视大唐，多维度多侧面展示大唐气象和大唐之美，引领读者走近那气象万千的大唐，见证那千古不朽的辉煌。

的江西南昌也有这样崇阿的宫殿："桂殿兰宫，即冈峦之体势。披绣闼，俯雕甍，山原旷其盈视，川泽纡其骇瞩。闾阎扑地，钟鸣鼎食之家；舸舰弥津，青雀黄龙之舳。"唐代的繁华、强壮以及高度发达的文明，不是也尽可见出吗？

繁华、富裕、强大、开放，虎虎有生气，这是唐人留下的物质文明与精神文明给我们的总体印象。品味唐人的审美情趣，探讨唐人的审美观念，犹如从高空俯瞰大地，唐朝的精神气象，唐朝的物质文明和精神文明的发展水准，都一览无余了。

作为《大唐气象——唐朝审美意识研究》这一国家社科基金重点项目负责人，作为这部书的主要作者，关于唐朝，我想要说的话，在此书中说得很多了，这里，我想要强调兼补充的主要是三点：

## 一、唐朝在中国文化史上的地位

中国，是中国人建立的国家，这中国人不只是汉族，而是诸多民族，今天统称为中华民族。中华民族的形成，须溯源于史前，史前生活在以黄河流域、长江流域为核心的广大地区中的人民均是中华民族的源头。按著名考古学家徐旭生先生的看法，大体上可以分成三大集团：一是以炎帝、黄帝为首领的华夏集团；二是以少昊、太昊为首领的东夷集团；三是以祝融、驩兜为首领的苗蛮集团。三大集团几乎涵盖后来在中华大地上生存与发展的全部民族。这些民族首先共同创造了史前文明，仰韶文化主要位于中国西部及中部，红山文化主要位于中国东北部、北部，大汶口文化和龙山文化主要位于中国东部近中部，凌家滩文化、良渚文化、石家河文化主要位于中国南部、近中部、近东部一带。这些文化的核心很难说是哪一个民族创立的，像红山文化地区主要是突厥人、回纥人、契丹人、鲜卑人、蒙古人、女真人生活地，能说红山文化没有他们先祖的功绩？大汶口文化、龙山文化是夏文化的先绪，属于华夏正统，而这地方属于东夷，能说大汶口文化、龙山文化没有东夷的功绩？

华夏之分产生于进入文明时代的夏商周三代而主要是周代，自此，居于中原的汉族政权统称为夏，而居于周边的少数民族政权统称之为夷。汉文化主要为农耕文明；夷文化主要为游牧文明。夷、夏之别是儒家提出来的一个观点，但这种观点主要不是民族的区分，而是文化的区分。儒家认为，是夷还是夏，最重要的或者说最后的判定是看文化，儒家所认同的文化是礼乐文明，这在当时是一种进步文化，这种文化虽然有自己的内核，但并不是封闭的，它是开放的，夷、夏一直互有吸收，夷、夏的融合实质是文化的融合，而文化的融合必然导致民族的融合，是为中华民族的建立。

民族的融合是一个浩大的工程，开始于史前，夏商周秦汉均有发展，到魏晋南北朝则出现一个高潮，其突出体现是北朝少数民族政权纷纷向汉文化学习，并且均标榜自己为华夏正统，这些政权中，北魏最为杰出。历经两百多年的南北分裂及各小国纷争后，中国实现了统一，先是隋，接着就是唐。拥有鲜卑血统的李唐王朝，其国家的主流文化是继承周秦汉的华夏文化，但唐朝的文化比周秦汉的文化开放得多。

唐朝的民族政策，有两条特别值得重视，一是“中国既安，四夷自服”。这是魏徵向唐太宗提出的建议，唐太宗接受了。由于唐朝专力于国家建设，唐帝国的辉煌成就使“四夷”畏惧、敬佩，自然从内心愿意臣服。二是“胡汉平等”。唐太宗说：“自古皆贵中华，贱夷狄，朕独爱之如一，故其种落皆依朕如父母。”唐太宗用人不戴“种族”眼镜，大量任用非汉人官员，甚至让他们担任重要的军事统帅。这种情况在中国其他朝代几乎是没有的。对于少数民族的百姓，也不歧视。唐太宗将归顺大唐的突厥人安排在京城不远的地方居住和生活，并且给予他们一定的经济支持。在他看来，归顺了大唐，就是大唐的子民，因为来到新的地方生活，应该予以优待。

正是因为唐朝对待少数民族采取的正确政策，在中国历史中，中央政权与周边的少数民族政权关系处理得最好的朝代是唐朝。因为唐朝多采用和亲的手段与少数民族政权建立亲情关系，少数民族政权称中原王朝为舅，这种称呼一直延续到宋。而唐太宗则被尊称为“天可汗”。应该说，以华夏文化为核心的多民族统一体的中华民族，它的真正形成是在唐朝。

## 二、唐朝在世界文化史上的地位

唐朝在中国历史上的存在时间为公元618—907年，近300年。这个时期，西方属于黑暗的中世纪时代。欧洲大地，战乱频仍，烽烟四起，经济萧条。回看亚洲，日本贵族内讧，政权迭换，首都数迁；南亚、西亚大地，数国并存，内乱不已。公元651年大食攻波斯，波斯国王向唐王朝求援。可以说，在这个时代，世界上相对比较安全之地是唐朝，相对比较富裕之地也是唐朝。且不说首都长安花团锦簇，被诸多外国商人誉为人间天堂，就是偏远之地的扬州，也是中外商人向往的圣地。“腰缠十万贯，骑鹤下扬州”不是虚话。

这个时候的中国——唐朝采取的对外政策是开放。中国国门大开，陆上丝绸之路、海上丝绸之路均畅通无阻。于是，不仅临近的日本人、新罗人来了，而且遥远的欧洲人、印度人、大食人、波斯人也来了，不仅人来了，物来了，各种异域的宗教如景教（基督教的一支)、佛教、拜火教、摩尼教也来了。据《唐六典》记载，唐朝与300多个国家和地区有交往，唐朝首都长安成为世界的中心：政治中心、经济中心、文化中心、宗教中心、教育中心、科技中心和娱乐中心。正如王维诗中所写：“九天阊阖开宫殿，万国衣冠拜冕旒。”（《和贾舍人早朝大明宫之作》）外国人来中国学习、工作、做生意、传播宗教，有些人就爱上中国，留在中国，有人还做上了唐朝政府的高官，如日本的晁衡（原名阿倍仲麻吕)，他于唐开元五年（717）随日本第九次遣唐使来中国，就读于太学，后在唐朝任职。国际交往中，日本与中国的交往最为稳固，最为友好，也最有成就。早在西汉，日本与中国已有往来，东汉光武帝还赐给日本国王官印。到唐朝，中日往来达到全盛。据史书记载，日本派来中国的遣唐使不下十三次。

大量外国人来中国，也有不少中国人去外国。据阿拉伯人苏莱曼的《东游记》，中国海船特别巨大，波斯湾风浪险恶，只有中国船可以畅行无阻。埃及开罗南郊的福斯特遗址，发现唐朝的瓷片数以万计，南洋婆罗洲北部沙捞越地方，还发现唐人开设的铸铁厂。中国人去国外，不只是做生意，办企业，也有去学习的，去传播佛教的。

开放的好处是世界性的，对于中国、世界的经济、文化发展均具有重要意义。能够将开放的事业做得这样好，主要是唐人的意识使然。一方面，他们具有可贵的文化自信，当然，这中间也夹有天朝自诩的陋习，但更多的是文化自觉和自信。事实上，唐朝的文化在当时的世界是先进的。另一方面，他们具有博大的胸怀和以礼待客的态度。开元初年，日本使者请唐朝派儒生授经学，按礼节，日本学生是要去学堂学习的。唐玄宗变通“礼闻来学，不闻往教”的惯例，选派名儒就日本学生入住的寓邸授经，以满足使者的要求，而不因国家强大而骄吝。

以上足以说明，唐朝是中华民族共同的家园，唐朝是当时世界文化的中心。成就唐朝如此崇高地位的是唐朝在政治、经济、军事、文化上的强大，是唐朝夷夏一体、平等相处、包容大度的民族团结政策，是唐朝开放、大气、友好、公平的外交政策。

## 三、唐朝对于中华民族复兴的启示

唐朝是中华民族永远的骄傲，她的辉煌成就值得我们顶礼、学习，但是我们顶礼唐朝、学习唐朝不是复制唐朝，而是超越唐朝，创造一个远比唐朝辉煌的现代中国。

唐朝给予我们的重要启示主要有以下几点：

首先，坚持中华民族一体化的观念。中华民族不只是一个民族，而是有众多民族，目今为五十六个民族。虽然不是同一个民族，但有着共同的文化血缘，共同的政治经济文化利益，拥有唯一的、共同的家园。唐朝在这方面做得好的地方主要在观念，认识到中华民族是一家。既然是一家，为了共同利益，就必须互相学习，取长补短，互有谅让。唐太宗曾经与他的臣下讨论与北狄的外交政策，他说，采取军事行为，虽然可以解决问题，但只是暂时的，而且要死很多人。其实和亲并非不好，“朕为苍生父母，苟可利之，岂惜一女！北狄风俗，多由内政，亦既生子，则我外孙，断可知矣。”说得多好，外孙多多，有何不好呢？

其次，坚持“人类命运共同体”的观念。人类命运共同体是放之四海而皆准的真理，在建设现代化强国的今天，我们必须与世界上平等待我的国家、民族共同携起手来，应对从政治经济到自然环境的各种挑战，我国的人民要过好日子，世界上的人民也要过好日子。正如一句俗语所言：大家好才是真的好。

最后，开放是唐朝成功至关重要的原因。开放建立在自信的基础上，而自信又筑基在强大的基础之上。它们互相影响，互相推动。中华民族从来没有像今日这样开放，重要原因是我们从来没有像今日这样自信，这样强大。开放没有尽头，我们将在中国共产党的领导下，沿着中国特色社会主义道路，把我们的祖国建设得更加繁荣昌盛，并且也为世界人民的和平幸福事业做出更大的贡献。

唐朝是一本厚厚的书，其中有着无穷的智慧，值得我们反复地研究、学习、反思、吸取。

唐朝是一面鲜艳的旗帜，昭引着我们奔向复兴中华民族的光辉未来。

顶礼唐朝，超越唐朝，复兴中华。

（本文原载《光明日报》2022年6月16日第11版）

# 从审美视角看大唐

汪修荣（江苏凤凰出版传媒集团）

唐朝是中国历史上一个强盛时代，在漫长历史中曾是代表中华文明的一个标志性的朝代。大唐帝国屹立在东方时，欧洲还处在黑暗的中世纪，美洲还没有被发现。此时的大唐帝国无疑是当时世界第一强国，政治、经济、文化、文学艺术等各个方面都取得了长足发展，对亚洲和世界产生巨大影响，可谓万国来朝，极一时之盛。

盛唐气象也成了后人向往的最高境界，无数人希望梦回唐朝。鉴于唐代在中国历史上的重要地位与影响，对唐代的研究可谓汗牛充栋，江苏人民出版社新近推出的《大唐气象——唐朝审美意识研究》，洋洋70余万言，陈望衡、范明华两位资深学者站在哲学的高度，以严谨的治学态度，另辟蹊径，从审美的视角审视大唐，多维度多侧面展示出大唐气象和大唐之美，令人耳目一新。

## 一、大 唐 气 象

何为大唐气象？什么代表了大唐盛世、大唐精神？一千个研究者也许有一千种答案。本书两位学者从审美的视角审视唐朝，为研究大唐气象提供了一种新颖的视角。作者全面、完整、系统地梳理了唐代文学艺术等方方面面的成就，把宏观研究与微观解析相结合，从诗歌、散文、小说、文论、书法、绘画、乐舞、雕塑、城市建设、建筑营造、园林、儒道释等诸多方面，对唐代审美意识进行了全方位的深入研究，多维度立体展示了大唐气象和大唐精神，为读者呈现出大唐之美。作者在宏观研究的基础上，对每个细分门类都进行了细致入微的分析与解剖，做到言之有物，言之有据，提出了自己独到的观点与分析，脉络清晰，史料翔实，内容丰富，体现出作者开阔的研究视野、扎实的学术功底和严谨的治学态度。

作为一个兴盛的王朝，大国气度、时代精神是唐王朝一个鲜明标志。唐代历经初唐、盛唐、中唐和晚唐几个阶段，安史之乱后，唐帝国逐渐走向衰落，但综观有唐一代，阳刚、乐观、昂扬、自由，仍然是唐王朝总的时代精神和主流，这种强烈的时代精神自然深刻影响着文人、作家和艺术家们，影响着人们的审美意识和审美心理，自觉不自觉地融入文学、建筑、音乐、书法、绘画甚至宗教等各方面的创作，成为一个时代的审美精神、审美趣味和审美风尚。这种时代精神无处不在，并对后代甚至外国的文学艺术，比如日本文学艺术和建筑等，产生深远的影响，这正是唐代的文化影响力和文化软实力的有力证明。

## 二、大唐之美

唐代文学艺术的审美意识和审美趣味，与唐代的社会环境、时代精神息息相关。文学艺术等既是时代精神的载体，又是时代精神的一部分。作者用大量研究揭示了二者之间密不可分的联系。这种时代精神和宏大气象在李白浪漫主义诗作、王昌龄等人的边塞诗、王勃、陈子昂散文以及唐代建筑与雕塑中都一览无遗。唐代诗歌可以视为这种时代精神和审美取向的典型代表。无论是李白的诗歌，还是边塞诗以及王维等人讴歌大自然的诗作，无论表现建功立业的，还是表达个人志向的，唐代诗歌总体上都体现了那个强盛王朝积极向上的时代精神和帝国气概，这一点在初唐和盛唐尤为明显。这种浪漫主义情怀、建功立业的精神和胸怀天下的抱负，至今仍强烈地感染着后人。

唐代这种审美意识的形成有着多方面的原因，是多种因素综合影响的结果。作者用翔实的资料和扎实的研究，对此进行了多方面的深入剖析。唐代审美意识的形成，主要得益于唐王朝的大环境大气候，帝国强盛、政策开明、风气自由、文化自信、对外交流开放、各民族文化融合、文学艺术百花齐放等，这种社会氛围与泱泱大国的气度胸襟，为文学、艺术、文化等方面的发展提供了肥沃的土壤，为作家艺术家提供了一个自由发挥的人文环境，造就了唐王朝文学、艺术、文化等各个方面的繁荣，使唐代诗歌、乐舞、绘画、雕塑、建筑等成就处于当时世界最高峰，诗歌更成为大唐帝国的一面文化旗帜。

唐朝的强盛与帝国雄心，既表现在积极进取的时代朝气和时代精神，也表现在海纳百川、包容互鉴的宽广胸怀，展示的正是一个强盛大国的雄心抱负与文化自信。这一点在初唐和盛唐尤为明显。这种文化自信体现在对外积极交流、各民族以及民间文学艺术兼收并蓄，而这种文化包容自信又进一步促进了唐代文学艺术等各方面的繁荣发展，并自然地融入审美意识和审美创作。以音乐为例，李世民强调“乐在人和”，在重视宫廷音乐的同时，也不排斥民间音乐，同时广纳胡乐，兼收并容，因此《霓裳羽衣曲舞》成为当时最有名的乐舞，标志着唐代音乐审美的最高成就，堪称唐代精神的代表之一。

作者在剖析唐代主流审美意识的同时，也系统分析了唐代审美意识的多样性和丰富性，以及审美风格的演变。唐代的文学艺术等，在主流之外，也保持了风格的多样化，作家艺术家的个性得到了充分张扬，比如诗歌中，既有浪漫主义，也有现实主义；既有雄浑慷慨的边塞诗，也有王维等人的山水诗，甚至宗教诗，其他领域也都一样，这是一个创作自由的时代，作家创作个性得到了充分展示，人文精神和自由思想渗透到方方面面。在音乐中，既有阳春白雪，也有下里巴人。正是这种开放包容自由的政策，促进了唐代文化艺术的繁荣兴盛，形成一座座后人难以企及的文化高峰和大唐气象。

研究历史是为了借鉴历史。今天我们研究唐代审美意识的形成及其发展演变，对实现中华民族伟大复兴，对繁荣新时代中国文化，增强文化自信，对扩大中国文化的影响力和软实力，都具有积极的现实意义。历史是一面镜子，以史为鉴，才能更好地行稳致远。

（本文原载《光明日报》2022年6月16日第11版）

# 向美而行：唐代美学何以成为中华美学高峰

潘　飞

北京冬奥会落下帷幕，令世人惊艳的开幕式仍历历在目。外人看了热闹，国人自己不难看出门道：无论是开篇倒计时的节气宣传片里有八个引用了应景而赋的唐诗，还是奥运五环呈现环节借用了“黄河之水天上来”的意趣和气势，无不浸盈着来自唐朝美学的光芒和浪漫。

虽远隔千年，但分明近在咫尺，创作者说得牙清口白，欣赏者听得默契会心，凡此种种都是文化自觉的体现。矗立于唐朝这座高峰之上，怀揣这种对自身文化缘何而来、向何而去的自知和自省，我们发出迫切的追问：“唐人如何看到自己与他者、本土与异域？一个唐人身处何种世界观念和时代精神中？形成他们开放包容心态的源头又何在？”（《唐朝的想象力：盛唐气象的 7 个侧面》）“为什么唐朝有这么强的生命力？”（《唐：中国历史的黄金时代》）也唯有对其所积淀的美学基因加以研究和重组，才能去重现“中华历史之美、山河之美、文化之美”。

## 一、煌光驰流：大唐气象的美学本质

自白石道人在《诗说》中言明“气象欲其浑厚”，“气象”就在中国古典美学众范畴中把据高位。气象将主体的生命气韵和风貌，借助具有一定审美意义的形象展现出来，是内容与形式高度统一的审美范畴。受其启发，宋代诗论家严羽在《沧浪诗话》里综述诗歌发展演变及创作风格时，衍生出“盛唐气象”一说。“盛唐诸公之诗……既笔力雄壮，又气象雄浑”，只谈及“浑厚”“雄壮”一面，对田园诗派清新、秀丽之风并未提及，将乱世之音更是排除在外，故失之偏颇。沿严羽之论，后人对“盛唐气象”一说多有争持，特别是20世纪50年代后至今，形成三个阶段。

第一阶段，1954年，舒芜最早提出“盛唐气象”一词。当年林庚发表《诗人李白》一文，1958年又发表《盛唐气象》加以专章论述，指出盛唐气象是“一种蓬勃的思想感情所形成的时代性格”，其本质是“蓬勃的朝气，青春的旋律”，一度得到学术界的高度赞同，“盛唐气象”成为描述唐代诗歌最重要的理论范畴之一。

第二阶段，20世纪80年代，学术视野的拓宽，让学界对“盛唐气象”的认知上升到艺术风格和美学风貌层面，学者们将其视作盛唐各种艺术共同的美学风格。裴斐等学者质疑林庚的观点，认为文学史上的“盛唐”与历史上的“盛世”不能相提并论，而且，两者之间也并无必然的联系，如果对李白之诗“见豪不见悲”，便是一叶障目。“盛唐气象”有更为丰厚、复杂的内蕴，其中“有高亢、自信、雄壮、飘逸，也有低抑、苍凉、孤独与悲怆”。

第三阶段，20世纪90年代以来，以袁行霈、张福庆为代表的学者将“盛唐气象”的内涵和外延进一步拓展，形成了一个复合概念——众多风格糅合着意象、意境、性情，满园芬芳般地集中和统一于时代风貌中，甚至表现为敏锐的洞察力、高尚的社会责任感等。

承前人之说，陈望衡、范明华等合著的《大唐气象：唐代审美意识研究》一书，将“盛唐气象”的研究推展到一个更新的高度、更大的空间，从唐诗说起，但不就诗言诗，而是构筑了大唐文化与其朝代建制、社会语境等一切物质和非物质基础相匹配、相适应的整体“景观”。因此，书中的气象，是滥觞于诗歌而散延于其他领域的血肉、气韵、格力、体面、情致和意境等总体性的审美风貌，更是一个时代整体的精神面貌，书中所及的音乐、书法、舞蹈、服饰等，均折射出唐代美学恢宏宽远的意蕴和风骨。

对陈望衡教授等凝结于 70 多万字、700 多页的思想加以提挈，不难心生浮想：再灿烂的文明成果皆由人创造。除去物质文明之外，大唐气象的本质，恰好在于那个时代非物质的精神面貌，在于时人对美的理解、追求和创造。唐人讲究"转益多师"，既勇于打破六朝以来绮靡文风和审美趣味的囿束，又善于虚心学习并汲取其中的思想营养，所以才能做到思想自由活跃、言论通达宏放；面对丑恶，他们高擎批判和反抗火炬，勇敢斗争，并向弱者投去关爱，代其发声。因此，大唐气象自然具有了炯炯人格，所谓"林深时见鹿，海蓝时见鲸"，正是这丰沛的生命力，构成了如此煌光驰流的时代。

## 二、以美化人：须将气象升华为气派

在中华文明上下几千年的发展过程中，在某一特定的时间段（如王朝）里，政治经济、社会风尚、民众审美等因素共同作用，会形成具有一定共性的占主导地位的文艺潮流和美学趋向。大唐气象，便是其中的典型。

大唐气象是一个复杂多维、流派缤纷、风格多样的综合体。唐人给我们垂示如何"兼容并蓄"，展现了海纳百川的包容气概。陈望衡对此进行了综述：大唐审美观念的建立，既上承隋制，又不因循守旧。有唐一代秉持的开放和自信、自省精神带来审美观念的大解放，带来文艺的繁荣和文化生活的丰富多彩。具体来说，寓教于美的唐诗哺育和培植了中华民族的审美精神、观念和趣味，并与同期的绘画、舞蹈等其他门类缔结了同音共律、遥相应和般的关联。

值得一提的是，中华民族的审美文化形成的"情理兼得、力韵互含、刚柔相济、象意合一"的审美理想，皆以唐代为重大转折点：第一，儒道释三教、汉族与外域民族在这一时期的多元融合、纳新创造，丰富并发展了中华民族的审美意识。第二，生活的艺术化、审美化以及审美的世俗化得到空前发展，"女题诗""伤世诗"对女性、边缘民众的观照，城市和建筑设计等对"人"的凸显和尊重，体现了整个唐代文化和社会心理的包容和成熟。第三，大唐富强进取的气概与大国风范通过大唐艺术的大气、绚丽、灵动的基本审美品格得以充分体现。

有珠玉在前，大唐审美意识是当代中国文艺事业的“源流形态”，更为后者的发展提供了标杆。广义地来看，我们所处的文艺发展大繁荣的黄金时代，与盛唐时期有广义上的可比性，鉴往以观来，可从中收获有益的启示。站在新的历史方位来看，我们须将“气象”升华为“气派”，更具体来说，是要在新的时代，创造气魄广博、兼容并包、领先于时代的先进文化。以唐为鉴，中国气派是对深厚传统文化和中国人民自主自强、独立创新的表征，是对兼容并包、博大精深的张扬。

## 三、美美与共：新征程上的中华美学

文化自知只是文化自觉的发端，在此基础上的文化自省、文化创新才是更高级的层面。唐人创造了高度发达的人类文明，固然值得众所瞻望，但我们恰恰要学习唐代善于、乐于革新的精神，结合当下新的时代条件加以传承，上升到中华美学精神的层面加以光大。

在我看来，中华美学首先是“宏观美学”。中华民族的文化每每到了重大历史关头，都能感国运之变化、立时代之潮头、发时代之先声。因此，在反思以唐代美学为代表的中华美学历史经验时，非常有必要将其放在世界文化的总语境下审视和研判，以求在全球性、共时性的坐标里精确寻找中华文明的定位。其次，中华美学是“人民美学”和“生活美学”，讲究以文化人。我们可以与唐人共鸣、共情、共在，但“霓裳羽衣之美”最终要覆盖生活和人本身，追求“美地活”。任何一种文明，若不能被复制、传承或弘扬，那它就只是历史博物馆里失去生命力的旧标本。《去唐朝》的作者常华以“星垂平野阔，月涌大江流”作喻，形容大唐气象“总是在导引着人们走上不断求索的道路”。今日中国，是推崇个体活得更有尊严的现代化国家，中华美学更要呈现对生命、生活、人的终极投射和关切，不仅注重审美的教化功能，更应加强对人性的关怀和浸化，从而解决人与社会的对峙、人与人的疏离、人的自我迷失困顿等当代难题。

说回北京冬奥会开幕式，汇聚参赛国国名、融合中国结和希腊橄榄叶两大元素的“雪花”符号，完美释读“各美其美，美美与共”的大国审美观。通观2008年和2022年的两场奥运会开幕式，恰好涵盖了大唐气象中“高放”和“和谦”的对应两面。14年时间的流变，足以见证现代中国人审美和情趣的进阶——排场和火炬肉眼可见地小了，但格局和气派却大了不少。正如张艺谋导演接受采访时所说，本次开幕式创作注重简约美学的“人民性”，是在新的时代语境下对传统美学的创新和升华。

总之，大唐气象是对特定时代精神风貌的总概括，但也具有脉脉传演的延续性，因此我们不能追求唐代“孤峰突起”的独美，要借此山之高，锻造万千气象，踔厉奋发，继续以开放、从容之姿，以新征程上的向美而行，形成对全人类的滋养和关怀，这也是值得陈望衡及诸多学人后续加强究析的命题。

（本文原载《文汇报》2022年2月27日）

# 大唐气象：仰观天地　俯察内心

林　颐

唐朝是中华美学发展史上的辉煌时代。自魏晋以来长达两三百年的门阀制度崩溃了，原来凭出身就可做官，现在是凭才用士、论功授爵，这种海纳百川的用人制度不仅对广大知识分子是一种激励，而且深刻影响了整个社会风气的改变，崇尚进取、崇尚创造成为盛唐精神的一个重要方面。

强大的政治实力、雄厚的经济基础，使得唐王朝对自己的统治充满信心，与之相伴随的，是政治的开明、思想文化领域的自由。百花争艳的文学艺术及卓有创见的新思想、新学说，正是在这种开放活泼的政治氛围里形成的。

纵观这部《大唐气象：唐代审美意识研究》，洋洋洒洒 73.5 万字，尽广大而致精微，尽博览而不疏落，实属大唐文化领域的上乘佳作，而且也很适合大众阅读。该书两位作者都是武汉大学哲学学院教授、博士研究生导师。全书以唐人的审美意识为研究对象，从文学、书画、乐舞、雕塑、建筑、城市建设、哲学思想等各个维度深入，品味唐人的审美情趣，探讨唐人的审美观念。

唐代的审美意识最鲜明地体现在唐诗之中。作者形容“唐诗是唐人精神的天空”，“天空中那骄艳的阳光、妩媚的月色、闪耀的星星、绚丽的霞彩、飘动的云朵、缤纷的雪花、闪亮的雨丝……种种让人心炫神迷的美妙情景，就是唐人所创造所欣赏也让后世为之心醉心迷而赞叹不已的美！”

唐诗是豪迈的、奔放的，犹如英姿勃发的男儿；唐诗是妖娆的、富丽的，犹如丰腴美貌的少妇；唐诗是忧愤的、高亢的，为黎民百姓呼声，为仕途艰险掬泪；唐诗是清寂的、淡远的，愿与山水为伴、花草为友，返景入深林……唐诗，不管什么样的风格，都贯穿着积极进取的精神。即使是被评为“冲逸”的孟浩然，他的冲逸也是重在自然，重在生机，何况孟浩然也会写出“气蒸云梦泽，波撼岳阳城”那样气宇轩昂的诗句。即使是写宫怨、闺怨，写青楼女子的诗句，唐诗也几无脂粉气或是停留在感官层面，而是更体恤她们的心情，欣赏她们的美丽，从她们的遭遇里镜鉴自身。作者说白居易应该在妇女解放史上拥有一席地位，书中不仅谈及名作《长恨歌》《琵琶行》，还谈及了一首较少为人知的《妇人苦》，女子重同穴，男子轻偕老，妇人丧夫往往终身守孤，而男子即使情深义重，也不过一时伤怀，很快就续弦了，白居易揭露了男女在爱情和婚姻上忠贞度的不平等。

这就是唐朝的诗人。他们可以对宇宙苍穹、高山流水展开夸张的想象，也可以不懈地推敲心灵、思辨、哲理，更是投入有血有肉的人间生活的体验、感受、憧憬和向往，怀着诚挚的关怀和理解。一种豁达的、自信的热情和想象，渗透在唐朝的文化里。即使有享乐、颓废、悲情、隐世的内容，也无损它内在的蓬勃、自由和开阔的精神。

这就是唐代的审美意识，没有顾忌、没有束缚地扩张和吸收，没有畏惧、没有留恋地创生和革新。人人是自我的，人人又是无我的，所有个性组成共性，汇聚繁花似锦的盛世气象。

来读散文。作者说，唐代散文的突出特点是情真、气雄、达观。字字出自肺腑，唐人有功利心，但绝少是对蜗角之名的追逐，更没有蝇头之利的斤斤计较，而是建功立业的豪情壮志，忧的是生民性命、家国天下。

来读唐代小说。中国的小说发展到唐代的传奇，才实现了审美的觉醒，成为一种独立的文学样式。小说尚奇，唐人最具好奇心，难的是好奇而不猎奇，题旨向着善与美。

来读唐代文论。唐代是中国历史上第一个重视文学艺术理论的朝代。求学问之深切，群体式的向学与好辩，理论思想与以艺术形态、生活形态呈现出来的审美意识相互印证，交相辉映，展现唐代审美意识的泱泱大观。

来看唐代书法。唐代帝皇擅长书法，科举仕途依赖书法。于是，有唐一代，全民皆爱书法，书法成为一种既高雅又实用的艺术。风格各异，气象更新，下笔有神，大家辈出。

来看唐代绘画。古人有言，“画盛于唐宋”。史书上记载的唐代画家总数，超过了以往任何一个朝代。唐代绘画的兴盛，还体现在新题材的开拓、新技法的发明、新材料的运用和新画种的发展，还有收藏、装裱、修补、鉴定、临摹、著录、评价、研究等相关的活动。

来看唐代乐舞。从太宗的“秦王破阵”到玄宗的“霓裳羽衣”，从铿锵有声到轻歌曼舞，或豪壮或优雅，唐皇爱乐，没有功利性，纯是爱美，爱这艺术的美。

来看唐代建筑营造。相比秦汉时期，唐代建筑体积其实是逐渐缩小的，减少了虚张声势、技术炫耀和繁琐装饰，建筑的风格由绚烂转向平淡，更追求人与自然的契合。中国人对建筑采取的体验式审美实现途径，是在唐代完成的。

至此，我们完成了这一部皇皇巨著所带领的大唐之旅，我们由对历史的认知、对知识的荡涤进而仰观天地，俯察内心，从万物与自我融为一体的体验中，获取灵魂的适意。

（本文原载《北京日报》2022年5月10日）

# 时代呼唤大唐气象

## ——评《大唐气象——唐代审美意识研究》

裴瑞欣（武汉理工大学艺术与设计学院）

盛世、大唐，无疑是我们中华民族魂牵梦绕的精神故乡，无数的时代为之神往，多少国人“梦回大唐”。大唐首先给我们一种宏大而含混的印象。它是自信的、开放的、进取的、创造的，是海纳百川的、包罗万象的、横无际涯的，也许用尽字典中所有描述焕烂文章的辞藻，都无法言尽每个人心目中的大唐。大唐又是具体而清晰的。它是敦煌的乐舞，何家村的窖藏，张旭怀素的狂草，龙门伊阙的造像；是大明宫和长安城，是唐三彩和金银器；是“九天阊阖开宫殿，万国衣冠拜冕旒”，是“三月三日天气新，长安水边多丽人”；“文起八代之衰”的韩愈，“光焰万丈长”的李白杜甫，“浩如海波翻”的吴道子，“忠义愤发，顿挫郁屈”的颜真卿，等等，都构成了我们对于大唐无尽的想象。

### 一、“气象”和“审美意识”

大唐是如此丰富，宏大而又具体、含混而又清晰，使得大唐之美既为我们所熟悉，又难以言喻。面对大唐，我们往往处于“当我沉默着的时候，我觉得充实；我将开口，同时感到空虚。”的状态。唐代美学，一直是中国美学研究中的薄弱环节。近日出版的《大唐气象——唐代审美意识研究》一书，则发上等愿、择高处立，如狮子搏象，全力赴之，以长诗大赋般的恢宏气势，为我们呈现了这一宏大又具体、含混又清晰的大唐之美。

唐人审美的难以言喻，首先在于诗性。唐代不是一个哲学时代，而是一个“诗领风骚”的时代。这不仅在于唐诗之盛，更在于唐人浪漫的诗的精神。唐代没有魏晋玄妙幽微的玄学和《文心雕龙》这样体系性的美学著作，也没有宋明思辨精深的理学和关于各门类艺术的细密思考，没有多少现成的美学以飨后人。但天才的文艺作品、丰富的审美现象，又无处不在、无不是诗。伟大如苏轼，在唐人面前，也不得不浩叹：“诗至于杜子美，文至于韩退之，书至于颜鲁公，画至于吴道子，而古今之变，天下之能事毕矣。”唐人审美的难以言喻，还在于多元。唐代出将入相、文武并举，华夷兼取、胡汉杂收，以开放治国的心态海纳百川、美美与共。本域民族之间、本域民族与外域民族之间、儒道佛等思想流派之间、雅俗文化之间、初唐盛唐中唐晚唐之间，诗歌、散文、书法、绘画、雕塑、乐舞等文艺门类之间，如江河腾涌、千流竞奔，混混茫茫，蔚然大观，难以遽窥涯际。

针对这些难题，《大唐气象——唐代审美意识研究》别具只眼，拎出“气象”和“审美意识”两个概念，“批大郤，导大窾”，优入唐人审美之域，使得困扰唐代美学研究多年的症结，迎刃而解、豁然开朗。“气象”，有“气”有“象”。“气”包括整体的气势、气概、气韵、气度，“象”包括具体的现象、景象、形象、意象。“象”是具体的、清晰的、可见的，“气”是整体的、含混的、可感的。以“气象”谈大唐审美，有实有虚，有形有神，避免了机械说理的枯索，以及唐代理论思辨薄弱的问题，能够更好地呈现唐人丰富的审美给我们的鲜活感受。“审美意识”，则涵盖了审美趣味、审美观念、审美理想、审美心理等概念，跳出了唐代有限的成文的美学思想、美学文本局限，将唐代美学的视域扩展到了唐人文艺、生活的方方面面，将充盈在各种审美实践中的唐人审美提炼出来，让我们感受到了一颗活泼跳动的大唐之心。“气象”和“审美意识”两个概念虽简，却以强大的整合力和穿透力，命中了唐人审美的诗性和多元，显示了作者机敏的学术感受和老到的学术功力。

## 二、“致广大”和“尽精微”

“气象”和“审美意识”的立意，也决定了此书全篇的架构和写作特色，一在“致广大”，一在“尽精微”。

气象的捉取，使得本书有种“包举宇内”的鸟瞰视角，如书中绪论所言：“品味唐人的审美情趣，探讨唐人的审美观念，犹如从高空俯瞰大地，唐朝的精神气象，唐朝的物质文明和精神文明的发展水准，都一览无余了。”高空俯瞰大地，凡唐人种种，诗歌、散文、小说、文论、书法、绘画、乐舞、雕塑、城市建设、建筑营造、园林营造、儒家、道教、佛教等等，艺术形态、生活形态、理论形态的大唐风华，都尽收眼底、尽驱笔下。可谓“致广大”，包举万象森罗，铺陈出了煌煌的大唐气象。这也使得全书格局宏敞、堂庑阔大，显示出了恢宏的气度，如大赋，如长诗，巨著长篇与大唐气象相辉映。

审美意识的概括提炼，又要“尽精微”。全书篇章既有“仰观宇宙之大”的周流盘旋，又有“俯察品类之盛”的沉潜静观，随处可见的细读工夫，抽丝剥茧，细致入微，避免了印象式的走马观花和浮光掠影的现象描述。具体论述多从史出，立足历史细部，还原历史情境，不做空泛无根的游谈，如以大气、绚丽、灵动概括大唐审美品格，以“上承隋制，革新创造”“开放治国，美美与共”“诗领风骚，寓教于美”“百川汇海，蔚为大观”“审美嬗变，境论生成”总论大唐审美全貌，都十分精当，诗歌、乐舞等篇的论述更是不堕陈言，时有新见，尤显精彩。全书布局谋篇涉及的唐人审美的种种形态，也不是一味侈列、简单堆叠，而是以审美的各种艺术形态为首、生活形态为继、理论形态为结，颇显编排用心。特别是以诗歌打头，“绣口一吐，就半个盛唐”，以儒道佛三章作结，唐人审美种种至此，百川异源而皆归于海。

## 三、时代的呼唤

广大、精微之际，飞扬蹈厉、气象万千的盛世大唐已然扑面而来。而我们的等待也已然太久。

公元618—907年，不足300年的开国，大唐成就了我们民族永恒的梦想。它就像我们民族的青春时代，那么难以言喻，又那么英姿勃发、矞矞皇皇，让人眷恋神往。伟大的长安城里，罗马人、波斯人、大食人、天竺人、吐火罗人、高丽人……千里万里，麇集于此。壮阔的丝绸之路上，丝绸、茶叶、瓷器、香料……山遥水遥，推动着7—9世纪的全球化浪潮。自信、开放、进取、创造的大唐，构成了我们对盛世所有的想象。

大唐已往，丝路逐渐荒凉，长安蒙蔽尘土。近代的一部中国历史，几乎就是一部民族的苦难史。戊戌变法失败后，面对暮气沉疴的老大帝国，梁启超写下《少年中国说》，呼唤一个红日初升、其道大光的少年中国，期待它的与天不老、与国无疆。这不正是我们心中的大唐么？迂曲百年，复兴之路多坎坷，几代人风雨兼程，我们终于走出了积贫积弱的老大帝国。古老的中华大地，再次感受到了大唐的回响。我们从没有像今天这样自信过，坚持人类命运共同体，坚持中国道路、中国选择。逆全球化的暗流中，"一带一路"也正沿着大唐的足迹，成为推动新型全球化的新的力量。自信、开放、进取、创造，再次成为时代的强音。讲好中国故事，弘扬中华美学精神，时代也在呼唤大唐气象。书籍自有命运。《大唐气象——唐代审美意识研究》适逢其时，抖落时间的尘土，给我们一个青春的大唐。

# 评《大唐气象——唐代审美意识研究》

魏　华（河南财经政法大学）

唐代是令人向往的朝代，后人常用“大唐”来形容唐代的繁荣与大气。唐代不仅疆域辽阔，国力强盛，而且在文化上体现出一种前所未有的自信与大度。唐朝人海纳百川的包容态度使得文学艺术成就斐然，优秀作品灿若星河。在诗歌、书法、绘画、乐舞、雕塑、建筑等诸多领域都空前繁荣，涌现出一大批卓越的艺术家和能工巧匠。更为重要的是，这些艺术家们普遍具有创新精神，他们在继承传统的基础上，开拓进取，共同将中国古代艺术推到了一个新的高度。对于今天的人们而言，除了赞赏和羡慕唐代的艺术之外，更应该对其背后的审美意识进行深入的思考和总结，因为只有弄清楚了唐代的审美意识和精神追求，才能找到唐代文化繁荣的密钥。由陈望衡教授、范明华教授等著的《大唐气象——唐代审美意识研究》正是这样一本全面梳理唐代审美意识的研究专著。

该书在写作方式上不同于常规的美学理论著作。由于美学隶属于哲学一级学科之下，所以大部分的美学著作均带有浓厚的哲学味儿，然而本书却不局限于抽象的理论研究，而是将理论融入文学、书画、乐舞、雕塑、建筑、城市规划等具体的艺术实践。读完此书，脑海中似乎呈现出一个立体的大唐，大唐的美不再是一个干瘪瘪的概念，而是生动地体现在那一句句脍炙人口的诗句，一幅幅精美绚丽的绘画，一栋栋气势宏伟的建筑上。简言之，将审美理论与审美实践相结合，是该书的第一大特色。

该书的第二大特色是立足中国传统美学精神。书名中“气象”二字，点出了中国传统审美的精髓。与西方偏重物质实体的宇宙观不同，中国古人眼中的世界是气化的生命世界。所谓“阴阳二气化生万物”，“气”被认为是世间万物的本原，气的流动与聚散造就了天地之大美。同时，无形的“气”只能以“象”的方式呈现，无论是象形文字，还是“立象以尽意”的《易经》，中华民族有着根深蒂固的“象”思维方式。体现在审美上便是对“气象”之美的体悟，中国传统的审美不同于西方那种对事物外观形式的感性欣赏，而是要求欣赏者细细地品味艺术作品的精神内涵。《大唐气象——唐代审美意识研究》一书尽管是用现代汉语及当代美学概念来诠释传统美学，但是作者试图还原唐代审美的整体气象，并且尽可能地用传统的概念予以解读，引导读者更加真切地体验到唐代恢宏的气象之美。

该书的第三大特色是对大国精神的深入挖掘，重视对当代的借鉴意义。正如书中所言：“大唐气象的本质是大唐精神：开拓，进取，开放，融合，胸怀天下，自强不息！”大气、绚丽、灵动的唐代艺术体现出的是唐代恢宏气概和大国风范。当今的中国正处于中华民族伟大复兴的重要历史时期，强国梦的实现离不开大国精神。作为当时世界上最强盛的国家，唐朝人身上体现出的大国精神值得我们学习。该书从艺术作品上升到审美观念，再到大唐精神，由表及里，深入浅出，将唐朝的精、气、神都生动地展示了出来，使读者在品味经典的同时，领悟大国精神。

最后，值得称道的还有此书的装帧设计。美学类书应当注重读者的审美体验，装帧设计也是审美的体现。该书开本为 16 开，有 700 多页，硬皮精装，整体大气。封面以红色为主色，红色在中国传统色彩观中地位尊贵，为“正五色”之一，同时封面还辅以敦煌壁画纹样及金色门钉装点，充分体现了唐代绚丽富贵的审美情趣。此外，书中精选了四十余幅精美插图，鉴于中国传统绘画的特殊形制，还别出心裁地使用了长拉页的形式，此为灵动。不难看出，该书的装帧设计充分地体现出唐代大气、绚丽、灵动的审美追求。

总之，《大唐气象——唐代审美意识研究》一书以图文并茂的方式，通过对唐代审美意识的梳理，展现出了大唐独特的精神气象，为我们今天实现中华民族的伟大复兴提供了文化上的借鉴。

# 时代精神的审美维度

## ——评《大唐气象——唐代审美意识研究》

张　文（武汉大学哲学学院）

由陈望衡教授、范明华教授等撰写的《大唐气象——唐代审美意识研究》（以下简称《大唐气象》）一书已由江苏人民出版社出版发行。该书是中国美学研究的又一创获，以审美意识为切入点展开对唐代诗歌、散文、书法、绘画、音乐、建筑、雕塑、儒、释、道等审美实践和审美理论的美学研究，在具体的审美形象和抽象的美学理论之间找到了一种平衡，既细致入微地展示了唐人审美意识的丰富性，又深刻、系统地揭示了大唐气象的总体性，达到了著者所预设的写作目标：比较准确地勾勒出唐代审美意识的总体轮廓和发展轨迹，描绘出唐帝国独特而鲜明的审美气象。

站在中国美学的学术史背景之中，《大唐气象》展示出对中国美学研究路径的独特探索。中国美学史研究并非一个新兴学科，同时也并非一个定型学科。一直以来，如何更清晰地展示中国美学的特色、更准确地揭示中国美学的精神、更具体地把握中国美学史的发展规律，是中国美学界一直在努力的方向。在诸多美学史著作中，《大唐气象》有其独特的价值和启示。兹概述如下：

第一，注重审美意识的个体性与时代性的统一。

在《大唐气象》的总体设计之中，“大唐”是作为一个整体性的概念出现的，这表明著者之意图不仅仅是对唐代历史、人物、艺术、器物、思想等审美现象做顺序性的铺陈，而是要对整个时代的精神风貌做出概括。审美意识是个体性的，同时也是时代性的，这种个体性与时代性的统一为《大唐气象》的总体性视野做出了合理的铺垫。

一直以来，时代精神的精华被视为哲学家的思想结晶，这种观念直接决定了思想史的著述总是将哲学家的思想作为最重要的内容，而审美意识作为时代精神的直观显现似乎仅仅是“现象”层面的意识，而非理论层面的意识，因此难以成为思想史的关注重点。这就导致充满哲学思想、政治思想、伦理思想和宗教思想的思想史写作从未将审美意识作为时代精神的重要载体。这是中国思想史研究的一个重大缺陷，这种缺陷导致思想史成为不食人间烟火的沉重的、精英式的思想，而非鲜活的、生动的、日用之间的思想。

事实上，以审美意识表征时代精神不仅是可行的，而且是重要的。其可行性在于，审美意识是时代精神的直观显现，只有时代精神跳出思想家的文本，成为一种百姓日用而不知的常识的时候，其所内涵的对于理想的追求才能在审美活动中显示出来。从这个意义来说，审美意识是个体审美活动展开的起点，是全部时代精神凝聚的终点，是个体性与时代性融合的意识成果，是时代精神最敏感的神经。因此，以审美意识表征时代精神是可行的。其重要性在于，审美意识不像哲学思想那样呈现为一种抽象的理论形态，使历史中的思想拒人千里之外，审美意识是具体的、感性的、可直观的，审美意识就凝聚在时代文化的各种物态形象之中，如此一来，透过具体之物来直观时代精神，使时代精神显示为生动可感的形态，就成为一般思想史所不具备的优势。因此，以审美意识表征时代精神是重要的。

《大唐气象》对于时代精神的揭示正是建基于对个体化审美活动的关注之上，个体精神最鲜活的状态呈现于其审美活动之中，时代精神则由此得到最直接的呈现。思想家的独特创造是否得到时代的认同，最终可以由审美意识中是否呈现出某种审美倾向得到确认。这样一来，以审美意识的研究展开对时代精神的揭示，就成为顺理成章的事情。而《大唐气象》对唐代气象之“大气”“绚丽”“灵动”的揭示，则实现了这一时代精神的总体概括。

第二，注重审美意识的复杂性与总体性的统一。

《大唐气象》气魄宏大，全书共有 16 章，几乎涉及唐代审美实践与审美理论的全部内容，最终指向“大唐气象”这一总体性概念的横空出世。这种写作策略有其风险：即如何处理好审美意识之复杂性与总体性的关系。仅有对复杂性的不断书写和强调，就会失之琐屑，最终获得的不过是一堆零散的、对时代的碎片化印象；仅有对宏大理论的逻辑建构和迎合，就会失之高蹈，天马行空易，脚踏实地难，最终导致对历史事实的简化式理解。这种矛盾在当前的美学史著作中非常常见，而处理好复杂性与总体性的矛盾，寻求二者之间的平衡，一直以来就是治美学史者的学术追求。

《大唐气象》的主体部分是对唐代审美实践的分析，即对大唐之带有审美意味的物象的分析，包括诗歌、散文、书法、绘画、城市、园林、建筑、雕塑、乐舞等。为使复杂的、多样的、具体的物象一方面落在实处，另一方面又不琐屑繁琐，《大唐气象》尤其重视对物象之审美意识的哲学、美学分析，以使艺术背后所呈现的观念体系浮出水面，进而达到对复杂性与总体性的统一。

这种统一具体地呈现于对物象的美学分析之中。物象是时代精神的凝结，物象一方面是个体生命状态在具体时空条件下的形象化产物，直接地、鲜活地、生活地体现了个体在具体生存境域中的丰富性和创造性，另一方面是时代精神以个体化方式显现的成果。因此，物象之复杂性总是在总体上呈现出时代的一致性。这种一致性不是同一性，而是人类心灵复杂性的群像式显现，这种群像式显现展示着一个时代审美意识的共性，其于唐代来说，就是大唐气象的生成。

《大唐气象》的成功之处就在于，既扎根于唐代丰富的审美实践和理论之中，又从宏观上展示了唐代审美意识的总体性——大唐气象，很好地处理了审美意识的复杂性与统一性的关系。因此，其对唐代审美意识的把握是准确的，是具体而不琐屑、宏观而不空洞的。

《大唐气象》以审美意识展示了唐代审美精神的个体性与时代性，以物象形态展示了唐代审美意识的复杂性与总体性，在美学研究的理路中概括出整个唐代的审美特征——大唐气象。“大唐气象”是时代精神总体性的直观显现，是由精神层面走向物象层面再由物象层面显现出来的时代审美特征。《大唐气象》一书通过唐代审美意识的研究展示出唐人鲜活的存在性境域，揭示了唐代整体性的精神风貌，形成了对唐代这个梦幻时代切实而又高拔的直观把握。在《大唐气象》的文字中，“唐代”作为一个总体的时空领域不仅是一个已经过往的历史阶段，同时还是一个向着未来敞开的审美空间，等待后来者在岁月失语之后经由物象重回大唐。

《大唐气象》是一部探索性的著作，其学术意义指向未来：即树立了一种研究审美意识的全新思路和样本，为下一步展开历代审美意识之研究披荆斩棘、探索方向。

（本文原载《中国新闻出版报》2022 年 3 月 25 日）

# 诗性：中华民族文化自信的美学向度

## ——评陈望衡、范明华等著《大唐气象——唐代审美意识研究》

赖俊威（湖北美术学院）

唐代美学及其思想在中国美学史乃至文明史上可谓寓意深远，从文化自信的角度出发，其无疑向海内外展现出一幅幅彪炳青史的壮阔而辉煌的画卷，画卷本身并非封存于过往的历史尘埃，诚如史学家克罗齐所言：一切历史皆为当代史。恰恰是滋养于大唐盛世这片厚土的审美文化，尤能彰显中华民族精神底蕴之深度，此亦为唐代美学在文化高度上能够代言中国传统美学的一个重要依据。从风格面貌整体来看，唐代审美文化及其直观印象给人一种万象森罗、雄浑气魄、瑰丽斑驳的认识与体验，以“气象”一词比拟大唐恢宏之状是谓允洽之极；从内在精神本质上讲，唐代审美文化蕴涵有一种诠释生命之活泼存在的“诗性”情怀，决然不只是唐诗作为一种典型艺术形式举世闻名的缘故，根源上还得追问其何以成为当时文化之翘楚，正如陈望衡教授和范明华教授等撰写的《大唐气象——唐代审美意识研究》一书对唐诗的美学本质定义：唐诗是中华民族精神的乳浆，它培育了中华民族的审美精神、审美观念、审美趣味。一望而知，其从开篇立意上则已紧扣住这一具有发端意义的根本性问题，驻足中华民族文化自信之高度，并以“大唐气象”这一体现整体性的美学概念对具体的审美形象、相对抽象的审美意识以及二者共同构筑的诗性精神作出合理统筹。从根柢上讲，无论风貌抑或是精神，皆应回归至人本身并从意义始源与精神归属两个最为重要的维度展开归纳与演绎，宽泛而言，二者俱沉积于唐人的审美意识体系之内，由此方能在妥帖的逻辑框架下映射出相对系统而稳定的审美观念、审美精神乃至审美理想。从表现形式来看，唐代审美意识无不集中体现在相应文学艺术的审美实践、理论及相关作品之中，同时也涵容于传统哲学、伦理、政治及充满诗性的生命存在于生活之内，从审美文化诞生意义这一重要维度来讲，可谓生动地应和了中国美学的本质内涵：在内容上注重生命价值关系的优良传统；在形式上倡导非简易对象性的审美体验模式。正是基于中华文化的关系性起源与生命价值本性这样的天然土壤，围绕审美意识展开唐代审美文化或美学的研究，深入地讲也是对中国传统审美文化如何展开研究的一种新思考。

## 一、诗性弥漫的时代

纵观历史，唐代无疑是一个遍地弥漫“诗性”意韵的时代，从很大程度上讲，甚至超越其以往的任何时代。这不只是因为“唐诗”在众人目下被列为中华诗史上不可企及的巅峰，根柢上更在于唐代审美文化受当时特定诗性精神的引领而铸就的一番继往开来的隆盛格局。这种诗性精神究竟何以被创设？这充分体现在唐人对传统文化在广度与深度两个方面的发展性继承与艺术化创建，既以一种敞开之姿将儒、道、释为主流的各家学派的思想作为哲学（美学）基础并展开创造性地阐释，又凝练出各种系统性显著的审美理论，即使到了相对没落的晚唐时期，典型如《二十四诗品》总结的诸般关于诗歌的审美品评概念——几乎还是成为了后世中国传统美学理论的核心概念群。微观地讲，唐代的诗歌俨然已不能简单地被确定为一种纯粹艺术形式或表现媒介，更是作为承载所谓的诗性精神的绝佳场域；宏观地讲，唐代各个门类的文学艺术活动及其形成的相关理论，也已然衍化为一种尤能彰显起源意义的诗性创建方式。这种以诗性创建方式指引文艺创作的审美理念，旨在呈现一个生机盎然、鸢飞鱼跃的生命世界。这般诗性首先径直关乎的是唐代这一特定历史时期的人，展现生命伊始以来的鲜活性存在。之所以说唐代审美文化具有这种生命起源价值性，并非仅仅通过具有纵贯性的时间概念便可对其进行完全的分析，更为主要的是要从人突破世界的意义程度考量出发，存在主义哲学家雅斯贝尔斯对“发端”所作的哲学阐释可资思维方法上的一定参考：“借由已完成的思维工作给后继者带来大量增长的前提”，这种体现“大量增长”特性的“发端”概念理解，不正恰恰符合唐代审美文化在整体意义上处于诗性充塞弥漫的状态？这种增量，在“量”与“质”两个范畴得到了淋漓尽致的表现与诠释，尤其体现在唐人审美意识在具有统一的时代性精神的诗化过程之中。

诗性，可谓有唐一代的时代精神象征，不仅在学理层面极大地丰富与发展了中华民族审美意识体系，而且积极推进了审美文化朝大众化与生活化的方向拓展，从直观形象表现与内在意象表达上，皆不由地主要营造出“大气”“绚丽”“灵动”这般彰显唐代文化艺术的基本审美品格。

## 二、审美意识的诗化

围绕审美意识切入中国美学研究，首先在方法论上是对中国传统美学庶几秉承概念化理论研究的一种必要性补足，实际需要人们对“意识”概念本身及其在审美活动乃至相关美学理论建构之中作出更为精准的界定，其中审美意识研究的重要性问题尤为关键。《大唐气象——唐代审美意识研究》一书，可以说在相当程度上开创性、系统性、学理性地以唐人的审美意识为主要研究对象，为后世开辟了一条回归主体审美视野的通往大唐盛世的诗化探美之径。这条文艺诗化之路，始终立足于唐代的文化根基与诗性精神，并基本涵盖了当时所有的文学艺术门类，知识经验上能够给人翔实的史料支持与丰富的想象支撑，理念上紧扣时代脉搏与社会风尚，不仅延续了以审美形象、审美风格以及审美观念对文艺展开分析的一贯传统，更为重要的是倡导回归作为主体的人的审美感知与心理体认维度展开某种溯源性的地毯式寻绎，由此不仅能够从个体层面较为彻底地揭示文艺本身所涵涉的主体审美意识与旨趣问题，还能进一步回到诗性精神引领下的整体意识领域看待审美文化及其背后的社会性问题。从科学角度出发，一般心理学视域下的“意识”在客观上不可避免地具有显著的个体性特征，然而，这种个体性在充斥着诗性的大唐生活环境土壤之中又得到人们普遍的认同与接纳而具有整体性，换言之，诗化观念及其指引的行为真正完成了唐人审美意识对个体性与整体性的融合，而所谓典型审美思潮、观念、趣味与标准等，皆可通过“审美意识”这一总的范畴加以限定。因之，唐代审美意识被极好地框定在诗性这一最为根本的精神范畴之内，委实是一种诗化的审美意识。诗化的审美意识在实践内涵上充分体现出具有统摄功能的整体性意义。问题的关键是，倘将唐代审美意识作为当时美学理论乃至审美文化的一种核心体系而视，人们又是如何对其展开建构并加以阐释的？

“大唐气象”概念在此书中得以提炼，充分反映出作者的巧思与良苦用心。众所周知，“格物致知”是自古以来国人认识世界与把握人生的一种极其重要的方法论，“大唐气象”这一概念何尝不是对唐代审美风貌展开“格物”的一例典型呢，正如后记所言：唐帝国的欣欣向荣、文明昌盛，在它的文学艺术中得到了最为鲜明、最为生动和最具身心冲击力的形象展现。这种极具美学意味的展现被称为“大唐气象”，本质上正是大唐精神的集中体现：开拓、进取、开放、融会、胸怀天下、自强不息。以上关于大唐精神的表述，皆可总括为唐人审美意识的诗化表现。唐人审美意识的诗化，最终成为唐代在历史上之所以能有如此文化自信的深深烙印。这对于作为整体的中华民族文化认知与发展而言，不论是在体量上，还是在质性上，皆可作为一个重要的参考系。

## 三、文化自信的延续

唐代文化的自信程度在当时表现出亘古未有的开放性与包容性，不但在古代纵向时间序列上炳如观火，且在横向空间区域比较上举世瞩目，无不彰显华夏民族倍感骄傲的主体意识。正如前文所言，这种自豪的主体意识集中地体现在唐人审美意识的诗化进程之中。唐代审美意识作为中华民族审美意识集大成之表征，不仅在意识发展史上具有一种奠基性的影响力，也是中华民族文化自信不容忽视的重要组成部分。从人的经验视域来看，倘若将唐代审美意识作为唐代审美文化之精髓加以概括，主要是因为其在本性上充分关乎着人的生命存在体验，体验本身又充分融合到国家、社会、家庭等各个领域之中，正如书中所强调：先进的治国理念与爱民之策，成就了唐文化的繁荣与灿烂，唐代社会的文明昌盛。这股昌明之风，在诗化的审美意识引导下，尤其体现在当时各文学艺术共同铸就的“大唐气象”之中。事实上，“大唐气象”在本质上着实是“大唐精神”的美学式象征，即充分展现出中华子民开拓进取、胸怀天下、自强不息的时代风貌。围绕这一凸显出磅礴气势的诗性概念展开唐代审美意识研究，从断代史角度客观而言，确为中国审美意识发展史上的一个组成部分；从文化影响力层面而言，唐代审美意识在体量涵容与程度表现上可说与其他任何古典时期相比有着难以比拟的蔚为大观之义。本书名为唐代审美意识研究，实则远不止依据中国传统美学的一般研究方法而局限于对唐代时期审美理论的笼统梳理，亦不只是对唐代美学史的一种创新型建构，更是立足具有社会风尚典型性的审美文化角度，并从意识生发的主体者层面积极关注唐代审美实践及其文化何以成型的过程化问题。易言之，唐代审美意识有机地将审美理论与审美实践较为完满地加以契合，这对于体现中华民族文化自信而言无疑是一个极好的印证。

（本文原载《文艺报》2022年2月18日）

# 星夜流光，大唐气象

## ——评《大唐气象——唐代审美意识研究》

汤智棋（武汉大学哲学学院）

大唐，一个让无数中国人为之骄傲的名字。广袤的疆土，开放的社会，诗性的国度，一千多年来，无数的文人骚客为之写下赞歌，当下的文艺作品也经常引领我们穿越时空，梦回大唐。那是一个恢宏大气的时代，热情豪迈的诗歌，神采飘逸的书画，典雅大气的歌舞……大唐的文学艺术无一不在揭示那个时代的生命之美，这种美也融入了中华民族的血脉，伴随我们的民族发展和成长。理解一个时代的美可以有多种切入口，通常而言可以从审美理论和审美实践两个角度进行了解，而陈望衡教授和范明华教授等撰写的《大唐气象——唐代审美意识研究》将审美理论与审美实践统一在审美意识这个核心范畴下，对唐代的审美意识问题进行了一次细致深入的研究。

大唐的审美现象是丰富多元、开拓创新的。唐诗自不必说，一颗颗诗歌明星划破夜空，赋予那个时代以诗性的光芒，照亮自身，也指引后世，成为前无古人后无来者的时代绝唱。书画领域也获得了极大的突破与创新，天王送子，颠张醉素，第二行书，唐代的书画家不拘于前人的模式，张扬个性，探索新路，彰显着生命奋发向前的意志。而且唐代审美活动也体现在寻常百姓的生活当中，唐代城市的结构，建筑的设计方式，都展现着唐代人的审美意识。受现代学科体系建设的影响，当下将这些审美活动分门别类、分开研究的书籍较多，而本书的一个特点便是超越一般的学科史，将文学、书画、建筑、乐舞等审美实践与审美理论活动作为一个整体包含在

“审美意识”这个大的范畴之下进行研究。

如果仅仅只是将唐代文学、书画、建筑、乐舞等审美领域的成就进行描述与阐释，那么这种研究得出来的成果很容易变成一种大杂烩式的零散汇编，缺乏系统性。但是一个时代的审美现象是与一个时代的精神直接相联系的，甚至我们可以认为时代的审美现象是时代精神最直观的展现。因此，审美现象从来不是不知何处来，不知何处去的零散碎片，其背后有更深层的根源可以将零散的现象统一起来，那就是一个时代所信奉的精神。通过把握一个时代的精神，我们才可以超越将不同领域审美现象当成零散碎片的理解，获得对一个时代的审美现象的整体把握。而本书则做到了这一点。虽然本书是对唐代文学、书画等多领域的审美意识进行研究，但作者们有意识地将这些不同领域的审美意识与唐代开放包容、积极进取的时代精神结合起来，如此，讨论的问题跨越了多个领域，但读者依然可以发现有一条脉络在引导着整个唐代的审美现象，使得各个审美领域的讨论不至于零散，而是成为一个整体。

唐代的时代精神总体上来说是开放包容、积极进取的，这种精神的形成离不开儒释道三家的交融与互动。众所周知，唐代是儒释道三家合流的重要时期，正是三家思想的交融交汇，为唐代审美领域的发展奠定了重要的思想基础。东汉灭亡后，中华大地经历了魏晋南北朝这一段较为动乱的时期，儒家的官方统治地位受到了巨大的冲击，而具有出世倾向的道家和佛教受到了人们的重视。隋朝虽然完成了统一，但自身却没有时间完成思想领域的整合。只有到了唐朝，儒释道三家的思想达成了一种动态的平衡，由此形成了一种独特的大唐精神。儒家重视刚强与责任，却少了几分自由与洒脱；道家重视个性与逍遥，却少了几分坚韧与气魄；儒道两家有重现世，轻彼岸的倾向，而佛教的传播与发展则为这片古老的土地带来了空灵与超脱。正是在这样的思想背景下，唐代的诗歌、绘画、舞蹈等审美领域出现了不少新的气象，比如李白的诗歌虽然豪放不羁、天马行空，但却依然有着对现实功名的追求，充分体现了大唐人豪放自信、注重现实拼搏的精神，这种精神当然不是只靠儒家或者道家的影响就能产生的。笔者认为，本书的作者们一直在关注着这一点，儒释道三家的交融与互动可以看成是全书的一条主线。在本书的第一章到第十三章，作者分别讨论了各个领域的审美意识问题，或隐或显地谈及儒释道三家对该领域审美意识的影响，在本书的第十四章到第十五章，作者又分别就儒释道三家与唐代审美意识的关系进行了系统的概述。这就形成了一种分中有总，总中有分的结构，使得全书论述的内容和领域非常丰富，却又不至于读起来显得零散。

事实上，不论是文学艺术作品，还是儒释道三家的思想，抑或是由此而形成的时代精神，都是历史发展的结果。东汉以来佛教经典的传入，魏晋时期玄学的发展，南北朝时期绮丽诗歌的兴盛，这些都是构成唐代独特审美意识的重要历史性因素。在本书中作者对这些内容进行了恰当的追溯，既强调了唐代审美意识与前代的关联，展示了中国传统文化的连续性，也不对前代的影响做过分的夸大，展示了唐代审美意识自身的独特地位。唐代审美意识就是在承接历史的前提下，不断创新发展而产生的。

一千多年已经过去了，当下在中国这片广袤的土地上，发生了前所未有的巨大变革。我们匆匆忙忙地步入了现代化的社会，曾经的大唐似乎已经变成了只存活于我们幻想中而再也回不去的故乡。那么对唐代的审美意识进行研究有价值吗？会不会仅仅只是现代人的聊以自慰呢？我认为并不是。

古希腊德尔菲神庙有这样一句箴言：认识你自己。我们当下的中国人身处的环境虽然已经发生了天翻地覆的变化，但我们对世界的理解与感受，特别是我们的审美，绝不是凭空产生的。我们虽然和唐代人已经不是同一种口音，用的文字也发生了很大的变化，但内在的文化与精神却是传承下来的。“天生我材必有用，千金散尽还复来”能够激励我们前行，“感时花溅泪，恨别鸟惊心”能够让我们伤感，“颜筋柳骨”能够让我们体会到汉字的刚劲和秀美……这些都是唐代的文化与精神传承到了今天的最好证明。而对唐代审美意识进行研究，就是一个认识我们自己的过程。在这个过程中，我们了解我们自身当下的审美意识是怎么来的，又经历了怎样的发展，由此才能回答“我从哪里来？”这个问题。特别是当下我们身处中华民族走向伟大复兴的重要历史时期，了解过往，传承优秀传统文化，这对树立文化自信有重要意义。只有不忘记来路，才能想明白自己有着怎样的使命和去向。而《大唐气象》一书对唐代审美意识进行研究可以增进我们对唐代审美文化的了解，帮助我们继承唐人开放包容、积极进取的精神，这对我们当下文艺领域的研究与创作有着重要意义。

我相信，大唐是那星空夜下的流光，不仅自己无比绚烂，也为当下的夜行者指引方向。而《大唐气象》这本书则以审美意识为一个切入口，引领读者走近那气象万千的大唐，见证那千古不朽的辉煌。

# 打开通往大唐盛世的精神路径[①]

陈俊珺（解放日报社《读书周刊》）
陈望衡（武汉大学哲学学院）

**《读书周刊》**：您为什么会选取唐代作为中国审美意识的研究对象，而不是宋代或其他朝代？宋代也被认为是中国历史上的审美高峰。

**陈望衡**：唐、宋均是中国文化的华彩乐章。有人喜欢宋，而我更喜欢唐。宋确实是中国历史上的审美高峰，但高峰的风光未必最可爱，接近高峰的那一段风光或许更迷人。

我之所以倾向于唐，是因为我的审美观是青春审美。中国五千年的历史，假如用人的一生来比喻，那唐相当于青年，宋则为中年。青年有旺盛的生命力，勇于探索。青春的形象也许有几分粗糙，几分鲁莽，几分幼稚，但它可爱，可爱压百拙。

在唐代的诗歌、乐舞、绘画、书法、雕塑中充分体现了唐代的审美品格，也可见唐代人的信心满满与豪情万丈，而这恰是当代人所需要的。

比如读唐诗，更多的是赞叹，是鼓舞，是自豪，是自信。李白在《将进酒》中云："天生我材必有用，千金散尽还复来。"高适在《别董大二首》中写道："莫愁前路无知己，天下谁人不识君。"即使面对强虏，唐朝将士也信心满满："亭堠列万里，汉兵犹

---

① 本文系解放日报社《读书周刊》记者对《大唐气象》一书的主要作者陈望衡教授的专访。本书转发时删除了少量原编者的说明性文字，只保留了其中的对话部分。

备胡。”

读宋词，更多的是慨叹，是悲伤，如李清照的词“凄凄惨惨戚戚”，沧桑感、兴亡感油然升上心头。辛弃疾“把吴钩看了，栏杆拍遍，无人会，登临意”，这种苍凉的心态，不是到了南宋才有的，北宋就有了。豪放的苏轼其内心深处充满着无奈：“故国神游，多情应笑我，早生华发。人生如梦，一尊还酹江月。”

这种复杂的心态，在唐朝诗人心中很少看到。即使在“黑云压城城欲摧”的安史之乱时期，唐朝诗人也不颓废，他们对于胜利有着坚定的信念，杜甫的诗就是证明。

**《读书周刊》：**您在《大唐气象》中用大气、绚丽、灵动来概括唐代艺术的基本审美品格。这三个关键词是否也适用于其他朝代？

**陈望衡：**我先谈一下对这三个词的理解。大气重要的不是体量大，而是气势大，体现为一种雄健的生命力量。大气在唐代的城市、建筑和雕塑等方面体现得最为突出。长安城是当时世界上最雄伟的城市。乐山大佛气势宏大，是中国最大的摩崖石刻造像。

绚丽首先是色彩鲜艳炫目，敦煌壁画、唐代的一些墓室壁画均如此。唐代山水画多金碧山水，画面较满，将大自然的万千景象绘于一图，非常绚丽。绚丽不只是指感性的色彩、有事实可征的故事，也可以指丰富的意味。绚丽见于造型艺术，也见于语言艺术。唐诗作为语言艺术，多方面地表现出绚丽。唐诗有丰富的色彩、鲜活的情感、无尽的意味，在中国的诗歌长河中，还有哪个朝代的诗比唐诗更绚丽呢？

灵动是指艺术作品生机盎然。这也许是唐代艺术远胜于汉代艺术的地方。比如唐代是中国书法发展的一个高峰期，不仅隶、篆、楷、行等源自汉魏的传统书法品种得到发展，而且新创了狂草，出现了张旭、怀素这样的狂草书家，他们将笔墨线条的灵动之美发挥到了极致。

灵动也体现在诗歌、散文中，想落天外的逸思，妙手偶得的佳句，让唐代的诗歌、散文散发出无穷的魅力。

客观地说，大气、绚丽、灵动，在唐代之前有之，之后也有之，但没有像唐代这样凸显张扬。汉代艺术也不缺大气、绚丽，但缺少一点灵动，正因为少了一点灵动，它的大气就少了些发扬蹈厉的气概，它的绚丽就少了些华美。宋代艺术不缺灵动，但明显少了唐代的大气，也少了唐代的绚丽。

唐代是中华民族审美意识发展的一个重要时期。唐朝的艺术充分实现了中华民族的审美理想。大气、绚丽、灵动，集中表现在盛唐的艺术中。在唐的前期，也许灵动弱一些，而在后期，也许大气弱一些。至于绚丽，在初唐、中唐都占主流地位，后期就逐渐失去了主流地位，审美越来越倾向于恬淡了。

唐代审美的开放与包容，到今天还发挥着重要作用。“最具有代表性的莫过于《霓裳羽衣舞》了，其灵感来自道家思想，音乐合乎儒家礼制，在创作过程中还采用了佛教乐曲”

**《读书周刊》：**为什么说唐代是中华民族审美意识发展的一个重要时期，主要体现在哪些方面？

**陈望衡：**唐代的审美品格反映了大唐富强进取的气概与大国风范。

首先是多元融合、纳新创造。唐人审美意识的多元融合，既体现在儒道释审美意识的融合，也表现为汉族与诸多外域民族及本域民族审美意识的融合。

最具有代表性的莫过于《霓裳羽衣舞》了，其灵感来自道家思想，音乐合乎儒家礼制，在创作过程中还采用了佛教乐曲。与许多唐代的乐舞一样，它吸取了异域音乐精华，但最后的成品并不是杂糅物，而是突出展现了中华民族精神的完整的艺术品。

唐代审美意识的建设虽然采取开放兼容的态势，但并不只是提供一个舞台让大家来演出，而是让各种艺术先进来，然后吸取其长，创造出属于自己的艺术。唐帝国在文化上的开放，不仅使得中华民族的审美意识得到了空前的丰富，而且缔造了中华民族审美观念的开放性和包容性。这一品格，直到今天还在发挥着重要的作用。

其次是礼美并举，轻礼重美。唐人在衣食住行方面，都很注重审美。唐代女性喜爱穿红、紫、绿、黄色裙子，尤其是红裙最流行。唐人爱出游，如杜甫所云："三月三日天气新，长安水边多丽人。"追求生活的艺术化、审美化并不始于唐代，魏晋南北朝就有了，但只限于知识分子圈。到了唐代，这一现象才遍及整个社会，由宫廷到民间。唐人审美意识的这一品格，对后代产生了深远的影响，特别是宋、元、明三个朝代，民俗审美有了长足的发展。

**《读书周刊》**：从初唐、盛唐到晚唐，人们的审美趣味和审美意识发生了不小的变化，比如您刚才提到的从绚丽到恬淡，这些变化对中华民族的审美产生了怎样的影响？

**陈望衡**：唐代审美意识的嬗变对中华民族艺术的发展影响重大。这种嬗变可以从审美趣味与审美理论两个方面来看。

在审美趣味方面，当整个社会推崇绚丽之美的时候，一种与之相对的新的审美观悄然出现，这就是恬淡。唐朝中期和晚期，社会审美可以说是绚丽、恬淡并重。至宋代，则恬淡突出，有胜过绚丽之势。

恬淡审美观成为社会的一种审美导向，与文人画的兴起大有关系。王维是文人画的开山祖师，与绚丽的金碧山水相比，文人画追求恬淡之美。

中国艺术决定性的因素往往在于文人趣味，而西方艺术决定性的因素往往在于贵族趣味。恬淡审美观的兴起就体现出文人趣味在中国美学中的决定性影响。

在审美理论方面，从唐代开始，"传神论"开始向"境论"嬗变。盛唐时期，绘画、书法及各个艺术领域都以传神或写神为美。传神论的始创者是东晋的顾恺之，他提出了"传神写照"的理论。刘勰提出"神思"一说。在绘画方面，传为王维所著的《山水论》中说，画山水要"见山之秀丽""显树之精神"。

**《读书周刊》**：什么样的艺术符合"神"的标准？"境论"的美学观点与"神论"又有什么区别？

**陈望衡**：从唐代的诸多相关言论及艺术作品来看，达到"神"的高度的作品有三个特点：一是精神品位高，二是感性魅力大，三是独创无双。

中唐时期，诗僧皎然提出了"境象"这一概念，他说："境象不一，虚实难明。”“虚实难明”是境象的主要特征。后来人们所说的意境，其根本特征正是“虚实难明”。

那么“境”指什么？诗人刘禹锡在《董氏武陵集纪》中提出“境生于象外”。这句话抓住了“境”的要害。

到了晚唐，司空图将“象外”扩充成“象外之景”“味外之旨”。

到了宋代，境论成为主流的美学理论。近代，王国维将其归结为意境论和境界论，于是“境界”论成为中国古典美学理论的最高形态。

概括来说，神论尚阳刚之美，境论尚阴柔之美；神论尚外溢之美，境论尚含蓄之美；神论尚绚丽之美，境论尚恬淡之美。

**《读书周刊》：**诗领风骚，唐诗是唐朝文化的标志之一。审美意识的转变充分体现在唐诗的审美变化中。假如将李白与王维的境界进行比较，两者有何不同？

**陈望衡：**李白与王维，一位被誉为“诗仙”，另一位被称为“诗佛”。两人的内心风景是不同的。同样是写汉江山水，李白写：“山随平野尽，江入大荒流。月下飞天镜，云生结海楼。”王维写：“江流天地外，山色有无中。郡邑浮前浦，波澜动远空。”

“诗仙”与“诗佛”眼中的山水都有一种天高地阔的气象，他们都望向现实之外，追求永恒之中。但两者的不同之处在于，李白眼中的天地山水如太极图一样在宇宙间往返回环，气势飞动，山环水绕汇入无尽的洪荒之流。王维的“江流天地外，山色有无中”则体现出一种内与外、有与无的相对法。看江流于天地内外之际，看山色在有无之间，这是对人所感知的色彩视域的突破，如同他用黑白水墨去表现色彩的本来面目。

王维不仅以禅入诗，也以诗入画，他在诗与画中的突破，是其心灵由外向内转的表现，为此后的一大批文人开辟出新的精神空间。借用梁启超在诗歌改良运动中提出的“诗界革命”的口号，王维体现了中晚唐前后的一场诗界革命。他所代表的诗画革新到中晚唐时期孕育出一种新视角、新思想。在此基础上，形成了一种新的创作和批评理论。

继王维之后，白居易在《大林寺桃花》中写道："人间四月芳菲尽，山寺桃花始盛开。长恨春归无觅处，不知转入此中来。"这首诗体现了诗人从物理世界向心性世界、从外觅向内求的转变。山中的桃花有凋谢的时候，而心中的桃花可以开在不败之境。

可以说，经过唐代文学艺术先驱者的开拓，中国艺术有机会对形式与技法做更大的舍弃，从而引领中国人的精神进入更为深沉的静观的境界。这种深沉的境界，在中国画论、诗论等艺术理论中都得以表现，使中国审美思潮在晚唐到北宋之际发生了重大改变。

**《读书周刊》：**除了诗歌，《大唐气象》中还详细介绍了唐代的乐舞、书法、建筑、雕塑、园林等。作为一本断代美学史，这本书与同类书籍相比有一个显著的特点，就是将审美理论与审美实践进行了结合。为什么会做这样的结合？您希望这本书给读者带去怎样的收获？

**陈望衡：**在很多人心目中，所谓美学就是指某首诗、某首歌，而等他们接触到真正的美学，就会发现完全不是这么一回事。作为理论的美学，一点也不美，甚至枯燥难懂。因此我想，能不能将审美理论与审美现象、审美实践结合起来，让美学既有趣，又有味道，不要拒人于千里之外。

比如，唐朝的美学主体是诗，《大唐气象》中谈唐诗的美占到将近三分之一的篇幅。我们谈诗之美，不只是谈诗论，也谈了许多具体的诗。

由于本书所谈的艺术是持美学立场的，是有美学观点的，因此，有些读者或许会觉得与读一般的文学作品不太一样，能从中学到不少美学知识。尽管不一定都是系统的知识，但美学修养或许能在不知不觉中有所提高。

眼下，全社会都很重视美育。我认为，美育不是只讲美学道理，也不只是看戏、听音乐、读诗歌。希望这本书给读者带来的美育是身心浸入、情理结合的美育，是快乐的美育。

**《读书周刊》：**近年来，以河南卫视《唐宫夜宴》为代表的古风节目深受观众的喜爱，一些仿古民乐表演等也很受欢迎。您觉得，唐代的文化艺术受到今天年轻人喜爱的原因是什么？

**陈望衡**：现在的年轻人流行一个词叫“穿越”。如果能够穿越到过去，我一定会选择唐朝。唐朝的大气，让人舒畅。唐朝的富强，让人自豪。唐朝的绚丽，让人悦目。

若论中华民族的复兴，我心中的楷模是唐。我们这本书的书名是《大唐气象》，而大唐气象的本质其实就是大唐精神，是开拓进取、开放融汇、胸怀天下、自强不息。希望这种精神在祖国山河重新发光发彩，在中华儿女身上重新焕发青春的活力。

**《读书周刊》**：一个时代的审美现象是与一个时代的精神直接关联的，您如何理解唐代的时代精神？

**陈望衡**：我认为，唐朝的时代精神可以概括为以下几个方面：

一是家国情怀。这是中华民族最重要的精神。历史如一条长河奔涌不息，从黄帝时代到现在，每一个时代的风采都不一样。唐朝的家国情怀是自豪，是奔放。这种情怀突出表现在唐朝的边塞诗中，王昌龄在《出塞》中写道：“但使龙城飞将在，不教胡马度阴山。”在《变行路难》中写道：“封侯取一战，岂复念闺阁。”安史之乱期间，杜甫的诗也表现出浓烈的家国情怀。

二是民族团结。在中国历史上，中央政权与周边的少数民族政权关系处理得最好的朝代就是唐朝。唐朝实施民族团结的国策，破夷夏之别。唐太宗大量任用非汉人官员，甚至让他们担任重要的军事统帅。

应该说，以华夏文化为核心的多民族统一体的中华民族真正形成是在唐朝。中国文化成为中华文化，中国美学成为中华美学，始于炎黄时代，成于大唐。边塞诗、敦煌艺术、《霓裳羽衣曲》等都是中华艺术的最早代表。

三是开放融汇。唐帝国实施开放的国策。丝绸之路既是政治之路、经济之路、文化之路，也是开放之路。它不只是一条路，更是一种观念——中国要走向世界，世界也走向中国。

此外，唐代在文化上破了雅俗之别。西域的舞蹈、乐器被引进。老百姓的歌舞也受到贵族的欢迎。唐代文化在开放的基础上融汇百家，实现了儒道释思想的融汇，夏夷文化的融汇。

四是崇武尚文。唐朝的国乐中有一首叫《秦王破阵乐》，是唐太宗李世民在军旅中所作，后改名为《七德舞》，成为唐朝第一国乐。

唐朝有不少文人喜好武艺与兵法。高适是李白的好友，他科举未成，投身哥舒翰的帐下，做了一名书记官，后来官至扬州大都督府长史、淮南节度使，一跃而成为拥兵百万的封疆大吏。岑参虽然没有高适这样腾达，但在价值取向上同于高适，他在诗中说："丈夫三十未富贵，安能终日守笔砚。"

五是乐观进取。唐人的心态总体上可以用乐观进取来概括。唐朝诗人不少屡遭贬谪，但总的来说，不颓丧，不悲观，不消极。刘禹锡是其中的代表之一。在贬谪途中，他遇到朋友，在席间赋诗云："沉舟侧畔千帆过，病树前头万木春。"豪迈的气概、乐观的心态跃然纸上。他有《秋词二首》，其一云："自古逢秋悲寂寥，我言秋日胜春朝。晴空一鹤排云上，便引诗情到碧霄。"这种将诗情引到碧霄的心态，是唐人共同的心态，这种心态极具唐朝的特征。它是属于唐人的，也只属于唐人。

六是追求卓绝。唐人在各个方面都追求卓绝，很少有同类的诗人并驾齐驱，于是有了"诗仙"李白、"诗圣"杜甫、"诗魔"白居易、"诗骨"陈子昂、"诗鬼"李贺、"诗佛"王维、"诗杰"王勃、"诗奴"贾岛、"诗囚"孟郊、"诗狂"贺知章、"诗家天子"王昌龄。唐代的画家、书法家都有着后人难以比拟的独特成就。

七是精神自由。唐朝文人杂儒道释多种思想，李白就是代表之一，他的身躯自由地行走在中国大地上，他的精神穿梭于各个哲学学派间，特立独行。我们虽距他千年，但随时可以在诗中与他相遇。

唐人对女性是非常尊重的。唐诗中有不少女题诗，唐朝的小说中，女子的形象光辉四射，如红拂见识超人；飞烟、李娃、任氏、龙女都情纯义重，德色双馨。白居易的《长恨歌》《琵琶行》均是对女性的颂歌。

**《读书周刊》：**对唐代的审美意识、唐代的精神风貌进行探究，对当下文化艺术的发展有哪些启发？

**陈望衡：**对唐代审美意识进行研究，是一个认识自我的过程。

在这个过程中，我们能了解当下的审美意识是怎么来的，经历了怎样的发展，对树立文化自信有重要意义。只有不忘来路，才能想明白自己有着怎样的使命和去向。

我认为，在当下我们应当追求卓越，海纳百川，坚持创新，彰显中华品位。

（本文原载《解放日报·读书周刊》2022 年 6 月 25 日）

# 学术著作如何推向大众市场

卞清波　胡海弘（江苏凤凰出版传媒集团）

中华优秀传统文化是中华民族的突出优势，是我们最深厚的文化软实力。策划并组织推出弘扬中华优秀传统文化主题的精品图书，推动中华优秀传统文化创造性转化、创新性发展，是出版人面临的重要课题。

但做好弘扬中华优秀传统文化主题的图书出版，不是很容易的事情。大体来说，这方面图书可分为文献整理、专业研究和大众普及等几类，其中文献整理、专业研究类读者定位相对偏小众，因此在图书形态、营销手法乃至选题策划等方面，与大众普及类有所不同。值得注意的是，随着时代的发展，三种主要类型尤其是后两者之间，也愈发显示出融合的趋势与多种可能。一些优秀的专业研究类选题，经过用心而富有创造性的编辑工作，呈现出大众普及图书的面貌，获得越来越多的读者青睐。

《大唐气象——唐代审美意识研究》（以下简称《大唐气象》）本是专业研究类的选题，作者通过符合学术规范的深入严谨分析，在书中提炼和展示了优秀传统文化中具有当代价值、世界意义的文化精髓。在编辑过程中，我们深感其学术观点具有强烈的现实意义，是以时代精神激活中华优秀传统文化生命力的上乘之作。基于这种认知，在这本书的打造过程中，我们做了一些新的尝试和努力。

## 一、选题策划：源头活水何处寻？

中华文明博大精深，应该如何挖掘这座巨大选题宝藏？我们的路子是广积粮、深挖洞。近年来，江苏人民出版社持续推出了一批原创优秀图书，并借由这些精品图书的编辑出版，传承和扩大着我们在传统文化有关研究领域的优秀原创作者“朋友圈”。

2018 年，我们推出“中国文化二十四品”丛书，由饶宗颐、叶嘉莹两位先生担任顾问，南开大学陈洪教授与南京大学徐兴无教授主编，这套书共 24 册、500 余万字，集聚了 30 余位文史哲领域的权威学者；这些年，我们还联合江苏凤凰美术出版社共同承接了教育部哲学社会科学研究普及读物项目出版工作（江苏人民出版社具体承担编辑任务），该项目由教育部牵头立项，立项选题皆由全国高校哲学社会科学研究各领域的权威学者负责创作，其中有优秀传统文化类选题 20 余种，为我们与众多名家牵手合作提供了新的良好契机。

《大唐气象》的作者陈望衡教授，就是我们在编辑出版其在教育部哲学社会科学研究普及读物项目中的著作《我们的家园：环境美学谈》时结识的。陈望衡教授是武汉大学哲学学院教授，也是著名的美学家。当时的责编是老一辈编辑孙立编审，他是文学博士，专业方向为宋词研究，在专业背景上与作者多有重合，在审美趣味上也多有交集，因此在图书出版过程中与作者多有对话与共鸣，建立起很好的互信关系。孙立老师编辑出版这本书后不久即到龄退休，在这之前，他把与陈望衡教授之间的合作转交给我们相对年轻的编辑。

陈望衡教授知识渊博而又健谈，对年轻人十分热情。我们也有古代文学的专业背景，经过几次共同游历、谈古论今，加上社里领导的大力支持，陈望衡教授充分接受了我们，作者对编辑的信任这样就很好地延续了下来。

2017 年，陈望衡教授对自己的代表作《中国古典美学史》进行了认真修订，交给我们出版。2019 年，新版《中国古典美学史》出版，出版后引起一些反响，陈教授对此表示满意。他领衔的国家社科基金重大招标项目“中国古代环境美学史”成果《中国古代环境美学史》，亦托付给江苏人民出版社。该选题后入选“十三五”国家重点图书出版规划，并被评为国家出版基金项目。

就在这过程当中，我们得知陈望衡教授手中还有一个名为“唐代审美意识研究”的国家社科基金重点项目（项目本名为“中国审美意识通史”，原为国家社科基金重大招标项目，后确定为重点项目）成果。选题聚焦以下问题：唐代审美意识的特点到底是什么，其形成原因何在，对今天的意义在哪里？成果对此提出鲜明结论，并有充分有力论据支撑，而这结论对我们今天的现代化建设大有裨益……我们意识到，这是推动中华优秀传统文化创造性转化、创新性发展的优质文本，是我们打造原创精品图书的优质选题资源。经过一番争取，作者欣然将此书也交予我们。

## 二、编辑加工：把准特色，做实内容

内容永远是出版的“王道”。没有深厚扎实的内容作为基础，一切都是空中楼阁。为了将“唐代审美意识研究”这个选题打造成为更优秀、更厚重、更宏大的精品力作，我们对书稿进行了深入、细致的编辑加工。

首先是为它取名。陈望衡教授率先提出：此书应加一主书名，就叫“大唐气象”，既能概括全书主要内容及核心观点，也能让读者印象深刻。虽然这样会有重名，但是，这个主书名特色鲜明，且利于大众理解，有助于拓展这本学术专著的读者面，因此我们很快同意——不仅同意，且认为全书的内容体例乃至整体设计，也要紧紧围绕这个主书名来展开。

有一个争议，贯穿了《大唐气象》的整个编辑出版过程，就是是否要做成大部头。此书从目录就可以看出其体系之庞大：全书以“唐代审美意识”为主题，涉及诗歌、散文、小说、书法、绘画、乐舞、雕塑、城建、园林等创作实践以及文论、书论、画论、儒、释、道等思想成果，内容十分丰富。它的体量，原计划约65万字，后来的成稿，实际字数约80万字。因此，到底是做单本，还是做成上下两卷或上中下三卷，甚至分成多个小册子，也就成为一个被反复提出的问题。

我们通读书稿后认为，这部书稿的一大特色，是分而不散、系统性强。虽然是分门别类地来说，但全书始终有且只有一条清晰的主线："唐帝国的欣欣向荣、文明昌盛，在它的文学艺术中得到了最为鲜明、最为生动和最具身心冲击力的形象展现，我们将这种具有美学意味的展现称为'大唐气象'。"思想脉络上这样完整，分开实属不易。因此，最终我们的选择是尽量删去冗余的内容（定稿字数是73.5万字），正文纸用70克纯质纸，这样，既保证了一部巨著在外观上所应该拥有的气势，也尽量降低了整书的厚度和重量。

在编辑加工整理过程中，我们还注意到了书稿内容的另一个特点：情感充沛、激情洋溢。陈望衡教授是一位个性鲜明且文采斐然的专家，出自他手的《大唐气象》，字里行间充满了对唐朝的爱。甚至，书中间或出现一些抒情、议论，如"如果说唐诗是唐人精神的天空，天空中那骄艳的阳光、妩媚的月色、闪耀的星星、绚丽的霞彩、飘动的云朵、缤纷的雪花、闪亮的雨丝……种种让人心炫神迷的美妙情景，就是唐人所创造所欣赏也让后世为之心醉心迷而赞叹不已的美"。于是，有人提出疑问：如此是否合适？

这个问题困扰了我们很久。但是，在编校过程中，我们发现，正是因为全书都涌动着如此鲜明、如此浓郁的崇唐之情，几乎每个人都会在读的时候就不由自主地升腾起一股民族自豪感，这是难得一见的现象；那些文采飞扬的句子，也成为阅读此书的一大享受。因此，虽然我们也为个别观点与作者进行过反复探讨，但最终我们仍然决定，在确保事实准确、逻辑通顺的前提下，尽量保留这些个性极强、极富感染力的内容。

## 三、包装和推广：如切如磋，如琢如磨

酒香也怕巷子深。近些年，出版界越来越重视营销，一大表现就是图书的"颜值"越来越受重视。刚好，我们也相信：每本书都有自己最适合的样子，它不仅是这本书给人的第一印象，也应该是整本书的气质的最佳映像。秉持这样的理念，近几年，我们在图书整体设计上大胆解放思想，坚持探索和创新。

新版《中国古典美学史》就是一次“试水”。这套书的封面，在保持素雅、大气的风格的同时，加强了设计感：我们将中国古典美学中的“美”“妙”“味”“兴”“游”“神”“气”“韵”“逸”等重要范畴和“乐天忧世”“崇阳恋阴”“尚贵羡仙”“自然至美”“中和为美”等重要理念，作为设计元素用在了封面上；书名“中国古典美学史”是程千帆先生题字，为行书，俊逸典雅，与此相呼应，这些作为背景元素的字词也都采用了行书，通过大小、位置的组合，再结合配色与纸张，使封面整体透出一股浓郁的书卷气息。

到了《大唐气象》，我们更进一步，不仅在封面设计上精雕细琢，更加入了彩色插页，以丰富它的内容和形式。

此书的彩插共有 32 页，分 4 组均匀插入书中，在视觉上减轻了书籍厚度带来的压力；另外书中还有 2 个长拉页，带来更多灵动变化。所有插图合计有 40 多幅，我们和作者一起选图，除了敦煌飞天、唐三彩和《簪花仕女图》《捣练图》《五牛图》《步辇图》《虢国夫人游春图》等尽人皆知的作品，还有一些相对少见的内容。4 组彩插按照初唐、盛唐、中晚唐、文物摄影的顺序编排，每幅图的位置也都经过精心安排，通过时代、风格、题材、意义等内在联系，呈现出形式和内容上的双重和谐。

此书的封面设计也费尽了心思。我们对它的期待是：通过使用具有唐代特色的设计元素和古典大气的配色，呈现出大唐的壮丽、辉煌。为了尽量接近这个目标，设计师前后出了十多稿封面，我们选择了其中两版方案进行细化，通过上机打样来二选一。最终确定的封面，我们称之为“红金配”：它由两部分构成，上半部分是大红底色上烫小金点，宛如宫门，大气磅礴；下半部分是两幅敦煌壁画拼接后印金，画面繁复，绚丽辉煌；中间用一条细细的宝相纹图案作为腰带，让整体的气质更显沉稳。令人惊喜的是，这个封面的实物拍摄效果很好，开箱视频推出后大赚了一波好评。

考虑到《大唐气象》的体量，我们还尝试了一些新的推广策略：定稿之后，我们并没有马上付印，而是制作了一批试读本，邀请多位业内专家、媒体同行“抢鲜看”。不要小看了这个时间差，这些"定向读者"们多了月余时间来了解和消化这本书，而同时，他们提出的肯定和疑问、想法和要求，也帮助我们进一步明确了书的定位和特点，形成更为精准的营销思路。

《大唐气象》今年1月正式出版，目前已入选《光明日报》"2021年度光明书榜"和2022年1—2月"中国好书"榜单，且从内容质量到整体设计都收获了诸多好评，前不久已经实现加印。这些给了我们和作者以极大鼓舞。接下来，我们将继续投入《中国古代环境美学史》和其他优秀传统文化有关选题的编辑工作，努力将中华民族浩瀚的文化元典和悠久的历史文明呈现给广大读者。

（本文原载《出版人杂志》2022年第5期）